“十二五”普通高等教育本科国家级规划教材

新形态教材

基因工程原理与技术

第四版

刘志国 主编

化学工业出版社

·北京·

内容简介

《基因工程原理与技术》(第四版) 共十六章，主要涉及基因工程的理论与技术基础、基因克隆与表达的原理与技术、基因工程的技术应用、基因工程相关技术发展。

本书以基因工程的基本理论、基本知识和基本技术为重点，结合最新进展，力求充分反映当代基因工程领域的研究与发展状况，并针对生命科学领域的生物、医学、药学及相关学科的特点，增加了拓展内容。拓展内容包括：重要科学人物、重大科学事件、重要机理的解析、相关知识的应用等。拓展内容可通过手机扫描二维码阅读。通过这种方式，努力打造满足“体系开放、获取灵活、形式新颖、个性学习”需求的新形态特色优质教材。授课老师和读者还可通过化工教育网（www.cipedu.com.cn）注册下载本教材配套课件。

本教材适合作为各类理工大学生物、医学及相关专业的基因工程专业课教材，也可作为相关学科专业参考书。

图书在版编目（CIP）数据

基因工程原理与技术 / 刘志国主编. —4版. —北京：化学工业出版社，2022.9（2024.4重印）
“十二五”普通高等教育本科国家级规划教材
ISBN 978-7-122-41345-1

Ⅰ. ①基… Ⅱ. ①刘… Ⅲ. ①基因工程-高等学校-教材 Ⅳ. ①Q78

中国版本图书馆CIP数据核字（2022）第074611号

责任编辑：傅四周　赵玉清　　文字编辑：刘洋洋　陈小滔
责任校对：王　静　　装帧设计：王晓宇

出版发行：化学工业出版社有限公司
（北京市东城区青年湖南街13号　邮政编码100011）
印　　装：北京科印技术咨询服务有限公司数码印刷分部
787mm×1092mm　1/16　印张25¼　字数648千字
2024年4月北京第4版第3次印刷

购书咨询：010-64518888
售后服务：010-64518899
网　　址：http：//www.cip.com.cn
凡购买本书，如有缺损质量问题，本社销售中心负责调换。

定　　价：79.00元　　

前言

基因工程技术是以分子生物学为基础，以基因为重点操控对象的综合性生物工程技术。基因工程技术从 1972 年诞生至今已 50 多年。历经 50 多年的快速发展，目前基因工程技术已广泛应用于工业、农业和生物、医药等行业，成为推动社会经济发展和人类健康事业进步的重要科技力量。在党的二十大精神的指引下，我们更加深刻地认识到，基因工程技术的广泛应用，不仅是科技进步的体现，更是实现民族复兴、人民幸福的重要手段。尤其近年来，新冠肺炎全球大流行，人类遭遇历史上罕见的重大健康挑战。基因工程技术在应对新冠疫情上大显身手，从新冠病毒核酸、抗原和抗体的检测、病毒核酸测序分析与病毒溯源，到基因工程疫苗研究与产品应用等方方面面，均发挥了关键作用，成为人类抗击新冠病毒流行的有力武器，并为最终战胜新冠肺炎流行作出重要贡献。这正是我们践行党的二十大精神，将科技创新与人民健康事业紧密结合的生动体现。鉴于基因工程技术的独特分子操控特性及其在分子、细胞、个体物种改造上展现的巨大应用潜力和想象空间，未来，基因工程技术将在诸如生物医药、生物材料、物种改良及疾病控制等领域，得到日益广泛的应用，也必将为解决人类社会所面临的人口、资源、环境、健康等突出问题作出重要贡献。

《基因工程原理与技术》教材与课程的教学历来注重理论与应用的结合，以满足社会经济发展对本领域专业人才的理论与实际相结合的能力要求。针对社会需求和普通高等院校培养应用型、复合型人才的办学特点，我们在前版教材的基础上，修订出版了第四版的基因工程课程教材。本次修订延续了前几版一贯的风格，注重系统性、科学性、实用性、针对性的融合统一，突出科学思维的培养、专业兴趣的引导及学以致用的目标。在第二版入选“十二五”普通高等教育本科国家级规划教材的基础上，经过第三版、第四版的修订，教材的内容不断得到更新，知识体系更加完善。本次修订，大量增加了知识拓展内容，通过手机微信扫码方式阅读，方便读者随时查看，提高读者学习兴趣和学习效率，适应现代化网络教学发展的需要。我们深入贯彻落实党的二十大精神，注重系统性、科学性、实用性和针对性的融合统一，在第四版中增加了思政课程相关的拓展内容，包括重要科学人物、重大科学事件和相关知识应用等，力求在传授专业知识的同时，引导学生树立正确的世界观、人生观和价值观。

紧跟基因工程技术的时代发展与应用拓展，本次修订及时更新补充了相关内容。章节结构有比较大的变化，具体包括：将第三版教材的第十章（基因工程相关新技术），拓展成新版教材的 4 章内容，即：（第十章）核酸分子杂交技术（包括原教材第十章第一节、第二节内容和增补内容），（第十一章）组学技术与应用

(包括原教材第十章第三节及补充的内容)，(第十二章）基因敲除、基因编辑和基因沉默（包括原教材第十章第四节内容及补充内容)，(第十三章）生物信息学（包括原教材第十章第五节内容及补充内容)。此外，新增一章（第十五章）基因工程药物。

本版教材共分十六章，具体编写分工如下：第一、二、七、十一、十二、十五章主要由武汉轻工大学刘志国、闫达中、曾万勇、张军林、王华林、晁红军、张宏宇编写；第三、六、九章由湖北大学张海谋、翟超、汤行春编写；第四、十三章由三峡大学何正权、周超编写；第五章主要由广东药科大学邵红伟编写；第八、十四章由西华大学陈祥贵、向文良、杨潇编写；第十、十六章由桂林医学院冯乐平、冯乔、王曼伊编写。个别章节存在不同单位人员交叉修订的情况（未列出)。全书最后由刘志国负责统稿，田宇、熊银参加了部分章节的统稿和补充。此次再版得到了化学工业出版社的大力支持。在此对上述单位和人员的大力支持表示衷心的感谢。

鉴于作者的学术水平和专业局限，以及基因工程技术的快速更新发展，书中难免出现疏漏和不足，恳请广大读者批评指正。我们恳请广大读者批评指正，共同推动基因工程技术的发展和应用，为实现中华民族伟大复兴的中国梦贡献智慧和力量。

刘志国
武汉轻工大学
2024 年 4 月

目录

第一章 概论 001

第二章 基因与基因表达调控 014

第三章 核酸分子的分离提取与酶处理 044

第四章
基因工程载体 068

第五章
目的基因克隆 106

第六章 原核细胞基因工程 148

第七章 酵母基因工程 176

第十二章 基因敲除、基因编辑和基因沉默 295

第十三章 生物信息学 306

第十四章
重组 DNA 技术的应用 328

第十五章
基因工程药物 350

知识拓展目录

第一章 概 论

诞生于20世纪70年代的DNA分子的体外重组技术，标志着以DNA为操作对象的“基因工程”时代的开启。基因工程技术的独特基因分子操控特性，在生物的分子、细胞、物种改造上展现出巨大的应用潜力，给人以无限的想象空间。经过五十多年的发展，目前基因工程技术已在工业、农业、生物、医药等众多行业得到广泛应用，成为推动社会经济发展和人类健康事业进步的重要科技力量。基因工程技术在生物药物、生物制品、生物材料的研发及物种改良上不断涌现新的科研成果，应用范围不断扩展，已成为解决人类社会所面临的健康、资源、环境等突出问题的有力武器。与历史上所有伟大发明一样，基因工程技术具有重要的开拓性价值，其发展也经历了漫长曲折的科学历程。基因工程技术将自然界生命奥秘的探索与改造之旅带向广阔的微观世界。

19世纪中叶以前，西方世界普遍信奉“创世说”，相信上帝是世间万物的主宰。英国生物学家达尔文（Charles Robert Darwin）经过数年的环球考察，提出了著名的进化论观点，编写了《物种起源》一书，如图1-1所示。达尔文在书中用大量事实证明“物竞天择，适者生存”的进化论思想。与此同时，德国植物学家施莱登（Matthias Jakob Schleiden）和动物学家施旺（Theodor Schwann）经过多年的研究，提出组成生命的基本组成单位是形态相似分化不同的细胞，创立了细胞学说，从而将宏观的生命现象带入微观世界，促进了“进化论”与“细胞学”的结合，使描述性的生物学发展为实验性的生物学。

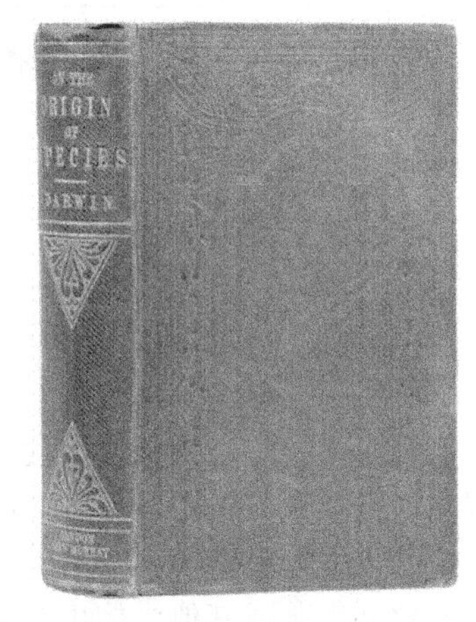

图1-1 《物种起源》初版

伟大的遗传学家孟德尔（Gregor Johann Mendel）通过多年的豌豆杂交实验，提出遗传因子假说（hypothesis of the inherited factor）（拓展1-1：孟德尔定律），认为遗传因子是主宰生命遗传现象的基础。1909年，丹麦生物学家约翰逊（W. Johannsen）根据希腊文“给予生命”之义，创造了“gene”（基因）一词，用来代替孟德尔提出的“遗传因子”。但是他所说的基因并不代表任何具体的物质形态，而只是一种抽象的遗传单位或符号。摩尔根（Thomas Hunt Morgan）经过多年的果蝇杂交研究，将基因与生物体中某一特定的染色体联系起来，提出“连锁遗传规律”，

拓展1-1

进一步完善和发展了遗传学理论（拓展 1-2：连锁遗传规律），并于 1926 年出版了重要的学术专著《基因论》（*Theory of the Gene*），指出基因是组成物种的独立要素。从此，“基因”便成为遗传学研究的重要内容。

尽管以表型观察、生化鉴定和统计分析为基础的遗传学研究发展迅速，但 20 世纪中叶的遗传学家们开始认识到，仅提出抽象的基因概念和遗传规律，没有揭示基因的物质基础和化学本质，人类仍旧无法回答基因如何发挥作用及如何影响生物的遗传和变异等基本问题。

拓展 1-2

1928 年至 1944 年，微生物学家埃弗里（Oswald Avery）以有荚膜的 S 型肺炎双球菌和无荚膜的 R 型肺炎双球菌为研究对象，开展了长达 16 年的遗传转化研究，谨慎、科学地提出“使 R 型肺炎双球菌发生性状转变的‘转化因子（DNA）’可能是与基因，或与基因本质一样的物质”，奠定了遗传物质——基因的化学本质的理论基础。时隔 8 年之后，1952 年德尔布吕克（M. Delbruck）、卢里亚（S. E. Luria）和赫尔希（A. Hershey）通过同位素标记 T2 噬菌体的转导实验更为精准地证明了噬菌体中的遗传物质是 DNA，而不是蛋白质，如图 1-2 所示。沃森（J. Watson）和克里克（F. Crick）于 20 世纪 50 年代划时代提出的“DNA 的双螺旋结构模型”，成为基因研究发展史的重要里程碑。直至 20 世纪 60 年代有关基因属性的核心问题得以基本阐明，揭示基因奥秘的研究与应用开始进入分子生物学时代。

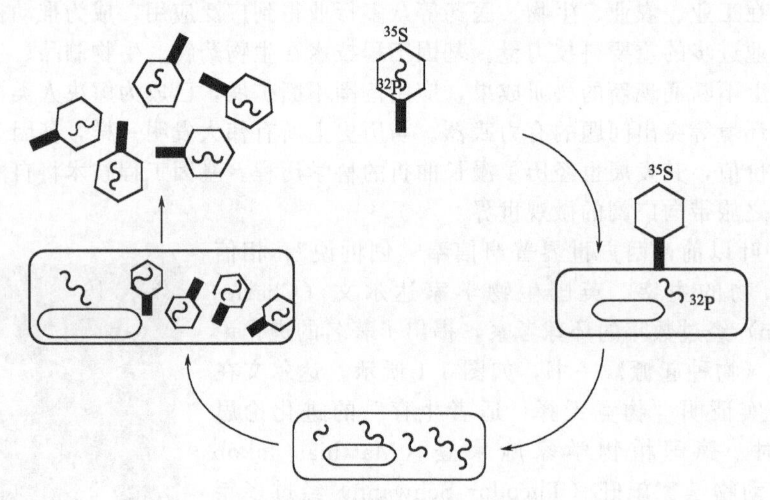

图 1-2　同位素标记证实 DNA 是遗传信息的载体

科学与技术，历来互促共进，科学为技术的发明与提升提供理论依据，技术为科学的发现与研究提供方法手段。从 20 世纪 70 年代初，伯格（P. Berg）和博耶（H. Boyer）成功实现 SV40 病毒 DNA 与 P22 噬菌体 DNA 分子的体外重组开始，人类可将体外重组的 DNA 分子转化到细菌或其他受体生物细胞中并表达出新的蛋白质，或获得能稳定遗传的新性状，现代生物技术——基因工程技术便从此诞生。

迄今，以基因工程为主要内容的综合性生物技术已经成为现代生物技术的核心和基础，并已在基因的功能验证、生物的遗传改良与疾病的基因诊断与治疗等领域得到广泛的应用，深刻影响着整个生命科学的研究与发展，使生物学从宏观现象的观察-验证科学发展成生命分子的干涉-创造科学，成为当今科学领域最具影响力的技术之一。展望未来，随着基因工程技术的更新、迭代发展，基因工程已从第一代、第二代，大规模进入第三代、第四代……（拓展 1-3：基因工程的迭代发展），对生物细胞内代谢途径的改造以及大规模基因组的改造不断取得突破，刷新着基因改造的深度和广度，前景光明，不可限量。

拓展 1-3

一、基因工程的概念与基本步骤

1. 基因工程的概念

1969 年美国哈佛大学 J. R. Beckwith 博士的研究小组运用 DNA 杂交技术成功分离了大肠杆菌的 β-半乳糖苷酶基因，成为基因分离成功的首例。至今，关于基因分离与克隆的报道已屡见不鲜。以 H. Boyer 和 P. Berg 等人为代表的一批科学家发展了有关重组 DNA 的技术，并于 1972 年成功获得了第一个重组 DNA 分子。1973 年 S. Cohen 和 H. Boyer 等完成了第一个基因的克隆，由此宣告了基因克隆技术的诞生。

基因工程（gene engineering）是指在分子水平上对基因进行操作的综合技术，是将外源基因（也称目的基因）与载体 DNA 进行体外重新组合，构成重组 DNA 分子，并导入受体细胞内，使这个外源基因能在受体细胞内复制、转录、翻译表达的操作。

基因工程技术源于基因克隆，又称重组 DNA 技术。“克隆”（clone）作为名词最初用来描述来源于一个共同祖先，并经无性繁殖产生的一群遗传上由相同的 DNA 分子、细胞或个体所组成的特殊的群体，即“无性繁殖的个体/群体”。克隆也常作为动词，特指产生这一群体的“无性繁殖过程”。利用遗传重组技术，在体外通过人工“剪切”和“拼接”等方法，将包含目的基因、特殊载体的各种必需元件的 DNA 分子经过改造和重组后，转入另一受体生物细胞内。目的基因随载体分子（或插入整合到受体细胞染色体中）的复制而得以无性繁殖，完成“基因克隆”的过程。重组于表达载体中的外源目的基因经诱导表达后，可在受体细胞或个体内合成新的 RNA 或蛋白质，或获得能稳定遗传的新性状，完成“基因工程”的全过程。在严格的学术定义上，基因工程技术与基因克隆技术名称含义有着明显的区别。“基因工程”强调基因克隆、载体构建、遗传转化、性状表达与产品提取及纯化等全部过程，而“基因克隆”则更多特指目的基因的分离与克隆过程。

从工程学定义出发，基因工程又称遗传工程（genetic engineering），包含了重组 DNA 技术的产业化设计与应用的流程，强调按工程学的方法进行设计和操作外源 DNA，构建新的分子组合，并导入另一受体生物中，使基因能跨越天然物种间远缘杂交的屏障，实现基因在微生物、植物、动物之间的“交流与展示”，迅速并定向地获得人类需要的新生物类型，最终实现目标蛋白质的工程化生产或物种的遗传改良。

2. 基因工程的基本步骤

基因工程技术自诞生以来已在相关应用领域取得了巨大的成就，为生物产品研发和物种遗传改良展示了令人憧憬的前景。特别是近年来，核酸分子测序、生物信息分析及组织细胞培养等现代生物技术和测试分析平台的建立与完善，进一步推动了基因工程技术的发展。一个完整的、工程化生产目的基因产品的基因工程技术流程包括以下基本步骤，如图 1-3 所示。

① 从复杂的生物体基因组中鉴定、分离带有目的基因的 DNA 片段。

② 将带有目的基因的外源 DNA 片段连接到具有自我复制功能（或有转录启动子、终止子功能的序列）和筛选标记的克隆载体（或表达载体）分子上，构建成重组 DNA 分子。

③ 将重组 DNA 分子转化宿主细胞，筛选含有目的基因的阳性转化子，重组 DNA 分子随宿主细胞的分裂、繁殖而被克隆、扩增。

④ 从细胞繁殖群体中筛选出获得了外源目的基因的受体细胞克隆（称为重组子）。

⑤ 从重组子群体中提取已经得到扩增的目的基因，用于进一步分析鉴定。

⑥ 将目的基因克隆到合适的表达载体上，导入宿主细胞，筛选鉴定阳性转化子，构建

成高效、稳定的具有功能表达能力的基因工程细胞，或转基因生物体系。

⑦ 利用工程技术大规模培养基因工程细胞，获得外源基因表达产物，或选育和建立转基因新品系。

⑧ 分离纯化基因工程细胞表达产物，最后获得所需的基因工程产品，或供实验研究及推广应用的转基因新品系。

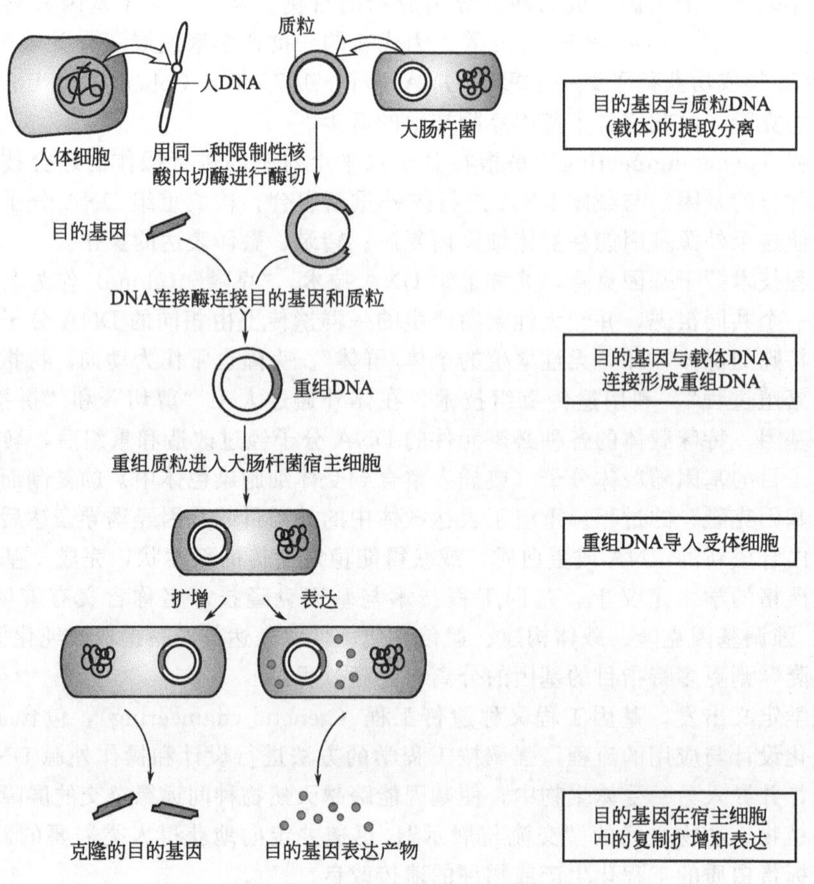

图 1-3　基因工程的基本步骤

上述 8 个步骤也可归并为上游技术和下游技术两大部分。其中上游技术包括第①～⑤步，下游技术包括第⑥～⑧步。两部分既各有侧重，又有机整合；既是独立的研究体系，又是完整的生产工艺。上游技术是基因克隆的核心与基础，包括基因重组、克隆载体的设计与构建，在设计中注重体现“简化下游工艺和设备”的重要原则；下游技术是上游基因克隆蓝图的体现和保证，是目的基因产品产业化生产的关键。

二、基因工程技术的发展历程

基因工程技术是在遗传学、生物化学、分子生物学以及发酵工艺学、育种学等多学科交叉、融合的基础上诞生和发展起来的一项现代生物技术。从诞生至今，基因工程技术的发展虽然只有大概半个世纪的历程，但随着自身体系的不断成熟和完善，在工业、农业、医药等众多领域不断取得了令人瞩目的巨大成就。纵观基因工程的发展历史，大致可划分为建立、成熟、发展及应用三个阶段。

1. 基因工程技术的建立

拓展 1-4

拓展 1-5

二十世纪中叶，O. Avery 等的细菌转化实验（1944 年）（拓展 1-4）和 A. Hershey 等的 T2 噬菌体转导实验（1952 年）（拓展 1-5）证明了 DNA 是基因载体；J. Watson 和 F. Crick 揭示了 DNA 分子的双螺旋结构模型（1953 年）；F. Crick 提出了遗传信息传递的中心法则（1957 年）；M. Meselson 和 F. Stahl 提出了 DNA 半保留复制模型（1958 年）；M. Nirenberg、S. Ochoa 和 H. Khorana 共同破译了编码氨基酸的 64 种遗传密码（1966 年）以及 F. Jacob、J. Monod 和 A. Lwoff 提出乳糖操纵子模型（1965 年）等。这些开创基因表达调控研究先河的累累成果，标志着人类探究基因奥秘的历程画上了阶段性的句号。有关基因属性的核心问题得以基本阐明，生命科学研究的基本理论框架初步建立，开始进行全方位的“分子机理的解谜”。同时基因奥秘的揭晓也为基因工程技术的诞生奠定了重要的理论基础。也正是基因工程技术的建立，推动生物学发展成为一门在分子水平上可操作、可实现人类定向改变生物蓝图的实验科学。

几乎同时被三个实验室发现的 DNA 连接酶（1967 年），以及由 H. Smith 等分离的第一种限制性核酸内切酶（1970 年）等重要酶类为 DNA 的体外拼接、重组提供了有力工具。1972 年 P. Berg 等利用已报道的连接酶、限制性核酸内切酶等多项成果与技术，创造性地实现了 SV40 病毒 DNA 与 P22 噬菌体 DNA 的体外重组。1973 年，H. Boyer 和 S. Cohen 合作将分离自沙门菌的抗生素抗性基因构建重组质粒，并成功实现对大肠杆菌的转化。他们的工作如图 1-4 所示。1974 年，S. Cohen 又与他人合作，将非洲爪蟾含 rRNA 基因的 DNA 片段与质粒 pSC101 重组，转化大肠杆菌，成功转录出相应的 rRNA。

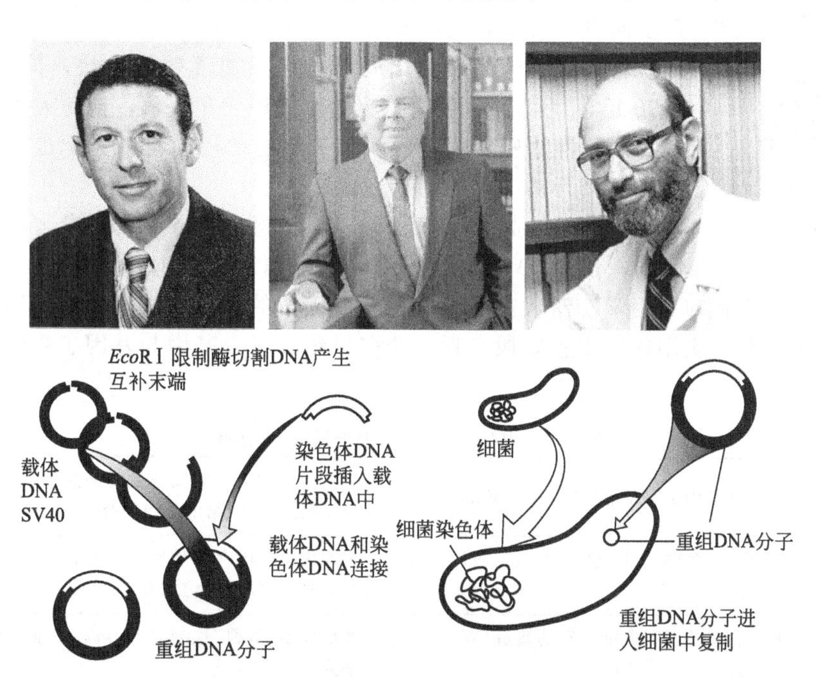

图 1-4　第一次获得重组 DNA 并转入宿主细胞
（图中从左至右分别是：P. Berg、H. Boyer、S. Cohen

这些具有里程碑意义的开创性研究成果，标志着现代基因工程技术的诞生，也被学术界誉为“具有与沃森和克里克提出 DNA 双螺旋结构模型同样的开拓性价值”。

2. 基因工程技术的成熟

随着第一个人工体外重组的DNA分子在自然界诞生后，基于“遗传重组”技术的生物学理论不断创新，基于“基因工程”技术的生物遗传改良成效明显，基因工程技术体系的成熟与完善也为人类实现物种的定向遗传改造展示了一个清晰而又美好的前景。

1975年，F. Sanger等发明了快速测定DNA序列的“双脱氧终止技术”；1977年H. Boyer等将人工合成的生长激素释放抑制因子14肽的基因重组入质粒，并成功地在大肠杆菌中合成得到这一目标靶肽；1978年Itakura等使人生长激素191肽在大肠杆菌中表达成功；1979年美国基因技术（Genentech）公司用人工合成的人胰岛素基因重组转入大肠杆菌中合成人胰岛素等等。自基因工程技术问世以来的短短二十多年时间，基因工程技术不仅发展成为具有系列新操作技术、不断完善的技术体系，构建了适于转化（或转导）原核生物和动物、植物细胞的各类载体，而且经遗传改造的动植物个体屡屡诞生。1980年首次通过显微注射培育出世界上第一个转基因动物——转基因小鼠。1982年，第一个通过基因工程生产的药物——胰岛素，在美国和英国获准临床使用（Genentech公司在纽约证券交易所上市的一幕令人震撼：在上市开盘的20分钟内，公司股价从3.5美元迅速攀升至89美元）。1983年采用根癌农杆菌介导法成功培育出世界上第一例转基因植物——转基因烟草，从此开创了利用基因工程技术改良植物种性的时代。1990年，第一个转基因玉米植株诞生。1994年，转基因耐储藏西红柿在美国上市。从1986年首次批准转基因烟草进入“环境释放”的田间试验以来，至1994年11月的短短几年间，全世界批准进入田间试验的转基因植物就多达1467例，至1998年4月已达4387例。因个体发育等诸多因素的局限，转基因动物研究的发展虽然不如转基因植物那样富有成效，但也屡见报道。1985年，第一个转基因家畜问世，为畜牧业的发展带来福音。转大马哈鱼生长激素基因的泥鳅、转草鱼生长激素基因的鲫鱼生长速度明显加快，体重增加显著。1996年，克隆羊“多莉”诞生，如图1-5所示，自此人类实现了高等动物的无性繁殖，为拯救濒临灭绝的珍稀动物，为优良家畜品种的留种和扩繁开拓了可能的新途径。

图1-5　克隆羊“多莉”

由美国发起，有美、英、日、德、法、中六国参与的人类基因组计划，于2000年宣告完成，这标志着人类对生命现象的认识与基因研究进入到一个崭新的“组学”时代。同时也将基因工程的理论与技术创新推进到一个体系更趋完善与成果走向应用的历史新阶段。近一个多世纪以来，基因与基因工程领域重要事件如表1-1所示。

表1-1　基因与基因工程领域年代记事

1866年	奥地利遗传学家孟德尔(Gregor Mendel)	根据豌豆杂交实验发现生物的遗传基因规律，提出遗传因子概念，并总结出孟德尔遗传定律
1868年	瑞士生物学家弗里德里希(Miescher Friedrich)	发现细胞核内存有酸性物质和蛋白质两个部分，酸性部分就是后来所谓的DNA
1909年	丹麦植物学家和遗传学家约翰逊(Wilhelm Johannsen)	首次提出“基因”这一名词，用以表示孟德尔的遗传因子概念
1944年	美国细菌学家埃弗里(Oswald Avery)	分离出细菌的DNA(脱氧核糖核酸)，并发现DNA是携带生命遗传物质的分子
1953年	美国生化学家沃森(James Watson)和英国物理学家克里克(Francis Crick)	宣布发现了DNA的双螺旋结构，奠定了基因工程的基础

续表

1957年	美国科学家科恩伯格(Arthur Kornberg)	在大肠杆菌中发现DNA聚合酶Ⅰ
1969年	美国科学家贝克维斯(J. R. Beckwith)	成功分离出第一个基因
1972—1973年	美国科学家伯格(Paul Berg)、博耶(Herbert W. Boyer)和科恩(Stanley Cohen)	发明重组DNA技术
1975年	英国生物化学家桑格(Frederick Sanger)等	发明了快速的DNA序列测定技术
1980年	科学家	首次培育出世界第一个转基因动物——转基因小鼠
1983年	科学家	首次培育出世界第一个转基因植物——转基因烟草
1988年	美国生化学家穆利斯(Kary Mullis)	发明了PCR技术
1990年	美国与世界多国科学家	启动被誉为生命科学"阿波罗计划"的人类基因组计划
1996年	英国科学家威尔默特(Ian Wilmut)	第一只克隆羊诞生
1999年	国际人类基因组计划联合研究小组	宣布完整破译出人体第22对染色体的遗传密码,首次完成了人体染色体完整基因序列的测定
2000年	美、英等国科学家	宣布绘出拟南芥基因组的完整图谱,这是人类首次全部破译出一种植物的基因序列
2001年	中、美、日、德、法、英6国科学家和美国塞莱拉公司	联合公布人类基因组图谱及初步分析结果,首次公布人类基因组草图"基因信息"
2004年	科学家	开启宏基因组学研究
2005年	美国国家卫生研究院	启动的肿瘤基因组计划诞生,耗资1亿美元试点研究人类基因与癌症之间的联系
2007年	科学家	将ChIP与二代测序技术相结合,开发出染色质免疫沉淀测序技术(ChIP-seq),能够高效地在全基因组范围内检测与组蛋白、转录因子等蛋白质互作的DNA区段
2008年	科学家	转录组测序技术诞生
2009年	PacBio公司、Oxford Nanopore Technologies公司	以PacBio公司的SMRT技术和Oxford Nanopore Technologies公司的纳米孔单分子技术为代表的第三代测序技术出现。最大的特点是:长读长,无需PCR扩增,直接得到数万个碱基的核酸序列
2009年	Liebermann-Aiden等	开发了基于高通量测序方法在全基因组范围内研究染色质空间构象的新技术,即Hi-C技术,自此对细胞核内染色体排列的认识取得了巨大飞跃
2010年	美国生物学家文特尔(J. Craig Venter)	在实验室中重塑"丝状支原体丝状亚种"的DNA,并将其植入去除了遗传物质的山羊支原体内,创造出历史上首个"人造单细胞生物"
2012年	中、英、美、德等国科学家	国际千人基因组计划,旨在绘制迄今为止最详尽的、最有医学应用价值的人类基因组遗传多态性图谱。在《自然》发布了1092人的基因数据
2012年	全球科学家参与的DNA元件百科全书(ENCODE)计划	ENCODE计划二期成果发布,获得并分析了超过15TB的数据,并且所有数据均全部公开,以30篇论文形式在《自然》等杂志同步发表
2020年	全球合作开启基因组测序的新时代	2020年科学家宣布首次完成完整的人类X染色体的端粒到端粒的组装,在基因组测序领域是一个里程碑式的成就

3. 基因工程技术的发展及应用

如果说20世纪80～90年代是基因工程技术体系渐趋成熟、应用成效初见端倪的阶段，那么21世纪便是基因工程的研究快速发展及成果推广应用突飞猛进的时代。2001年，RNA干扰（RNA interference，RNAi）研究取得了突破性进展，被《科学》杂志评为当年的十大科学进展之一，并名列2002年十大科学进展之首。由于使用RNAi技术可以特异性剔除或关闭特定基因的表达，该技术被广泛应用于探索基因的功能和传染性疾病及恶性肿瘤的基因防治领域。同样，以基因同源重组为基础的“基因打靶”技术也是生物医学领域的一大革命性的突破。通过基因打靶实现基因敲除的技术在阐明胚胎发育、遗传和许多疾病发生时基因的作用中发挥了巨大的作用。近十年来，新的技术不断提出、发展，如锌指核酸酶（zinc-finger nucleases，ZFN）、转录激活因子样效应物核酸酶（TALEN）技术、CRISPR/Cas9技术等日益得到广泛应用。2015年末，英国医生用基于TALEN技术的基因疗法，成功治愈了小女孩莱拉（Layla）的白血病；2016年3月11日，科学家宣布用CRISPR方法根除了已整合到人体细胞染色体上的HIV病毒。目前，基因工程新技术在世界各国的农业、医药、能源、环境乃至工业等领域全面展开，并取得巨大社会、经济效益。

（1）转基因植物领域应用

转基因作物的商业化种植始于1996年，而从1983年第一株转基因烟草培育成功，至今已有百余种转基因植物问世。水稻、玉米、棉花、油菜、大豆、烟草、甜菜、亚麻、南瓜、马铃薯、番茄、西葫芦、番木瓜、菊苣等10余种作物的上百个转基因品系、品种被批准进行环境释放或商业化生产。1996—2018年转基因作物种植面积从170万hm^2攀升至1.917亿hm^2，平均年复合增长率为24.0%，2013—2018年转基因作物种植面积趋于稳定，年复合增长率为1.8%。基于转基因技术的植物遗传改良的成果主要包括抗虫性、抗病性、抗除草剂、耐非生物逆境性胁迫（盐碱、旱涝、高低温、隐蔽弱光照等）、品质改良、耐储藏性、实现植物杂种优势利用的雄性不育性、改善性状发育、改善观赏性等。

1997年，我国批准了第一个转基因植物耐贮藏番茄商品化生产，成为第三个将转基因番茄投放市场的国家。我国自行研制的转基因抗虫棉，已在全国棉产区大面积推广种植多年。2009年我国首颁转Bt基因抗虫水稻、转植酸酶基因玉米的安全证书。目前，中国正在研究和开发的各种转基因生物物种已超过100种，涉及动物、植物、微生物基因200多个，若干作物品种已具备了产业化条件。2018年，我国已成为继美国、巴西、阿根廷、加拿大、印度、巴拉圭之后转基因植物种植面积第七的大国。其中，排名前三位的美国、巴西和阿根廷转基因植物种植面积占总种植面积的78.4%，占据绝对主力地位，排名前五位的国家占总种植面积的比重高达91.0%。除了26个国家种植转基因作物之外，还有44个国家进口转基因作物，因此，全球共有70个国家应用了转基因作物。2016—2018年世界主要转基因作物种植国的情况如表1-2所示。

表1-2 2016—2018年各国转基因作物的种植面积和品种

国家	种植面积/10^6hm^2			地域	转基因作物品种
	2016年	2017年	2018年		
美国	75	75	75	美洲	玉米、大豆、棉花、油菜、甜菜、苜蓿、木瓜、南瓜、马铃薯、苹果
巴西	50	51.3	51.3	美洲	大豆、玉米、棉花、甘蔗
阿根廷	23.6	23.9	23.9	美洲	大豆、玉米、棉花
加拿大	13.1	12.7	12.7	美洲	油菜、玉米、大豆、甜菜、苜蓿、苹果

续表

国家	种植面积/$10^6 hm^2$			地域	转基因作物品种
	2016年	2017年	2018年		
印度	11.4	11.6	11.6	亚洲	棉花
巴拉圭	3	3.8	3.8	美洲	大豆、玉米、棉花
中国	2.8	2.9	2.9	亚洲	棉花、木瓜
巴基斯坦	3	2.8	2.8	亚洲	棉花
南非	2.7	2.7	2.7	非洲	玉米、大豆、棉花
乌拉圭	1.1	1.3	1.3	美洲	大豆、玉米
玻利维亚	1.3	1.3	1.3	美洲	大豆
澳大利亚	0.9	0.8	0.8	大洋洲	棉花、油菜
菲律宾	0.6	0.6	0.6	亚洲	玉米
缅甸	0.3	0.3	0.3	亚洲	棉花
苏丹	0.2	0.2	0.2	非洲	棉花
墨西哥	0.1	0.2	0.2	美洲	棉花
西班牙	0.1	0.1	0.1	欧洲	玉米
哥伦比亚	0.1	0.1	0.1	美洲	棉花、玉米
越南			<0.1	亚洲	玉米
洪都拉斯			<0.1	美洲	玉米
智利			<0.1	美洲	玉米、大豆、油菜
葡萄牙			<0.1	欧洲	玉米
孟加拉国			<0.1	亚洲	茄子
哥斯达黎加			<0.1	美洲	棉花、大豆
印度尼西亚			<0.1	亚洲	甘蔗
斯威士兰			<0.1	非洲	棉花
全球数据	189.3	191.6	191.7		

（2）转基因动物领域应用

基因工程技术在动物品种改良上的应用主要集中在利用大型家畜的乳腺，建立生产特定蛋白质的生物反应体系，改良家畜动物的营养、生产性能。在家畜品种改良研究上，使用最多的外源基因是生长素类基因。导入人生长激素基因的转基因猪，生长期显著缩短，料肉比大幅降低。美国2009年批准首个由转基因奶山羊生产的药物“ATryn”上市，用于治疗遗传性抗凝血酶缺乏症疾病疗效极佳。转人血浆酶原基因的山羊可成为生产人血浆酶原的最环保、最安全并且低成本的生物反应器，获得了“吃进草，流出药”的巨大经济效益。2011年，加拿大科学家培育出一批环保猪“弗兰肯猪（Frankenswine）”，它们的外貌、叫声和肉味跟普通猪没有任何区别，但它们消化植物磷的能力更强，排泄物的气味更小。2012年，新西兰的研究人员也开发了转基因奶牛，该奶牛可生产无过敏原的牛奶，给对牛奶过敏的人群带来了福音。2018年，我国华南农业大学的研究人员通过转基因技术将来自微生物的酶类基因转入猪基因组中，成功培育出污染显著减少、节约粮食且生长快速的转基因猪。

（3）医药领域应用

重组DNA技术有力地促进着医学科学研究的进步。基因诊断和基因治疗是基因工程技术在医学领域里普遍受到高度关注的重要领域。1991 年美国科学家成功向一位患先天性免疫缺陷病［遗传性腺苷脱氨酶（ADA）基因缺陷］的女孩体内导入重组的 ADA 基因，获得了预期疗效。1994 年我国首次向乙型血友病患者导入人凝血因子Ⅸ基因，实施基因治疗获得成功。目前，我国用作基因诊断的试剂盒已有近百种之多，基因诊断和基因治疗的研究处于发展之中，方兴未艾。涉及遗传疾病的胎儿早期基因诊断、遗传疾病的基因修饰治疗等均已取得了突出成就，并有望在不久的将来能广泛应用于临床。随着致癌基因的发现和诱发肿瘤起因的初步揭晓，携带药物并靶向癌细胞的各类“生物导弹”载体的研发，将为人类最终预防、诊断、治疗、攻克肿瘤顽症提供有效的新手段。

利用基因工程技术建立饰变微生物体系，产业化生产哺乳动物的蛋白质及药物具有广阔的发展空间。至今我国已有人干扰素、人白介素 2、人集落刺激因子、重组人乙型肝炎疫苗、基因工程幼畜腹泻疫苗、猪伪狂犬病毒缺失疫苗等多种基因工程药物和疫苗进入生产或临床试用，一些仅靠接种传统灭活疫苗而无法预防的疾病，采用基因克隆技术发展有效的新型基因工程疫苗可产生预期疗效。世界范围内有几百种基因工程药物及其他基因工程产品处在研制中，基因工程药业已成为当今医药业发展的重要方向，将对医学和药学的发展作出新贡献。

三、基因工程的研究内容

1. 基因克隆工具的研究

基因工程技术之所以能在体外将不同来源的 DNA 重新组合，构建成新的重组 DNA 分子并在宿主细胞内扩增和表达，关键是依赖一系列重要的克隆工具，主要包括：装载目的基因的载体系统、操作核酸分子的工具酶类及接受外源基因的受体系统。

（1）载体系统的研究

载体是外源基因的运载工具，它能使携带的外源基因随自身 DNA 的复制而得以复制，或使外源基因插入整合到宿主细胞的染色体上，随宿主 DNA 的复制而得以复制，并可启动目的基因在宿主细胞内完成转录。利用载体上特殊的选择标记，在相应的选择压力下，筛选阳性转化子的细胞克隆。目前已构建了数以千计的各类载体：原核载体和真核载体；克隆载体和表达载体；质粒载体、噬菌体载体、病毒载体及其他 BAC、PAC、YAC 等人工构建的载体等。结构不断优化的载体分子，不仅简化了复杂的克隆操作程序，提高了转化效率，而且能装载的目的 DNA 片段可大至数千 kbp（kilo base pairs）。

（2）工具酶类的研究

基因工程操作中必需的工具酶主要包括：限制性核酸内切酶、DNA 连接酶、DNA 聚合酶及各种修饰酶等。顾名思义，这些酶类是实施体外 DNA 切割、连接、修饰及合成等程序所需要的重要工具。限制性核酸内切酶可对 DNA 分子实施定点切割，并且多数产生便于连接的黏性末端；连接酶可通过催化磷酸酯键的形成，使不同来源的 DNA 片段相互连接；耐高温 DNA 聚合酶的发现使得 DNA 分子扩增的聚合酶链式反应（PCR）过程实现了程序化、自动化，成为使用领域最广的 DNA 扩增技术。

（3）受体系统的研究

基因工程的受体与载体是严格配套且前后衔接的一个完整系统的两个方面。受体是载体及其携带的目的基因的宿主，是外源基因扩增和表达的场所。在真核生物宿主细胞内具有完成 mRNA 加工的酶系统，以确保外源目的基因的最终表达。受体的选择需根据工程设计的目的、转化所用的载体以及工程实施所采用的技术和方法而定。目前最为常用的微生物受体系统是大肠杆菌受体系统和酵母菌受体系统，它们分别是原核与真核受体的典型代表，除此以外，相继发展了如链霉菌、芽孢杆菌、丝状真菌受体系统。动物受体系统多为受精卵、干细胞以及乳腺组织、胚胎组织等。植物受体系统常用未成熟胚、愈伤组织或生长点、丛生芽等。

2. 基因克隆技术的研究

从诞生至今的50年间，基因工程技术体系获得了快速发展，成为渗透甚广、分支众多的一门综合性应用技术学科，全面推动着生命科学的发展。这一新兴的工程技术体系也在探索与创新实践中完善并成熟。如：以聚合酶链式反应（PCR）为基础的DNA片段扩增与差异筛选技术、核酸序列的全自动化学合成技术、第三代高通量核酸序列分析技术、定制的特殊基因芯片检测技术、借助计算机和互联网的生物信息学技术、组织工程技术、动植物生物反应器技术等等，以及基因组、转录组、代谢组、蛋白质组等各种“组学”研究技术的发展与应用，无疑对推动基因工程技术体系的发展起到了重要的作用。克隆技术也从单一的传统Ⅱ型限制性核酸内切酶的酶切与连接技术发展到多种基于非典型酶切连接、PCR、同源重组、单链退火拼接等原理的DNA克隆和组装技术，为基因工程走向合成生物学的发展提供了有效的操作工具。

（1）非典型酶切连接技术

拓展 1-6

在传统的利用Ⅱ型限制性内切酶的酶切连接克隆方法基础上，利用一些特殊的核酸酶，发展了针对多片段组装获得大片段DNA（如代谢途径的构建）的克隆方法。这种方法可以解决传统方法中酶切位点受到限制的问题。这类方法中具有代表性的包括：依赖同尾酶的BioBrick™技术和依赖于Ⅱs型限制性内切酶（一类特殊的Ⅱ型核酸内切酶）的金门克隆技术（golden gate cloning）技术。（拓展1-6：BioBrick™技术和金门克隆技术）

（2）PCR衍生的克隆技术

拓展 1-7

20世纪90年代发展起来的利用PCR技术衍生的克隆方法。例如重叠延伸PCR（overlap extension PCR，OE-PCR）和环形聚合酶延伸克隆（circular polymerase extension cloning，CPEC）技术。这些技术方法操作简单、灵活多样、应用广泛，并且可以解决上述典型和非典型酶切连接中对于序列依赖的问题，达到无痕、非序列依赖性的效果。已经广泛应用于基因克隆、定点突变、基因拼接研究中。（拓展1-7：重叠延伸PCR）

（3）同源重组技术

拓展 1-8

同源重组是指含有重叠序列的DNA分子之间或分子内部的重新组合，适合大片段的连接，目前已经广泛应用。常规方法体外组装较大分子的DNA较为困难，这时就需要体内大片段DNA组装方法。而同源重组技术可以较好地解决这个困难。例如：酿酒酵母体内的转化偶联重组技术（transformation-associated recombination，TAR）和大肠杆菌体内的Red/Rec同源重组技术。（拓展1-8：同源重组技术）

（4）单链退火拼接技术

单链退火拼接技术，即所谓的chew-back组装，是指创造DNA分子之间的重叠区，运用连接或聚合的思想实现分子间的拼接。这种技术既跳出了使用限制酶的局限，利用DNA外切酶产生较长的黏性末端，又应用等级化组装模式很好地规避了逐级添加的耗时耗力拼接方式，使得无论在组装的DNA片段数目还是尺度上变得更为高效。例如目前最常用的Gibson assembly（Gibson恒温一步组装法）和SLIC（sequence and ligation-independent cloning，不依赖序列与连接的克隆）技术。

3. 克隆对象——目的基因的研究

基因是一种重要的生物资源和有限的战略资源。人类基因组计划的最新研究结果显示，在人体具有的近百万个体细胞中，每个细胞里长达30亿个核苷酸的DNA序列内，编码的功能基因总数约有20500个，而仅有千个体细胞的线虫，每个细胞的DNA就有编码基因达20000个。包括人类在内的所有动物、植物、微生物中的如此珍稀、宝贵的基因资源自然成为学术、政治、经济激烈竞争的对象，世界各国政府与科学家在高度重视从拥有的生物种质中开发基因资源的同时，各种没有硝烟的基因资源争夺战也从未停歇。谁获得的基因专利多，谁就在基因工程的应用领域拥有了主动权，站在了制高点。可见，发现、定位并最终获得目的基因是基因工程研究极为重要的内容。以功能基因克隆为主要目标的研究工作，已经从零敲碎打的“钓鱼”策略发展到全基因组分析的“捕鱼”策略；人类基因组计划的研究策略与方法已广泛在其他多种生物的基因组计划中得以利用和完善。我国100多位科学家参与的国际水稻基因组计划的研究成果举世瞩目，在2002年4月5日出版的《科学》（*Science*）杂志上发表的论文《水稻（籼稻）基因组的工作框架序列图》，被称为“这一领域里具有重要意义的里程碑”，如图1-6所示。这标志着我国已经进入世界基因组研究的强国之列。2005年8月“水稻基因组精细图”刊登于《自然》（*Nature*）杂志上，我国科学家的贡献率达20%，写下了绚烂的“中国卷”。我国目前已经实现了对重要农作物，如水稻、小麦、玉米、大豆、油菜、棉花等基因组测序或重测序，实现了对控制重要农艺性状关联基因的大规模克隆和鉴定。农作物基因组学研究的空前发展正推动着农业的第二次“绿色革命”。

图1-6 我国科学家完成的水稻基因组测序研究成果发表在国际权威的《科学》杂志上，并在封面配图

4. 基因工程产品的研究

人类认识自然的最终目的是实现更加主动、更为有效地改造、利用和保护自然。人类“探索基因奥秘”的研究除了认识基因的结构、功能和调控性状表达的网络体系外，更具魅力的是获得目的基因的表达产物，并合理、有效地将其利用在工、农、医、药等各个领域。仅以医、药行业为例，从1982年美国Lilly公司将第一例重组胰岛素的基因工程产品投放市场以来，迄今全球已有50多种基因工程药物上市，近千种处于研发阶段，也已形成一个新兴的高新技术产业，产生了巨大的社会和经济效益。据不完全统计，美国的生物技术公司已多达2000多家，欧洲也有1000多家，其中以英、德、法为主。根据各家生物制药公司2019年财报披露的产品销售数据，2019年全球销售额超过10亿美元的重磅炸弹药品共有140个。其中，前100种（TOP100）药品的上榜门槛是14.69亿美元，合计销售收入3402.87亿美元。从药物类型上看，除去TOP100药品中的小分子药物（非基因工程药）共54个，剩下的药品中单抗/重组蛋白类大分子药物（基因工程药物）共40个，销售收入占比49%，如图1-7所示。从疾病领域来看，TOP100药品中肿瘤、免疫、感染病、内分泌、心血管、神经疾病是市场规模最大的6个领域，均超过了200亿美元。

我国基因工程药业的发展日新月异，方兴未艾。2017年度国家最高科学技术奖的获奖者侯云德院士领导研发了我国首个基因工程药物（国家Ⅰ类新药）——重组人干扰素α1b，

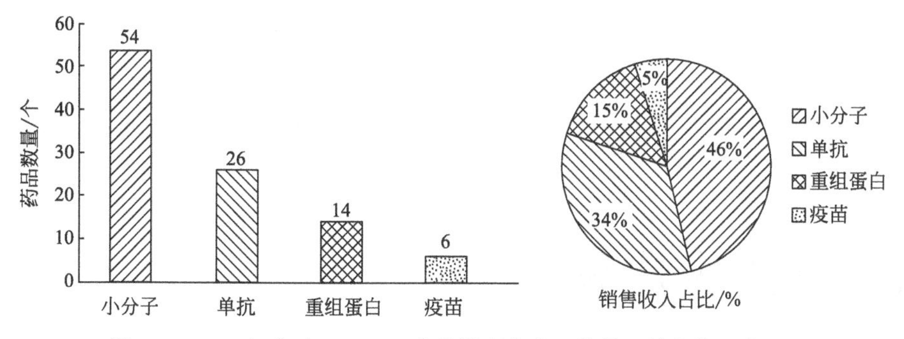

图 1-7 2019 年全球 TOP100 药品类型分布（数量、销售收入占比）

实现了我国基因工程药物从无到有的“零”突破。目前，据不完全统计，我国已经进入产业化生产的基因工程药物约有 140 多种，另有一批正进入临床试验和上游研发阶段。随着我国国力的不断增强，生物技术药业研发水平的迅速提升，加之我国独特的人类基因资源和广阔的需求市场，基因工程药物的开发将会赶上甚至超过世界先进水平。可以预见，一场新的生物技术药业革命将成为 21 世纪药业的支柱。生命科学与生物技术已成为我国赶超世界发达国家生产力水平，实现国力后发优势和经济快速发展最有前景和希望的领域。

本章小结

基因工程技术起源于 DNA 分子的体外重组技术，目前广泛应用于工业、农业和生物、医药等众多行业，在生物药物、生物制品、生物材料及物种改良上发挥重要作用，成为解决人类社会所面临的健康、资源、环境等突出问题的有力武器。从诞生至今的 50 年间，基因工程技术在探索与创新实践中不断发展，并产生了许多重要的技术，如：以 PCR 为基础的 DNA 片段扩增与差异筛选技术、核酸序列的全自动合成技术、第三代高通量核酸序列分析技术、基因芯片检测技术、组织工程技术、动植物生物反应器技术等等，以及基因组、转录组、代谢组、蛋白质组等各种“组学”研究技术等。克隆技术也从单一的传统Ⅱ型限制性核酸内切酶的酶切与连接技术发展到多种基于非典型酶切连接、PCR、同源重组、单链退火拼接等原理的 DNA 克隆和组装技术。基因工程技术的发展为解决人类社会面临的资源、能源、健康、环境等突出问题带来了希望，并提供了有效的解决方案。

第二章
基因与基因表达调控

基因是DNA分子中含有特定遗传信息的一段核苷酸序列，是遗传物质的最小功能单位。通过DNA复制，基因携带的遗传信息能准确地传递给后代，以维持生物体遗传性状的稳定；通过转录和翻译，基因信息能表达出生物个体特定的遗传性状，呈现出一定的表型特征。根据基因是否转录和翻译可将其分为三类：①既能转录又能翻译的编码蛋白质的基因，它包括结构蛋白、蛋白酶、信号分子及转录因子等的结构基因；②可转录但不翻译的基因，它包括tRNA、rRNA和micRNA等非编码RNA（non-coding RNA）的基因；③不转录的基因，主要包括对基因表达起调控作用的启动子、操纵子、增强子、衰减子和绝缘子等。

生物体内的基因按其自身的规律开启或关闭，基因开启后即可转录，合成各种RNA或进一步翻译出蛋白质，这一过程被称为基因表达（gene expression）。不同类型的基因，其表达产物各不相同。结构基因的表达产物是各种功能不同的蛋白质，而可转录但不翻译的基因的表达产物是各种结构和功能不同的RNA。生物体中基因的表达有其特定的规律，并受到多种因素的调节与控制，这使得体内基因表达产物能够有序、协调地发挥功能作用，使生命活动成为一个协调、统一的整体。对基因的研究，以及对基因表达调控规律的探索研究是基因工程研究的重要基础。

第一节　基因的结构与功能

基因的定义：基因是脱氧核糖核酸（deoxyribonucleic acid，DNA）分子中的一段特定的核苷酸序列，它包括编码蛋白质肽链或可转录但不翻译的RNA的核苷酸序列，以及保证转录所必需的调控序列。不同种类的生物，其基因结构有所不同。随着分子生物学学科理论的迅速发展以及DNA分子克隆技术、核苷酸序列分析技术、核酸分子杂交技术等现代生物学实验手段的不断创新，人们能够从分子水平上研究基因的结构与功能，并不断丰富与深化我们对基因本质的认识，为基因工程技术应用奠定坚实的理论基础。

一、基因的分子基础

Watson和Crick于1953年提出的DNA双螺旋结构模型为解析基因的复制、表达及突变的基本属性提供了分子结构基础。根据这一模型，DNA是由两条多聚脱氧核苷酸链以反向平行的方式，按A与T，C与G配对的原则，由氢键连接，向右盘旋形成的双螺旋结构分子。每条多聚脱氧核苷酸链的基本组成单位或单体是脱氧核苷酸（deoxynucleotide，dNt），每个脱氧核苷酸由一个磷酸和一个脱氧核苷（deoxynucleoside，dNs）组成，而每个脱氧核苷又由一个脱氧核糖和一种碱基组成，在 DNA 分子中，碱基有两种嘌呤（腺嘌呤 A，鸟嘌呤 G）和两种嘧啶（胸腺嘧啶 T，胞嘧啶 C）。当 DNA 复制时，双链解开形成单链，然后以每条单链为模板，在 DNA 聚合酶的催化下，按照碱基配对的原则，合成新的子代 DNA 分子。在子代 DNA 分子中，保留了一条完整的亲代 DNA 链，另一条链则是新合成的（半保留复制），如图 2-1 所示。通过这样准确地复制，基因信息便能稳定遗传，实现传宗接代，代代相传的目的。尽管现在知道 RNA（ribonucleic acid，核糖核酸）也可以作为遗传物质（如某些 RNA 病毒或噬菌体，RNA 就是基因的载体），但是绝大多数生物还是以 DNA 的形式携带遗传信息。

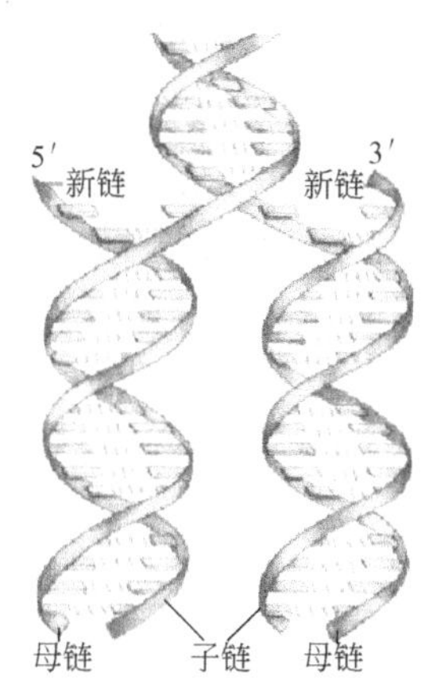

图 2-1　DNA 的半保留复制模型

基因作为一个最小的、不可分割的遗传功能单位，它所对应的一段核苷酸序列被称为顺反子（cistron）。原核生物中一个顺反子编码一条完整的多肽链。因此，顺反子是一个功能单位。在原核生物和低等真核生物细胞中，基因和顺反子是同义词；而在高等真核生物细胞中，由于基因中存在内含子，此时一个顺反子就等价于该基因全部外显子的总和。顺反子内有许多突变位点和多个可以发生交换的位点。从 DNA 的化学结构上看，两条 DNA 分子发生交换的过程实质上就是连接脱氧核苷酸的磷酸酯键间的断裂与错接的过程，因此最小交换单位就是 1 个碱基对（base pair，bp），又称重组子（recon）。另外，理论上基因内的任何碱基都可以发生突变，因此最小突变单位就为 1 个碱基对，又称突变子（muton），它也是形成基因组遗传多样性，又称单核苷酸多态性（single nucleotide polymorphisms，SNP）的主要原因。

二、结构基因的基本组成

原核生物的单个基因大小平均为 1000bp 左右，而真核生物的单个基因平均由 7000～8000bp 组成。一条 DNA 分子可以包含多至几千个基因。基因由多个不同的区域组成。无论是原核生物基因还是真核生物基因，都可划分为转录区和调控区两个基本组成部分。转录区为从转录起始点至转录终止子的区域，其中，从 5′端至 3′端按序排列依次为：5′端非翻译区（5′UTR）、翻译起始密码（通常是 AUG）、连续排列的密码子区（真核生物基因的该区域为可翻译的外显子和不可翻译的内含子间隔排列）、终止密码（UAA 或 UAG 或 UGA）、3′非翻译区（3′UTR）。转录的调控区位于转录起始位点 5′上游，包含核心启动子、上游启动元件、增强子等序列。

启动子（promoter），有时也称为核心启动子，是位于基因 5′端非翻译区（5′UTR）与转录起点上游紧邻的一段非转录序列，其功能是募集 RNA 聚合酶并令其识别和结合转录起点，启动基因的转录。一般而言，原核生物基因的核心启动子比较简单，它位于转录起点上游约第 10 个核苷酸至第 40 个核苷酸（－10bp 至－40bp）之间，含有 RNA 聚合酶对转录模板链的识别序列（－10bp 至－17bp）和结合序列（－35bp 至－40bp）。上游启动元件一般位于－40bp 至－60bp 之间，通常是促进转录的正控制蛋白结合位点。而真核基因的启动子较大，一般而言，核心启动子位于－30bp 至－40bp 之间，上游启动元件位于－70bp 上游的较大区域，存在众多与各类转录因子结合的顺式作用元件（cis-acting elements）。

终止子（terminator）为基因 3′端非翻译区（3′UTR）与转录终点下游紧邻的一段非转

录的核苷酸短序列，具有终止转录的功能，即一旦 RNA 聚合酶完全通过了基因的转录序列后，终止子可阻止 RNA 聚合酶继续向前移动并促使 RNA 聚合酶、DNA、RNA 复合体解体，释放出 mRNA，使转录活动终止。典型的原核生物基因与真核生物基因的基本结构如图 2-2 和图 2-3 所示。

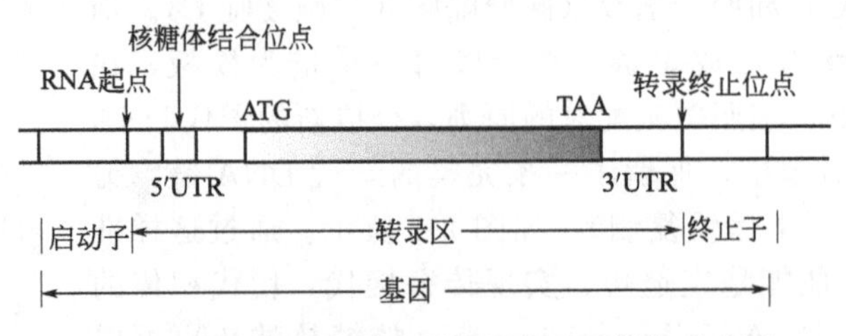

图 2-2　典型的编码蛋白质的原核基因结构示意图

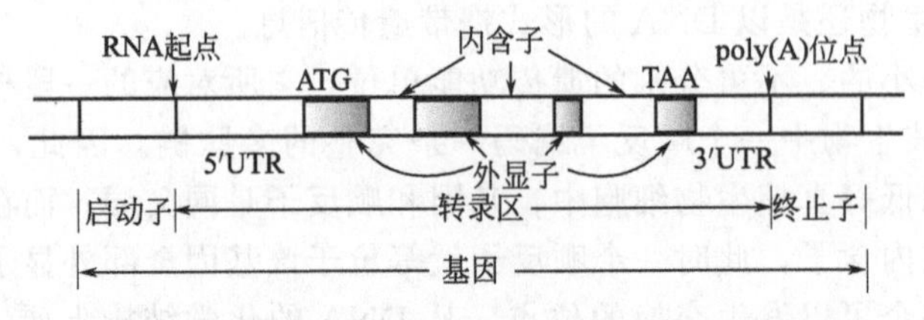

图 2-3　典型的编码蛋白质的真核基因结构示意图

如图 2-2 和图 2-3 所示，原核基因与真核基因的结构组成大体相似，它们的转录都开始于启动子，终止于终止子。但是真核生物基因结构更复杂一些，其编码序列往往是不连续排列的，由外显子（exon）和内含子（intron）间隔排列组成，因此有时也称真核生物的基因为间隔基因（splitting gene）或断裂基因（interrupted gene）。其中，外显子是指基因内编码蛋白质的 DNA 序列或可被翻译的序列，抑或指与成熟 mRNA 对应的序列。内含子是指基因内不编码蛋白质的 DNA 序列或可转录但不被翻译的序列，抑或指与成熟 mRNA 不对应的序列。不同的基因中内含子数目不等。第一个外显子紧邻 5′UTR 下游，最后一个外显子紧邻 3′UTR 上游。

三、原核生物基因结构与调控模式

在原核生物（prokaryote）中，功能相关的基因常串联在一起，构成信息区，与其上游的调控序列共同组成一个转录单位——操纵子（operon）。其调控序列从 5′端向 3′端方向，包括调节基因（也可能非紧邻）、正控制位点、启动子、操纵基因等部分。正控制位点与正控制调节蛋白结合后可活化 RNA 聚合酶而激活转录。启动子是 RNA 聚合酶结合的区域，操纵基因实际上不是一个基因，而是一段能被调节基因表达产物（阻遏蛋白）特异结合并阻止转录过程的 DNA 序列。这些调控元件共同作用决定基因表达的开与关。以大肠杆菌（*E. coli*）的乳糖操纵子（*lac* operon）为例。乳糖操纵子含 *Z*、*Y*、*A* 三个结构基因，分别编码 β-半乳糖苷酶、通透酶和乙酰基转移酶，调控区包括从 5′至 3′按序排列的 CAP 位点，启动子（promoter，*P*）和操纵基因（operator，*O*）。调节基因（regulator gene，*R*）编码一种阻遏蛋白（lac repressor），能与操纵基因结合，阻止基因转录。基于这一功能特点，阻遏蛋白也称为负控制调节蛋白。CAP 位点与降解物基因活化蛋白（catabolite gene activation protein，CAP）结合，促进转录，所以 CAP 也称为正控制调节蛋白。由 CAP 位点、*P* 序列、*O* 序列共同构成的调控区与 CAP 蛋白、阻遏蛋白相互协调，在负控制诱导物乳糖和正控制诱导物环化一磷酸腺苷（cAMP）等效应分子的诱导下，共同控制着信息区中 Z、Y、A 三个编码基因的转录。乳糖操纵子结构如图 2-4 所示。

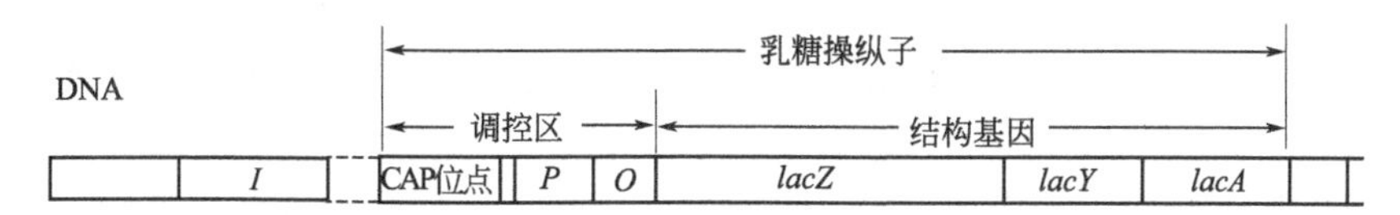

图 2-4　大肠杆菌乳糖操纵子结构示意图

四、真核生物基因结构与调控模式

真核生物（eukaryote）的结构基因为**断裂基因**。编码序列外显子被内含子间隔开。不同的基因中外显子的数量并非定数。因此外显子的数目也是描述基因结构的重要特征之一。

外显子、内含子连同 5′UTR、3′UTR 构成的结构基因转录区，在转录时被同时转录下来，转录的初产物称为前体 mRNA（precursor-mRNA，pre-mRNA），又称核内不均一RNA（heterogeneous nuclear RNA，hnRNA）。经过剪接加工后，内含子被切除，外显子依次连接，成为成熟 mRNA（mature mRNA）。鸡卵清蛋白基因 DNA 与成熟 mRNA 分子杂交如图 2-5 所示。研究发现，内含子并不是一些垃圾序列（junk sequence），有些内含子中含有调控信息，甚至含有增强子。内含子和外显子的划分也不是绝对的，有些基因的内含子被选择性剪接（alternative splicing）后也成为编码序列外显子。

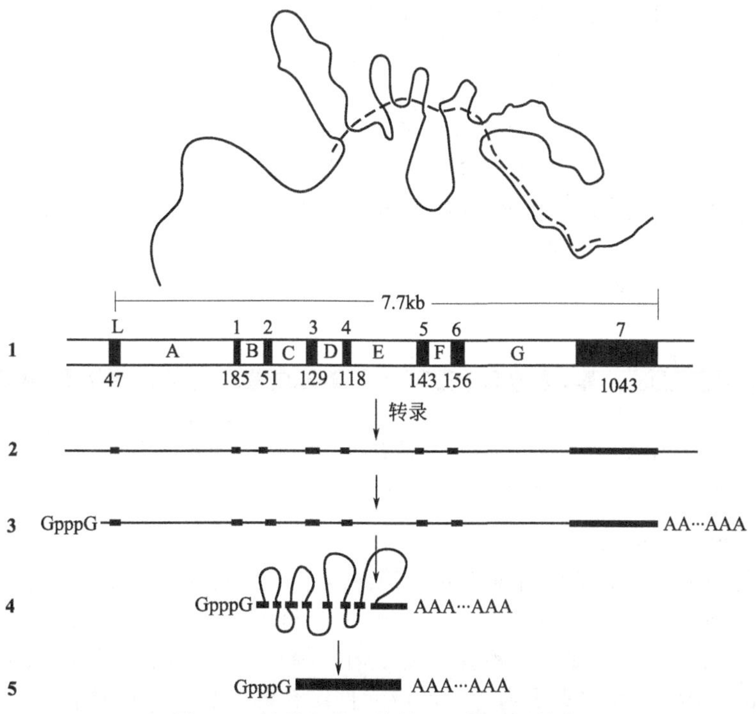

图 2-5　断裂基因及其转录、转录后修饰

图上方为成熟 mRNA 与基因 DNA 杂交的电镜结果示意图

虚线代表 mRNA，实线为 DNA 模板。A、B、C、D、E、F、G 均为内含子，

L、1、2、3、4、5、6、7 为外显子

1—卵清蛋白基因；**2**—转录初级产物 hnRNA；**3**—hnRNA 的首、尾修饰；

4—剪接过程中套索 RNA 的形成；**5**—胞浆中出现的 mRNA，套索已去除最庞大的一个人类基因是抗肌萎缩蛋白（distrophin）基因，全长有数百万个核苷酸对，由 50 多个外显子和 50 多个内含子间隔排列，成熟的 mRNA 仍有万余个核苷酸。

真核生物基因除外显子与内含子以外的部分，包括增强子、上游启动子元件、启动子、加尾信号和一些能与调节蛋白结合的应答元件等，统称为顺式调控元件或称顺式作用元件（cis-acting elements），即指那些与结构基因表达调控相关、能够被调控蛋白特异性识别和结合的 DNA 序列。一些蛋白质因子可通过与顺式作用元件结合调节基因转录，这些蛋白质因子称为反式作用因子（trans-acting elements）或转录因子。

（1）真核启动子

真核生物的每一个结构基因上游都有启动子，各个基因的启动子序列具有较高的同源性。真核生物基因的启动子自身并不足以被 RNA 聚合酶识别与结合，启动子必须与转录因子结合后，才能被 RNA 聚合酶识别与结合，这一点与原核基因启动子不同。

TATA 盒（TATA box）是真核启动子中的主要元件，它位于转录起始点上游约 －30bp 处，几乎所有已发现的真核生物基因的启动子都有此序列。TATA 盒的核心序列是 TATA（A/T）A（A/T）。TATA 盒与一种称为 TATA 因子的转录因子结合后即成为完整的启动子，精确地决定 RNA 合成的起始位点，其序列的完整与准确对其功能十分重要，如某些碱基发生突变，甚至 A 和 T 的颠换突变都能导致启动子失活或转录效率降低。

（2）上游启动子元件（upstream promoter elements）

上游启动子元件是 TATA 盒上游的一些特定的 DNA 序列，反式作用因子可与这些元件结合，通过调节 TATA 因子与 TATA 盒的结合、RNA 聚合酶与启动子的结合及转录起始复合物的形成（转录起始因子与 RNA 聚合酶结合）来调控基因的转录效率。

上游启动子元件包括 CAAT 盒、CACA 盒及 GC 盒等。CAAT 盒含有 5′CAAT3′核心序列，GC 盒含有 5′GGGCGG3′核心序列，二者位于－70bp 和－120bp 之间，CACA 盒位于上游－80bp～－90bp 处，其核心序列为 GCCACACCC。大多数真核生物基因具有 CAAT 盒，一些组成型基因（即不受生物体发育调节而持续表达的基因）具有 GC 盒的特征，如图 2-6 所示。CAAT 盒与 GC 盒的作用有些类似于原核生物基因－35 区的作用，是反式作用因子识别与结合的位点。不过，原核生物启动子中的－35 序列位置恒定，而 CAAT 盒与 GC 盒在不同基因中所处的位置则不同。

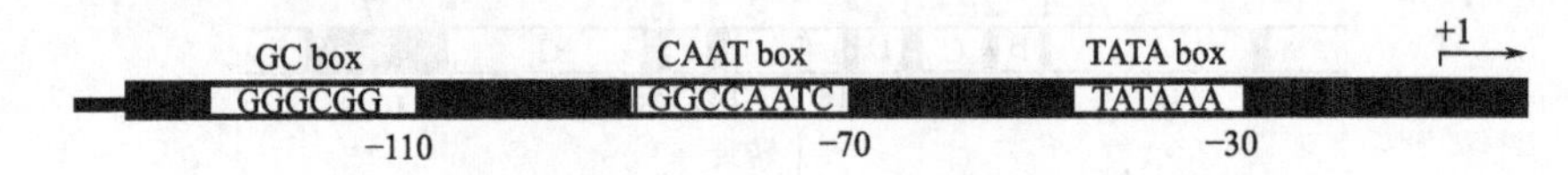

图 2-6　真核生物基因 5′端启动子的顺式调控元件示意图

转录方向以箭头表示，＋1 表示转录起始点

（3）反应元件（response elements）

反应元件是一类能介导基因对细胞外的某种信号产生反应的 DNA 序列。反应元件都具有较短的保守序列。这些元件通常位于启动子附近和增强子内，如热休克反应元件（heat shock response element，HSE）一般在启动子内，糖皮质激素反应元件（glucocorticoid response element，GRE）在增强子内。与反应元件结合的信息分子受体便是一些反式作用因子。如糖皮质激素可进入细胞，与糖皮质激素受体结合并使之活化，活化的糖皮质激素受体则与 GRE 结合，促进特定的基因表达。

（4）增强子（enhancer）

增强子是一段 DNA 序列，其中含有多个能被反式作用因子识别与结合的顺式作用元件。反式作用因子与这些元件结合后能够调控（通常为增强）邻近基因的转录。增强子一般位于转录起始点上游－100～－300bp处，但在基因序列之外或内含子中也有增强子序列。

增强子主要通过改变DNA模板的螺旋结构、为DNA模板提供特定的局部微环境，或为RNA聚合酶和反式作用因子提供一个与某些顺式元件联系的结构等方式发挥作用。其作用无方向性，无基因特异性，也不受与基因之间距离远近的影响。

1986年Maniatis等研究干扰素-β（IFN-β）基因转录时发现其增强子内具有负调控序列，称为负增强子（negative enhancer），又称沉默子（silencer）。由于负增强子的发现，有人建议用调变子（modulator）代替增强子的概念。

五、特殊结构与功能的基因

1. 转座基因

转座基因，也称转座因子（transposable elements），它是指可以从染色体基因组上的一个位置转移到另一个位置，甚至在不同的染色体之间跃迁的基因成分，因此有些文献形象地称之为跳跃基因（jumping genes）。转座基因最早由美国冷泉港实验室的女科学家B. McClintock于20世纪40年代末期在玉米中首次发现，但直到60年代末，基因转座现象在原核生物中再次被证实后才被学术界所公认。1983年，这位年已81岁高龄、不屈不挠的女科学家B. McClintock因在转座基因研究上的超时代发现和卓越贡献，荣获了诺贝尔生理学或医学奖。

原核生物的转座因子可以分成三种不同的类型：大小小于2000bp的称为插入序列IS（insertion sequence），大于2000bp并具有较为完备的转座调节系统的称为转座子Tn（transposon），而噬菌体Mu和D_{108}则属于第三种类型的转座因子，即可转座的噬菌体。

转座（位）作用的机制有两种，即：简单转座（又称单纯转座）和复制型转座。简单转座时，在转座酶（transposase）的作用下，转座因子从原来位置转座插入到新的位置，结果是在原来的位置上丢失了转座因子序列，而在插入位置上增加了转座因子序列，这种方式也称为剪-贴式转座（cut-paste）。复制型转座则是在转座酶和解离酶（resolvase）的参与下，转座因子在复制和交换的过程中，将一份转座因子拷贝转座到新的位置，在原先的位置上仍然保留一份转座因子序列。尽管不同转座因子的IR序列的长短和组成不尽相同，但两种转座类型均要求转座因子的两端必须具有一段能被转座酶识别和切割的反向重复序列（inverted repeat，IR）。

2. 假基因

1977年，G. Jacq等人根据对非洲爪蟾5S rRNA基因簇（gene cluster）的研究，首次提出了假基因（pseudogene）的概念。现已在大多数真核生物中发现了假基因，它约占整个基因组的1/4。假基因是多基因家族中的成员，因其碱基序列发生缺失、倒位或点突变等失去活性，成为无功能基因，它们或者不能转录，或者转录后可合成无功能的异常多肽。这类假基因与原初有功能的“真基因”具有较高的同源性，假基因在哺乳动物中是一种普遍现象，也成为基因进化的痕迹。表示假基因的DNA顺序可在相应基因名称之前加“φ”。如α珠蛋白基因家族中$\varphi\zeta 1$与功能性$\zeta 2$基因同源，$\varphi\zeta 1$有3个碱基被取代，其中密码子6由GAG突变为TAG，发生了无义突变。

实际上，在断裂基因概念提出后，对假基因的结构序列进行比较研究发现，在真核生物的基因家族中，除了功能基因累积突变型的假基因外，还广泛存在一种“加工假基因”，它们具有4个显著的特点：①没有启动子，没有内含子；②具有与成熟mRNA相同的poly（A）尾序列；③两侧具有DNA插入后形成的“足迹”顺向重复序列DR（direct repeat）；④随机出现在非正常的位置上。故有人按此提出假基因并非来自真基因的突变，很可能与逆转录病毒的感染有关。当真基因的 mRNA 经剪接去除内含子，并加上 poly(A) 尾后，再逆转录为 cDNA，进而以一种类似转座的方式插入染色体中，遂成为假基因。如果此过程发生于性细胞中，则可遗传至下代。

3. 重叠基因

长期以来，人们一直认为，在一段具有编码信息的 DNA 序列内，读码框架是唯一的，遗传密码不存在重叠性。如果在这段编码 DNA 序列中存在 2 种或 3 种读码框架，就意味着这段 DNA 序列可能编码 2 个或 3 个基因信息，它们彼此重叠，当一个核苷酸发生突变，就可能会形成 2 个或 3 个突变基因。

随着 DNA 核苷酸序列测定技术的发展，人们已经在一些噬菌体和动物病毒中发现，不同基因的核苷酸序列有时是可以共用的。也就是说，它们的核苷酸序列是彼此重叠的。分子生物学中这样的 2 个基因称为重叠基因（overlapping genes）或嵌套基因（nested genes）。

已知大肠杆菌 ϕX174 噬菌体单链 DNA 共有 5387 个脱氧核苷酸。如果使用单一的读码框架，它最多只能编码 1795 个氨基酸。按每个氨基酸的平均分子量为 110 计算，该噬菌体所合成的全部蛋白质的总分子量最多是 197000。可实际测定发现，ϕX174 噬菌体所编码的 11 种蛋白质的总分子量竟是 262000。1977 年，英国分子生物学家 F. Sanger 领导的研究小组，在测定 ϕX174 噬菌体 DNA 的脱氧核苷酸序列时发现，它的同一部分 DNA 能够编码两种不同的蛋白质，从而解答了上述的矛盾现象。

就现在所知，不仅在细菌、噬菌体及病毒等低等生物基因组中存在重叠基因，而且在一些真核生物中还发现了不同于原核生物的其他类型的重叠基因。这是基因结构与功能研究上的又一个有意义的发现。（拓展 2-1：G4 噬菌体的重叠基因）

拓展 2-1

4. 基因家族

真核生物的基因数量巨大，结构和功能复杂，但这些众多的基因实际上是由数量有限的原始基因经过逐步扩增、突变而进化来的，因而许多基因在核苷酸序列或编码产物的结构上存在着不同程度的同源性。基因家族（gene family）就是指核苷酸序列或编码产物的结构具有一定程度同源性的一组基因。同一个家族的基因成员是由同一祖先基因进化而来，同源性最高的可达 100%［即多拷贝基因，也称为重复基因（repetitive gene)］，它们的同源性也可以很低。多基因家族中的基因，其编码产物常常具有相似的功能，而在基因超家族中，可能有些基因的编码产物在功能上毫无相同之处，或某些成员并不能表达出有功能的产物，称为假基因。根据家族内各成员同源性的程度，基因家族主要有以下几种类型。

（1）核酸序列相同

这实际上是多拷贝基因。在真核基因组中，有些基因的拷贝数不止一个，可以有几个、几十个甚至几百个，被称为单纯多基因家族，如 rRNA 基因家族、tRNA 基因家族等。一般真核生物细胞都有几百个到一千多个 tRNA 基因，人类基因组约有 1300 个 tRNA 基因。每种 tRNA 基因可有 10 个到几百个拷贝。每一拷贝往往串联排列在一起，但由非转录间隔区间隔形成基因簇，因此，常常比结构基因长近 10 倍。

组蛋白基因家族在染色体上的排列则是另一种形式，5 种组蛋白基因串联成一个单元，再由许多单元串联成一个大簇，这种形式的基因家族也称为复合多基因家族，组蛋白基因的串联排列与 DNA 复制时需要成比例地大量合成各种组蛋白有关。

（2）核酸序列高度同源

如人类生长激素基因家族，包括 3 种激素的基因，人生长激素（hGH）、人绒毛膜生长激素（hCS）和催乳素（prolactin）。它们之间同源性很高，尤其是 hGH 和 hCS之间，蛋白质氨基酸序列有 85%的同源性，mRNA 序列上有 92%的同源性，说明它们来自一个共同祖先基因。*hGH* 和 *hCS* 基因在 17 号染色体上的排列次序是（*hGH-N*）-(*hCS-L*)-(*hCS-A*)-(*hGH-V*)-(*hCS-B*)，其中 hGH 基因有 2 个，一个是正常表达（*hGH-N*），另一个至今未发现表达产物（*hGH-V*）。*hCS* 基因中有 2 个正常表达基因（*hCS-A*、*hCS-B*）和一个假基因（*hCS-L*）。

（3）编码产物具有同源功能区

在某些基因家族成员之间，基因全长序列的相似性可能较低，但基因编码的产物却具有高度保守的功能区。如 *src* 癌基因家族，各成员基因结构并无明显的同源性，但每个基因产物都含有 250 个氨基酸构成的同源蛋白激酶结构域。一些结构类似、功能相关的受体也是依此划分成一个个家族。

（4）编码产物具有小段保守基序

在有些基因家族中各成员的 DNA 序列可能并不明显相关，而基因编码的产物却具有共同的功能特征，存在小段保守的氨基酸序列。例如 DEAD 盒基因家族含有几个不同的基因，它们的产物都具有解旋酶的功能，其结构特征是 8 个氨基酸序列，内含 DEAD 序列：Asp-Glu-Ala-Asp。

5. 基因超家族

基因超家族（gene superfamily）是指一组由多基因家族及单基因组成的更大的基因家族。它们的结构有程度不等的同源性，它们可能都起源于相同的祖先基因，但它们的功能并不一定相同，这一点正是与多基因家族的差别所在。这些基因在进化上虽也有一定的亲缘关系，但亲缘关系较远，故将其称为基因超家族。

在基因超家族中，免疫球蛋白基因家族是最早被发现，也是最经典的基因超家族。这一家族的各成员都具有共同的免疫球蛋白样的结构域，因而也将其命名为免疫球蛋白基因超家族。

第二节　基因组的结构与功能

在特定的细胞或生物体中，一套完整单倍体的遗传物质的总和称为**基因组**（genome），它包含了特定生物的全部遗传信息。随着生命科学的发展，对基因结构与功能的研究也在不断发展，从单个基因到整体基因组，从简单的病毒基因组到复杂的高等动植物基因组，“人类基因组计划”的顺利完成标志着人类对基因组的研究已经进入一个新的时代。

一、病毒基因组的结构与功能特点

病毒（virus）是最简单的生命形式，遗传信息的延续构成了其生命活动的主要内容。病毒基因组的主要功能就是保证基因组的复制及其向子代传递，整套基因组所编码的蛋白质都是与基因复制、病毒颗粒包装以及病毒向宿主细胞传递密切相关的。

1. 病毒基因组的分子特征

与原核生物基因组或真核生物基因组相比，病毒的基因组很小。尽管如此，在不同的病毒之间，其基因组大小相差甚大。大的如痘病毒基因组，其 DNA 长达 300kb，可编码几百种蛋白质；小的如乙肝病毒（HBV）基因组，其 DNA 只有 3.2kb，所包含的信息量较少，只能编码几种蛋白质。

在分子种类与结构上，病毒基因组之间差别也很大。不同病毒的基因组可以是不同种类的核酸，即可以是 DNA 分子或是 RNA 分子；病毒基因组的 DNA 或 RNA 有的是单链，有的是双链；有的是闭合环状结构，有的是线性结构。如乳头瘤病毒基因组为闭环双链 DNA，腺病毒基因组为线性双链 DNA，噬菌体 M13 基因组为单链环状 DNA（其复制型为双链环状 DNA），脊髓灰质炎病毒基因组为单链 RNA，呼肠孤病毒基因组为双链 RNA。

此外，病毒基因组的 DNA 或 RNA 有的是连续的结构，有的是不连续的结构。一般而言，DNA 病毒基因组均由连续的 DNA 分子组成；多数 RNA 病毒基因组也由连续的 RNA 组成，但有些则由不连续的 RNA 组成。如流感病毒由 8 条分开的单链 RNA 分子构成，而呼肠孤病毒则由 10 条双链 RNA 片段组成。

2. 病毒基因组的遗传与表达特征

病毒基因组主要为单倍体基因组，每个基因在病毒颗粒中只出现一次。迄今只发现逆转录病毒基因组是个例外，它具有两份基因组拷贝。病毒基因组的大部分序列是用来编码蛋白质的，约占基因组的 90%以上，只有很小的一部分不编码蛋白质。病毒基因组中的基因结构上有连续的和不连续的两种类型，这种差别与病毒感染的宿主类型有关，即：感染细菌的病毒（噬菌体）基因组与细菌基因组结构特征相似，基因是连续的；而感染真核生物细胞的病毒，其基因组与真核生物基因组结构特征相似，基因是间断的，有内含子的结构特征。

3. 病毒基因组的功能基因特征

在病毒基因组核酸序列中，功能相关的蛋白质基因往往聚集在基因组的一个或几个特定部位，形成一个功能单位或转录单元（也称“基因丛集”），即以多顺反子 mRNA 的形式一起被同时转录，随后被加工成合成各自蛋白质的 mRNA 模板。如腺病毒晚期基因编码表达的 12 种外壳蛋白，在晚期基因转录时，在 1 个启动子作用下转录成一条多顺反子 mRNA，然后加工成编码病毒的各种外壳蛋白的成熟 mRNA。

因为病毒核酸分子普遍很小，又需要装入尽可能多的基因，所以在进化过程中形成了重叠基因，即同一段核酸序列能够编码 2 种或 2 种以上蛋白质。重叠基因虽然共用一段核酸序列，但在合成蛋白质过程中，或因选用不同的读码框架，或因选择不同的翻译起始密码、终止密码，合成的蛋白质分子往往大不相同。基因重叠的程度有大有小，最小的两个重叠基因间只有 1 个碱基重叠。

此外，病毒基因组还含有不规则的结构基因，其转录出的 mRNA 分子亦不规范。主要类型有：①几个结构基因的编码区是连续的、不间断的排列，之间无终止密码间隔。即这些基因的编码信息被翻译在一条多肽链中，只是翻译后才被切割成各自相应的蛋白质。如：脊髓灰质炎病毒基因组、逆转录病毒的 *gag* 和 *pol* 基因等。②mRNA 的 5′端没有 m^7GpppN 的“帽子”结构，而是由其 5′端非翻译区（5′UTR）的 RNA 形成特殊的空间结构，称为翻译增强子，核糖体通过结合翻译增强子而开始翻译。③结构基因本身没有翻译起始序列：某些处于病毒基因组中部的结构基因，转录后其编码区也在一条多顺反子 mRNA 的中部，因为没有 5′端帽子结构（被其他顺反子所隔断），也没有翻译增强子结构，有的甚至没有起始密码子，无法作为模板进行翻译，必须在转录后进行加工、剪接，与病毒 RNA 5′端的帽子结构连接，或与其他基因的起始密码子连接，成为有翻译功能的完整 mRNA。

二、原核生物基因组的结构与功能特点

原核生物基因组仅由一条环状双链 DNA 分子组成，含有 1 个复制起点，其 DNA 虽与蛋白质结合，但并不形成染色体结构，只是在细胞内形成一个致密区域，即**类核**（nucleoid）。类核中央部分由 RNA 和支架蛋白组成，外围是双链闭环的超螺旋 DNA。由于原核生物细胞无核膜结构，基因的转录和翻译过程几乎同步在同一区域内进行。

1. 原核基因组的编码序列特征

原核生物基因的编码序列在基因组中约占50%，远大于真核生物基因组，但又少于病毒基因组；其基因的编码序列不重叠，不存在病毒基因组特有的基因重叠现象。同时，原核生物基因组中很少有重复序列，其结构基因多为单拷贝，只有编码rRNA的基因是多拷贝的（这有利于核糖体的快速组装）。此外，原核生物基因组内，执行同一代谢功能的相关结构基因通常串联排列，并以多顺反子的操纵子结构进行表达，基因内无内含子，因此转录后也不会发生选择性剪接事件。基因组中存在插入序列、转座子等可移动的DNA序列。

2. 原核生物基因组的操纵子表达结构

原核生物基因组具有操纵子的表达结构，这是原核生物基因组的一个突出的结构特点，也是原核生物基因组基因表达的基本结构单位。操纵子由调控区和信息区组成。调控区包括启动子、操纵基因，以及下游的转录终止信号，是各种调控蛋白结合与作用的部位，决定了基因的转录效率。信息区包括若干编码蛋白质的序列。

三、真核生物基因组的结构与功能特点

真核生物基因组的结构和功能远比原核生物复杂。真核生物细胞具有细胞核，而且前体mRNA转录后需要经过系列加工过程，才能成为具有翻译模板功能的成熟mRNA。基因的转录和翻译过程是在细胞的不同空间位置，不同时序先后进行的：转录在细胞核内，翻译在细胞质内完成。除了核基因组外，真核生物还具有线粒体基因组，植物细胞中的叶绿体内也具有叶绿体基因组，这些都是真核生物基因组的组成部分。

1. 真核生物基因组具有庞大、复杂的结构，基因组的倍性随染色体的倍性变化而变化

真核生物基因组较原核生物的基因组，结构更为复杂，基因数更为庞大。每一种真核生物都有特定的染色体数目，除了配子（精子和卵子）为单倍体外，体细胞一般为偶数倍的整倍体，例如，人类为二倍体生物，即含两份同源的基因组，小麦为异源六倍体生物，含有AABBDD六份部分同源的A、B、D三套基因组，小麦基因组较人类基因组大5倍，而原核生物的基因组则是单拷贝的。

2. 真核生物基因组含有大量的重复序列

真核生物基因组内非编码的序列占绝大部分，其中含有大量重复序列。一般而言，非编码的序列约占基因组的90%以上。例如在拥有30亿个核苷酸的人类基因组中，反转录转座子等就占45%的序列，内含子占24%的序列。在基因组中非编码序列所占比例也是真核生物与细菌、病毒的重要区别，且在一定程度上也是生物进化的标尺。编码序列还具有广泛的重复性，这些重复的功能相关的基因可串联在一起，亦可相距很远，从而构成各类不同类型的基因家族。但在基因家族内，即使串联在一起的成簇的基因也是各自分别转录。

3. 真核生物基因组的结构基因为单顺反子结构，存在选择性剪接

真核生物的结构基因多为单顺反子（monocistron）结构，由编码序列与相关的调控序列组成，转录生成的mRNA，通常只能翻译成一种蛋白质。大多数真核生物的结构基因是具有内含子结构的断裂基因，有些基因转录后的前体RNA还存在着选择性剪接（alternative splicing）的过程，从而产生多种不同的mRNA序列，合成出异形体蛋白（isoform protein），而原核生物基因因不含内含子序列，也就无选择性剪接过程。

四、线粒体基因组

线粒体是真核生物细胞的一种细胞器，其中含有线粒体DNA（mtDNA）分子，构成自

己的基因组，编码线粒体的一些蛋白质。除了少数低等真核生物的线粒体基因组是线状DNA分子外，一般都是环状DNA分子。因为一个细胞里有许多个线粒体，而且一个线粒体里也有几份基因组拷贝，所以一个细胞里也就有许多拷贝的线粒体基因组。不同物种的线粒体基因组的大小相差悬殊。哺乳动物的线粒体基因组最小，果蝇和蛙的稍大，酵母的更大，而植物的线粒体基因组最大。人、小鼠和牛的线粒体基因组全序列已经测定，都是16.5kb左右。每个细胞里有成千上万份线粒体基因组DNA拷贝。植物细胞的线粒体基因组的大小差别很大，最小的为100kb左右，玉米的mtDNA有约570kb，大部分由非编码的DNA序列组成，且有许多短的同源序列，同源序列之间的DNA重组会产生较小的亚基因组环状DNA，与完整的“主”基因组共存于细胞内，因此植物线粒体基因组的研究更为困难。

哺乳动物的mtDNA内没有内含子，而且几乎每一对核苷酸都参与一个基因的组成，有许多基因的序列是重叠的，例如，Anderson等于1981年测定了人线粒体基因组全序列，共16569bp，除了启动DNA相关的D环区（D-loop）外，只有87个bp不参与基因的组成。现已确定有13个蛋白质编码的区域，即细胞色素b、细胞色素氧化酶的3个亚基、ATP酶的2个亚基以及NADH脱氢酶的7个亚基的编码序列。另外还有分别编码16S rRNA和12S rRNA以及22个tRNA的DNA序列。除个别基因外，这些基因都是按同一个方向进行转录，而且tRNA基因位于rRNA基因和编码蛋白质的基因之间。与通用遗传密码比较，线粒体密码系统中，UGA是色氨酸的密码；多肽内部的甲硫氨酸由AUG和AUA两个密码子编码，翻译起始甲硫氨酸由AUG、AUA、AUU和AUC四个密码子编码；UAA、UAG、AGA、AGG为终止密码子。其他均与通用密码子相同。

线粒体基因组能够单独进行复制、转录及合成蛋白质，但这并不意味着线粒体的生物学功能完全不受核基因的控制。研究表明，在线粒体内合成的蛋白质有约98%是由核基因组编码的。说明线粒体自身结构和生命活动都需要核基因的参与并受其控制。例如杂交水稻生产体系中的细胞质雄性不育性（cytoplasmic male sterility，CMS），其实质是核质互作雄性不育（nucleo-cytoplasmic male sterility），就是由核基因组中的育性恢复基因与线粒体基因组中的不育基因共同控制的；人类中发现的有些遗传病如Leber遗传性视神经病、肌阵挛性癫痫、糖尿病-耳聋综合征、MELAS综合征等与线粒体基因突变有关。（拓展2-2：人类线粒体基因组的特点）

拓展2-2

五、人类基因组

人类基因组DNA总量约为3×10^9bp，编码序列只占基因组DNA总量的5%以下，非编码序列占95%以上。非编码序列中有一部分是启动子、增强子、内含子等序列，另外有大量的重复序列。基因组中DNA重复序列承受的选择压力较小，因此在个体间较易积累变异，是形成DNA多态性的重要遗传基础。

（一）人类基因组DNA的多态性

DNA多态性（DNA polymorphism）是指正常群体（如：正常人群）的DNA分子或基因的某些位点或区段，由于遗传或环境的原因可以发生序列改变，使不同个体在这些位点的DNA一级结构各不相同，这种现象称为DNA多态性。将易于鉴别的DNA多态性开发成DNA指纹图谱，可作为在分子水平上区别个体差异的遗传标志。

人类基因组中DNA序列的多态性可分为两类，即DNA位点多态性和长度多态性。位点多态性是指等位基因之间在特定位点上DNA序列的差异，这些位点上某一碱基的存在与否或序列异同，将决定这段 DNA 能否被某一限制性核酸内切酶水解，从而获得大小不等的片段，这种多态性常用来分析个体间 DNA 的位点差异。长度多态性是指由不同个体等位基因之间存在的 DNA 序列长度的差异所构成的多态性。这种长度多态性形成的原因有两种：一是由等位重复序列的重复次数不同所致，常称为可变数目的串联重复序列（variable number of tandem repeats，VNTRs），又称小卫星 DNA（minisatellite DNA），是一种为数十到几百核苷酸的重复短序列，重复拷贝数可以是 10～1000 个拷贝不等，VNTRs 在人群中出现的频率极高；另一种长度多态性是由某一等位片段的插入或缺失（insertion/deletion）所致，常简称为 indel。

（二）人类基因组的重复序列

1. 反向重复序列

反向重复序列（inverted repeats）是指两个顺序相同的拷贝在 DNA 链上呈反向排列。这种反向排列的拷贝之间或有一段间隔序列（可形成茎-环型的二级结构），或两个拷贝反向串联在一起，中间没有间隔序列，这种结构亦称**回文结构**（palindrome），如图 2-7 所示。人类基因组约含 5%的反向重复序列，散布于整个基因组中，常见于 DNA 复制起点、基因转录的终止子及调控区，与 DNA 复制和基因表达调控有关。

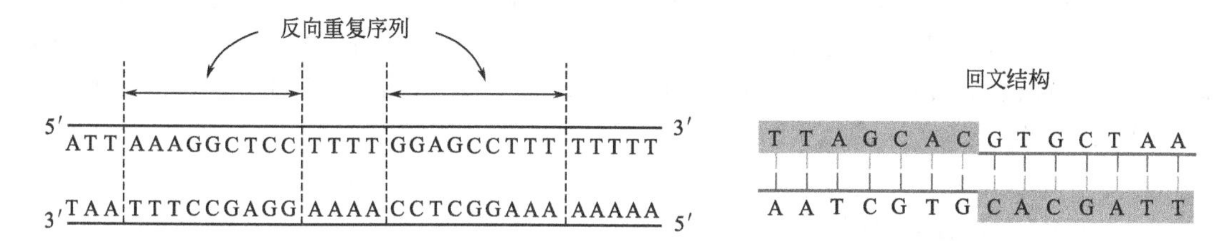

图 2-7　反向重复序列和回文结构示意图

2. 串联重复序列

串联重复序列（tandem repeats）的特点是，具有一个固定的重复单位，该重复单位头尾相连形成重复顺序片段，串联重复序列约占人类基因组的 10%。

串联重复序列按其存在的位置分为编码区串联重复序列、非编码区串联重复序列和散在重复序列。而非编码区串联重复序列通常存在于间隔 DNA 和内含子内。串联重复单位的长短不等，重复次数从几次至数百次，甚至几十万次，这类重复序列是组成卫星 DNA（satellite DNA）的基础。

此外，还存在散在重复序列：人类基因组 DNA 中除串联重复、反向重复之外的重复序列，不论重复次数多少，都可归类为散在重复序列（interspersed repeats）。（拓展 2-3：卫星 DNA）

拓展 2-3

第三节　基因的表达与调控

基因是一个具有特定功能的最小的遗传单位，生物化学中基因是一段可表达的 DNA 序列。基因组是一个单倍体细胞或病毒颗粒的全部核苷酸序列，包含了全套基因。不同生物的基因组所含基因数目不同。细菌基因组含有约 4000 个基因，人类基因组含有约 3 万个基因。在个体发育的不同时期及不同细胞内，有些基因表达，有些基因关闭。一般而言，基因表达的产物是 RNA 和蛋白质。因此基因表达（gene expression）是指结构基因所包含的遗传信息，遵照“中心法则”通过转录生成 RNA，以及转录后再经过翻译生成蛋白质的过程。广义的基因表达也包含了以 RNA 为终产物的表达，如生成 tRNA、rRNA、microRNA 的过程。

真核生物与原核生物的各种基因均以其特定的规律，在来自机体内外各种因素、因子的精准调节和控制下进行表达，即通过这种基因表达调控（regulation and control of gene expression）机制，控制着数以千、万计的基因以最为经济、有效的时空模式进行转录和翻译，从而实现对环境的适应、细胞的分化、组织的特化和个体的发育需要，维持机体正常生命活动。

从低等的原核细胞到高等的动植物及人体，虽然不同基因表达的特性不同，但它们都具有共同的时空表达规律，显现出基因表达的时间特异性（temporal specificity）和空间特异性（spatial specificity）。时间特异性是指某一基因的表达遵循特定的时间顺序，按功能需要进行表达。如多细胞生物从受精卵开始，在个体的生长、分化及发育过程中，相应基因按一定时间顺序开启或关闭，与其发育阶段相适应。低等的病毒、噬菌体在其感染细胞的过程中，功能基因的表达与其生活周期相适应。空间特异性是指特定基因表达产物在同一个体的不同组织细胞中的分布特点，也称为细胞特异性（cell specificity）或组织特异性（tissue specificity）。

基因表达的时空特异性本质上是与基因表达方式密切相关的。在机体生长、发育过程中，有些基因在几乎所有细胞中持续地表达，这类属于基础或组成型表达（constitutive expression）的基因被称为看家基因（housekeeping gene），有些基因随细胞种类的不同及环境条件的变化而被诱导开启和关闭，这类基因属可诱导（或可阻遏）基因，其表达受诱导物（或阻遏物）调控。

一、基因表达调控的基本原理

原核生物和真核生物的基因表达调控尽管在细节上差异很大，但两者的调控模式及调控原理却极为相似。调节作用主要包括核酸分子之间的相互作用、核酸与蛋白质之间的相互作用以及蛋白质与蛋白质之间的相互作用。调控作用可能是正向的或负向的，调控层次可以是转录水平的调控，包括基因的转录激活、转录起始、转录阻止等；也可以是转录后水平的调控，包括前体 mRNA 的加工、mRNA 降解等；还可以是翻译水平的调控，包括蛋白质翻译的起始、翻译的速率、翻译的延伸及终止等；以及翻译后水平的调控，包括多肽链的加工、修饰、分泌和蛋白质降解等。其中基因表达在转录水平上的调控是最为经济、有效、灵活的调控方式。

（一）特异 DNA 序列对基因表达的影响

无论是原核生物还是真核生物，其 DNA 分子上的特定序列构成了基因表达的基本信号。从起始密码到终止密码，从编码序列到调控序列，从单拷贝序列到重复序列，无一不在基因表达中发挥重要作用。在原核生物中，基因表达的调控主要以操纵子模式来实现。转录起始环节的调控始终是调控中最重要、最基础的调控点之一。如前所述，操纵子通常包括启动序列（启动子）、操纵序列、编码序列和调节序列。启动序列是 RNA 聚合酶识别、结合并启动转录的特异 DNA 序列。原核基因的启动序列中，在转录起始点上游－10 至－35 区域通常存在一些保守序列，称为共有序列或一致性序列（consensus sequence）。该序列中碱基的突变或改变将会影响其与 RNA 聚合酶的亲和力，从而直接影响转录起始的频率。因此，共有序列决定启动子的转录活性。如：大肠杆菌中有些基因每秒转录一次，而有些基因一个世代也不转录一次。这种显著的差异是由启动子序列的差异决定的。当无其他因素影响时，启动子本身的差别可以使转录起始的效率相差 1000 倍或更多。操纵序列与启动序列毗邻，并可能与启动序列交错、重叠，它是阻遏蛋白的结合位点。当操纵序列与阻遏蛋白结合后，可以阻止转录的起始。操纵子中的调节序列可与特异性的调节蛋白结合，激活或抑制转录。

真核生物的基因组庞大，其中非编码序列远比编码序列多。真核基因的转录调控机制中广泛存在各种特定 DNA 序列——顺式作用元件。根据顺式作用元件在基因中的位置和作用，可分为启动子、增强子和沉默子等。通常将一些高度保守的调控基序（motif）称为"盒"（box），如 TATA 盒、CAAT 盒等，它们是调节蛋白结合与作用的位点。

（二）DNA 与蛋白质之间的相互作用

DNA 上的特定调控序列可以与相应的调控蛋白结合。这些蛋白质在真核生物中统称为转录因子（transcription factor，TF），在原核生物中，这些蛋白质依其作用性质分为阻遏蛋白（repressor）、激活蛋白（activator）和特异因子。阻遏蛋白与操纵序列结合，阻止基因的转录起始。激活蛋白与启动子前的正控制调控序列结合，促进转录的起始。真核生物中的转录因子以反式作用方式与顺式作用元件结合，调节转录活性，所以这些因子也称为反式作用因子（trans-acting factor）。上述这种 DNA-蛋白质之间的结合通常是以非共价键的形式，通过蛋白质分子中具有特殊结构的功能域（domain）与 DNA 分子双螺旋结构中的大沟结合，调节基因的转录。这些功能域常见的结构特征有两种。

1. 螺旋-转角-螺旋（helix-turn-helix）

这种结构模式具有两个较短的 α 螺旋片段，每个片段有 7 至 9 个氨基酸残基，两个螺旋片段之间由 β 转角结构联系。其中一个 α 螺旋是对顺式元件的识别螺旋，含有较多能与 DNA 相互作用的氨基酸残基，此螺旋进入 DNA 双螺旋结构的大沟。如图 2-8 所示。

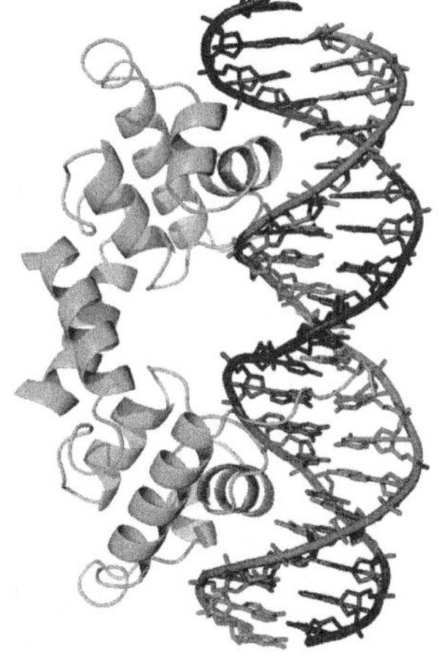

图 2-8 λ 噬菌体的 λ 抑制子利用螺旋-转角-螺旋结构与 DNA 结合

2. 锌指（zinc fingers）

锌指结构是由一个含有大约 30 个氨基酸的环和一个与环上的 4 个半胱氨酸（4Cys）或 2 个半胱氨酸和 2 个组氨酸（2 Cys-2His）配位的 Zn^{2+} 构成，形成的结构像手指状，如图 2-9 所示。这种锌指结构在多种真核生物转录因子与 DNA 结合的功能域中存在，而且一般都具有多个相同的锌指，如转录因子 Sp1 具有 3 个锌指，能与 DNA 双螺旋的大沟结合，如图 2-10 所示。

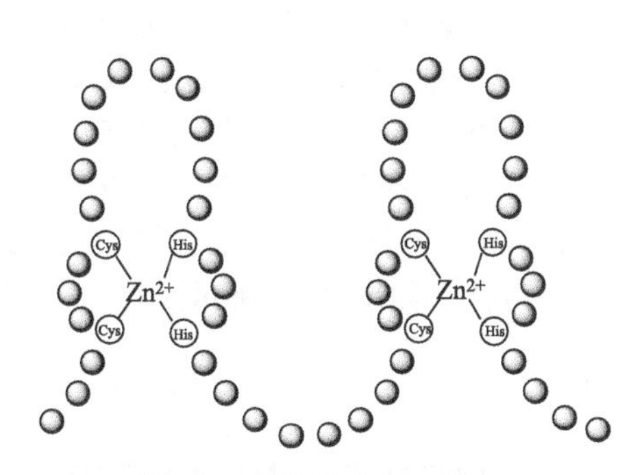

图 2-9 锌指结构域示意图

图 2-10 锌指结构域与 DNA 的相互作用
［引自 Shinichiro Oka 等，Biochemistry，2004，43（51），pp 16027-16035］

（三）蛋白质之间的相互作用

调节蛋白通常以同源二聚体（dimer）或同源多聚体（polymer）的形式与DNA结合。不同的调节蛋白也可以异源多聚体形式相互结合后，再与DNA的顺式作用元件结合，调节基因转录，这在真核生物中较为常见。蛋白质相互作用功能域的典型结构特征有亮氨酸拉链（leucine zippers）和螺旋-环-螺旋（helix-loop-helix）结构。

1. 亮氨酸拉链

这种亮氨酸拉链结构是指在调控蛋白的肽链中，每隔7个氨基酸残基就有一个亮氨酸残基，这段肽链所形成的α螺旋就会出现一个由亮氨酸残基组成的疏水面，而另一面则是由亲水性氨基酸残基所构成的亲水面。由亮氨酸残基组成的疏水面即为亮氨酸拉链条，两个具有亮氨酸拉链条的反式作用因子，就能借疏水作用形成二聚体，如图2-11所示。具有亮氨酸拉链结构的调节蛋白中，行使与DNA结合功能的是“拉链”区以外的结构，亮氨酸拉链对二聚体的形成是必需的。

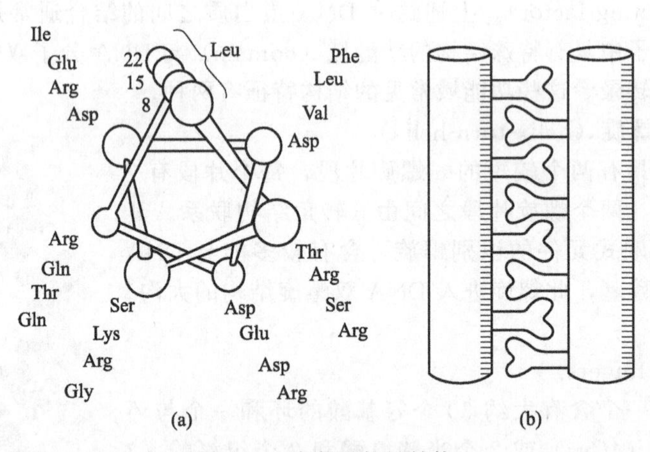

图2-11　亮氨酸拉链结构

（a）由28个氨基酸残基组成的螺旋轮状结构；（b）两个α螺旋之间的亮氨酸拉链结构

2. 螺旋-环-螺旋

螺旋-环-螺旋结构与亮氨酸拉链结构一样，与形成反式因子二聚体有关。许多反式作用因子往往具有这种结构。在这种结构中含有保守性较高的由50个氨基酸残基组成的肽段，其中既含有与DNA结合的结构，又含有形成二聚体的结构，这部分肽段能形成两个较短的α螺旋，两个α螺旋之间有一段能形成环状的肽链，α螺旋是兼性的，即具有疏水面和亲水面（上述亮氨酸拉链也是兼性α螺旋）。两个具有螺旋-环-螺旋的反式因子能形成二聚体，有利于反式因子的DNA结合域与DNA结合，如图2-12所示。

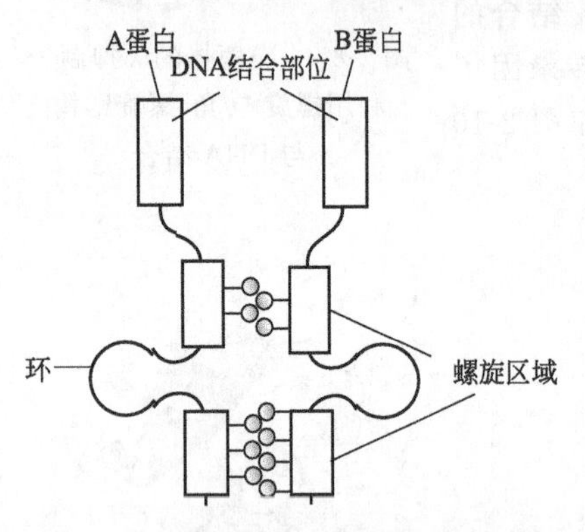

图2-12　螺旋-环-螺旋结构形成二聚体

二、原核生物的基因表达调控

原核生物结构简单，无细胞核结构，转录和翻译过程几乎同步进行，对环境条件的变化反应敏感，迅速调整相应的基因表达，以适应变化的环境和维系自身的生长和繁殖。原核生物基因表达调控普遍采用具有较高“保险度”的负控制模式，在操纵子的框架结构中，通过阻遏蛋白或激活蛋白在转录水平上调节基因的表达。

（一）转录水平的调控

1. 乳糖操纵子的调节作用与机制

E. coli 的乳糖操纵子中的 *lacZ*、*lacY*、*lacA* 三个结构基因，分别编码 β-半乳糖苷酶、通透酶和乙酰基转移酶。其中 β-半乳糖苷酶可将乳糖水解成葡萄糖和半乳糖，供细菌利用，通透酶可帮助乳糖进入细胞内，半乳糖苷乙酰化酶能促使半乳糖发生乙酰化。当大肠杆菌在只含有乳糖的培养基中生长时，乳糖操纵子被诱导开启，由于 *Z*、*Y*、*A* 三个基因以多顺反子的形式依次排列在操纵子中，三个基因一起被转录到同一条 mRNA 上，随后以大约 5∶2∶1 的比例协调翻译合成三种酶类。在乳糖的诱导下，一个菌体可合成多达几千个分子的 β-半乳糖苷酶，完成对乳糖的分解代谢，获得能源，繁衍自己。当大肠杆菌在以葡萄糖或甘油作为碳源的培养基中生长时，阻遏蛋白结合在操纵基因上，阻止转录过程的启动，乳糖操纵子处于关闭状态。从原核生物对环境的适应角度出发，培养的环境中没有乳糖，大肠杆菌也没有必要合成分解乳糖的酶类，这也是选择的结果，进化的足迹。

实际上，在大肠杆菌细胞内，真正生理性的且行使诱导效应的诱导物并非乳糖，而是乳糖的异构体——别位乳糖（allo-lactose），它也是由乳糖经 β-半乳糖苷酶（未经诱导时少量存在于细菌内）催化形成，并再经 β-半乳糖苷酶水解为半乳糖和葡萄糖，如图 2-13 所示。

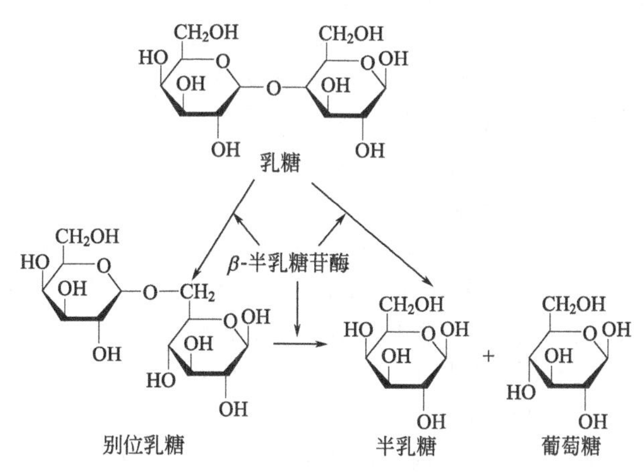

图 2-13 β-半乳糖苷酶对乳糖的作用

（1）阻遏蛋白的调控

Lac 阻遏蛋白是由 4 个相同亚基组成的四聚体，每个亚基都有一个与诱导物——别位乳糖结合的位点。在没有诱导物的条件下，Lac 阻遏蛋白能与操纵基因 *O* 结合，从而阻止 RNA 聚合酶对结构基因的转录。当有诱导物存在时，诱导物与 Lac 阻遏蛋白结合后，引起阻遏蛋白构象改变，对 DNA 的特异结合能力下降，导致阻遏物从操纵基因 *O* 上解离下来，RNA 聚合酶不再受到阻碍，顺利转录结构基因 *Z*、*Y*、*A*。在实验条件下常用异丙基硫代半乳糖（IPTG）作为诱导物代替别位乳糖，IPTG 诱导作用很强，由于 IPTG 不是 β-半乳糖苷酶的底物，故而不被代谢。如图 2-14 所示。

（2）CAP 的正控制调节

大肠杆菌具有优先利用葡萄糖作为能源的特点。当大肠杆菌在含有葡萄糖的培养基中生长时，一些分解代谢酶，如 β-半乳糖苷酶、半乳糖激酶、阿拉伯糖异构酶、色氨酸酶等的表达水平都很低，这种葡萄糖代谢过程对其他酶的抑制效应称为降解物阻遏作用（catabolite repression）。这种阻遏现象与 cAMP 有关。CAP（cAMP accept protein，cAMP 受体蛋

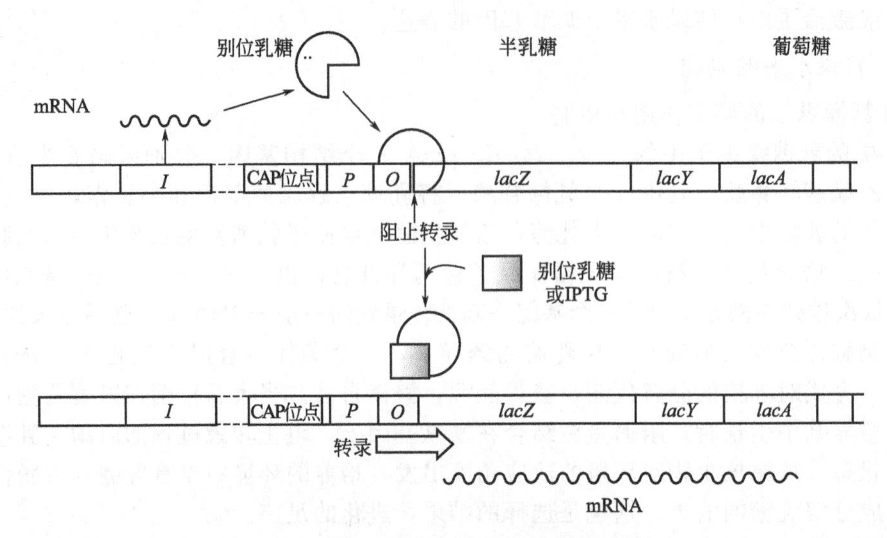

图 2-14 阻遏蛋白对乳糖操纵子的调节

白）是一种同源二聚体，其分子内有 DNA 结合区和 cAMP 结合位点。CAP 与 cAMP 结合形成复合物才能刺激操纵子结构基因的转录。当培养环境中葡萄糖浓度较低时，菌体内 cAMP 浓度会升高，CAP 与 cAMP 结合形成 cAMP-CAP 复合物，并与启动子上游的 CAP 位点结合，刺激 RNA 聚合酶的转录作用，使转录效率提高 50 倍，显然，此时转录的前提条件是无阻遏效应存在（即在高浓度乳糖或别位乳糖条件下，负控制系统关闭）。当葡萄糖浓度升高时，cAMP 浓度降低，cAMP 与 CAP 结合受阻，转录效率下降。由此可见，乳糖操纵子结构基因的高效表达必须满足两个条件，既需要有诱导物的存在（消除负控制的转录阻遏效应），又要求无葡萄糖或低浓度葡萄糖的条件（促进 cAMP-CAP 复合物的形成，产生正控制刺激转录效应）。CAP、阻遏蛋白、cAMP 和诱导物对乳糖操纵子的调节如图 2-15 所示。乳糖操纵子调控模式在原核生物基因表达调控中具有普遍性。原核生物通过正控制和负控制机制的协调配合，来调节相关基因的表达，以适应环境条件的变化。

2. 色氨酸操纵子的转录衰减调控

原核生物的转录衰减是基因表达调控的重要方式。*E. coli* 合成色氨酸所需的五种酶基因 *trpE*、*trpD*、*trpC*、*trpB*、*trpA*，按顺序串联排列，构成一个负控制阻遏型操纵子，即 Trp 操纵子。当色氨酸充足时，色氨酸可与阻遏蛋白 Trp 结合，引起阻遏蛋白 Trp 的构象改变，进而增强了阻遏蛋白与操纵基因 *O* 序列的结合能力，从而阻断基因转录；当培养环境中缺乏色氨酸，菌体内没有色氨酸与阻遏蛋白 Trp 结合，阻遏蛋白不能结合 *O* 序列，基因开始转录，合成 6720 个核苷酸的完整的多顺反子 mRNA。当菌体内仍有少量色氨酸，但又不足以形成色氨酸-阻遏蛋白复合物与操纵基因结合，操纵基因处于开放状态，转录过程可以启动，但转录过程却只能行进至前导序列 L 处便终止，转录出一条 140 个核苷酸的转录产物，称为衰减转录物。这一精细、严谨的转录终止现象是通过 140 个核苷酸的 RNA 形成特殊的弱化子（attenuator）结构，使转录过程中断，避免色氨酸的合成过剩。如图 2-16 所示。

弱化子的作用机制是：在弱化子区域内有 4 段序列，邻近序列能相互配对形成二级结构，其中序列 3 和序列 4 配对，可形成类似基因末端的“不依赖 Rho 因子的转录终止子”结构，具有终止转录的作用；当序列 2 和序列 3 配对形成发夹结构时，序列 3 和序列 4 就无法配对，转录终止子结构不能形成，导致转录继续进行。在 140 个核苷酸的 RNA 链中编码

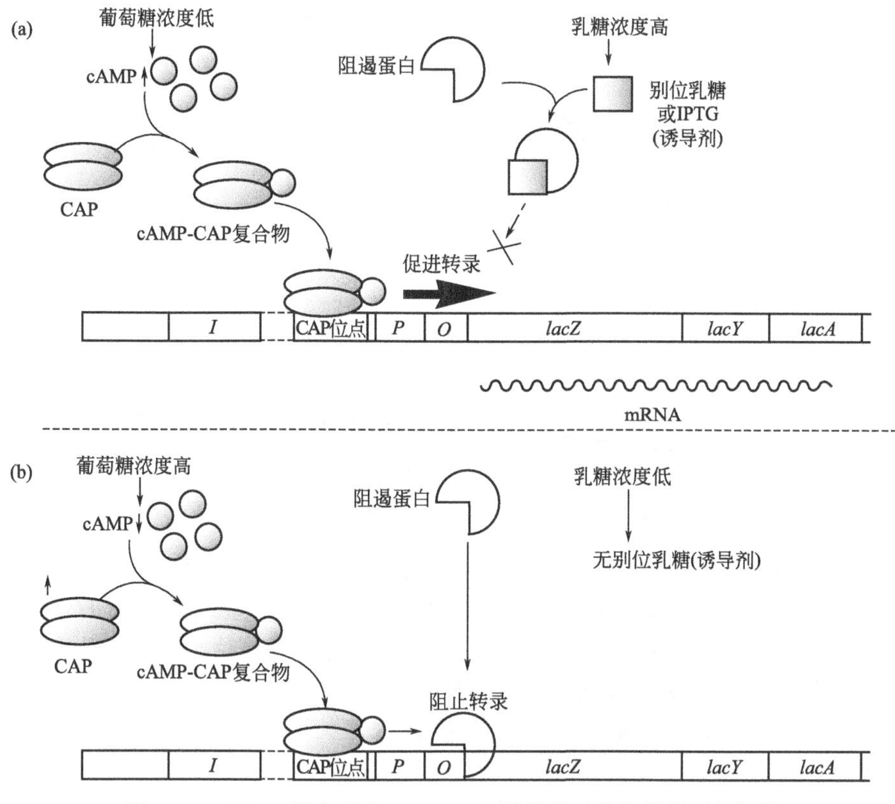

图 2-15　CAP、阻遏蛋白、cAMP 和诱导物对乳糖操纵子的调节

(a) 葡萄糖浓度低、乳糖浓度高，Lac 操纵子转录生成 β-半乳糖苷酶；

(b) 葡萄糖浓度高、乳糖浓度低，Lac 操纵子转录受阻

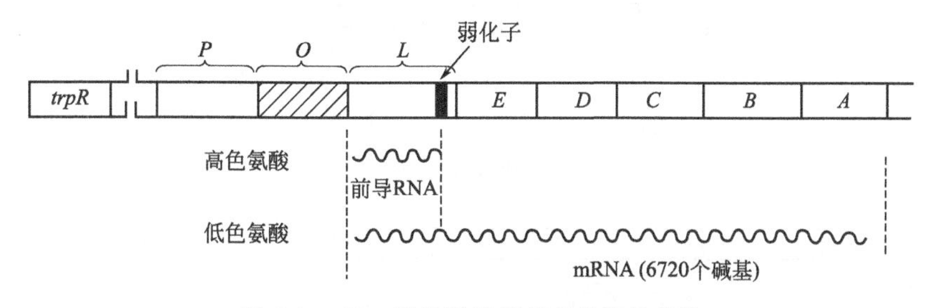

图 2-16　Trp 操纵子及其相应的转录产物

有 14 氨基酸的短肽，由于原核生物基因的转录和翻译过程同步进行，当色氨酸缺乏时，短肽翻译进行到序列 1 的色氨酸密码子处，因缺乏色氨酰-tRNA 的掺入，导致核糖体在序列 1 处“停工待料”，序列 2 与序列 3 便可配对形成发夹结构，序列 3 和序列 4 之间的终止子结构不能形成，RNA 聚合酶可以顺利完成全长多顺反子 RNA 的转录，而在菌体内只要有色氨酸存在，就会有色氨酰-tRNA 的装载，短肽翻译过程中，核糖体能迅速通过序列 1，并覆盖序列 2，导致序列 3 与序列 4 配对形成终止子结构，转录终止。可见转录衰减的调控机制实质上是在多顺反子 mRNA 5′端的前导序列中，通过对一短肽的翻译与否来调控转录中断行为的精细调控过程。如图 2-17 所示。

3. 沙门菌基因重组调控

沙门菌为了逃避宿主的免疫监视，其鞭毛素蛋白的表达每经历 1 万次细胞分裂就发生一

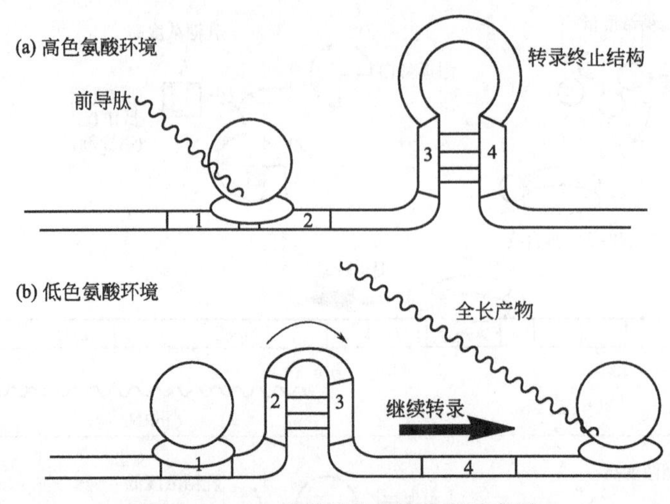

图 2-17　Trp 操纵子的衰减作用示意图

次变异。两种不同的鞭毛素（抗原）H1 和 H2 分别由鞭毛素基因 *H1* 和 *H2* 编码。*H2* 基因的启动子可以同时启动 *H2* 和一种阻遏蛋白的表达，这种阻遏蛋白可阻遏 *H1* 的表达。因此，在沙门菌中，当 *H2* 鞭毛素表达时，*H1* 鞭毛素基因就不表达。*H2* 基因的上游有一个编码倒位酶的基因 *hin*，该酶可催化 *H2* 启动序列与 *hin* 基因倒位，其结果是使 *H2* 基因启动序列方向改变，而使 *H2* 及阻遏蛋白基因的表达被关闭，结果导致 *H1* 基因表达，如图 2-18 所示。

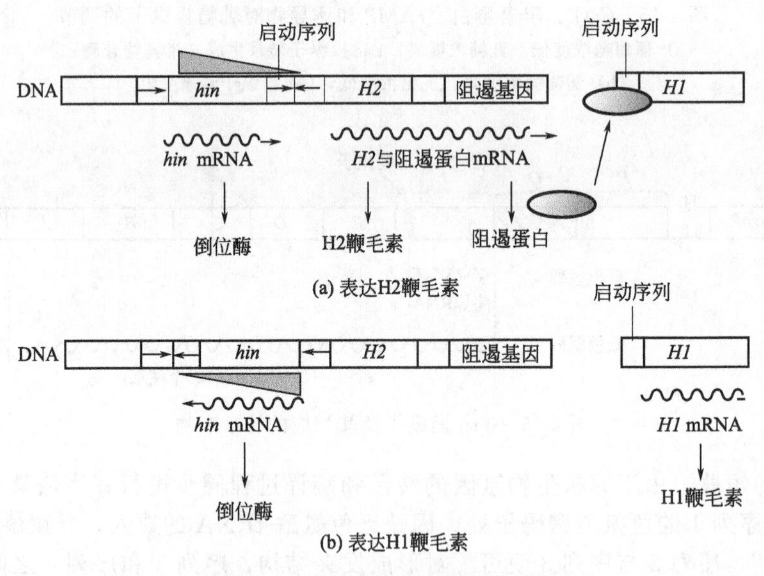

图 2-18　沙门菌鞭毛素基因的调节

（二）翻译水平的调控

翻译水平的调控是原核生物基因表达调控中除转录调控外的另一个重要层次，其调节作用包括：①SD 序列对翻译的影响；②mRNA 的稳定性；③翻译产物对翻译的影响。

1. SD 序列对翻译的影响

原核生物 mRNA 的 5′端起始密码子 AUG 的上游 3～10 碱基处有一个核糖体结合位点，

依发现者的名字命名为Shine-Dalgarno序列，简称SD序列。SD序列由3～9个碱基组成，富含嘌呤核苷酸，能与核糖体小亚基的16S rRNA 3′末端富含嘧啶的序列互补，而使核糖体与mRNA结合，因此，SD序列与翻译起始有关。

研究表明，SD序列与起始密码子之间的距离，可以显著影响mRNA的翻译效率。在重组蛋白表达的研究中发现，Lac启动子的SD序列距AUG为7个核苷酸时，表达水平最高，而间隔8个核苷酸时，表达水平可降为数百分之一。

2. mRNA的稳定性

原核生物细胞mRNA通常是不稳定的，极易被降解。如*E. coli*的许多mRNA在37℃条件下的平均半衰期大约为2min。mRNA的快速降解使得许多蛋白质翻译的模板在几分钟内就被全部替换，这意味着，诱导基因表达的因素一旦消失，蛋白质的合成就会迅速停止。可见，原核生物基因表达调控的主要环节在转录水平，通过mRNA迅速合成，迅速降解，来对环境变化做出快速反应。

3. 翻译产物对翻译的影响

有些mRNA编码的蛋白质，本身就是在蛋白质翻译过程中发挥作用的因子。这些因子可对自身的翻译产生调控作用，如：原核生物中的起始因子3（IF-3），当它合成过多时，能有效地校正和抑制其自身的起始密码子与起始tRNA的配对而抑制翻译的起始。另外还有核糖体蛋白、翻译终止因子等均可影响翻译过程。

三、真核生物的基因表达调控

与原核生物基因表达调控类似，真核生物基因表达调控也可在多个水平上进行。但由于真核生物基因组庞大，细胞结构复杂，真核生物基因表达调控机制远比原核生物的复杂得多，研究也困难得多。就目前所知，真核生物基因表达调控至少在以下4个方面与原核生物显著不同：①转录激活与转录区染色质特定结构相关联；②以更加灵活、经济、便捷的正控制调节方式为主；③转录与翻译在时间与空间上是分离的；④有更多、更复杂的调控蛋白参与调控过程。

（一）DNA水平的调控

真核生物基因表达在DNA水平的调控主要通过下列几种方式。

1. 染色质结构对基因表达的调控作用

染色质（chromatin）结构影响基因表达是真核生物基因的特有现象。真核生物基因通常与组蛋白结合成核小体结构。形成的核小体再经高度螺旋压缩成染色质储存于细胞核内，维持基因组稳定性，保护DNA免受损伤，关闭基因的转录。去除组蛋白后，染色质松弛，核小体解体，基因转录开启。研究发现在转录较为活跃的区域，组蛋白相对缺乏，对核酸酶（DNaseⅠ）高度敏感，出现DNaseⅠ超敏位点（DNase Ⅰ hypersensitive site）。超敏位点常位于基因的5′端或3′端侧翼区（flanking region），甚至在转录区内。可见，组蛋白在维持染色质结构、调节基因表达中的重要作用。另外，组蛋白的结构变化也可导致基因表达的变化。如组蛋白N端丝氨酸磷酸化，使其正电荷减少，与DNA结合能力降低，或组蛋白中丝氨酸和精氨酸的乙酰化，同样使组蛋白带正电荷减少，与DNA结合力减弱，都有利于转录。有些调节蛋白可以取代组蛋白H1和H5而竞争性地与DNA结合，从而解除组蛋白对基因表达的抑制作用。

2. 基因修饰

在真核生物基因表达调控中，甲基化起着重要作用。DNA中的胞嘧啶经甲基化成为5-

甲基胞嘧啶（m5C），常出现在基因5′端侧翼序列的CG富含区。一般认为，基因的甲基化与基因的表达负相关。因此，转录活性高的基因CG富含区中甲基化程度一般较低。

甲基化影响基因表达的机制一般认为是通过影响DNA中的顺式因子与转录因子的结合，使基因不能转录或阻止转录复合物的形成。

3. 基因重排

基因重排（gene rearrangement）是指某些基因片段改变原有的序列，通过调整有关基因片段的衔接序列，重新组成一个完整的转录单位。免疫球蛋白分子就是由许多基因片段进行重排和拼接加工的产物。通过有限的基因片段的不同的组合方式可以形成约10^8种不同的免疫球蛋白分子，这也是免疫球蛋白分子的多样性的分子生物学基础。基因重排是DNA水平调控的重要方式之一。

4. 基因扩增

细胞在发育分化或环境改变时，由于对某种基因产物的需要量剧增，单纯靠调节其表达活性不足以满足需要时，常通过基因扩增（gene ampification）的调节方式来增加这种基因的拷贝数以满足需要。这是调控基因表达的一种有效方式。基因扩增的机制仍不清楚，目前多数人倾向于认为是基因反复复制的结果。也有人认为是姊妹染色单体间发生不对称交换，使一些细胞中某种基因拷贝数增多。

（二）转录水平的调控

转录水平的调控是真核生物基因表达调控中最重要环节，主要调控环节是转录起始。调控方式主要通过反式作用因子、顺式作用元件和RNA聚合酶相互作用来完成。调控机制涉及反式作用因子的激活以及反式作用因子与顺式作用元件的作用等。

1. 反式作用因子的功能调节

反式作用因子调节转录起始首先是反式作用因子的功能调节，特定的反式作用因子被激活后，可以启动特定基因的转录。反式作用因子的激活通过以下几种方式进行。

① 表达式调节反式作用因子一旦合成便具有活性，随后被迅速降解。这一类反式作用因子只是在需要时才合成，并通过蛋白质的水解迅速降解，不能积累。

② 反式作用因子的共价修饰有两种常见的方式。一是磷酸化-去磷酸化。许多反式作用因子在合成以后可在细胞内持续存在较长时间，其功能是通过磷酸化和去磷酸化来进行调节的。二是糖基化。糖基化也是反式作用因子活性调节的一种方式。细胞内的许多转录因子都是糖蛋白，其合成后的初级产物是无活性的，经糖基化修饰后，就能转变成具有活性的糖蛋白。由于糖基化与磷酸化的位点都是在丝氨酸和苏氨酸残基的羟基上，故两种修饰可能是竞争性的。

③ 配体结合许多激素受体也是反式作用因子，它们本身对基因转录无调节作用。只有当激素进入细胞后，受体与激素结合，才能结合到DNA上，调节基因的表达。

④ 蛋白质-蛋白质复合物的形成与解离。这是许多细胞内活性调节的一种重要的形式。有些反式作用因子与另一蛋白质形成复合物后，才具有调节活性。如c-myc蛋白，主要位于细胞核中，可与DNA结合。c-myc蛋白具有螺旋-环-螺旋和碱性亮氨酸拉链结构域。这两种结构都以异源二聚体形式发挥作用，单一的c-myc蛋白结合靶DNA的效率很低，需要与其配对蛋白max构成异源二聚体，才能调节基因表达。

2. 反式作用因子与顺式作用元件的结合

反式作用因子结合的顺式作用元件包括上游启动子元件和远距离的增强子元件（enhancer element）。上游启动子元件位于转录起始位点上游－10～－200bp区域。在这个区域有多个顺式调控元件（包括TATA盒），每个元件为8～15个核苷酸，结合一种特定的反式作用因子。

反式作用因子被激活后，即可识别上游启动子元件和增强子中的特定序列，对基因转录发挥调节作用。大部分反式作用因子在被激活以后与顺式元件结合，但也可能有一些反式作用因子是先期结合到 DNA 后，才被激活发挥调节功能的。

3. 反式作用因子的组合式调控作用

每一种反式作用因子结合顺式作用元件后虽然可发挥促进或抑制作用，但反式作用因子对基因表达的调控不是由单一因子完成的，它们往往是几种因子的组合，发挥特定的作用，称为组合式基因调控。每一调节蛋白单独作用于转录所产生的影响可以是正调控，也可以是负调控，不同因子的组合，决定一个基因的转录。实际上，净效应不是简单加和的结果，在某些情况下，两个调控蛋白结合到 DNA 上后，可以相互作用改变各自的活性。通常是几种不同的反式作用因子控制一个基因的表达，一种反式作用因子也可以参与调控不同的基因表达。反式作用因子的数量是有限的，反式作用因子的组合式作用方式使有限的反式作用因子可以调控不同基因的表达。

在这种正控制组合式的复合体中，只要有一个反式作用因子的基因没有转录、翻译，复合体不能形成，受它们调控的靶基因就处于关闭状态，与原核生物基因表达的负控制系统相比（必须合成特异的阻遏蛋白才能关闭靶基因的表达）具有更为灵活、经济的调控效益。（拓展 2-4：反式作用因子的作用模式）

拓展 2-4

（三）转录后水平调控

尽管转录水平的调控是基因表达调控的最重要的调控方式。然而，大量的研究表明，在 RNA 转录后同样存在着多样化的调控机制。转录后水平的调控一般是指，对转录的前体 mRNA 产物进行一系列修饰、加工，主要包括 mRNA “加帽”、“加尾”、“剪接”、胞内定位以及 mRNA 稳定性调节等环节。

1. “加帽”和“加尾”的调控

真核生物 mRNA 的初级转录产物经过加帽（capping）过程，在 5′端形成一个特殊结构，7-甲基鸟苷三磷酸（m^7GpppN）。帽子结构对维持 mRNA 稳定，防止 mRNA 被核酸酶降解具有重要作用。此外，帽子结构也为蛋白质合成提供识别标志，从而促进蛋白质合成起始复合物的生成，提高翻译效率。研究发现：没有甲基化的帽子（如 GpppN-）以及用化学或酶学方法脱去帽子的 mRNA，其翻译活性显著下降；帽子结构的类似物，如 m^7GMP 等能抑制有帽子 mRNA 的翻译，但对没有帽子 mRNA 的翻译没有影响。

真核生物中除组蛋白基因的 mRNA 外，其他结构基因的成熟 mRNA 的 3′端都有由 50～150 个腺苷酸组成的多聚腺苷酸尾，即 poly(A) 尾。它是在转录后加上去的，这一过程称为加尾（tailing）。在绝大多数结构基因的最后一个外显子中都有一个保守的 AATAAA 序列。这个序列对于 mRNA 转录终止和加 poly(A) 尾是必不可少的。此位点下游有一段 GT 丰富区，或 T 丰富区，它与 AATAAA 序列共同构成 poly(A) 加尾信号。mRNA 转录至此部位后，产生 AAUAAA 和随后的 GU（或 U）丰富区。RNA 聚合酶结合的延长因子可以识别这种结构并与之结合，然后在 AAUAAA 下游 10～30 个碱基的部位切断 RNA，并加上 poly(A) 尾。poly(A) 具有保持 mRNA 稳定，延长 mRNA 寿命的功能。一般规律是，poly(A) 尾越长，其 mRNA 越稳定，寿命越长；反之，则不稳定，易被降解。

2. mRNA 选择性剪接对表达的调控

真核生物基因的特点之一是含有内含子序列。在 mRNA 成熟过程中，通过切除内含子将外显子拼接在一起的过程称为 mRNA 剪接（splicing）。关于 RNA 剪接的研究是 20 世纪

80 年代以来生物化学和分子生物学领域中最有生气的课题之一。内含子与外显子的概念是相对的，外显子（一个或几个）可以在成熟的 mRNA 中保留，也可通过剪接过程除去；同样，内含子也可能被保留在成熟的 mRNA 中。这就是所谓**选择性剪接**（alternative splicing）。例如：极低密度脂蛋白受体（VLDL-R）的 *O*-连接糖链域是由该受体基因的第 16 个外显子编码，但在某些组织中或某些疾病条件下却发现同时存在该外显子被剪切的Ⅱ型受体，两种类型的受体在结合能力上和稳定性上都有所不同，提示了选择性剪接可能具有调控意义。

通过选择性剪接，可以使一个基因在转录后产生两个或两个以上的 mRNA，由此翻译成 2 个或更多的异形体蛋白质（isoform protein）。因此，有限的基因可以产生更多的蛋白表型，使调控更加精细，也再次修正了过去“一个基因，一条肽链”的基因概念。

3. RNA 编辑的调控

RNA 编辑（RNA editing）是一种较为独特的遗传信息加工的方式，即转录后的 mRNA 在编码区发生核苷酸修饰改变的现象。这种编辑多发生为将 C 编辑为 U，或插入若干串联 U 等。核苷酸的改变导致 mRNA 模板信息的改变，从而产生出氨基酸序列不同的蛋白质。这有利于扩大遗传信息，使个体适应生存环境。由向导 RNA（guide RNA，gRNA）介导的 RNA 编辑机制假说，是现代 DNA 定点修饰技术（clustered regularly interspaced short palindromic repeats，CRISPR）的重要理论基础。

（1）核苷酸替换

最典型的例子是载脂蛋白 B 的 RNA 编辑。体内存在两种载脂蛋白 B（Apo-B）：Apo-B_{100} 和 Apo-B_{48}。Apo-B_{48} 只保留了 Apo-B_{100} 分子 N 端的部分结构域，缺少 Apo-B_{100} 的 C 端的 LDL 受体结合区。Apo-B_{48} 的产生是由于 Apo-B_{100} 的 mRNA 中某一 CAA 突变为 UAA，C→U 替换，使编码谷氨酰胺的密码子变为终止子，使翻译过程提前终止，产生 Apo-B_{48}。C→U 替换可能通过胞嘧啶脱氨酶（cytidine deaminase）的作用来实现。

（2）核苷酸的插入或缺失

椎虫线粒体的细胞色素氧化酶亚基Ⅱ的基因与人类基因相比，在相当于编码第 170 位氨基酸处有一个移码突变（frameshift mutation）。这一编辑是通过 gRNA 介导插入 4 个 U，而使其转录产物恢复到正常的阅读框架，产生相应的功能蛋白质。

4. mRNA 转运调节

同位素标记实验观察到，大约只有 20％的 mRNA 进入细胞质，留在核内的 mRNA 约 50％会在 1h 内降解。虽然目前尚不清楚 mRNA 运出核的控制机制，但有证据表明，mRNA 出核受到细胞调控，因为 mRNA 通过核膜孔是主动运输过程，同时，大多数的 mRNA 需经过加帽、加尾，并在剪接完成后才能被运输。

mRNA 通过核膜孔转运至细胞质中的位置也具有特异性。有的被直接运到内质网，在内质网膜上完成肽链的合成；有的 mRNA 则可能被运到细胞质中，由游离的核糖体进行翻译。

（四）翻译水平的调控

翻译水平的调控主要是控制 mRNA 的稳定性和 mRNA 翻译的起始频率。

1. 翻译起始调控

蛋白质生物合成过程中，起始阶段最为重要。许多蛋白质因子可以影响蛋白质合成的起始，如真核生物起始因子-2（eukaryotic initiation factor，eIF-2）受磷酸化影响。当 eIF-2 的 3 个亚基之一被磷酸化后，活性降低。eIF-2 的磷酸化是由一种 cAMP 依赖的蛋白激酶所催化。血红素因能抑制 cAMP 依赖的蛋白激酶的活化，防止或减少 eIF-2 磷酸化后失活，从而促进蛋白质合成。

2. mRNA 稳定性对翻译的影响

mRNA 是蛋白质合成的模板。一般来说，一种特定的蛋白质合成的速率同细胞质内编码它的 mRNA 水平呈正比。mRNA 的稳定性与其种类和结构有关。

细菌细胞内，大部分 mRNA 不稳定，半衰期约为 3min。由于细菌的 mRNA 是迅速合成，迅速降解，细菌可以通过调整基因表达，对环境变化做出快速反应。而在真核细胞中，mRNA 的稳定性差别很大。有些 mRNA 的半衰期长达 10h 以上，而有些则只有 30min 或更短。不稳定 mRNA 多是编码调节蛋白的，这些蛋白质的水平在细胞内变化迅速，利于调控。

目前发现许多不稳定 mRNA 的 3′端含有一段富含 AU 的序列，这可能是 mRNA 不稳定的原因。mRNA 3′端约 50bp 的富含 AU 的序列称为 ARE（AU-rich element），该元件含多次重复的 AUUUA 序列，如图 2-19 所示。ARE 的存在导致 poly(A) 尾的脱腺苷酸化，进而 mRNA 被降解。

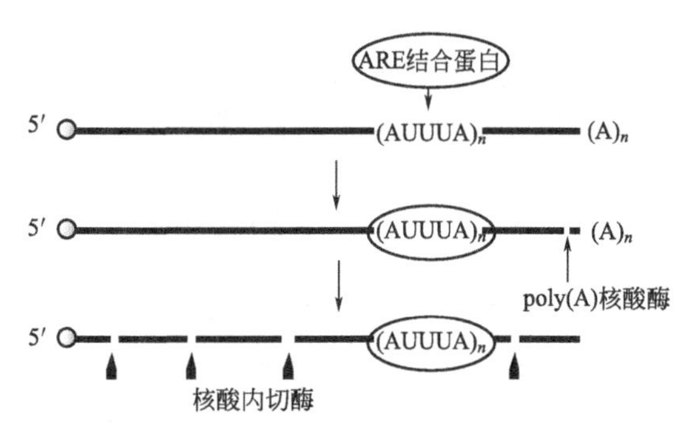

图 2-19 ARE 引发 mRNA 的降解

（五）翻译后水平的调控

mRNA 翻译的产物——新生多肽链大多数是没有生物学活性的，必须经过加工、修饰才能成为有活性的蛋白质。加工、修饰过程包括信号肽的切除、多肽的修饰和剪接，这些均属翻译后水平的调控。

1. 信号肽的切除

信号肽（signal peptide）约由 15～30 个疏水氨基酸残基组成，其特点为疏水性。它的作用是使蛋白质从内质网膜进入高尔基体。一旦蛋白质进入高尔基体，信号肽就被信号肽酶水解。切去信号肽后，蛋白质前体就变为有生物学活性的蛋白质了。例如，胰岛素由 51 个氨基酸残基组成，在它含信号肽时由 110 个氨基酸残基组成，称为前胰岛素原。在信号肽作用下，前胰岛素原由内质网进入高尔基体。在高尔基体内腔壁上信号肽被水解，转变为由 86 个氨基酸残基组成的胰岛素原。然后，切去 C 端部分肽段成为成熟的胰岛素，最终被排出胞外。目前发现，几乎各种分泌性蛋白质均含有信号肽。

2. 新生肽链的修饰

新生肽链的修饰是调节蛋白质活性的重要方式，其主要的修饰方式有磷酸化、羟基化、糖基化、乙酰化等。

蛋白质的磷酸化修饰是广泛存在的一种修饰方式。通过蛋白激酶催化将 ATP 的末位磷酸基转移到多肽链的丝氨酸、苏氨酸和酪氨酸残基上，从而改变多肽链的结构与活性。许多情况下，磷酸化的蛋白质活性增强，但有时也发现磷酸化后蛋白质活性降低的情况。磷酸化的蛋白质也可以在磷酸酯酶催化下脱磷酸。因此，通过磷酸化-脱磷酸化这一平衡调控蛋白质活性。

许多膜蛋白、识别蛋白和分泌蛋白均带有一个或数个糖基，称为糖蛋白或糖基化蛋白。这些糖基常具有重要的生理功能，如：抵御蛋白酶的攻击，增加蛋白质的水溶性，辅助蛋白质在细胞中的定位等。糖基化位点通常是在蛋白质的特定序列，通过糖基与蛋白质中天冬氨酸、丝氨酸或苏氨酸的 N 或 O 连接形成。

3. 肽链的剪接与正确折叠

新生肽链的一级结构是由遗传信息决定的，是蛋白质最基本的结构，一级结构的改变将导致其功能的改变，它决定着蛋白质的空间结构。然而，近年来不少研究发现新合成的肽链可以通过多肽的剪辑被切成数个片段，然后再按一定的顺序连接起来，形成有活性的蛋白质。如发现伴刀豆蛋白前体由5个部分组成，在成熟过程中，N端信号肽、C端残余9肽和中间15个氨基酸的连接肽均被切除。

肽链的一级结构也决定着蛋白质的空间结构，而蛋白质的空间结构则与其生物学功能直接相关。空间结构的形成涉及肽链的正确折叠。一些与空间结构有关的特异性的酶，如蛋白质二硫键异构酶等，通过催化反应，影响肽链的正确折叠。此外，一类称为分子伴侣（molecular chaperone）的物质对蛋白质正确构象的形成也有重要作用。所谓分子伴侣是指能帮助新生肽链折叠，使之成为成熟蛋白质，但本身并不参与共价反应的物质，目前所知大部分为蛋白质。如伴侣素60家族，热休克蛋白70、90家族等。分子伴侣具有酶的特征但又和酶不同，其作用机制现在还没有一致认识，但已受到人们的广泛重视。

第四节　表观遗传调控

表观遗传是一种遗传调控机制，影响基因转录但不改变DNA序列。生物遗传信息表达正确与否，既受控于DNA序列本身，又受制于表观遗传学信息。表观遗传调控包括DNA甲基化、组蛋白修饰、染色质重塑及非编码RNA的调控等多种形式。

一、基因表达调控与DNA甲基化

DNA甲基化是指DNA甲基转移酶（DNA methyltransferases，DNMTs）将DNA序列中的5′-胞嘧啶转变为5′-甲基胞嘧啶的化学修饰，可以调控基因的时空特异性表达，从而影响细胞命运决定和分化等生物学过程。DNA甲基化（DNA methylation）为DNA化学修饰的一种方式，能够在不改变DNA序列的前提下，改变遗传表现。DNA甲基化是指在DNA甲基化酶的作用下，在基因组CpG二核苷酸的胞嘧啶5号碳位以共价键形式结合一个甲基（$—CH_3$）的生物化学反应。这种DNA甲基化修饰可以发生在胞嘧啶的C-5位、腺嘌呤的N-6位及鸟嘌呤的N-7位等位点。其中发生在CpG二核苷酸中胞嘧啶上的第5位碳原子的甲基化过程，其产物为5-甲基胞嘧啶（5-mC），是植物、动物等真核生物DNA甲基化的主要形式。甲基化没有改变基因序列，但对基因表达起调控作用。

富含CpG位点的区域称为CpG岛（CpG islands），人类基因组序列约含有29000个CpG岛，60%的基因与CpG岛关联。CpG岛通常与基因表达的启动子区域（promoter regions）相关，CpG岛的甲基化对基因的表达活性起重要的作用。脊椎动物的一些基因活性与其周围特定胞嘧啶的甲基化有关，甲基化使基因失活，相应的非甲基化能活化基因的表达。脊椎动物基因的甲基化状态有三种。①高度甲基化状态，如女性有两条X染色体，其中一条在胚胎发育早期失活，失活的染色体上所有的基因全部失活。②持续的低甲基化状态，如细胞存活所需的一直处于活性转录状态的管家基因。管家基因是一类始终保持着低水平的甲基化并且一直处于活性转录状态的基因。管家基因表达水平受环境因素影响较小，而且是在个体各个生长阶段的大多数，或几乎全部组织中持续表达，或变化很小，因此常存在于生物细胞核的常染色质中。它的表达只受启动序列或启动子与RNA聚合酶相互作用的影响，而不受其他机制调节。③去甲基化状态，如生物发育的某一阶段或细胞分化的某种状态下，原先处于甲基化状态的基因，也可以被诱导去除甲基化，而出现转录活性，如图2-20所示。

健康人基因组中，CpG岛中的CpG位点通常是处于非甲基化状态，而在CpG岛外的

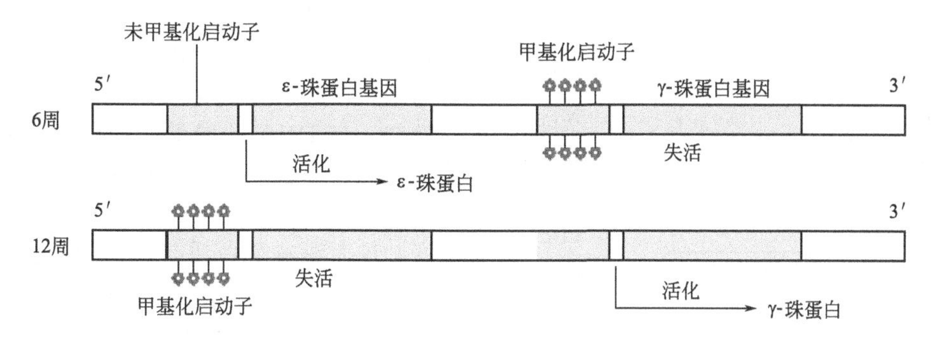

图 2-20 人类胚胎红细胞不同发育时期珠蛋白基因的甲基化

CpG 位点则通常是甲基化的。这种甲基化的形式在细胞分裂的过程中能够稳定保留。当肿瘤发生时，抑癌基因 CpG 岛以外的 CpG 序列非甲基化程度增加，而 CpG 岛中的 CpG 则呈高度甲基化状态，以致染色体螺旋程度增加及抑癌基因表达丢失。DNA 甲基化不仅调控基因转录水平，而且在维持染色体结构稳定性、基因印记、X 染色体失活等方面发挥作用。

DNA 甲基化这种影响还可随细胞分裂而遗传并持续下去。因此它是一类高于基因水平的基因调控机制，是将基因型与表型联系起来的一条纽带。哺乳动物一生中 DNA 甲基化水平经历两次显著变化，第一次发生在受精卵最初几次卵裂中，去甲基化酶清除了 DNA 分子上几乎所有从亲代遗传来的甲基化标志；第二次发生在胚胎植入子宫时，一种新的甲基化遍布整个基因组，甲基化酶使 DNA 重新建立一个新的甲基化模式。细胞内新的甲基化模式一旦建成，即可通过甲基化以“甲基化维持”的形式将新的 DNA 甲基化传递给所有子细胞 DNA 分子。

二、基因表达调控与组蛋白修饰

真核生物基因组 DNA 储存在细胞核内的染色体中，而核小体是构成真核生物染色质的基本结构单位，各个核小体串联成染色质纤维。每个核小体由约 165 个碱基对构成，其中约 147 个碱基对缠绕在组蛋白八聚体周围，另外 20～50 个碱基对构成了核小体之间的自由区域。组蛋白八聚体由 H2A、H2B、H3 和 H4 各两个拷贝组成并构成了核小体的核心颗粒，它们在进化上均具有高度保守性。核小体核心颗粒在组蛋白 H1 的作用下形成稳定结构，进一步组装成高级结构。不同物种、不同组织、不同细胞，甚至同一细胞内同一染色体的不同区段，围绕在核心颗粒外的 DNA 长度也是不同的。核小体的形成将 DNA 分子转化成一个染色质索，将 DNA 压缩为原始长度的三分之一。

构成核小体核心颗粒的四个组蛋白含有高比例的带正电荷氨基酸（赖氨酸和精氨酸），正电荷帮助组蛋白与将近一半带负电荷的 DNA 糖-磷酸骨架紧密结合。这种盐连接和疏水作用也使得任何序列的 DNA 均可以同组蛋白核心颗粒相结合。同时这种空间构象将暴露一部分组蛋白核心颗粒上的 DNA 链，随时可能被 DNase 所切割。每个核心组蛋白也有一条长的 N 端氨基酸尾巴从 DNA-组蛋白核心颗粒延伸出去，这些组蛋白氨基酸尾巴游离于核小体之外，可进行多种类型的转录后修饰，包括赖氨酸的乙酰化、赖氨酸和精氨酸的甲基化等，其中最易发生的是赖氨酸 ε-氨基的乙酰化，如图 2-21 所示。

研究认为组蛋白乙酰化与去乙酰化主要通过以下 3 种方式影响基因的表达。①组蛋白乙酰化与去乙酰化改变核小体周围环境，加强或削弱基因表达相关蛋白质与 DNA 的相互作用。比如，核小体组蛋白的乙酰化中和其周围的正电荷，增加了组蛋白的亲水性，削弱了组

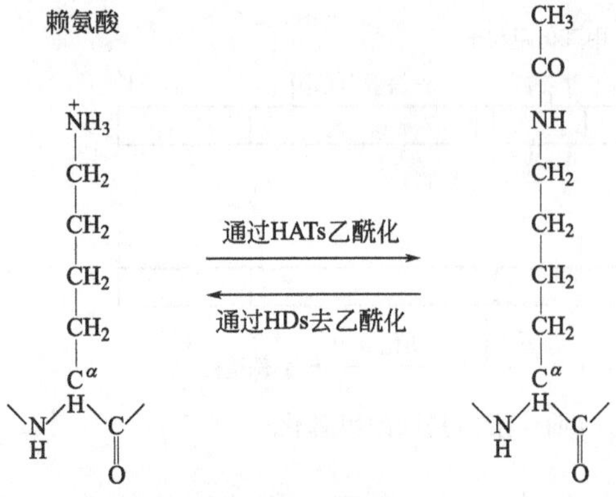

赖氨酸

通过HATs乙酰化

通过HDs去乙酰化

图 2-21　赖氨酸 ε-氨基的乙酰化

蛋白与 DNA 的相互作用，而使染色质处于相对松弛的状态，利于转录因子与 DNA 的结合。相反，组蛋白的去乙酰化则使核小体周围带正电荷增加，与 DNA 的磷酸基所带负电荷的相互作用加强，染色质结构变得紧密而不利于转录。②组蛋白乙酰化与去乙酰化参与染色质构型改变，进而影响蛋白质与蛋白质、蛋白质与 DNA 的相互作用。Hansen 及其同事证明组蛋白乙酰基转移酶（histone acetyltransferases, HATs）只要乙酰化其全部位点的 46％就足以阻止染色质高级结构的折叠及促进 RNA 聚合酶Ⅲ介导的转录。③组蛋白乙酰化与去乙酰化作为特殊信号，被其他蛋白质因子识别并影响它们的活动，从而实现对基因表达的调控。HATs 可以乙酰化其他非组蛋白成分如转录因子（p53、GATA1、EKLF、SCL、E2F1）、转录辅调节因子、DNA 结合蛋白、非细胞核蛋白等，引起底物蛋白功能的改变。如 CBP/P300 对 P53 的乙酰化可增强其特异性 DNA 的结合能力、转录激活能力，并延长其半衰期。组蛋白末端的乙酰化状态在组蛋白乙酰基转移酶和组蛋白去乙酰基酶的作用下保持着动态平衡，并与染色质的转录活性状态相关。乙酰化的染色质与转录激活相关，而去乙酰化的染色质与转录抑制相关。

三、基因表达调控与染色质重塑

如果将基因组 DNA 称为基本模板（basic template），那么染色质可以比作生理模板。染色质作为真核细胞遗传信息的载体，其动态的结构状态与真核细胞和基因的功能极其相关。染色质重塑（chromatin remodeling）是指染色质位置和结构的变化，主要涉及核小体的置换或重新排列，改变了核小体在基因启动序列区域的排列，增加了基因转录装置和启动序列的可接近性。染色质重塑是基因表达表观遗传水平上控制的主要调控方式，主要有两类酶调控染色质重塑的过程：ATP 依赖的染色质重塑因子（chromatin remodelers）以及组蛋白修饰因子（histone modifiers）。

1. 依赖 ATP 的染色质物理修饰

染色质重塑复合体是一种以 ATP 酶为催化中心的多种蛋白亚基复合体，它利用 ATP 水解释放的能量，使 DNA 超螺旋旋矩和旋相发生变化，使转录因子更易接近并结合核小体 DNA，从而调控基因的转录过程。到目前为止，依赖 ATP 的染色质重塑复合体主要有 3 类：SWI2/SNF2、ISW1 和 Mi-2/CHD。在激活基因转录前，染色质重塑复合体首先识别和结合核小体。SWI/SNF 及其相关的 RSC 复合体与核小体有高度的亲和性。例如，酵母的 SWI/SNF 能够以很低的亲和力与 DNA 和核小体结合，并利用其水解 ATP 产生的能量减弱核小体中 DNA-组蛋白的结合力，同时却使核小体部位的 DNA 与转录因子的亲和力增加了 30 倍以上。

2. 染色质的共价化学修饰

该种修饰多发生在组蛋白末端“尾巴”的乙酰化、磷酸化、甲基化和泛素化、SUMO 化和 ADP-核糖化等。由于组蛋白末端部分含有一些带活性基团的氨基酸残基，这些氨基酸残基成为各种化学修饰的靶点，染色质的共价化学修饰主要发生在组蛋白末端的尾部，尤其是核心组蛋白的氨基末端尾部。组蛋白尾部上的多种修饰作用可以发生在不同水平、细胞的不同阶段和不同功能活动中。主要表现为：①组蛋白化学修饰类型可能是单一化学修饰，也可能是多种修饰方式联合作用；②修饰对象上，各种化学修饰的组蛋白底物可能相同，也可能不同；③时间上，各种化学修饰可能是同时进行的，也可能是不同时进行的；④功能上，各种化学修饰的效应可能是协同作用，也可能是拮抗作用。一方面组蛋白的共价化学修饰导致染色质部分结构的改变，另一方面依赖于ATP的染色质重塑复合体使启动子部位的核小体（染色质的基本结构）舒展开，两者共同影响转录因子与基因表达调控区域的结合，如图2-22所示。

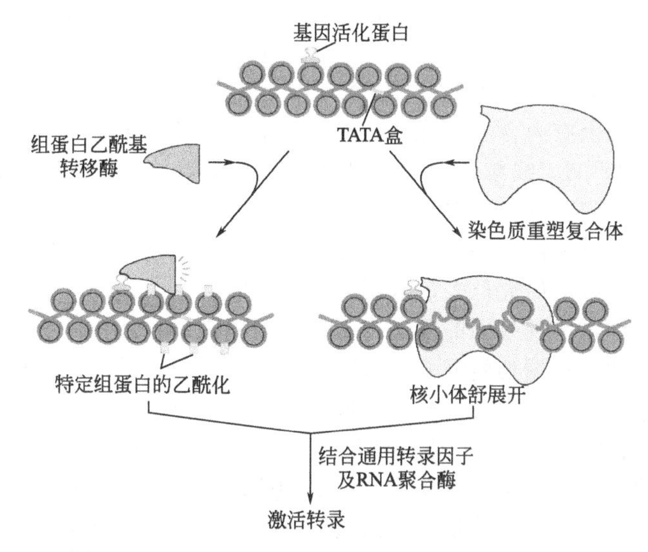

图2-22 基因活化蛋白引导的染色质局部结构改变

四、基因表达调控与非编码RNA的调节

人类基因组DNA元件百科全书计划及随后的研究发现，人类基因组中仅有很小一部分DNA序列负责编码蛋白质，而其余大部分被转录为非编码RNA（non-coding RNA，ncRNA)。ncRNA是指不翻译产生蛋白质的RNA，按照分子大小可将ncRNA分为长链ncRNA和短链ncRNA。长链ncRNA是一类长度大于200nt并且缺乏蛋白质编码能力的RNA分子，参与X染色体沉默、基因组印记、染色质重塑等重要的表观遗传学过程。如长链ncRNA通过抑制RNA聚合酶Ⅱ或者介导染色质重构以及组蛋白修饰，影响下游基因的表达（如小鼠中的p15AS)。miRNA是一种小的内源性非编码RNA分子，大约由21～25个核苷酸组成。通过碱基配对与靶基因的3′端非翻译区进行互补，对靶基因的转录产物进行剪切或者抑制转录产物的翻译，在转录后水平调控靶基因的表达。如1993年，Lee、Feinbaum和Ambros等人发现线虫体内lin-4是一种不参与编码蛋白质的RNA，它在线虫体内生成一对小的RNA转录本，能在转录水平通过抑制核蛋白lin-14的表达调节线虫的幼虫发育进程。迄今为止，研究学者已经发现了3000多个miRNA，其中大部分miRNA在动物体内起着关键的调控作用，是基因表达的主要调控因子之一。据估计，人体内大约2/3的基因受到某个或某一组miRNA的调控。

本章小结

本章重点介绍了基因、基因组以及基因的表达的有关概念、结构基础、功能特点及调控规律。

基因是遗传的功能单位，其本质上是一段特定的DNA序列。原核生物基因和真核生物基因结构相似，都含有编码区和非编码区。编码区是可以被转录的区域（也称转录区），非编码区则位于转录区以外，是具有调控作用的序列，包含启动子、增强子、终止子等。

细胞或生物体中的一套完整单倍体所含有的遗传物质总和构成基因组。它包含了特定生物的全部遗传信息。不同生物的基因组在大小、结构特征、功能作用等方面有很大差别。病毒基因组相对较小，具有一些共同的特征，如编码序列比例大，有大量基因重叠等，但也会随病毒种类或类型的不同而有所区别。原核生物基因组由一条环状DNA组成，编码序列与非编码序列比例接近，基因无内含子，以操纵子为单位，具有多顺反子结构。真核生物基因组规模大、结构复杂，分布于多条染色体DNA中，其基因组大量存在非编码序列和各种类型的重复序列，结构基因有内含子。此外，在原核细胞和真核细胞还存在几种染色体以外的遗传物质，包括质粒DNA、线粒体DNA、叶绿体DNA等。它们具有各自特定的功能。随着研究的深入，目前基因研究已从单个基因扩展到基因组，从简单的病毒基因组到复杂的高等动植物基因组。人类基因组计划、水稻基因组计划及其他物种的基因组计划的实施及顺利完成，标志着人类对基因的研究已经进入了一个新的时代。

基因通过转录和翻译实现基因的表达，从而体现基因的功能作用。基因表达具有时间特异性和空间特异性。即：根据功能需要，基因的表达遵循特定的时间顺序并具有特定的组织细胞分布特点。根据基因表达方式可分为组成型表达和诱导型表达。基因表达调控过程涉及特定DNA序列与特定蛋白质之间的相互作用，以及特定蛋白质之间的相互作用等。

原核生物可以根据环境因素的变化调整自身的基因表达，满足其生长和繁殖的需要。其基因调控是以操纵子为单位的调控模式，通过特异的阻遏蛋白或激活蛋白调节基因的转录，利用转录与翻译的偶联机制，快速有效地调控基因表达。典型的例子包括：乳糖操纵子的阻遏蛋白负控制调控和CAP正控制调控、色氨酸操纵子的转录衰减调控、沙门菌鞭毛蛋白的重组调控等。此外，在翻译水平，SD序列、mRNA的稳定性及翻译产物也都可调控基因的表达。

真核生物的基因表达调控比原核生物复杂，其基因表达调控可以在多个水平上进行。在染色体DNA水平，有染色质结构调节、基因修饰调节、基因重排、基因扩增等调节方式。在转录水平，通过多种反式作用因子的表达或活性调节，以及反式作用因子与顺式作用元件的相互作用，调节基因转录的起始环节，而控制基因的表达。转录以后还可以通过对转录生成的前体mRNA采取“加帽”“加尾”、选择性剪接、RNA编辑以及mRNA转运调节等方式进行调控。翻译水平的调控主要是控制mRNA的稳定性和mRNA翻译的起始频率。翻译后的调控则包括信号肽的切除、新生肽链的修饰、肽链的剪接与正确折叠等方式。

真核生物DNA的表观遗传学调控主要包括DNA甲基化、组蛋白修饰、染色质重塑及非编码RNA的调控等多种形式。DNA甲基化是指在甲基转移酶催化下，DNA分子中的胞嘧啶可转变成5-甲基胞嘧啶，直接干扰转录因子与启动子中特定结合位点的结合，以及导致染色质结构的改变。组蛋白乙酰化主要由组蛋白乙酰化酶（HATs）和组蛋白去乙酰化酶（HDACs）催化完成。染色质重塑是指染色质位置和结构的变化，主要涉及核小体的置换或重新排列，改变了核小体在基因启动序列区域的排列，增加了基因转录装置和启动序列的可接近性。

思考题

1. 名词解释：顺反子（cistron）、hnRNA、转座因子（transposable elements）、基因组

(genome)、启动子（promoter)、基因（gene)、终止子（terminator)、断裂基因（split gene)、顺式作用元件（cis-acting elements)、反式作用因子（trans-acting factor)、上游启动子元件（upstream promoter elements)、反应元件（response elements)、增强子（enhancer)、转座子（transposon，Tn)、假基因（pseudogene)、重叠基因（overlapping genes)、基因家族（gene family)、反向重复序列（inverted repeat)、看家基因（housekeeping gene)、锌指（zinc fingers）结构、亮氨酸拉链（leucine zippers)、基因重排（gene rearrangement)、分子伴侣（molecular chaperone)、RNA 编辑（RNA editing)、DNase Ⅰ超敏位点（DNase Ⅰ hypersensitive site)。

2. 简述乳糖操纵子中 CAP 的正性调节作用机制。
3. 比较原核生物基因组与真核生物基因组的结构与功能特点。
4. 简述原核生物表达调控的主要环节和调控方式。
5. 简述真核生物表达调控的主要环节和调控方式。
6. 从表观遗传学角度，简述真核生物基因表达调控的主要方式。

第三章
核酸分子的分离提取与酶处理

基因工程的核心技术是基因克隆技术，也就是DNA重组技术。要实现DNA分子的体外拼接重组，首先要分离提取目标DNA分子及相应的载体DNA分子，并在体外进行酶切连接，构建重组DNA分子。因此，熟练使用各种核酸分离分析技术，精确地实施酶切连接，构建新的分子是实验成败的关键。酶切连接过程主要依赖两类酶的作用，即限制性核酸内切酶和DNA连接酶。此外，为了实现有效的酶切、连接等DNA重组操作，对DNA分子进行各种必要的修饰处理也是其中的重要环节。本章将重点介绍核酸分子的分离提取的原理，以及DNA分子的酶切、连接及修饰所涉及的酶及其功能作用。

第一节　核酸的分离纯化

核酸的分离纯化是获得目的基因及载体DNA片段的基本途径，分离的好坏直接决定了核酸样品的质量。真核生物95%的DNA存在于细胞核内，其余5%为细胞器DNA，存在于线粒体和/或叶绿体中。RNA分子约有75%存在于胞质中，另有10%在细胞核内，15%在细胞器中。RNA中rRNA所占比例最大（80%～85%），tRNA及核内小分子RNA占10%～15%，而mRNA分子只占1%～5%。细胞中的部分DNA和RNA能够与蛋白质结合分别形成脱氧核糖核蛋白（DNP）和核糖核蛋白（RNP）。不同类型的核酸具有不同的结构特点：真核生物染色体DNA为双链线状大分子；原核生物基因组DNA、质粒及真核细胞器DNA相对较小，为双链环状分子；某些噬菌体DNA为单链环状分子；而RNA大多为单链线状分子；至于病毒的DNA、RNA分子，其存在形式多种多样，有双链环状、单链环状、双链线状和单链线状等。因此进行核酸分离纯化时应根据核酸特点、类型及结合状态等因素综合考虑，选择不同的分离纯化方法。

一、核酸分离纯化的原则与要求

核酸分离纯化总的原则是要保证核酸一级结构的完整性，尽量避免降解，同时要排除其他分子的污染。因为一级结构是核酸分子最基本的结构，储存着全部的遗传信息，是进一步研究的基础。为了保持核酸的完整性，在提取过程中要注意防止核酸酶对核酸的降解。此外，还要防止化学因素（如酸、碱等）和物理因素（如高温、机械剪切等）引起的核酸变性或结构破坏。制备RNA要特别注意防止RNA酶（RNase）的作用，因为RNase分布很广，活力很高；而分离 DNA 更重要的是防止张力剪切作用，因为 DNA 是高轴比分子，容易因机械力断裂。

总体而言，核酸的纯化应达到以下三点要求：①核酸样品中不应存在对酶有抑制作用的有机溶剂和过高浓度的金属离子；②其他生物大分子如蛋白质、多糖和脂类分子的污染应降低到最低程度；③排除其他核酸分子的污染，如提取 DNA 分子时，应去除 RNA 分子，反之亦然。

二、核酸提取的主要步骤

提取纯化核酸总的来说分为四大步，即样品的前处理、细胞破碎、除去与核酸结合的其他生物分子、核酸的沉淀浓缩，同时除去其他杂质核酸，获得均一的样品。

1. 样品准备

新鲜的动植物组织材料，经清洗去掉非组织材料杂质。少量样品可用液氮冻结，然后快速碾磨成粉末状。动物细胞培养物有的需用胰酶消化，再离心沉淀，必要时用预冷的 PBS 液漂洗，收集沉淀的细胞。液体培养的单细胞微生物直接离心沉淀收集菌体，重悬浮在含有 EDTA 的葡萄糖低渗溶液，避免细胞裂解。

2. 细胞破碎

细胞破碎的方法有很多种，包括物理方法、化学方法、酶法等。常用的物理方法有超声波法、匀浆法、液氮破碎法、Al_2O_3 粉研磨法等。物理方法容易导致 DNA 链的断裂，因此对大分子量 DNA，一般采用化学方法和酶法，如采用去污剂（0.5%～1.25% SDS）和溶菌酶或蛋白酶 K，在 Tris-HCl（pH8.0）的 EDTA 溶液中，温和裂解。EDTA（5mmol/L）可与 Mg^{2+} 结合，从而抑制核酸水解酶，是核酸制备中防止酶解的重要手段。蛋白酶、去污剂在使细胞充分裂解的同时，也可使核蛋白复合体破碎，从而使更多的核酸释放出来，溶解于提取缓冲液中。为充分裂解细胞、消化蛋白，此过程可在 60℃条件下进行。以上条件主要是对 DNA 提取，为了除去混杂的 RNA，此时亦可加入适量 RNA 酶，但若是提取 RNA，则从裂解开始就应抑制 RNA 酶活性。

3. 分离纯化核酸

核酸的纯化最关键的步骤是去除蛋白质，要将核酸与紧密结合的蛋白质分开，而且还要避免核酸的降解。从细胞裂解液等复杂的分子混合物中纯化核酸，则要先用某些蛋白水解酶消化大部分蛋白质后，再用有机溶剂抽提。从核酸溶液中去除蛋白质常用酚/氯仿抽提法，这个方法的基本原理是：交替使用酚、氯仿这两种不同的蛋白质变性剂，以增加去除蛋白杂质的效果。因为酚虽可有效地变性蛋白质，但它不能完全抑制 RNA 酶的活性，而且酚能溶解 10%～15%的水，从而能溶解一部分 poly(A) RNA，因此 DNA 提取时一般采用饱和酚。为了克服这两方面的局限，混合使用酚与氯仿，对于 RNA 提取，显得更加重要，氯仿还能加速有机相与液相分层，去除植物色素和蔗糖。在氯仿中加入少许异戊醇的目的在于减少蛋白质变性操作过程中产生的气泡。最后用氯仿抽提处理，是为了去除核酸溶液中的痕量酚。如果后续反应对酶活性的条件要求严格，最可靠的方法是再用水饱和的乙醚抽提一次，以彻底去除核酸样品中的痕量酚与氯仿，然后在 68℃水浴中放置 10min 使痕量乙醚蒸发掉。酚/氯仿萃取的过程原理示意图见图 3-1。

4. 核酸的沉淀浓缩

核酸的沉淀浓缩常用的是乙醇沉淀法。无水乙醇结合核酸分子所结合的水，使核酸沉淀，且乙醇易挥发除去，对后续酶切操作影响甚微。微量的 DNA，可加入中等浓度的单价

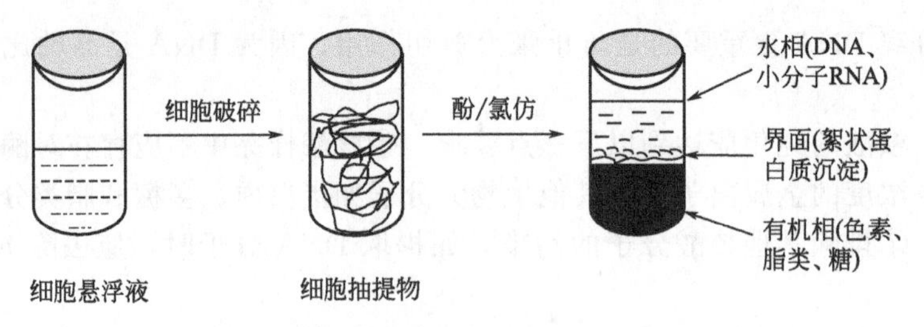

图 3-1 酚/氯仿提取除蛋白质原理示意图

阳离子促进沉淀。如 Na^+，中和了 DNA 分子上的负电荷，减少了 DNA 分子间的同性电荷相斥力，易聚合形成 Na 盐 DNA 沉淀，并可经离心回收。回收的核酸可按所需浓度，再溶于适当的缓冲液中。甚至对低至皮克（pg）量的 DNA 或 RNA，也可定量回收。

以上是核酸 DNA 在提取时所用的主要步骤，对于具体的染色体 DNA、细胞器 DNA、病毒 DNA（RNA）及质粒 DNA 在提取方法上又有所不同。

三、质粒 DNA 的分离纯化

在基因工程中，质粒是携带外源基因进入细菌中复制或表达的重要运载体，是重组 DNA 技术中必需的工具。而质粒的分离提取则是最常用、最基本的实验技术。质粒分离纯化的关键点在于如何将之与性质相似的基因组 DNA 相互分开，而在这关键一步中，常用的分离方法几乎都利用了质粒是闭合环状超螺旋结构和其分子量小的性质。质粒 DNA 分离方法有碱裂解法、煮沸法、去污剂（Triton/SDS）裂解法、CsCl-EB（氯化铯-溴化乙锭）密度梯度平衡离心法、羟基磷灰石柱色谱法、质粒 DNA 释放法等。前两种方法比较剧烈，适于小质粒，第三种方法比较温和，一般用来分离大质粒（>15kb）。羟基磷灰石柱色谱法利用核酸的带电性，可用于纯化。目前市场上已有较多利用上述方法生产的商业化试剂盒。

1. 碱裂解法

碱裂解法是小量制备质粒 DNA 较好的方法。基本原理是利用质粒较小且为超螺旋共价闭合环状分子的特点，和它与染色体 DNA 在拓扑学上有很大差异来分离。即在碱性 pH（12～12.5）条件下，DNA 分子均变性，恢复中性时，线性染色体 DNA 由于两条链分开且基因组分子量大，单链互相无规则缠绕，不能准确复性，就与其他成分共沉淀，而质粒 DNA 分子小且两条闭合环状分子即使变性也较紧密地缠绕在一起，准确复性而留于上清溶液中。

碱裂解法获得的 DNA 纯度可达到基因工程操作的要求，提取率高，能快速获得超螺旋 DNA，常用于高拷贝数质粒的分离提取。质粒的大量制备可采用微量制备的方法提取后，再采用聚乙二醇沉淀等方法纯化。（拓展 3-1：碱裂解法分离质粒的主要步骤）

拓展 3-1

2. 煮沸法

煮沸法是利用加热处理 DNA 溶液使 DNA 发生变性，冷却后共价闭环的质粒 DNA 恢复其天然构象，变性染色体 DNA 片段与变性蛋白质和细胞碎片结合形成沉淀，而复性的超螺旋质粒 DNA 分子则以溶解状态存在于液相中，通过高速离心（12000×g）将两者分开。然后可用 5% CTAB 选择性沉淀 DNA，进一步用乙醇洗涤、沉淀，保存于 TE 缓冲液中。适于快速提取质粒 DNA 并进行鉴定，也适用于大量提取，对纯度要求高的，可做进一步纯化处理。本方法对大多数大肠杆菌菌株适用，但对于那些经变性剂、溶菌酶及加热处理后能释放大量糖类的大肠杆菌菌株（如 HB101 及其衍生菌株），则不推荐使用煮沸法。

3. CsCl-EB 密度梯度平衡离心

拓展 3-2

CsCl 是一种大分子量的重金属盐，长时间超速离心时，在管中形成 1～1.8052g/cm^3 自上而下增加的密度梯度。含有细胞裂解液的体系在长时间超速离心平衡后，DNA 的沉降速度与扩散速度达到平衡，染色体 DNA、质粒 DNA、RNA 以及蛋白质等，因其浮力密度的不同而在管内相应 CsCl 密度位置形成区带。RNA 可与 Cs^+ 结合，因此密度最大，沉积管底，蛋白质漂浮于液面上。（拓展 3-2：不同 DNA 密度梯度离心分离）

密度梯度平衡离心后，不同物质区带示意图如图 3-2 所示。该法可以简便地将几种大分子分离开，所获得 DNA 纯度高，因此也可用于染色体 DNA 的分离。但是需要超速离心机，设备试剂成本较高。

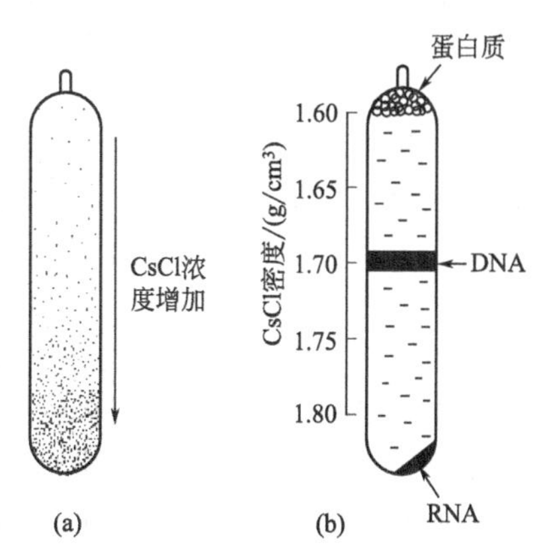

图 3-2　CsCl-EB 密度梯度平衡离心分离示意图

根据质粒大小和结构与基因组 DNA 的区别，还可以采用阴离子交换色谱（如 DEAE-sepharose 4B）、分子筛色谱（如 Sephacel S-100），或者选用一些特定的商品化的柱子进行分离纯化。凝胶电泳也是一种分离不同分子量 DNA 的手段。

4. DNA 的纯化

质粒从细菌中分离出来以后，可用于 DNA 片段酶切回收、内切酶图谱分析、细菌转化、亚克隆及探针放射性标记等实验。但是对于一些 DNA 纯化要求高的实验，如哺乳类动物细胞转染、转基因动物操作等，需要进一步提高质粒 DNA 的纯度。这种纯度要求不但包括细菌染色体 DNA、RNA 及蛋白质的去除，而且还要选择质粒 DNA 的不同分子构型。一般根据后续实验对 DNA 的质量要求和具体条件加以选择。经酚/氯仿提取纯化的质粒 DNA，为了进一步纯化共价闭环（CC）质粒 DNA，可采取以下方法：①CsCl-EB 梯度平衡超速离心法；②离子交换或凝胶过滤柱色谱法；③分级聚乙二醇沉淀法；④琼脂糖凝胶电泳片段分离法。其中方法①较常用，该方法需要超速离心机（昂贵）和长时间（10～24h，有时甚至 48h，费时），小实验室有时往往难以实现。方法②可通过选择不同色谱介质，在核酸分离纯化时有更多的应用，设备无特殊要求，只是操作比较麻烦。方法③比较经济简单，纯化的质粒 DNA 可适用于细菌转化、酶切，尤其对碱裂解法提取的质粒纯化效果更好。方法④凝胶电泳分离是核酸分离纯化及鉴定的常规方法，尤其适宜于小片段分离纯化。

四、基因组 DNA 的制备

基因组 DNA 分子量大，受热易变性，复性困难，受剪切力作用易断裂，因此要采用较温和的条件和方法进行提取。如 SDS 加上蛋白酶 K 温和裂解过夜，蛋白酶 K 具有水解蛋白质的能力，可加速细胞膜的裂解；SDS 能够变性膜蛋白，同时有助于解离核酸结合蛋白及抑制核酸酶活性，防止基因组 DNA 在提取过程中被降解。杂蛋白质的去除可用酚/氯仿萃取法。对植物基因组还需注意的是糖类的除去，可选用十六烷基三甲基溴化铵（CTAB）选择性沉淀 RNA 或 DNA，也可用三甲基溴化铵（TEAB）加上 50%乙醇沉淀多糖。

目前针对 DNA 的分离纯化市面上有多种商业化试剂盒可供选择，通过合适的试剂盒可提高 DNA 的得率和纯度。

五、RNA 的提取

RNA 是目前发现的细胞内生物功能最丰富多样的生物大分子，同时是 DNA 与蛋白质信息传递的桥梁，因此完整 RNA 的提取和纯化是功能基因组时代的重要手段。Northern 杂交、mRNA 分离、cDNA 的合成及体外翻译都是以高质量 RNA 为基础。与 DNA 比较而言，RNA 分子小、种类多、单一组分含量少而差别大，RNA 分子易发生水解。

哺乳动物中，平均每个细胞内大约含有 $10^{-5}\mu g$ RNA。理论上认为每克细胞可分离出 5～10mg RNA，对于培养细胞而言，1g 细胞相当于 1mL 压积（紧密压在一起的细胞体积）的细胞，大约有 10^8 个细胞。

rRNA 在总 RNA 分子中含量丰富，原核生物包括 23S rRNA、16S rRNA、5S rRNA 三种，真核生物包括 28S rRNA、18S rRNA、5.8S rRNA 及 5S rRNA 四种，可根据它们的密度和分子大小，通过密度梯度离心、凝胶电泳或离子交换色谱进行分离。而 mRNA 分子种类繁多，分子量大小不均一，在细胞中含量少，绝大多数真核 mRNA 分子（除血红蛋白及有些组蛋白 mRNA 以外），均在 3′端存在 20～250 个多聚腺苷酸［poly(A)］。利用此特征，可很方便地从总 RNA 中，用寡聚脱氧胸苷酸（oligo dT）亲和色谱柱分离 mRNA。

细胞中的 rRNA、tRNA 和 mRNA，将它们完全分开不容易，可先将细胞匀浆进行差速离心，制得细胞核、线粒体、核糖体等细胞器和细胞质，然后再从这些细胞器中分离某一类 RNA。

1. 提取 RNA 的操作关键

所有 RNA 的提取过程中都有五个关键：①样品细胞或组织的破碎；②核蛋白复合体变性解离，释放出 RNA；③对 RNA 酶的抑制；④将 RNA 从 DNA 和蛋白质混合物中分离；⑤对于多糖含量高的样品还要采取措施去除多糖杂质。但其中最关键的是抑制 RNA 酶的活性。［拓展 3-3：RNA 酶(RNase)］

拓展 3-3

2. RNA 的提取方法

RNA 的提取主要采用两种途径：①提取总核酸，再用氯化锂将 RNA 沉淀出来，这种方法会导致小分子 RNA（如 5S rRNA、tRNA）的丢失；②直接在酸性条件下抽提。联合使用异硫氰酸胍（GTC）和十二烷酰肌氨酸钠使核蛋白复合体解离，RNA 释放到溶液中，采用酸性酚/氯仿混合液抽提，低 pH 值的酚使 RNA 进入水相，这样使其与仍留在有机相中的蛋白质和 DNA 分离，水相中的 RNA 可用异丙醇沉淀浓缩，沉淀可用异丙醇洗涤，再用乙醇沉淀 RNA。

六、核酸的定量分析

核酸定性定量分析是指导核酸分离纯化的重要手段。常见的方法有紫外分光光度法及荧光分光光度法。

1. 紫外分光光度法

紫外分光光度法是基于分子内电子跃迁产生的吸收光谱进行分析的一种光学检测方法。核酸中含有嘌呤和嘧啶环，这种共轭体系产生电子跃迁时，强烈吸收 250～290nm 波段的紫外光，在 256～265nm 处显示出特征吸收峰，在 230nm 处吸收最小。例如腺嘌呤的最大紫外吸收值为 260.5nm，胞嘧啶为 267nm，鸟嘌呤为 267nm，胸腺嘧啶为 264.5nm，尿嘧啶为 259nm。这些碱基与戊糖、磷酸形成核苷酸后，其最大吸收峰不会改变，核酸的最大吸收波长是 260nm，波谷在 230nm。根据测定，在波长 260nm 紫外线下，1 个 OD 值的光密度相当于双链 DNA 浓度为 50μg/mL，单链 DNA 或 RNA 为 40μg/mL，单链寡核苷酸为 20μg/mL。可以此来计算核酸样品的浓度，检测限低至 0.5～1.0μg/mL。此外，还可通过测定在 260nm 和 280nm 的紫外吸收值的比值（A_{260}/A_{280}）来估计核酸的纯度。根据测定，纯双链 DNA 的比值为 1.8，纯单链 RNA 的比值为 2.0，纯蛋白质的比值为 0.5，若某样品的比值高于 1.8，一般说明其中的 RNA 尚未除尽，比值小于 1.8 则一般说明残留酚或蛋白质。当然也会出现既含蛋白质又含 RNA 的 DNA 溶液比值为 1.8 的情况，所以有必要结合凝胶电泳等方法鉴定有无 RNA，或用测定蛋白质的方法检测是否存在蛋白质。紫外分光光度法的优点是不损耗样品，在测定后样品可继续使用，所以常用于载体或目标 DNA 分子浓度的检测，以获得合适的连接浓度。

2. 荧光分光光度法

DNA、RNA 本身并不产生荧光，但在荧光染料，如溴化乙锭（EB）嵌入碱基平面之间后，DNA 样品在紫外线照射激发下，可以发出红色荧光，其荧光强度与核酸含量成正比。使用已知浓度的核酸对荧光强度作图建立标准曲线，可推算未知样品的浓度。

EB 具有强诱变效应，被污染物品需要焚烧销毁，在分子生物学实验室中常需设置隔离污染区来操作。因此美国公司开发出了低诱变、高灵敏度核酸荧光染料 SYBR© Green Ⅰ，在紫外下呈绿色荧光。SYBR© Green Ⅰ 的最低检出限：20pg DNA（254nm）；60pg DNA（300nm）。高于 EB 染色法 10～25 倍。且该染料对分子生物学实验中常用的酶（如：*Taq* 酶、逆转录酶、内切酶、T4 连接酶等）没有抑制作用。

以上两种方法只能获知样品中 DNA 的总浓度，而无法判定其中目标分子的浓度，也无法判断是否有其他 DNA 或 RNA 的污染。因此，目的片段的定量需要经凝胶电泳分离后，通过对特定片段的荧光强度计算获得。

七、核酸的凝胶电泳

电泳是利用带电荷物质在电场中的迁移速率不同而将其分离的方法，而凝胶电泳利用了支持介质形成的网状结构使不同大小的大分子物质得以分离并保留于凝胶中，在不同位置形成条带。电泳迁移率的大小与物质的带电量与分子量的比值（荷质比）相关。

在中性 pH 或碱性缓冲液中，核酸分子骨架上的磷酸基团在水中解离带有负电荷，在电场中由负极向正极迁移。但不同大小的核酸分子长链均匀分布有磷酸基团，荷质比趋于一致（图 3-3）。此时核酸分子在电场中的迁移速率受到分子形状和大小的影响，在均一的凝胶网络中，它的迁移速率只与分子的大小相关。不同分子量的核酸分开，而相同分子量的核酸聚集形成条带。

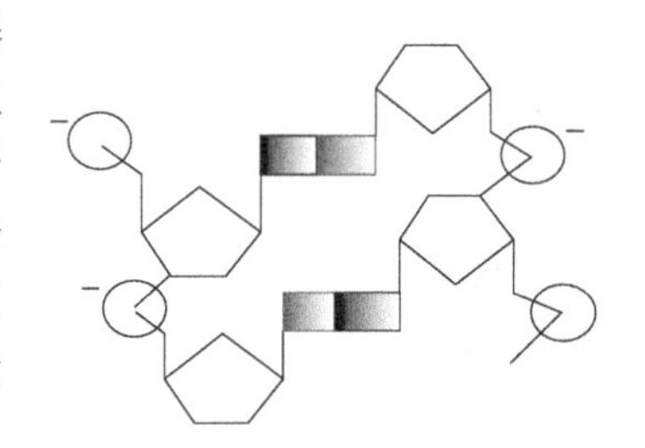

图 3-3 DNA 双链结构示意图

凝胶电泳使用的样品，可以是大量和微量制备的核酸样品，也可以是酶切、体外重组中间操作过程的微量样品。核酸来源材料可以是各种生物组织细胞，也可以是基因工程的各种重组体，这种方便的检测方法是及时指导每步操作的重要工具。核酸电泳常采用琼脂糖或聚丙烯酰胺凝胶电泳，该技术是分离、鉴定和纯化核酸片段的标准方法，既可用于分析检验，又可用于分离回收制备。

1. 琼脂糖凝胶电泳

琼脂糖是从海藻中提取出来的一种线状高聚物。琼脂糖凝胶作为电泳基质有如下优点：

①形成的凝胶具有大量微孔，其孔径尺寸取决于它的浓度，如 0.75%琼脂糖的孔径为 800nm，1%琼脂糖孔径为 150nm；②透明，无紫外吸收；③无毒，热熔冷凝，制胶方便；④热可逆性，具有一定强度。批号、厂家不同的琼脂糖，其杂质含量不同。这些差异影响 DNA 的迁移以及从凝胶中回收的 DNA 作为酶促反应底物的能力。由于对琼脂糖的要求大大提高，现在大多数厂商都制备有特殊级别的琼脂糖，这些产品已经筛除了抑制物和核酸酶，而且用溴化乙锭染色后荧光背景较小。

通过化学修饰可制备低熔点的琼脂糖，主要用于 DNA 电泳凝胶的制备和 DNA 的限制酶原位消化。琼脂糖凝胶的制备是将琼脂糖在所需缓冲液中溶化成清澈、透明的溶液。然后将溶化液倒入胶模中，令其固化。凝固后，琼脂糖形成一种固体基质，其密度取决于琼脂糖的浓度。

不同浓度的琼脂糖凝胶电泳可分离不同大小范围的 DNA 片段，对于双链 DNA 来说，DNA 片段在 500～60000bp 用琼脂糖凝胶分离，不同浓度的分离范围如表 3-1 所示。琼脂糖凝胶电泳一般采用潜水式水平电泳，电泳时电压不应超过 5V/cm，以防过热琼脂糖凝胶熔化以及分辨力下降。

表 3-1　不同浓度琼脂糖凝胶的分离范围

琼脂糖浓度/%	分离线状 DNA 分子的范围/kb
0.3	5～60
0.6	1～20
0.7	0.8～10
0.9	0.5～7
1.2	0.4～6
1.5	0.2～4
2.0	0.1～3

更大分子量（10～2000kb）的 DNA 片段分离，采用脉冲场凝胶电泳（pulsed-field gel electrophoresis，PFGE）分离，如原核生物基因组 DNA、真核生物染色体 DNA 内切酶物理图谱分析等。（拓展 3-4：脉冲场凝胶电泳）

拓展 3-4

基因工程的常规操作中，琼脂糖凝胶电泳应用最为广泛。它通常采用水平电泳装置，在强度和方向恒定的电场下进行电泳。DNA 分子迁移的速率受分子大小、构象、电场强度和方向、碱基组成、温度和嵌入染料等因素的影响。在相同的电泳条件下，电泳中 DNA 片段迁移距离与其分子量的对数成反比，两者关系可以用下列方程表示。

$$D = a - b(\lg M)$$

式中，D 代表迁移距离；a，b 均为常数；M 为 DNA 片段分子量。由于组成 DNA 的碱基分子量大小相差不大，所以移动距离与碱基对也存在相应的对数关系，其相应关系见图 3-4。此外，电泳时添加分子量的参照物（DNA Marker）可以判断 DNA 样品的分子大小。最常用的分子量参照物是 λDNA 的 *Hin*dⅢ消化物。如图 3-5 所示，所用的 DNA Marker 为两种，除 λDNA 的消化物外，还采用了 ϕX174 噬

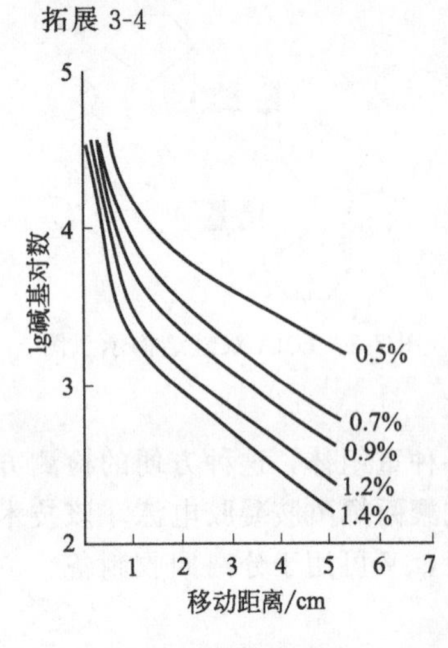

图 3-4　移动距离与碱基对的相应关系

菌体 DNA 的 *Hae*Ⅲ的酶解消化片段，可以用作较低分子量的片段大小的参照物。

2. 聚丙烯酰胺凝胶电泳

聚丙烯酰胺凝胶是由单体（monomer）丙烯酰胺（acrylamide，Acr）和交联剂（crosslinker）*N*,*N*-亚甲基双丙烯酰胺（methylene-bisacrylamide，Bis）交联成的三维网状结构的凝胶。该凝胶孔径小、透明、弹性好、无紫外吸收，可用于 DNA、蛋白质等生物大分子的分离。

小于 1000bp DNA 片段可用聚丙烯酰胺凝胶电泳。含高浓度（7mol/L）尿素的变性聚丙烯酰胺凝胶可用于分离较短的（<500bp）的单链 DNA 或 RNA，特别适用于小片段 DNA 测序需求。聚丙烯酰胺凝胶电泳分离 DNA 片段的分离范围见表 3-2。

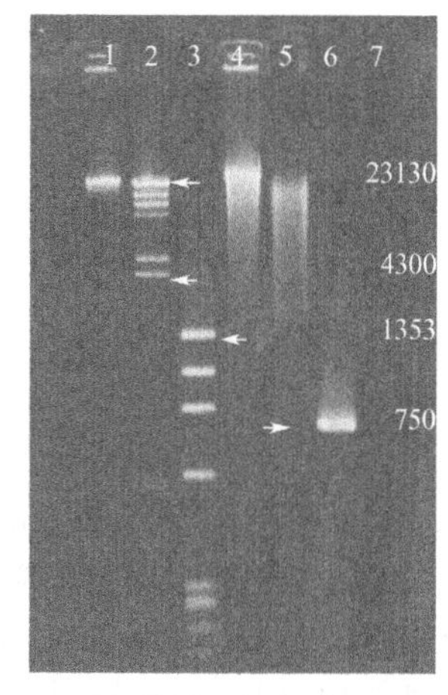

图 3-5　凝胶电泳成像图谱

泳道 1 为 λ 噬菌体 DNA；泳道 2 为 λ 噬菌体 DNA 的 *Hind*Ⅲ酶解消化物；泳道 3 为 ϕX174 噬菌体 DNA 的 *Hae*Ⅲ酶解消化物；泳道 4 为未消化真菌真核 DNA；泳道 5 为部分消化的真菌真核 DNA；泳道 6 为 PCR 产物；第 7 列为片段大小标注，单位为 bp

聚丙烯酰胺凝胶电泳分离双链 DNA 时采用非变性条件，而分离单链 DNA 及 RNA 时采用变性条件。聚丙烯酰胺凝胶电泳一般采用垂直平板电泳，电泳电压为 1～8V/cm。尿素变性胶电泳温度为 18～25℃。RNA 也可用甲醛变性琼脂糖凝胶电泳。

表 3-2　DNA 在聚丙烯酰胺凝胶中的有效分离范围

聚丙烯酰胺浓度/%	有效分离范围/bp
3.5	100～1000
5.0	80～500
8.0	60～400
12.0	40～200
20.0	10～100

核酸电泳时指示剂为溴酚蓝和二甲苯青 FF 两种，前者较后者移动快，其在 3.5%的聚丙烯酰胺凝胶电泳中的迁移速率相当于 100bp 的 DNA 片段。

核酸电泳常用 EB 染色（也可用 SYBR GreenⅠ等），在紫外灯下观察荧光。染色可在电泳结束后进行，也可将 EB 加入胶中，便于在电泳过程中在紫外灯下观察。银染法是灵敏度更高的染色方法。若分离的核酸经过放射性同位素标记，可用高灵敏度的放射自显影法。

3. 凝胶电泳分离后核酸片段的回收及纯化

电泳分离后的 DNA 片段，经确认为需要的片段，要从凝胶中回收并纯化。例如在 DNA 重组操作中，需用合适的限制性内切酶将含有目的基因的 DNA 片段以及提纯的质粒闭环 DNA 切开后进行回收和纯化，获得所需的目的基因片段和载体 DNA 的线性片段。

从琼脂糖凝胶中回收我们需要的 DNA 片段的方法有很多：电泳洗脱法、DEAE 纤维素膜插片法、低熔点琼脂糖凝胶电泳挖块法、冻融法、玻璃奶法等。其中 DEAE 纤维素膜插片法简便易行，回收率、纯度都很高，对回收 500bp～5kb 大小的 DNA 片段效果很好，而 5kb 以上的 DNA 片段难以从 DEAE 膜上洗脱下来，回收率就降低很多。电泳洗脱法对大于 5kb 的 DNA 片段较适合。冻融法、SDS 溶液浸出法等方法都极为简便，但纯度与回收率较差。将低熔点琼脂糖挖块与玻璃奶法结合，可回收到质量较好的 DNA 片段。

若采用EB染色，则回收的DNA还需进一步纯化，可用有机溶剂进行抽提或DEAE-Sephacel离子交换柱色谱法纯化。

第二节　DNA分子的酶切

基因工程技术中，限制性核酸内切酶（restriction endonuclease），简称限制性内切酶，扮演着像裁缝的剪刀一样的角色，可以让研究人员方便地剪切核酸分子，从中获得所需要的序列片段。限制性内切酶是核酸酶的一种。核酸酶是一类能够水解相邻两个核苷酸残基间的磷酸二酯键，使核酸分子断裂的一类酶。根据核酸酶水解底物的不同，分为两大类：特异性水解断裂RNA链的叫核糖核酸酶（RNase），如RNase H；专门水解断裂DNA链的核酸酶叫脱氧核糖核酸酶（DNase），如DNase Ⅰ。根据核酸酶水解核酸分子位置的不同，又可分为核酸外切酶（exonuclease）和核酸内切酶（endonuclease）。前者是从核酸分子的末端开始，逐个消化降解多核苷酸链；后者是从核酸分子的内部切割3′,5′-磷酸二酯键，使核酸链断裂成更小的片段。上述各种类型的核酸酶在基因工程中都可能用到，其中尤以限制性核酸内切酶最为重要。

一、限制性核酸内切酶

拓展3-5

限制性内切酶是一类识别双链DNA内部特定核苷酸序列的DNA水解酶。它们以内切的方式水解DNA，产生5′-P和3′-OH末端。（拓展3-5：限制酶的发现）

1. 限制性内切酶的类型和命名

限制性内切酶主要有三种类型（列于表3-3中）：Ⅰ型限制性内切酶为复合功能酶，具有限制和修饰两种功能，但在DNA链上切点识别特异性差，没有固定的切割位点，不产生特异性片段；Ⅱ型限制性内切酶，切点识别特异性强，识别序列和切割序列一致，可产生特异性片段，目前已被广泛应用于基因工程操作中；Ⅲ型限制性内切酶与Ⅰ型相似，但在识别位点外部有特异性的切割位点。Ⅰ型和Ⅲ型酶由于识别或切割的特异性不高，实际应用困难，因而在基因工程研究中的应用价值不大，通常所说的限制性内切酶都是Ⅱ型酶。

表3-3　三种限制性内切酶的特点比较

特征	Ⅰ型	Ⅱ型	Ⅲ型
限制修饰活性	单一多功能酶	限制和修饰活性分开	双功能酶
蛋白质结构	三种不同亚基	单一成分	两种不同亚基
限制作用的辅因子	ATP、Mg^{2+}、S-腺苷甲硫氨酸	Mg^{2+}	ATP、Mg^{2+}、S-腺苷甲硫氨酸
切割位点	距特异性位点1000bp外的位置随机切割	特异性位点或附近	距特异性位点3′端24～26bp位置
甲基化作用位点	特异性位点	特异性位点	特异性位点
识别未甲基化位点进行核酸内切酶切割	能	能	能
序列特异性切割	否	是	是
在基因工程中应用广泛	否	是	否

人们使用限制性内切酶原生菌的种属名称来命名限制性内切酶，即以微生物属名第1个

字母（大写）和种名前两个字母（小写）写成斜体三字母，例如，大肠杆菌（*Escherichia coli*）用 *Eco* 表示，流感嗜血菌（*Haemophilus influenzae*）用 *Hin* 表示。菌株名以非斜体在此三字母后，若菌株有几种不同限制性内切酶时，则按被发现的先后顺序以罗马字母编号区分，如 *Hin*dⅠ、*Hin*dⅡ、*Hin*dⅢ等等。以 *Eco*RⅠ和 *Hin*dⅢ两种限制性内切酶为例，其名称、来源和剪接方式如下。

限制酶	来源	剪切方式
*Eco*R Ⅰ	*Escherichia coli* RY 13	G↓AATTC
*Hin*d Ⅲ	*Haemophilus influenzae* Rd	A↓AGCTT

2. Ⅱ型限制性内切酶的作用方式

Ⅱ型限制性内切酶由一种多肽构成，常常以同源二聚体形式存在。它通常有以下三个特性。

(1) 特异性识别并切割脱氧核苷酸序列

Ⅱ型限制性内切酶一般能够识别 4～8 个脱氧核苷酸的特定序列。这些序列是核酸限制性内切酶的识别序列，同时也是这些酶的切割位点（或称靶序列）。切割位点在限制性内切酶的作用下发生水解反应，导致 DNA 分子的断裂。

根据概率统计原理不难得出，具有 4 个、5 个或 6 个碱基对的识别序列在 DNA 上出现的概率依次是 1/256（4^{-4}）、1/1024（4^{-5}）和 1/4096（4^{-6}）。但是实际上，由于 DNA 碱基含量在不同生物中是不同的，Ⅱ型限制性内切酶识别位点的分布和频率也各异。比如大肠杆菌基因组中 A 和 T 两种碱基的含量占优势，因此富含 AT 的识别序列（如 *Dra*Ⅰ，TTTAAA；*Ssp*I，AATATT ）会较为频繁地出现。而在链霉菌基因组中，因为其 GC 含量很高，所以富含 GC 碱基对的识别序列（如 *Sma*Ⅰ，CCCGGG；*Sst*Ⅱ，CCGCGG）较常见到。

(2) 识别序列都是回文序列

限制性内切酶所识别的序列呈回文结构（palindrome）。像“画上荷花和尚画”就是一种语音上的回文体，这句话从前向后和从后向前读是一样的，在对称轴两边是镜像对称的。而这里所说的回文结构也是引申其中意义，其特征是在识别序列中可以找出一条对称轴，轴两侧序列是两两对称互补配对的，而且两条互补链 5′到 3′的序列相同，将一条链旋转 180°后可与另一条链重叠。例如，如 *Hin*dⅢ和 *Bam*HⅠ的识别位点分别为：

*Hin*dⅢ的识别序列	*Bam*HⅠ的识别序列
5′----A A G C T T----3′	5′----G G A T C C----3′
3′----T T C G A A----5′	3′----C C T A G G----5′

(3) 切割后形成各种黏性末端或平整末端

限制性内切酶切割 DNA 分子后产生两种类型的断裂：DNA 两条链上的断裂位置不在同一碱基对处，而是交错地切开，这样会形成黏性末端（sticky end），如图 3-6 中的 *Eco*RI、*Hin*d Ⅲ和 *Pst*Ⅰ切割后，可使 DNA 片段产生黏性末端；而在同一碱基对处切割 DNA 两条链形成的双链末端，称为平整末端（blunt end）或平头末端，图中 *Hpa*Ⅰ的酶切，可使 DNA 片段产生平整末端。黏性末端能够通过互补碱基的配对而重新连接起来，但具有平整末端的 DNA 片段其重新连接效率没有黏性末端高。

限制性内切酶中有一些特殊的类型，这些酶的识别序列互不相同，但切割后产生相同的突出末端，这一类酶互称为同尾酶（isocaudamer）。比如 *Bam*HⅠ、*Bcl*Ⅰ、*Bgl*Ⅱ、*Sau*3AI 和 *Xho*Ⅱ就是一类同尾酶。它们切割 DNA 链都产生 GATC 突出末端。这些酶切割过的 DNA 片段，可以通过其突出末端碱基间的互补作用而彼此连接起来，因此在基因克隆过程中应用较多。如图 3-7 所示，使用 *Sau*3AⅠ切割过的基因组 DNA 片段，就可以很方便地连接到 *Bam*HⅠ切割过的载体上，用来进行功能性基因的筛选。

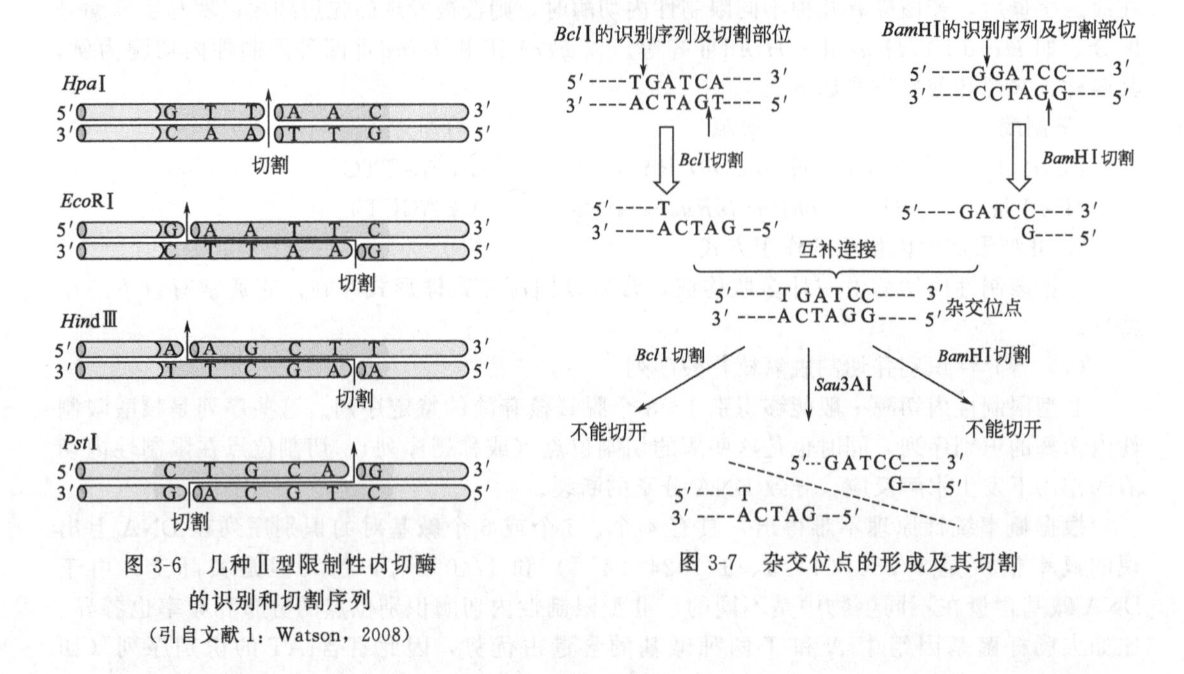

图 3-6 几种Ⅱ型限制性内切酶的识别和切割序列

（引自文献 1：Watson，2008）

图 3-7 杂交位点的形成及其切割

而那些来源不同，但识别的是相同的核苷酸靶序列，切割 DNA 链后产生相同末端的一类酶则称为同裂酶（isoschizomers）（也称同工异源酶）。如 *Bam*HⅠ和 *Bst*Ⅰ(G↓GATCC) 是一对同工异源酶，*Xho*Ⅰ和 *Pae*R7(C↓TCGAG) 也是一对同工异源酶，这些同工异源酶可以相互替代。（拓展 3-6：同工异源酶的甲基化敏感度差异）

拓展 3-6

3. 稀有限制性内切酶作用方式举例

Ⅰ型限制性内切酶目前发现的种类比较少，约占发现限制性内切酶总量的 1%，如 *Eco*K 和 *Eco*B，它们的识别位点分别如下（其中 A^m 为甲基化位点，N 为任意碱基），切割位点在识别位点 1000bp 以外，没有位点特异性。

*Eco*K 识别序列	*Eco*B 识别序列
AA^mC(NNNNNN)GTGC	TGA^m(NNNNNNNN)TGCT
TTG(NNNNNN)CA^mCG	ACT (NNNNNNNN)A^mCGA

Ⅲ型限制性内切酶的种类更少，它们的识别序列和切割位点都没有规律可循，如 *Eco*P15 和 *Eco*P1，它们的识别位点分别是 CAGCAG 和 AGACC，切割位点则在识别序列下游 24～26bp 处。

二、利用限制性内切酶切割 DNA 的方法

1. 单酶切割 DNA 样品

对 DNA 样品进行单一的限制性内切酶切割是基因工程分析的常用方法，通过切割可获得具有特定切点末端的小片段 DNA。如果对两种不同来源的 DNA 分子分别用同一种酶进行切割，就可以将它们连接起来，形成新的重新组合的分子。假如两种分子分别是目标 DNA 和载体 DNA，则通过这种方法可形成重组载体，如图 3-8 所示。

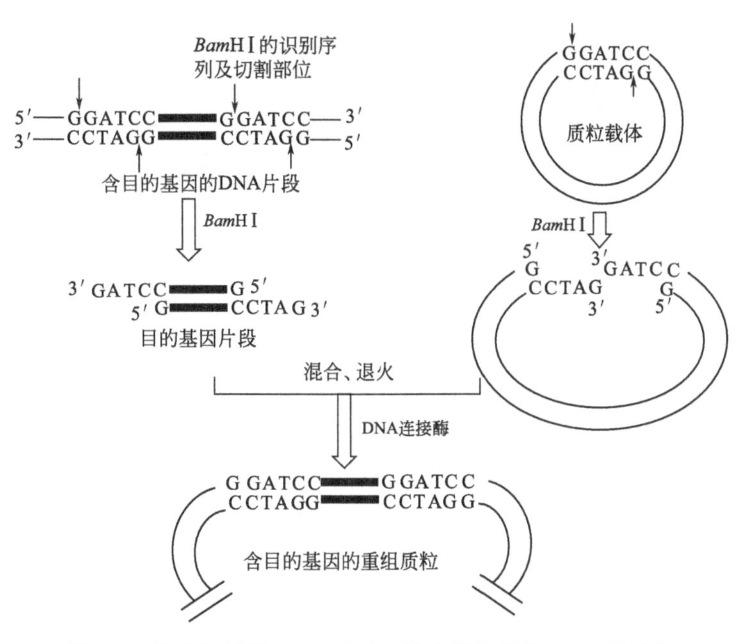

图 3-8　单酶切割的 DNA 通过互补末端与载体 DNA 的连接

酶切实验中需要将 DNA 样品和限制性内切酶混合于适合的缓冲液中进行温育，其中加入的 DNA 样品和酶的量、缓冲液的离子强度、酶切反应温育温度和时间都要根据具体的反应进行调节。酶切结束后，将酶切反应液加入电泳上样缓冲液即可进行琼脂糖凝胶电泳或聚丙烯酰胺凝胶电泳检测。如图 3-9 所示。（拓展 3-7：DNA 的酶切体系选择）

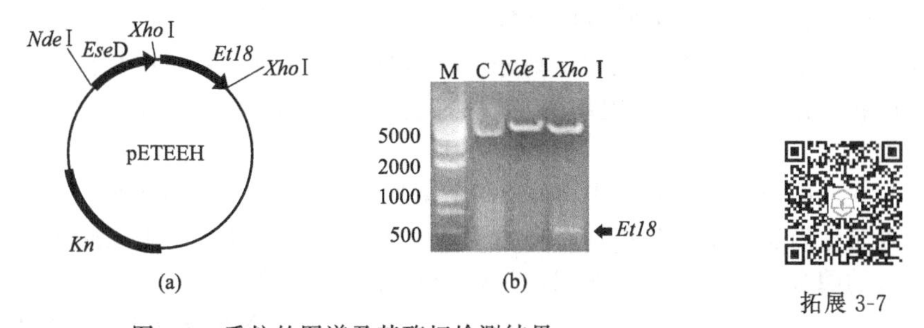

拓展 3-7

图 3-9　质粒的图谱及其酶切检测结果

（a）质粒 pETEEH 的结构图；（b）两种酶分别切割质粒 pETEEH 的琼脂糖凝胶电泳检测结果
C 是没有酶切的质粒对照，*Nde* Ⅰ 和 *Xho* Ⅰ 分别对应各自酶切后的泳道，*Xho* Ⅰ 酶切出的小带 *Et18* 用箭头标出。M 是 DNA 分子量标记（Marker）

2. 双酶或多酶切割 DNA 样品

在基因工程研究中，常常需要两种或两种以上的限制性内切酶来切割 DNA 样品，以获得目的片段。如果用同样两种酶切割另一 DNA 分子（如载体 DNA），也可形成一个新的重组 DNA 分子。如图 3-10 所示。

双酶或多酶切割在具体操作时比单酶切割要复杂些，需要根据酶的切割条件和反应体系选择合适的方法。大致分以下几种情况。

① 反应体系相同，反应条件相同的，原则上可在同一个体系和条件下切割。商品化的限制性内切酶，有很多是在几种缓冲液中都具有很高的内切酶活性，对缓冲液的要求并不十

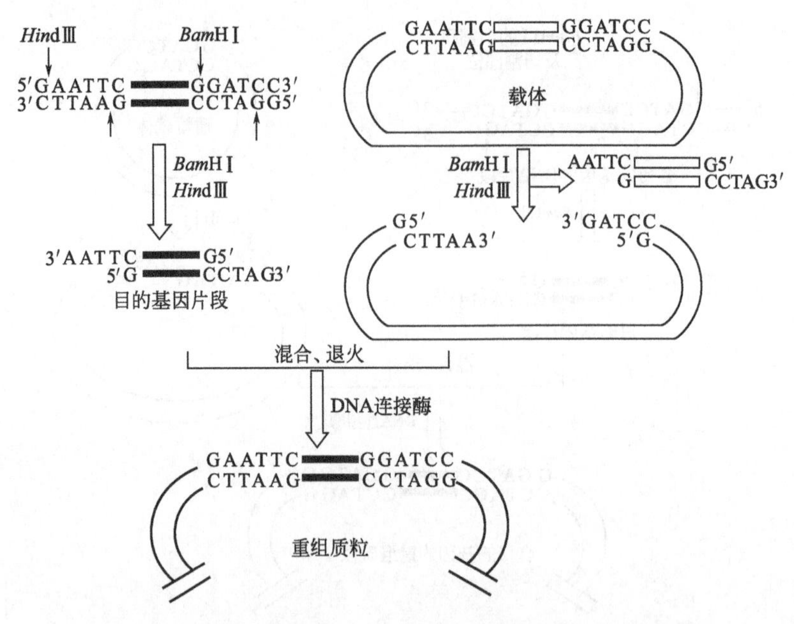

图 3-10　双酶切割的 DNA 通过互补末端与载体 DNA 的连接

分严苛。那么在实际操作中，可选择其中的一种可以使所用到的几种限制性内切酶同时具有活性的缓冲液来进行酶切反应。

② 反应体系或反应条件不同，需要分步酶切。一般规律是：如果酶的反应温度不一样，则采取先低温酶切，再高温酶切的方法，即先加入反应温度较低的酶，在其需要的反应温度下酶切 1～2h 后，再添加另一种酶，在它所需的较高反应温度下继续酶切。对于反应体系不同的酶，通常先采用低盐浓度酶的体系进行酶切，反应后调高盐浓度，用高盐酶切割。如果几种酶的反应体系差别较大，则分步酶切更复杂一些，需要在每次酶切完后，提取 DNA 酶切产物（如采用等体积饱和酚/氯仿抽提方法），加入新的反应体系重新进行下一种酶的切割。

在双酶切 DNA 样品时，如果两个酶切位点距离较近，必须注意酶切顺序。这是因为一些限制性内切酶要求其识别序列的两端至少要有几个碱基才能保证此酶的有效切割。有这类要求的酶必须先进行单酶切割，否则会导致酶切失败。

3. DNA 样品的部分酶切

部分酶切是指通过控制酶切条件（如改变限制性内切酶的用量或改变酶切反应时间等），使样品 DNA 中的同一个酶的多个酶切位点中，仅部分位点被切割，此时被切割的位点是随机的，并无特异性。通过部分酶切的方法，可产生大小不同的 DNA 酶切片段。这种方法常用于酶切图谱分析、基因组中特定基因的克隆及基因组 DNA 文库的构建。图 3-11 是采用 *Sau*3AⅠ对基因组 DNA 进行的部分酶切，可以看到，该酶在基因组上进行了不完全的酶切，将基因组 DNA 切割成连续的片段。

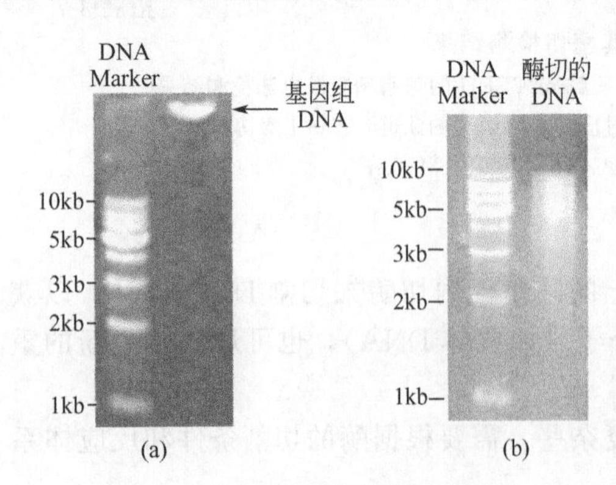

图 3-11　DNA 样品的部分消化

（a）基因组 DNA 电泳；

（b）基因组 DNA 部分酶切结果

三、影响限制性内切酶活性的因素

影响限制性内切酶活性的因素有多种，其中主要的因素有DNA样品纯度、DNA甲基化、缓冲液条件、温度等。

1. DNA样品纯度

DNA样品中常见的一些污染物，如蛋白质、酚、氯仿、酒精、EDTA、SDS和高浓度的盐离子等，都可能抑制限制性内切酶的活性。在小量快速提取的DNA样品中，常常会存在上述物质的污染。为了降低这种抑制作用，可以采用以下方法。

① 增加限制性内切酶的用量，酶的用量可以达到平均每微克DNA样品10～20单位甚至更高。

② 增加酶切反应的总体积，降低抑制物浓度。

③ 延长酶切反应时间。

还有一些DNA样品会污染DNase。通常，提取的DNA样品储存在TE缓冲液中，由于TE缓冲液中有EDTA，它会螯合Mg^{2+}，从而抑制DNase的活性，使样品DNA不被DNase所降解。但是当DNA样品加入酶切缓冲液（不含EDTA）后，DNA样品会迅速被DNase降解掉。对于污染了DNase的DNA样品，必须重新纯化才能使用。另外，对基因组DNA进行酶切时，添加终浓度为1～2.5mmol/L的多聚阳离子亚精胺，可以改善酶切效果，这是因为多聚阳离子亚精胺可以结合带负电荷的污染物。

2. DNA甲基化程度

DNA甲基化现象普遍存在于原核和真核生物中，这是由于甲基化酶的存在。大肠杆菌的大多数菌株都具有两种甲基化酶，即DNA腺嘌呤甲基化酶（DNA adenine methylase，Dam）和DNA胞嘧啶甲基化酶（DNA cytosine methylase，Dcm）。它们能将*S*-腺苷甲硫氨酸上的甲基转到腺嘌呤（A）或胞嘧啶（C）上，这两类酶本身没有限制性内切酶活性。

使A发生甲基化的Dam能特异地识别5′-GATC-3′位点；*Bam*HⅠ、*Bgl*Ⅱ、*Mbo*Ⅰ、*Pvu*Ⅱ、*Sau*3AⅠ、*Xho*Ⅱ等一些限制性内切酶的识别位点上含有5′-GATC-3′序列。也有一些限制性内切酶识别位点有一部分含有5′-GATC-3′序列，比如*Cla*Ⅰ、*Hpb*Ⅰ、*Mbo*Ⅱ、*Taq*Ⅰ、*Xba*Ⅰ。在进行基因组DNA酶切时，*Sau*3AⅠ可适用于原核和哺乳动物的DNA样品，因为*Sau*3AⅠ的酶切作用不受Dam甲基化酶的影响。而与*Sau*3AⅠ识别序列一致的*Mbo*Ⅱ只适用于哺乳动物DNA切割，因为*Mbo*Ⅱ的消化受到Dam甲基化酶的抑制，但哺乳动物DNA不会在腺嘌呤的N6位置发生甲基化。

使C发生甲基化的Dcm特异性地识别5′-CCA(T)GG-3′位点，在其中的C5位置上进行甲基化。受Dcm甲基化酶影响的酶是*Eco*RⅡ，但一些时候可以用与*Eco*RⅡ识别序列一致的*Bst*NⅠ代替（但两者的切割位点不一样!）。

基因工程研究中，通常使用无甲基化酶活性的大肠杆菌菌株来制备质粒DNA，这是为了避免被限制性内切酶局部消化，甚至完全不被消化。

3. 缓冲液条件

一般的限制性内切酶缓冲液成分包括$MgCl_2$、NaCl或KCl、Tris-HCl、β-巯基乙醇（β-ME）或二硫苏糖醇（DTT）以及牛血清白蛋白（BSA）等。二价的阳离子（一般是Mg^{2+}）是限制性内切酶活性所必需的，但限制性酶对Mg^{2+}浓度的要求并不严格，5～30mmol/L都可以。

Tris-HCl的作用在于维持反应体系pH值的稳定，巯基试剂有助于保持某些限制性内切酶的稳定性。购买商品化的限制性内切酶产品时，厂商都会同时提供相应的缓冲液，也可以单独购买或实验室自己配制。一般来讲，不同厂商的缓冲液成分不完全相同，最好是购买哪家公司的酶就使用其配套的缓冲液。（拓展3-8：限制性内切酶的星号“*”活性）

拓展 3-8

4. 酶切反应温度

很多限制性内切酶的标准反应温度都是37℃。但是也存在着一些例外情况，比如*Sma*Ⅰ是25℃、*Mae*Ⅰ是45℃。酶切反应的温度低于或高于其最适温度，都会影响到限制性内切酶的活性，有时甚至导致酶活性完全丧失。

5. DNA 分子结构

DNA 分子的不同构型也会影响到限制性内切酶的活性。一些限制性内切酶消化超螺旋质粒 DNA 或病毒 DNA 比消化线状 DNA 需要更多的酶量，有些需要达到 20 倍以上。

四、DNA 酶切的应用

DNA 酶切分析是基因工程研究中的一个关键性技术，在每一个研究领域中几乎都可以看到限制性内切酶切割 DNA 的应用，比如 DNA 序列分析、功能性基因克隆、异源 DNA 重组、新型质粒的构建、建立 DNA 物理图谱等。

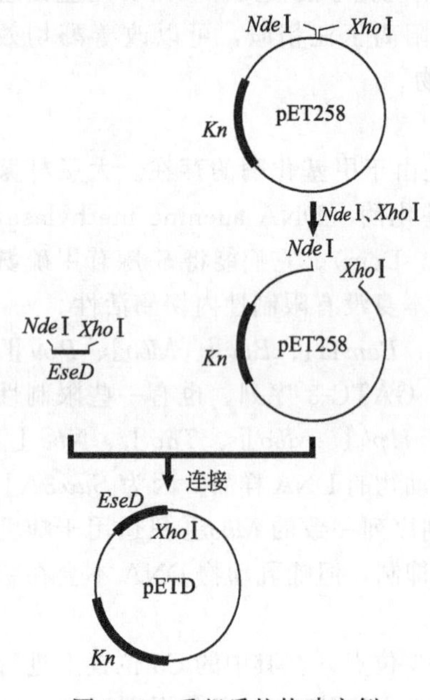

图 3-12　重组质粒构建实例

在新型质粒构建的应用中，从原始质粒的提取分析、质粒的构建过程，到最后重建成的新质粒，都需要对质粒进行酶切分析。在一个表达 EseD 和 Et18 重组抗原蛋白的重组质粒构建的实例中（图 3-12），可以看到研究人员是怎样将蛋白质 EseD 的基因连接到 pET258 质粒上的。研究者在基因的两端设计不同的酶切位点，并使用相应的限制性内切酶将 pET258 质粒也进行酶切，以获得相同位点。然后将两者使用连接酶连接到一起，构建成重组质粒。新型质粒构建过程中，需要使用分子生物学软件分析质粒的酶切位点，推荐使用的软件有 Primer Premier 5.0、DNAMAN、Vector NTI 和 NEB-cutter 等。

DNA 物理图谱也就是 DNA 限制性内切酶的酶切图谱，它由一系列位置确定的多种限制性内切酶酶切位点构成，通过直线或环状图例表示出来。在 DNA 序列分析、功能性基因组图谱绘制、基因文库构建等研究中，建立限制性内切酶图谱都是不可缺少的。

第三节　DNA 分子的连接

基因工程的核心是 DNA 重组技术，而 DNA 重组技术则体现于异源 DNA 分子之间的新的连接组合。

一、连接酶

连接酶（ligase）是一类能将两个核酸片段连接起来的酶。目前已研究发现多种不同来源或作用于不同底物的连接酶类，这里主要介绍：*E. coli* DNA 连接酶（来源于大肠杆菌）、T4 DNA 连接酶（来源于 T4 噬菌体）、T4 RNA 连接酶（来源于 T4 噬菌体）以及热稳定 DNA 连接酶。

DNA 连接酶（DNA ligase）借助 ATP 或 NAD 水解提供的能量催化 DNA 中相邻的 3′-OH 和 5′-P 之间形成磷酸二酯键，在基因工程中用来将不同来源 DNA 链进行连接，形成重组 DNA。在基因工程中常用到的 DNA 连接酶主要是 *E. coli* DNA 连接酶和 T4 DNA 连接酶。*E. coli* DNA 连接酶由一条分子质量为 75kDa 的多肽链构成，可被胰蛋白酶水解。噬菌体 T4 DNA 连接酶分子是一条分子质量为 60kDa 的多肽链，其活性可被 0.2mol/L KCl 和精胺所抑制。T4 DNA 连接酶可以催化黏端或平端双链 DNA 或 RNA 的 5′-P 末端和 3′-OH 末端之间以磷酸二酯键结合，该催化反应需 ATP 作为辅助因子。同时 T4 DNA 连接酶可以修补双链 DNA、双链 RNA 或 DNA/RNA 杂合物上的单链缺口（single-strand nicks）。T4 RNA 连接酶是一种 ATP-依赖的可以催化单链 RNA、单链 DNA 或单核苷酸分子间或分子内 5′-P 末端与 3′-OH 末端之间形成磷酸二酯键的酶。连接酶催化 DNA 连接的最佳反应温度是 37℃。

T4 DNA 连接酶与 *E. coli* DNA 连接酶相比在基因工程中的应用更方便一些，主要用于：①修复双链 DNA 上的单链缺口（与大肠杆菌 DNA 连接酶相同），这是两种 DNA 连接酶都具有的基本活性；②连接 RNA-DNA 杂交双链上的 DNA 链缺口或 RNA 链缺口，前者反应速度较快；③连接两个平末端双链 DNA 分子，由于这个反应属于分子间连接，反应速度的提高依赖于两个 DNA 分子与连接酶三者的随机碰撞，因此在一般连接反应条件下速度缓慢，但向反应系统中加入适量的一价阳离子（比如 150mmol/L 的 NaCl）和低浓度的聚乙二醇（PEG），或者适当提高酶量和底物浓度均可明显提高平末端 DNA 分子间的连接效率。

热稳定 DNA 连接酶（thermostable DNA ligase），是从嗜热高温放线菌（*Thermoactinomyces thermophilus*）中分离得到的，它能够在高温下催化两条寡核苷酸探针的连接反应。这种酶在 85℃高温下都具有连接酶的活性，而且在多次重复升温到 94℃之后仍能够保持较好的连接酶活性。（拓展 3-9：T4 RNA 连接酶）

拓展 3-9

二、DNA 片段之间的连接

DNA 片段之间的连接分为四类方法：第一类是黏性末端 DNA 片段的连接，用 DNA 连接酶连接具有互补黏性末端的 DNA 片段；第二类是平末端 DNA 片段的直接连接，用 T4 DNA 连接酶直接将平末端的 DNA 片段连接起来；第三类是多聚脱氧核苷酸接尾连接，用末端脱氧核苷酸转移酶给平末端 DNA 片段加上多聚脱氧核苷酸尾后，再用 DNA 连接酶将它们连接起来；第四类是接头连接，在平末端 DNA 片段末端加上化学合成的接头（linker）而形成黏性末端，再用 DNA 连接酶将各黏性末端 DNA 片段连接起来。这四种方法的共同点是利用 DNA 连接酶的连接和封闭单链 DNA 的功能，将 DNA 链连接起来。

1. 相同黏性末端的连接

在 DNA 分子连接操作中，相同黏性末端最适合于 DNA 片段的连接。许多限制性内切酶在识别位点处交错切割 DNA 分子，使 DNA 端部生成 3′或 5′黏性末端。基因工程实验常选择同一种限制性内切酶切割载体和 DNA 插入片段，或者采用同尾酶处理载体和 DNA 插入片段，使两者具有相同的黏性末端。在处理好载体和 DNA 插入片段后，将两者加入连接体系中，载体和插入片段会很自然地按照碱基配对关系进行退火，互补的碱基以氢键相结合。在 T4 DNA 连接酶的作用下，载体和外源 DNA 片段相结合处的裂口会以磷酸二酯键相连接，形成重组DNA分子。需要特别注意的是，在使用一种限制性内切酶切割载体DNA后，载体的两个末端碱基序列也是互补的。那么在连接反应时，会发生线性载体DNA的自身环化，形成空载体，影响到外源DNA序列与载体的连接效率，导致DNA重组体的比例下降。因此，限制性内切酶切割后的载体需要用碱性磷酸酶处理一下，防止载体自身环化。

外源DNA片段若是只被单一的限制性内切酶处理，那么其与具有相同黏性末端的载体相连形成的重组分子可能存在正反两种方向，而经两种非同尾酶处理的外源DNA片段只有一种方向可与载体DNA重组。这两种情况下，重组分子均可以用相应的限制性内切酶重新切出外源DNA片段和载体DNA。

2. 不同黏性末端的连接

具有不同黏性末端的DNA序列无法直接相连，可以将两者转变成平末端后再进行连接。但这种做法有其缺陷，主要有以下几种影响：使重组的DNA分子增加或减少几个碱基对；破坏原来的酶切位点，使已重组的外源DNA片段无法回收；如果连接位点在基因编码区，那么连接后会改变阅读框，使相关基因无法正确表达。因此，不同黏性末端DNA片段的连接要根据具体情况选择不同的连接方法。

不同黏性末端之间的连接主要有以下四种方式。

① 待连接的DNA片段都有5′单链突出末端。这种情况下，可以在连接反应前使用S1核酸酶将两者5′单链突出末端切除，或使用Klenow酶补平，然后对两平末端进行连接。前一种方法产生的重组DNA会少几对碱基，而后一种的重组DNA较连接前没有发生碱基对的变化。实验中多采用Klenow酶补平法，因为若是反应条件不合适，S1核酸酶容易造成双链DNA的降解。

② 待连接的DNA片段都有3′单链突出末端。可使用T4 DNA聚合酶将两者3′单链突出末端切除，然后将产生的平末端相连接。这种方法产生的重组DNA较连接前会减少几对碱基。另外需要指出的是，Klenow酶不具有补平3′单链突出末端的活性。

③ 一种待连接的DNA片段具有3′单链突出末端，另一种具有5′单链突出末端。可以使用Klenow酶补平5′单链突出末端，同时用T4 DNA聚合酶切除3′单链突出末端，然后将产生的平末端相连接。

④ 待连接的两种DNA片段均含有不同的两个黏性末端。可以首先用Klenow酶补平DNA片段的5′单链突出末端，再用T4 DNA聚合酶切除其3′单链突出末端。两种DNA片段可以混合在一起，同时处理。

三、平末端DNA片段的连接

像*Hae*Ⅲ、*Pvu*Ⅱ、*Sma*Ⅰ等限制性内切酶切割过DNA后，可产生平末端的DNA片段，而cDNA和采用机械力切割的DNA等也都是平末端的。平末端DNA片段之间的连接可以采取直接连接的方法，也可以采取同聚物加尾法、接头连接等方法。

1. 平末端DNA片段的直接连接

这里先介绍直接连接的方法。T4 DNA连接酶既可催化黏性末端DNA的连接，也可催化平末端DNA分子间的直接连接，但连接效率比较低。黏性末端DNA的连接在退火条件下属于分子内的反应；而平末端DNA分子间的连接则属于分子间的反应，其反应更为复杂，速度也慢得多。因为一个平末端的3′羟基或5′磷酸基团与另一平末端的5′磷酸基团或3′羟基同时相遇的概率较低，所以平末端的连接速度比黏性末端要慢一到两个数量级。

欲提高平末端之间的连接效率，可在连接实验时采取以下措施。①增加T4 DNA连接酶浓度，使之达到黏性末端连接酶浓度的十倍，这时要注意防止酶量加大而导致反应体系中甘油浓度的提高，因为高浓度的甘油会影响或抑制连接酶活性，可以利用高浓度的连接酶原液以减少甘油在体系中的体积比。②增加平末端 DNA 的浓度，提高平末端之间的碰撞概率。③选择适当反应温度，因为较高的反应温度可以促进 DNA 平末端之间的碰撞，增加连接酶的反应活性，因此一般选择 20～25℃。④向反应系统中加入适量的一价阳离子（比如 150mmol/L 的 NaCl）和低浓度的聚乙二醇（如 8%～16%的 PEG8000）。有些人误认为提高 ATP 浓度也有利于平末端 DNA 分子的连接，需要指出的是，高浓度的 ATP 对平末端的连接是不利的。平末端 DNA 片段间的连接同大多数连接反应一样，采用 0.5mmol/L 的 ATP 浓度是较合适的。

2. 同聚物加尾法连接

同聚物加尾法可以促进平末端的连接，其核心是利用末端转移酶催化脱氧核苷酸加入到 DNA 的 3′-OH 末端的活性。暴露出来的 3′-OH 末端是末端转移酶的底物，当反应体系中只有一种类型的脱氧核苷酸存在时，末端转移酶可以将单一的脱氧核苷酸连续添加到 DNA 链的 3′-OH 上，生成某一脱氧核苷酸的同聚物尾巴，从而形成同聚物黏性末端，如图 3-13 所示。比如反应混合物由 3′-OH 平末端 DNA 分子、dATP、末端转移酶构成，则会由末端转移酶催化 DNA 分子的 3′-OH 末端形成具有腺嘌呤核苷酸组成的 DNA 单链延伸，这种由单一的腺嘌呤核苷酸组成的 DNA 单链延伸称为 poly(dA) 尾巴。同样的，如果反应体系由 3′-OH 平末端 DNA 分子、dTTP、末端转移酶构成，DNA 分子的 3′-OH 末端将会出现 poly(dT) 尾巴。分别具有 poly(dA) 和 poly(dT) 黏性末端的 DNA 分子，可以相互连接起来。这种连接 DNA 分子的方法叫作同聚物加尾法。同聚物加尾法也适用于不同黏性末端的改造和连接，要视具体情况而定。

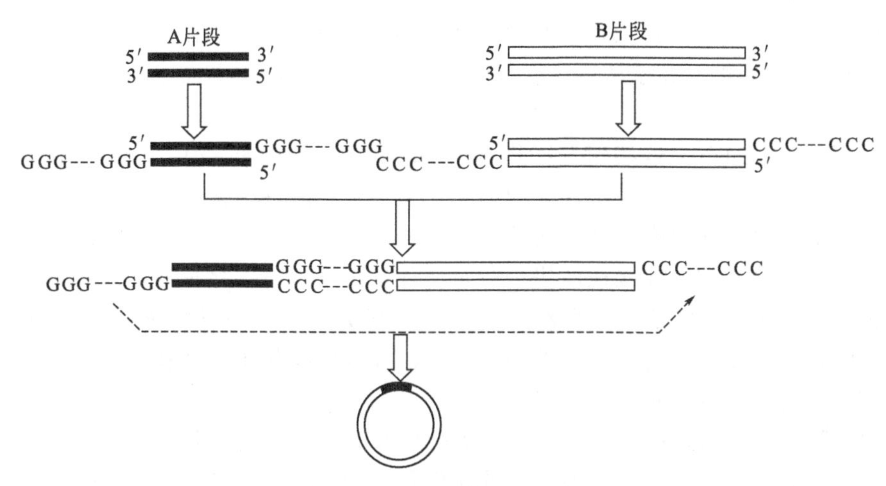

图 3-13　同聚物加尾连接示意图

3. 接头连接

对于不易连接的 DNA 片段，采用人工合成的接头进行连接是比较有效的。接头（linker）是指用化学方法合成的一段由 8～16 个核苷酸组成、具有一个或数个限制性内切酶识别位点的平末端的双链寡核苷酸片段。首先，使用多核苷酸激酶处理接头的 5′末端和外源 DNA 片段的 5′末端，使两者发生 5′末端磷酸化，然后通过 T4 DNA 连接酶将两者连接起来。接头与平末端的外源 DNA 片段连接后，再用相应的内切酶将接头的酶切位点进行切割，就可以将平末端的外源 DNA 变成具有黏性末端的 DNA 分子。同时用同一种限制性内切酶或同尾酶切割载体分子，并进行去磷酸化处理，使载体产生与外源 DNA 片段互补的黏性末端。这时就可以按照常规的黏性末端连接法，将待克隆的 DNA 片段同载体分子连接起来。如图 3-14 所示。

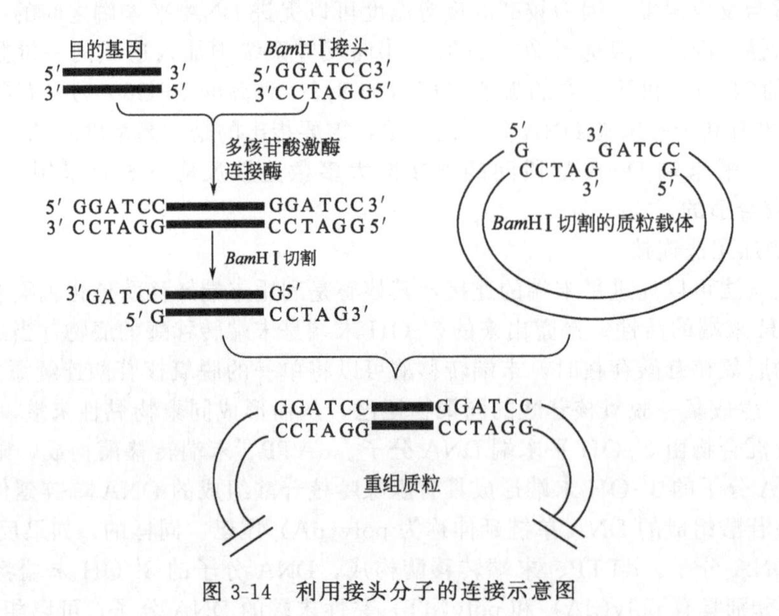

图 3-14 利用接头分子的连接示意图

四、影响连接反应的因素

很多因素都会影响到连接反应的效率，这其中主要的因素有温度、DNA 末端的性质、DNA 片段的大小和浓度、离子浓度等。DNA 末端的性质方面在上面已谈过，下面主要谈谈其他方面。

就温度而言，T4 DNA 连接酶发挥其连接活性的最适温度是 37℃，在 5℃以下活性大大降低。而在反应底物方面，如果待连接的 DNA 片段具有相同的黏性末端，则在较低的温度下，黏性末端退火可形成含有两个交叉缺口的互补双链结构。这时的连接属于分子内反应，其连接反应速度比分子间的连接速度快。所以从理论上来说，连接反应温度应选择低于黏性末端的解链温度（T_m）为宜。大多数限制性内切酶切割产生的黏性末端 T_m 值在 15℃以下。综合酶的最适温度和底物黏性末端的 T_m 值，在实际操作中，连接反应温度与时间常采用 25℃连接 2h 或 16℃连接过夜。

DNA 片段的大小和浓度因素方面，一般考虑酶切回收后的载体与 DNA 插入片段的物质的量之比来确定最佳的浓度。一般合适的比例是：回收的载体片段∶DNA 插入片段＝1∶10 到 1∶3，一般取载体 0.03pmol，取 DNA 插入片段 0.3pmol。需要根据载体和 DNA 插入片段的分子大小和浓度来具体计算出所需要加入反应体系的体积。

T4 DNA 连接酶催化的连接反应需要 Mg^{2+} 和 ATP 的参与，最适 pH 是 7.5～8.0。50μL 反应体系是：50mmol/L Tris-HCl（pH 7.5），10mmol/L $MgCl_2$，10mmol/L DDT，0.5mmol/L ATP，1μg DNA，50μg/mL BSA，1U T4 DNA 连接酶。

E. coli DNA 连接酶催化的连接反应需要 Mg^{2+} 和 NAD 的参与，50μL 反应体系是：50mmol/L Tris-HCl（pH 8.0），10mmol/L $MgCl_2$，5mmol/L DDT，0.1mmol/L NAD，1μg DNA，50μg/mL BSA，10U *E. coli* DNA 连接酶。

第四节 DNA 分子的位点特异性重组

位点特异性重组技术可在 DNA 的特定位点上执行删除、插入、易位及倒位，用该技术可以针对特定的细胞类型或采用特定的外部刺激，对细胞中 DNA 进行修改，在真核和原核系统中均适用。位点特异性重组技术常用 Cre-loxP 重组酶系统、FLP-FRT 重组酶系统、Dre-Rox 重组酶系统等。下面介绍最常用的 Cre-loxP 重组酶系统。

一、Cre-loxP 系统的构成

1. Cre 重组酶

Cre 重组酶最早由 Sternberg 等于 1981 年在 P1 噬菌体中发现，其基因编码区序列全长 1029bp，蛋白质分子质量为 38kDa，由 343 个氨基酸组成的，有 4 个亚基，它是一种位点特异性的 DNA 重组酶，能特异识别 loxP 位点，介导 loxP 位点间的序列删除或重组。

2. loxP 位点

loxP 位点也是来源于噬菌体 P1，是一段长度为 34bp 的 DNA 序列，由两个 13bp 的反向重复序列和一个不对称的 8bp 间隔区组成：

ATAACTTCGTATA-NNNTANNN-TATACGAAGTTAT

（N 表示 DNA 的四种碱基之一）

反向重复序列是 Cre 重组酶的特异识别位点，而间隔区域决定了 loxP 位点的方向。

二、Cre-loxP 系统的作用方式

Cre 重组酶识别 loxP 位点两端的反向重复序列并结合形成二聚体，然后此二聚体与另一个 loxP 位点上的二聚体结合形成一个四聚体。loxP 位点是有方向性的，四聚体连接的两个位点在方向上是平行的。两个 loxP 位点间的 DNA 序列被 Cre 重组酶切断，然后 DNA 连接酶快速高效地将这些链连接起来。重组的结果取决于 loxP 位点的位置和方向。

① 如果两个 loxP 位点位于同一条 DNA 链上且方向相同，Cre 重组酶介导 loxP 间的序列切除。

② 如果两个 loxP 位点位于同一条 DNA 链上且方向相反，Cre 重组酶介导 loxP 间的序列反转。

③ 如果两个 loxP 位点位于不同的 DNA 链或染色体上，Cre 重组酶介导两条 DNA 链发生交换或染色体易位。

Cre 重组酶介导的两个 loxP 位点间的重组是一个动态、可逆的过程，如图 3-15 所示。

三、Cre-loxP 系统的特点

① 高效性。Cre 重组酶与具有 loxP 位点的 DNA 片段形成复合物之后，可以提供足够的能力引发之后的 DNA 重组过程，重组过程简约高效。

② 靶向性好。loxP 位点是一段含回文序列结构和中间有间隔的 34bp 元件，这种结构保证了 loxP 序列的唯一性，从而保证基因重组的靶向性。

③ 可应用范围广。Cre 重组酶是一种比较稳定的蛋白质，有 70% 的重组效率，不借助任何辅助因子作用于多种结构的 DNA 底物，如线形、环状甚至超螺旋 DNA。可以作用于原核生物和真核生物，可以在生物体不同的组织、不同的生理条件下发挥作用。

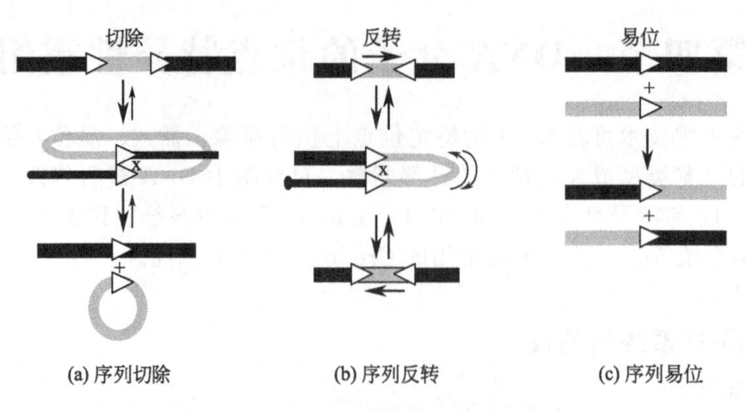

图 3-15 Cre-loxP 系统的三种重组方式

④ 时空特异性。Cre 重组酶的编码基因可由任何一种Ⅱ型启动子驱动，由此保证 Cre 重组酶在生物体不同的细胞、组织、器官或者在不同的发育阶段或不同的生理条件下表达，从而实现较高的组织和细胞特异性。

四、Cre-loxP 系统的应用

由于 Cre-loxP 重组酶系统高效简单的作用方式，它已在基因定点删除、外源基因定点整合、疾病动物模型建立、筛选高效表达基因座等方面得到了有效利用，如对酿酒酵母、拟南芥、果蝇、线虫、小鼠等多种模式生物进行基因敲除、基因敲入、单碱基点突变等，成为体内外 DNA 重组的有力工具。

第五节 DNA 分子的修饰

基因工程中应用较多的 DNA 修饰性酶类有：末端脱氧核苷酸转移酶（terminal deoxynucleotidyl transferase，TdT，以下简称“末端转移酶”）、T4 多核苷酸激酶（T4 polynucleotide kinase，T4 PNK）和碱性磷酸酶（alkaline phosphatase）。本节主要介绍它们在基因工程操作中的应用。

一、末端转移酶对 DNA 的修饰作用

末端转移酶是一种不依赖于模板的 DNA 聚合酶，来源于小牛胸腺，分子质量 60kDa。此酶催化脱氧核苷酸加到 DNA 的 3′-OH 末端，并伴随无机磷酸的释放。其活性不需要模板，但需要二价阳离子的参与。加入核苷酸的种类决定了酶对阳离子的选择：如果加入的核苷酸为嘧啶核苷酸，则 Co^{2+} 是首选阳离子；若加入的核苷酸是嘌呤核苷酸，则 Mg^{2+} 是首选阳离子。末端转移酶可用于标记 DNA 分子的 3′末端。当反应混合物中只有同一种 dNTP 时，该酶可以催化形成仅由一种核苷酸组成的 3′尾巴，这种尾巴称为同聚物尾巴（homopolymeric tail）。利用末端转移酶对 DNA 的修饰形成的同聚物尾巴可将 2 种平末端连接起来。

二、T4 多聚核苷酸激酶对 DNA 的修饰作用

商品化的 T4 多聚核苷酸激酶是由 T4 噬菌体的基因经大肠杆菌表达纯化得到，同时具

有激酶和磷酸酯酶两种活性。其激酶活性在分子的C末端附近，而磷酸酯酶活性在N末端附近。

T4多聚核苷酸激酶是一种多聚核苷酸5′-OH激酶，具有两种活性，正向反应活性的效率高，即催化ATP的γ-磷酸转移至DNA或RNA的5′-OH，可用来标记或磷酸化核酸分子的5′端。逆向反应是交换反应，活性很低，催化5′磷酸的交换。反应式为：DNA-5′-OH+ATP（或NTP）⟶DNA-5′-P+ADP（或NDP）。在过量ADP存在下，T4多核苷酸激酶催化DNA的5′磷酸转移给ADP，然后DNA从γ-［^{32}P］ATP中获得放射性标记的γ-磷酸而被重新磷酸化。

1. 5′-OH末端磷酸化

在使用一些高保真性的DNA聚合酶（如*Pfu* DNA聚合酶）通过PCR反应克隆获得一个DNA片段时，需要用到T4多聚核苷酸激酶将此DNA片段5′-OH末端进行磷酸化，才能将此DNA片段连接到载体上。试验中，一般在进行T4多聚核苷酸激酶反应之后是连接反应。在这种情况下，T4多聚核苷酸激酶反应在反应缓冲液中进行37℃温育30min即可。经过激酶处理过的DNA片段不需要热失活，可直接进行连接反应。但是，如果连接反应中需要保持其他DNA片段的去磷酸化状态时，则需要在连接反应前将T4多聚核苷酸激酶进行热失活。

T4多聚核苷酸激酶对5′平末端或5′凹陷末端的磷酸化效率相对于突出末端弱一些。要提高这两种类型5′末端的磷酸化效率，可在加T4多聚核苷酸激酶前，先在70℃将DNA样品加热5min，然后放冰上冷却，或者加入质量浓度为50g/L的PEG-8000。经过这样的处理后再进行T4多聚核苷酸激酶处理，可适当提高磷酸化效率。（拓展3-10：T4多聚核苷酸激酶的反应条件与酶活）

拓展3-10

2. 核酸分子5′端的标记

使用T4多聚核苷酸激酶对核酸分子的5′-OH末端进行标记也是常用试验方法。进行放射性标记反应的一般方法是：50μL反应体系中，加入1×T4多聚核苷酸激酶反应缓冲液、50pmol的γ-［^{32}P］ATP和20U的T4多聚核苷酸激酶，于37℃温育30min可催化1～50pmol的5′末端发生磷酸化。［^{33}P］ATP可代替［^{32}P］ATP来进行标记反应。

归纳T4多聚核苷酸激酶在基因工程中的主要作用有：①使DNA或RNA的5′-OH磷酸化，保证随后进行的连接反应正常进行；②利用其催化ATP上的γ-磷酸转移至DNA或RNA的5′-OH上用作Southern、Northern、EMSA等试验的探针，凝胶电泳的Marker，DNA测序引物，PCR引物，等；③催化3′磷酸化的单核苷酸进行5′-OH的磷酸化，使该单核苷酸可以和DNA或RNA的3′末端连接。需要指出的是，PEG可促进磷酸化反应速率和效率，铵盐沉淀获得的DNA片段不适用于T4多聚核苷酸激酶的标记反应，这是因为铵盐强烈抑制该酶的活性。

三、碱性磷酸酶对DNA的修饰作用

碱性磷酸酶能催化从单链或双链DNA和RNA分子中除去5′磷酸基团，即脱磷酸作用。细菌碱性磷酸酶（bacterial alkaline phosphatase，BAP）和牛小肠碱性磷酸酶（calf intestinal alkaline phosphatase，CIP）都有此作用，它们都依赖于Zn^{2+}。CIP可在70℃加热10min灭活或通过酚抽提灭活，而且活性比BAP高10～20倍，因此CIP更常用。在基因工程中常用碱性磷酸酯酶处理限制性内切酶切割后的载体DNA，防止载体自连。

基因工程中常用到的碱性磷酸酶主要有牛小肠碱性磷酸酶（CIP）、细菌的碱性磷酸酶（BAP）和虾的碱性磷酸酶（shrimp alkaline phosphatase，SAP）。在使用后的灭活方面，

CIP 可用蛋白酶 K 消化灭活，或在 5mmol/L EDTA 条件下 65℃处理 10min，之后用酚/氯仿抽提，纯化去磷酸化的 DNA，去除 CIP 的活性。SAP 在去除残留活性方面最具优势，将反应液在 65℃处理 15min 即可使其完全、不可逆地失去活性。而 BAP 则抗性较强，可耐高温和去污剂等处理。

碱性磷酸酶可催化除去 DNA、RNA 的 5′磷酸基团。碱性磷酸酶处理过的 DNA 片段缺少连接酶所要求的 5′磷酸末端，因此它们不能进行自我连接。在质粒载体与外源 DNA 连接构建重组质粒时，使用碱性磷酸酶处理酶切过的质粒，可以降低载体 DNA 的自连，从而提高重组的效率。

本章小结

基因工程中要实现对核酸分子的各种操作，离不开基本的技术方法，核酸的分离纯化、凝胶电泳是所有核酸研究最基础的手段。核酸分离纯化要保证一级结构的完整性。酚/氯仿法是核酸分离提取中常用的方法。质粒的小量提取可用碱裂解法，而煮沸法适用于质粒的快速提取。核酸分子的鉴定分析常用紫外分光光度法和琼脂糖凝胶电泳的方法，通常电泳既是鉴定方法又是分离方法，可分离获得特定长度的目标片段，回收后可用于后续酶切连接等实验。

DNA 的酶切、连接、重组及修饰是 DNA 重组技术的基础，涉及限制性核酸内切酶、连接酶、重组酶、DNA 修饰酶等工具酶特性。在 DNA 分子的酶切中，单酶切割 DNA 是最常见的酶切方式，通过酶切可获得具有特定末端序列的 DNA 片段。此外，实验中也常常需要两种或两种以上的限制性内切酶来切割 DNA 样品，即双酶或多酶切割 DNA 的方法。而在某些特定的实验中，如酶切图谱分析或基因组 DNA 片段化实验中，往往需要进行部分酶切。影响限制性内切酶活性的因素有多种，主要的因素如：DNA 样品的浓度、纯度、构型，DNA 甲基化，缓冲液条件，温度，等。

DNA 片段之间的连接与酶切作用相反，能使来源不同的两个 DNA 片段末端重新形成新的磷酸二酯键，从而获得新的 DNA 分子，因而也是基因工程操作的基本技术。体外进行 DNA 片段连接方法可分为四类：第一类是黏性末端 DNA 片段的连接，用 DNA 连接酶连接具有互补黏性末端的 DNA 片段；第二类是平末端 DNA 片段的直接连接，用 T4 DNA 连接酶直接将平末端的 DNA 片段连接起来；第三类是多聚脱氧核苷酸接尾连接，用末端脱氧核苷酸转移酶给平末端 DNA 片段加上多聚脱氧核苷酸尾后，再用 DNA 连接酶将它们连接起来；第四类是接头连接，在平末端 DNA 片段末端加上化学合成的接头而形成黏性末端，再用 DNA 连接酶将各黏性末端 DNA 片段连接起来。

DNA 分子的位点特异性重组是通过重组酶介导特异识别位点间的序列重组。Cre-loxP 重组酶系统是最常用的一种系统，它基于 Cre 重组酶与 loxP 位点的相互作用实现特异位点的基因敲除、基因插入、基因反转和基因易位等操作，可广泛应用于微生物、植物、动物的靶向基因重组。

修饰酶在基因工程操作中同样具有重要作用，在使用一些高保真性的 DNA 聚合酶（如 *Pfu* DNA 聚合酶）通过 PCR 反应克隆获得一个 DNA 片段时，需要用到 T4 多聚核苷酸激酶将此 DNA 片段 5′-OH 末端磷酸化，才能将此 DNA 片段连接到载体上。碱性磷酸酶处理 DNA 片段，使 DNA 末端缺少连接酶催化连接反应所要求的 5′磷酸末端，而不能进行相互连接。这一作用应用于质粒载体与外源 DNA 连接构建重组质粒时，通过碱性磷酸酶处理酶切过的质粒，可以降低载体 DNA 的自身连接。

思考题

1. 核酸分离纯化应注意哪些事项？一般的分离纯化分为哪些步骤？各步的要点是什么？
2. 质粒纯化可采用什么方法？简述各方法基本原理。
3. 哪些因素会影响 RNA 的提取，简述 RNA 提取与 DNA 提取的不同之处？
4. 核酸电泳分离的原理是什么？琼脂糖凝胶电泳和聚丙烯酰胺凝胶电泳有什么特点？各自的适应范围是什么？
5. 核酸片段回收的目的是什么？有哪些方法？
6. 什么是 DNA 限制性内切酶？如何命名？基因工程中常用的是哪些类型？
7. Ⅱ型限制性内切酶有哪些作用特性？
8. 请以表格形式比较并说明常用 DNA 连接酶及其性质。
9. 有哪些方法可以防止质粒载体 DNA 自连？
10. Cre-loxP 重组酶系统和 CRISPR/Cas9 基因编辑系统有什么异同点？

第四章
基因工程载体

一个外源基因DNA，进入细胞的概率非常低，在新的细胞内不能进行复制和表达，原因主要是外源DNA不带有新细胞的复制系统，也不具备宿主的功能表达调控系统，因此最终外源DNA会随着细胞分裂而逐渐淘汰或被宿主防御系统降解清除。在基因克隆中，需要借助于一种运载工具，其携带外源基因进入宿主细胞，并使外源基因持续稳定地复制表达，这种工具称为载体（vector）。概括地说，基因工程载体承担着三个方面的功能：首要的功能是运送外源基因高效转入受体细胞；其次，为外源基因提供复制或整合能力；第三，为外源基因的扩增或表达提供必要条件。这三个方面的功能并非所有载体都必须具备，因为不同载体的功能不同，所以构成组件也有所不同。因此，载体的研究与运用是基因工程诞生与发展过程中必不可少的组成部分。

基因工程载体的本质是DNA复制子。载体根据来源和性质不同可分为：质粒载体、噬菌体载体、黏粒载体、噬菌粒载体、病毒载体、人工染色体等。目前使用最多的载体是经过改造的质粒载体和噬菌体载体。根据功能和用途不同，基因工程载体又可分为克隆载体、表达载体、测序载体、穿梭载体等。克隆质粒载体是指专用于基因或DNA片段无性繁殖的质粒载体。而表达质粒载体是指专用于在宿主细胞中高水平表达外源蛋白质的质粒载体。穿梭质粒载体（shuttle plasmid vector）是指一类由人工构建的具有两种不同复制起点和选择标记，因而可在两种不同的宿主细胞中存活和复制的质粒载体。这类质粒载体可以携带着外源DNA序列在不同物种的细胞之间，特别是在原核和真核细胞之间往返穿梭，因此在基因工程研究工作中是十分有用的，常见的穿梭载体有大肠杆菌-土壤农杆菌穿梭质粒载体、大肠杆菌-枯草芽孢杆菌穿梭质粒载体、大肠杆菌-酿酒酵母穿梭质粒载体等。根据受体细胞不同，基因工程载体又可分为原核生物载体、真核生物载体等。（拓展4-1：常见载体种类的详细特征）

拓展4-1

第一节　质粒载体

一、质粒载体的基本特性

质粒（plasmid）是染色体外能独立复制，能稳定遗传的一种环状双链DNA分子。质粒DNA可以持续稳定地处于染色体外的游离状态，但在特定条件下又会可逆地整合到寄主染色体上，随着染色体的复制而复制，并通过细胞分裂传递到子一代。

1. 质粒的分布、大小、数目

质粒广泛地分布于原核生物细胞中，也存在于某些真核细胞中。质粒的大小变化很大，可以从几个 kb 到数百个 kb。一个细胞内的质粒数量变化也很大，有一至几个的，也有几十个的，甚至有数百个的。这取决于质粒的复制类型。如果质粒的复制是严紧型的，每个细胞只有一个至几个质粒；如果质粒的复制是松弛型的，每个细胞中质粒有 10～200 拷贝数。

2. 质粒 DNA 的构型

环形双链的质粒 DNA 分子具有三种不同的构型。当其两条核苷酸链均保持着完整的环形结构时，称之为共价闭合环形 DNA（covalently closed circular DNA，cccDNA），这样的 DNA 通常呈现超螺旋的 SC 构型。如果两条多核苷酸链中只有一条保持着完整的环形结构，另一条链出现一至数个缺口时，称之为开环 DNA（open circular DNA，OC DNA）。若质粒 DNA 的双链均发生断裂而形成线形分子，则通称为 L 构型。在体内，质粒 DNA 是以负超螺旋构型存在的。在琼脂糖凝胶电泳中，走在最前沿的是 SC DNA，其后依次是 L DNA 和 OC DNA（见图 4-1）。

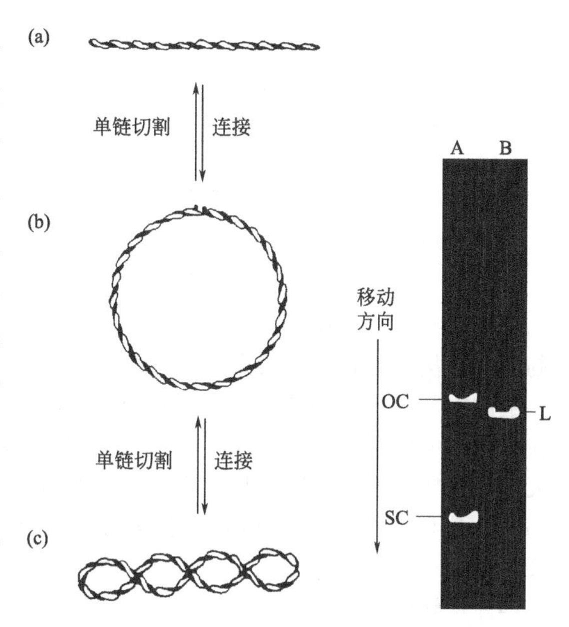

图 4-1　质粒 DNA 的分子构型及其琼脂糖凝胶电泳图

（a）松弛型的 L 构型；（b）松弛开环的 OC 构型；（c）超螺旋的 SC 构型

3. 质粒 DNA 的复制

（1）复制类型

质粒可以在特定的宿主细胞内存在和复制。通常一个质粒含有一个复制起始区以及与此相关的顺式调控元件（整个遗传单位定义为复制子）。不同的质粒复制起始区的组成和复制方式可以是不同的，如有的采取滚环复制方式，有的采取 θ 复制的方式，其中以 θ 型复制为主。革兰氏阴性细菌中多数质粒是以 θ 型复制为主，在 θ 型复制中，有单向复制和双向复制两种类型；而在革兰氏阳性细菌中的质粒多是以滚环复制方式进行复制。

质粒复制受到质粒和宿主细胞双重遗传系统的控制。质粒在细胞内的复制一般有两种类型：严紧控制型（stringent control）和松弛控制型（relaxed control）。前者只在细胞周期的一定阶段进行复制，当染色体不复制时，它也不能复制，通常每个细胞内只含有一个或几个质粒分子，如 F 因子。松弛型质粒是一种高拷贝数质粒，在整个细胞周期中随时可以复制，在每个细胞中有许多拷贝，一般在 20 个以上，甚至多达数百个，如 ColE1 质粒。通常小质粒为松弛型质粒，大质粒为严紧型质粒。质粒复制控制的类型，并无严格的界限，有时和它存在的宿主细胞有关，如某些 R 质粒在大肠杆菌中复制是严紧型，而在奇异变形杆菌中则是松弛型。在基因工程中，常用松弛型质粒构建克隆载体。

（2）质粒的拷贝数

质粒的拷贝数是指宿主细菌在标准培养基条件下，每个细菌细胞中含有的质粒数目。每种质粒在特定的宿主细胞内保持着一定的拷贝数，按照质粒控制拷贝数的程度，可将质粒的复制方式分为严紧型与松弛型两种。严紧型质粒的复制受到宿主细胞蛋白质合成的严格控制，与宿主染色体复制保持同步。松弛型质粒的复制不受宿主细胞蛋白质合成的严格控制，可随时启动复制过程。因此，严紧型质粒在每个细胞中的拷贝数有限，大约1～10个拷贝；松弛型质粒的拷贝数较多，可达几百个拷贝。表4-1列出了大肠杆菌不同质粒中复制子与拷贝数的大致关系。

表4-1 质粒载体及其拷贝数

质粒	复制子来源	拷贝数/个
pBR322及其衍生物	pMB1	15～20
pUC系列及其衍生质粒	突变的pMB1	500～700
pACYC及其衍生质粒	p15A	10～12
pSC101及其衍生质粒	pSC101	约5
ColE1	ColE1	15～20

(3) 质粒不相容性

两个质粒在同一宿主中不能共存的现象称为质粒的不相容性（incompatibility），它是在第二个质粒导入后，在不涉及DNA限制系统时出现的现象。不相容的质粒一般都利用同一复制系统，从而导致不能共存于同一宿主中。有相同复制起始区的不同质粒不能共存于同一宿主细胞中，其分子基础主要是由它们在复制功能之间的相互干扰造成的：两个不相容性质粒在同一个细胞中复制时，在分配到子细胞的过程中会竞争，随机挑选，微小的差异最终被放大，从而导致在子细胞中只含有其中一种质粒。而不相容群指那些具有不相容性的质粒组成的一个群体，一般具有相同的复制子。在大肠杆菌中现已发现30多个不相容群，如ColE1（或pMB1）、pSC101和p15A分别是不同的不相容群中的质粒。

(4) 可转移性

质粒具有可转移性，能在细菌之间转移。转移性质粒能通过接合作用从一个细胞转移到另一个细胞中。质粒的这种移动特性，与质粒本身有关，也取决于宿主菌的基因型。具有转移性的质粒带有一套与转移有关的基因，它需要移动基因 *mob*、转移基因 *tra*、顺式作用元件bom及其内部的转移缺口位点nic。非转移性质粒可以在转移性质粒的带动下实现转移。质粒pBR322是常用的质粒克隆载体，本身不能进行接合转移，但有转移起始位点nic，可在第三个质粒（如ColK）编码的转移蛋白作用下，通过接合质粒来进行转移。接合型质粒的分子量较大，有编码DNA转移的基因，因此能从一个细胞自我转移到原来不存在此质粒的另一个细胞中去。在基因操作中可以将转移必需的因子放在不同的复制单位上，通过顺反互补来控制目的质粒的接合转移。但大多数克隆载体无nic/bom位点（如pUC系列质粒），所以不能通过接合管通道实现转移。

质粒的转移性是指质粒从一个细胞转移到另一个细胞的特性。根据质粒是否携带控制细菌配对和质粒接合转移的基因，可将其分为接合型（conjugative）与非接合型（nonconjugative）两种。接合型质粒又叫自我转移质粒，如F因子，其分子量一般都较大，除了携带自主复制所必需的遗传信息之外，还带有一套控制细菌配对和质粒接合转移的基因，因此能从一个细胞自我转移到另一个细胞中，它们多属于严紧型质粒。非接合型质粒又叫不能自我转移质粒，如ColE1，其分子量较小，虽然携带自主复制所必需的遗传信息，但不携带控制细菌配对和质粒接合转移的基因，因此不能从一个细胞自我转移到另一个细胞中。

从安全角度考虑，基因工程中所用的主要是非接合型质粒，这是因为接合型质粒不仅能够从一个细胞转移到另一细胞，而且还能够转移染色体。如果接合型质粒已经整合到细菌染色体的结构上，就会牵动染色体发生高频率的转移。在基因工程中所用的非接合型质粒载体

缺乏转移所必需的 *mob* 基因，因此不能发生自我迁移。

4. 质粒的命名原则

1976 年提出一种质粒命名的原则，第一个字母用小写“p”代表质粒（plasmid），在 p 后面的两个字母用大写，代表着发现或构建质粒的研究者、实验室名称和质粒的表型性状以及其他特征的英文缩写，随后的数字代表构建同一类型不同质粒的编号。如 pUC18，字母 p 代表质粒，UC 是构建该质粒的研究人员的姓名，18 代表构建的一系列质粒的编号。

二、理想质粒载体的必备条件

尽管第一个基因克隆实验是用天然质粒 DNA 分子完成的，并为基因工程的发展作出了重要贡献，然而在实际应用过程中发现，天然质粒总有这样或那样的缺陷，如：分子量过大、无用基因较多、基因背景不清楚，以及可能含有致病基因等。因而其并不适合直接用作基因工程的载体。因此，现在绝大多数质粒载体都是在天然质粒的基础上，利用重组 DNA 技术经过人工改造和重新组建而形成的。

作为基因工程理想的质粒载体必须具备以下几个条件。

① 具有复制起点，在宿主细胞中能自主复制。这是质粒自我增殖必不可少的基本条件，也是决定质粒拷贝数的重要元件。在一般情况下，一个质粒只含有一个复制起点，构成一个独立的复制子。穿梭质粒含有两个复制子，一个是原核生物复制子，另一个为真核生物复制子，以确保其在两类细胞中均能得到扩增。

② 带有尽可能多的单一限制性酶切位点，以供外源 DNA 片段定点插入。为了便于多种类型末端的 DNA 片段的克隆，在质粒克隆载体上组装一个含有多种单一限制性核酸内切酶识别序列的多克隆位点（multiple cloning site，MCS）。

③ 具有合适的选择标记基因，为宿主细胞提供易于检测的遗传表型特征。标记基因的重要功能在于指示外源 DNA 分子是否插入载体分子形成了重组子。换句话说，当我们把一个 DNA 片段插入到某一个标记基因内时，该基因就失去了相应的功能。当把这种重组 DNA 分子转到宿主细胞后，该基因原来赋予的表型也就消失了，即当外源 DNA 片段插入克隆位点，标记基因失活，成为选择重组质粒的依据，否则不是重组子。一种理想的质粒克隆载体应该具有两种选择标记基因，并且在选择标记基因内有合适的克隆位点。常用的选择标记基因主要是抗生素的抗性基因［如四环素抗性（Tet^r 或 Tc^r）、氨苄青霉素抗性（Amp^r 或 Ap^r）、卡那霉素抗性（Kan^r 或 Km^r）、氯霉素抗性（Cml^r 或 Cm^r）、链霉素抗性（Str^r 或 Sm^r）等］和 β-半乳糖苷酶基因。［注：上标 r 是英文 resistance（即“抗性”）的首字母简写。］

④ 具有较小的分子量和较高的拷贝数。小分子量的质粒容易操作，而且转化率高。当质粒大于 15kb 时，转化效率降低。小分子量的质粒还意味着可承载较大的外源 DNA 片段。此外，对任何一种内切酶来说，小分子量的质粒，其含有多酶切位点的可能性降低。质粒具有较高的拷贝数不仅有利于质粒 DNA 的制备，而且还会提高克隆基因的成功率。

⑤ 基因工程所应用的质粒通常为非传递性的松弛型质粒，安全可控，不至于对操作者和环境带来不必要的危害。

三、质粒的改造与构建

基因工程的目标就是实现基因的无性繁殖，并且得到最大量的某一基因或基因产物，因此一般要求用非传递性的松弛型的质粒作为载体。天然质粒尽管在理论上和遗传学研究中有重要作用，但作为基因工程的载体实有困难，因此必须对其进行如下必要的改造。

(1) 去掉非必需的DNA区域

除保留质粒复制相关的区域等必要部分外，尽量缩小质粒的分子量，以提高外源DNA片段的装载量。

(2) 减少限制性内切酶的酶切位点的数目

这是早期载体改造中经常碰到的问题，一个质粒含有某限制性内切酶的酶切位点越多，则用该酶酶切后的片段也越多，给克隆带来很多不便。现在可以用很多方法来减少限制性酶的酶切位点的数目，如机械破碎和质粒之间的重组。

(3) 加入易于检出的选择性标记，便于检测含有重组质粒的受体细胞

一般情况下，所要扩增的基因不便于选择，所以作为载体的质粒要求具有选择性标记，而通过质粒之间的重组，就可以使质粒带上合适的选择标记。抗生素抗性是绝大多数载体使用的最好标记之一，目前常用的主要有氨苄青霉素抗性、四环素抗性、新霉素抗性、氯霉素乙酰转移酶和卡那霉素抗性等。此外，组织化学染色法和荧光法也是目前在构建载体中常用的方法。

(4) 关于质粒安全性能的改造

从安全性考虑，克隆载体应只存在于有限范围的宿主内，在体内不发生重组和转移，不产生有害性状，并且不能离开宿主进行扩散。

(5) 改造或增加表达基因的调控序列

外源基因的表达需要启动子，启动子有强弱之分，也有组织细胞专一性。在重组DNA操作中，根据不同研究目的可以改造或选择不同特点的载体。

四、载体中常用的遗传标记基因

按其用途可将标记基因分为选择标记基因和筛选标记基因。选择标记用于鉴别目标DNA（载体）的存在，将成功转化了载体的宿主挑选出来。筛选标记可用于将特殊表型的重组子挑选出来。

(一) 选择标记

抗生素抗性基因是目前使用最广泛的选择标记。

(1) 氨苄青霉素抗性基因（ampicillin resistance gene，Amp^r）

氨苄青霉素抗性基因是基因操作中使用最广泛的选择标记，绝大多数在大肠杆菌中克隆的质粒载体带有该基因。青霉素可抑制细胞壁肽聚糖的合成，与有关的酶结合并抑制其活性，抑制转肽反应。氨苄青霉素抗性基因编码一个酶，该酶可分泌进入细菌的周质区，抑制转肽反应并催化β-内酰胺环水解，从而解除了氨苄青霉素的毒性。青霉素是一类化合物的总称，其分子结构由侧链R—CO—和主核6-氨基青霉烷酸（6-APA）两部分组成。在6-APA中有一个饱和的噻唑环（A）和一个β-内酰胺环，6-APA为由L-半胱氨酸和缬氨酸缩合成的二肽。

(2) 四环素抗性基因（tetracycline resistance gene，Tet^r）

四环素可与核糖体30S亚基的一种蛋白质结合，从而抑制核糖体的转位。四环素抗性基因编码一个由399个氨基酸组成的膜结合蛋白，可阻止四环素进入细胞。pBR322质粒除了带有氨苄青霉素抗性基因外，还带有四环素抗性基因。

(3) 氯霉素抗性基因（chloramphenicol resistance gene，Cm^r）

氯霉素可与核糖体50S亚基结合并抑制蛋白质合成。目前使用的氯霉素抗性基因来源

于转导性 P1 噬菌体（也携带 Tn9）。*cat* 基因编码氯霉素乙酰转移酶，一个四聚体细胞质蛋白（每个亚基 23kDa）。在乙酰辅酶 A 存在的条件下，该细胞质蛋白催化氯霉素形成氯霉素羟乙酰氧基衍生物，使之不能与核糖体结合。

（4）卡那霉素和新霉素抗性基因（kanamycin/neomycin resistance gene，Kan^r/Neo^r）

卡那霉素和新霉素是一种脱氧链霉胺氨基糖苷，都可与核糖体结合并抑制蛋白质合成。卡那霉素和新霉素抗性基因实际就是一种编码氨基糖苷磷酸转移酶［APH（3′)-Ⅱ，25kDa］的基因，氨基糖苷磷酸转移酶可使这两种抗生素磷酸化，从而干扰了它们向细胞内的主动转移。在细胞中合成的这种酶可以分泌至外周质腔，保护宿主不受这些抗生素的影响。

（5）琥珀突变抑制基因（*supF*）

在基因的编码区中，若某个密码子发生突变后变成终止密码子，则称这样的突变为赭石突变（突变为 UAA），或琥珀突变（突变为 UAG），或乳白突变（突变为 UGA）。*supF* 基因编码细菌的抑制性 tRNA，可在 UAG 密码子上编译酪氨酸。如果在某一宿主中含具琥珀突变的 Tet^r 基因和 Amp^r 基因，只有当宿主含有 *supF* 基因时才会对 Amp 和 Tet 具有抗性。相应的，*supE* 基因在 UAG 密码子上编译谷氨酰胺。目前所用的标记基因使用方便，因此用这类标记的载体较少。

（6）其他

还有一些正向选择标记，表达一种使某些宿主菌致死的基因产物，而有外源基因片段插入后，该基因便失活。如蔗糖致死基因 *SacB*，来自淀粉水解芽孢杆菌（*Bacillus amyloliquefaciens*），编码果聚糖蔗糖酶。在含蔗糖的培养基上 *SacB* 基因的表达对大肠杆菌来说是致死的，因此该基因可用于插入失活筛选重组子。

（二）筛选标记

筛选标记主要用来区别重组质粒与非重组质粒，当一个外源 DNA 片段插入到一个质粒载体上时，可通过该标记来筛选插入了外源片段的质粒，即重组质粒。

1. α-互补（α-complementation）

α-互补是指大肠杆菌 β-半乳糖苷酶基因（*lacZ*）上缺失近操纵基因区段的突变体与带有完整的近操纵基因区段的 β-半乳糖苷酶（β-galactosidase，由 1024 个氨基酸组成）阴性的突变体之间实现互补。α-互补是基于在两个不同的缺陷 β-半乳糖苷酶之间可实现功能互补而建立的。大肠杆菌的乳糖 lac 操纵子中的 *lacZ* 基因编码 β-半乳糖苷酶，如果 *lacZ* 基因发生突变，则不能合成有活性的 β-半乳糖苷酶。例如，*lacZΔM15* 基因是缺失了编码 β-半乳糖苷酶中第 11～41 个氨基酸的 *lacZ* 基因，无酶学活性。对于只编码 N 端 140 个氨基酸的 *lacZ* 基因（称为 *lacZ′*），其产物也没有酶学活性。但这两个无酶学活性的产物混合在一起时，可恢复 β-半乳糖苷酶的活性，实现基因内互补。

在 *lacZ′* 编码区上游插入一小段 DNA 片段（如 51 个碱基对的多克隆位点），不影响 β-半乳糖苷酶的功能内互补。但是，若在该 DNA 小片段中再插入一个片段，将几乎不可避免地导致产生无 α-互补能力的 β-半乳糖苷酶片段。利用这一互补性质，可筛选在载体上插入了外源片段的重组质粒。在相应的载体系统中，*lacZΔM15* 放在 F 质粒上，随宿主传代；*lacZ′* 放在载体上，作为筛选标记。相应的受体菌有 JM 系列、TG1 和 XL1-Blue，前两者均带有 D（*lac-proAB*）F′（*proAB*＋*lacIq lacZΔ M15*）基因型。其中 *lacI* 为 lac 阻抑物的编码基因，*lacIq* 突变使阻抑物产量增加，防止 *lacZ* 基因渗漏表达。

lacZ 基因是乳糖 lac 操纵子中编码 β-半乳糖苷酶的基因，乳糖及其衍生物可诱导其表达。乳糖既是 lac 操纵子的诱导物，也是作用的底物。异丙基-β-D-硫代半乳糖苷（IPTG）是乳糖的衍生物，可作为 lac 操纵子的诱导物，但不能作为反应的底物，5-溴-4-氯-3-吲哚-β-

D-半乳糖苷（X-gal）可作为 lac 操纵子的底物，但不能作为诱导物。底物 X-gal 还可充作生色剂，被 β-半乳糖苷酶分解后可产生蓝色产物，可使菌落或噬菌斑呈蓝色。

2. 插入失活

通过插入失活进行筛选的质粒主要有 pBR322，该质粒具有四环素抗性基因（Tet^r）和氨苄青霉素抗性基因（Amp^r）两种抗性标记。当外源 DNA 片段插入 Tet^r 基因后，导致 Tet^r 基因失活，变成只对氨苄青霉素有抗性。这样就可通过对抗生素是双抗还是单抗来筛选是否有外源片段插入载体中。

五、常用的克隆质粒

这里介绍几种实验室常用的质粒载体，其中 pBR322 和 pUC 系列载体属于早期设计构建的用于基因工程的经典质粒，也是后来很多质粒载体设计构建和改造的基础。伴随基因工程技术的发展，多种不同功能和结构的载体被设计构建出来，以适应不同用途。各种质粒尽管使用上有所不同，但提取方式基本一致（拓展 4-2：质粒的分离与纯化）。近些年来，多家公司加快了载体开发研究，开发出了商业化的多用途的质粒载体，而且这些商业化的质粒载体由于具有优秀的功能性、使用的便利性、设计的严紧性和多样化等优点，已经成为实验室基础研究和应用研究过程中不可缺少的重要工具。

拓展 4-2

1. pBR322

pBR322 质粒载体属于克隆载体，是使用最早且应用最广泛的大肠杆菌质粒载体之一。载体名称 pBR322 中的“p”代表质粒，“BR”代表两位研究者 F. Bolivar 和 R. L. Rodriguez（姓氏的首字母），“322”是实验编号。它的亲本包括 pMB1、Rldrd19、pSC101 和 ColE1 等，由多个亲本质粒经过复杂的重组过程构建而成。其复制起始位点（ori）来源于 pMB1 质粒，氨苄青霉素抗性基因（Amp）来源于 pSF2124 质粒，四环素抗性基因（Tet）来源于 pSC101 质粒。

pBR322 质粒载体的优点如下。

① 质粒长度为 4361bp，分子量较小，易于纯化和转化。

② 质粒带有一个来自 pMB1 的复制起始位点，保证其在大肠杆菌细胞内正常复制。

③ 质粒具有两种抗生素筛选基因，即氨苄青霉素抗性基因（Amp^r）和四环素抗性基因（Tet^r），可以用来筛选转化子和重组子。氨苄青霉素抗性基因（Amp^r）内部含有 3 个限制性核酸内切酶单一识别位点。这三个位点都可以作为克隆位点，插入外源 DNA 后会使抗性基因插入失活。这一原理可用于筛选重组子。

④ 具有较高的拷贝数，经过氯霉素扩增以后，每个细胞中可累积 1000～3000 个拷贝，这为重组体 DNA 的制备提供了极大的方便。

⑤ 质粒含有 24 种不同限制性核酸内切酶的单一识别位点。其中，9 个酶切位点位于四环素抗性基因（Tet^r）区域，其启动子区域含有 2 个位点，编码区含有 7 个位点。在这 9 个位点插入外源 DNA 都可以导致 Tet^r 失活。这些酶切位点便于重组子的筛选。

⑥ 在载体构建过程中，删除了接合转移功能相关的区域，因此，不能在自然界的宿主细胞间转移，也不会引起抗生素抗性基因传播。

2. pUC 系列质粒载体

1987 年 J. Messing 和 J. Vieria 构建了 pUC 质粒，两位科学家以所在学校的名称“加利福尼亚大学（University of California）”命名了该质粒。pUC 质粒载体是在 pBR322 质粒基础上引入了一段带有多克隆位点的 *lacZ'* 基因，从而成为具有抗性筛选和蓝白斑筛选双重功能的载体。pUC 质粒含有来自 pBR322 质粒的复制起点（ori）、氨苄青霉素抗性基因（Amp^r）、大肠杆菌 β-半乳糖苷酶基因（*lacZ*）的启动子及其编码 α-肽链的 DNA 序列（*lacZ'*）和靠近 *lacZ'* 5′端的一段多克隆位点（MCS）。pUC 系列质粒的优点如下。

① 具有更小的分子量和更高的拷贝数。这些质粒大小一般在 2.7kb 左右，小分子量保证了其可以容纳更大的外源 DNA 和更容易进入受体细胞。pUC 质粒属于松弛型质粒，pUC 质粒中所带有的 pBR322 复制起始位点发生突变，导致控制质粒复制的蛋白质缺失，所以 pUC 质粒在受体细胞中有更高的拷贝数，不需氯霉素扩增情况下，每个细胞中可以达到 500～700 个拷贝，可以高效获得外源 DNA。

② 利用蓝白斑筛选鉴定重组子。*lacZ'* 基因编码的 α-肽链可以参与 α-互补作用。当外源 DNA 片段被克隆到 pUC 的 *lacZ'* 区域时，*lacZ'* 基因失活。所以当重组体转化 β-半乳糖苷酶基因缺陷型大肠杆菌后，在 IPTG 和 X-gal 存在下培养，会得到白色或清亮的克隆，而未插入外源 DNA 的 pUC 质粒转化子，由于正常功能的 *lacZ'* 表达的 α-肽链的互补作用产生正常功能的 β-半乳糖苷酶，酶和底物 X-gal 作用后，就能产生蓝色克隆。因此，根据所产生菌体的颜色可以区分出重组子。

③ 含有多克隆位点区域（MCS）。MCS 区域的引入为外源 DNA 的插入和移除提供了方便的工具。而且，克隆外源 DNA 时选择两种不同酶切位点进行切割和连接，解决了克隆片段的方向问题。

pUC18 和 pUC19 载体为一对含有相同 MCS 区域，但方向相反的载体，这种成对的载体的使用为选择克隆 DNA 的方向提供了很大的便利。如图 4-2 所示。

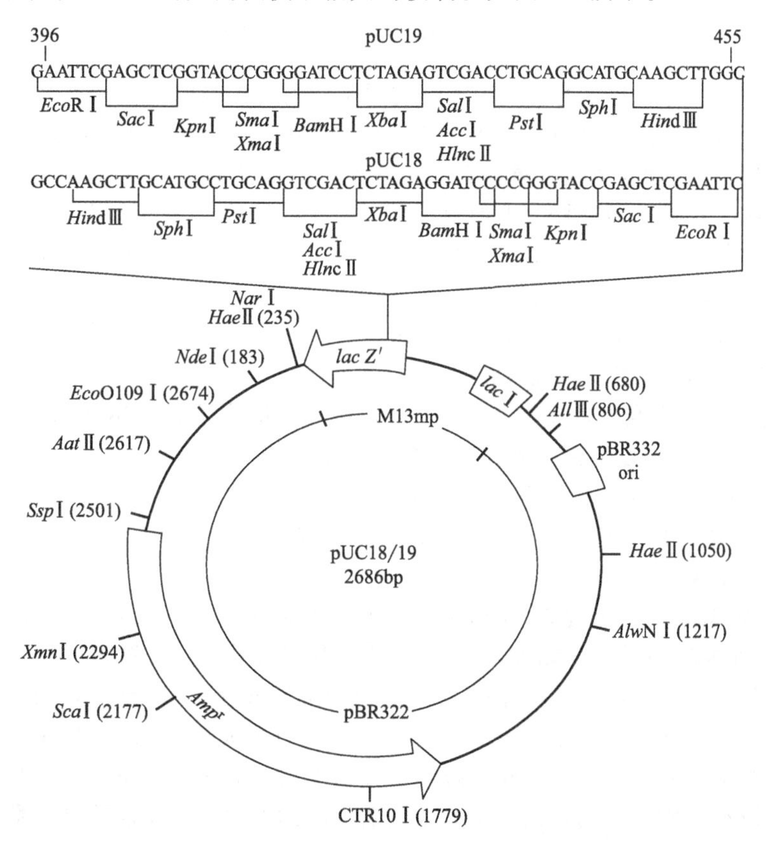

图 4-2　pUC18 和 pUC19 载体结构

3. pJET1.2/blunt 克隆载体

pJET1.2/blunt 是一个线性的克隆载体，它接受从 6bp 到 10kb 的插入。载体的 5′端含有磷酸化基团，因此 PCR 引物不需要磷酸化。钝端 PCR 产物（平末端）通过校对 DNA 聚合酶可以在 5min 内直接与载体连接。使用 *Taq* DNA 聚合酶或其他非校对耐高温 DNA 聚合酶生成的 3′-dA 悬垂 PCR 产物在连接前用专有的耐高温 DNA 钝化酶在 5min 内钝化。所有实验室常用的大肠杆菌菌株都可以用该结合产物直接转化。pJET1.2/blunt 克隆载体图如图 4-3 所示。

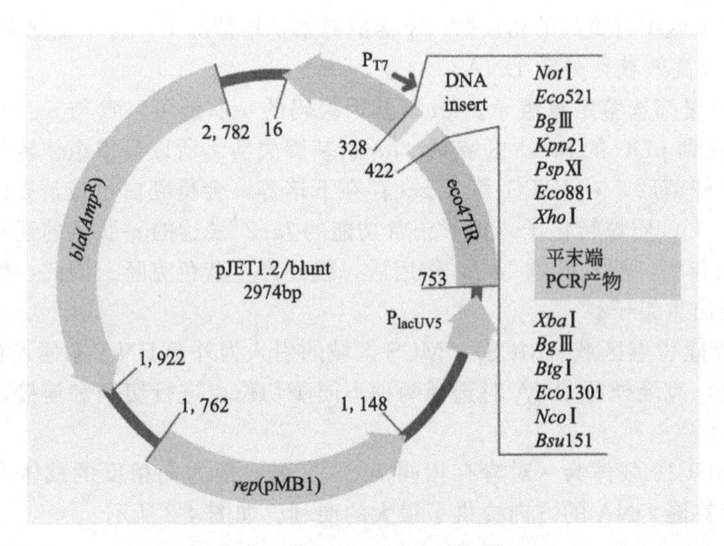

图 4-3 pJET1.2/blunt 克隆载体结构

pJET1.2/blunt 克隆载体携带一种致命的限制性内切酶基因，被该基因插入到克隆位点的 DNA 连接中断。因此，只有带有重组质粒的细菌细胞才能形成菌落。如果 pJET1.2/blunt 载体在没有插入物的情况下重新循环，它表达的致命的限制性内切酶在转化后杀死宿主大肠杆菌细胞。这种正向选择大大加快了菌落筛选的过程，并消除了蓝白斑筛选所需的额外成本。为了方便定位和插入操作，pJET 1.2/blunt 载体多重克隆位点包含两个插入位点侧面的 *Bg* Ⅲ识别序列。此外，该载体包含一个 T7 启动子，用于体外和体内转录以及插入物的测序。pJET1.2/blunt 克隆载体的优点如下。

① 快速：克隆 PCR 产品只需 5min。

② 多用途：与磷酸化或非磷酸化的 DNA 片段和钝端或黏端 PCR 产物一起使用。

③ 高效：产生 99%以上无克隆背景的阳性重组克隆。

④ 经济：消除对昂贵的蓝白斑筛查的需要。

⑤ 兼容：直接转化到所有常见大肠杆菌菌株，包括 TOP10 和 XL1-Blue。

4. pEGFP 载体

pEGFP 增强型绿色荧光蛋白（enhanced green fluorecent protein）表达载体中含有绿色荧光蛋白，在 PCMV 启动子驱动下，在真核细胞中高水平表达。载体骨架中的 SV40 启动子使该载体在任何表达 SV40 T 抗原的真核细胞内进行复制。Ne 抗性盒由 SV40 早期启动子、Tn 的新霉素/卡那霉素（neomycin/kanamycin）抗性基因以及 HSV-TK 基因的聚腺嘌呤信号组成，能应用 G418 筛选稳定转染的真核细胞株。此外，载体中的 pUC 启动子能保证该载体在大肠杆菌中的复制，而位于此表达盒上游的细菌启动子能驱动卡那霉素抗性基因在大肠杆菌中的表达。

该表达载体 *EGFP* 上游有 *Nde*Ⅰ、*Eco*47Ⅲ和 *Age*Ⅰ克隆位点，将外源基因插入这些位点，将合成外源基因和 *EGFP* 融合的基因。借此可确定外源基因在细胞内的表达和/或组织中的定位。亦可用于检测克隆的启动子活性（取代 CMV 启动子）。pEGFP-C1 载体图谱如图 4-4 所示。

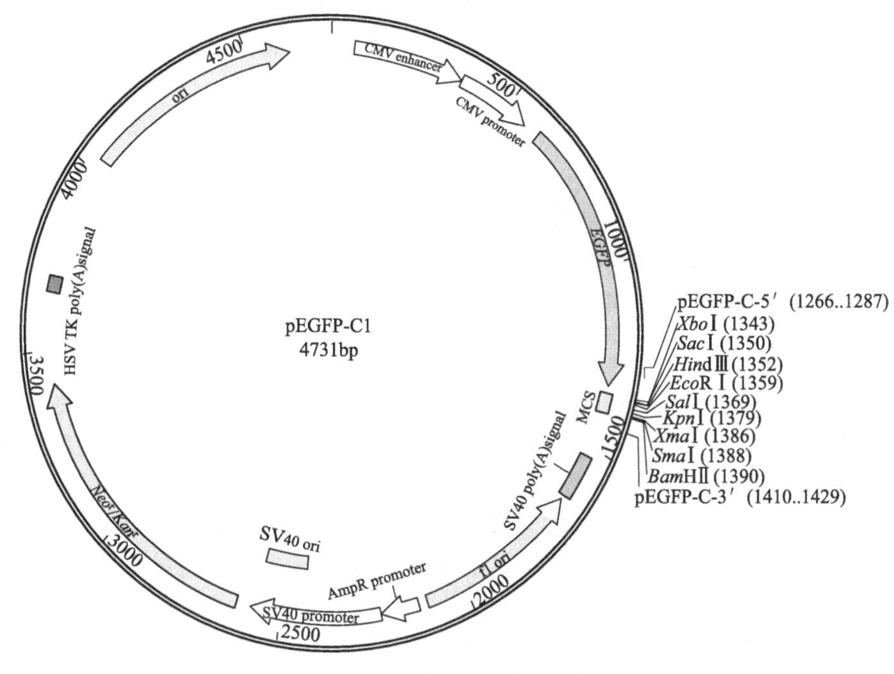

图 4-4　pEGFP-C1 载体结构

第二节　噬菌体载体

噬菌体（bacteriophage，简称 phage）的研究历史，与分子生物学和分子遗传学的建立和发展过程密切相关。随着噬菌体 DNA 复制机制、复制与转录过程中各种酶的发现，区域特异性重组作用、SOS 修复等机制的阐明，以及细菌相关的重要研究成果的获得，目前已经构建了许多噬菌体载体，这些载体广泛应用于基因克隆和基因文库研究，已成为基因工程离不开的重要实验材料。

一、噬菌体载体的生物学特性

噬菌体由遗传物质核酸及其外壳组成。噬菌体颗粒外壳是蛋白质分子，内部的核酸一般是双链线性 DNA 分子，也有双链环形 DNA、单链线性 DNA、单链环形 DNA 以及单链 RNA 等多种形式。不同种噬菌体之间，其核酸的分子量相差可达上百倍。而且有些噬菌体的 DNA 碱基并不是由标准的 A、T、C、G 四种碱基组成。

不同种类的噬菌体颗粒在结构上差别很大，可分为 3 种类型。大多数噬菌体是具尾部结构的二十面体，头部下端连接着一条尾部结构，看起来像是一种小型的皮下注射器，如 T4 噬菌体。另两种类型是无尾部结构的二十面体型和线状体型。

噬菌体的感染效率极高。一个噬菌体颗粒感染了一个细菌细胞之后，便可迅速地形成数百个子代噬菌体颗粒，每一个子代颗粒又各自能够感染一个新的细菌细胞，再产生出数百个

图 4-5 噬菌体形成透明噬菌斑

子代颗粒，如此只要重复 4 次感染周期，一个噬菌体颗粒便能够使数 10 亿个细菌细胞死亡。若是在琼脂平板上感染生长的细菌，则是以最初被感染的细胞所在位置为中心，慢慢地向四周均匀扩展，最后在琼脂平板上形成明显的噬菌斑，也就是感染的细菌细胞被噬菌体裂解之后留下的圆形透亮空斑（图 4-5）。噬菌斑的大小，从肉眼勉强可见的小形斑到直径 1cm 以上的大形斑不等。在适当条件下，一个噬菌斑是由一个噬菌体粒子形成的。在基因重组中，噬菌斑是噬菌体重组包装成功的筛选标志。

噬菌体的生活周期有溶菌周期和溶源周期两种不同类型。在溶菌周期中，噬菌体 DNA 注入细菌细胞后，噬菌体 DNA 大量复制，并合成出新的头部和尾部蛋白质，头部蛋白质组装成头部，并把噬菌体的 DNA 包裹在内，然后再同尾部蛋白质连接起来，形成子代噬菌体颗粒，最后噬菌体产生出一种特异性的酶，破坏细菌细胞壁，子代噬菌体颗粒释放出来，细菌裂解死亡。这种具有溶菌周期的噬菌体被称为烈性噬菌体（virulent phage）。在溶源周期中，噬菌体的 DNA 进入细菌细胞后，并不马上进行复制，而是在特定的位点整合到宿主染色体中，成为染色体的一个组成部分，随细菌染色体的复制而复制，并分配到子细胞中去而不会出现子代噬菌体颗粒。但是，这种潜伏的噬菌体 DNA 在某种营养条件或环境条件的胁迫下，可从宿主染色体 DNA 上切割下来，并进入溶菌周期，细菌同样也会因裂解而死，释放出许多子代噬菌体颗粒（图 4-6）。这种既能进入溶菌周期又能进入溶源周期的噬菌体称为温和噬菌体（temperate phage）。

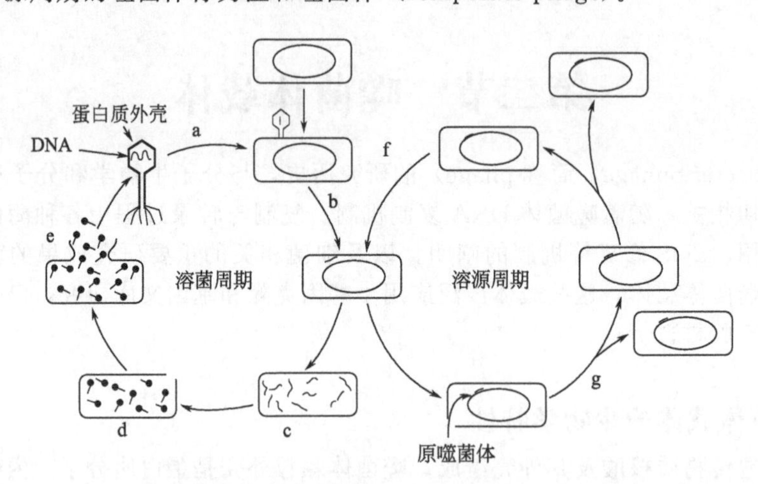

图 4-6 溶源性噬菌体的生命周期（引自文献［11］：吴乃虎，1998）

a. 噬菌体增殖的第一步是吸附到宿主细胞上，同一个细胞可以同时吸附一个以上的噬菌体颗粒；
b. 噬菌体的 DNA 注入感染的宿主细胞内；c. 噬菌体 DNA 大量增殖；d. 子代噬菌体颗粒的组装；
e. 宿主细胞溶菌，释放出大量的新的噬菌体颗粒；f. 噬菌体的 DNA 从宿主染色体 DNA 删除下来；
g. 溶源性细胞通常按照正常细胞的速率进行分裂

二、λ 噬菌体载体

λ 噬菌体是目前研究得最为清楚的大肠杆菌的一种双链 DNA 温和噬菌体，也是最早用于基因工程的克隆载体之一。λ 噬菌体的 DNA 大小约为 48.5kb，其线性双链 DNA 分子的两端各有一个长为 12bp 的突出的互补单链，称为黏性末端（cos 位点）。当 λ 噬菌体进入大肠杆菌细胞以后，其 cos 位点能通过碱基互补作用，形成环状 DNA 分子。cos 位点同时也是 λ 噬菌体包装蛋白的识别位点。λ 噬菌体的包装与 DNA 特性和其他序列无关，但是与 cos 位点有关，而且 λ 噬菌体在包装时，对包装 DNA 的大小有严格的要求，包装 DNA 的大小范围必须在 38～50kb。λ 噬菌体基因组 DNA 的基因很多，大概分为左侧区与蛋白质合成相关的基因（基因 *A*～*J*）、右侧区与 DNA 复制和调控相关的基因（位于 *N* 基因的右侧）以及中央区（介于基因 *J*～*N* 之间）等三大块（见图 4-7）。左侧蛋白质合成区域又分为头部蛋白合成区域和尾部蛋白合成区域，这些区域的基因合成 λ 噬菌体的包装蛋白，与子代噬菌体颗粒的形成和包装有关，因此是 λ 噬菌体基因组的必需区域。右侧复制和调控区域的基因包含 λ 噬菌体 DNA 合成、阻遏蛋白及早期和晚期操纵子的主要调控序列，与 DNA 的复制与调控相关，也是 λ 噬菌体基因组的必需区域。λ 噬菌体基因组的中央区域大约为 20kb，也称为非必要区，其编码基因与保持噬菌斑的形成能力无关，但含有与重组、整合与删除相关的基因，可以被一段相应大小的外源 DNA 插入片段替代而仍然不影响噬菌体 DNA 被包装到噬菌体头部。

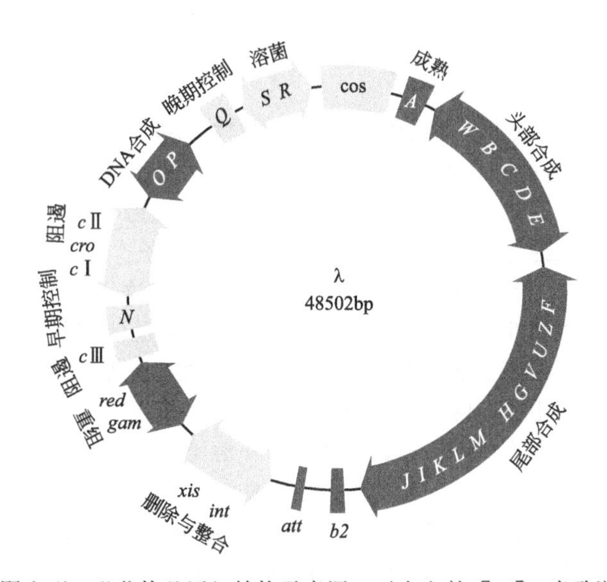

图 4-7　野生型 λ 噬菌体基因组结构示意图（引自文献［68］：袁婺洲，2010）
左侧（*A*～*J*）是蛋白质合成相关基因，右侧（*N* 及其右侧）是复制和调控基因，
中间（*J*～*N*）为整合和重组区域基因。cos 位点是线性 DNA 环化的位点

通过改造 λ 噬菌体 DNA，研究人员发展了许多不同用途的噬菌体载体。以 λ 噬菌体为基础构建的常用载体可分两类（图 4-8），即插入型载体（insertion vector）和置换型载体（replacement vector）。

（1）插入型载体

通过特定的酶切位点允许外源 DNA 片段插入的载体称为插入型载体。由于 λ 噬菌体对所包装的 DNA 有大小的限制，一般插入型载体设计为可插入 6kb 外源 DNA 片段，最大 11kb。

插入型载体又分为两种类型。①*c*Ⅰ基因插入失活。如 λgt10、λNM1149 等载体，在 *c*Ⅰ基因上有 *Eco*RⅠ及 *Hin*dⅢ的酶切位点，外源基因插入后将导致 *c*Ⅰ基因的失活。*c*Ⅰ基因失活后噬菌体不能溶源化，产生清晰的噬菌斑。相反，产生混浊的噬菌斑。利用不同的噬菌斑

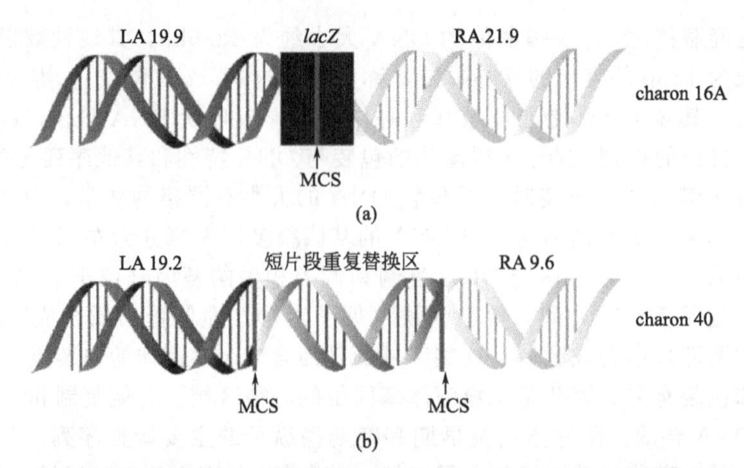

图 4-8 λ噬菌体插入型载体（a）和替换型载体（b）(引自文献［68］：袁婺洲，2010)

lacZ 为标记基因，MCS 为多克隆位点，LA 为带有 cos 位点的左臂，RA 为带有 cos 位点的右臂

形态作为筛选重组体的标志。②*lacZ* 基因插入失活。如 λgt11、charon2、charon16A 载体，在非必需区段引入 *lacZ* 基因，在 *lacZ* 基因上有 *EcoR* Ⅰ位点，插入失活后利用 X-gal 法筛选（蓝白斑筛选）。

（2）置换型载体

允许外源 DNA 片段替换非必需 DNA 片段的载体，称为置换型载体，又称**取代型载体**(substitution vectors)。这类载体是在 λ 噬菌体基础上改建而成，由左臂、右臂以及左右臂之间的一段填充片段组成。其中左臂包含使噬菌体 DNA 成为一个成熟的、有外壳的病毒颗粒所需的全部基因，全长约 20kb；右臂包含所有的调控因子、与 DNA 复制及裂解宿主菌有关的基因，这个区域长约 12kb；中间填充片段长约 18kb，这一段 DNA 可以被外源片段置换而不会影响 λ 噬菌体裂解生长的能力。置换型 λ 噬菌体是使用最广泛的载体。一般情况下，置换型载体克隆外源片段的大小为 9～23kb，常用来构建基因组文库。随着多克隆位点技术的应用，现在许多常用的 λ 噬菌体载体都带有多克隆位点，两个多克隆位点区往往以反向重复形式分别位于λDNA 的填充片段两端。当外源 DNA 插入时，一对克隆位点之间的 DNA 片段便会被置换掉，从而有效提高了克隆外源 DNA 片段的能力。

λNM781 是替换型载体的一个代表。在 λNM781 载体中，可取代的 *Eco*RⅠ片段，编码有一个 *sup*E 基因（大肠杆菌突变体 tRNA 基因），由于这种 λNM781 噬菌体的感染，宿主细胞 *lacZ* 基因的琥珀突变被抑制了，能在乳糖麦康凯（MacConkey）琼脂培养基上产生出红色的噬菌斑，或是在 X-gal 琼脂培养基上产生出蓝色的噬菌斑。如果这个具有 *sup*E 基因的 *EcoR* Ⅰ片段被外源 DNA 取代了，那么所形成的重组体噬菌体，在上述两种指示培养基上都只能产生出无色的噬菌斑。

三、柯斯质粒

柯斯质粒载体（cosmid vector）是一类人工构建的含有 λDNA cos 序列和质粒复制子的特殊类型的载体，也称为黏粒载体，即由质粒和 λ 噬菌体的黏性末端构建而成。借用 cos-(黏性尾巴）作字头，质粒的-mid 作字尾，故称 cosmid。柯斯质粒是 1978 年 J. Coffins 及 B. Hohn 等人发明的，比 λ 噬菌体具有更大的克隆能力，在真核基因的克隆中起到了巨大的作用。

（1）柯斯质粒载体的构成

柯斯质粒载体是一种环状双链 DNA 分子，大小为 4～6kb。它由 4 部分组成，包括质粒的复制起点、一个或多个限制性核酸内切酶的单一切割位点、抗性标记基因和 λ 噬菌体的黏性末端片段。来自 λDNA 部分的片段除了提供 cos 位点，在 cos 位点两侧还具有与噬菌体包装有关的 DNA 短序列，这样就能够包装成有感染性的噬菌体颗粒。

柯斯质粒载体兼具 λ 噬菌体的高效感染能力和质粒易于克隆选择的优点。当外源 DNA 片段插入柯斯质粒载体特定位置，便形成重组的柯斯质粒，就可以包装到噬菌体颗粒中。由于缺失 λDNA 复制起点，噬菌体颗粒不能像 λ 噬菌体颗粒一样复制，但是有感染力，可以携带重组 DNA 进入宿主细菌细胞中。进入细胞后，柯斯质粒 DNA 可以利用质粒的复制起点像质粒一样复制。柯斯质粒载体克隆能力为 31～45kb，是早期构建基因组文库首选的载体。图 4-9 是常用的柯斯质粒载体 pHC79 的基本结构。

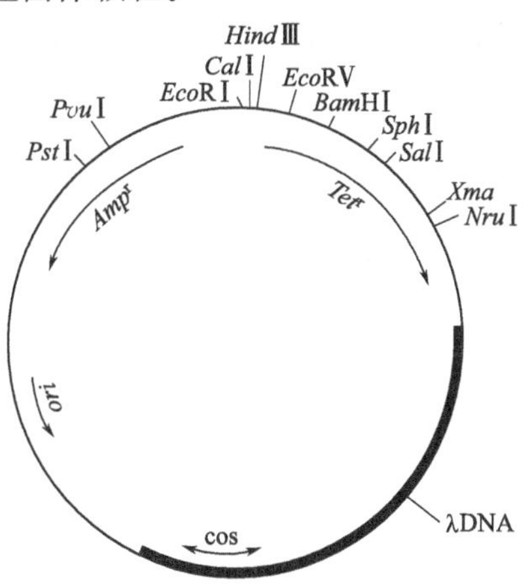

图 4-9 柯斯质粒载体 pHC79 的结构图

(2) 柯斯质粒载体的特点

目前已经在基因克隆通用的质粒载体的基础上，发展出了许多不同类型的柯斯质粒载体，柯斯质粒载体的特点大体上可归纳成如下四个方面。

第一，具有 λ 噬菌体的特性。由于柯斯质粒载体不含 λ 噬菌体裂解生长、溶源性途径和 DNA 复制系统，所以不会产生子代噬菌体。但是，此载体含有一个 cos 位点，在 A 蛋白的作用下，cos 位点被切开，提供体外包装必需的 cos 末端。柯斯质粒载体在克隆了合适长度的外源 DNA，并在体外被包装成噬菌体颗粒之后，可以高效地转导对噬菌体敏感的大肠杆菌宿主细胞。进入宿主细胞之后的柯斯质粒 DNA 分子，便按照 λ 噬菌体 DNA 同样的方式环化起来。但由于柯斯质粒载体不含有 λ 噬菌体的全部必要基因，因此它不能够通过溶菌周期，无法形成子代噬菌体颗粒。

第二，具有质粒载体的特性。柯斯质粒载体具有质粒复制子，因此在宿主细胞内能够像质粒 DNA 一样进行复制，并且在氯霉素作用下，同样会获得进一步的扩增。此外，柯斯质粒载体通常也都具有抗生素抗性基因，可作为重组体分子表型选择标记，其中有一些还带上基因插入失活的克隆位点。

第三，具有高容量的克隆能力。柯斯质粒载体的分子一般只有 5～7kb 左右。按 λ 噬菌体的包装限制（38～52kb），可以插入到柯斯质粒载体上并能被包装成噬菌体颗粒的最大外源 DNA 片段可达 45kb 左右。同时，由于包装限制，柯斯质粒载体的克隆能力还存在着一个最低极限值。如果柯斯质粒载体自身大小为 5kb，那么插入的外源 DNA 片段至少得有 33kb，才能包装形成具感染性的噬菌体颗粒。由此可见，柯斯质粒载体适于克隆大片段的 DNA 分子。

第四，具有与同源序列的质粒进行重组的能力。柯斯质粒载体能与共存于同一宿主细胞中的带有共同序列的质粒进行重组，形成共合体。当一个柯斯质粒载体与带有不同抗药性标记的质粒转化同一宿主细胞时，便可筛选到具有相容性复制起点的共合体分子。

(3) 柯斯质粒载体克隆基因的基本程序

柯斯质粒载体具有质粒载体的性质，可以当作一般质粒克隆载体进行操作，转化宿主细胞，在宿主细胞内进行自我复制。实际上，使用柯斯质粒载体主要是利用其 λ 噬菌体载体性质。但是使用柯斯质粒克隆载体的程序与使用 λ 噬菌体克隆载体的程序有所不同。在 λ 噬菌体的正常生命周期中，会产生包含数百个 λDNA 拷贝，通过 cos 位点彼此相连而组成的多连体分子。同时，λ噬菌体还有一种位点特异的切割体系（site-specific cutting system），叫作末端酶（terminase）或Ter体系，它能识别两个距离适宜的cos位点，把多连体分子切割成λ单位长度的片段，并把它们包装到λ噬菌体头部中去。Ter体系要求被包装的DNA片段具有两个cos位点，而且两个cos位点之间的距离要保持在38～54kb，这些条件对于柯斯质粒克隆外源基因，进行体外包装是非常重要的。

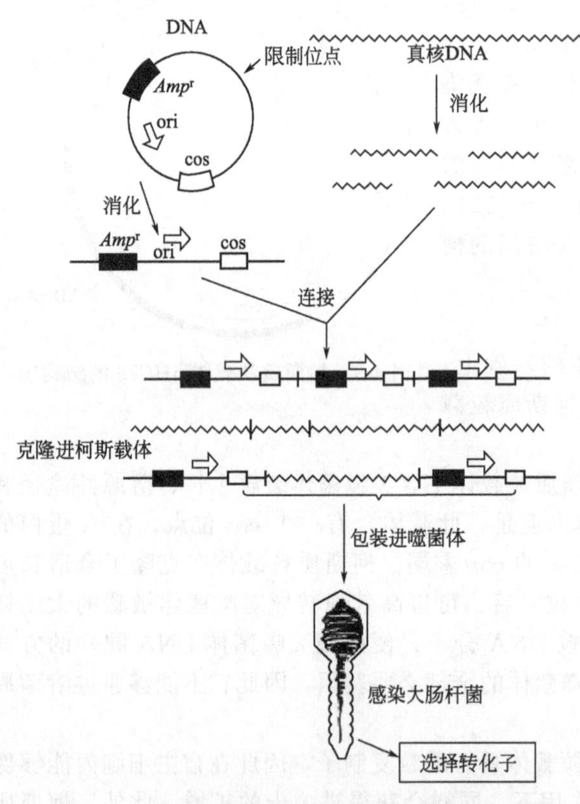

图4-10　柯斯质粒载体进行基因克隆的基本程序

应用柯斯质粒载体克隆外源DNA的一般程序（图4-10）是：先用适当的限制性核酸内切酶部分水解真核DNA，产生长度平均在40～45kb的DNA片段，与经同样的限制性内切酶酶切的柯斯质粒载体线性DNA分子进行连接反应。由此形成的连接物群体中，有一定比例的分子是两端各带一个cos且中间外源DNA片段长度在40～45kb左右的重组体。这样的分子同λ噬菌体裂解生长晚期所产生的DNA分子类似，可作为λ噬菌体Ter功能的一种适用底物。当与λ噬菌体外包装物混合时，它能识别并切割这种两端由cos位点包围着的40～45kb长的真核DNA片段，并把这些分子包装进λ噬菌体的头部。当然，包装形成的含有这种DNA片段的λ噬菌体头部不能够作为噬菌体生存，但它们可以用来感染大肠杆菌。感染之后，可将这种真核DNA-cos杂种分子注入细胞内，并通过cos位点而环化起来，然后按质粒分子的方式进行复制并表达其抗药性基因，使宿主获得抗性，最后获得大肠杆菌菌落，而不是噬菌斑。

四、M13噬菌体载体

单链DNA噬菌体是一类丝状的大肠杆菌噬菌体，由单链环状DNA分子外面包裹上一层蛋白质外壳而形成。单链DNA噬菌体有它特殊的生命活动方式。利用这些特点构建的单链DNA载体，有着其他类型的载体所无法取代的优越性。M13噬菌体是其中一个典型的代表。

1. M13噬菌体的组成和结构

M13噬菌体颗粒是丝状的，只感染雄性大肠杆菌。感染宿主后不裂解宿主细胞，而是从感染的细胞中分泌出噬菌体颗粒，宿主细胞仍能继续生长和分裂。

M13噬菌体的基因组为单链DNA，由6407个碱基组成。基因组90%以上的序列可编码蛋白质，共有11个编码基因，基因之间的间隔区多为几个碱基。较大的间隔位于基因Ⅷ和基因Ⅲ以及基因Ⅱ和基因Ⅳ之间，其间有调节基因表达和DNA合成的元件。

M13噬菌体基因组可编码3类蛋白质，包括复制蛋白（基因Ⅱ、Ⅴ和Ⅹ编码）、形态发生蛋白（基因Ⅰ、Ⅳ和Ⅺ编码）、结构蛋白（基因Ⅲ、Ⅵ、Ⅶ、Ⅷ和Ⅸ编码）。

M13 噬菌体颗粒为丝状长管状结构，长 880nm，直径 6～7nm。噬菌体颗粒的核心由 2700 个基因Ⅷ编码的结构蛋白呈管状排列而成，成熟的基因Ⅷ的产物为由 50 个氨基酸残基组成的 α 螺旋蛋白。顶端由 5 个基因Ⅶ和 5 个基因Ⅸ产物组成，作用于间隔区中的包装信号。5 个基因Ⅲ蛋白和 5 个基因Ⅵ蛋白位于丝杆的末端，参与对性纤毛的吸附。

2. M13 噬菌体的复制

M13 噬菌体的侵染周期很短，不需要插入寄主的基因。M13 附着在大肠杆菌的 F 性菌毛上，所以它们只能感染 F^+ 或 Hfr 细菌。在吸附过程中，噬菌体的基因Ⅲ蛋白与性纤毛发生作用。随后丝状噬菌体穿入到性菌毛，基因Ⅲ蛋白与宿主的 TolQ、TolR 和 TolA 蛋白发生作用，去除外壳蛋白，致使病毒 DNA 及附着于其上的基因Ⅰ蛋白进入宿主菌体内。当噬菌体进入细菌细胞后，噬菌体单链 DNA（正链）利用宿主细胞复制酶复制互补链（负链），使噬菌体 DNA 的单链转变成双链复制型（RF），然后以负链 DNA 为模板，以滚环复制方式合成正链分子，当拷贝数达到 100～200 时，复制停止，同时，两条链上基因表达的蛋白质，包装正链，并分泌至菌体细胞外，宿主细菌细胞不会发生裂解。细菌细胞每分裂一次，大约可以释放 1000 个新的病毒颗粒。M13 噬菌体是溶原性噬菌体，在不杀死宿主细胞的情况下释放其后代，其感染虽不杀死细菌，但细菌的生长受到一定的抑制，所以形成浑浊的噬菌斑。

3. M13 噬菌体载体的特点

M13 噬菌体作为载体具有几个重要的特点：①M13 噬菌体的感染与释放不会杀死宿主菌，仅导致宿主菌生长缓慢；②M13 噬菌体 DNA 在宿主菌内既可以是单链也可以是双链，通过感染或转化的方法能将 M13 噬菌体 DNA 导入宿主菌中；③M13 噬菌体的包装不受 DNA 大小的限制，其噬菌体颗粒的大小可随 DNA 的大小而改变，即使外源 DNA 的大小比其本身 DNA 的大小超出 6 倍，仍能进行包装。M13 噬菌体的这些特性，使之广泛地用于 DNA 重组。

第三节　酵母载体

由于大肠杆菌的转化简单、高效，质粒的制备方便，所以酵母的表达载体为了操作上的简单，一般都是构建成带有大肠杆菌质粒基本骨架的酵母-大肠杆菌穿梭载体。

一、整合型载体（YIp）

这类载体只含 *E. coli* 的复制起点，不能在酵母菌中自我复制，而是通过同源重组，以低频率整合到细胞染色体中。整合位点数取决于载体中的互补基因组序列数。它在基因组内通常以单拷贝存在，但也可能发生多位点整合。如果在 YIp 内插入一个不完全基因，则可用以创造基因破坏或突变。大部分 YIp 质粒含酵母菌选择标记（如 *HIS*3、*LEUZ*、*TRPI* 及 *URA3* 等）。这种质粒的转化子很稳定，可在无选择条件下培养很多代而不丢失，但其转化频率很低（1μg DNA1～10 个拷贝），使 YIp 线性化可明显使转化增加 100 倍以上。YIp5 载体图谱如图 4-11 所示。

二、复制型载体（YRp）

YRp 含有酵母独立自主复制序列（autonomously replicating sequence，ARS），因而可

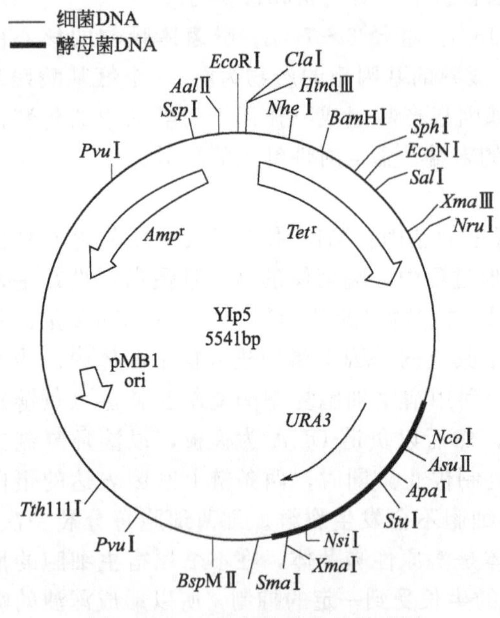

图 4-11 YIp5 载体的结构示意图

作为染色体外因子复制并保留下来。这种序列来自酵母菌的基因组，当然也可能来自其他生物。这种载体转化酵母的频率很高，1μg DNA 可达 10^3～10^5，且在细胞群体内拷贝数很高，但减数分裂和有丝分裂时的不稳定使群体内的拷贝数变化很大，平均拷贝数为每个细胞 1～10 个。上述现象是由细胞分裂时质粒的不对称分离造成的。YRp 可用作一般克隆目的，但因其不稳定性和不对称分离而不适于基因调节机制的研究和应用，如图 4-12(a) 所示。

此外，还有一种自主复制的稳定型质粒——酵母着丝粒质粒（yeast centromeric plasmid，YCp）［如图 4-12(b) 所示］。它是在复制质粒中再插入酵母着丝粒（centromer）的一个 DNA 片段（CEN），此序列能保证染色体的连接物（attachment）连到有丝分裂的纺锤丝上，使染色体能等量地分配到子代细胞中。所以，含有 CEN 序列的质粒也将以同样的机制稳定地维持在细胞中，并保证了稳定质粒在子代细胞中的等量分布。

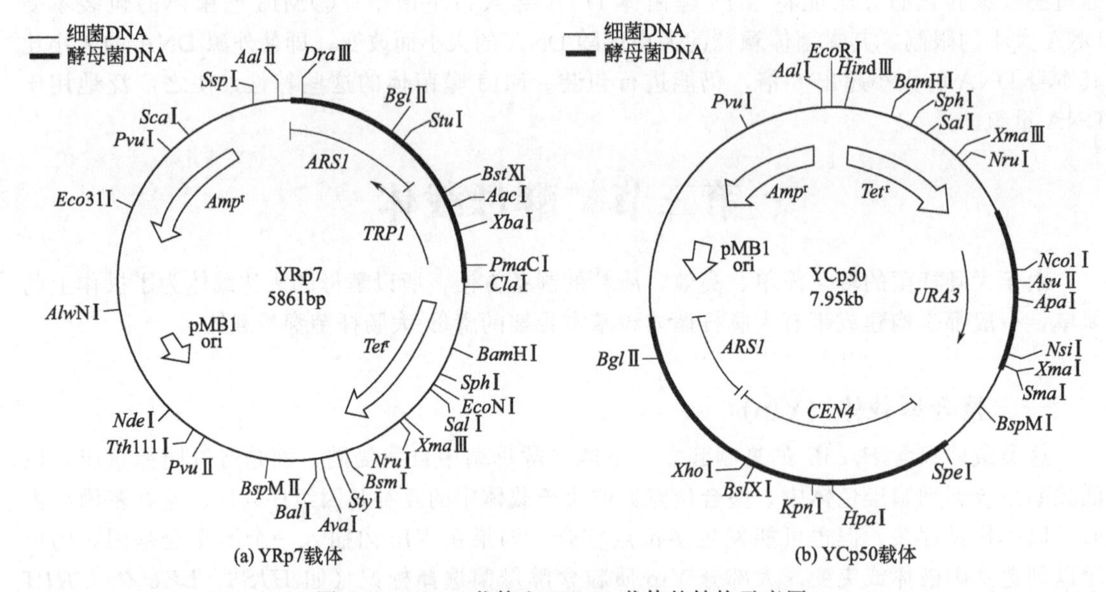

图 4-12 YRp7 载体和 YCp50 载体的结构示意图

三、附加体型载体（YEp）

这类质粒载体以酵母菌内源 2μm 质粒为基础。2μm 质粒是一种小分子双链环状 DNA，存在于酵母属的大多数菌株中，每个细胞内有 50～100 个拷贝。它由 2 个各 599bp 的反向重复分隔成 2 个区域，含有 4 个可读框（ORF）和一个复制起点。其中 REP1 和 REP2 编码的产物与细胞分裂时的质粒平均分配有关，所有 YEp 载体都含 2μm 质粒的 REP3 位点，它是保证质粒稳定性必要的因子；此外还含 2μm 质粒的 ori、选择标记和与细菌有关的 DNA 序列。YEp 载体的稳定性比较好，是酵母遗传工程中应用最广泛的载体系统，常用于酵母菌中的一般克隆和基因表达。

由上可以看出，在使用酵母中的克隆载体时都存在着稳定性与拷贝数之间的矛盾。能稳定遗传的（YIp、YCp）都是单拷贝，而拷贝数高的（YRp、YEp）又都不稳定。因此在基因操作中，要根据不同的使用目的进行选择和改造载体。YEplac181 载体图谱如图 4-13 所示。

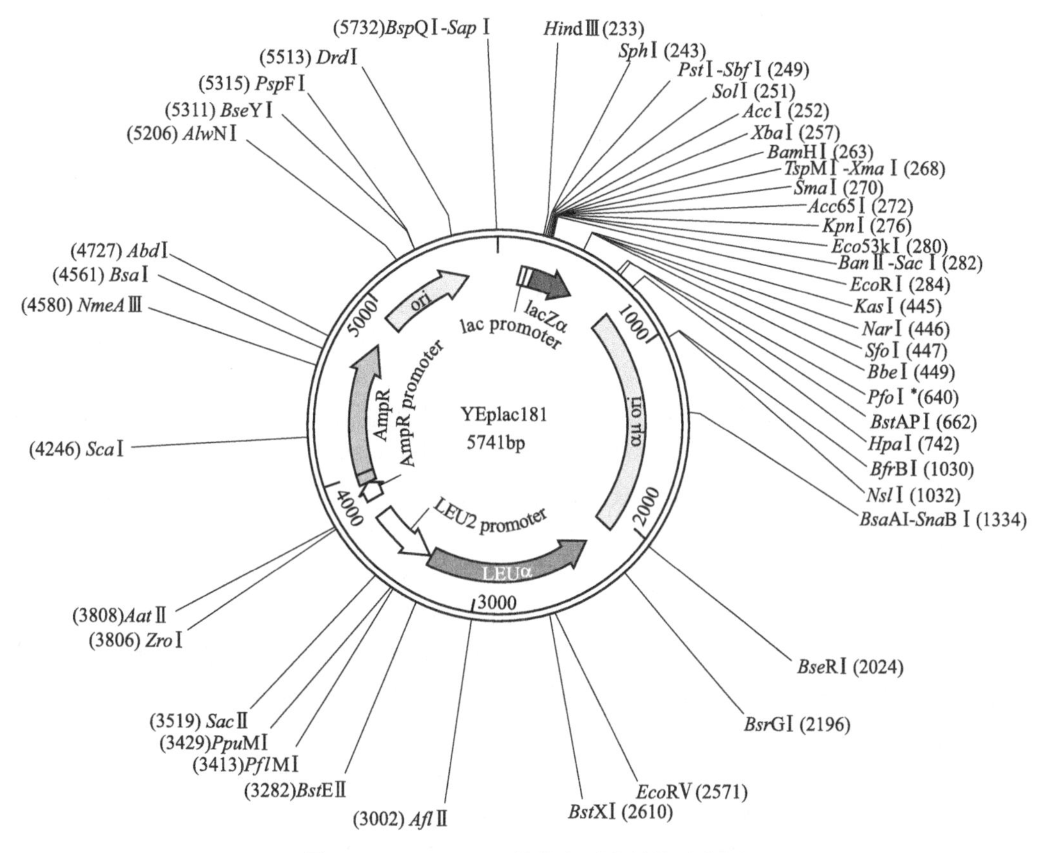

图 4-13 YEplac181 载体序列及结构示意图

第四节 常用的真核病毒载体

一、SV40 病毒载体

当表达高等真核基因时，哺乳动物表达体系比昆虫表达体系显得更为优越。当前应用较广泛的哺乳动物表达体系的载体有猿猴空泡病毒 40（simian vacuolation virus 40，SV40）、乳头瘤病毒（papilloma virus）和 EB 病毒（Epstein-Barr virus，EBV）。在众多的病毒载体中，SV40 表达载体是研究得最为详细、发展最快的一种。下面仅对 SV40 载体作简要介绍。

1. SV40 病毒的生物学特征

SV40 病毒是一种小型二十面体的蛋白质颗粒，由 VP1、VP2 和 VP3 三种病毒外壳蛋白构成，中间包装着病毒基因组 DNA。SV40 DNA 是双链闭合环状 DNA 分子，长度 5243bp。

根据 SV40 基因组表达的时间不同，可把它分为早期转录和晚期转录两个区域，以单一

的 *Eco*RⅠ识别位点为 0.0，将整个基因组分为 10 个区段。早期转录贯穿整个裂解循环，包括与病毒感染相关的小 T 抗原基因（small T-antigen）和大 T 抗原基因（large T-antigen）等，包含 *Bam*HⅠ、*Bst*Ⅰ和 *Taq*Ⅰ等限制性核酸内切酶识别位点。T 抗原在病毒感染中的作用不明，T 抗原控制 SV40 基因组 DNA 的复制，一旦细胞内积累了足够数量的 T 抗原，DNA 的复制便开始启动。晚期转录发生在 DNA 复制后，包括与病毒衣壳蛋白合成相关的基因，含有 *Acc*Ⅰ、*Nae*Ⅰ、*Hae*Ⅱ、*Hpa*Ⅱ、*Eco*RⅠ、*Ban*Ⅰ、*Eco*RⅤ、*Afl*Ⅱ等限制性核酸内切酶识别位点。当三种病毒衣壳蛋白合成之后，即与新复制的病毒 DNA 装配成病毒颗粒，病毒由细胞释出，细胞崩解死亡。

SV40 对不同种的细胞具有不同的感染效应。SV40 感染猿猴细胞能产生具有感染性的病毒颗粒，并使宿主细胞裂解。把猿猴细胞称为受纳细胞（也称允许细胞，permissive cell）。若 SV40 感染的是啮齿类动物，如小鼠或仓鼠的细胞，则不会产生感染性颗粒，此时的病毒基因组整合到宿主细胞的染色体上，细胞就会发生癌变。这类细胞被称为 SV40 的非受纳细胞（也称非允许细胞，non-permissive cell）。人体细胞处于二者之间，称半受纳细胞。

2. SV40 病毒载体基因结构

野生型的 SV40 病毒颗粒的包装范围相当严格，超过其基因组大小的重组 DNA 就不能被包装为成熟的病毒颗粒，如果在其 DNA 上插入外源基因，则无法正常包装，所以野生型 SV40 DNA 需去除部分非必需序列才可作为载体。用 SV40 作为载体有两种方式：①用 SV40 DNA 与外源 DNA 构建重组子，转染细胞后允许细胞形成含外源 DNA 的病毒颗粒；②重组子不包装成病毒颗粒，而像质粒一样在细胞中复制或整合到染色体组中。

通常用外源 DNA 取代大 T 抗原或 VP 的结构基因，前者可利用 SV40 的早期区域启动子，后者可利用晚期区域启动子，使外源基因得到表达。然而多数情况下是在晚期区域中插入外源 DNA，因为在受纳细胞中晚期启动子的转录水平高于早期启动子，因此外源 DNA 转录的 RNA 和表达的蛋白量也就高。由于晚期基因被置换，不能合成衣壳蛋白，便无法在受纳细胞中形成子代病毒颗粒，因此需要用遗传上互补的病毒混合感染受纳细胞，通常使用 SV40 的温度敏感变异株（tsA 株）作为辅助病毒，将含有外源基因的 SV40 DNA 和 tsA 株同时感染受纳细胞，由 SV40 重组子产生早期基因产物，辅助病毒提供衣壳蛋白，形成子代病毒颗粒。如果是早期基因被置换，形成的重组 DNA 没有 T 抗原，一般采用 Cos 细胞来作为补充。Cos 细胞是已被 SV40 DNA 转化了的猴传代细胞，在其染色体内的 SV40 DNA 编码功能 T 抗原，但因缺乏复制起点，病毒 DNA 不能复制。将重组 DNA 导入 Cos 细胞，可形成含有重组 DNA 的病毒颗粒。用外源基因取代 SV40 的早、晚区域以达到扩增重组 DNA 的目的。SV40 病毒载体尚存在一些缺陷，如还需要其他系统的配合等，另一方面的缺陷是宿主细胞的缺陷性，即只能在受纳细胞中使用，而且在感染后，受纳细胞最终被杀死，不能进行长期研究。

由于天然 SV40 病毒作为载体有诸多缺陷，实际上已很少使用。目前绝大多数实验室所使用的 SV40 载体都是经过改造的，通常只保留 SV40 的复制起始区和早期区域启动子以及多聚腺苷酸化位置和小 T 抗原的内含子。（拓展 4-3：一个典型、通用的哺乳动物基因表达载体 pSV2）

拓展 4-3

二、腺病毒载体

1. 腺病毒的一般生物学特征

腺病毒是一种无外壳的双链 DNA 病毒，基因组长约 36kb，衣壳（capsid）是由 252 个壳粒构成的，呈规则的20面体结构，直径约80～110nm。腺病毒的基因组以线性的双链DNA形式存在，每条DNA链的5′端同分子质量为55×10^3Da的蛋白质分子共价结合，可以出现双链DNA的环状结构。在两条链的5′端上分别以共价键结合着一个被称为DNA末端蛋白复合物（DNA-TPC）的特化的结构，与腺病毒复制密切相关。基因组的两端各有一段100bp的反向末端重复序列（ITR），是复制的起始位点。在左端ITR的3′侧有一段长约300bp的包装信号（Ψ）介导腺病毒基因组包装入病毒衣壳。对腺病毒而言，只有包括两端的ITR和包装信号（Ψ）的约0.5kb的序列是顺式作用元件，也就是说必须由腺病毒载体自身携带，而其他的30余种蛋白质都可以通过辅助病毒（或细胞）反式补足。

目前已发现的腺病毒有100余个血清型，其中人体腺病毒已知有52种，分别命名为ad1～ad52，分为A、B、C、D、E和F六个亚群（subgroup），研究得最详细是ad2。基因治疗常用的人的2型及5型腺病毒在血清学分类上均属C亚群，在DNA序列上有95%的同源性。

腺病毒基因组转录产生mRNA，已知的转录单位至少有5个：EⅠ区位于病毒基因组左侧，可再分成EⅠA和EⅠB，与细胞转化有关；EⅡ区编码DNA结合蛋白，参与病毒的复制；EⅢ区编码出现在宿主细胞表面的一种糖蛋白；EⅣ区位于ad2基因组右端，受EⅡ区编码的DNA结合蛋白质调控；第5个转录单位在病毒感染中期合成ad2蛋白质Ⅳ。

腺病毒分布很广，对啮齿类动物有致癌能力，或能转化体外培养的啮齿类动物细胞，但对人体不出现致癌性。人体细胞是一类允许细胞，即这类细胞允许感染入侵的病毒在细胞内复制增殖，最后细胞裂解死亡而释放出大量子代病毒。在体外培养的多种人体肿瘤细胞中均未查出腺病毒颗粒，但在人的1号染色体上有ad12的整合位点，这意味着人体细胞对于腺病毒也可能是非允许细胞，即这类细胞在感染病毒后，病毒不能在细胞内复制增殖，但可整合在受感染细胞的基因组内。这些细胞被病毒转化，表型发生改变，且可在体外无限期地培养传代。

2. 腺病毒的生活周期

腺病毒的生活周期可以分为两个截然不同却又不能割裂开来的阶段。第一阶段包括腺病毒颗粒黏附和进入宿主细胞，将基因组释放到宿主细胞核中，以及有选择性地转录和翻译早期基因。腺病毒感染细胞的过程是从腺病毒纤毛的头节区黏附到细胞表面的特异性受体开始的，在溶酶体的酸性环境下，腺病毒衣壳的构象将发生变化，从溶酶体中释放出来，躲过溶酶体的消化作用。最后，腺病毒颗粒通过核孔将病毒DNA释放到细胞核内。第二阶段，病毒基因组进入细胞核后，将进行一系列的复杂而有序的逐级放大的剪切和转录过程。腺病毒的DNA复制首先是以5′端结合DNA末端蛋白的dCMP作为引物，以3′端的末端反向重复序列（ITR）为模板，进行链置换（strand displacement）合成，置换出的单链分子可以自我退火环化，形成锅柄状的环形分子，然后这种环形分子再以相同的机制合成出子代双链DNA分子。

病毒基因组复制通常在感染后数小时开始，同时早期基因的转录和翻译被关闭，晚期基因开始表达。大部分的晚期基因的转录是以一个共同的主要晚期启动子（major late promoter，MLP）调控的。MLP的活性与病毒基因组复制密切相关。晚期基因主要编码腺病毒的结构蛋白。病毒结构蛋白在细胞核内聚集形成病毒衣壳，病毒的基因组被包装进去，形成有感染能力的病毒颗粒，并最终裂解宿主细胞被释放出去，完成腺病毒的生活周期。

3. 腺病毒载体的构建策略

腺病毒基因组DNA编码的基因主要有早期转录单位E1B、E2A、E2B、E3及E4，以及主要晚期转录单位 L1～L5。E1 区基因在病毒进入细胞核后立即活化，其编码产物是主要的转录调控物，调节所有的早期基因的功能；E2 区编码腺病毒复制所必需的蛋白质；E3 区编码与机体免疫识别有关的蛋白质，为相对非必需区，删去 E3 区对病毒感染没有明显的影响；E4 区编码关闭宿主基因表达使其有利于病毒繁殖的蛋白质，还可调节其他区基因的转录。主要晚期基因的转录在 DNA 复制之后，起始于主要晚期启动子（MLP）处，产生各种顺式及反式转录本，随后通过剪切产生 5 种相同 3′端的 mRNA（L1～5）。所有 L1～5 转录本在其 5′端均有一个由三联体组成的不编码氨基酸的前导链，即晚期转录本编码病毒颗粒装配所必需的结构蛋白。

在考虑腺病毒载体构建时，首先构建一个含有多克隆酶切位点和筛选标记的质粒，在该质粒中应含有病毒的某段早期转录序列。然后将一个含有启动子＋外源基因＋poly(A)的表达盒插入上述早期转录序列的 E1、E3 或 E4 至右侧的 ITR 区之间，从而构建成含有外源基因的穿梭质粒。接着再构建一个含有非必需区基因缺失的环状腺病毒 DNA 的质粒，该质粒可以在基因工程菌中复制。最后将载有外源基因的穿梭质粒与携带环状 DNA 的质粒共转染包装的宿主细胞，通过同源重组之后，即可获得重组的腺病毒。最早应用的腺病毒载体多为缺失 E1 或 E3 区的载体，E1 区基因是腺病毒复制必须的基因，而 E3 区基因在腺病毒产毒性复制中是非必需的。因此，这类腺病毒感染人体细胞后不能复制，而在体外制备和生产过程中缺失的 E1 区基因由包装细胞 HEK293 反式提供，故又称复制缺陷型腺病毒。这类腺病毒的包装容量大约在 8.5kb 以内。后来，腺病毒载体进一步剔除了野生型腺病毒的 E2、E4 区基因，对 HEK293 细胞也作了一些改造，这种载体装载容量可增加至 11kb，其细胞毒性和免疫原性都有所减弱，但基因转移和表达时间没有明显延长，且病毒载体滴度很低，只有第一代的 1/10～1/100。考虑到腺病毒载体的弊病主要源于遗留在载体基本结构中的腺病毒结构基因，在目前应用的载体中已把它们全部去除，只保留了腺病毒必需的顺式作用元件，即基因组两端的反向末端重复序列（inverted terminal repeat，ITR）和包装信号序列，总长不到 1kb。被去除的基因功能由辅助病毒通过反式作用来补偿。辅助病毒的包装信号被部分切除或插入外源序列以降低其包装效率。辅助病毒 DNA 与带有目的基因的微小腺病毒载体共转染 HEK293 细胞，包装成功后通过超离心分离辅助病毒和重组病毒。这种新型载体除保留了上述载体的优点之外，还具有容量大（最高可达 36kb）、细胞毒性和免疫原性弱和基因表达时间长等特点。不足之处是辅助病毒产量高（与重组腺病毒产量呈 1∶1 的比例），分离起来较困难。在这种载体系统中，辅助病毒的包装信号 Ψ 的两侧装上了 loxP 位点，这样可在 HEK293 细胞中大量扩增，超离心纯化后感染已转移了微小腺病毒载体，且能组成型表达 Cre 重组酶的 HEK293Cre4 细胞，可以大量包装出微小腺病毒；而辅助病毒自身由于带有 loxP 位点的包装信号 Ψ，在 Cre 重组酶作用下会重组切除，因此，包装效率大大降低，最终在超速离心纯化后的病毒中含量不到 1%。这一成果显示该系统在遗传病的基因治疗方面有着广阔的应用前景。

腺病毒载体的另一个重大改进是采用有复制能力的腺病毒。在基因治疗研究的初期，为了确保载体的安全性，都采用 E1A、E1B 基因缺失的复制缺陷型腺病毒作为载体。但随着腺病毒载体临床试验的广泛开展，人们增加了对该载体安全问题的了解。实际上，复制缺陷型腺病毒载体在靶组织中的扩散、感染和转基因表达水平都较低，难以发挥优势，因此，人们开始探讨在肿瘤的基因治疗中使用条件复制型腺病毒代替复制缺陷型腺病毒。腺病毒基因过表达载体和腺病毒干扰载体分别如图 4-14 和图 4-15 所示。

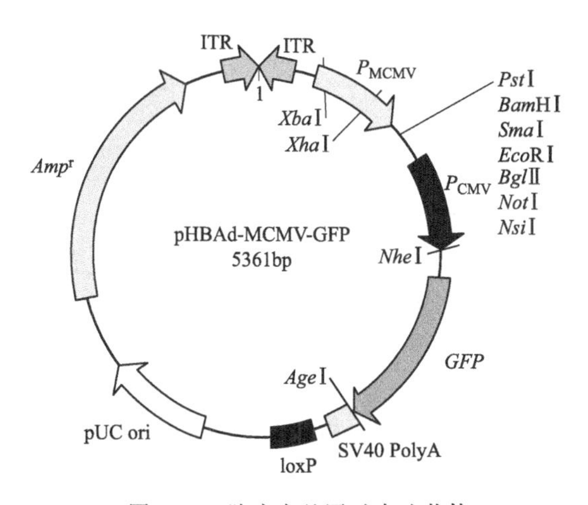

图 4-14　腺病毒基因过表达载体

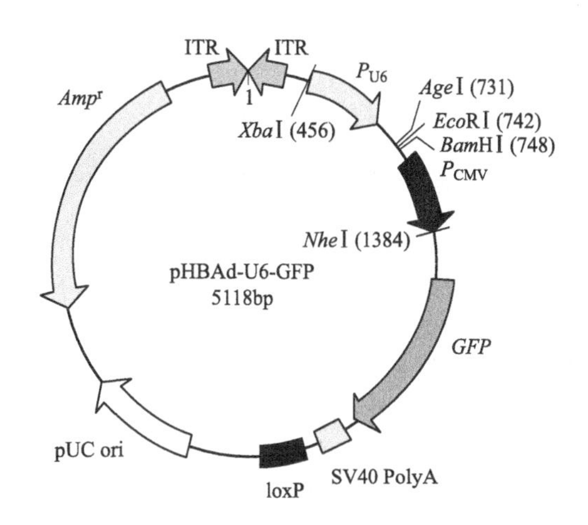

图 4-15　腺病毒干扰载体

4. 腺病毒载体的优点

① 宿主范围广，对人致病性低，可广泛用于人类及非人类蛋白的表达。腺病毒可感染一系列哺乳动物细胞，因此在大多数哺乳动物细胞和组织中均可用来表达重组蛋白。特别需要指出的是：腺病毒具有嗜上皮细胞性，而人类的大多数的肿瘤就是上皮细胞来源的。另外，腺病毒的复制基因和致病基因均已相当清楚，在人群中早已流行（70%～80%成人体内都有腺病毒的中和抗体存在）。人类感染野生型腺病毒后仅产生轻微的自限性症状，且病毒唑治疗有效。

② 在增殖和非增殖细胞中感染和表达基因。除了一些抗腺病毒感染的淋巴瘤细胞，腺病毒能感染几乎所有的细胞类型。这与逆转录病毒不同，逆转录病毒只能感染增殖性细胞，因此利用逆转录病毒的 DNA 转染不能在非增殖细胞中进行，而必须使细胞处于持续培养状态。腺病毒是研究原代非增殖细胞基因表达的最佳系统，它可以使转化细胞和原代细胞中得到的结果直接进行对比。

③ 能有效进行增殖，滴度高腺病毒系统可产生 10^{10} ～ 10^{11} VP/mL，浓缩后可达 10^{13} VP/mL，这一特点使它非常适用于基因治疗。

④ 与人类基因同源腺病毒载体系统一般应用人类病毒作为载体，以人类细胞作为宿主，因此为人类蛋白质进行准确的翻译后加工和适当折叠提供了一个理想的环境。大多数人类蛋白质都可达到高水平表达并且具有完全的功能。

⑤ 不整合到染色体中，无插入致突变性。逆转录病毒可随机整合到宿主染色体，导致基因失活或激活癌基因。而腺病毒在除了卵细胞以外几乎所有已知细胞中都不整合到染色体中，因此不会干扰其他的宿主基因。在卵细胞中整合单拷贝病毒则是产生具有特定特征的转基因动物的一个较好的系统。

⑥ 能在培养液中悬浮培养扩增 293 细胞（腺病毒转化的人胚肾细胞），可使病毒大量扩增。大量事实证明利用悬浮培养 293 细胞可在 1～20L 的生物反应器中表达重组蛋白。

⑦ 能同时表达多个基因。这是第一个可以在同一细胞株或组织中用来设计表达多个基因的表达系统。最简单的方法是将含有两个基因的双表达盒插入腺病毒转移载体中，或者用不同的重组病毒共转染目的细胞株来分别表达一个蛋白。测定不同重组病毒的 MOI 比值可正确估计各重组蛋白的相对共表达情况。

正是由于具有以上一些优点，腺病毒被极其广泛地应用于体外基因转导、体内接种疫苗

及基因治疗等领域。（拓展 4-4：腺病毒的应用特点）

拓展 4-4

三、逆转录病毒载体

（一）逆转录病毒的生物学特征

逆转录病毒（retroviruses）是一类含单链 RNA 的动物病毒，又称反转录病毒，此类病毒能够感染多种脊椎动物和无脊椎动物。**逆转录病毒家族**可以分成三种不同的类群：①泡沫病毒（foamy viruses）类群，例如人泡沫病毒（HFV）；②慢病毒（lentiviruses）类群，例如人类免疫缺陷病毒（HIV）Ⅰ型和Ⅱ型，以及绵羊髓鞘脱落病毒（visna virus）等；③肿瘤病毒（onco viruses）类群。

逆转录病毒至少含下列三种基因：①*gag*，即组成病毒中心和结构的蛋白质的基因；②*pol*，即逆转录酶基因；③*env*，即包含组成病毒外壳的基因。此外，在其病毒颗粒内部还包含 tRNA 引物分子、RNaseH 和整合酶基因等组分。逆转录病毒 DNA 的整合是复制病毒 RNA 的必经阶段，当受感染细胞处于细胞分裂期间，其病毒 DNA 基因组能够直接接触到宿主细胞的遗传物质，并将逆转录病毒的 DNA 基因组随机整合到宿主细胞的染色体 DNA 中。

逆转录病毒有许多特点便于其发展成为动物基因克隆载体：①在大多数情况下，逆转录病毒的肿瘤基因（oncogene，ONC）都能够在细胞中转录，这种特性说明逆转录病毒有可能是一种天然的转录因子，充分应用此类病毒的基因结构特性，可以将其改造成为动物基因转移载体；②逆转录病毒的宿主范围相当广泛，包括无脊椎动物和脊椎动物；③逆转录病毒不但感染效率高，而且通常不会导致宿主细胞的死亡，被它感染的或转化的动物细胞能够持续许多世代，保持正常生长和保持病毒感染性。因此，可以利用逆转录病毒作载体来改变动物细胞的基因型，并顺利地将目的基因遗传到子代细胞。目前研究得最详尽的是劳斯肉瘤病毒（Rous sarcoma virus，RSV）。

（二）RSV 基因组的特点

在 RSV 颗粒内部含有 2 条完全相同的 38S RNA 分子链和两条较短的 $tRNA^{Trp}$ 片段，38S RNA 负责编码病毒的全部遗传信息（其间含有种群特异性的抗原基因 *gag*、聚合酶基因 *pol*、被膜基因 *env* 和诱发肉瘤的癌基因 *src* 等），而且每条 38S RNA 分子链的两端还各有两种非编码序列，依次排列的是 5′端的帽子结构-r 序列-u5 序列和 3′端的 poly(A) 序列-r 序列-u3 序列，两端的 r 序列完全相同，但 u 序列差异明显，其中 u5 序列长约 100 个核苷酸，u3 序列长约 1000 个核苷酸，如图 4-16 所示。这 2 条 RNA 分子之间通过 4 个氢键相互结合在一起。另外 2 条较短的是宿主细胞的 $tRNA^{Trp}$，其在小鼠逆转录病毒颗粒中发现的只有 $tRNA^{Pro}$。这种 tRNA 分子的 3′末端部分，通过氢键与 38S RNA 链（距 5′末端 101 个核苷酸处——此处分别称作 PBS＋ve 和 PBS－ve）结合。

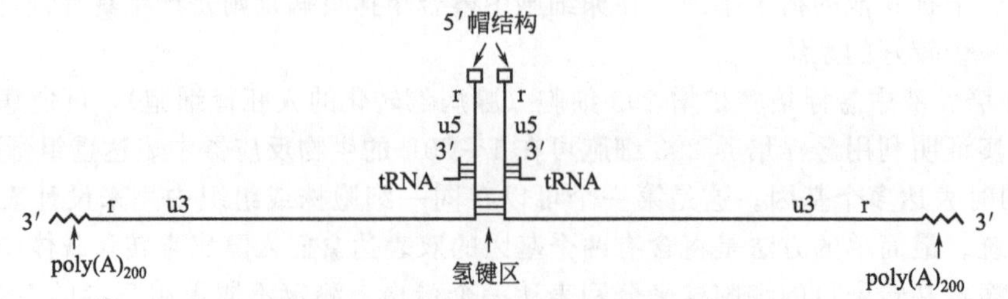

图 4-16　RSV 的 RNA 分子结构示意图

两条 38S RNA 单链分子之间，通过氢键的作用连接成为同向平行而不是反向平行的结构。符号 r、u3 和 u5 所代表的 RNA 链的特定序列，在其相应的 DNA 拷贝上则分别用 R、U3 和 U5 表示

1. RSV 的复制

RSV 在进入宿主细胞之后，能够释放出 38S RNA 分子和逆转录酶，并开始进行其基因组复制。首先由病毒 RNA 序列上的负链引物结合位点（negative strand primer binding site，PBS－ve）同宿主细胞的 tRNA 进行杂交，逆转录酶开始以此 tRNA 为引物，以（＋）RNA 作模板，并由引物沿着 3′-OH 末端到模板的 5′末端方向延伸，合成（－）DNA 链。在病毒 RNA 模板被 RNaseH 降解掉的同时，在正链引物结合位点（pBS＋ve）开始第二链 DNA 合成。由 RNA 逆转录酶催化形成的双链 DNA 可整合到宿主细胞染色体基因组上，成为原病毒。在此过程中，原病毒丢失了部分序列，但拥有了长末端重复序列（long terminal repeats，LTR），LTR 序列中包含启动子、增强子、整合信号及 poly(A) 信号等多种元件。

一般逆转录病毒的原病毒 DNA 都是由两个主要部分组成的，即长度达数千碱基对的中间区，及其两侧的长末端重复序列（LTR）。这两段 5′-LTR 和 3′-LTR 各长数百个碱基对，呈同向排列，它是由病毒 RNA 分子 5′末端的 r-u5 序列和 3′末端的 u3-r 序列结合而成的。如图 4-17 所示。

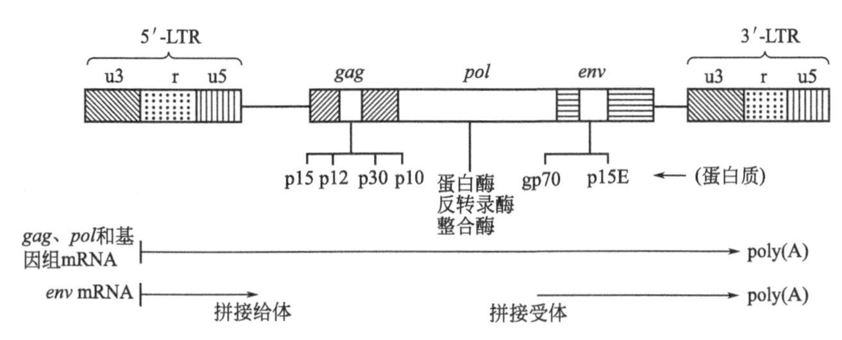

图 4-17 逆转录病毒鼠白血病病毒（MLV）原病毒 DNA 基因组结构

整合在宿主细胞染色体 DNA 上的原病毒基因组 DNA，其两端的 LTR 序列，都是由一个称为 u3-r-u5 组件盒的特殊结构组成的。5′-LTR 含有转录起始信号，使整个基因组转录成一个全长的 RNA 分子，而 3′-LTR 则含有一个使病毒 RNA 转录本多聚腺苷酸化的信号。LTR 序列实际上是一种完整的调节区，含有逆转录病毒 DNA 基因组表达活性所需要的全部调节元件。

逆转录病毒全长 RNA（即 38S RNA）的转录，是在位于 5′末端 LTR 序列中的启动子控制下进行的，从 5′-LTR 中的 R 区开始，到 3′-LTR 中的 R 区终止。这种全长 RNA 分子，既可直接作为转译的模板，又可进一步加工成较小的亚基因组 RNA 再行转译。

在原病毒 DNA 分子中间区，有三种蛋白质编码序列：①种群特异性抗原（group specific antigen，Gag），Gag 基因表达病毒核心蛋白质；②聚合酶（Pol），Pol 蛋白质即是逆转录酶的 β 链，其切割产物中有一种是分子量较小的逆转录酶的 α 链，α 链和 β 链结合之后，构成有催化活性的逆转录酶；③被膜（Env），Env 是从一种亚基因组 RNA 简单转译生成的，其转译产物 Env 前体经切割后才产生出成熟的决定宿主范围的病毒表面蛋白质。如图 4-18 所示。

2. RSV 载体的构建

（1）逆转录病毒载体的构建原理

逆转录病毒载体系统共由两部分组成：包装细胞系和缺陷病毒本身。在逆转录病毒载体中，去除了正常的蛋白编码序列而保留了复制和包装信号，通过分子克隆技术将目的基因插入此载体上，而包装细胞系能提供病毒载体包装成病毒粒子所需的结构蛋白。当重组病毒载

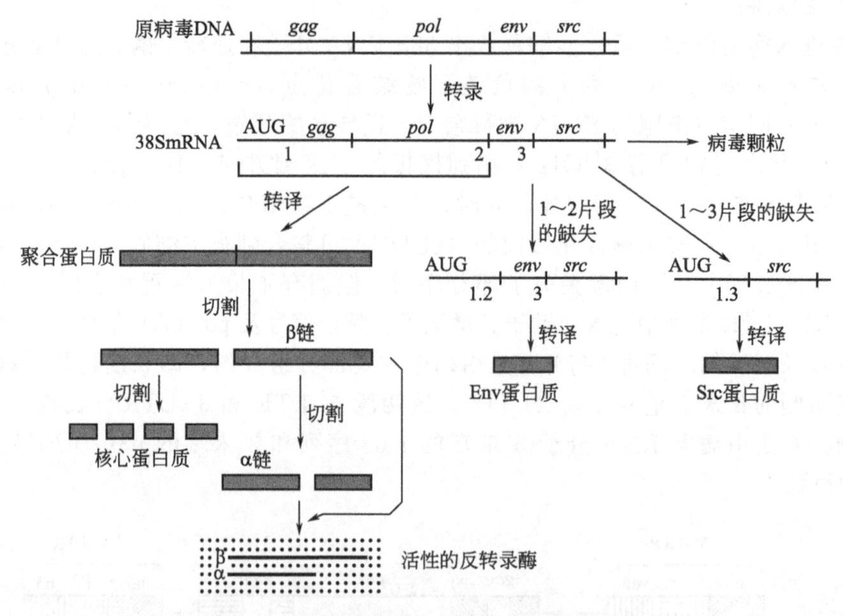

图 4-18 逆转录病毒的基因转录和翻译过程

体导入包装细胞后，缺陷病毒载体和包装细胞的互补作用共同完成病毒装配，该病毒颗粒可感染其他宿主细胞，此时目的基因进入该细胞并整合到细胞基因组中，导致插入序列在宿主细胞中表达，从而产生目的蛋白。宿主细胞不能像包装细胞那样为缺失结构基因的逆转录病毒提供结构蛋白，因而在宿主细胞内不会产生新的感染性病毒颗粒，保证了该载体在生物制品领域的生物安全性。

逆转录病毒的基因组能够承载数个外源基因，最大的插入片段可达 6kb 左右，这样重组的逆转录病毒仍能正常地增殖。而如果在包装之前能通过剪切作用使基因组长度缩短，那么插入的外源 DNA 则可增加到 20kb。由此可见，逆转录病毒基因组具有相当大的克隆能力。

(2) 逆转录病毒载体的主要类型

① 辅助病毒互补逆转录病毒质粒载体。辅助病毒互补逆转录病毒质粒载体构建的关键步骤是利用 DNA 体外重组技术，将克隆在大肠杆菌 pBR322 质粒载体的原病毒 DNA，移去 *gag*、*pol* 和 *env* 等 3 个基因的大部或全部序列，保留下 5′-LTR、3′-LTR 序列、Ψ 序列（包装序列）以及 PBS－ve、PBS＋ve 和包装位点 psi。然后插入适当的外源选择标记基因，例如将新霉素抗性基因（*neo*）、黄嘌呤-鸟嘌呤磷酸核糖基转移酶基因（*gpt*）、二氢叶酸还原酶基因（*dhfr*）或次黄嘌呤磷酸核糖转移酶基因（*hprt*）等插入其中，构成重组的逆转录病毒质粒载体。在选择标记基因插入时，要使它的起始密码子 ATG 恰好是安放在病毒 *gag* 基因的原来位置上，使插入的选择标记基因在 5′-LTR 指导下进行转录，并且这样才能从正确的 ATG 密码子启动转译（图 4-19）。

这种体外操作建成的重组的原病毒 DNA，可以在大肠杆菌细胞中增殖。然后将纯化出来的 DNA，按标准的转化程序导入适当的受体细胞，从中筛选出稳定的转化子，转化的细胞将能够表达选择标记基因，并合成出重组的逆转录病毒的 RNA 分子。经过改造的原病毒 DNA 克隆到大肠杆菌质粒载体上，成为逆转录病毒质粒载体。

接下来就是将转化细胞产生的重组病毒的 RNA 分子，用一种逆转录病毒的蛋白质外壳包装起来，使之成为具感染性的病毒颗粒。但由于此种带外源选择标记基因的重组病毒基因组是有缺陷的，不能合成自身的蛋白质，故包装所需的全部蛋白质需靠辅助病毒提供。通常

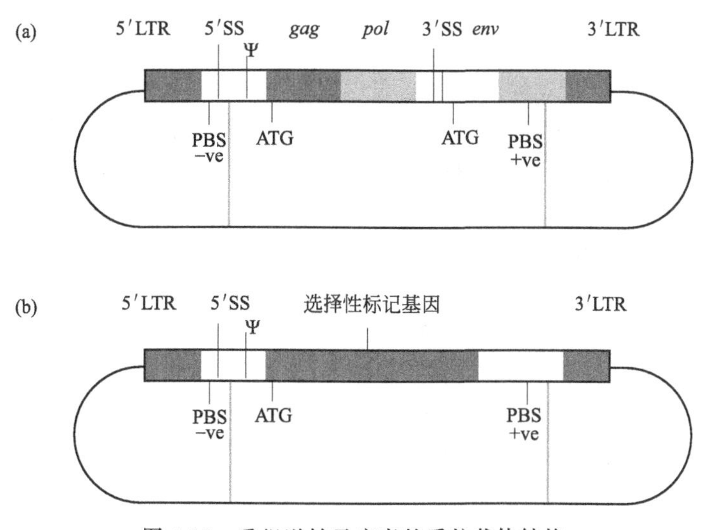

图 4-19 重组逆转录病毒的质粒载体结构

(a) 原病毒质粒结构，由克隆在 pBR322 质粒载体上的原病毒 DNA 构成；(b) 重组的反转录病毒质粒载体，在它的上面带有外源基因的选择性标记基因，如 neo、gpt 等，图中希腊字母“Ψ”即表示包装位点 psi

称这种辅助病毒为假病毒，也就是说它具有初始感染的全部必需的蛋白质，但它的基因组却是有缺陷的，此种利用一种病毒的蛋白质包装另一种病毒基因组的方式叫作假型包装(pseudotyping)。

该载体可以按照质粒的复制方式在转化大肠菌细胞中进行多拷贝复制，从而得到重组的病毒-质粒 DNA，这种重组的病毒颗粒中的 psi 位点能够识别和指挥受感染细胞合成的逆转录酶和受体细胞直接提供的 tRNA 引物，从而转录出重组的逆转录病毒 RNA，并进一步逆转录出 DNA，整合到受体细胞的染色体 DNA 上，作为受体细胞的基因组的一部分进行复制、转录和翻译定位在原病毒 DNA 上的基因，包括插入的选择性标记基因和目的基因。该载体比单纯的质粒载体系统具有更高的转化效率，基因转移率近 100%。重组的 DNA 分子可以整合到染色体 DNA 中，通常每个基因组中一般有一个拷贝的原病毒，从而避免了多重插入的麻烦，但值得注意的是，这种辅助病毒可能是致病的。

② 不需要辅助病毒互补的逆转录病毒质粒载体。随后人们又发展出了不需要辅助病毒互补的重组的逆转录病毒质粒载体系统。这种系统需建立一种特殊的包装细胞株（packaging cell line)。其包装细胞株的基本特性是：在它的染色体 DNA 的某个位点上整合着一个缺失了 psi 序列的逆转录病毒的原病毒 DNA，即 5′-LTR-*gag*-*pol*-*env*-3′-LTR 区段；或是其染色体 DNA 的两个位点分别整合着缺失了 psi 序列的 5′-LTR-*gag*-3′-LTR 区段和 5′-LTR-*gag*-*pol*-*env*-3′-LTR 区段。因此，在包装细胞中能够组成型表达逆转录病毒的全部蛋白质，但由于在它们合成的 mRNA 分子中缺失了 psi 序列，故只能形成中空的病毒外壳(假病毒)，这种假病毒感染敏感细胞后，由于重组逆转录病毒基因组的部分缺失，不会产生具有感染性的病毒颗粒，避免了病毒的副作用。

四、痘病毒载体

1. 痘病毒的生物学特征

痘病毒为病毒粒最大的一类 DNA 病毒，结构复杂。病毒粒呈砖形或椭圆形，大小(300～450)nm×(170～260)nm，有核心、侧体和包膜，核心含有与蛋白质结合的病毒

DNA。DNA为线型双链，由130～300kb的线性双链DNA分子组成，在每个DNA分子末端有一个发夹环结构，分子量为（85～240）$\times 10^6$，鸟嘌呤和胞嘧啶的碱基含量低。病毒粒中有30种以上的结构蛋白和几种酶，核心蛋白中含依赖于DNA的RNA聚合酶。病毒在细胞质内增殖，形成包含体，病毒粒由微绒毛或由细胞裂解而释放。根据脊椎动物和昆虫宿主范围，将痘病毒科分为两个亚科：脊椎动物痘病毒亚科和昆虫痘病毒亚科。脊椎动物痘病毒亚科包括8个属：禽痘病毒属、羊痘病毒属、野兔痘病毒属、拟软体动物痘病毒属、正痘病毒属、副痘病毒属、猪痘病毒属和亚塔痘病毒属。各个属中的成员间都具有遗传和抗原的相关性并具有形态学上的相似性。

正痘病毒属是目前研究最多的一个属。这个属中的成员具有较窄或较宽的宿主范围。天花病毒是一种特异性的人病毒。它没有其他的宿主，因此容易根除。相反，用作天花疫苗的痘苗病毒却有较宽的宿主范围，因此可以作为多种动物的疫苗载体。这种病毒可以在体外及多种脊椎动物体内复制。目前，未发现痘苗病毒的天然宿主，因而将它视作实验室病毒。令人惊讶的是，这种奇异的病毒的起源直到现在仍是个谜。

目前痘苗病毒和天花病毒的毒株已被完全测序，包含大约200个基因。靠近病毒基因组中心的基因对于病毒复制具有较大的作用，它一般编码病毒DNA复制和基因转录所需要的酶和蛋白质。相反，靠近基因组末端的基因对于病毒复制没有多大意义，它们编码的蛋白质只决定病毒宿主范围及病毒的毒力。痘病毒的生命循环发生在被感染细胞的细胞质内。可以分成以下几个阶段：病毒颗粒黏附于细胞表面，核心进入细胞质，脱壳，病毒基因表达和病毒DNA复制及子代病毒颗粒的产生。这个循环经常导致被感染的细胞在12～24h内完全溶解。

2. 主要的痘病毒载体及其应用

痘病毒是研究最早最成功的载体病毒之一，它具有宿主范围广、增殖滴度高、稳定性好、基因容量大及非必需区基因多的特点。因此，有利于进行基因工程操作，易于构建和分离重组病毒。它还可以插入多个外源基因，并对插入的外源基因有较高的表达水平。目前已有很多重组蛋白在该载体病毒中表达成功，攻毒保护效率良好。第一个痘病毒载体是牛痘病毒。尽管其用作疫苗具有很长的历史了，但其复制作用在免疫抑制性宿主中引起的并发症降低了人们对其使用的热情。因此研发分为两个方向：首先，通过在基因组中进行大量的缺失来降低牛痘的复制作用；第二，对禽痘病毒进行实验，其在哺乳动物细胞中不能进行完全复制。第一方向上产生了NYVAC和MVA，前者是一种牛痘缺失突变体，后者为牛痘病毒在细胞培养中多次传代期间偶尔形成的缺失突变体。这两个病毒都已高度减毒，甚至在免疫抑制性动物中毒性也很弱。目前痘苗病毒和其他一些痘病毒的应用分为三个领域：①痘病毒分子生物学领域的研究；②体外生产和蛋白质功能化研究；③作为活的疫苗或工具用于疫苗的研究。

第二方向上发现了金丝雀痘病毒和其他禽痘病毒。尽管它们不能在哺乳动物细胞中合成DNA或进行全病毒复制，但在其基因组通过感染或转染到这些细胞中后，基因在早期还是被转录了。如果将一种外源基因插入大容量基因组早期启动子的下游，它也将被转录和翻译。从而使相关蛋白质被宿主免疫系统发现。

金丝雀痘病毒载体被研究得最多，包括狂犬病糖蛋白、几种人类免疫缺陷病毒（HIV）结构蛋白、巨细胞病毒结构蛋白及其他基因的构建物已经进行了人体实验，安全性很好。在1000多个金丝雀痘病毒疫苗受试者中，疫苗能够诱导抗体应答，但是很低，除非蛋白免疫性很高或使用多剂量；很容易诱导淋巴细胞增殖应答；注射两个剂量后至少有一些受试者诱导了细胞毒性T淋巴细胞（CTL）。

近十多年来，以金丝雀痘苗病毒ALVAC的重组减毒株为亲本品系，已经生产了大量重组病毒。同时，很多动物和人体实验证明了这些载体的安全性和有效性。国内外先后应用鸡痘病毒载体成功表达流感病毒、新城疫病毒、传染性法氏囊病病毒、马立克病病毒、禽网状内皮组织增生症病毒、狂犬病病毒、传染性支气管炎病毒、麻疹病毒、猿猴免疫缺陷病毒、艾美尔球虫等的保护性抗原基因，其中部分产品已正式注册。

五、单纯疱疹病毒载体

1. 单纯疱疹病毒概述

单纯疱疹病毒（herpes simplex virus，HSV）呈球形，完整病毒由核心、衣壳、被膜（tegument）及囊膜组成。核心含双股DNA，缠绕成纤丝卷轴。衣壳呈二十面体对称，由162个壳微粒组成，直径为100nm。衣壳外面一层被膜复盖，厚薄不均，最外层为典型的脂质双层膜，上有突起。有囊膜的病毒直径为150～200nm。囊膜表面含gB、gC、gD、gE、gG、gH糖蛋白，与病毒对细胞吸附/穿入（gB、gC、gD、gE）、控制病毒从细胞核膜出芽释放（gH）及诱导细胞融合（gB、gC、gD、gH）有关，并有诱生中和抗体（gD最强）和细胞毒作用（已知的HSV糖蛋白均可）。单纯疱疹病毒对乙醚及脂溶剂特别敏感。它在低温下可生存数月，在湿热50℃及干燥90℃条件下30min可消灭。HSV基因组为一双链线性DNA分子，由共价连接的长片段（L）和短片段（S）组成。每片段均含有单一序列和反转重复序列。基因组中有72个基因，共编码70多种各异的蛋白质，其中除24种蛋白质的特性还不清楚外，有18种编码蛋白组成病毒DNA结合蛋白及各种酶类，参与病毒DNA合成、包装及核苷酸的代谢等。30多种不同蛋白质组成病毒结构蛋白（如衣壳蛋白、囊膜蛋白）并在保护HSV的DNA，以及导致HSV的致病性和诱导机体免疫应答中起重要作用。

2. 单纯疱疹病毒载体的构建

HSV载体可感染非分裂细胞，病毒滴度高，可容纳长至50kb的外源基因，包括正常启动子、增强子序列的完整基因的插入。HSV对神经系统有天然的亲和性，可在神经系统中呈隐性感染，因此可作为中枢神经系统靶向的良好载体。HSV载体有两种：一种为重组病毒型，其构建与重组痘苗病毒相似，HSV非必需区，如*TK*基因中插入外源基因，然后经同源重组，再筛选出重组型；另一种为重组质粒型，将构建的质粒DNA连同HSV21辅助病毒一起导入细胞后，质粒DNA可被串联在一起，包装在病毒颗粒内，这种包装有质粒DNA的假病毒，可以感染其他细胞，但其效率较重组病毒低，外源基因的容量也受到限制。目前，作为基因转移载体的HSV主要来源于1型HSV。

3. 单纯疱疹病毒载体的优点及应用

HSV载体具有以下优点：①宿主范围广，包括大量哺乳动物和鸟类的分裂和非分裂细胞，宿主细胞广泛；②病毒滴度高；③外源基因容量大，可插入长达50kb的外源基因，多种抗肿瘤基因可被同时装入载体，达到联合治疗的目的；④对神经细胞具有嗜向性，可在神经元细胞中建立终生潜伏性感染。HSV载体的不足之处在于它的毒性。

目前HSV-1可被改造成两类载体：一类是扩增子载体，即仅把HSV的复制起点和包装信号序列插入到细菌质粒中，当其转染至包装细胞，用HSV辅助病毒超感染，便可获得含有扩增子的假病毒；另一类为重组1型单纯疱疹病毒，即删除了与复制相关及非必需基因，以减少细胞毒性，可用于在宿主神经元细胞中长期表达外源治疗基因。但如果宿主神经元已经潜伏了野生型单纯疱疹病毒，很可能重新激活病毒而进入裂解期。哈佛大学的姚丰博士利用病毒自身的“反式主要负调节物”（trans dominant negative）而构建了一个既可抑制自身病毒复制，又可抑制野生型病毒复制的重组病毒。此病毒可以作为新型安全性高的单纯疱疹病毒载体，用于临床试验的研究。

随着疱疹病毒弱毒苗的问世及其质量的不断提高，以此为基础的活载体也逐渐成为研究目标。疱疹病毒的基因组较大，约 150kb 左右，可容纳多个外源基因的插入。大多数疱疹病毒（伪狂犬病毒除外）的宿主范围很窄，其重组病毒的使用不会产生流行病学方面的不良后果。

许多疱疹病毒经黏膜途径感染，构建的载体活疫苗可经黏膜途径提呈抗原，诱导特异性黏膜免疫。目前，用作疫苗研究的作为活载体表达外源基因的疱疹病毒主要有：单纯疱疹病毒、伪狂犬病毒、火鸡疱疹病毒、牛疱疹病毒Ⅰ型、马疱疹病毒Ⅰ型和传染性喉气管炎病毒等。其中，火鸡疱疹病毒活载体是禽病毒基因工程研究中比较活跃的领域。新城疫病毒的 *F* 和 *HN* 基因重组马立克病病毒疫苗、马立克病 HVT/MDVgB 重组疫苗以及传染性法氏囊病病毒 *VP2* 基因重组 HVT 活载体疫苗已取得很好的研究进展。利用口蹄疫病毒、猪瘟病毒重组伪狂犬病病毒活载体疫苗、表达 *FMDV VP1* 基因及 PRV 的 *g*Ⅲ基因的重组牛Ⅰ型疱疹病毒活载体疫苗研究也取得明显进展。

第五节　农杆菌 Ti 质粒

土壤根癌农杆菌（*Agrobacterium tumefaciens*）含一种内源质粒，当农杆菌同植物接触时，这种质粒会引发植物在创伤部位组织增生而形成植物肿瘤（冠瘿瘤），此质粒称为 Ti 质粒（tumor inducing plasmid）（拓展 4-5：Ti 质粒的生物学功能）。Ti 质粒是根癌农杆菌染色体外的遗传物质，为双链共价闭合环状 DNA 分子，其分子质量为 $95\sim156\times10^6$Da，约有 200kb。最近有人发现农杆菌中还有其他的质粒，称之为隐秘质粒。稳秘质粒的功能还不清楚，有的人认为可能是缺陷型的 Ti 质粒。迄今已从多种植物中分离出不同种类的根癌农杆菌。

拓展 4-5

根据其诱导的植物冠瘿瘤中所合成的冠瘿碱种类不同，Ti 质粒可以分为以下 4 种类型：章鱼碱型（octopine）、胭脂碱型（nopaline）、农杆碱型（agropine）、农杆菌素碱型（agrocinopine）［或称为琥珀碱型（succinamopine）］。章鱼碱和胭脂碱是由氨基酸衍生的冠瘿碱，而农杆碱和农杆菌素碱是属于单糖衍生的冠瘿碱。通过 Ti 质粒 DNA 的限制性内切核酸酶图谱和基因图谱，目前已经清楚地了解到不同类型的 Ti 质粒上的基因分布、结构和功能。研究发现，各种不同类型的 Ti 质粒都具有控制肿瘤诱发的且物理位置彼此相邻的 T-DNA 区和毒性区（Vir 区），它们约占 Ti 质粒 DNA 总长度的 1/3。Ti 质粒其余部分包括：①含复制起点（origion，ori）的复制区（replication region），其基因编码的蛋白质调控 Ti 质粒的自我复制；②质粒接合转移位点（transfer by conjugation loci，con），该区段上存在着与细菌间接合转移有关的基因（*tra*），负责调控 Ti 质粒在农杆菌之间的转移；③*Rep* 基因，指挥宿主细胞合成一种调节蛋白，促进质粒的复制。见图 4-20。

T-DNA
分裂素
生长素
opine 合成
25bp 重复区
25bp 重复区
Ti质粒 (160～250kb)
Vir
tra
opine 分解
Rep
tra

图 4-20　Ti 质粒结构

一、T-DNA 的结构特点及功能

T-DNA 是以单拷贝或多拷贝的形式整合在植物的细胞核基因组中的，其长度占质粒

DNA 总长度的 10%左右，但基因结构由于质粒类型的不同而有所不同。T-DNA 区由癌基因（oncogene，onc）和两端的边界序列（border sequence）两部分组成。胭脂碱 T-DNA 是一条大约 23kb 的连续 DNA 片段，两端各有一段 25bp 的重复序列［分别称为左边界序列（LB-DNA）和右边界序列（RB-DNA）］，共编码 13 个基因。章鱼碱 T-DNA 的分子结构相对较复杂，通常由两条分离的 T-DNA 片段组成（TL-DNA 区和 TR-DNA 区），这两条分离的 T-DNA 片段各自带有相应的左边界序列和右边界序列。其中左端的 T-DNA（TL-DNA）长约 14kb，共携带 8 个基因，主要是控制冠瘿瘤形成的基因（包括章鱼碱合成酶和致瘤基因）；右端的 T-DNA（TR-DNA）长约 7kb，共编码 5 个基因，主要含有参与编码冠瘿碱生物合成的蛋白酶类基因（包括甘露碱和冠瘿碱合成酶基因），但是没有与冠瘿瘤维持相关的基因。章鱼碱 T-DNA 在结构上的这种复杂性可能是在最初整合后发生了重排、扩增和缺失的结果，但究竟有何种意义，迄今仍不清楚。

章鱼碱型和胭脂碱型的 T-DNA 区域上都有一段 8～9kb 长的 DNA，称为核心区（或保守区），其序列同源性可达 90%。核心区主要包含一些 *onc* 基因及一些与冠瘿碱合成相关的两类基因。第一类是由 8 个基因组成的 *onc* 基因簇。在核心区上的 *iaaM*、*iaaH* 和 *ipt* 基因都属于诱发肿瘤的基因，且都与植物激素合成有关。其中 *iaaM* 和 *iaaH* 称为生长素基因（*aux*），后来也被称为肿瘤形态茎芽（tumor morphology shoot，tms）基因。*iauM*（*tms1*）基因编码色氨酸单加氧酶，催化由色氨酸合成吲哚乙酸途径的第一步反应；*iaaH*（*tms2*）编码吲哚乙酰胺水解酶，催化由色氨酸合成吲哚乙酸途径的第二步反应，这两种酶一起合成吲哚乙酸；*ipt* 基因编码异戊烯转移酶（isopentenyltransferase)，该酶利用异戊烯焦磷酸腺嘌呤合成细胞分裂素的前体，是细胞分裂素生物合成途径的第一步反应，也被称为肿瘤形态学根（tumor morphology root，tmr）基因。T-DNA 通过同时控制生长素和细胞分裂素的合成破坏了植物体内正常的激素平衡，最终导致转化植物组织中无规则肿瘤的形成。第二类是冠瘿碱合成相关的基因，这些基因在不同类型 Ti 质粒上的分布是不同的。胭脂碱型有两个基因，一个位于 T-DNA 右端，编码胭脂碱合成酶（nopaline synthase，nos）；另一个位于 T-DNA 左端，编码农杆菌素碱合成酶（agrocinopine synthase，acs）。章鱼碱型含有四个冠瘿碱合成基因，一个位于 TL-DNA 右端，编码章鱼碱合成酶（octopine synthase，ocs），将色氨酸和丙酮转变成章鱼碱；另外三个基因位于 TR-DNA 的右端，编码农杆碱合成酶（agropine synthase，ags）和甘露碱合成酶（mannopine synthase，mas 1′和 mas 2′）。同时还发现，*ocs* 基因和 *nos* 基因的启动子在各种不同的植物细胞中都有功能活性，因此被广泛地运用于植物基因工程的载体构建。

除此之外，在章鱼碱 TL-DNA 上还带有一些具有其他功能的基因。例如，*ORF-6b* 基因被称为肿瘤形态学膨大基因（tumor morphology large，*tml*），对肿瘤生长速率具有调控作用。自发的缺失突变和转座子插入突变的研究结果证明，这些基因的失活不影响大多数宿主菌的致癌性，但对某些特定宿主植物的致瘤性是必要的。例如，从葡萄藤分离的菌株就与多数对广泛双子叶植物有诱导作用的农杆菌不同，它的肿瘤诱导宿主范围是有限的。这类具有特定宿主范围的菌株（LHR）在其 TL-DNA 区上的 *ipt* 基因失活时会扩大宿主范围，诱导肿瘤发生。研究表明在 LHR 菌中 *ORF-6b* 基因影响 *ipt* 基因的活性，是对特定宿主植物的一个重要的致瘤基因。章鱼碱型的 T-DNA 的右边约 17bp 处有一个 24bp 的超驱动序列（overdrive sequence，OD 序列，TAAGTCGCTGTGTATGTTTGTTTG)，是有效转移 TL-DNA、TR-DNA 所必需的，与转化效率有关，在胭脂碱型 T-DNA 边界上则未发现这一序列。如果去除该 OD 序列，则章鱼碱型农杆菌诱导肿瘤能力就会降低，所以该序列也被称为增强子（enhancer)。将其置于 25bp 边界序列 6kb 的上游，仍有促进 T-DNA 转移的作用，可以提高土壤农杆菌的致瘤性。除了保守的左、右边界外，T-DNA区域的其他基因和序列都与T-DNA转移无关，利用这一特点，在设计载体时可以用一段外源DNA插入或直接取代野生型T-DNA的部分基因来去除致瘤基因，从而导致转化的植物细胞不再具有成瘤能力。利用这种改造的具有非致瘤性的卸甲载体（disarmed vector），可以较容易地将目的基因转移到宿主细胞的染色体上，进而得到完整转基因植株。

二、Vir区的结构特点和功能

Vir区上的基因与T-DNA能否转移到植物细胞有关，Vir区上的基因能够使农杆菌表现出毒性。Vir区总长度大约35kb，至少由6个互补群组成，分别命名为VirA、VirB、VirC、VirD、VirE、VirG。各个位点根据表达情况可以分为两种：一种是组成型表达，在无诱导分子存在下依然保持一定的表达水平；另一种是植物诱导型表达，基因必须在土壤农杆菌感染植物受伤组织时，即只有在植物细胞分泌的信号分子作用下才能启动表达。其中VirB、VirC、VirD和VirE为可诱导型表达；VirA和VirG为组成型表达，但VirG在受到植物受伤组织分泌的信号分子的诱导下，表达量可以提高10多倍，也具有植物诱导型表达特征。

1. VirA区

VirA区由单一基因组成，大小为2.8kb，编码1个92kDa的多肽。VirA区编码一种结合在膜上的受体蛋白（sensor），由周质结构域（periplasmic domain）、接头结构域（linker domain）、激酶结构域和接收器结构域（receiver domain）组成，以膜通道的形式存在，可能起ATP酶的作用，可用于通道组装和输出过程，帮助接受植物信号分子启动毒性区表达。VirA蛋白专一性富集在细菌内膜上。周质结构域位于细胞壁与细胞质之间的间隙中，与农杆菌染色体毒力（chromosomal virulence，chv）基因区段（11kb）编码的ChvE蛋白相互作用而起到感应外界信号的“天线”作用。VirA-ChvE结合后，可使接头结构域暴露出来而感受酚类及糖类化合物信号，其功能是帮助植物细胞接受植物信号分子，然后启动Vir区表达。

2. VirG区

VirG区具有单拷贝基因，大小为1.2kbp，编码30kDa的VirG蛋白（也称为DNA结合活化蛋白，DNA-binding activator protein）。当磷酸化的VirA蛋白将其磷酸基团转移到VirG蛋白上的第52位点的天冬氨酸残基上时，VirG蛋白被激活。VirG与VirA构成了一种双因子调控体系（two-component regulatory system）。VirA接受外界环境因子的信号，通过VirG对毒性区的其他基因进行正调节。VirG的调节方式有两种。①它的全诱导表达需要具备正常功能的完整VirA和VirG区存在。②在乙酰丁香酮存在时，在pH5.5和磷酸饥饿诱导情况下，VirG可以高水平表达，即在植物受伤时VirG会以其产生的酸性环境条件为第二信号进行两步式的调节：首先VirG被低pH诱导提高细菌体内的VirG蛋白水平，然后在乙酰丁香酮作用下使VirG磷酸化转变成活性形式，从而进一步调节自身基因和其他毒性区基因的表达。

3. VirB区

不同类型Ti质粒的VirB区至少编码11个开放阅读框架（ORF）。根据胭脂碱型Ti质粒VirB区的11个ORF预测出来的蛋白质大小与实际观察到的蛋白质大小相近。章鱼碱型VirB区也有11个ORF，它们的核苷酸序列和胭脂碱型VirB区有很大的同源性，但编码区长度大小不同。每个ORF（除VirB 6以外）前方都有蛋白质翻译所需的Shine-Dalgarno（SD）序列。SD序列一般位于ATG起始密码子前方5～13个核苷酸处，是细菌核糖体的识别位点。5个VirB多肽编码区可能利用翻译偶联机制启动合成，即它们首先转录成1条大于9000个核苷酸的单链多顺反子转录子，当下游编码区的起始密码子靠近或者重叠相邻的上游编码区的终止密码子时，下游蛋白质的翻译依赖于相邻的上游蛋白质的翻译，核糖体结合到长链 mRNA 上，可以减少核酸降解系统的攻击。如果缺乏 SD 序列，这种偶联效应的能力将显著降低。

VirB 区编码的蛋白质属于膜转运蛋白，N 端带有信号或存在富含至少 20 个疏水氨基酸残基的疏水区，推测 VirB 蛋白的亚细胞定位就基于以上两个特性。胞质蛋白缺乏信号序列和疏水区；外周胞质蛋白带有 N 端信号序列，但无疏水区；内膜蛋白一般不含信号序列，但包含 1 到多个疏水区；外膜蛋白具有信号序列，但无明显的无间断疏水区。需要注意的是，这些推测是以 α 螺旋结构为基础，不适用于 β 折叠结构。同时内膜蛋白的拓扑学特性可以用“膜内阳性区”规则来推导，即跨膜蛋白面向胞质的区域通常富含带正电荷的氨基酸残基，带负电荷的氨基酸残基的分布情况不影响蛋白质的拓扑学特性。

VirB 蛋白 N 端带有两种信号序列：一种是与细菌输出信号肽序列相似，具有共同的信号肽酶Ⅰ酶切位点，符合“Heijine－3，－1 规则”，即酶切割位点的－1 位点为丙氨酸或甘氨酸，－3 位点则由丙氨酸、甘氨酸或其他小氨基酸组成；另一种是脂蛋白信号序列，被信号肽酶Ⅱ识别，切割位点的－1 位是丙氨酸或甘氨酸，＋1 位由甘油化半胱氨酸占据。－2 位或－3 位的氨基酸决定了脂蛋白在内、外膜上的位置。若是负电荷氨基酸残基，则蛋白质位于内膜；若是不带电荷的氨基酸，则蛋白质位于外膜。可见 VirB 蛋白具有穿膜或跨膜相关的特性，所以可能具有改变细菌细胞膜结构的功能，从而产生一个膜穿透通道，使 T-DNA 转移到细菌细胞外。

4. VirC 区

VirC 区与 VirD 区分享共同的转录调控区，但转录方向相反，其是毒性区各位点中唯一以逆时针方向转录的位点。它含有两个开放的阅读框架 VirC1 和 VirC2，分别编码 25kDa 和 22kDa 的蛋白质。两个 ORF 间仅间隔两个核苷酸，前方都有与大肠杆菌核糖体结合位点同源的 SD 序列，VirC2 就位于 VirC1 的编码区内，可见这两种蛋白质是翻译偶联的。

VirC 可以和前面介绍的 T-DNA 末端序列外侧的超驱动（OD）序列结合，通过 VirD 操纵子在 T-DNA 末端序列负链特异性位点的缺刻式切割来实现。VirC1 与超驱动序列的结合是需要经过毒性诱导才能进行的。目前尚不清楚 VirC2 的功能，通过对 VirC2 突变子的分析，预测其也可能对 T-DNA 的转移作用有一定贡献。

5. VirD 区

VirD 区至少包括 4 个 ORF（VirD1～4），分别编码分子质量为 16.2kDa、47.4kDa、21.3kDa、75.7kDa 的 4 种蛋白质分子，均与 T-DNA 加工有关。

VirD1 编码一个 16.2kDa 的 DNA 松弛酶。与 DNA 拓扑异构酶作用类似，它的作用是在 DNA 链上切割一个缺刻，使 DNA 解旋后再封闭，降低 DNA 超螺旋数目。该酶的作用不需要 ATP 参与，但催化反应必须在 Mg^{2+} 的帮助下方可进行。

VirD2 编码一个 47.4kDa 的蛋白质，它具有切割 T-DNA 末端的能力，以及与 T-DNA 复合物共价结合后引导复合物向植物细胞核的方向运动的能力。VirD1 和 VirD2 蛋白是 T-DNA 边界加工内切酶，在 T-DNA 上的特定位点切割形成缺口后，T-DNA 链开始合成，形成 T-DNA-VirD2 复合物。

不同类型的农杆菌菌株之间 VirD3 蛋白的同源性很小，而且现在对其功能尚不清楚。

VirD4 蛋白 N 端带有一段信号肽序列，对将 T-DNA 转移到植物细胞中是必需的。VirD4 的 C 端可能伸到内外膜之间的周质空间中，与一些尚未证实的膜蛋白相互结合。

6. VirE 区

VirE 包含两个基因 VirE1 和 VirE2。VirE2 编码 60.5kDa 的蛋白质，和 ssDNA 紧密结

合，但不具有序列特异性。研究预测 VirE2 可能以共价的方式和 T-DNA-VirD2 复合物的 T-DNA 分子的 5′末端结合，形成 T-复合物，以保护其免受核酸酶的降解作用，可能它们是在进入植物细胞时结合，然后借助 VirE2 导入植物细胞核内，最终整合到染色体基因组上。可见在 T-复合物的形成中 VirE2 不是必需的，但是它对 T-复合物的有效转移是必需的。VirE1 蛋白确保 VirE2 蛋白的运输，但与 T-DNA-VirD2 复合物的运输无关。

7. VirF 区

在章鱼碱型的 Ti 质粒中有一个 *VirF* 基因，但在胭脂碱型的 Ti 质粒中却没有。研究表明，VirE2 和 VirF 是通过 VirB 转运通道被运输到植物细胞中，表明它们是在植物中起作用的，可以协助 T-DNA 转移到宿主植物细胞中。

8. VirH 区

VirH 区原名 pinF区，在章鱼碱型农杆菌 Ti 质粒上有两个 *VirH* 基因，分别编码 47.5kDa 的蛋白质 VirH1 和 46.7kDa 的蛋白质 VirH2。VirH1 蛋白和 VirH2 蛋白的作用现在研究得还不是很清楚，根据对突变体的分析，认为它们可能对植物产生的某些杀菌或者抑菌化合物起解毒作用。

9. Tzs

Tzs 为胭脂碱型农杆菌 Ti 质粒特有，编码与玉米素合成（trans-zeatin synthesis）有关的细胞分裂素异戊（间）二烯基转移酶产物，在细菌中表达后将玉米素分泌到细胞外。该细胞分裂素被植物吸收后能促进农杆菌感染部位的植物组织脱分化和细胞分裂，提高植物对农杆菌转化的感受性。

第六节　人工染色体载体

常用的克隆载体如质粒、λ 噬菌体、黏粒等，所装载的最大容量容易受到限制，通常不超过 50kb。这是因为普通的 DNA 克隆载体在工作时都是在不影响质粒或噬菌体复制功能的基础上装载外源 DNA 片段的，同时还保持了质粒或噬菌体的基本特性。在构建一般的小型基因克隆时，这些载体的容量完全可以满足需要，但是对大型基因组，如人类基因组、水稻基因组，甚至于 2021 年测序的澳大利亚肺鱼基因组，其超过人类基因组 40 倍，显而易见，普通的克隆载体的装载量远远满足不了需要，于是一系列人工染色体载体应运而生。如：酵母人工染色体（ yeast artificial chromosome，YAC）、细菌人工染色体（bacterial artificial chromosome，BAC）、P1 噬菌体（P1-derived artificial chromosome，PAC）及人类人工染色体（human artificial chromosome，HAC）等。

人工染色体克隆载体为大型基因组计划的实施做出了巨大贡献，而且在基因治疗领域有很好的应用前景。由于人工染色体载体插入的外源片段很大，要利用染色体的复制元件来驱动外源 DNA 片段，即在宿主细胞内进行稳定的自我复制及分离，因此它必须具备天然染色体的基本特征，着丝粒（CEN）、端粒（TEL）和自主复制序列（ARS）这三种成分必不可少。也正是由此，人们提出设想，通过 DNA 体外重组技术逐一分离染色体的这些关键部分，并在体外将它们连接起来。人工染色体与其他克隆载体的不同之处不仅在于它的承载量更大，也在于载体系统的不同。

一、酵母人工染色体载体

酵母人工染色体（YAC）是一种高容量选殖载体，所谓高容量是指其能插入 100～3000kb 的 DNA 片段，而选殖则体现在目的性可嵌入的外来基因，它也是目前能够容纳最大外源 DNA 片段的载体。进行选殖时需要以限制酶将目标序列切下，最早是由 Murray 和 Szostak 于 1983 年建立。

酵母人工染色体的构成需要先分离酵母自主复制序列（ARS）、着丝粒（CEN）、四膜虫的端粒（TEL），以及酵母选择标记，这样便得到了各个部件，接着构建左右两臂。

① ARS 来源于酵母第 4 号染色体，生物功能是能够引导 DNA 复制的特定蛋白相互作用，含有 DNA 复制的一系列信号，以确保 YAC 在宿主细胞中能稳定连续地复制。

② CEN 则来源于酵母第 4 号染色体的着丝粒，位于染色体中央，是有丝分裂过程以及姐妹染色单体配对分离时的结合位点，保证染色体能够正常向两极分裂。

③ TEL 来源于四膜虫大核中 rRNA 分子的末端，定位于真核生物染色体的末端，主要功能是防止 DNA 融合、降解和重组，保证 YAC 复制的稳定性。

YAC 的左臂含有端粒、自主复制序列、着丝粒以及酵母筛选标记色氨酸合成基因 *Trp1*，右臂含有酵母筛选标记尿嘧啶合成基因 *Ura3* 和端粒，两臂之间则插入大型外源 DNA 片段。为了对 YAC 重组体进行筛选，YAC 载体的标记主要采用营养缺陷型基因，如色氨酸、组氨酸、亮氨酸合成缺陷型基因 *Trp1*、*His3*、*Leu2*，尿嘧啶合成缺陷型基因 *Ura3* 等，为了筛选方便还可加入赭石突变抑制基因 *Sup4*。质粒 pBR322 DNA 是 pYAC4 载体的骨架，pBR322 的 ori 和 *Amp* 使得 YAC 载体在大肠杆菌中有存在和复制的可能性，同时为制备载体 DNA 提供了方便。*Sup4* 为酵母细胞 Trp-tRNA 基因的一个赭石突变基因，其中包含克隆位点。实际运用过程中，与 YAC 载体配套工作的宿主酵母菌是一个突变型菌株，其胸腺嘧啶合成基因带有一个赭石突变 *ade2-1*，而突变基因需要外源基因的插入才能解除抑制，否则受体菌为 Ade^+，会在基础培养基上形成白色菌落，当有外源基因插入时，会阻断 *Sup4* 表达，即抑制解除，此时受体菌为 Ade^-，形成红色菌落。利用这一现象，从而完成对插入外源 DNA 片段重组载体的筛选。YAC 载体以环状形式存在以便制备，同时 YAC 在大肠杆菌中的繁殖也是以环形形式，但由于酵母染色体是线状的，其在工作状态也是线性的，所以在利用载体克隆时，要将载体利用 *Bam*HⅠ 切割成线性的，用于转化酵母细胞。在 YAC 载体中最常见的为 pYAC4，其增加了普通大肠杆菌质粒载体的复制起始点和氨苄青霉素抗性基因作为标记，以便保存和增殖（如图 4-21）。

用 pYAC4 进行克隆的策略就是把载体上的 His 序列用 *Bam*HⅠ 酶和 *Eco*RⅠ 或 *Sma*Ⅰ 双酶切，形成三个片段。在制备待克隆的 DNA 时，需将细胞包埋在琼脂糖凝胶中进行细胞的裂解、蛋白质消化和 *Eco*RⅠ 酶切。酶切片段通过脉冲电场凝胶电泳（PFGE）分离，可制备 100～1000kb 的 DNA 片段。最后将 DNA 片段插入，左右两臂连接，完成酵母人工染色体的构建。

YAC 可以轻松对付绝大多数哺乳动物基因的克隆体系，在人类、小鼠和水稻等高等植物中均建立了高质量 YAC 文库，同时 YAC 技术为创新 DNA 重组技术的功能和表达模式做出了贡献。但是 YAC 克隆外源基因也易出现嵌合体和不稳定现象，即可能会在培养中发生缺失或重排。而且 YAC 与酿酒酵母细胞极其相似的结构导致其难以与酵母染色体分离，为后续的分析增加困难。YAC 以线性形式存在于细胞中操作时容易发生染色体机械切割。

二、细菌人工染色体载体

细菌人工染色体（BAC）是继 YAC 之后发展的人工染色体之一，它克服了 YAC 载体的缺点，细菌人工染色体是以细菌 F 质粒（F-plasmid）构建的高容量、低拷贝的细菌克隆载体。BAC 载体没有包装限制，所以可接受的 DNA 片段大小也没有固定的限制，但多数 BAC 文库中的克隆大小通常在 50～300kb。细菌的 F 因子编码着 25 个以上负责接合转移的

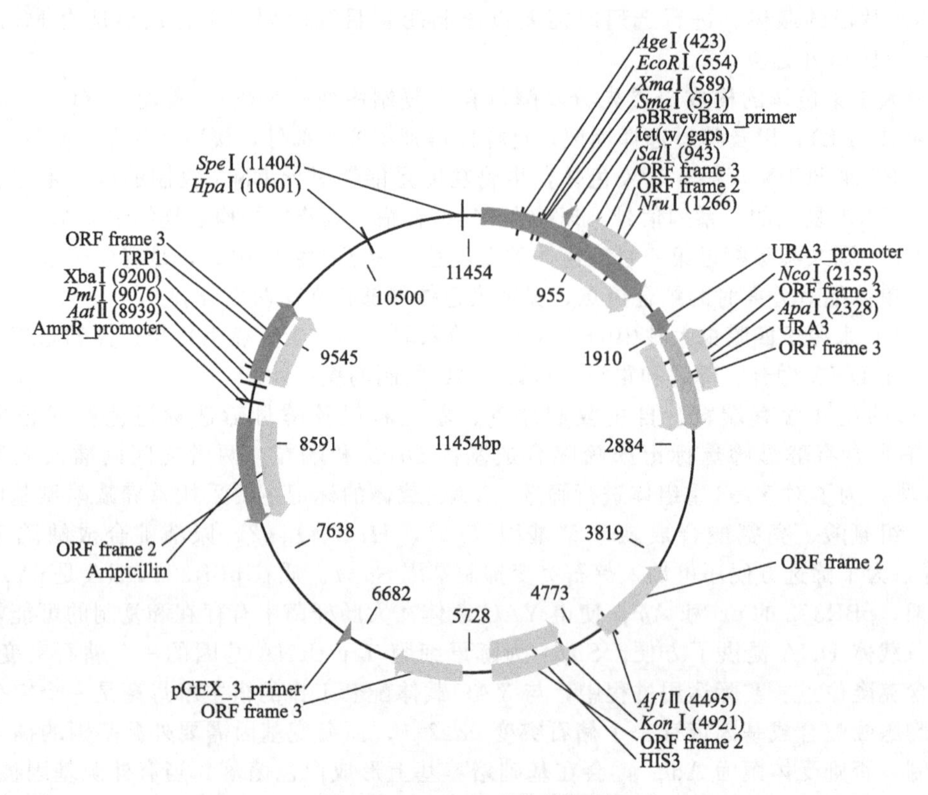

图 4-21 pYAC4 载体结构图

基因，这些基因成簇地聚集在长约 35kb 的转移区，BAC 载体就是通过除去 F 因子的转移区及整合区等复制非必需区段，并引入多克隆位点及选择标记构建而成。BAC 载体实际上是一个大小约为 7.5kb 的质粒载体，但其与常规质粒克隆载体的主要区别在于其复制单元的特殊性，来自 F 质粒复制单元，包括氯霉素抗性标记（Cm^r）、严紧型控制的复制子 *oriS*、启动 DNA 复制的由 ATP 驱动的解旋酶（RepE）以及三个确保低拷贝质粒精确分配至子代细胞的基因位点（*parA*、*parB* 和 *parC*）。严紧型的复制区使 BAC 载体表现为低拷贝，因此不容易形成嵌合体，且具有高转化效率，并且在细菌细胞内以环状结构存在，对分离和纯化起到了帮助。

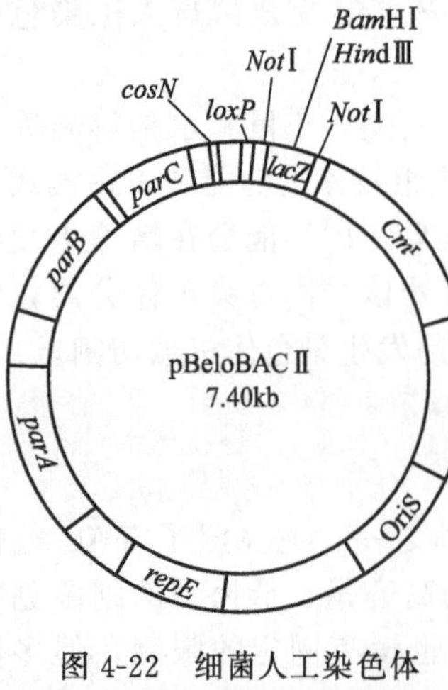

图 4-22 细菌人工染色体 pBeloBACⅡ载体遗传结构图

氯霉素抗性基因是第一代细菌人工染色体的选择标记基因，而后期为了更方便地对克隆进行筛选，β-半乳糖苷酶 *lacZ′*基因及抗新霉素 *neo* 基因被加入到第一代 BAC 载体中，可以通过 α-互补的原理筛选含外源片段的重组子。α-互补是指 *lacZ′*基因上缺失近操纵基因区段的突变体与带有完整的近操纵基因区段的 β-半乳糖苷酶（β-galactosidase，由 1024 个氨基酸组成）阴性的突变体之间实现互补。α-互补是基于在两个不同的缺陷 β-半乳糖苷酶阴性的突变体之间可实现的功能互补而建立的。常用的 BAC 载体 pBeloBACⅡ结构如图 4-22 所示，空载时大小约 7507kb。*Bam*HⅠ、*Hin*dⅢ和 *Xho* Ⅰ是在此载体上单独出现了一次的酶切位点。其在大肠杆菌中存在和复制的形式都是以质粒的方式，外源 DNA 在三个克隆位点 *Bam*HⅠ、*Hin*dⅢ和 *Xho*Ⅰ上连接。如果质粒载体中插入了外源 DNA，*lacZ'*的产物则不能与 *lacZΔM15* 基因的产物实现 α-互补，在 IPTG 诱导下不能产生有活性的 β-半乳糖苷酶，菌落便不可能呈现蓝色。白色菌落便是含有插入了外源 DNA 的重组质粒。因此可利用菌落颜色变化来筛选插入外源 DNA 的重组质粒，即蓝白筛选。

BAC 载体的工作原理与常规的质粒克隆载体相似，所不同的是 BAC 载体装载的是大片段 DNA，那么对于 DNA 片段的处理也非常特殊，需要通过脉冲场凝胶电泳来分离，将核 DNA 包埋在低熔点琼脂糖中形成栓塞（plugs）可以防止核 DNA 降解，然后再对核 DNA 进行酶切，最终进行选择。BAC 载体的制备同样至关重要，文库中空载的占比和质量与载体质量成正比。对载体要进行彻底的脱磷处理，有利于降低空载的占比。外源 DNA 片段插入载体后被电穿孔导入重组菌株，转化效率也更高。

目前，大片段基因组文库的构建、基因组测序、文库筛选和转基因研究都有 BAC 的参与。

2016 年，研究人员首次将 mini-F 序列插入 HVT 基因组的 *gc* 基因等位位点，成功构建了 HVT 全基因组的细菌人工染色体，并证明该细菌人工染色体是一个稳定的感染性克隆，可以用于重组 HVT 活载体疫苗的研制。如图 4-23 所示。

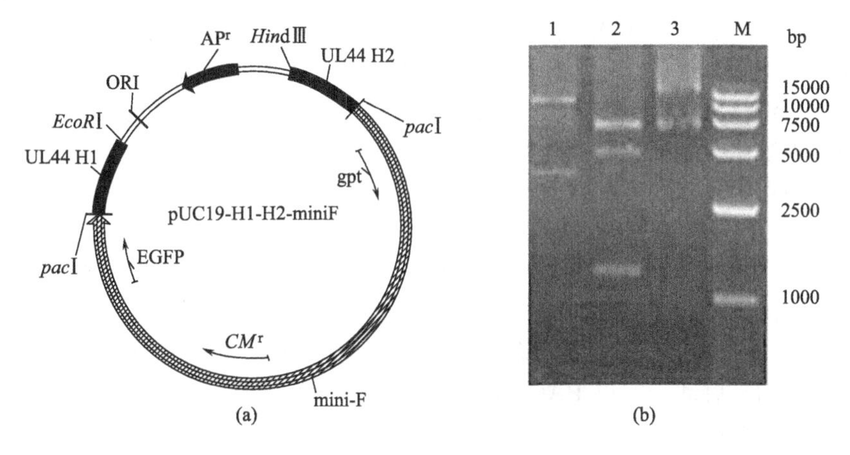

图 4-23 质粒载体 pUC19（HVT)-H1-H2-miniF 的构建和鉴定

(a) 转移载体质粒 pUC19（HVT)-H1-H2-miniF（13940bp）结构；(b) 转移载体质粒 pUC19-H1-H2-miniF 酶切验证图谱。(b) 中泳道 1 为限制性内切酶 *Pac* Ⅰ 酶切结果，条带大小分别为 10165、3775bp；泳道 2 为限制性内切酶 *Eco*R Ⅰ 酶切结果，条带大小分别为 7507、5095、1338bp，泳道 3 为未酶切的 pUC19（HVT)-H1-H2-miniF 质粒 DNA 对照；M 为 DNA 分子量标准

三、人类人工染色体载体

人类人工染色体（HAC）与 YAC 以及 BAC 类似，但它与另外二者相比，具有更高的复杂性，同时它也必须含有人类天然染色体的三种基本结构才可以在人类细胞中进行稳定复制和正常的分离传递，这三种基本结构是着丝粒、端粒和自主复制起始区域。全球第一条人类人工染色体于 1997 年 4 月由威拉德研究小组构建而成，他们将端粒 DNA 、含有人类 DNA 的正常基因及 α 卫星 DNA（具有高度复制性的遗传序列，被认为是着丝粒发挥功能的关键）简单地插入细胞中。这也被看作是基因治疗载体领域的一个突破性进展。此后，HAC 发展迅速。目前有四种不同的 HAC 构建策略，分别是从头合成组装法（bottom up）、端粒介导截断法（top-down）、天然微小染色体改造法和从头染色体诱导合成法。

2019年，来自宾夕法尼亚大学的研究人员描述了一种形成着丝粒的新方法，把一个名为CENP-A的蛋白质直接递给HAC DNA，从而简化了HAC的实验室合成。HAC构建完成之后，便可通过同源重组的方法将各种特性的基因序列插入HAC中。着丝粒在HAC载体中起着至关重要的作用。α卫星DNA在过去被认为与着丝粒的形成密切相关，但最新的研究否定了这样的说法。据检验证明，从内源性染色体着丝粒分离的染色体片段在发生重排后仍能产生新的着丝粒，而且其中并没有α卫星DNA的痕迹，同样有丝分裂稳定性也非常高。同时新的着丝粒生成也不一定和α卫星DNA有关。

HAC构建解决了基因组计划的某些关键性问题，对我们研究染色体的结构和功能起到了促进作用，可以帮助我们制作转基因动物模型，同时在基因治疗方面也具有良好的应用前景。但是它也仍具有一些弊端，HAC的体积相对于其他载体来说较大，如何将其插入宿主细胞并发挥高效的转染效率是一个急需处理的问题，在构建小体积HAC时，经常出现基因重排现象，导致结构不稳定。但是由于这类基因有突出的优缺点，以后也会成为新的靶点。

四、P1人工染色体载体

P1噬菌体是一种大肠杆菌溶源性噬菌体，与λ噬菌体一样也可用作基因克隆载体，其载体包括P1噬菌体载体和P1人工染色体载体，P1噬菌体载体和P1人工染色体载体在用于构建基因文库时表现出一些优点，而P1人工染色体载体的构建以P1噬菌体载体为基础，又结合了YAC和P1载体的最佳特性，是一种类似于黏粒载体的高通量载体，相当于P1噬菌体载体的改进载体。除了能装载外源片段以外，外源片段出现嵌合和重组的概率也极低，此外，对回文序列和重复序列的耐受性强。

载体pCYPAC1与pAd10sacBⅡ相比，只有一侧有一个loxP重组位点，而且去除了腺病毒来源的填充片段和最小信号序列pac位点，右侧含有一个卡那霉素抗性基因*kan*^{r}作为选择标记，P1质粒复制子起的作用就是使载体能够在大肠杆菌上复制，关键蛋白是Rep蛋白。P1裂解性复制子被用于增加质粒的拷贝数，而克隆位点*Bam*HⅠ位于选择性标记sacB上，位点两端分别是启动子。以PAC和BAC克隆为探针筛选cDNA文库是一种有效的表达序列分离法，将有助于疾病特别是肿瘤的病因研究。

本章小结

基因工程中的载体是基因克隆操作中的重要工具，能携带目的基因或DNA片段进入宿主细胞，其本质是DNA（少数为RNA）。作为基因工程中的载体必须具备以下特性。①自主复制性，能在宿主细胞内进行独立和稳定的自我复制。②具有多克隆位点（MCS），MCS是载体上人工合成的一段序列，含有多个限制性内切酶位点。在载体上每一种限制性核酸内切酶的酶切位点最好是单一的，这样可以将不同限制性核酸内切酶切割后的外源DNA片段准确地插入载体。③具有合适的选择标记基因。最常用的标记基因是抗生素抗性基因，如抗氨苄青霉素、抗四环素、抗氯霉素、抗卡那霉素等抗生素的抗性基因。④具有较多的拷贝数，易与宿主细胞的染色体DNA分开，便于分离提纯。⑤具有较小的分子量，易于操作。⑥具有较高的遗传稳定性。

基因工程克隆载体主要有质粒载体、噬菌体载体、酵母载体、病毒载体、人工染色体载体等。常用的质粒载体有pBR322和pUC系列载体等。其克隆容量在10kb左右。噬菌体载体主要有温和性λ噬菌体和单链丝状噬菌体M13，分为插入型载体和置换型载体两种不同的类型。前者能克隆10kb左右的外源DNA片段，后者能克隆20kb左右的外源DNA片段。

M13 噬菌体载体主要用于克隆单链 DNA，有效的最大克隆能力仅为 1.5kb。噬菌粒载体由质粒载体和单链噬菌体载体结合而成，可克隆长达 10kb 的外源 DNA 片段。柯斯质粒载体是一类人工构建的含有 λ-DNA cos 序列和质粒复制子的特殊类型的载体，克隆能力为 31～45kb，是早期构建基因组文库首选的载体。酵母载体是真核细胞基因克隆的常用载体，分为整合型载体、复制型载体、着丝粒型载体、附加体型载体等。由于上述载体 DNA 克隆的最大容量均有限，均不超过 50kb，不能满足基因组计划工作需要容纳更长 DNA 片段的载体的要求，因而，构建了一系列的人工染色体，如酵母人工染色体、细菌人工染色体、噬菌体 P1 衍生的人工染色体。YAC 可插入 100～2000kb 的外源 DNA 片段，BAC 一般装载 100～300kb 大片段 DNA。PAC 插入外源 DNA 片段大小为 100～300kb，MAC 能容纳大于 1000kb 的外源 DNA。

思考题

1. 理想质粒载体必须具备哪些基本特征和结构？
2. 在获得理想人工质粒载体过程中，如何对天然质粒进行改造？
3. 如何理解蓝白斑筛选过程？
4. 质粒中抗性标记基因在载体中承担什作用？
5. Ti 质粒载体包括哪几部分结构，各有什么功能？
6. 比较不同类型的基因克隆载体有何不同，并举例说明（至少 4 种）。

第五章
目的基因克隆

目的基因（target gene）是指基因工程中待研究或待克隆的基因。目的基因的克隆就是利用分子生物学及基因工程手段获得目的基因的过程，它是实施基因工程的基本前提之一。目前基因克隆的手段多种多样，概括起来主要包括两种策略：一种是在基因序列已知的基础上，通过PCR扩增、改造或者人工化学合成的方法获得目的基因；另一种是构建大容量或者经特定手段优化的基因文库，然后利用一定的筛选方法从中分离、鉴定出需要进行研究的目的基因。选择何种策略与对目的基因的了解程度、实验材料获取的难易程度、实验成本预算等因素都有关系，不同的情况选用不同的方法。本章重点介绍目前常见的几种基因克隆手段（如PCR扩增法、人工化学合成法、基因组DNA文库、cDNA文库、差异克隆技术等）及基因的定点突变、转化、筛选及鉴定方法。

第一节　PCR扩增法获得目的基因

PCR作为一种体外快速扩增目的DNA片段的技术，为基因的分析与研究提供了一种有效的手段。从目的基因分离克隆的方法上讲，PCR扩增法是目前已建立起来的所有方法中最灵敏、简便、快速和有效的方法。目前已发展了多种扩增目的基因的PCR方法。

一、RT-PCR法

反转录PCR（RT-PCR）可以从细胞mRNA中高效扩增cDNA序列，其操作步骤由两步组成：反转录和PCR扩增。反转录的前提和基础是要获得合适的RNA模板。常用的模板有细胞总RNA或从总RNA分离纯化的mRNA两种。总RNA的提取通常采用异硫氰酸胍-酚-氯仿一步抽提法，该法提取的总RNA中只有少部分是mRNA，大部分为rRNA和tRNA。如需要从细胞中分离mRNA，则要采用亲和色谱法，通常是将oligo(dT)连接于固相介质上，利用大多数真核细胞mRNA的3′端的多聚腺苷酸［poly(A)］尾巴，将样品中的mRNA与oligo(dT)形成RNA-DNA杂合链，吸附于固相介质上，洗涤去除未结合的杂质，最后用使杂合链不稳定的缓冲液洗脱获得mRNA。如图5-1所示。

获得RNA后，即可进行反转录，即在反转录酶的作用下将RNA反转录成cDNA第一链。常用的反转录酶有Moloney鼠白血病病毒（MMLV）反转录酶、禽成髓细胞瘤病毒（AMV）反转录酶和来源于嗜热微生物的热稳定性反转录酶。反转录的引物可以是基因特异

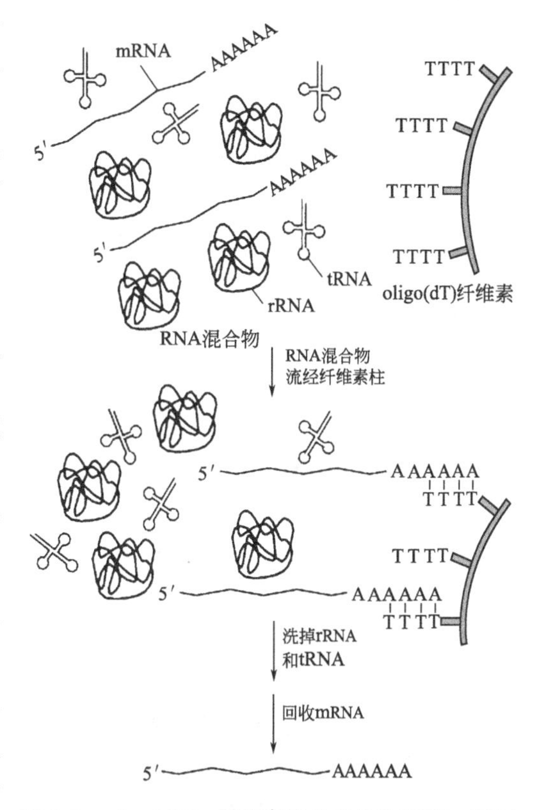

图 5-1　oligo(dT) 纤维素柱分离纯化真核 mRNA

引物（gene specific primer，GSP）、多聚寡核苷酸引物［oligo(dT) primer］、随机六核苷酸引物（random hexamer primer）。根据已知目的基因特定序列设计的 GSP，其扩增的特异性是最强的；其次是用 oligo(dT) 作引物，它可转录带有 3′端 poly(A) 尾的真核 mRNA；而随机六核苷酸引物是特异性最低的，由它引导合成的 cDNA 中有 96%来源于 rRNA（以总 RNA 为模板），因而只在不能得到其全长 cDNA 序列时才使用。

反转录完成后再以合成的 cDNA 单链为模板，采用基因特异引物进行常规 PCR 扩增，即上游引物与 cDNA 第一链退火，在 DNA 聚合酶的作用下合成 cDNA 第二链，然后再以 cDNA 第一链和第二链为模板，用上、下游引物进行 PCR 扩增（拓展 5-1：无反转录酶参与的 RT-PCR）。RT-PCR 全过程如图 5-2 所示。

对于目的基因的 DNA 序列未知，但其编码蛋白的 N 端部分氨基酸序列已知的，可根据氨基酸序列设计的简并引物（是指根据密码子的简并性设计的针对编码每个氨基酸的所有碱基组合的混合物）和 oligo(dT) 进行 RT-PCR 获得目的基因序列。首先获得总 RNA 或 mRNA 模板，以 oligo(dT) 为引物，通过反转录酶的作用合成 cDNA 第一链，然后以设计的简并引物为上游引物，以 oligo(dT) 为下游引物进行 PCR 扩增（图 5-3）。如果已知的氨基酸序列较多，则可以在内侧再设计一个简并引物，取部分第一次 PCR 反应的产物为模板进行第二次 PCR，即通过巢式 PCR 的方法来提高扩增的特异性。

拓展 5-1

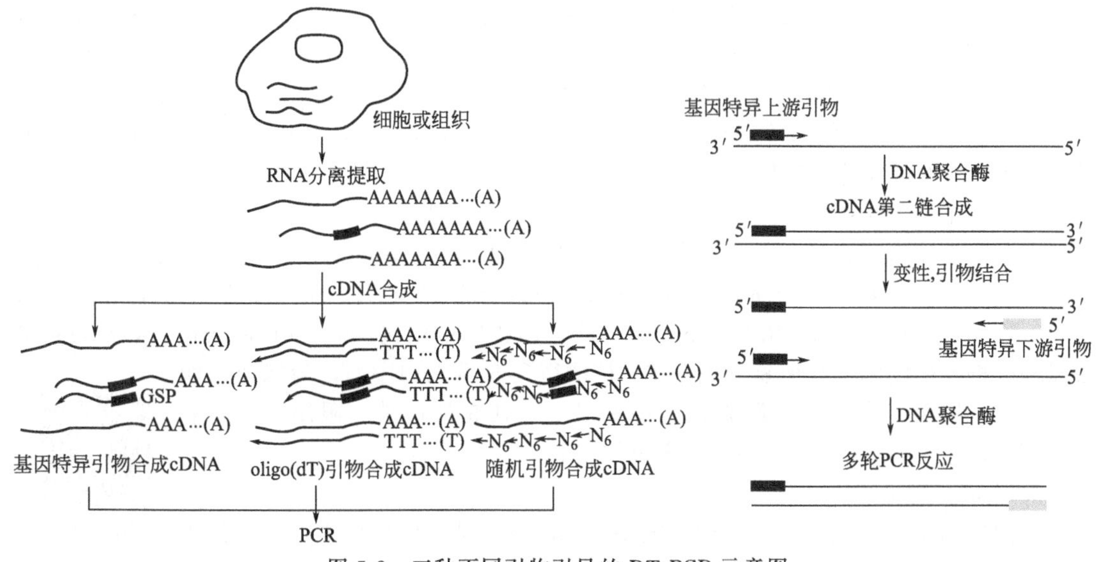

图 5-2　三种不同引物引导的 RT-PCR 示意图

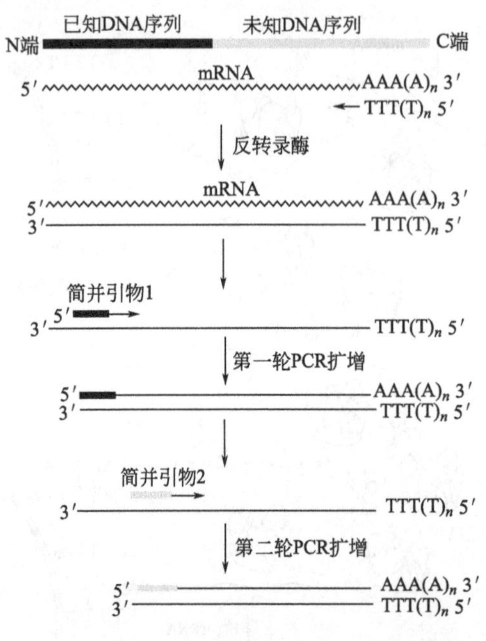

图 5-3　已知基因 N 端序列 RT-PCR 示意图

二、其他 PCR 法

在进行基因结构分析、基因功能研究以及蛋白表达和调控的研究中获得完整的目的基因序列是非常重要的。获得目的基因全长序列的常规 PCR 技术要求已知目的基因两翼的 DNA 序列，但在实际工作中获得的目的基因的 DNA 片段是不完整的，仅知道基因上一小段序列信息，在这种情况下就很难通过常规 PCR 技术获得目的基因的完整序列。随着 PCR 技术的发展，出现了反向 PCR（inverse polymerase chain reaction）、锚定 PCR（anchored polymerase chain reaction）、连接介导的 PCR（ligation-mediated PCR，LM-PCR）、盒式 PCR（cassette PCR）和 cDNA 末端快速扩增技术（rapid amplification of cDNA ends，RACE），通过这些技术可以快速获得目的基因的全长序列，大大节约了人力和物力，减少了实验的工作量。

1. 锚定 PCR

锚定 PCR 也被称为单侧特异引物 PCR（single-specific sequence primer PCR，SSP-PCR），是一种根据已知目的基因的一小段序列信息来快速扩增已知序列上游或下游片段的技术。锚定 PCR 的一条引物是根据已知序列设计的基因特异引物，而该已知序列通常是由纯化蛋白的部分氨基酸序列推测出来或从其他材料中获得的部分 mRNA 序列。另一条引物是根据序列的共同特征设计的非特异性引物，非特异性引物所起的作用是在其中一端附着，故被称为锚定引物，与锚定引物结合的序列称为锚定序列。具体分为两种情况。

（1）目的基因已知序列下游 3′端未知序列的扩增方法

这种方法与已知序列上游 5′端未知序列的扩增方法有所不同，操作相对较为简单，其原理如图 5-4 所示。同聚物是锚定 PCR 中常用的锚定引物，由于大多数真核 mRNA 3′端具有 poly(A) 尾，可以利用这一序列特征设计 oligo(dT) 作为锚定引物，以 cDNA 为模板进行扩增。扩增目的基因已知序列下游 3′端未知序列的基本步骤是：首先，分离细胞总 RNA 或 mRNA；然后，在反转录酶的作用下合成 cDNA；最后，再以基因特异引物和锚定引物 oligo(dT) 扩增得到特定序列。

（2）扩增目的基因已知序列上游 5′端未知序列的方法

该方法的步骤可概括如下：以分离到的总 RNA 或 mRNA 为模板，在反转录酶的作用下，以基因特异引物引导合成 cDNA；利用 DNA 末端转移酶，在 cDNA 3′末端加上 poly(dA) 尾，与此 poly(dA) 相对应的 poly(dT) 即为锚定引物（anchoring primer，AP）；最后以基因特异引物和锚定引物 poly(dT) 扩增得到 5′端未知序列，为保证扩增的特异性，锚定引物长度通常都在 12 碱基以上，其 5′端可带上限制酶序列或其他序列信息。（拓展 5-2：锚定 PCR 具体过程）

拓展 5-2

2. 连接介导的 PCR

只知道 DNA 一端的序列又要对未知的一端进行测序时和对体内甲基化图

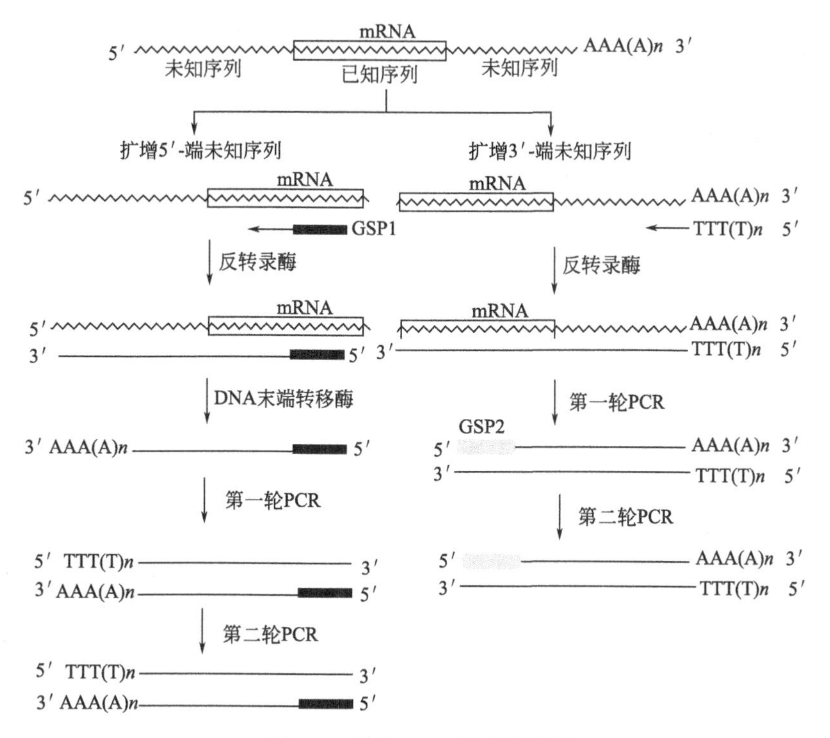

图 5-4　锚定 PCR 原理示意图

谱或 DNA 印迹进行分析时，就需要用到连接介导的 PCR。连接介导的 PCR 在普通 PCR 过程中增加了连接的步骤，即通过连接反应加上去一个公共接头，这样在 PCR 中使用的引物一个是通过目的基因的已知序列设计的基因特异引物，另一个引物是接头引物。实验操作步骤如下（图 5-5）。第一步，通过特异性的酶或化学方法随机切割基因组 DNA。第二步，利用根据基因已知序列设计的基因特异引物 1，对切割中产生的单链损伤 DNA 进行退火和延伸，得到大量一端为平端的 DNA 片段的测序梯或印迹梯，这些片段的其中一端是相同的，因为是由基因特异引物 1 决定的，而片段的另一端则是随不同的酶或化学切割部位的不同而不同，因而得到的每个片段是不同的。第三步，通过 DNA 连接酶，在 DNA 片段的碱基组成不同的那一端加上一个相同的核苷酸序列，即公共接头。第四步，根据公共接头的核苷酸序列设计公共接头引物，并根据基因已知序列再设计一个基因特异引物 2，并满足引物 2 在引物 1 的 3′端的条件，以测序梯或印迹梯为模板，用公共接头引物和基因特异引物 2 进行 PCR 扩增。第五步，根据基因已知序列设计末端标记引物 3，引物 3 须在引物 2 的 3′端，而且引物 3 还必须与引物 2 重叠，以第四步的 PCR 产物为模板，利用末端标记引物 3 进行两轮 PCR 以标记 DNA。最后，对标记的 DNA 进行变性聚丙烯酰胺凝胶电泳，进行序

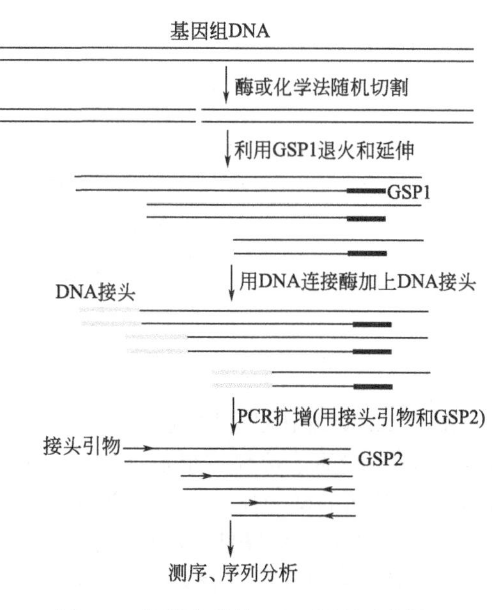

图 5-5　连接介导的 PCR 原理示意图

列分析。当然，也可以采用其他方法对 PCR 产物进行测序。

3. 盒式 PCR

盒式 PCR 在普通 PCR 过程中加入了一个 cassette（盒），即人工合成的带有限制性内切酶的黏性末端的双链 DNA 分子，利用 cassette 以及 cassette 引物，盒式 PCR 可特异性地扩增 cDNA 或基因组 DNA 上的未知区域。具体步骤如下（图 5-6）。首先，用适当的限制性内切酶将待克隆的目的 DNA 完全分解，所使用的限制性内切酶必须满足在目的基因已知序列中没有识别位点，这样就可产生含有上下游未知序列的 DNA 片段。然后，利用 DNA 连接酶，将酶切产生的 DNA 片段与具有对应的限制性内切酶酶切位点的 cassette 进行连接。接着，根据目的基因已知序列设计两条基因特异引物 GSP1 和 GSP2（正义引物）以及两条基因特异引物 AGSP1 和 AGSP2（反义引物），设计方向分别为需要扩增的已知序列的上游未知区域的方向和下游未知区域的方向，而且 GSP2 的位置应设计在 GSP1 的内侧，AGSP2 的位置设计在 AGSP1 的外侧，但两个引物间的距离没有严格的规定，同时，还必须要合成两条 cassette 引物 CP1 和 CP2。这时开始进行第一次 PCR 扩增，扩增基因的上游未知区时用引物 CP1 和引物 GSP1，而扩增基因的下游未知区时则用引物 CP1 和引物 AGSP1。其后，进行第二次 PCR 反应，特异性地扩增目的 DNA 片段，即取第一次 PCR 反应产物的一部分作模板，分别使用内侧引物 CP2 和 GSP2 扩增基因的上游未知区域，CP2 和 AGSP2 扩增基因的下游未知区域。最后，对 PCR 产物进行序列分析，得到目的基因已知序列上下游的未知序列。

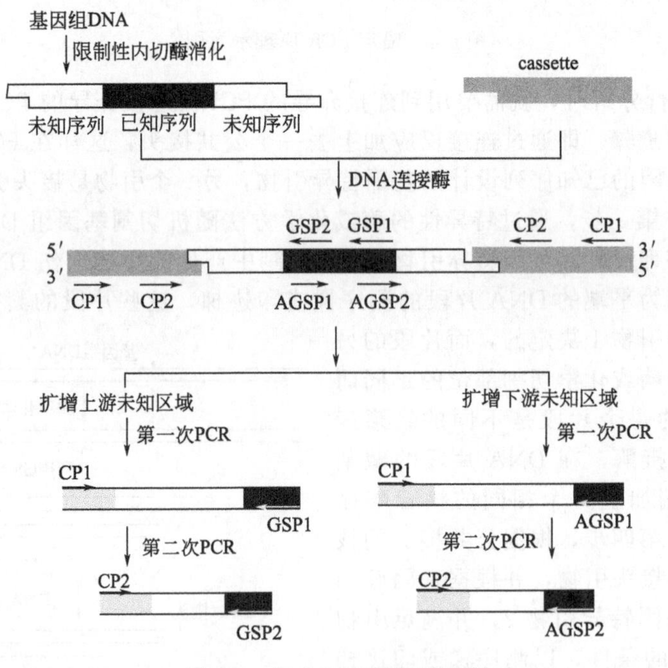

图 5-6　盒式 PCR 原理示意图

由于 cassette 在设计时其 5′末端没有磷酸基团，所以目的 DNA 片段的 3′末端和 cassette 的 5′末端的连接部位形成了缺口，这就使得在第一次 PCR 的第一个循环，从 cassette 引物 CP1 开始的延伸反应在连接部位终止，从而限制了引物 CP1 和引物 CP1 同一引物之间的扩增，减少了非特异性 PCR 扩增。只有从引物 GSP1 或 AGSP1 开始延伸合成的 DNA 链，才能成为引物 CP1 的模板，进行 DNA 的特异性扩增反应。最后再用内侧引物 CP2 和 GSP2 或 CP2 和 AGSP2 进行第二次 PCR 反应，提高了特异性。

4. RACE

普通 RT-PCR 很难获得基因全长的 cDNA 片段，但在基因工程研究中，分析基因的全长 cDNA 序列又十分重要。RACE 是一种通过反转录和 PCR 技术进行 cDNA 末端快速扩增，得到基因转录本的未知序列，从而获得 mRNA 完整序列的一种方法。首先以 mRNA 为模板反转录成 cDNA 第一链，然后用 PCR 扩增出 cDNA 内某一已知序列位点到其 3′端或 5′端之间的未知序列，分别称为 3′RACE 和 5′RACE。RACE 可应用于 mRNA 不同剪接体和基因的不同转录起始位点的研究，而且可同时对含有已知序列的所有 mRNA 进行扩增和分析。

锚定 PCR 被用于 RACE 技术，根据锚定序列引入方式的不同，将 RACE 分为经典 RACE 和新 RACE。经典 RACE 是以锚定序列作为引物，即 3′RACE 中在反转录时引入第一链 cDNA，5′RACE 中在合成第二链时引入第二链 cDNA。新 RACE 的锚定序列则是在反转录以前就以寡聚核苷酸 RNA 的形式连入 mRNA 中。

经典 3′RACE（图 5-7）中，反转录引物又被称为锚定引物（AP）。根据大多数真核 mRNA 3′端具有 poly(A) 尾，与一般 mRNA 反转录类似，利用这一序列特征，3′RACE 的反转录引物中设计有 oligo(dT) 序列，但其特殊的是引物的 5′端有一段特别的序列，该序列由外侧引物区（outer primer，OP）和内侧引物区（inner primer，IP）两部分构成，OP 和 IP 将为以后的 PCR 扩增提供引物序列，而且在 IP 区还常常设计有合适的限制性内切酶识别位点，可以使用限制酶对 PCR 产物进行酶切反应，然后克隆至相关的载体中进行后续的测序分析。同时，根据目的基因的已知序列设计两条基因特异引物 GSP1 和 GSP2，满足 GSP1 在 GSP2 外侧的条件。基本过程如下：首先，以 mRNA 为模板，在反转录酶的作用下利用反转录引物合成 3′端 cDNA 第一链，此时就在 5′端引入了 OP 和 IP 序列；然后，以基因特异引物 GSP1 和外侧引物 OP 进行第一轮 PCR 扩增；接着，以第一轮 PCR 扩增的产物为模板，以基因特异引物 GSP2 和内侧引物 IP 进行第二轮 PCR 扩增，以提高灵敏度和特异性；最后，PCR 产物进行直接测序或克隆于适当载体进行序列分析。

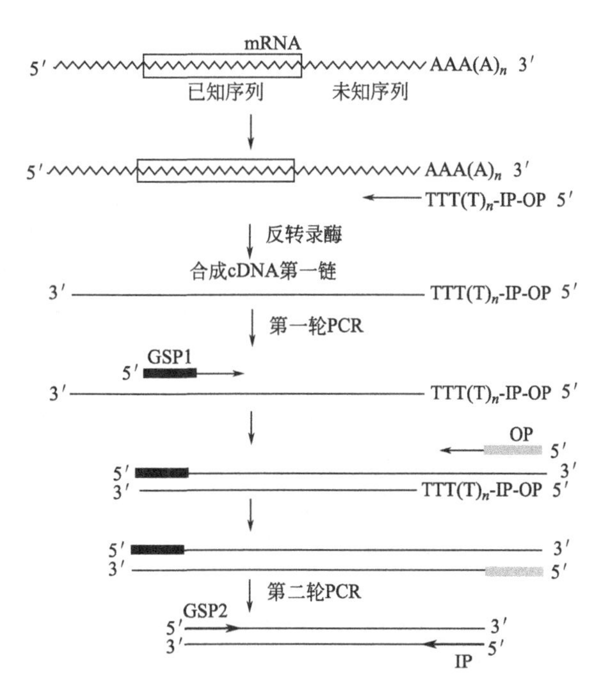

图 5-7　经典 3′RACE 原理示意图

经典 5′RACE 中，由于 mRNA 的 5′端没有天然存在的寡聚核苷酸尾巴，就设计了另一种将锚定引物序列引入其 cDNA 的方法。首先，以基因特异引物 GSP1 作为反转录引物产生 cDNA 第一链；然后，在脱氧核苷酸末端转移酶的作用下，在 cDNA 3′末端加上 poly(dA) 尾，以获得与锚定引物中的 oligo(dT) 互补的位点；接着，利用与 3′RACE 相同结构特点的锚定引物［5′OP-IP-oligo(dT)］和基因特异引物 GSP1 进行第一轮 PCR 扩增；最后，以第一轮 PCR 反应的产物为模板，以基因特异引物 GSP2 和内侧引物 IP 进行第二轮 PCR 扩增，并对 PCR 产物进行序列分析。

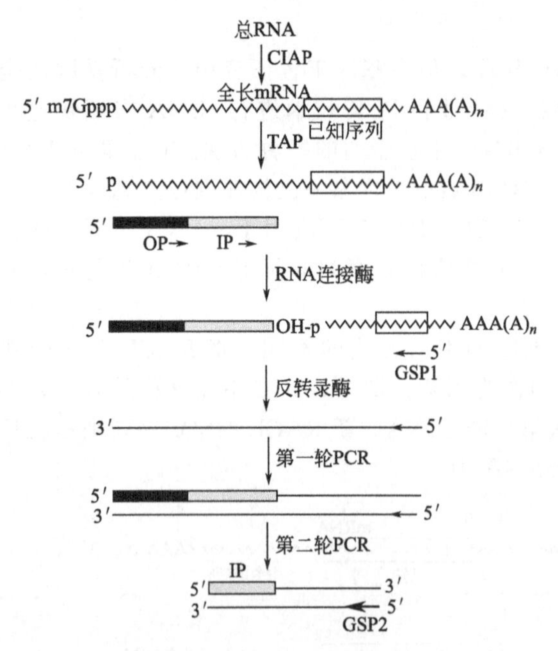

图 5-8 RLM-RACE 原理示意图

由于反转录酶的持续性有限，在经典 5′RACE 中转录有时还没到 mRNA 的真正 5′末端就结束，从而形成了假的全长 cDNA 片段，这样就会导致非全长片段的回收和分析。为了解决这一问题，出现了 RLM-RACE（RNA ligase mediated RACE）等改进技术。RLM-RACE 中，锚定引物序列在反转录以前就连接到了 mRNA 的 5′端，这样，只有那些进行到目的基因 mRNA5′末端的转录反应，其 mRNA 上引入的锚定引物序列才能被整合入 cDNA 第一链的 3′端，其后的 PCR 扩增中由于使用了锚定引物，也只有那些全长的 cDNA 才能被有效扩增。具体过程如图 5-8 所示。第一步，使用牛小肠碱性磷酸酶（calf intestine alkaline phosphatase，CIAP）处理总 RNA，全长 mRNA 由于其 5′端有帽子结构的保护，不会受到任何的影响，但没有帽子结构的 rRNA、tRNA 或 5′端不完整无帽的 mRNA 将发生去磷酸化而脱掉 5′磷酸基团。第二步，用烟草酸性焦磷酸酶（tobacco acid pyrophosphatase，TAP）处理全长的 mRNA，去掉其帽子结构，保留 5′端的一个磷酸基团。第三步，设计锚定序列，其上具有 OP 区和 IP 区，然后利用 T4 RNA 连接酶，将具有锚定序列的一段短 RNA 寡核苷酸与去掉帽子结构的 mRNA 进行连接，形成寡核苷酸与 mRNA 相连的杂合体。第四步，根据目的基因的已知序列设计两条基因特异引物 GSP1 和 GSP2，且 GSP1 在 GSP2 的外侧，以第三步中形成的杂合体为模板，利用引物 GSP1 为反转录引物合成 cDNA 第一链。第五步，以 cDNA 第一链为模板，用 GSP1 和 OP 进行第一轮 PCR 反应。第六步，以第一轮 PCR 产物为模板，用 GSP2 和 IP 进行第二轮 PCR 反应以增强特异性，最后再将 PCR 产物进行 DNA 克隆或直接进行 DNA 测序。（拓展 5-3：环形 RACE）

拓展 5-3

5．Bubble-PCR

要获得与已知序列相邻的未知序列可采用连接介导的 PCR，但得到的产物是一个带有确定的已知序列的复杂 DNA 群体，不能够特异性地扩增单一的目标条带，对这一方法进行改进，就产生了 Bubble-PCR，也叫 Vectorette-PCR。其特点是用到一段由不配对的序列形成的一个“泡”型接头。具体原理如下（图 5-9）。首先，选择一种限制性内切酶切割基因组 DNA（图中用 *Hin*dⅢ示例），得到 5′突出末端的 DNA 片段（*Hin*dⅢ酶切后得到带有 AGCT 黏末端的片段）。然后，两条不完全互补的 DNA 退火形成一个“泡”型接头，接头的一端设计为带有上述限制性内切酶的黏性末端，通过 DNA 连接酶将其与酶切好的基因组 DNA 进行连接，这样就在其两端连接上了“泡”型接头。接着，根据基因已知序列的相对保守部位设计一条基因特异引物 GSP，根据上游“泡”型接头的中间部分设计一条 Bubble 引物，这样两个接头中间接的未知序列使用 GSP 和 Bubble 引物可扩增得到。由于只有用 GSP 引导合成了“泡”型接头的互补序列后，Bubble 引物才能退火参与扩增，也就是 Bubble 引物只能参与第二轮的 PCR 反应，这样就很大程度地避免了接头引物的单引物扩增。最后 PCR 扩增产物只有单一的目标片段。

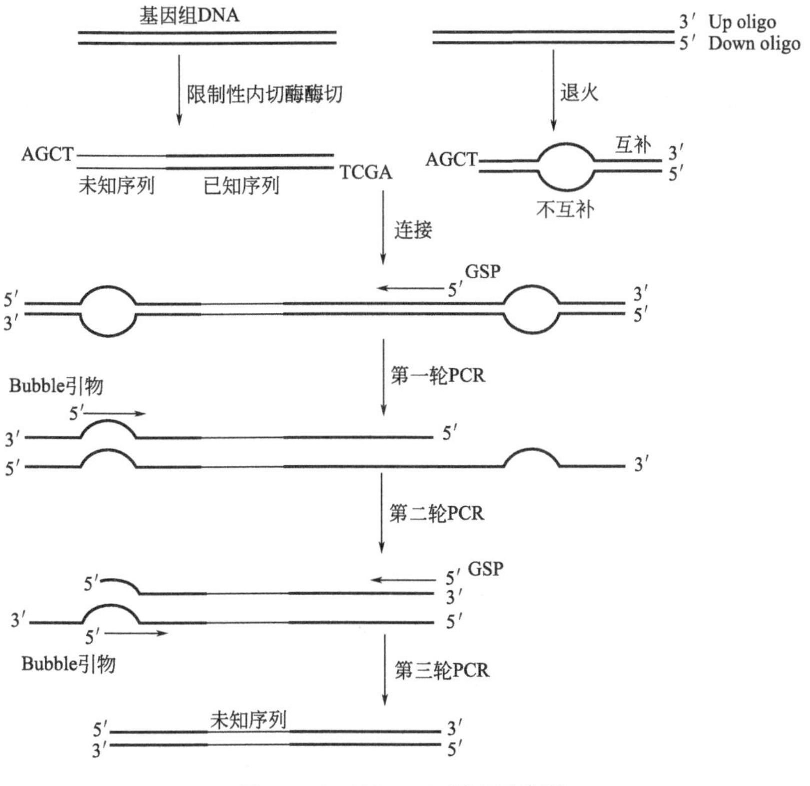

图 5-9　Bubble-PCR 原理示意图

第二节　基因的合成

理论上，任何大小的基因和核苷酸片段都可用化学方法合成。但如果基因比较大，用化学法合成则十分费事。因此对大分子量的基因而言，直接从生物体中分离天然的基因则比较适宜。人工合成的基因可以是生物体内已经存在的，也可以是按照人们的愿望和特殊需要重新设计的。因此，它为人类操纵遗传信息、校正遗传疾病、创造新的优良物种提供了强有力的手段，是基因研究的一个重大飞跃。

早在 1970 年，美国麻省理工学院 Khorana 等人首次报道了酵母丙氨酸转移核糖核酸基因的人工合成，对基因的人工合成作出了划时代的贡献。他们不仅创建了基因合成的磷酸二酯法，而且发展了一系列有关核苷酸的糖环羟基、碱基的氨基和磷酸基的保护、缩合及合成产物的分离、纯化方法。随着 DNA 合成技术的发展，到目前为止，DNA 的合成方法有液相磷酸二酯法、磷酸三酯法、亚磷酸三酯法，以及在后两者基础上发展起来的固相的磷酸三酯法和亚磷酸三酯法及自动合成法。

一、DNA 合成的原理

DNA 的合成方法有液相合成法和固相合成法。但液相合成法相对来说太费力，耗时且难掌握，而固相合成则具有简便、快速通用和易操作等特点。特别是磷酸三酯法和亚磷酸三酯法与固相合成技术相结合，使 DNA 的化学合成面目一新，无论是手工合成还是自动合成仪合成都既省时又易于掌握。事实上，固相合成法已基本取代了液相合成法。下面重点介绍

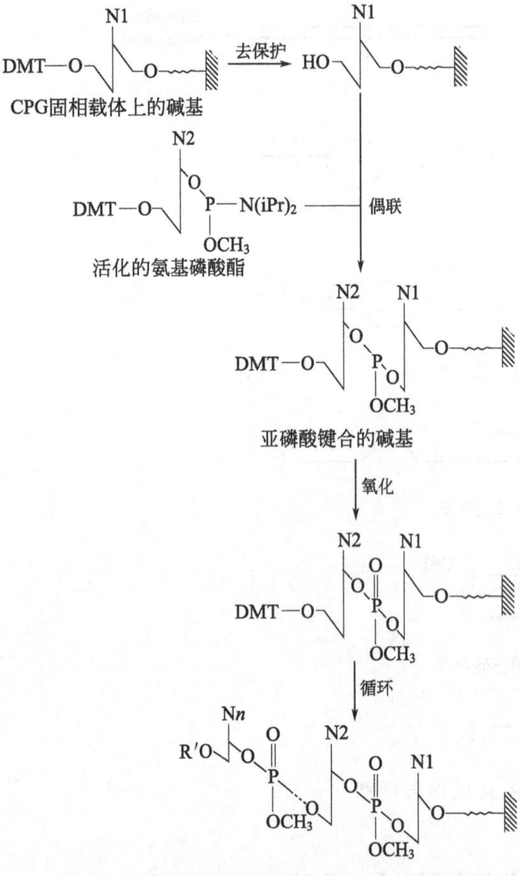

图 5-10 固相亚磷酸三酯法合成寡核苷酸片段
DMT＝二甲氧基三苯甲基（4,4′-dimethoxytrityl）

固相亚磷酸三酯法合成的原理。

固相亚磷酸三酯法是目前最通用的一种合成寡核苷酸的方法。合成的原理及步骤见图 5-10。首先将欲合成的寡核苷酸链 3′末端核苷 1（N1）以其 3′-OH 通过 1 个长的烷基臂附着在惰性的固相载体上，这种固相载体常见的有可控微孔玻璃（CPG）和大孔聚苯乙烯（MPPS）。同时它的脱氧核糖环的 5′-OH 基团也已用二甲氧基三苯甲基（DMT）保护起来。然后从 N1 开始逐步地按照从 3′到 5′的方向接长寡核苷酸链。合成的一个循环周期分为如下四个步骤。

第一步为去保护（deprotection）。用酸处理法，脱去与核苷酸 N1 的 5′-OH 基团偶联的保护基团 DMT。在这种脱 DMT 反应中，常用的酸是二氯乙酸（DCA）或三氯乙酸（TCA）。

第二步为偶联反应（coupling）。通过一种弱碱——四唑（tetrazole）的催化反应，使加进来的第二个核苷酸（N2）同已附着在固相载体上的核苷酸 N1 的暴露的 5′-OH 基缩合。

第三步为封端反应（capping）。由加入的乙酸酐（acetic anhydride）激发的乙酰化作用，把所有的没有参与偶联反应的 5′-OH 基团全都封闭起来。

第四步为氧化作用（oxidation）。在核苷酸 N1 和 N2 之间新形成的 3′,5′-亚磷酸三酯键十分活跃。利用碘液催化作用，使之被氧化成为相当稳定的 3′,5′-磷酸三酯键。这也就是称这种寡核苷酸合成法为亚磷酸三酯法的原因。

在下一个合成周期时，同样要先把附着在最后一个偶联核苷酸上的二甲氧基三苯基（DMT）移去，以保证它的 5′-OH 基团能够暴露出来，同一个活化的脱氧单核苷酸进行偶联反应。DMT 是一种显色指示剂，所以它的释放可用来检测偶联反应的效率。

上述这种循环反应，可被重复地进行，直到合成出具有所需序列长度的寡核苷酸片段为止。到合成终止时，固相载体上携带着被完全保护的寡聚脱氧核苷酸，因此需要使它们系统地去掉保护基团，并从固相载体上释放出来，成为游离的寡核苷酸。然后，用乙醇沉淀法纯化这些寡核苷酸，再用高效液相色谱法或凝胶电泳法使之进一步纯化，并同未完成的较短的片段分开，最后得到真正需要的产物。

固相亚磷酸三酯法的主要优点是，合成产率高，反应速度快，如果使用更加活跃形式的磷，那么大约在 2min 内就可完成一次缩合作用。目前，此法已成功地用来合成长达 150 个核苷酸以上的寡核苷酸片段。因此，一般认为固相亚磷酸三酯法是目前比较理想的一种寡核苷酸合成法。

二、人工合成基因

随着基因组学、功能基因组学和蛋白质组学等领域的不断发展，越来越多的基因序列被鉴定和分离出来，而随着研究和社会生产的实际需要，有时候需要对一些利用常规手段不易获得的基因进行研究或者改造，甚至有时候人们会利用生物信息学的手段设计全新的基因进行功能分析，这时就需要利用人工的方法合成这些基因。

基因的人工合成是在寡核苷酸化学合成的基础上建立的，通常的策略是将需要合成的基因分成若干个相互重叠的片段，先利用化学合成法分别合成这些小片段，然后让这些片段退火配对，最后利用连接酶和聚合酶将这些片段连接成完整的基因序列。

1. 退火-连接法

将需要合成的基因分成若干小片段，按照交互重叠的原则分别合成这些完全覆盖两条互补链的DNA小片段（图5-11），并将其中组成有义链的一套小片段进行5′磷酸化，然后将这些单链DNA片段按照等物质的量的比例混合在一起进行变性和退火，利用DNA连接酶进行连接反应，此时组成有义链的小片段由于都具有5′磷酸基团，会连成一条完整的DNA长链，这条DNA链就是要合成的全长基因。以此长链为模板，加入匹配基因末端的引物进行PCR扩增，经纯化回收后就得到了需要的基因产物。可进一步将该基因片段连入载体，转化大肠杆菌后挑克隆进行序列鉴定。这一方法操作步骤简单，适合于长度较小基因的合成。

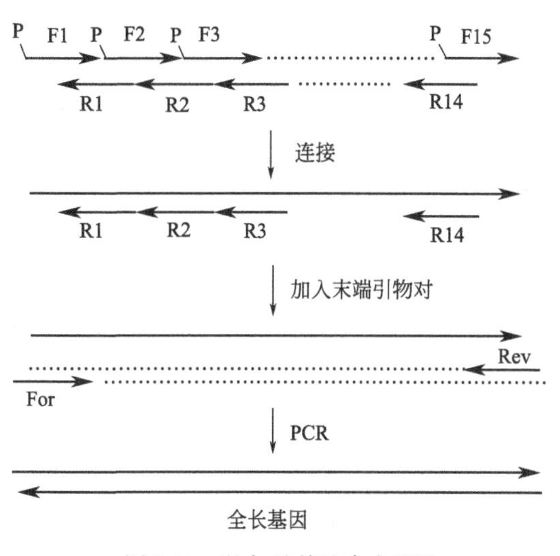

图5-11 退火-连接法合成基因

2. 多步退火-延伸-连接法

根据基因的两条互补链序列，合成两套末端交叠互补的小片段DNA（均携带5′磷酸基团），按照合适的长度分段将等物质的量的小片段DNA退火互补后进行酶促延伸和连接

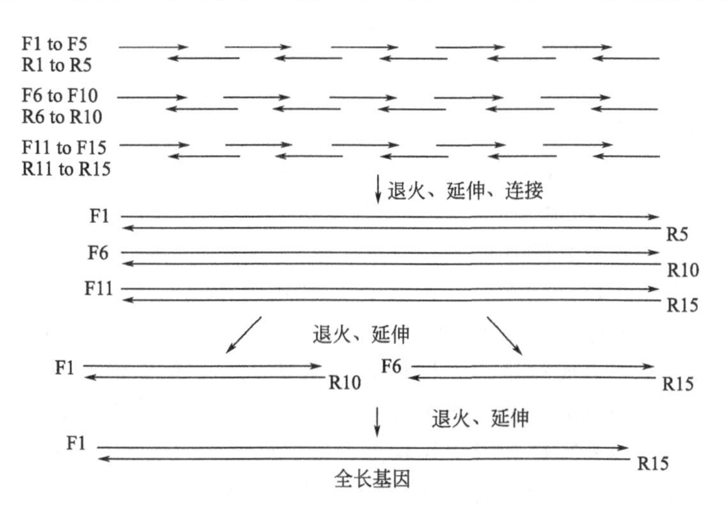

图5-12 多步退火-延伸-连接法合成基因

片段R5和F6，R10和F11之间存在末端互补

(图 5-12)，就得到了较大的 DNA 片段。由于相邻的两个较大的 DNA 片段末端具有相同的序列，可以将这些片段进行两两组装融合，方法是将两个大片段按等物质的量的比例混在一起，变性退火后就得到了末端配对的杂合双链，然后进行酶促延伸就得到了融合的更大片段的双链 DNA，按照相同的方法再依次完成进一步的组装，最后就得到了全长的基因序列。这种方法适合进行较长基因的合成。

3. 由内向外多步 PCR 合成法

从基因的中间位置开始，首先将分别对应两条互补链且具有互补末端的两个小片段 DNA 进行变性、退火和延伸，得到了两个 DNA 片段的融合序列（图 5-13）。以此融合序列为基础，加入位于其两端外侧且末端互补的两个小片段 DNA，按照相同的方法变性、退火和延伸后就得到了更长的融合序列。依次进行后续的合成循环，最后就得到了全长的基因。这一方法与“多步退火-延伸-连接法”相比不需要连接酶的参与，并且同样适合较长基因的合成。

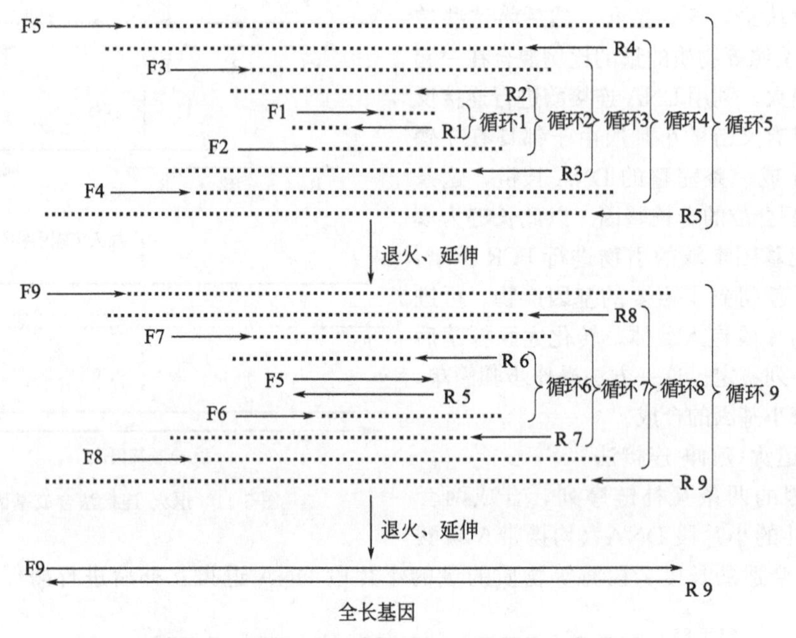

图 5-13　由内向外多步退火-延伸合成法合成基因

4. 基于芯片的高通量基因合成

随着 DNA 芯片技术的发展，一次合成上百个基因的高通量合成方法——基于芯片的基因合成（array-based gene synthesis）也逐步发展成熟起来。基于芯片合成基因的基本思路是在芯片上合成大量的寡核苷酸片段（＞10000 条），然后再设法把这些寡核苷酸片段进行扩增，随后进行基因大片段的组装。在芯片上合成寡核苷酸的成本要远远小于常规的柱合成，且一次能够合成多种序列的寡核苷酸片段，因此非常利于进行大规模的基因合成。目前有两种代表性的芯片基因合成策略。一种是 Kosuri 等人提出的条形码（barcode）策略，他们在每条寡核苷尿酸片段的末端加上两种通用序列，一种用于多个基因组装片段的共同扩增，可以把组成多个基因的寡核苷尿酸片段作为一个集合库（plate subpool）一起扩增，一种用于单个基因组装片段的扩增，把组成单个基因的寡核苷尿酸片段作为一个组装库（assembly subpool）单独进行扩增。经过两步扩增，组成某个特定基因的寡核苷酸片段就得到了足够的富集，然后把通用序列切掉，利用寡核苷酸片段之间的互补关系依次将其按照先后顺序拼接起来，经过聚合酶的延伸补齐和连接酶的连接就组装成了全长基因片段。以其为模板，利用基因特异的上下游引物再次进行 PCR 扩增，就可以得到足够多的全长基因。

另一种是 Quan 等人提出的原位合成策略，他们利用喷墨式 DNA 微阵列合成器（inkjet DNA microarray synthesizer）在塑料 DNA 芯片上每个独立的小室（chamber）中原位合成组成一个基因的多条寡核苷酸片段，并且在每条寡核苷酸片段的 3′端加上一段通用接头序列，这段接头序列中含有切口核酸内切酶的识别位点。然后利用与接头互补的引物和等温扩增酶对各寡核苷酸片段进行扩增，每次扩增后都利用切口核酸内切酶将引物与新生链之间切开，为下一轮等温扩增提供聚合末端。经过几轮等温扩增，产生的各游离寡核苷酸片段按照序列互补关系被依次拼接起来，经过聚合酶的延伸补齐和连接酶的连接就组装成了全长基因序列，再经过 PCR 扩增，就可以得到足够多的全长基因。如图 5-14 所示。

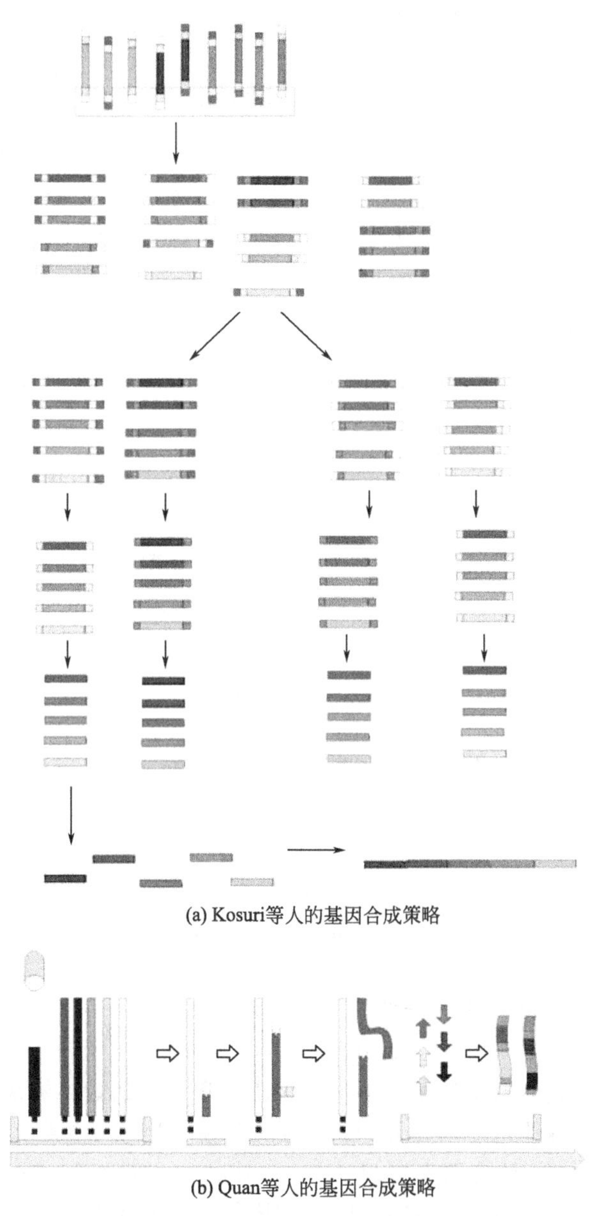

(a) Kosuri等人的基因合成策略

(b) Quan等人的基因合成策略

图 5-14　基于芯片的高通量基因合成

第三节　基因组DNA的克隆

基因工程中，需要将某种生物的基因组的全部遗传信息贮存在可以长期保存的稳定的重组体中，以备需要时随时能够应用。因此，基因文库（gene library）应运而生，基因文库指在规定的概率水平上包含特定DNA片段的重组子集合，其中每一个重组子携带一个DNA片段。根据DNA片段的来源可分为基因组文库和cDNA文库，而根据克隆载体的不同可分为质粒文库、噬菌体文库、酵母人工染色体文库等。在建立了成千上万个无性繁殖的大肠杆菌、酵母菌、哺乳动物或其他生物基因组片段的基因文库之后，研究者可以从中筛选克隆任何一种目的基因，而不必再重复地进行整个无性繁殖的操作。有了基因文库，目的基因的获得过程就可以理解为从DNA文库中“钓出”目的基因的过程。

一、基因组文库的构建和检测

基因组文库的构建包括载体的选用、高分子量DNA的制备、外源DNA片段与载体分子的连接重组、重组载体转化受体细胞、阳性克隆的筛选以及对基因组文库的评价和鉴定等步骤，如图5-15所示。下面我们以BAC文库的构建为例说明基因组文库构建和评价的方法。

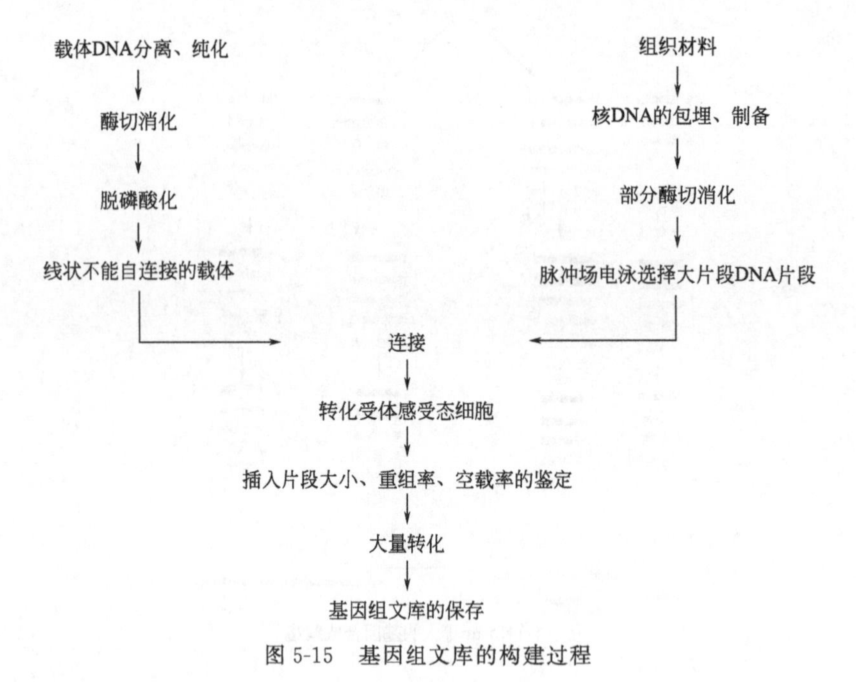

图5-15　基因组文库的构建过程

（一）基因组文库的构建程序

1. 载体的选用

基因克隆过程中，载体的选用十分关键，它决定了克隆的效率和成败。在基因组文库构建过程中，普通的质粒载体由于容量小（<15kb），很少用于DNA文库的构建，尤其是真核生物的文库构建。黏粒容量虽有所增大（< 45kb），但对于一些较大的基因簇（gene cluster）的研究仍然无能为力。YAC系统容量很大（可至数Mb），已被广泛应用于DNA文库的构建和基因簇研究，但其易发生重组，缺乏稳定性以及制备工艺的繁琐限制了它的使

用。细菌人工染色体（BAC），由于具有容量大、稳定性好、易于操作等优点，受到研究者的青睐。BAC 载体是在大肠杆菌的 F 因子（F factor）的基础上建立的。F 因子亦称 F 质粒，是一种“性质粒”，它可将宿主染色体基因转移至另一宿主细胞，它本身转移到 F^- 宿主细胞后可使后者成为 F^+ 细胞。天然 F 因子是超螺旋闭环 DNA 分子，在宿主中只有 1～2 个拷贝，自身大小约 100kb，编码近百个蛋白质，在包装了大肠杆菌基因组 DNA 后大小可至上千 kb。人工构建的 BAC 载体，例如 pBeloBAC11，大小只有 714kb，保留了与 F 因子的自主复制、拷贝数控制以及质粒分配等基本功能相关的基因：*oriS*、*repE*、*parA*、*parB* 和 *parC*。其外源 DNA 片段的容量最大可至 300kb 以上，可应用于基因组文库构建和大的基因簇的相关研究。

2. 高分子量 DNA 的制备

构建基因组文库中重要的一步就是获得高分子量的外源 DNA，通过部分酶解产生所需长度的 DNA 片段，便于与载体相连。在提取 DNA 时必须注意尽可能得到高分子量的基因组 DNA，所提取的基因组 DNA 的大小至少是克隆片段大小的 4 倍，部分酶切获得的大小合适的片段达到 80%才能够被克隆。否则当用限制性内切酶进行部分酶切时，所产生的大小合适的片段中会有相当一部分片段的一端不具有相应的黏性末端，这样的片段只能与处理过的载体一端连接，形成的重组子不能有效地被包装或转化，因此这样的文库是不完整的文库。所以获得高分子量的染色体 DNA 是构建完整的 DNA 文库的基础。

为了保护 DNA 免受降解，常采取将细胞包埋在低熔点琼脂糖中形成栓塞（plugs）或与低熔点琼脂糖、矿物油混合形成微粒。通过比较试验，plugs 在制备方法、保护 DNA 和操作上具有明显优点。对于基因组 DNA 的片段化，人们普遍采用的是 T. Maniatis 等人提出的利用两种限制酶混合消化基因组 DNA 的实验策略。应用这种方法可以获得适于克隆的随机片段化的 DNA 群体，所选用的均是具有 4 个核苷酸识别位点的限制性核酸内切酶，因此对基因组 DNA 具有较高的切割频率。当使用这种策略对基因组 DNA 进行部分酶切时，首先进行酶切反应最佳酶浓度的梯度预试验，然后进行小规模和中等规模酶切，选择最佳酶切反应条件的最终目的是通过酶切产生大小比较集中的片段。

一般情况下，为构建一种完全的基因组文库，并不需要做特别的富集处理。不过如果是为了克隆某些已知大小范围的目的基因，那么在克隆之前，可以先对片段化的 DNA 按大小进行分级富集，从而大大提高目的基因的克隆频率。通常是使用琼脂糖凝胶电泳或蔗糖梯度离心进行 DNA 片段的分步分离。采用琼脂糖凝胶电泳分步分离技术，可以在很窄的范围内获得高纯度的某种 DNA 片段，或是大小相近的 DNA 片段。对于大片段基因组文库的构建，必须通过脉冲场电泳进行片段选择。对构建 BAC 文库而言，一般选择 100～150kb 大小的片段比较合适。

3. 外源 DNA 片段与载体分子的重组

外源 DNA 片段同载体分子的连接主要是依赖核酸限制性内切酶和 DNA 连接酶的作用。大多数的核酸限制性内切酶都能够切割 DNA 分子，形成具有 1～4 个核苷酸的黏性末端。当载体和外源 DNA 使用同样的限制酶切割，或是使用能够产生相同的黏性末端的限制酶切割时，所形成的 DNA 末端就能够彼此退火，并被 T4 DNA 连接酶共价地连接起来，形成重组分子。具体而言，又包括三种思路：设计两种不同黏性末端使外源 DNA 片段定向插入到载体分子；非互补黏性末端经过专门作用于单链 DNA 的 S1 核酸酶处理变成平末端之后，再使用 T4 DNA 连接酶进行有效的连接；应用附加接头或同聚物加尾技术连接 DNA 分子。

载体的质量直接关系着文库中空白载体的比例和文库的质量，载体的纯度越高，获得阳性克隆的概率越高。为减少或避免空白载体的比例，对载体进行脱磷酸处理要彻底，以防止线性载体分子自身的再环化作用。但脱磷酸后的载体于－80℃不能长时间保存，否则将导致载体迅速降解。

大片段DNA是否能有效连接在载体上主要取决于插入DNA片段与载体的比例，对于不同生物采用的比例不同，大多数BAC文库采用1∶(5～15)（物质的量之比)。如果是应用λ噬菌体或柯斯质粒作载体时，配制高比值的载体DNA/给体DNA的连接反应体系，则有利于重组体分子的形成。若是使用质粒分子作为克隆的载体，当载体DNA/给体DNA的比值为1时，有利于这类重组体分子的形成。

此外，连接反应中，DNA的总浓度和连接的温度也对外源DNA片段与载体的连接效果具有重要影响。

4. 重组载体转化受体细胞

将外源重组体分子导入受体细胞的途径，包括转化（或转染）、转导、显微注射和电穿孔（电转化）等多种不同的方式。转化和转导主要适用于细菌一类的原核细胞和酵母这样的低等真核细胞，而显微注射和电穿孔则主要应用于高等动植物的真核细胞。

5. 阳性克隆的挑选

重组子的筛选方法有很多，通常使用lacZ的α-互补所形成的蓝白菌落方法以及抗生素抗性原理筛选阳性克隆。(详见本章第七节)。

（二）基因组文库的评价和鉴定

文库构建完成后，需要对文库进行评价，评价一个基因组文库质量高低的标准是文库中克隆的数量、插入片段大小、细胞器DNA的含量及假阳性克隆的含量。

一个基因组文库应该包含的克隆数目与该生物基因组的大小和被克隆DNA的长度有关，基因组越大，所需克隆数就越多。克隆时每一个载体中允许插入外源DNA片段的长度越长，则所需克隆数越少。如果一个基因文库中的总的克隆数较少，则从中筛选特异基因（目的基因）比较容易，但是由于插入片段较长，以后的分析比较困难。我们可以根据以下公式来计算某一基因组文库中应该包含的克隆数目：

$$N=\ln(1-P)/\ln(1-X/Y)$$

其中，N为重组体个数（基因组文库大小)；P为希望获得的概率（一般为0.99，即99%)；X为文库中每个克隆所含的外源DNA片段的平均长度；Y为该生物基因组的大小（单倍体基因组长度)。

在制备哺乳动物基因文库时，若选出某一基因概率为99%，每一克隆内所含的外源DNA片段的平均长度是2×10^4bp，基因组长度是3×10^9bp，则$N=7\times10^5$个克隆。例如，为获得垂体生长激素*GH*基因，用猪垂体细胞分离制取构建*pGH*基因组文库时，用上式计算，插入的DNA片段平均长度X为16kb，单倍体长度Y为3.30×10^6kb，算出$N=9.5\times10^5$个克隆。如果实验中得到10^6个重组噬菌体，符合基因组文库大小的要求，即99%可能筛选出所需的*pGH*基因。

1. 基因组文库的筛选

接下来，必须检验所构建的基因组文库是否具有很好的代表性和实用性。基因组文库的筛选过程十分费时费力，目前常用的两种方法分别是核酸探针法和PCR法。核酸探针法中常用尼龙膜影印杂交的筛选方法，它适合于利用少量核酸探针的筛选；而利用基因组文库的混合池（pool）和超级池（superpool）通过PCR法进行筛选是大量筛选的有效方法，对大基因组研究尤为重要。

自然界中有一些蛋白质的核苷酸编码序列，在其进化的过程中保持着高度的保守性，这些都是有效的同源DNA探针。在同一蛋白质家族内，也存在着具有共同氨基酸序列的区段，即所谓的保守区。这些保守区往往是由彼此相邻的 6～7 个氨基酸组成，这样的长度显然适合于推导合成寡核苷酸探针库，用来分离编码相关蛋白质的 cDNA。如果仅仅知道待分离的目的基因的蛋白质编码产物，而对其核苷酸序列却一无所知，则可以按照测定的蛋白质氨基酸序列资料，设计合成寡核苷酸探针。应用核酸探针来筛选已构建的文库，从而分离出克隆的目的基因。当把基因组文库转移到尼龙膜或硝酸纤维素滤膜之后，就可以同特异性的核酸探针进行菌落或噬菌斑杂交，以便筛选出具有目的基因的阳性克隆。这种方法的最大优点是应用广泛，而且相当有效。

2. 基因组文库克隆的鉴定

对于 BAC 文库的鉴定而言，需要从文库中随机挑选一定量的 BAC 克隆，提取质粒 DNA，酶切后，脉冲电泳检查插入片段的大小，同时还要以 Southern 杂交来检验 BAC 克隆插入片段是否来源于原材料。通过检验假阳性克隆的比例，来鉴定文库的质量。

3. 克隆的稳定性鉴定

挑选几个较大的 BAC 克隆（分子大小约为 200kb），分别接种在培养基上，连续继代培养后，分别提取第 0 代和第 100 代 BAC 克隆的质粒 DNA，酶切后，脉冲电泳检查 BAC 克隆中外源 DNA 在继代培养中是否存在和发生突变。

4. BAC 末端的分离

无论是进行基因组分析还是染色体步查，都需要分离 BAC 克隆左右末端。分离 BAC 克隆末端常用的方法包括质粒获救、反向 PCR 和热不对称交错（thermal asymmetric interlaced，TAIL）PCR 法。前两种方法都需要酶切和连接，操作复杂，有时由于在多克隆位点附近没有相应内切酶的切点，会无法得到末端序列。最近发展的 TAIL PCR 技术，利用克隆载体多克隆位点的附近序列，合成与其互补的 3 个长特异性引物和 3～6 个随机简并性引物，通过 3 个 PCR 扩增反应，结合两高一低复性温度的高级循环，来达到扩增特异性克隆末端片段的目的。该技术操作简单，敏感度高，适用范围广，是目前理想的分离 BAC 末端的方法。

（三）基因组研究的生物信息学分析

基因组研究会产生海量的数据，如何高效分析并挖掘其中的信息就显得尤为重要。近年来开发出很多与宏基因组研究有关（如基因组组装、基因预测、基因注释等）的软件平台，用于环境样品微生物宏基因组的物种分类和功能研究。

1. 基因组组装

基因组组装（genome assembly）是基因组研究的基本步骤，目的是重构研究对象的全基因组序列。测序技术的读长较短，长度一般是几十到几百个碱基对，因此需要将测序得到的碱基片段经过拼接和组装得到更长的碱基序列。具体为将测序得到的碱基片段（reads）拼接成较长的碱基序列，即 contigs，随后再将 contigs 组装成更长的碱基序列，即 scaffolds。

2. 基因预测

基因预测一般用于预测 DNA 序列中编码蛋白质氨基酸序列的部分，即预测结构基因。目前的方法主要有两类：一类是基于序列相似性的预测方法，即以 mRNA 或蛋白质序列为线索，在 DNA 序列中搜寻所对应的片段进行基因预测；另一类是基于统计学模型的预测方法，即利用数学统计模型进行基因预测，这种方法不依赖于已知的蛋白质编码 DNA 序列。

3. 基因注释

基因注释主要通过序列比对来完成，根据核酸或者蛋白质的相似性来评价序列的同源程度。例如对 Swiss-Prot、NCBI nr、KEGG 或 COGs 数据库进行蛋白质 Blast 比对，对 Pfam

和 TIGRfam 数据库进行 HMMer 比对。从数据库中获得与其相似程度最高的序列，通过这些高相似度序列的功能信息，即数据库中已注释的基因（ORF），便能推测所查询序列的可能功能信息。

二、大片段文库在环境基因组中的应用

环境中的微生物具有极大的生物多样性，但 99％的微生物不能通过标准的实验技术加以培养，微生物的可培养性极低。到目前为止能通过纯培养得到的微生物大概只占整个微生物群体多样性的 1％。如土壤微生物的可培养率为 0.3％，淡水微生物的可培养率为 0.25％，海水微生物的可培养率为 0.001％～0.1％，活性污泥中微生物的可培养率较高，为 1％～15％。因此，不依赖于培养的环境基因组技术由于适合分析生态系统中整个复杂的微生物基因组而迅速发展起来。

环境基因组技术在早期主要用于不可培养微生物的系统发育起源分析，用于环境微生物的系统发育多样性研究。Beja 首次利用该技术得到了不可培养的古菌基因组序列，随后他们在海洋环境 BAC 文库中鉴定到了海洋细菌 γ-Proteobacteria，通过 16S rRNA 的侧翼 DNA 序列分析表明 γ-Proteobacteria 广泛含有能产生细菌视紫红质的基因。由于视紫红质能在光的驱动下产生化学渗透的跨膜电位，因此具有光驱动质子泵的重要作用。以前的研究仅仅发现在嗜盐类古菌中才存在视紫红质，由于 γ-Proteobacteria 广泛存在于海洋系统，可以推测海洋细菌的光合作用，从而具有全球性的重要意义。

随着技术的进步，环境基因组技术逐渐进入到功能基因组的时代。不仅要阐明微生物基因组内每个基因的作用或功能，还要研究基因的调节及表达方式，进而从整个基因组及其全套蛋白质产物的结构、功能、机理的高度去了解微生物生命活动的全貌。越来越多的抗生素和具有各种生物活性的酶从环境基因组文库中被分离出来。但目前利用功能基因组技术得到活性物质的频率还是较低，主要是缺乏高通量的有效地筛选新活性物质的方法。

目前，环境基因组技术已广泛应用于海洋微生物、土壤微生物、废水微生物和底泥微生物等各个方面。以海洋微生物为例，基因组研究最早的例子是建立了超微型生物的噬菌体文库。其后 fosmid 文库和 BAC 文库开始逐渐被运用到海洋微生物的基因组研究中。这些载体能够对大片段 DNA 进行稳定和忠实的遗传，200kb 大小的 DNA 片段都能被稳定地克隆到这类载体上，因此一个克隆能够覆盖一个小细菌整个基因组的 5％～10％。利用微生物群落 DNA 制备的 BAC 文库能够轻松地检测并鉴定所克隆基因片段的功能，甚至能够得到有关的系统发育的信息。环境基因组文库就像一个基因仓库，它不但能够为后续测序工作提供参考，而且能够开展细胞外的生化试验。运用大片段环境基因组文库配合全基因组 shotgun 测序（WGS）技术来研究环境微生物群落具有十分重要的意义。

目前已经完成和正在开展的重要国际合作基因组研究计划包括人类基因组计划（HGP）、人类微生物宏基因组计划（HMP）、欧盟肠道宏基因组计划（MetaHIT）和地球微生物宏基因组计划（EMP）。这四大研究计划给人类带来了重要的科技突破和巨大的社会经济效益。HGP 绘制了人类基因组图谱，并且辨识其载有的基因及其序列，期望达到破译人类遗传信息的最终目的。HMP 计划以人体内共生的微生物群落为研究对象，通过探索其组成、功能和动态相互作用来阐明微生物群落与人类健康的关系。MetaHIT 研究人类肠道中的微生物群落，诠释肠道细菌和人体健康的关系。EMP 以全球范围的微生物群落为研究对象，对不同环境下的微生物群落样本进行研究，建立一个全球的宏基因组分布图。（拓展 5-4：肠道微生物研究中宏基因组学与代谢组学）

拓展 5-4

第四节 cDNA 文库构建及筛选

以 mRNA 为模板，在体外经逆转录酶催化反转录生成 cDNA，与适当载体连接后转化宿主菌并繁殖扩增，这种包含着细胞全部 mRNA 信息的 cDNA 克隆集合称为该组织细胞的 cDNA 文库。一般来说，在特定的组织细胞中，基因组所含有的基因只表达一部分，而且不同环境条件下、不同分化时期的细胞，基因表达的种类和强度也存在差异，因此构建的 cDNA 文库总是具有其组织细胞的特异性。一个高质量的 cDNA 文库包含了生物体某一器官或者组织 mRNA 的全部或绝大部分遗传信息。相对于基因组 DNA 文库来说，cDNA 文库显然小得多，因此能够比较容易从中筛选获得细胞特异表达的基因。自从 1976 年首例 cDNA 文库问世以来，科学家们已从构建的 cDNA 文库中筛选、克隆了很多基因，目前它已成为进行生物体功能基因组学研究常用的基本手段之一。

通常，构建 cDNA 文库包含以下 5 个基本步骤：①制备 mRNA；②第一链 cDNA 合成；③第二链 cDNA 的合成；④双链 cDNA 的修饰及克隆；⑤对构建的 cDNA 文库进行鉴定，测定文库的代表性和 cDNA 片段的序列完整性。

一、RNA 提取与质量鉴定

1. 细胞总 RNA 的提取

提取高质量的总 RNA 是 cDNA 文库构建的第一步，也是关键的一步。RNA 酶无处不在，极易降解 RNA，因此 RNA 提取操作过程中自始至终都要严格防止 RNA 酶的污染，并设法抑制其活性。提取 RNA 的操作过程中必须设置专门、严格的处理方法和步骤，以保证实验环境、所需器皿和试剂均没有 RNA 酶的污染，保证提取的 RNA 的质量和纯度。（拓展 5-5：RNA 的提取及构建文库的质量要求）

拓展 5-5

目前实验室中提取细胞总 RNA 的方法主要有：胍盐/氯化铯密度梯度超速离心法和酸性胍/酚/氯仿抽提法等。前一方法常用于大量制备 RNA，后一方法用于一般小量制备 RNA，因此更为常用。Trizol 试剂是最常用的 RNA 抽提专用试剂，由异硫氰酸胍和苯酚组成，可以迅速破坏细胞结构，释放出细胞质和细胞核中的 RNA，再经过氯仿抽提，离心分离水相和有机相，收集水相加入异丙醇，沉淀即为 RNA，可用于下一步 mRNA 的纯化。Trizol 试剂法可以从最少 100 个细胞或 1mg 组织中提取 RNA，由于这种提取方法快速、简便、容易操作，受到研究人员的喜爱。

2. mRNA 的分离纯化

真核细胞的 mRNA 分子最显著的结构特征是具有 5′端“帽子结构”（m^7G）和 3′端的 poly(A) “尾巴”。绝大多数哺乳类动物细胞 mRNA 的 3′端存在 20～30 个腺苷酸组成的“尾巴”，通常用 poly(A) 表示。这种结构为真核 mRNA 的提取提供了极为方便的选择性标志，oligo(dT)-纤维素柱色谱分离纯化 mRNA 的理论基础就在于此。其原理是：在 RNA 流经 oligo(dT)-纤维素柱时，在高盐缓冲液的作用下，由于 mRNA 3′末端含有 poly(A)，被特异地结合在柱上，当在低盐溶液和蒸馏水的条件下，mRNA 被洗脱。经过两次 oligo(dT)-纤维素柱处理后，即可得到较高纯度的 mRNA。纯化的 mRNA 在 70%乙醇中－70℃可保存一年以上。（拓展 5-6：利用磁珠的 mRNA 分离纯化）

拓展 5-6

3. mRNA 的质量鉴定

对于提取的总 RNA 而言，其浓度和纯度通常可以利用紫外分光光度法和电泳法来测定。通过测定 OD_{260} 和 OD_{280} 的比值来分析：OD_{260}/OD_{280} 的比值在 1.8～2.0 时，RNA 纯度较好；OD_{260}/OD_{280} 的比值明显低于 1.8，说明样品中有蛋白质或酚污染。$OD_{260}=1$ 时，相当于 RNA 的浓度为 40μg/mL，借此关系可以计算 RNA 浓度。检测 RNA 的质量可采用变性条件下的琼脂糖凝胶电泳。甲醛是变性电泳中最常用的变性剂。如果电泳结果显示 28S 和 18S 电泳条带亮度接近 2∶1，mRNA 分布均匀，则认为 RNA 质量较好。

cDNA 文库构建之前，要对所提取、分离的 mRNA 的质量进行鉴定。琼脂糖凝胶电泳和聚丙烯酰胺凝胶电泳是常用的分析方法，mRNA 在凝胶电泳时呈不清晰的条带，大小位于 0.5～8kb 之间，主要在 1.5～2kb 范围内。除此之外，检测 mRNA 的完整性和估算 mRNA 的相对浓度，也可以通过其在无细胞翻译体系（如麦胚抽取液和兔网织红细胞裂解液）中指导合成目的多肽和高分子质量蛋白质的能力来实现，也可以将 mRNA 显微注射到细胞内检测其翻译产物。

二、cDNA 第一链的合成

mRNA 在反转录酶的催化作用下反转录出 cDNA，这就是建库过程中 cDNA 第一链的合成。目前常用的两种反转录酶 AMV、MLV 都是依赖于 RNA 的 DNA 聚合酶，它能以 RNA 链为模板合成第一条 cDNA 链，并具有 RNase H 活性，可水解 DNA 与 RNA 杂合分子中的 RNA 链，再以第一条 cDNA 链为模板合成 cDNA 第二链。反转录酶具有 5′→3′DNA 聚合酶活性，但是没有 3′→5′外切核酸酶的活性，即无校对功能，因此容易出现差错，在高浓度的 dNTP 和 Mg^{2+} 存在下，大约每 500 个碱基会出现 1 个碱基的误掺入。AMV 反转录酶反应的最适温度为 42℃，最适 pH 8.3，并具有较强的 RNase H 活性。MLV 反转录酶由一条多肽链构成，反应最适温度为 37℃，最适 pH 7.6，具有较弱的 RNase H 活性。

由于 AMV 反转录酶和 MLV 反转录酶利用 RNA 模板合成 cDNA 时的最适 pH 值、最适盐浓度和最适温度各不相同，所以在合成第一链 cDNA 时相应调整条件是非常重要的。反转录酶以 dNTP 为底物，合成 cDNA 时需要引物，合成 cDNA 第一链最常用的引物是与真核细胞 mRNA 分子 3′端 poly(A) 互补的 12～18 个核苷酸长的 oligo(dT)，或是六核苷酸的随机引物 $(dN)_6$。如果序列是已知的，也可以用与 mRNA 3′端序列互补的引物。杂合分子中的 RNA 链用 RNase H 或碱溶液水解除去。

三、cDNA 第二链的合成

进行 cDNA 第二链合成的方法很多，在实验中可根据实验的需要进行选择。目前常使用的方法有 3 种，即自身引导法、置换合成法和引物合成法。

① 自身引导法也称 S1 核酸酶降解法或回折法。在此法中，利用了第一条 cDNA 链合成时 3′端形成的一个短的发夹结构，这种发夹结构是反转录酶在 cDNA 第一链末端“返折”所导致的。用这种方法合成的双链 cDNA 在一端有一个发夹环，可以用核酸酶 S1 消化切去该环，即可进一步克隆。但自身引导合成法较难控制反应，S1 核酸酶的处理，常常会“修剪”过多的 cDNA 序列，从而导致 cDNA 5′端的部分序列出现缺失和重排，因此该方法现在较少使用。

② 置换合成法又称取代法。该方法利用了大肠杆菌的 RNase H 的修饰功能，由 Okayama 和 Berg 于 1982 年提出并由 Gubler 和 Hoffman 于 1983 年进行改进。RNase H 能识别

mRNA：cDNA 杂交链，并消化杂交链的 mRNA 链，形成切口和缺口，在此过程中，mRNA 被切割成短的片段，成为合成第二链的引物，在大肠杆菌 DNA 聚合酶Ⅰ的作用下合成第二链。它能获得包括 mRNA 5′端全部或绝大部分序列的 cDNA 分子。该方法有 3 个主要优点：一是效果好；二是直接利用第一链反应产物，无须进一步处理和纯化；三是不必使用 S1 核酸酶来切割双链 cDNA 中的单链发夹环。目前合成 cDNA 常采用该方法。

③ 随机引物法，即用六核苷酸在 DNA 链上随机引发合成第二条链，这样可以合成全长 cDNA，mRNA 的 5′端不丢失。

④ 均聚物引发法（homopolymer priming），即通过用末端脱氧核苷酸转移酶（简称末端转移酶），加入一种 dNTP，在 cDNA 第一条链 3′端形成均聚物尾巴，然后用配对的寡聚物作为引物合成第二条链。

⑤ 如果序列是已知的，也可用特异引物来合成第二条链。

四、双链 cDNA 的修饰及克隆

已经制备好的双链 cDNA 必须经过相应修饰才能克隆入相应载体中。因此在得到了双链的 cDNA 以后，必须根据载体的特点，在 DNA 的末端首先连接上接头（linker）。接头可以是一个或多个限制性内切酶识别位点片段，便于与载体高效连接；也可以利用末端转移酶在载体和双链 cDNA 的末端接上一段寡聚 dG 和 dC 或 dT 和 dA 尾巴，退火后形成重组质粒，并转化到宿主菌中进行扩增，cDNA 文库构建过程见图 5-16。

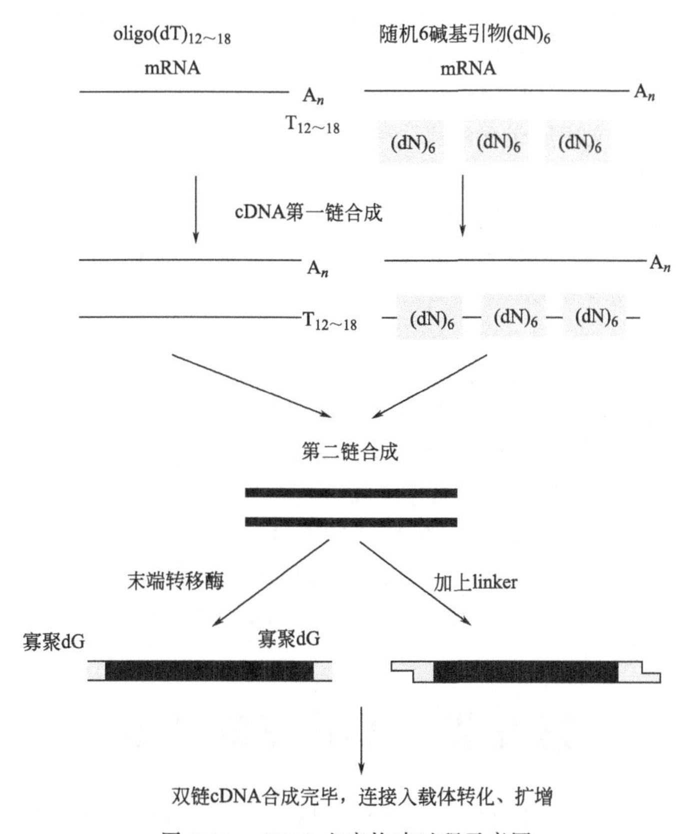

图 5-16　cDNA 文库构建过程示意图

用来构建 cDNA 文库的载体主要有三种：质粒、λ 噬菌体和噬菌粒。第一代载体质粒具有易于操作、重组效率高、可直接进行功能表达筛选等优点。但是重组质粒转化效率低，致使一些低丰度 mRNA 对应的 cDNA 难以包含到所构建的文库中，因此一般仅在构建较高丰度 cDNA 文库和次级 cDNA 文库时使用。第二代载体 λ 噬菌体目前应用最为广泛，它具备可构建低丰度 cDNA 文库、重复性高、较易保存等优点。但是，λ 噬菌体也存在不利于操作、不能定向克隆的缺点，在应用中存在一定难度。噬菌粒型载体 λZAP 是第三代载体，兼具前两代的优点，易于按常规操作方法分析，也可将分泌的单链用于构建消减文库。另外，有报道称，Wang 等建立了一种新的逆转录病毒载体，可用于构建 cDNA 文库并进行肿瘤抗原的功能克隆。这种逆转录病毒载体含有位于其 5′长末端重复序列中的巨细胞病毒启动子及能快速产生高滴度逆转录病毒颗粒的包装信号和多克隆位点。

五、cDNA 文库的质量评价

目前，主要通过两个方面来对 cDNA 文库的质量进行评价。

（1）文库的代表性

cDNA 文库的代表性是体现文库质量最重要的指标，它是指构建的 cDNA 文库中包含的重组 cDNA 分子所反映的来源细胞中的表达信息，即 mRNA 种类的完整性。一般可用文库的库容量，即构建的原始 cDNA 文库中所包含的独立的重组子克隆数，来衡量文库的代表性的好坏。库容量取决于来源细胞中表达出的 mRNA 种类和每种 mRNA 序列的拷贝数，1 个正常细胞含 10000～30000 种不同的 mRNA，按丰度可分为低丰度、中丰度和高丰度三种，当某一种 mRNA 在细胞总计数群中所占比例少于 0.5%时，称为低丰度 mRNA。

满足最低要求的 cDNA 文库的库容量可由 Clack-Carbor 公式来计算：

$$N=\ln(1-P)/\ln(1-1/n)$$

其中，N 为 cDNA 文库所包含的克隆数目；P 为文库中任何一种 mRNA 序列信息的概率，通常设为 99%；$1/n$ 为每一种低丰度 mRNA 占总 mRNA 的分数。

例如：某种低丰度 mRNA 以约 10 分子/细胞的概率存在于小鼠成纤维细胞总 mRNA 中，若要以 99%概率获得这些 cDNA 克隆（注：按单个细胞 370000 个 mRNA 分子考虑），则 $P=0.99$，$1/n=10/370000=1/37000$，$N=170000$。所以，该文库需要 170000 个克隆。

（2）重组 cDNA 片段的序列完整性

重组 cDNA 片段的序列完整性指在细胞中表达出的各种 mRNA 片段的序列完整性。来源细胞中所包含的各种 mRNA 尽管具体序列不同，但基本上均由 5′端非翻译区、中间的编码区和 3′端非翻译区 3 部分组成。其中对基因的表达具有重要的调控作用的是非翻译区，而编码序列则是合成基因产物——蛋白质的模板。因此，要从文库中分离获得目的基因完整的序列和功能信息，要求文库中的重组 cDNA 片段足够长，以便尽可能地反映出基因的天然结构。（拓展 5-7：cDNA 文库的研究与应用）

拓展 5-7

第五节　差异克隆技术

随着基因组学、蛋白质组学和转录组学的发展，人们往往需要获得单个细胞乃至整个生物体在某一生理状态下所有正在表达的基因或蛋白质的信息，这就促使大规模基因表达分析方法的诞生。基因表达的变化是调控细胞生命活动过程的核心机制，高等生物含有数万个不同的基因，但在生物体发育的某一阶段或在特定的组织器官只有大约10%～15%的基因检测到显著的表达。因此，通过比较同一类细胞在不同生理状态下或在不同生长发育阶段基因表达的差异，可以为分析生命活动过程提供重要信息，为此人们建立了一系列差异克隆方法。

一、mRNA差异显示技术

1992年美国哈佛医学院的两名科学家P. Liang和A. D. Pardee根据高等生物成熟的mRNA都带有poly(A)的特性，用特定的锚定引物反转录后，进行PCR扩增，率先建立了mRNA差异显示技术；1994年Erric Haay等将这种方法正式命名为差异显示反转录聚合酶链式反应（DDRT-PCR）。与研究DNA差异相比，研究mRNA的差异排除了非编码区的影响，使研究范围缩小到表达基因水平上，为进一步了解生命过程奠定了基础。

1. DDRT-PCR技术的基本原理

DDRT-PCR技术以分子生物学上最广泛应用的逆转录反应、PCR反应和聚丙烯酰胺凝胶电泳为基础。其基本原理是，以两种细胞（或组织）的总RNA反转录而成的cDNA为模板，利用PCR的高效扩增，通过5′端与3′端引物的合理设计和组合，将细胞（或组织）中表达的约15000种基因片段直接显示在DNA测序胶上，从而找出两种细胞（或组织）中表达有差异的cDNA片段。对获得表达差异的基因片段进行回收、克隆、鉴定及分析。

2. DDRT-PCR技术基本流程

真核生物基因的mRNA 3′端多数都带有一段多聚腺苷酸结构，有12种组合（如图5-17），这12种组合的通式为5′-NMAAA…AA-3′，其中N代表A、G、C、T任意一种碱基，M代表G、C、T任意一种碱基。根据这12种排列组合，设计了12种不同的3′端引物（这样就将所有mRNA分成了12组），这些引物由11～12个T及两个其他的碱基组成，用通式5′-T11MN-3′或5′-T12MN-3′表示（M、N同上），这种引物称为锚定引物，此引物可将mRNA反转录成cDNA（又称为第1链）。另外，还需5′端引物，这种引物为10个碱基（10-mer）组成的随机引物，每一个随机引物都可能与总mRNA群体中的某一些分子发生杂交，杂交位点随机分布在距每条新合成的cDNA链3′端的不同位置上。用一种3′锚定引物和一种5′随机引物进行扩增，可获得50～100条100～500bp的DNA扩增带。为了寻找更多的DNA差异带，应使用全部的12种锚定引物以及尽可能多的5′随机引物。将PCR产物在变性的聚丙烯酰胺凝胶上电泳分离，即可显示不同的条带位置，比较不同组间的显示结果，挑选差异条带，经回收再扩增，通过杂交验证、克隆测序等，进一步分析其结构与功能，其流程如图5-18。

5′-A G A A A A A A A…A A A-3′
5′-C G A A A A A A A…A A A-3′
5′-G G A A A A A A A…A A A-3′
5′-T G A A A A A A A…A A A-3′
5′-A T A A A A A A A…A A A-3′
5′-C T A A A A A A A…A A A-3′
5′-G T A A A A A A A…A A A-3′
5′-T T A A A A A A A…A A A-3′
5′-A C A A A A A A A…A A A-3′
5′-C C A A A A A A A…A A A-3′
5′-G C A A A A A A A…A A A-3′
5′-T C A A A A A A A…A A A-3′

图5-17 真核生物基因的mRNA 3′端序列特点

3. DDRT-PCR技术的优点

① 简单，技术上仅仅依靠PCR和DNA测序胶电泳；②所得到的差别条带往往不止一条，通常包含某一基因的上游及下游的调控基因；③灵敏性高，仅需0.2μg总RNA作为起始材料，可检出低丰度mRNA；④实验周期短，约8d即可完成，便于重复，而且可重复性好；⑤最突出的优点是实验过程中可步步验证比较；⑥可进行多基因家族的表达分析，可以同时分析多组样品。

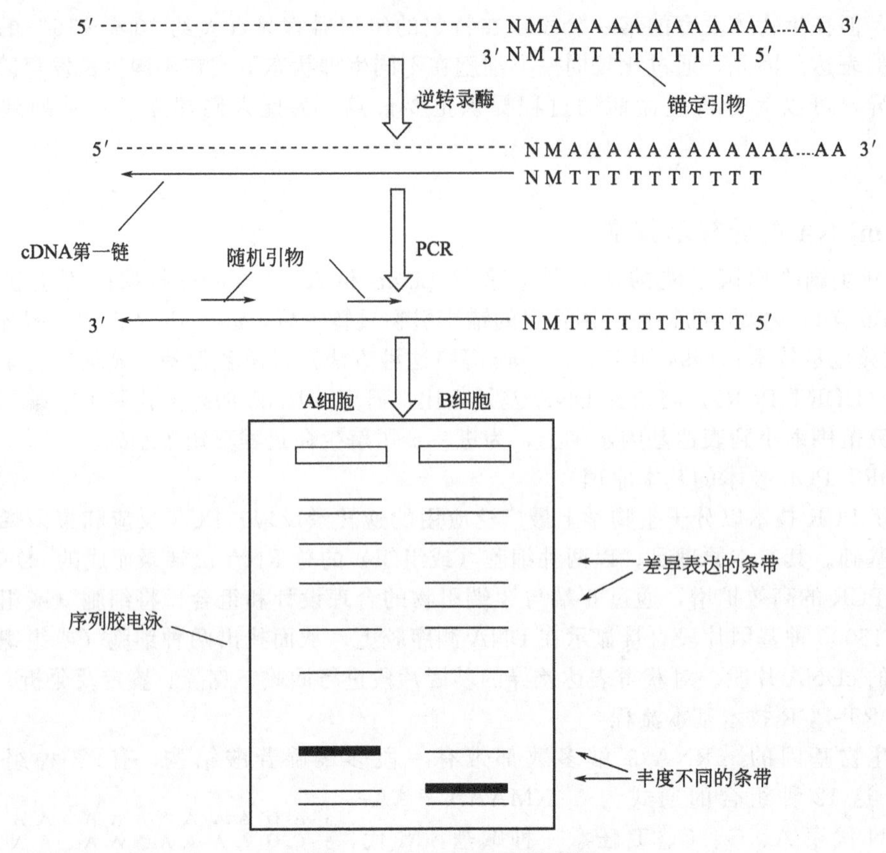

图 5-18 DDRT-PCR 流程图

4. DDRT-PCR 技术的不足与改进

经过多年的实践，人们也发现 DDRT-PCR 方法存在一些明显的缺点，主要有：①假阳性率高，假阳性的比例有时高达 50%～75%；②研究表明，差异显示技术对高丰度 mRNA 具有明显的倾向性；③由于某些序列的特异性，一些差异表达的转录不能得到分离，所以凝胶中的单条带可能由 1 种以上 cDNA 片段所构成；④差异显示所得的 cDNA 片段较短，长度多在 100～500bp 之间，且大多位于 mRNA 3′端约 300bp 的非翻译区（3′UTR），很少能扩增到 ORF（open reading frame）区和 5′UTR 区；⑤不适合小范围的比较，要显示 96% 以上的 mRNA 至少需 240 对引物，要完全显示细胞中所有的 mRNA 种类，据估计需 300 种引物对。

针对上述缺陷，研究人员在实践中对该技术进行了改进和完善，使之日趋成熟。例如对引物体系的改进，比如将 3′端 poly(dT) 锚定引物和 5′端随机引物都带上 *Hin*dⅢ酶切位点，引物条数分别减为 3 条和 8 条，而碱基数分别增加至 18 个和 13 个，这样经计算机同源性分析表明所得到的 24 个组合同样能覆盖所有 mRNA，使操作和后续处理更简便、快捷。其他改进包括：RT-PCR 模板的改进、PCR 反应参数的优化、凝胶电泳及标记方法的改进、杂交方式的改进等。

二、抑制性差减杂交技术

抑制性差减杂交技术（suppression subtractive hybridization，SSH）是差减杂交与抑制 PCR 结合的快速分离差异基因的方法。运用杂交的二级动力学原理，丰度高的单链 cDNA

退火时产生同源杂交的速度要快于丰度低的单链 cDNA，从而使得丰度有差别的单链 cDNA 相对含量达到基本一致。而抑制性 PCR 则是利用非目标序列片段两端的反向重复序列在退火时产生类似发夹的互补结构，使其无法与引物配对，从而有选择地抑制了非目的基因序列的扩增，从而使目的基因得到富集、分离。

（一）SSH 技术操作流程

SSH 的操作流程如图 5-19 所示，大致如下。抽提两种不同细胞（分别称为 tester 和 driver）的 mRNA，反转录成 cDNA，用限制性内切酶酶切，以产生大小适当的平头末端 cDNA 片段。将 tester cDNA 分成均等的两份，各自接上两种接头，接头（adaptor）是由一长链（40nt）和一短链（10nt）组成的一端是平端的双链 DNA 片段，长链 3′端与 cDNA 5′端相连。长链外侧序列（约 20nt）与第一次 PCR 引物序列相同，而内侧序列则与第二次引物序列同。此外，接头上含有 T7 启动子序列及内切酶识别位点，为以后连接克隆载体和测序提供方便。加上接头后的 tester cDNA 分别与过量的 driver cDNA 变性后退火杂交，第一次杂交后有 4 种产物：a 是单链 tester cDNA，b 是自身退火的 tester cDNA 同源双链，c 是 tester 和 driver cDNA 的异源双链，d 是单链和双链的 driver cDNA。

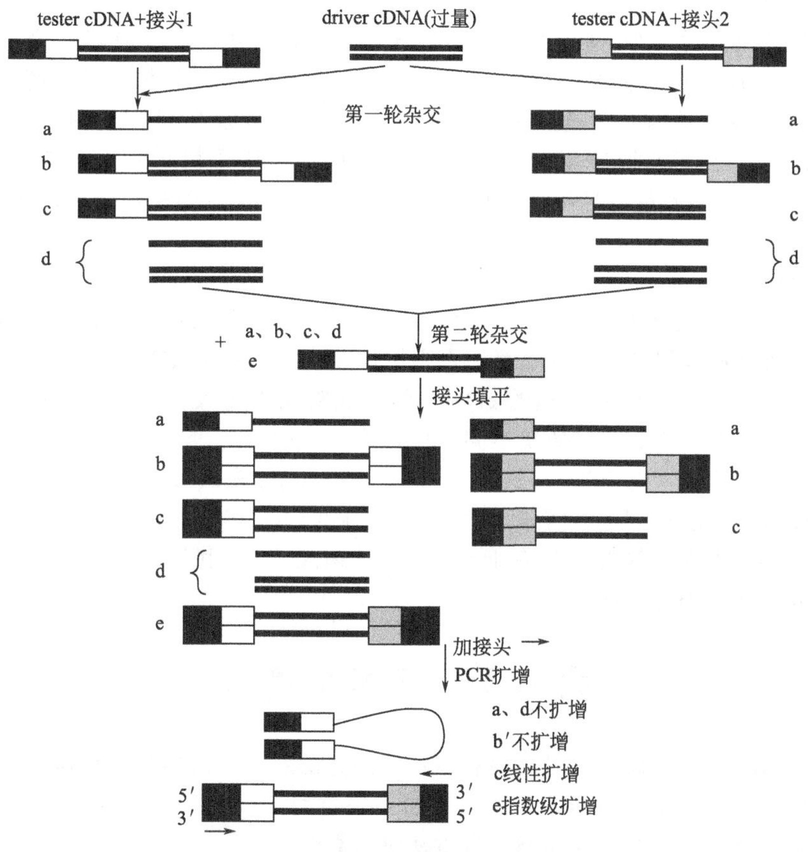

图 5-19　SSH 操作流程图

第一次杂交的目的是实现 tester 单链 cDNA 均等化（normalization），即使原来有丰度差别的单链 cDNA 的相对含量达到基本一致，另外由于 tester cDNA 中与 driver cDNA 序列相似的片段大都和 driver 形成异源双链分子（产物 c），使 tester cDNA 中的差异表达基因的目标 cDNA 得到大量富集。因此，第一次杂交后达到了两个目的：第一，差异表达的 cDNA

序列得到大量富集；第二，单链的 tester cDNA（产物 a）得到标准化。

第一次杂交后，合并两份杂交产物，再加上新的变性 driver 单链 cDNA，再次退火杂交，此时，只有第一次杂交后经丰度均等化和消减的单链 tester cDNA 和 driver cDNA 一起形成各种双链分子，这次杂交进一步富集了差异表达基因的 cDNA，并产生了一种新的双链分子（e），它的两个 5′端分别连上了来自两个样本的不同的接头，在加入与之相匹配的引物做 PCR 扩增时，只有（e）才能呈指数扩增，而两端连上相同接头的同一片段（b）由于末端保留了长反转重复序列，在变性退火的过程中形成“锅柄样”结构而不能呈指数扩增。因此，最终的结果是 driver cDNA 与 tester cDNA 中的相同部分得到抑制，而在 driver cDNA 中缺乏却存在于 tester cDNA 的序列，即差异表达 cDNA 序列得到显著的扩增。经上述 PCR 所得的代表差异表达的 cDNA 片段可以利用接头上存在的酶切位点，插入适当载体中，然后转化细菌，经 X-Gal 蓝白斑初步筛选出具有插入的克隆，再经探针杂交找出代表具有差异表达的 cDNA 片段。然后对这些 cDNA 片段进行序列测定、序列同源性分析等一系列工作，从而进行完整基因的克隆、鉴定等。

（二）SSH 技术的优缺点

1. SSH 的优点

①假阳性率低：这是它的最大优点，由于 SSH 方法采用两次消减杂交和两次 PCR，保证了该方法具有较高特异性。②高敏感性：在杂交过程中可使不同丰度基因均衡化，获得低丰度差异表达基因。③速度快，效率高：一次 SSH 反应可以同时分离几十或成百个差异表达基因。④实验结果复杂程度低：SSH 技术由于采用了接头、差减杂交及两轮抑制性 PCR 扩增，可大量特异扩增那些代表了差异表达的 cDNA 片段，因而减少了结果的复杂性。

2. SSH 的缺点

①SSH 技术的不足之处在于每次只能比较两种样品之间基因表达的差异。②SSH 依赖较高的*Rsa* Ⅰ消化效率和接头连接效率，否则不带接头的 tester cDNA 的杂交方式将和 driver cDNA 相同，导致一些差异表达的 cDNA 得不到富集而丢失。同样，如果两组 tester cDNA 与接头的连接效率不同，也将丢失一些差异表达 cDNA。③有时会产生嵌合 cDNA（概率为 2%）。④起始材料需要 μg 量级 mRNA；SSH 差减克隆片段较小，获取 cDNA 全长序列有一定难度。⑤SSH 技术中所研究的材料的差异不宜太大，最好是只有细微差别。［拓展 5-8：利用下一代测序技术进行差异表达基因的检测］

拓展 5-8

第六节　DNA 诱变

在研究基因功能的时候，有时需要利用特定的方法对基因的序列进行诱变，以达到优化基因表达、破坏或增强基因功能等目的。目前用来进行 DNA 诱变的方法可以概括为两类：随机突变和定点突变。本节对这两类突变方法进行介绍。

一、定点突变

取代、插入或缺失克隆基因或 DNA 序列中的任何一个特定的碱基，这种体外特异性改变某个碱基的技术叫作**定点诱变**（site-directed mutagenesis），现已发展成为基因操作的一种基本技术。

（一）基于 PCR 的点突变

1. 重叠延伸 PCR 法（over-lap extension PCR）

该法最早由 Horton 等阐述。在头两轮 PCR 反应中，应用两个互补的并在相同部位具有相同碱基突变的内侧引物，扩增形成两条有一端彼此重叠的双链 DNA 片段，两者在其重叠区段具有同样的突变。该两条双链 DNA 片段经变性和退火，形成两种异源双链分子，其中具有 3′凹末端的双链分子，在用两个外侧寡核苷酸引物进行第三轮 PCR 扩增时，可产生出一种突变位点远离片段末端的突变体 DNA。其原理见图 5-20。此法突变效率高，但需要两个诱变引物，三次 PCR 反应才能构建突变。后来出现了对此的改进方法，1997 年 Urban 等提出一步重叠延伸 PCR 法，使得三个 PCR 反应得以在一个试管中进行，并省略了中间产物的纯化过程。其原理是首先将待突变的 DNA 以相反的方向克隆到两个载体中，这两个载体（例如 pUC18，pUC19）除了多克隆位点相反外其余均相同，这样便得到两个模板。将这两个模板，两个突变引物及一个与载体互补的通用引物置于一个试管中进行一次 PCR 反应即可得到含突变的目的基因。

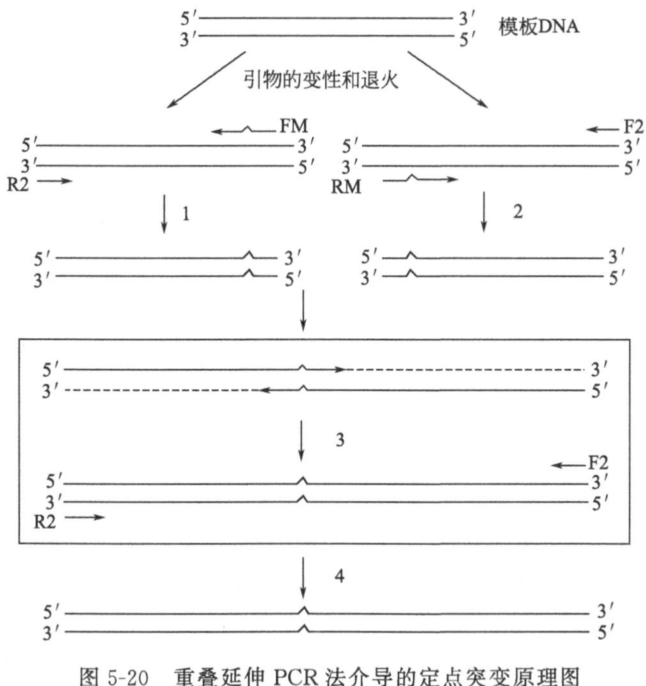

图 5-20 重叠延伸 PCR 法介导的定点突变原理图

（引自文献［8］：《分子克隆实验指南》第 3 版）

2. 大引物 PCR（megaprimer PCR）

大引物诱变是 Kammann 等于 1989 年提出的，该方法包括两轮 PCR，需要两个外侧引物，一个包含预设碱基替换的内部诱变引物。模板通常是克隆到载体中的待诱变的野生型目的基因。首先，由诱变引物和相应的外侧引物引发第一轮 PCR 扩增，这一 PCR 扩增所得到的突变体分子经纯化后作为大引物（megaprimer）又与另一外侧引物用于第二轮 PCR 反应，最后扩增出含突变位点的终产物。所得产物为包含突变的双链 DNA，大小为两个外侧引物（引物 1 和引物 3）的距离（见图 5-21）。

3. 特殊位置碱基的定点突变

当需突变的碱基位于某些特殊位置时，就可以简单地运用一次 PCR 实现定点突变，下面讨论这样两种特殊情况。

（1）需突变碱基位于基因的末端

当需突变碱基位于基因的末端时，定点突变便非常简单易行。只需设计一对引物，其中一个为突变引物，含有欲突变的碱基，另一个引物则完全与模板互补。这两个引物在5′端均含有适宜的限制性酶切位点，经过多轮退火、延伸，得到含突变位点及两个限制性酶切位点的PCR产物，扩增产物经酶切后便可克隆入载体中。已经有许多学者利用这一方法实现了基因的定点突变。例如李振林等利用该技术成功在视蛋白基因引入一个限制性酶切位点，使得视蛋白基因得以与表达绿色荧光蛋白基因顺利连接。

（2）唯一限制性位点删除法（unique site elimination technique，USE）

当需突变的碱基附近含唯一的限制性酶切位点时，如图5-22所示，可以设计一对引物，其中突变引物含有上述限制性酶切位点及欲突变的碱基。以野生型基因为模板进行PCR扩增。随后用限制性内切酶将野生型基因的待突变区切除，并将PCR扩增产物与野生型基因的残留片段连接，从而得到完整的含突变基因。突变碱基附近必须含有一限制性酶切位点，并且这一位点在整个基因的其他位置不能有，实际运用中符合这一条件的情况不多见，因此这一方法的应用受到很大限制。

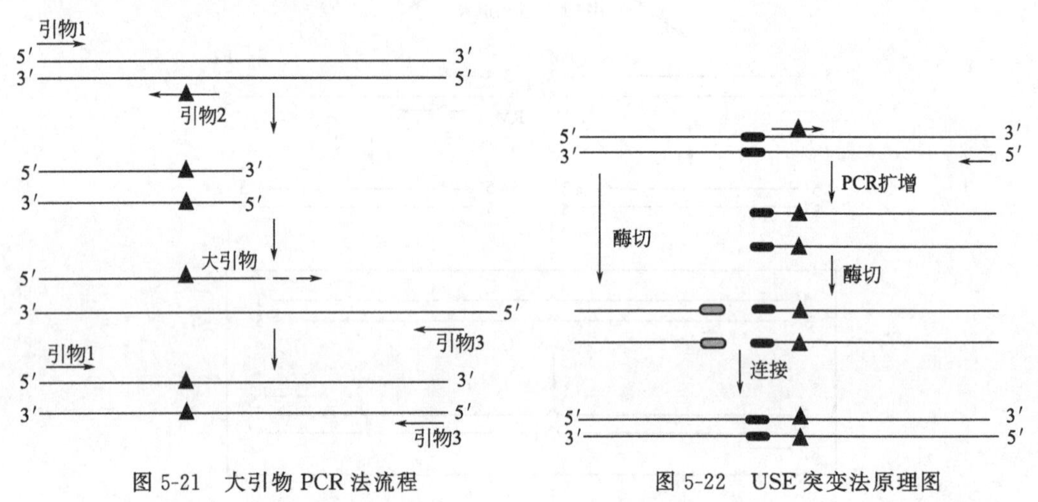

图5-21　大引物PCR法流程

（图中黑色实心三角形代表突变位点）

图5-22　USE突变法原理图

（黑色实心三角形代表突变位点，实心椭圆代表酶切位点）

4. 扩增环状质粒全长的突变方法

当待突变的基因已经克隆入环状质粒时，只能选择另一类方法进行突变，利用一对含突变的引物扩增整个环状质粒，从而得到含突变的线性DNA，随后将线性DNA环化便得到完整的含突变的质粒。由于引物设计策略的不同，这一方法又可以分为两种。一种方法是两个引物反向、紧邻但没有重叠区，扩增产物是平末端的线性DNA，需用T4连接酶环化处理。张巍等利用这一方法成功实现了*hTNF-α*基因的点突变。另一种方法是两个引物也是反向的并且其5′端有15个碱基以上的重叠区，扩增产物为带黏性末端的线性DNA，可自行环化。上述两种方法理论上说既简单又经济，应该成为首选。但事实上要扩增出完整的质粒并非易事，尤其是当质粒较大时，这对聚合酶的质量提出较高的要求，另外循环参数也需精确调节，而且模板质粒要求至少有80%以上是超螺旋的，带切口的质粒不能作为模板。

5. PCR介导定点诱变的优缺点

主要优点：①突变体回收率高；②能以双链DNA为模板，并几乎可在任何位点引入突变；③高温度的利用，可降低模板 DNA 形成二级结构的能力，这些结构会使单链 DNA 模板的延伸反应效率降低；④快速简便。

PCR 介导定点诱变也存在不足之处：①PCR 产物有相对高的错误率，需要通过限制扩增的循环数，应用更好的热稳定 DNA 聚合酶来改善；②在扩增 DNA 的 3′末端引入非预设的核苷酸，这可通过用 *Pfu*DNA 聚合酶代替 *Taq* 酶来解决；③一些以 PCR 为基础的方法，每个诱变实验需大量的引物和扩增反应；④进行 PCR 反应的每套引物和模板的条件都需要优化；⑤以亲本野生型 DNA 为模板的 PCR 反应中，污染可导致高比例的非突变的克隆；⑥标准 PCR 反应不能有效扩增大于 2～3kb 大小的片段。

（二）不依赖于 PCR 的定点诱变方法

1. 盒式诱变（cassette mutagenesis）

盒式诱变就是利用一段人工合成的具有突变序列的寡核苷酸片段，即所谓的寡核苷酸盒取代野生型基因中的相应序列。首先将目的基因克隆到适当的载体上，接着用定向诱变的方法在准备诱变的目的密码子两侧各引入一个单酶切位点再连到同一载体上，然后将此载体用新引进的两个酶切位点切开成线型，最后用人工合成的只有目的密码子发生了变化的双链 DNA 诱变盒和线型载体酶连，转化筛选所需的突变子。相比于 PCR 法，盒式诱变简单易行而且由于指定的突变区域 DNA 是合成的，因此可以得到任何可能的突变，而又不会产生任何混合的或非目的位点的突变，因此对于蛋白质功能的研究尤为有利。但是盒式诱变需要在突变位点两侧具有唯一的限制性酶切位点，大多数情况下这一条件很难满足，因此这种方法不具有通用性。

2. 寡核苷酸介导的诱变（oligonucleotide-directed mutagenesis）

寡核苷酸介导的诱变是通过人工合成的少量密码子发生变化的寡核苷酸介导得到诱变目的基因的一种诱变方式。首先将待突变基因克隆到 M13 噬菌体上，以 5′端磷酸化的带突变碱基的寡核苷酸引物与含目的基因的 M13 单链 DNA 混合退火形成一小段碱基错配的异源双链的 DNA，在 DNA 聚合酶的催化下，引物链以 M13 单链 DNA 为模板合成全长的互补链，而后由连接酶封闭缺口，产生闭环的异源双链的 M13 DNA 分子。然后，转化和初步筛选异源双链 DNA 分子转化大肠杆菌后，产生野生型、突变型的同源双链 DNA 分子，可以用限制性酶切法、斑点杂交法和生物学法来初步筛选突变的基因。

该方法常产生突变效率低的现象，其主要原因是大肠杆菌中存在甲基介导的碱基错配修复系统。针对这一问题，又发展出硫代磷酸诱变法及 Kunkel 定点诱变法（即用尿嘧啶取代 DNA 的选择作用提高突变效率）。

3. Kunkel 法

在带有 dut 突变而引起 dUTP 酶缺陷的大肠杆菌菌株中，由于细胞不能把 dUTP 转变为 dUMP，细胞内的 dUTP 大大增加，其中一些 dUTP 可掺入 DNA 中正常情况下由胸腺嘧啶脱氧核苷酸占据的位置。在正常情况下，大肠杆菌可合成尿嘧啶-*N*-糖基化酶，以除去掺入 DNA 中的尿嘧啶残基。而在 ung^- 菌株中，尿嘧啶则不能去除。Kunkel 定点诱变法正是利用了这样一种对尿嘧啶取代的 DNA 的选择作用。首先在 dut^- ung^- F′的大肠杆菌菌株中培养适当重组的 M13 噬菌体，制备模板 DNA。然后用所得的带尿嘧啶的单链 DNA 作模板，按照标准诱变方案产生杂交体分子，其中模板链含尿嘧啶，而在体外反应中合成的链则含胸腺嘧啶，用该 DNA 转化 ung^+ 菌株，结果模板链被破坏，野生型噬菌体的产生受到抑制。因此，大部分（可达 80%）的后代噬菌体是由所转染的不带尿嘧啶的负链复制而来的。由于该链的合成引物是诱变寡核苷酸，后代噬菌体多带有目标突变。在此基础上，Perlak 发明了在一个反应中引入多个寡核苷酸诱变引物，实现大规模定点诱变的方法，使诱变率进一步提高。王贤舜等采用Kunkel法，对枯草杆菌蛋白酶E进行定点诱变（Asn2218Ser），使酶的热稳定性提高4倍。

二、随机突变

一般来说，只有当对某段序列的功能有确切了解，已知改变某个或某几个碱基可能会产生明显的效果时才采用定点突变法。然而在很多情况下，研究者对目的序列的了解是很有限的，这时为了研究目的序列的功能往往需要引入大量的随机突变，构建突变库，再逐个筛选和鉴定。随机突变包括化学或物理诱变法以及PCR随机诱变法。

1. PCR介导的随机突变

PCR介导随机突变主要有两种策略。一种是利用简并引物，简并引物的特点是其5′端有十几个碱基是随机组合的。这一方法除引物特殊外，其余均与定点突变技术完全一样。利用简并引物可以产生大量随机突变，并且这些突变都集中在很窄的一段区域内。另一种方法即易错PCR技术，其原理在于，忠实性较低的聚合酶（如*Taq*酶）在特定措施下很容易向扩增产物中掺入随机突变。为增加错配率，一般采取的措施包括：使用低保真度的DNA聚合酶；加入$MnCl_2$降低聚合酶对模板的特异性；增加$MgCl_2$浓度稳定非互补的碱基对；增加某些dNTP的浓度促进错误掺入；加入dITP配以某种dNTP的减少（dITP掺入后可被任何一种dNTP取代造成突变）；用5-溴脱氧尿苷三磷酸（BrdUTP）部分取代dTTP（BrdUTP是dTTP的类似物，以酮式状态存在时与腺嘌呤配对，以烯醇式状态存在时则与鸟嘌呤配对而造成突变，可引起A-T→G-C的复制错误）；等等。据报道，应用这些措施所造成的突变率在0.5%～2%。Arnold研究组使用易错PCR提高枯草杆菌蛋白酶E的表达水平和在有机溶剂二甲基甲酰胺中的活性，使酶的总活力提高了131～471倍。

2. DNA改组

DNA改组是由美国的Stemmer于1994年首先提出，目前已发展成为比较完善的技术体系。作为一种高通量的突变和筛选技术，不仅可以实现基因序列的点突变，还可以实现其他突变技术不能实现的基因片段插入、缺失、倒转和整合等，而且可以反复改组，实现突变的优势积累效应。DNA改组实际上是依赖于PCR的体外诱变技术。它是将单个基因或相关基因家族的靶序列通过物理或化学方法随机片段化，由于这些小片段之间具有一定的同源性，通过无引物PCR和有引物PCR组装成全长的嵌合体基因即嵌合体文库。然后对嵌合体文库进行高通量或超高通量的筛选，选择具有改进功能或全新功能的突变体作为下轮DNA改组的模板，重复上述步骤进行多轮改组和高通量的筛选，直到获得理想的突变体。

3. StEP（ staggered extension process）重组

1997年，Zhao等在DNA改组的基础上，通过巧妙设计提出了StEP重组，它是DNA改组的创新和发展。其原理为在PCR反应中，将两个以上相关的含不同点突变的单链模板相混合，引物先在一个模板上延伸，随之进行多轮变性和短暂的退火/延伸反应。在每一轮PCR反应中，那些部分延伸的DNA小片段可以随机结合到其他模板上继续延伸，由于模板转换而实现不同模板间的重组，这种交错延伸过程继续进行，直到获得全长的基因。该技术应用于随机诱变产生或自然发生的同源基因（大约80%的同源性）变种间的重组。

4. RAISE（random insertional-deletional strand exchange mutagenesis）重组

2006年，Motomitsu Kitaoka研究小组创造性地提出RAISE重组。RAISE方法通常由三步组成，利用物理或化学方法将目的基因片段化，然后利用末端脱氧核苷酸转移酶（TdT）在基因片段的3′端引入大约5bp的随机序列，再通过无引物和有引物PCR聚合成原长的基因。此种方法和DNA改组差不多，只是增加了利用TdT在基因片段的3′端加尾，是 DNA 改组的又一创新，通过增加这个步骤，能够将各种长度的随机插入、缺失和替代引入整个目的基因。此技术可以引入大量的突变，因此它通常和高通量的筛选方法相结合。

5. 随机引导重组（random-priming recombination，RPR）

该方法由 Arnold 等人于 1998 年提出。其原理是，用随机序列引物来产生互补于模板序列不同部分的大量的 DNA 小片段。由于碱基的错误掺入和错误引导，这些 DNA 的小片段中也因之而含有少量的点突变。DNA 小片段之间可以相互同源引导和重组。在 DNA 聚合酶作用下，经反复的热循环可重新组装成全长的基因。与 DNA 改组相比，RPR 技术具有以下优点：①RPR 可直接利用单链 DNA 或 mRNA 作模板；②DNA 改组利用 DNase Ⅰ 随机切割双链 DNA 模板，在 DNA 片段重新组装成全长序列之前，DNase Ⅰ 必须去除干净，一般说来，RPR 技术使基因的重新组装更容易；③合成的随机引物长度一致并缺乏序列的偏向性，保证了点突变和交换在全长的后代基因中的随机性；④随机引导的 DNA 合成不受 DNA 模板长度的影响，这给小肽的改造提供了机会；⑤所需亲代 DNA 是 DNA 改组所需的量的 1/10～1/20。Suenaga 等利用 RPR 技术对联苯双加氧酶大亚基基因 *bphA1* 进行诱变和选择，使联苯双加氧酶不仅增强了对聚氯联苯类物质的降解功能，而且增加了降解二苯并呋喃等物质的新功能。

DNA 诱变的方法很多，在具体运用时需充分考虑现有条件及各种方法的优缺点以便选择最适宜的方法，达到最佳的效果。某些情况下，综合利用两种或几种不同的方法可能会取得更好的效果。（拓展 5-9：利用 CRISPR 基因组编辑技术进行 DNA 突变）

拓展 5-9

第七节　转化、筛选与鉴定

不论是用何种方法获取目的基因，在将目的基因连入载体之后，该重组分子都必须导入特定的受体细胞，使其能够在受体细胞内增殖或者表达，这种导入的过程对原核细胞来说就是转化（transformation）。由于重组分子的连接过程和连接后的转化过程都不可能达到 100%的效率，因此完成转化的受体细胞还要经过特定方法的筛选和鉴定才能排除转化和重组过程中的非转化子（没有接纳载体或重组 DNA 的受体细胞）和非重组子（不含目的基因的空载体转化的受体细胞）。

一、重组 DNA 导入受体细胞

（一）受体细胞

重组 DNA 分子是由外源的目的基因或目的 DNA 片段与载体连接形成，它必须在合适的受体细胞内才得以大量扩增或表达。受体细胞（recepter cell）就是能够摄取外源 DNA 并能够使其稳定存在的细胞，又称宿主细胞或寄主细胞等。依据不同的实验目的，受体细胞的选择和作用会不同，比如对重组 DNA 进行大量扩增时，就要求宿主能够对重组 DNA 进行多拷贝复制，若是为了得到大量的目的基因的表达产物，则选择的宿主细胞应能够启动重组基因的表达。

选择受体细胞的基本原则如下。

① 细胞要比较安全，无致病性，不会对外界环境造成生物污染。常选择致病缺陷型细胞或营养缺陷型的细胞作为受体细胞。

② 重组 DNA 分子导入受体细胞要方便。例如大肠杆菌 DH5α 比较容易制作成感受态的

细胞，常被选择为受体细胞。

③ 重组 DNA 分子要能够在该受体细胞内稳定存在。通过对受体细胞进行修饰改造，如选择某些限制性核酸内切酶缺陷的细胞作为受体细胞，以避免其对外源重组 DNA 分子降解破坏。

④ 重组 DNA 分子的筛选要方便。比如选择与载体的选择性标记相匹配的受体细胞基因型，以利于对重组体的筛选。

⑤ 遗传稳定性要高，利于扩大培养或长期培养。

⑥ 选择蛋白水解酶基因缺失或蛋白酶含量低的细胞，以利于稳定大量收集目的蛋白产物。

依据细胞的复杂程度和预处理的不同，常见的受体细胞有原核细胞、低等真核细胞、植物细胞和动物细胞等几种类型。由于在基因工程操作中，构建的重组 DNA 分子进行表达、扩增和鉴定等过程往往是在原核细胞中进行的，所以这里只以原核受体细胞为例介绍重组 DNA 导入受体细胞的方法和过程。

（二）重组 DNA 导入原核细胞

原核受体细胞常作为工程菌来表达一些目的基因产物，或者作为克隆载体的宿主菌，用于构建基因组文库或 cDNA 文库。常用的原核受体细胞主要有大肠杆菌、枯草杆菌和蓝细菌等。下面以大肠杆菌为例简单介绍重组 DNA 导入受体细胞的基本方法。

1. Ca^{2+} 诱导大肠杆菌感受态转化法

在自然条件下，很多质粒都可通过细菌接合作用转移到新的宿主内，但在人工构建的质粒载体中，一般缺乏此种转移所必需的 *mob* 基因，因此不能自行完成从一个细胞到另一个细胞的接合转移。大肠杆菌是一种革兰氏阴性菌，自然条件下转化比较困难，转化因子不容易被吸收。如需将质粒载体转移进大肠杆菌受体细胞，需要利用一些特殊的方法（如 $CaCl_2$、RbCl 等化学试剂法）处理受体细胞，使其细胞膜的通透性发生了暂时性的改变，成为能允许外源 DNA 分子进入的感受态细胞（competent cell）。进入受体细胞的 DNA 分子通过复制、表达实现遗传信息的转移，使受体细胞出现新的遗传性状。将经过转化后的细胞在筛选培养基中培养，即可筛选出转化子（transformant，即带有异源 DNA 分子的受体细胞）。$CaCl_2$ 法是目前常用的感受态细胞制备方法，它虽不及 RbCl（KCl）法转化效率高，但其简便易行，且其转化效率完全可以满足一般实验的要求，制备出的感受态细胞暂时不用时，可加入占总体积 15%的无菌甘油于－70℃保存（半年）。

$CaCl_2$ 法制备大肠杆菌（DH5α 或 DH10B）感受态细胞并转化的基本实验步骤如图 5-23 所示。

为了提高转化效率，实验中要考虑以下几个重要因素。

① 细胞生长状态和密度。不要用经过多次转接或储于 4℃的培养菌，最好使用从单克隆菌落制备的新鲜菌液，细胞生长密度以刚进入对数生长期时为好，可通过监测培养液的 OD_{600} 来控制。DH5α 菌株的 OD_{600} 为 0.5 时，细胞密度在 5×10^7 个/mL 左右（不同的菌株情况有所不同），这时比较合适。密度过高或过低均会影响转化效率。

② 质粒的质量和浓度。用于转化的质粒 DNA 应主要是超螺旋（supercoiled）或者共价闭合环状（covalently closed-circular）结构的。转化效率与外源 DNA 的浓度在一定范围内成正比，但当加入的外源 DNA 的量过多或体积过大时，转化效率就会降低。1ng 的超螺旋 DNA 可使 50μL 的感受态细胞达到饱和。一般情况下，DNA 溶液的体积不应超过感受态细胞体积的 5%。

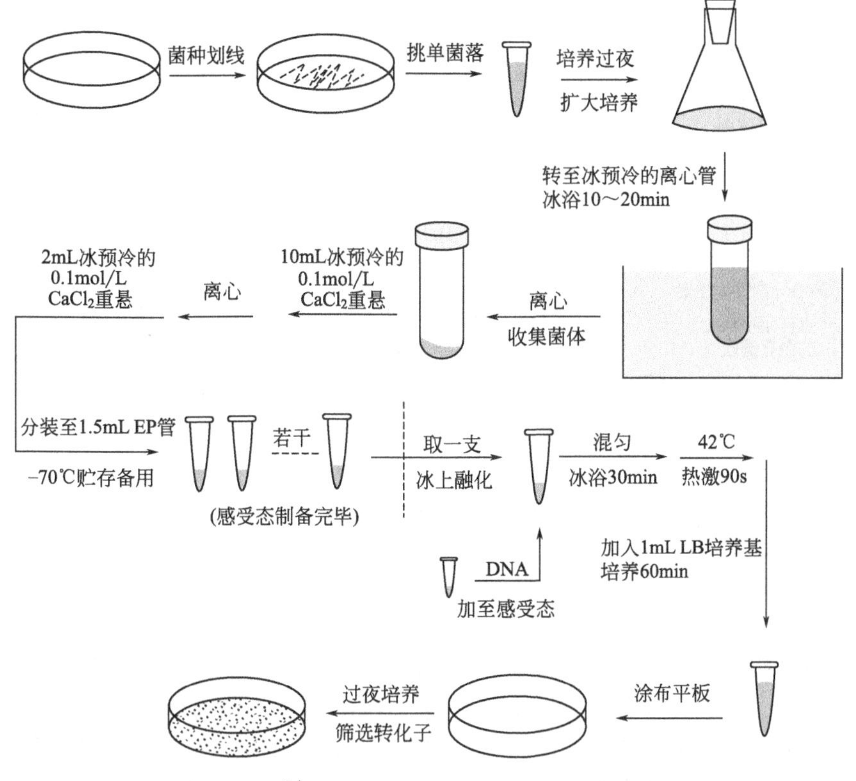

图 5-23　Ca^{2+} 诱导的大肠杆菌感受态的制备及转化

③ 试剂的质量。所用的试剂，如 $CaCl_2$ 等最好是最高纯度的（GR. 或 AR.），并用超纯水配制，过滤除菌后分装保存于 4℃冰箱备用。

④ 防止杂菌和杂 DNA 的污染。整个操作过程均应在无菌条件下进行，所用器皿，如离心管、塑料移液枪头（tip 头）等最好是新的，并经高压灭菌处理，所有的试剂都要灭菌，且注意防止被其他试剂、DNA 酶或杂 DNA 所污染，否则均会影响转化效率，为以后的筛选、鉴定带来不必要的麻烦。（拓展 5-10：转化实验注意事项）

拓展 5-10

2. 电穿孔转化法

电穿孔是一种功能强大的将核酸、蛋白质及其他分子导入多种细胞的高效技术，最早是用于真核细胞中 DNA 的导入，1988 年，Dower 等人首先将这种方法成功用于大肠杆菌的转化。目前，该方法已经广泛用于不同类型的细胞，包括细菌、酵母、植物和动物等细胞。电穿孔的基本原理是通过高强度的电场作用，瞬时提高细胞膜的通透性，即形成可逆的瞬时通道，从而使细胞吸收周围介质中的外源分子。这种技术可以将核苷酸、DNA 与 RNA、蛋白质、糖类、染料及病毒颗粒等导入原核和真核细胞内。基本的操作方法：将细胞悬浮在电极杯中，同时把外源 DNA 加入其中，电极杯两极外接高压电源，提供一个短暂的高压脉冲电场，此时，细胞膜两边产生一个高阈值电位而使细胞膜出现裂隙或孔洞，进而使外源 DNA 进入细胞。电穿孔转化效率受电场强度、电脉冲时间和外源 DNA 浓度等的影响，一般每微克的 DNA 可以得到 10^9～10^{10} 个转化子。通电时间延长或增高电压时能够提高打孔效率而使转化率提高，但是可能会导致受体细胞存活率降低，有研究显示，当脉冲时间和电场强度组合导致 50%～70%细胞死亡时，转化效率最高。

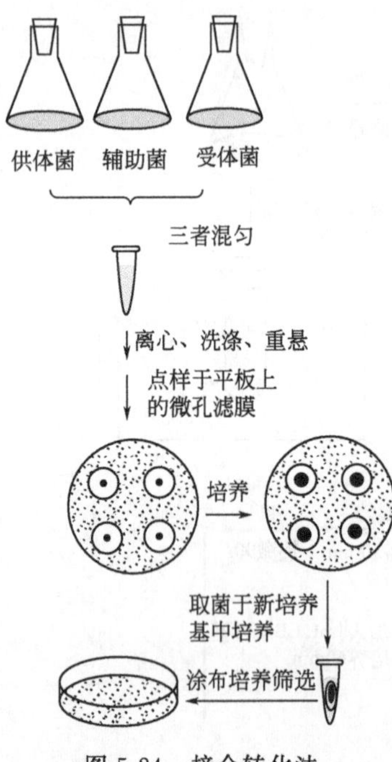

图 5-24 接合转化法

3. 接合转化法

接合转化是通过供体细胞同受体细胞间的直接接触而传递外源 DNA 的方法。该转化系统一般需要三种不同类型的质粒，即接合质粒、辅助质粒和运载质粒（载体）。这三种质粒共存于同一宿主细胞，与受体细胞混合，通过宿主细胞与受体细胞的直接接触，使运载质粒进入受体细胞，并在其中能稳定维持，如图 5-24 所示。现在常把接合质粒和辅助质粒同置于一宿主细胞（辅助细胞），再与单独含有运载质粒的宿主细胞（供体细胞）和被转化的受体细胞混合，使运载质粒进入受体细胞，并在其中能稳定维持。也有把接合质粒和运载质粒同置于一宿主细胞，再与单独含有辅助质粒的宿主细胞和被转化的受体细胞混合进行转化的。由于整个接合转化过程涉及三种有关的细菌菌株，因此称为三亲本接合转化法。此方法主要用于微生物细胞的基因转化。

4. λ 噬菌体转导法

转导是噬菌体介导的一种 DNA 或 RNA 转移过程。λDNA 载体是一种比较常用的载体，它能够承载较大的外源 DNA 片段，所以 λDNA 重组体比较大，可以达到 48～51kb，通常采用转导的方法导入受体细胞。在转导之前，重组 DNA 分子需要进行人工包装成具有感染活力的噬菌体颗粒。整个转导过程如图 5-25 所示，步骤如下。

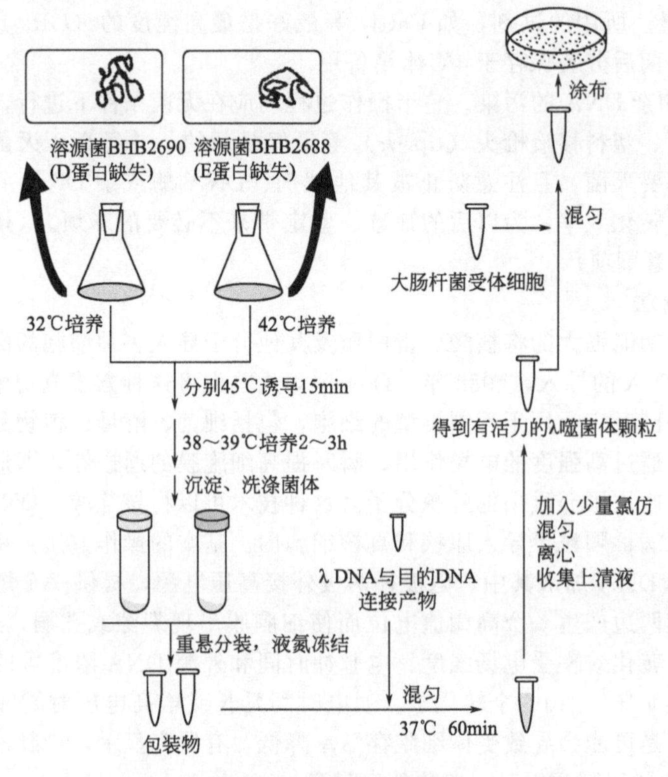

图 5-25 λ 噬菌体转导法

① 包装体系的准备。用于体外包装的蛋白质可以直接从大肠杆菌的溶源菌株中得到，用于包装的蛋白组分一般要求功能互补并分离放置。以D蛋白缺失突变的λ噬菌体溶源菌BHB2690和E蛋白缺失突变的λ噬菌体溶源菌BHB2688为例，先分别于32℃和42℃培养得到一定量的菌株，然后将对数期的溶源菌预热到45℃诱导培养15min，再转至38～39℃培养2～3h。最后，分别沉淀、洗涤菌体并收集储存得到蛋白组分包装体系，有时也可以一起制备。

② 包装。λDNA与目的DNA连接反应体系与包装蛋白组分（即包装体系）混匀，于室温静置60min，加入少量氯仿，混匀离心将细菌碎片除去，收集上清液，上清液中得到有活力的λ噬菌体颗粒。

③ 转导。将得到的上清液稀释至合适的浓度，与大肠杆菌受体细胞混合涂板，过夜培养即可。

上面介绍了外源DNA重组体导入受体细胞几种常用的方法，无论哪种方法（包括转导、电穿孔等）都习惯上用统一的概念转化率来评价得到转化子的效率。一般情况下，如果待转化的DNA分子数大于受体细胞数时，表征转化率的方式是转化得到的细胞数即转化子数与受体细胞总数的比值，直接反映了受体细胞中感受态的含量。如果受体细胞数比待转化的DNA分子数多很多时，转化率的表征方式是每微克DNA转化所得到的转化子数，即每微克DNA进入受体细胞的分子数。

二、重组子的筛选与鉴定

如前所述，重组DNA的转化效率不可能达到100%，因此转化产物中存在转化子和非转化子。转化子是指得到外源DNA分子（包括空载体和构建的重组DNA分子）并稳定存在的受体细胞。非转化子则相反，是未接纳外源DNA分子的细胞。而重组子是指得到重组DNA分子的转化子。对重组子的筛选和鉴定是指在转化或转导等工作之后，将重组子从未吸纳重组DNA的受体细胞以及吸纳了空载体的受体细胞中筛选出来，并进一步对重组子所含的重组DNA片段进行鉴定的过程。一般只有少数重组DNA分子能够进入受体细胞，而也只有很少数细胞在得到重组DNA分子后能够稳定增殖和表达，所以筛选工作是非常必要的。比如有10^7个受体细胞，转化效率为10^{-4}，则转化子为1000个，这些细胞中有的可能是吸纳了空载体或非目的重组DNA分子，并非都是重组子，所以必须将转化子初选出来，然后进一步检测其是否含有目的重组DNA分子。

转化子的筛选方法是多种多样的，是由载体的类型、插入DNA片段大小和性质，以及受体细胞的遗传特性等决定的。

（一）依据载体的选择性标记对转化子进行初步筛选

为了方便转化子的筛选，载体上往往已经携带了一定的遗传标记基因，利用这些标记，在一定的培养条件下可以将转化子挑选出来。最常见的方法是利用选择培养基，这种培养基通常是在LB培养基中加入适量的选择物配制而成，也有的是营养缺陷培养基。选择物要针对载体上携带的选择性标记进行相应选择，常用的选择物有抗生素、显色剂等。

1. 抗药性筛选法

当重组DNA载体上携带受体细胞敏感的抗生素抗性基因时，通常可以采取用转化体系涂布含该抗生素的选择培养平板的方法进行转化子的第一轮筛选。常用的抗生素有：氨苄青霉素（ampicillin）、羧苄西林（carbenicillin）、甲氧西林（methicillin）、卡那霉素（kanamycin）、氯霉素（chloramphenicol）、链霉素（streptomycin）、萘啶酮酸（nalidixic acid）

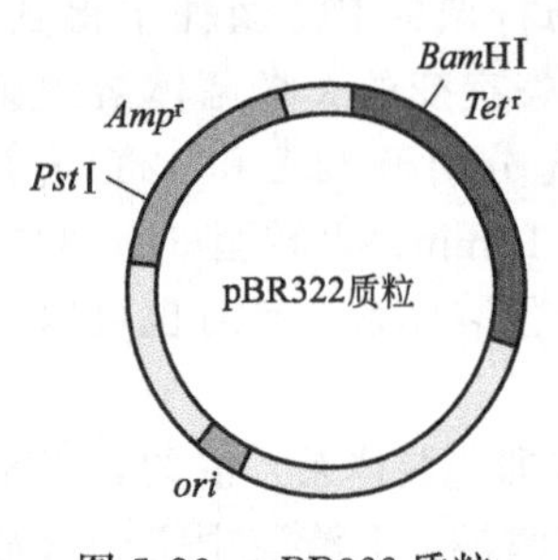

图 5-26　pBR322 质粒

和四环素（tetracycline）等。

为了进一步筛选出重组子，往往需要第二轮筛选，常用的方法是负选择法。以 pBR322 载体为例（图 5-26），它含有氨苄青霉素抗性（Amp^r）和四环素抗性（Tet^r）两种抗性基因，如果外源 DNA 片段插在位于 Tet^r 基因区的限制性酶切位点 *Bam*HⅠ位点，则可以将转化体系涂布在含氨苄青霉素的平板上，长出的菌落即为转化子。再准备一个含四环素的平板，将氨苄青霉素平板长出的菌落原位印迹在其上面，经培养无法生长的菌落即可被认为是重组子。

在实验中，经第一轮抗性筛选出来的转化子中重组子一般已经有比较高的比率，进一步的鉴定还可以采用菌落 PCR 的方法进行筛选验证。此时，PCR 时一般选择载体上多克隆位点两侧的序列设计引物，以 pGEM T 载体为例，可以选择多克隆位点两侧的 T7 和 SP6 序列的引物进行 PCR 扩增，此外也可以待第二天以培养得到的菌液为模板做 PCR。扩增后的 PCR 产物进行琼脂糖凝胶电泳检测，如果条带大小与目的 DNA 片段大小一致，即可初步认为得到了正确的目的 DNA 重组体。进一步准确的鉴定一般是进行 DNA 序列测定和比对。

2. 显色筛选法

常用的一种显色筛选法是蓝白斑筛选法，利用的是 *lacZ* 基因的 α-互补原理，由 α-互补而产生的 $lacZ^+$ 细菌在诱导剂 IPTG 的作用下，在生色底物 X-Gal 存在时产生蓝色菌落。然而，当外源 DNA 插入到质粒的多克隆位点后，破坏了 *lacZ* 的 N 端片段，α-互补也遭到破坏，因此使得带有重组质粒的细菌形成白色菌落。用蓝白斑筛选时，连接产物转化的细菌平板于 37℃温箱倒置过夜培养后，有重组质粒的细菌会形成白色菌落。如图 5-27 所示。

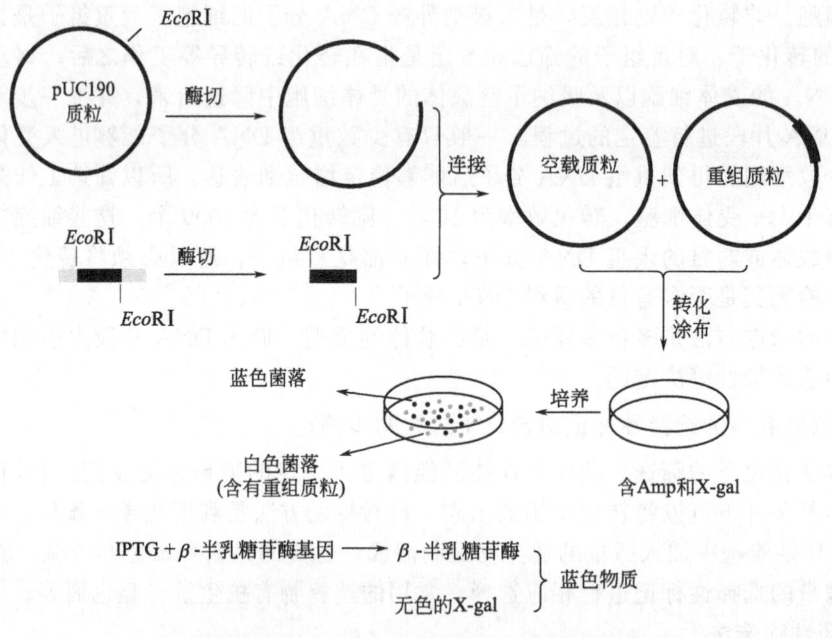

图 5-27　重组体 pUC19 质粒的构建与蓝白斑筛选法

有的目的基因在受体细胞中表达后产物本身就具有某种颜色，利用这种性质可以直接进行重组子的筛选。只是在表达某些真核蛋白时，由于大肠杆菌中不具备真核基因的转录后加工机制，很难得到具有活性的产物。

3. 营养缺陷型筛选法

营养缺陷型筛选法基本原理是，突变型受体细胞缺乏合成某种必需营养物质的能力，而载体分子上携带了这种营养物质的生物合成基因，利用缺少该营养物质的合成培养基进行涂布培养时，阳性转化子能够长出菌落。比如以经诱变产生的 Lys 合成缺陷型菌株为受体细胞，当载体分子上含有 Lys 合成基因时，转化后利用不含 Lys 的选择培养基即可筛选得到转化子。

4. 噬菌斑筛选法

λ 噬菌体在感染细胞时，培养平板上会产生噬菌斑，利用这种特性，λDNA 重组载体在转染受体菌时，能够形成噬菌斑则为转化子，非转化子正常生长不会形成噬菌斑。有时可以结合蓝白斑筛选直接得到重组子。也可以利用 λ 噬菌体包装时对 DNA 长度限制的特性选用取代型载体，此时因空载体不能被包装，所以得到的噬菌斑即为重组子。

（二）菌落原位杂交法

菌落原位杂交的目的是快速准确地从重组子中筛选出期望的重组子，主要原理是针对目的 DNA 的某一序列设计特异性的 DNA 或 RNA 探针，在适宜的温度和缓冲体系中，探针序列与目的 DNA 特异性地杂交，可以通过探针携带的放射性同位素或荧光基团进行鉴定。

对分散在若干个琼脂平板上的少数菌落（100～200）进行克隆筛选时，可采用本方法。将这些菌落按照一定的顺序对应地归并到一个琼脂主平板，随后在该平板表面覆盖硝酸纤维素滤膜，将平板上的菌落影印转移至膜上，并对膜上的菌落进行原位裂解后进行杂交鉴定，如图 5-28 所示。

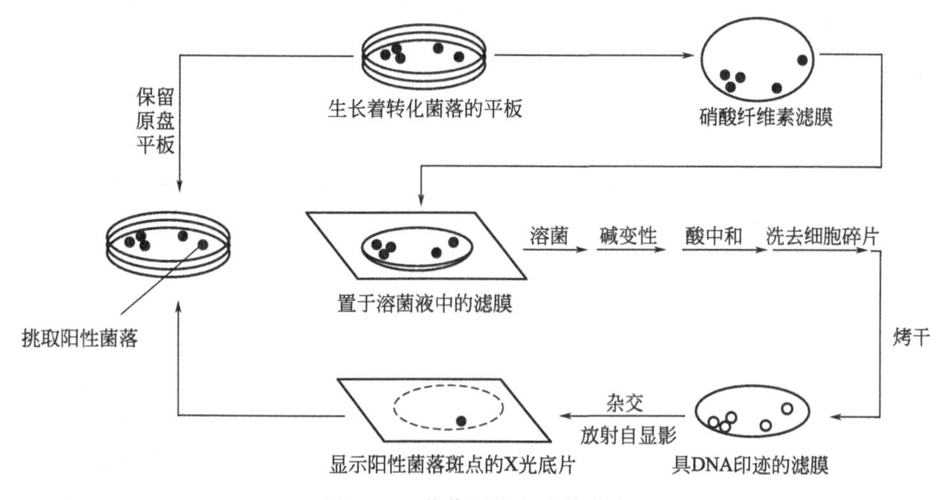

图 5-28　菌落原位杂交筛选法

三、DNA 序列测定

DNA 序列属于核酸一级结构的范畴，一般指碱基的排列顺序。DNA 序列测定即 DNA 测序，是基因工程中的重要技术之一。对 DNA 序列的测定为确定重组 DNA 分子是否含有目的基因或目的片段是否正确提供了最重要最直接的依据，也为目的基因进一步的表达和功能研究提供了重要前提条件。

目前应用的两种快速序列测定技术是 Sanger 等（1977）提出的酶法及 Maxam 和 Gilbert（1977）提出的化学降解法。虽然其原理大相径庭，但这两种方法都是同样生成互相独立的若干组带放射性标记的寡核苷酸，每组寡核苷酸都有固定的起点，但却随机终止于特定的一种或者多种残基上。由于DNA上的每一个碱基出现在可变终止端的机会均等，上述每一组产物都是一些寡核苷酸混合物，这些寡核苷酸的长度由某一种特定碱基在原DNA全片段上的位置所决定。然后在可以区分长度仅差一个核苷酸的DNA分子的条件下，对各组寡核苷酸进行电泳分析，只要把几组寡核苷酸加样于测序凝胶中若干个相邻的泳道上，即可从凝胶的放射自显影片上直接读出DNA上的核苷酸顺序。

（一）Sanger双脱氧链终止法

Sanger双脱氧链终止法（即Sanger法）DNA测序的试剂包括：引物、模板、DNA聚合酶、ddNTP、dNTP等。1975，Sanger首次设计利用了DNA聚合反应（即加减法）的测序技术，并利用这个技术测定了ϕX174噬菌体共5386bp的全部DNA序列。加减法首次引入了使用特异引物在DNA聚合酶作用下进行延伸反应、碱基特异性的链终止，以及采用聚丙烯酰胺凝胶区分长度差一个核苷酸的单链DNA等方法。尽管有了这些进展，但加减法仍然很不精确，应用受到限制。直至引入双脱氧核苷三磷酸（ddNTP）作为链终止剂，酶法DNA序列测定技术才得到广泛接受和应用。

Sanger双脱氧链终止法基本原理是，2′,3′-ddNTP在DNA聚合酶作用下通过其5′三磷酸基团掺入到正在增长的DNA链中，但由于没有3′羟基，它们不能同后续的dNTP形成磷酸二酯键，因此，正在增长的DNA链不可能继续延伸。这样，在DNA合成反应混合物的4种普通dNTP中加入少量的一种ddNTP后，链延伸将与偶然发生但却十分特异的链终止展开竞争，反应产物是一系列的核苷酸链，其长度取决于从引物3′末端到出现过早链终止的位置之间的距离。在4组独立的酶反应体系中分别加入4种不同的ddNTP，结果将产生4组寡核苷酸，然后将这四组寡核苷酸分别进行聚丙烯酰胺凝胶电泳，根据电泳条带的分布即可读出待测DNA链的序列。如图5-29所示。

（二）Maxam-Gilbert DNA化学降解法

与基于合成反应的链终止技术不同，Maxam-Gilbert法要对DNA进行化学降解，如图5-30所示。其基本原理是，一个末端标记的DNA片段在4组互相独立的化学反应中分别得到部分降解，其中每一组反应特异地针对某一种或某一类碱基。因此生成4组放射性标记的分子，从共同起点（放射性标记末端）延续到发生化学降解的位点。每组混合物中均含有长短不一的DNA分子，其长度取决于该组反应所针对的碱基在原DNA全片段上的位置。此后，各组均通过聚丙烯酰胺凝胶电泳进行分离，再通过放射自显影来检测末端标记的分子。

Maxam-Gilbert法所能测定的长度要比Sanger法短一些，它对放射性标记末端250个核苷酸以内的DNA序列效果最佳。在20世纪70年代Maxam-Gilbert法刚刚问世时，利用化学降解进行测序不但重现性更高，而且也容易为普通研究人员所掌握。但随着M13噬菌体和噬菌粒载体的发展，也由于现成的合成引物唾手可得及测序反应日趋完善，如今双脱氧链终止法远比Maxam-Gilbert法应用得广泛。然而，化学降解较链终止法具有一个明显的优点：所测序列来自原DNA分子而不是酶促合成所产生的拷贝。因此，利用Maxam-Gilbert法可对合成的寡核苷酸进行测序，可以分析诸如甲基化等DNA修饰的情况。然而，由于Sanger法既简便又快速，因此是现今的最佳选择方案，事实上目前大多数测序策略都是根据Sanger法而设计的。

（三）大片段DNA的测序方案

上述两种DNA测序方法一次测序受到聚丙烯酰胺凝胶分辨效果的制约，测序长度受到

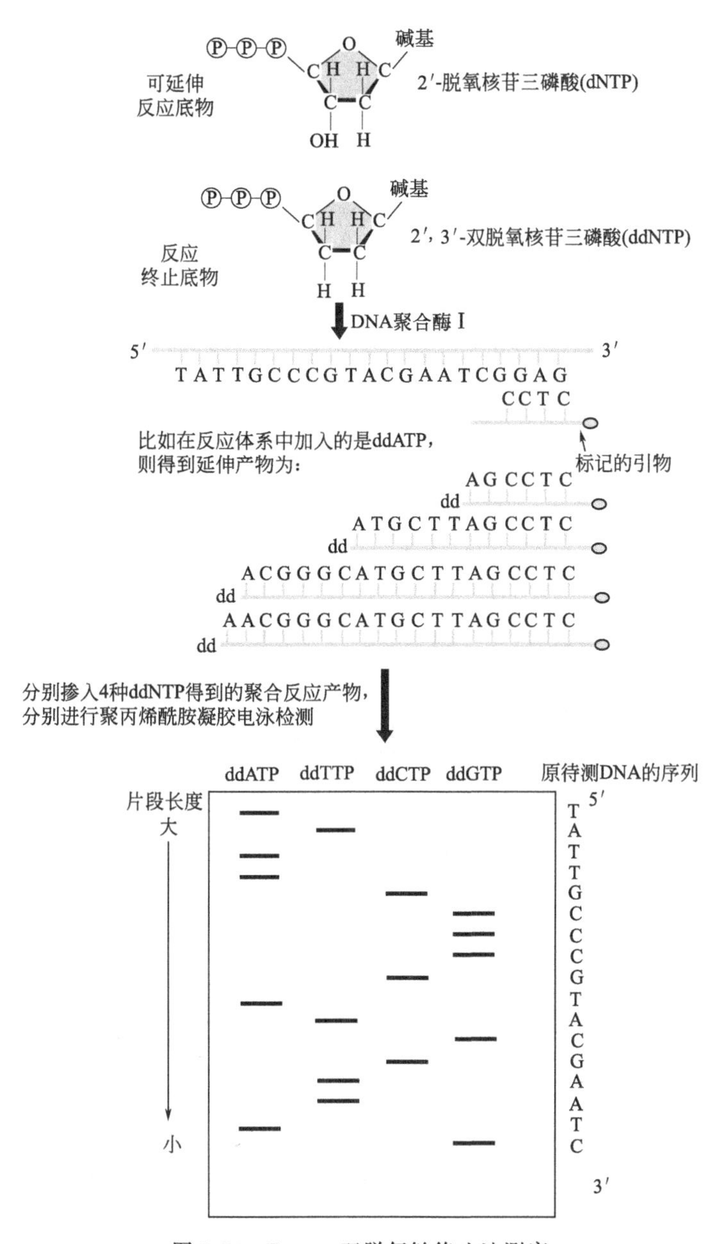

图 5-29 Sanger 双脱氧链终止法测序

很大的限制，一般一次不超过 1000bp。对于大片段的 DNA，为了获得完整的序列，一般采取多轮测序的办法。常用的方案如下。

① 随机法（或鸟枪测序法）。在随机法中，序列资料是从含有靶 DNA 随机片段的亚克隆中收集而来的。既不需要费力地确定这些亚克隆在靶 DNA 中的位置，也不需要设法查明究竟测出的是哪一条链的序列，只要把积累资料贮存起来，最后可用计算机排列妥当。这一方法是由剑桥的医学研究委员会（MRC）实验室率先推行的，曾经成功地用于测定人线粒体 DNA、人腺病毒 DNA、λ 噬菌体 DNA，以及 Epstenin-Barr（EB）病毒 DNA 的序列。

② 定向法。在定向法中，靶 DNA 的测序按计划有秩序地进行。利用一套反应中取得的核苷酸序列设计新的寡核苷酸充当后续一套反应的引物，从而循序渐进地获得从未测定过的靶 DNA 片段的序列。因此在这一方法中，DNA 序列的积累是通过沿 DNA 链渐进移动引物

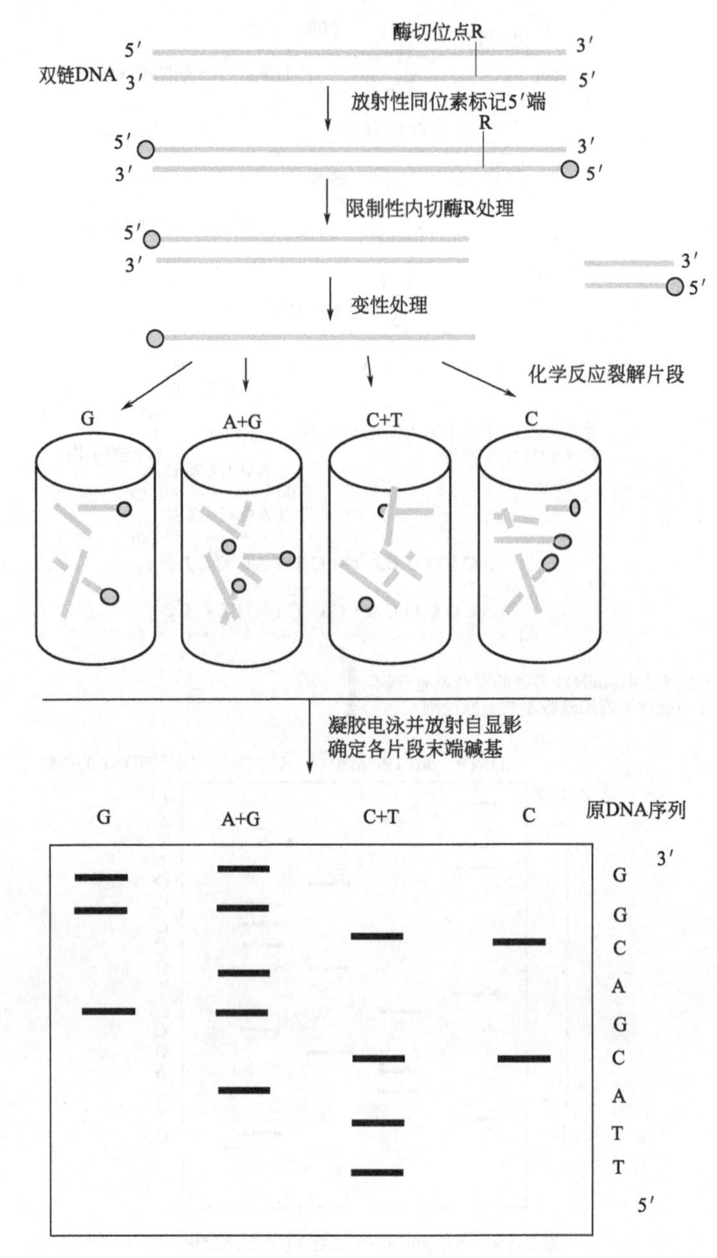

图 5-30　Maxam-Gilbert DNA 化学降解法

结合位点而实现的。

③ 限制酶切-亚克隆测序法。选择适当的限制酶，对插入 DNA 片段进行切断处理，然后对切断的 DNA 片段进行亚克隆，并对每个亚克隆中的 DNA 片段进行测序。

（四）大规模 DNA 测序的发展趋势

DNA 测序实现规模化的重要条件是自动化和机械化。目前，DNA 制备、克隆文库组建及筛选、DNA 测序分析、数据的分析获得、碱基序列阅读、重叠克隆群顺序排定等过程均已平行发展，自动化操作紧随其后。随着 DNA 测序不断由半自动化向自动化过渡，原始数据积累将不成问题，关键是把全基因的散测序组装起来，以实现 DNA 测序的完整性。

大规模平行测序平台（massively parallel DNA sequencing platform）目前已经发展成为

主流的测序技术，这项测序技术的出现不仅令DNA测序费用降到了以前的百分之一，还让基因组测序这项以前专属于大型测序中心的“特权”能够被众多研究人员分享。市面上已有多种测序仪产品，例如美国Roche Applied Science公司基于焦磷酸合成测序技术开发的454基因组测序仪、美国Illumina公司和英国Solexa technology公司合作开发的基于合成测序技术的Illumina测序仪、美国Applied Biosystems公司利用克隆连接测序技术开发的SOL-iD测序仪、Dover/Harvard公司的Polonator测序仪以及美国Helicos公司的HeliScope单分子测序仪。所有这些新型测序仪都使用了一种新的测序策略——循环芯片测序法（cyclic-array sequencing），也可将其称为“下一代测序（next generation sequencing，NGS）技术或者第二代测序技术”。所谓循环芯片测序法，简言之就是对布满DNA样品的芯片重复进行基于DNA的聚合酶反应（模板变性、引物退火杂交及延伸）以及荧光序列读取反应。与传统测序法相比，循环芯片测序法具有操作更简易、费用更低廉的优势，于是很快就获得了广泛的应用。

在第二代测序技术基础上，近年来PacBio公司的SMRT和Oxford Nanopore Technologies公司的纳米孔单分子测序技术（nanopore sequencing），被称为第三代测序技术。与前两代相比，它们最大的特点就是单分子测序，测序过程无需进行PCR扩增。SMRT技术基于以下原理，脱氧核苷酸用荧光标记，显微镜可以实时记录荧光的强度变化，当荧光标记的脱氧核苷酸被掺入DNA链的时候，它的荧光就同时能在DNA链上探测到，当它与DNA链形成化学键的时候，它的荧光基团就被DNA聚合酶切除，荧光消失，这种荧光标记的脱氧核苷酸不会影响DNA聚合酶的活性，并且在荧光被切除之后，合成的DNA链和天然的DNA链完全一样。纳米孔单分子测序技术原理是采用电泳技术，借助电泳驱动单个分子逐一通过纳米孔来实现测序的。由于纳米孔的直径非常细小，仅允许单个核酸聚合物通过，而ATCG单个碱基的带电性质不一样，通过电信号的差异就能检测出通过的碱基类别，从而实现测序。第三代测序技术是未来主要发展方向，与前两代测序技术相比具有自己的优势。

① 它实现了DNA聚合酶自身的反应速度，一秒可以测10个碱基，测序速度是化学法测序的2万倍。

② 它实现了DNA聚合酶自身的延续性，一个反应就可以测非常长的序列。二代测序可以测到上百个碱基，但是三代测序就可以测几千个碱基。

③ 它的精度非常高，达到99.9999%。

④ 可直接测RNA的序列。既然DNA聚合酶能够实时观测，那么以RNA为模板复制DNA的逆转录酶也同样可以。RNA的直接测序，将大大降低体外逆转录产生的系统误差。

⑤ 可直接测甲基化的DNA序列。实际上DNA聚合酶复制A、T、C、G的速度是不一样的。正常的C或者甲基化的C为模板，DNA聚合酶停顿的时间不同。根据这个不同的时间，可以判断模板的C是否甲基化。

总的来讲，新一代DNA测序技术有助于人们以更低廉的价格，更全面、更深入地分析基因组、转录组及蛋白质之间交互作用组的各项数据。今后，各种测序将成为一项广泛使用的常规实验手段，这有望给生物医学研究领域带来革命性的改变。

本章小结

目前基因克隆主要包括两种策略：一种是在基因序列已知的基础上，通过PCR扩增、改造或者人工化学合成的方法获得目的基因；另外一种策略是构建大容量或者经特定手段优化的基因文库，然后利用一定的筛选方法从中分离、鉴定出需要进行研究的目的基因。

PCR 是一种体外快速扩增目的 DNA 片段的技术，对于序列明确或者部分明确的基因的克隆具有灵敏、简便、快速的优点，主要有 RT-PCR、反向 PCR、锚定 PCR、连接介导的 PCR、盒式 PCR 和 RACE 等不同的方法。

DNA 的化学合成是分子生物学发展的动力之一，目前 DNA 合成的常用方法是亚磷酸三酯合成法，利用合成的寡聚核苷酸片段配合连接酶和聚合酶可以进行全长基因的拼装，主要拼接方法有：退火-连接法、多步退火-延伸-连接法、由内向外多步 PCR 合成法等。

基因文库指在规定的概率水平上包含特定 DNA 片段的重组子集合，每一个重组子携带一个 DNA 片段。根据 DNA 片段的来源可分为基因组文库和 cDNA 文库。

构建基因组文库常用细菌人工染色体（BAC）等载体。构建的流程主要包括：高分子量 DNA 的制备、酶切消化、外源 DNA 片段与载体分子的重组、转化、文库的评价和鉴定等。从文库中筛选目的基因的方法主要有核酸探针杂交法和 PCR 法等。

以 mRNA 为模板，在体外经逆转录酶催化反转录成 cDNA，与适当载体连接后转化受体菌并繁殖扩增，这种包含着细胞全部 mRNA 信息的 cDNA 克隆集合称为该组织细胞的 cDNA 文库，cDNA 文库具有组织细胞特异性。构建 cDNA 文库的步骤包括：制备 mRNA、第一链 cDNA 合成、第二链 cDNA 的合成、双链 cDNA 的修饰及克隆、cDNA 文库的评价和鉴定。

高等生物含有数万个不同的基因，但在生物体发育的某一过程中只有约 15%的基因按时空顺序有序地进行表达，通过比较同一类细胞在不同生理状态下或在不同生长发育阶段基因表达的差异，可以为分析生命活动过程和疾病发生的分子机理提供重要信息。克隆差异表达基因的方法主要有 mRNA 差异显示技术和抑制性差减杂交技术等。

在研究基因功能的时候，有时需要利用特定的方法对基因的序列进行诱变，以达到优化基因表达、破坏或增强基因功能等目的。目前用来进行 DNA 诱变的方法包括随机突变和定点突变，随机突变包括化学或物理诱变法以及 PCR 随机诱变法，定点突变方法包括 PCR 介导的突变以及盒式诱变、寡核苷酸介导的诱变和 Kunkel 法等不依赖于 PCR 的定点诱变。

重组 DNA 分子必须导入特定的受体细胞，才能得到扩增或表达。导入的方法有化学法、电穿孔法、接合和转导等。由于重组分子的连接和转化都不可能达到 100%的效率，转化的受体细胞还要经过特定方法的筛选和鉴定才能排除非转化子和非重组子。一般依据载体的选择性标记或者利用原位杂交和 PCR 等方法对转化子进行初步筛选，鉴定阳性克隆的最终方法是 DNA 序列的测定，传统测序的方法有 Sanger 双脱氧链终止法和 Maxam-Gilbert 化学降解法，目前基于循环芯片测序的高通量测序方法正在快速发展，这有助于人们以更低廉的价格，更全面、深入地对基因组、转录组等各方面的数据进行系统的分析。

思考题

1. 克隆基因的方式有哪些？
2. 试述基因组文库的构建流程及其影响因素。
3. 用于扩增基因的 PCR 方法有哪些？各有什么特点？
4. 什么是 cDNA 文库？它的基本构建流程是怎样的？
5. 基因组文库和 cDNA 文库的差异有哪些？
6. 试述利用亚磷酸三酯法进行 DNA 固相化学合成的步骤。
7. 人工合成长片段基因的方法有哪些？

8. 简述 mRNA 差异显示技术的基本原理和流程。
9. 抑制性差减杂交的优缺点有哪些？
10. 选择转化受体细胞的原则有哪些？
11. 简述氯化钙法制备大肠杆菌感受态细胞以及转化的基本过程。
12. 转化后对重组子进行筛选的方法有哪些？
13. 试述 Sanger 双脱氧链终止法测序的基本原理。
14. 对 DNA 进行定点突变的方法有哪些？
15. 试述利用重叠延伸 PCR 法进行定点突变的基本过程。

第六章
原核细胞基因工程

传统的生物产品生产方式主要是利用生物体本体进行生产，然后进行生物活性成分的分离提纯，获得的是天然产物，但是该方法受到天然产物来源匮乏、提取效率低等因素限制。为了提高产量，人们通过人工诱变的方式选育高产个体或细胞，或者通过代谢途径的改造实现目的基因的高表达，但产量提高幅度仍然十分有限。基因工程诞生后，生物产品的生产有了新的途径，人们可以通过基因工程技术赋予一些本来不具有某种功能的生物新的特性或遗传性状，生产人类所需要的蛋白质产品，其产量比传统方法显著提高，而且产物的分离纯化也相对简单。在基因工程中，目的基因的异源表达主要包括 3 个要素：目的蛋白的 DNA 编码序列、表达载体和表达宿主（受体细胞或受体菌）。其中，利用原核细胞作为表达宿主进行目的基因的重组表达被称为原核表达，相应的基因工程技术被称为原核细胞基因工程。与真核表达系统相比，原核表达系统具有以下优点。

① 大多数原核生物是单细胞异养生物，具有生长快、培养成本低、代谢易于控制的特点，可通过发酵迅速获得大量的基因表达产物。

② 原核生物的启动子结构简单，调控方式清楚，因此能够更好地被应用在异源表达系统中。

③ 由于原核生物无核膜，转录与翻译是偶联的，二者也是连续进行的。而且在翻译过程中，mRNA 可与多个核糖体结合形成多核糖体（polyribosome），即在一条 mRNA 链上可以有多个核糖体同时进行合成反应，大大提高了翻译效率。

原核表达系统已被广泛用于表达各种来源（原核生物、真核生物、病毒等）的目的基因。例如，全球第一个上市的基因工程药物人胰岛素就是利用重组大肠杆菌工程菌株生产的。除药物外，原核表达还被应用到工具酶、疫苗和工业酶等的生产，产品被广泛应用于食品与饲料工业及环境保护、农业生产等领域。

第一节　原核表达系统的种类

一个完整的表达系统主要包括表达载体和受体菌株。其中，表达载体是将目的基因导入受体菌株，并在宿主中实现目的基因表达的运输工具。原核细胞表达载体的骨架主要来自相应受体菌株的内源质粒，内源质粒添加与克隆、表达相关的元件构成原核细胞表达载体。原核表达载体除具有克隆载体所具有的复制起始位点、抗性选择标记和多克隆位点等元件以外，还带有原核细胞所需要的表达元件，包括启动子、终止子和SD序列等，有时还包括融合标签的DNA编码序列等（图6-1）。

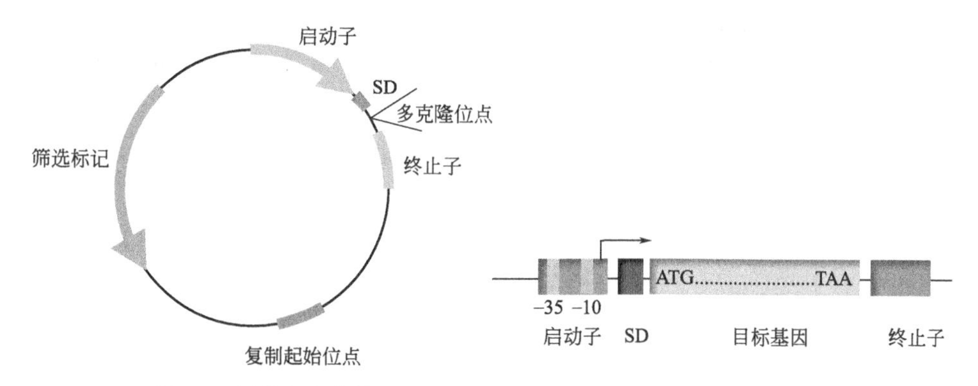

图6-1　原核表达载体的基本结构（左图）和必需结构元件（右图）

表达系统的另一个重要组成部分是受体菌株。受体菌株一般要求具有安全、无致病性，易培养、遗传背景清楚，基因操作手段成熟等特点。依据宿主菌的不同，构建了不同的表达系统。目前广泛应用的原核表达系统包括大肠杆菌表达系统、芽孢杆菌表达系统、链霉菌表达系统和蓝细菌（蓝藻）表达系统等。

一、大肠杆菌表达系统

大肠杆菌属于兼性厌氧革兰氏阴性细菌，是美国食品药品监督管理局（FDA）批准的安全基因工程受体生物，也是目前遗传背景最清楚的原核生物，其中K-12 MG1655菌株的全基因组测序在1996年完成，结果显示其全基因组共含有4405个开放阅读框，其中大部分基因的生物功能已被鉴定，其代谢途径和基因表达调控机制也比较清楚。同时，大肠杆菌的基因工程操作手段完善，已有大量可供选用的大肠杆菌表达载体。此外它的培养成本低廉，生长繁殖迅速，抗污染能力强，适合于大规模培养，并且外源基因产物的表达量高，目的蛋白可以占细菌总蛋白的30%以上，因此大肠杆菌是第一个用于重组蛋白生产的基因工程宿主菌，也是目前应用最为广泛的原核表达系统。但是值得指出的是，大肠杆菌表达系统也存在着自身的不足之处。首先目的蛋白在大肠杆菌中表达时常形成包涵体，导致后期纯化过程繁琐，应用成本高；同时由于原核表达系统的翻译后加工修饰体系不完善，所以在表达某些真核基因时，会导致表达产物无法正确折叠或进行糖基化、磷酸化修饰，致使产物的生物活性相对较低。同时，大肠杆菌内源性蛋白酶易降解空间构象不正确的异源蛋白，造成表达产物不稳定。此外，大肠杆菌细胞膜间隙中含有大量的内毒素，痕量的内毒素即可导致人体热原反应，因此增加了后期纯化的成本。

目前常用于外源基因表达的大肠杆菌表达载体有pET系列，也是最为成功的原核表达系统，其次还包括pBV220、pCold等。主要的大肠杆菌宿主菌株有BL21（DE3）、BL21（DE3）plysS和Rosetta菌株等。大肠杆菌BL21（DE3）菌株是将T7噬菌体RNA聚合酶的表达盒式结构整合于大肠杆菌BL21的染色体上，该菌株适合于非毒性蛋白的表达。在此基础上，将plysS质粒转化进BL21（DE3）菌株，获得BL21（DE3）plysS菌株。plysS质粒具有氯霉素抗性，该质粒携带T7溶菌酶的基因，T7溶菌酶能够结合T7 RNA聚合酶，从而失活渗漏表达的T7 RNA聚合酶，进一步降低目的基因的背景表达水平，但不干扰IPTG诱导的表达，适合于毒性蛋白和非毒性蛋白的表达。Rosetta菌株也是从BL21菌株衍生而来的，该菌株通过一个相容性氯霉素抗性质粒补充密码子 AUA、AGG、AGA、CUA、CCC 和 GGA 的 tRNAs，可提高带有大肠杆菌稀有密码子的真核基因的翻译效率，从而避免大肠杆菌密码子偏爱性对目的蛋白表达的影响。

目前市场上大部分的基因工程重组产品都是由重组大肠杆菌产生的，例如科研工作中使用的工具酶，医用的重组疫苗，工业、农业上使用的重组酶等。

二、芽孢杆菌表达系统

芽孢杆菌为革兰氏阳性细菌，能形成芽孢，而子囊中只有一个芽孢，除个别种如炭疽芽孢杆菌（*Bacillus anthracis*）和蜡样芽孢杆菌（*Bacillus cereus*）外，其他芽孢杆菌对人畜无毒，细胞壁不含内毒素，也是 FDA 认定的安全的基因工程受体生物。在工业生产中，已有多种工业酶制剂在芽孢杆菌中获得成功表达。利用芽孢杆菌作为表达外源基因的宿主菌具有以下优点：①芽孢杆菌是非致病微生物，比较安全；②培养条件简单，易于控制；③生长迅速，周期短；④芽孢杆菌分泌大量的胞外蛋白，利用芽孢杆菌系统可以实现目的蛋白的的分泌表达，简化下游的纯化工艺；⑤多数表达产物具有天然构象和生物学活性；⑥某些芽孢杆菌的遗传背景比较清楚，且利用芽孢杆菌进行发酵的技术相当成熟。但芽孢杆菌作为受体也有其缺点：目的蛋白的表达也可能会影响质粒的稳定性，造成表达质粒的丢失，同时，野生型芽孢杆菌能分泌大量的胞外蛋白酶，影响外源基因表达产物的稳定性。因此在构建芽孢杆菌表达系统宿主菌时，需要将蛋白酶基因进行突变或敲除，使其降低活性甚至失活。目前应用较多的芽孢杆菌宿主菌有枯草芽孢杆菌、短小芽孢杆菌、地衣芽孢杆菌、嗜碱芽孢杆菌、淀粉芽孢杆菌、巨大芽孢杆菌、球形芽孢杆菌、短芽孢杆菌、嗜热脂肪芽孢杆菌、耐碱芽孢杆菌和苏云金芽孢杆菌等，其中枯草芽孢杆菌（又称枯草杆菌，*Bacillus subtilis*）表达系统的应用最为广泛。

枯草芽孢杆菌是一种重要的工业微生物，1997 年枯草芽孢杆菌 168 菌株的全基因组测序完成，超过 50%的基因已经确定了功能，人们对其遗传背景和生理学特性的了解仅次于大肠杆菌。枯草芽孢杆菌的表达载体主要分为游离型和整合型两类，前者包括 pEB、pUB 系列等，后者主要有 pSG、pDG 系列等。枯草芽孢杆菌表达系统常用的宿主菌株主要来源于枯草芽孢杆菌 168。由于枯草芽孢杆菌产生大量的蛋白酶，影响目的蛋白的稳定性，所以该菌株的 6 个蛋白酶的基因被敲除了，获得的突变体称为 WB600，随后另外 7 个蛋白酶的基因被敲除，获得了突变体 WB700，该菌株的蛋白酶活力只有 168 菌株的 0.1%。迄今已在枯草杆菌成功表达了大量原核和真核基因，例如碱性蛋白酶、中性蛋白酶、α-淀粉酶、β-淀粉酶、β-半乳糖苷酶、真枯草多肽酶 F 等多种工业酶均在枯草芽孢杆菌中获得高效表达，表达量可以达到 20～25mg/mL，胞内表达可占到细胞总蛋白的 60%～70%，分泌表达时可占胞外蛋白的 80%。

三、链霉菌表达系统

链霉菌是一类革兰氏阳性细菌，广泛分布于土壤中，能产生多种生理活性物质。链霉菌作为继大肠杆菌、枯草芽孢杆菌之后又一个重要的原核表达系统，近年来获得了深入的研究。链霉菌作为外源基因表达的宿主菌具有以下特点：①链霉菌为非致病菌，使用比较安全；②不产生内毒素；③表达产物可分泌到细胞外；④可进行高密度培养；⑤具有丰富的次生代谢途径和初级、次生代谢调控系统；⑥链霉菌进行工业规模化发酵的技术成熟。

链霉菌受体系统中常用的宿主菌有变铅青链霉菌和天蓝色链霉菌。天蓝色链霉菌有很强的修饰系统，因此在实际应用中均以变铅青链霉菌作为外源基因表达的受体系统。目前，来自原核和真核的多个物种的基因在变铅青链霉菌中都可以表达，如大肠杆菌的卡那霉素抗性（kan^r）基因、牛生长激素基因、人白细胞介素 2 基因、人乙肝表面抗原（HBSAg）基因、人类干扰素（IFN-α2、IFN-α1）基因、人类肿瘤坏死因子（TNF）基因等都在该系统中获得表达。

四、蓝藻表达系统

蓝藻又称蓝细菌，是一类能够进行植物型放氧光合作用的原核生物，有大约 150 个属，2000 余种。蓝藻具有独特的细胞结构，多年来一直被广泛应用于光合作用、固氮作用和叶绿体起源等生物学问题的研究。近年来，随着蓝藻分子生物学研究的深入，蓝藻也开始被作为表达外源目的基因的受体系统。蓝藻作为外源基因表达的宿主菌兼有微生物和植物的优点，具体表现在：①蓝藻遗传背景简单，便于基因操作和外源 DNA 的检测；②蓝藻是革兰氏阴性菌，细胞壁主要由肽聚糖组成，便于外源 DNA 的转化；③光合自养型生长，培养条件简单，只需光、CO_2、无机盐、水和适宜的温度就能满足生长需要，生产成本低；④多数蓝藻有内源质粒，为构建蓝藻质粒载体提供了良好的条件；⑤蓝藻在各个生长时期均处于感受态，便于外源基因的转化；⑥多数蓝藻无毒，且富含蛋白质，早已用作食品或保健品，在此基础上开展转基因技术研究，将一些重要药物的基因转入无毒蓝藻，可达到锦上添花的效果。目前作为外源基因受体细胞的蓝藻为数不多，主要是单细胞蓝藻和丝状蓝藻中的某些菌株，如 *Synechococcus* sp. PCC7942、*Synechocystis* sp. PCC6803 等。

第二节　原核表达策略

目的基因在原核细胞中的重组表达主要包括以下步骤（图 6-2）。

① 目的基因 DNA 片段的制备。目的基因可以从原核生物基因组中扩增，也可以通过化学合成的方法获得。值得注意的是，原核细胞中缺乏真核生物的转录后加工系统，高等真核生物的基因组 DNA 可能含有内含子，因此一般不能直接使用，而应该用 cDNA。

② 目的基因与表达载体的重组连接。表达载体中，在启动子区的下游设计多克隆位点，目的基因片段通过这些位点插入到启动子的下游，受到相应启动子的调控。

③ 将重组载体导入宿主菌中，从而获得相应的基因工程菌株。一般的转化方法包括化学法、电转化法等。

④ 对重组菌株进行发酵培养，并在生长量达到一定水平后诱导目的基因的表达，根据启动子的类型，分为组成型表达和诱导型表达。

⑤ 检测目的蛋白的表达量及活性，然后进行目的蛋白的分离纯化。

值得注意的是，在原核生物中表达外源基因时，需要根据不同实验目的和条件，以及目的蛋白的特点，确定相应的表达策略，选择合适的表达载体和宿主。根据表达载体组成元件的不同，最终获得的目的蛋白表达量、存在的形式都会不同。如果表达载体自身带有标签序列，那么目的基因和标签序列组成一个融合表达框，产生融合蛋白，如果表达载体不带有标签序列，那么表达的就是非融合型蛋白。另外，如果表达单元中有信号肽编码序列，那么表达的蛋白可以分泌到胞外。因此，在设计重组表达流程时应该综合考虑目的蛋白的最终得率、纯度、活性等各方面因素。

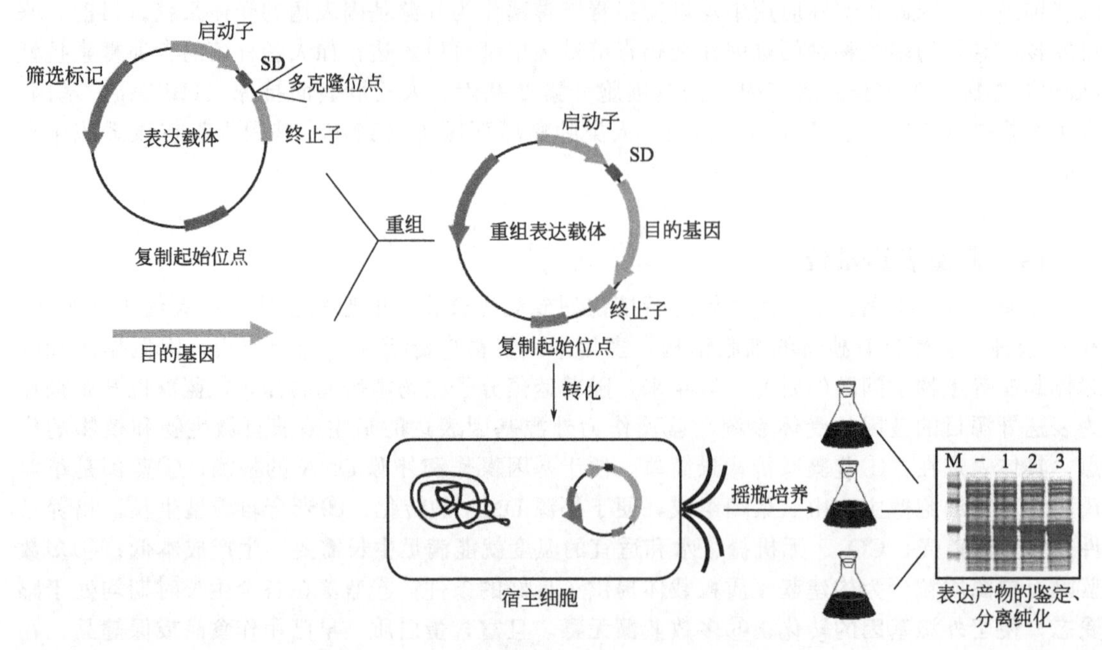

图 6-2　目的基因在原核细胞中表达的基本流程图

一、融合型表达

融合型表达是最常用的异源表达方式。融合型表达是指将目的蛋白基因与另外一个蛋白的编码基因重组在一起，但不改变两个基因的阅读框的重组表达形式，表达的蛋白质称为融合蛋白。一般来说，在表达质粒的多克隆位点两边都会携带一些短肽的编码序列，当目的基因插入多克隆位点时，与这些标签序列形成融合表达框，形成融合蛋白，这些短肽序列被称为融合标签。有的融合标签可以促进目的蛋白的正确折叠，提高可溶性，被称为促溶标签，例如 S-转移酶（GST）、麦芽糖结合蛋白（MBP）等。还有的标签可以方便纯化，被称为亲和标签，最常用的是 6×His 标签，其次还包括 c-myc、HA 和 Flag 等，外源蛋白以融合蛋白的方式表达时易于分离纯化，可利用特异性抗体、配体或底物亲和色谱等技术分离纯化融合蛋白，然后通过蛋白酶水解或化学法特异性裂解受体菌蛋白与外源蛋白之间的肽键，获得纯化的外源蛋白产物。常用的蛋白酶包括 TEV 蛋白酶、HRV 3C 蛋白酶、SUMO 蛋白酶等。值得指出的是，融合标签可以促进目的蛋白的表达，同时方便下游的纯化过程，也可以避免细菌内源蛋白酶破坏目的蛋白，是重组蛋白表达的一种重要措施，但是目前对于融合标签的作用机制还不是很清楚，针对不同的目的蛋白如何选择合适的标签并没有标准，需要通过实验来优化条件。

二、非融合型表达

不与其他蛋白或多肽融合在一起的重组表达蛋白称为非融合蛋白。为了在原核细胞中表达非融合蛋白，可将带有起始密码 ATG 的真核基因插到原核启动子与 SD 序列的下游，组成一个杂合的核糖体结合区，经转录翻译，得到非融合蛋白。非融合蛋白的优点在于它具有非常近似于真核生物体内蛋白质的结构，因此表达产物的生物学功能也就更接近于生物体内天然蛋白质。非融合蛋白的缺点是容易被细菌蛋白酶破坏，目的蛋白也不能通过亲和纯化的方式来分离。

三、分泌型表达

分泌型蛋白是指目的基因的表达产物通过运输或分泌的方式穿过细胞的外膜进入培养基中。原核生物中某些蛋白质可通过分泌系统进入到细胞膜外的间质或者被运输到胞外，这是由于在这些蛋白质的 N 端存在着一段称为信号肽（signal peptide）的多肽。在信号肽的帮助下，蛋白质可以跨过细胞膜而分泌到胞外。因此，将特定信号肽的 DNA 编码序列插入载体的启动子的下游，与目的基因形成融合表达框，就可引导目的基因编码的蛋白质分泌到对应宿主细胞胞外。图 6-3 以枯草芽孢杆菌表达载体为例，显示了分泌型和非分泌型表达载体的差异，此处使用的是来自枯草芽孢杆菌淀粉酶的 SamyQ 信号肽序列。目的蛋白在细胞质中过度积累会影响细胞的生理功能，分泌表达可以解决细胞压力，减少目的蛋白对于代谢途径的负反馈抑制和细胞毒性，提高目的蛋白的表达水平。与此同时也降低了外源蛋白在细胞内被蛋白酶降解的概率，有利于目的蛋白形成正确的空间构象，获得有较好生物学活性或免疫原性的蛋白质。此外，外源基因的分泌表达可以简化重组蛋白的分离纯化工艺。

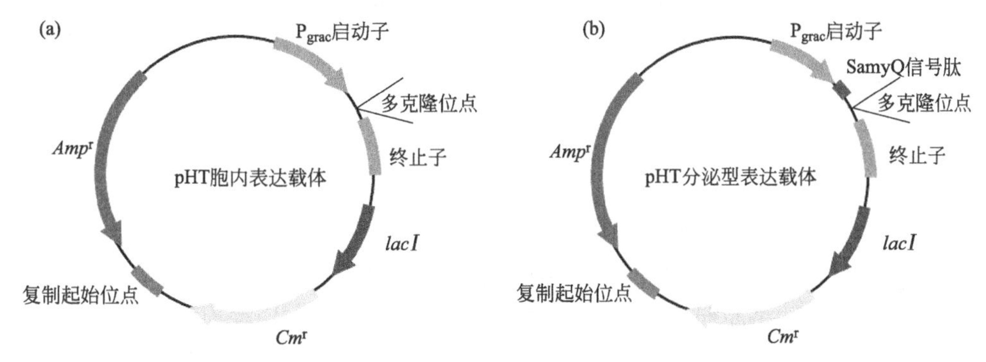

图 6-3　枯草芽孢杆菌胞内表达载体（a）和分泌型表达载体（b）图谱

与胞内表达载体相比，分泌型表达载体在启动子的下游多了一个 SamyQ 信号肽编码序列。P_{grac} 启动子包括 groE 启动子、lacO 和 gsiB SD 序列

四、多拷贝表达

目的基因在细胞中的表达水平与其拷贝数相关。研究表明，当表达载体上外源基因的拷贝数增加时，外源蛋白的表达量可能相应提高。表达载体上可表达的基因包括外源基因和选择标记基因等，当细胞内质粒表达载体的拷贝数增加时，用于合成目的蛋白之外的其他蛋白质的量也相应增加，而过多地表达非目的基因消耗大量能量，影响菌株的生长代谢。因而在构建外源蛋白表达载体时，可以考虑将多个外源蛋白基因串联在一起，克隆在严谨型质粒载体上。以这种策略表达外源蛋白时，虽然宿主细胞内质粒的拷贝数减少，但外源基因在细胞内转录的 mRNA 的拷贝数并不减少。这种方法对分子量较小的外源蛋白更为有效。

外源基因多分子线性重组的方式通常有三种。一是多表达单元的重组，即每个表达单元都含有独立的启动子、终止子、SD 序列、目的蛋白编码序列，形成独立转录与串联翻译的表达单元，表达单元之间的连接方向与表达效率无关。表达的外源蛋白不须经过裂解处理。这种方式适合于表达分子量较大的蛋白质。二是多顺反子重组，即多拷贝外源基因有各自的 SD 序列、翻译起始和终止信号，但这些基因的转录使用共同的转录启动子和终止子，表达的外源蛋白分子仍是相互独立的，这种方式对表达中等大小分子量的外源蛋白比较合适。三是多编码序列重组，即将多个外源基因串联在一起，利用同一套转录调控元件和翻译起始与终止密码子，在各自编码序列的连接处引入蛋白酶酶切位点或可被化学断裂的位点，这种方式适合表达外源小分子量蛋白质或短肽（图 6-4）。

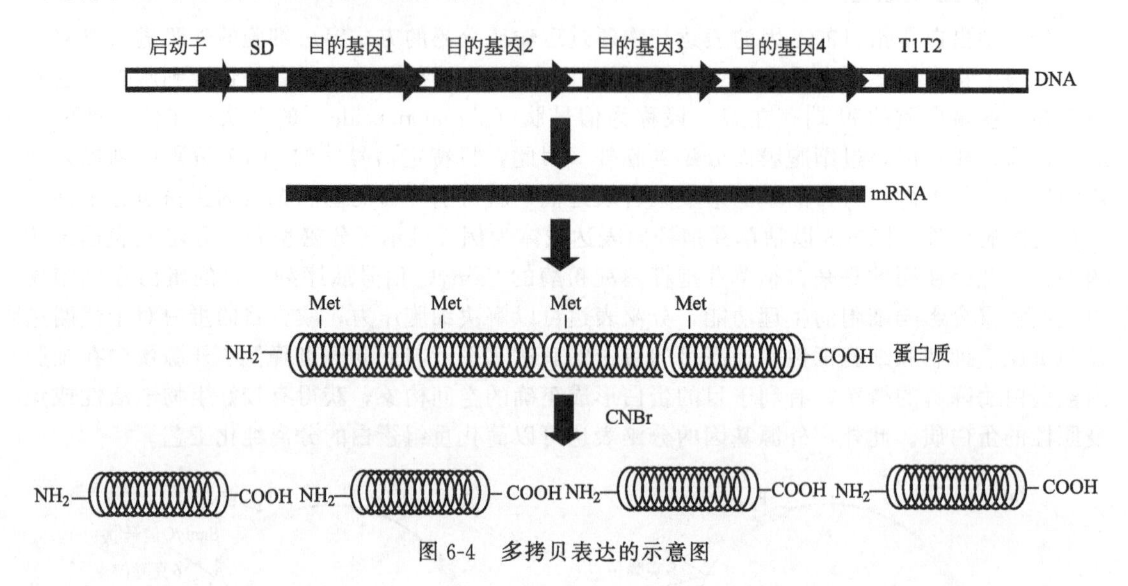

图 6-4　多拷贝表达的示意图

五、整合型表达

某些重组质粒导入受体细胞后会引起宿主细胞的代谢水平的改变，同时由于细胞不断地进行分裂，可能导致质粒在子细胞中的分配不均一，或者质粒发生结构上的重组，造成经若干次传代后宿主细胞内的重组质粒或者目的基因的丢失。因此，一种理想的选择是将要表达的外源基因整合到宿主菌染色体的特定位置上，使之成为染色体结构的一部分而稳定地遗传和表达。

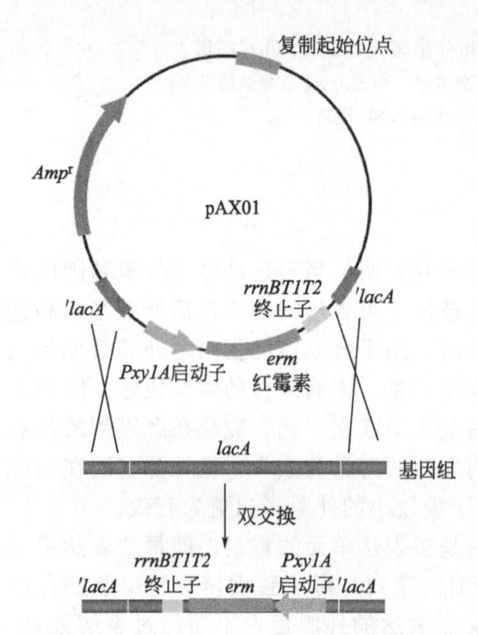

图 6-5　枯草芽孢杆菌整合表达载体 pAX01 通过双交换的方式进行整合表达的示意图

各原核表达宿主均有对应的整合表达载体，图 6-5 为枯草芽孢杆菌整合表达载体 pAX01 将外源片段通过双交换的方式整合到枯草芽孢杆菌基因组上的原理图。外源基因与宿主菌染色体整合的过程是通过同源重组的方式实现的，设计时需要在待整合的外源基因两侧分别添加一段与染色体 DNA 完全同源的序列。理论上来说，该同源序列越长，则 DNA 分子进行同源交换成功的概率越大。该同源序列的长度还与被整合的外源基因的长度有关，待整合的外源基因越长则所需要的同源序列也越长。一般来说，外源基因两端的同源序列应大于 100bp。值得注意的是，将外源基因整合到宿主菌的染色体上时，必须整合到染色体的非必需编码区，使之不干扰宿主细胞的正常生理代谢。在整合外源基因的过程中，必须将可控的表达元件和选择标记基因连接在一起。为了获得含有整合基因的重组体，被选择的载体一般是那些不能在受体细胞内进行自主复制的质粒或者为温度敏感型质粒。外源基因被交换重组到细菌染色体上后，由于质粒不能进行复制和扩增，当宿主菌不断分裂和增殖以后，细胞内的质粒逐渐被稀释，最终完全消失。外源基因整合到染色体上后，一般只有一个拷贝，但是不会丢失，在合适条件下仍能高效表达外源蛋白。

六、提高表达效率的方法

构建基因工程菌株，进行基因的重组表达的最主要目的是最大限度地获得有活性的目的蛋白，提高其生产成本，如何提高外源基因的表达效率受到人们的广泛关注。解决这一问题的途径很多，主要包括以下几个方面。

（一）启动子的选择

原核基因的表达调控主要是在转录水平，以操纵子为单位，因此启动子的正确选择是实现目标蛋白高表达的关键步骤之一。原核生物的启动子一般由四部分构成：①转录起始位点，②Pribnow box（也称－10 区），③Sextama 框（也称－35 区），④间隔区［图 6-6(a)］。大多数细菌启动子转录起始区的序列为 CAT，转录从第二个碱基开始，该碱基为嘌呤，此处即为转录起始位点。在距转录起始位点上游 5～10bp 处存在一个六联体保守序列 TATA-AT，所以又被称为 TATA 盒（TATA box）或 Pribnow 框，由于中间的碱基位于转录起始点上游的 10bp 处，又称为－10 序列区。在启动子转录起始点上游 35bp 处，另有一个六联体保守序列 TTGACA，其中前三个碱基具有较强的保守性，是 RNA 聚合酶的识别位点。在转录起始位点与 Pribnow 框之间、Pribnow 框与 Sextama 框之间存在长度不等的间隔序列。间隔序列内部无明显的保守性，其序列的碱基组成对启动子的功能并不十分重要，但间隔序列的长度对启动子功能影响甚大。转录起始位点与 Pribnow 框的距离约为 5～9bp。Pribnow 框与 Sextama 框之间的距离在 15～21bp 之间，大多数在 16～18bp 之间变化。基因突变研究表明，大肠杆菌及其亲缘关系较近的原核细菌启动子的 Pribnow 框与 Sextama 框之间的最佳距离为 17bp。当间隔距离大于或小于 17bp 时，都会减弱启动子的转录活性，而 Pribnow 框的最佳位置是位于转录起始点上游 7bp 处。在不同的细菌中，这些保守性序列略有不同，但功能相近，均具有结合 RNA 聚合酶并启动 RNA 转录的能力，如图 6-6(b) 所示。

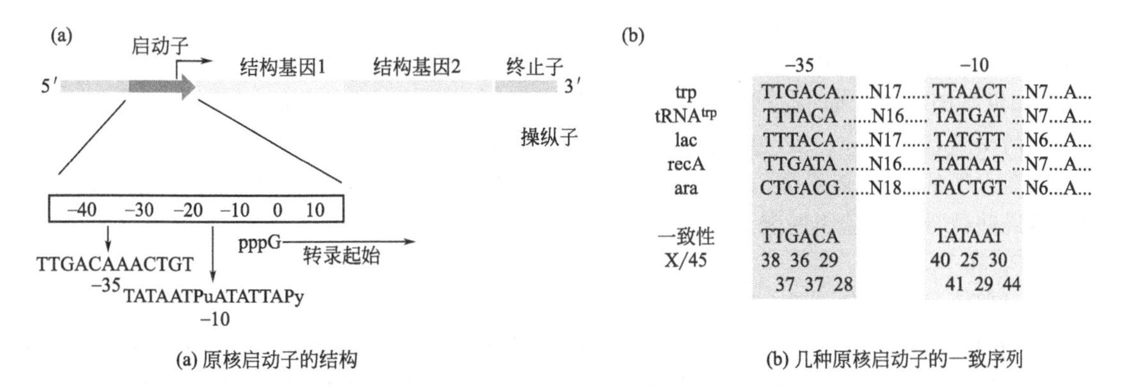

图 6-6　几种原核生物基因启动子的保守性序列

启动子保守性序列中的这种碱基的变化会影响 RNA 聚合酶识别与结合该序列的能力，从而影响转录效率，同时－35 区与－10 区的距离以及－10 区与转录起始核苷酸的距离都会影响转录效率，与保守序列一致性越高的启动子与 RNA 聚合酶的亲和力越高，下游基因的转录水平也越高，因此这种启动子就被称为强启动子，与之相反的就是弱启动子。同时，RNA聚合酶和启动子结合的过程还涉及其他元件和蛋白因子，特别是操纵子和阻遏蛋白的作用，所以启动子又可分为组成型和诱导型。在原核表达系统中，大部分表达载体采用调控型强启动子控制目的基因的表达，这对于建立一个高效、可控的表达系统是必不可少的。能在原核表达系统中的诱导型强启动子很多，目前用于原核表达系统的启动子都是从相应物种的基因组中筛选到的，这些启动子必须具有以下特性：①作用要强，待表达的基因产物要占有或超过菌体总蛋白的10%～30%；②必须表现最低水平的基础转录活性，最好选用高密度培养细胞和表现最低基础转录活性的可诱导或非抑制启动子，以减少合成的外源蛋白对宿主细胞的毒害作用或对其生长的限制作用；③启动子具有简便和廉价的可诱导性。在此，我们以大肠杆菌的启动子为代表讲述一下启动子是如何选择和人工改造的。

目前，在大肠杆菌表达系统中最常用的是来自大肠杆菌噬菌体的T7启动子，lac启动子（乳糖启动子），trp启动子（色氨酸启动子），λ噬菌体P_L、P_R启动子（λ噬菌体的左、右向启动子），tac启动子（乳糖和色氨酸的杂合人工启动子）等。常见启动子介绍如下。

1. lac启动子

lac启动子，即大肠杆菌乳糖操纵子中的启动子，驱动3个与乳糖代谢有关的酶基因的转录。已知lac启动子是强启动子，同时也是诱导型启动子，当环境中存在乳糖或者是乳糖的类似物，如IPTG时，*lacI*基因编码的阻遏蛋白与这些诱导物结合，而不能与*lacO*结合，导致RNA聚合酶可以与lac启动子结合，开启结构基因的转录，相关基因的转录水平提高近千倍。目前常用的lac启动子是其突变体lacUV5启动子，该突变体的CAP蛋白结合位点发生突变，可以在没有CAP蛋白的情况下有效起始转录，因此该启动子只受到LacI阻遏蛋白调控，更加方便工业生产中的操作。

2. trp启动子

trp启动子是大肠杆菌的色氨酸操纵子的启动子，在色氨酸操纵子的调控中，细胞中色氨酸的浓度是重要的调控因素，β-吲哚丙烯酸是色氨酸的竞争抑制剂，它能与阻遏蛋白结合，阻止色氨酸与阻遏蛋白的结合，是一种转录促进剂。用于原核表达载体的trp启动子常包含启动基因、操纵基因和部分色氨酸*trpE*基因，如果删除了衰减子，则可使转录效率提高8～10倍。

3. tac启动子

tac启动子亦称为trp-lac启动子，是一组由lac和trp启动子人工构建的杂合启动子。其中tac1由trp启动子的−35区加上一个合成的46bp的DNA片段（包括Pribnow box区）和lac操纵基因构成，而tac2是由trp启动子的−35区和lac启动子的−10区，加上乳糖操纵子中的操纵基因部分、SD序列融合而成。tac启动子受乳糖操纵子的阻遏蛋白的负调控，当存在高水平的LacI阻遏蛋白时，tac启动子受抑制，加入诱导剂IPTG后，可使tac启动子去阻遏并诱导下游基因的表达。

4. P_L和P_R启动子

P_L和P_R启动子分别是λ噬菌体基因组上的左向和右向启动子，它们都是强启动子，比lac启动子的活性高8～10倍。λ噬菌体基因组的转录是分两期完成的。早期转录中mRNA翻译出的蛋白质有两种，即向右转录翻译的Cro蛋白和向左转录翻译N蛋白。两种蛋白质都可作用于P_L启动子和P_R启动子的操纵区，从而进一步提高P_L启动子和P_R启动子的强度。与此同时，P_L和P_R启动子受λ噬菌体*cl*基因产物的负调控，目前的表达系统中使用的是*cl*基因的温度敏感型突变体CI857（ts），在较低培养温度下（28～32℃），cl蛋白（*cl*基因表达产物）具有活性，能够作为阻遏蛋白结合在P_L和P_R启动子上，阻止下游基因的表达，温度升至42℃时，该蛋白失活，从启动子上掉下来，于是 P_L 和 P_R 启动子起始下游基因的转录。P_L 和 P_R 启动子的 Pribnow box 的序列都是 GATAAT，−35 区的序列都是 5′-TGACTA-3′。在构建带有 P_L 或 P_R 启动子表达载体时，需将 *cl* 基因组装在表达载体上，或选择溶源化 λ 噬菌体的大肠杆菌作为该表达载体的宿主菌，如 $N99cI^+$ 菌株。与 lac 启动子相比，P_L 和 P_R 启动子除了活性更高外，由于该系统是受培养温度调控的，不需要使用诱导剂，可以降低发酵成本。

5. T7 启动子

T7 启动子是目前最常用的启动子，如 Novagen 公司的 pET 系列就是采用该启动子。由于 T7 启动子来源于 T7 噬菌体，不能够被大肠杆菌的 RNA 聚合酶识别，所以该表达需要配合使用能表达 T7 RNA 聚合酶的受体菌，如 JM109（DE3）、BL21（DE3）和 HMSl74（DE3）等。这些菌株是被噬菌体 DE3 溶源化的，噬菌体 DE3 是 λ 噬菌体的衍生株，其 *int* 基因中插入了一段含有 lacI、lacUV5 启动子和 T7 RNA 聚合酶编码基因的 DNA 片段，因此 T7 RNA 聚合酶基因的表达调控方式类似于 lac 操纵子系统，首先用 IPTG 诱导 T7 RNA 聚合酶的表达，然后由 T7 RNA 聚合酶识别 T7 启动子，开启目的基因的表达。（拓展 6-1：大肠杆菌 pET 系列）

拓展 6-1

6. 其他的启动子

除以上几种最常用的启动子外，还有一些其他类型的启动子用于表达系统的构建，这些表达系统的特点是通过对菌体发酵和代谢过程条件的控制，实现对目标蛋白表达的调控，是大肠杆菌表达系统走向产业化的发展方向，现简单介绍如下。

① 营养调控型。采用大肠杆菌碱性磷酸酯酶基因 phoA 启动子或 3′-磷酸甘油转移酶系统 ugp 启动子构建表达载体，这两个启动子受培养基中的无机磷浓度调控，具有较高的转录水平。

② 糖原调控型。采用大肠杆菌半乳糖转移系统 mgl 启动子或沙门菌阿拉伯糖基因 araB 启动子构建表达载体，这两个启动子受葡萄糖抑制，岩藻糖和阿拉伯糖是它们的诱导物。其调控机理类似于 lac 表达系统。

③ pH 调控型。采用大肠杆菌赖氨酸脱羧酶基因 codA 启动子构建表达载体，codA 启动子受培养基的 pH 调控。

④ 溶氧调控型。采用大肠杆菌丙酮酸甲酸裂解酶基因 pfl 启动子、硝基还原酶基因 nirB 启动子构建表达载体，这些启动子中都含有对氧响应的调节因子 fnr 的作用位点。

⑤ 生物素调控型。用大肠杆菌生物素操纵子及其调控区构建表达载体，细菌的生长受生物素的调控，能够在没有外界物理、化学信号介入条件下自动诱导表达目的基因。

（二）选择高效的核糖体结合位点

核糖体结合位点（ribosome-binding site，RBS）是指紧邻启动子、位于转录起始位点下游的几十个碱基组成的一段序列，翻译起始密码子 AUG 通常位于它的中心位置，是核糖体识别并结合原核 mRNA 上的起始密码子的重要位点。在原核生物中，RBS 又被称为 SD 序列，是位于起始密码子 AUG 上游 3～10bp 处，由 3～9bp 组成的一致性序列。这段序列富含嘌呤核苷酸，刚好与 16S rRNA 3′末端的富含嘧啶核苷酸的序列互补，是核糖体 RNA 的识别与结合位点（图 6-7）。在原核生物中，核糖体对 mRNA 中起始密码子的识别依赖于核糖体结合位点，因此核糖体结合位点的选择是控制蛋白质合成效率的关键之一。

SD 序列与起始密码子的间距对翻译起始效率影响较大，SD 序列（AAGGA）与起始密

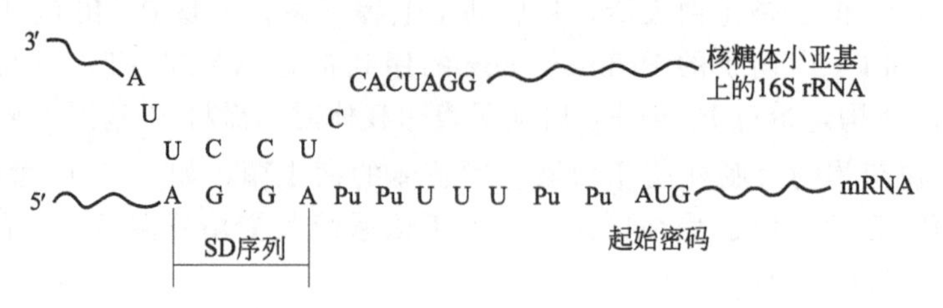

图 6-7 原核生物 mRNA 与核糖体结合的分子机制

码子的最佳间隔距离为 5～7 个核苷酸，最小间距为 5 个核苷酸；SD 序列（UAAGGAGG）与起始密码子的最佳间隔距离为 4～8 个核苷酸，其最小间距为 3～4 个核苷酸。有人发现当 lac 启动子的 SD 序列距 ATG 为 7 个核苷酸时，目的基因的表达最高，而间隔 8 个核苷酸时，表达水平下降为 1/500。这说明 SD 序列与 ATG 的距离将显著地影响基因的表达水平。其次，mRNA 与 rRNA 的互补区域越长，基因翻译的概率就越大，在间隔相同的情况下，UAAGGAGG 的 SD 序列比 AAGGA 的 SD 序列能使蛋白质产量提高 3～6 倍。再者，SD 序列与起始密码子之间的碱基组成也影响翻译的起始效率。研究表明，SD 序列后面的碱基为 AAAA 或 UUUU 时，翻译起始的效率最高；而当序列为 CCCC 或者 GGGG 时，翻译起始效率分别为最高值的 50%和 25%。某些蛋白质与 SD 序列结合也会影响 mRNA 与核糖体的结合，从而影响蛋白质的翻译。此外，SD 序列所在的翻译起始区应避免出现二级结构，否则将会降低翻译起始效率。

（三）选择强终止子

在基因的 3′末端或一个操纵子的 3′末端往往有一段特定的核苷酸序列，它有终止转录的功能，被称为转录终止子（简称终止子）。终止子是表达载体中必不可少的元件，位于多克隆位点的下游，既可避免高水平转录对高拷贝质粒稳定性的影响，又可使转录出的 mRNA 尽可能短，以提高 mRNA 的稳定性，从而提高蛋白质的表达水平。依据转录终止机理的不同，原核生物的转录终止子可以分为两类：依赖于 ρ 因子的终止子（弱终止子）和不依赖于 ρ 因子的终止子（强终止子）。在构建表达载体时，一般使用强终止子终止外源基因的表达。强终止子在结构上有一些共同的特点，包括一段富含 A/T 的区域和一段富含 G/C 的区域，G/C 富含区域又具有回文结构，这段终止子转录后形成的 RNA 具有茎环结构，并且有与 A/T 富含区对应的一串 U，如图 6-8 所示。转录终止的机制较为复杂，并且结论不统一。目前在大肠杆菌表达系统中常用的是 rrnB 核糖体 RNA 的转录终止子。

（四）提高表达载体的质粒拷贝数和稳定性

蛋白质生物合成的一个主要限制因素是核糖体与 mRNA 的结合速度。一般来说，在生长旺盛的原核生物细胞中，核糖体的数目远远高于 mRNA 分子的数目。例如，大肠杆菌每个细胞大约含有 20000 个核糖体，而 600 种 mRNA 总共只有 1500 个分子。因此，强化外源基因在原核宿主菌中高效表达的中心环节是提高 mRNA 的数量。这可通过两种途径来实现：一是用强启动子以提高转录效率；二是将外源基因克隆在高拷贝的表达载体上。目前广泛使用的表达载体多为高拷贝质粒。但是质粒分子过量增殖消耗大量能量，影响受体细胞的生长和代谢，进而导致质粒的不稳定以及外源基因宏观表达水平的降低。解决这一问题的一种有效策略是在表达载体中采用可调控的诱导型复制子来控制质粒的增殖。例如：pCP3 表达质粒的复制子来源于温度敏感型质粒 pKN402，可受温度诱导。原核表达载体常用复制子来源质粒如表 6-1 所示。

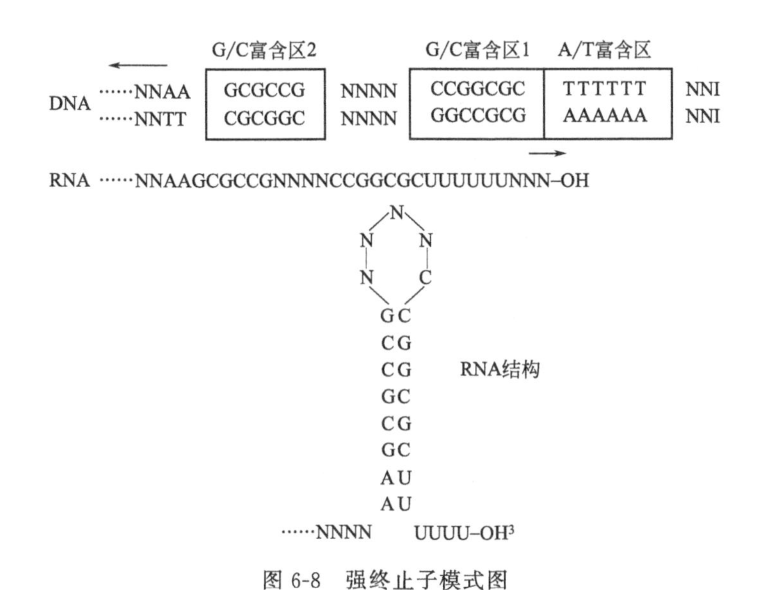

图 6-8 强终止子模式图

表 6-1 原核表达载体上的常用复制子来源质粒

受体菌	质粒
大肠杆菌	pMBI、p15A、pColE1、pSC101
芽孢杆菌	pUB110、pC194、pE194、pHY481、pWT481
链霉菌	pIJ101、pSCP2、pIJ702、pIJ61、pIJ699、pKC796
蓝藻	pPbs、pPKE2、pUC104、pSG111

（五）注意不同物种对密码子的偏好性

由于遗传密码的简并性（degeneracy），除个别氨基酸（色氨酸和甲硫氨酸）外，大多数氨基酸都具有两个或者两个以上的密码子，编码相同氨基酸的一组密码子称为同义密码子（synonym codon）。对大量大肠杆菌基因序列的分析表明，同义密码子在基因中出现的频率并不一样，即密码子使用频率存在差异，这种现象同样存在于真核生物中，称为密码子偏好或密码子偏爱（codon preference）。研究者对大肠杆菌中密码子使用频率进行系统分析得到以下结论：①大多数简并密码子中的一个或两个具有偏好；②某些密码子对所有不同的基因都是常用的，如 CCG 是脯氨酸最常用的密码子；③表达强度高的基因比表达强度低的基因表现更大程度的密码子偏好性；④同义密码子的使用频率与相应的 tRNA 含量呈高度相关。

不同生物甚至同种生物的不同蛋白质的基因对简并密码子的使用有一定的选择性。一般来说稀有密码子含量较高（或稀有密码子连续出现）的外源基因，在翻译过程中容易发生提前终止或移码突变或翻译速率变慢。在构建原核生物表达载体时，要考虑所表达基因的种类和性质，或对外源基因的碱基进行适当置换，或对克隆载体上的调控序列进行适当的调整。要想高效表达外源基因，可采取下列措施：①在受体菌中共表达稀有密码子 tRNA 基因，以提高受体菌中稀有密码子 tRNA 的丰度；②在不改变外源基因编码蛋白质的一级结构的前提下，可通过突变或者基因重新合成方法将外源基因中的稀有密码子改为受体菌中的偏爱密码子。启动子、核糖体结合位点、终止子、选择标记基因和复制子是原核生物表达载体有效表达的必要元件，在构建表达载体时，需根据外源基因和受体细胞的情况，选择最优的构建组合，以保证最高水平的蛋白质合成。除了必要元件外，有时候还可以考虑增强子、衰减子、绝缘子、反义子等元件。除以上方法，还可以采用我们之前提到的分泌表达，以减少产物对于细胞的毒性和代谢负荷；同时采用融合表达的方法提高目的蛋白的稳定性和可溶性，防止其降解，从而提高最终得率。值得注意的是，提高目的蛋白表达量的方法很多，但是并没有通用性，针对特定的目的基因，常常需要尝试不同的策略才可以达到最好的效果。

第三节 基因工程菌的大规模培养

近年来，基因工程已开始由实验室研究走向应用，逐渐形成了基因工程产业。含有表达型重组 DNA 的生物细胞（或细菌）能够通过发酵工程的方法在体外进行规模化培养，获得大量的外源基因表达产物，这种用途的生物细胞常称为基因工程细胞（或基因工程菌）。基因工程菌（简称工程菌）的大规模培养主要采用和借鉴微生物工程发酵的方法，通过工程菌的大规模发酵培养，实现外源基因表达产物的工业化生产。目前已有许多产品通过基因工程菌发酵生产，其中大肠杆菌工程菌发酵生产的蛋白药物多达 100 多种。

基因工程菌的大规模培养过程包括：①通过摇瓶发酵研究基因工程菌生长的基础条件，如温度、pH、培养基组分、碳氧比，分析表达产物的合成、积累对受体细胞的影响等，并为大规模培养提供高纯度菌种；②通过发酵罐大规模培养确定规模化培养的参数和控制方案以及顺序，完成代谢产物分离（图 6-9）。

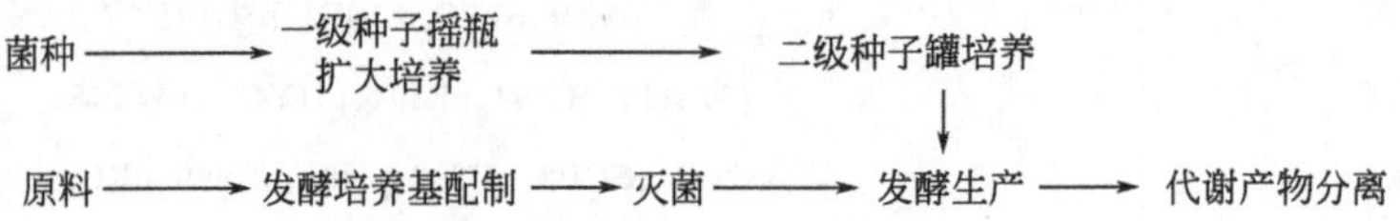

菌种 ——→ 一级种子摇瓶扩大培养 ——→ 二级种子罐培养
↓
原料 ——→ 发酵培养基配制 ——→ 灭菌 ——→ 发酵生产 ——→ 代谢产物分离

图 6-9 基因工程菌的发酵生产流程

一、基因工程菌发酵的特点

以传统微生物发酵技术为基础，基因工程菌的发酵技术正在逐渐发展成熟。总的来看，基因工程菌发酵与普通微生物发酵并无本质的区别，其发酵工艺基本相同，但由于菌种材料已发生了变化，基因工程菌携带宿主原来不含有的外源基因，发酵的目的是使外源基因高效表达，因此，基因工程菌发酵有其自身的特点，这些特点导致基因工程菌发酵的方法、培养条件控制等方面的不同，主要区别体现在以下几个方面。

1. 发酵产物生成的代谢途径不同

普通微生物发酵生产的产品是初级代谢产物或次级代谢产物，是微生物自身基因表达的结果。基因工程菌发酵生产的产品是外源基因表达的产物，其发酵产物生成的代谢途径是宿主细胞原来没有的，在细胞内增加的一条相对独立的代谢途径，这条额外的代谢途径完全由重组质粒编码确定，代谢速率与重组质粒拷贝数有关，并与细胞的初级代谢有着密切的联系。

2. 基因工程菌存在遗传不稳定性

实践表明，基因工程菌的工业化培养中，产物的得率往往比实验室培养得率为低。基因工程菌发酵的主要难点是在菌体细胞繁殖过程中表现出的遗传不稳定性，它直接影响到发酵的工艺过程、条件控制和反应器的设计等各个方面。重组 DNA 在宿主内表达方式有两种：一是游离表达方式，二是整合表达方式。基因工程菌的不稳定性主要表现在分裂不稳定性和结构不稳定性两个方面。分裂不稳定性是指由于外源质粒分配不平衡致使工程菌分裂时出现子代菌不含重组质粒的现象，也叫脱落性不稳定。结构不稳定性是指工程菌重组 DNA 分子上某一区域发生缺失、重排或修饰，导致工程菌功能的丧失。基因工程菌稳定性对生产影响较大，发酵过程中，含有效质粒的菌的比例不断减少，会导致工程菌优势的不断减弱，直接影响基因表达产物的发酵生产。所以生产时对菌种要求比传统发酵更严格，每次都要用新鲜菌种，接入的菌种要求含重组质粒达到 100%，以避免因生长速率的差异过早地导致含质粒菌的减少。

3. 基因工程菌发酵的其他特点

除了以上特点外，基因工程菌发酵与传统发酵生产相比，生产规模较小，设备自动化程度要求高，产品附加值高，生产利润大。另外基于环境安全的考虑，发酵操作中一般要防止基因工程菌在自然界的扩散，因此发酵罐排出的气体或排出的液体均要经过灭菌处理。

二、基因工程菌的深层培养方式

基因工程菌发酵与普通微生物发酵相比，目前规模仍然不大，但有的已达 $10m^3$ 以上。基因工程细胞的培养过程与一般需氧细胞培养过程基本一致，同时培养方式亦无差异，可采用各种分批培养方式，亦可采用连续培养、半连续培养及透析培养等方式。在大规模培养中，一般采用深层培养的方式，所谓深层培养是指与表面培养相对应，使用固体或液体培养基在固定的容器内通入无菌空气进行培养发酵的方法，现在通常用的是液体深层发酵。至于影响基因工程细胞培养的细胞生物量得率与产物量的因素及有关参数，也可参照普通细胞相应培养方式求得。

为了实现液体深层培养，必须解决各种技术难题，如为了保证发酵过程不被其他微生物污染，防止其他微生物与工程菌争夺营养，产生有害物质，影响目标产物的产生，一定要进行纯种工程菌的发酵。首先在发酵开始前，要对培养基和有关的整套发酵设备，如管道、阀门、取样器、空气过滤器等进行灭菌，把所有的微生物全部杀死。最简单的方法是通入高温蒸汽，加热到 100℃以上，保持一定时间后，冷却到室温后再接入纯的菌种进行发酵。为了在发酵过程中不使外界的微生物进入发酵设备内引起污染，要求发酵设备，如发酵罐、管道、阀门等必须密封。对于需要氧气的菌株，在发酵过程中要不间断地向发酵罐内的发酵液中通入空气，以供给足够的氧气。但是，如果通入的空气中含有微生物，就会发生污染，使发酵失败，因此通入的空气必须是无菌的。为了保证这一点，空气要进行无菌处理，如过滤，灭菌等，就需要一系列的设备和方法。为了使通入的空气中的氧气溶解在培养基中，及时地供给菌体使用，就需要在发酵罐内设置搅拌装置以及增加具有搅拌效果的挡板，使气液充分混合，将气泡打碎，增加气泡与培养基的接触，使氧气及时溶入培养基，及时供给菌体。为了增加氧在培养基中的溶解度，一般要增加发酵罐内的压力，通常罐压要维持在 0.01～0.05psi（1psi＝6894.76Pa）。维持一定的罐压还有另一个好处，因为发酵罐需要搅拌，搅拌轴与罐外动力连接的轴承和密封圈的密封度有限，如果罐内压力小于罐外，外面空气会很容易进入罐内，造成污染，如果罐内压力大于罐外，就可以防止外面空气进入罐内，解决污染的问题。为了对培养基、发酵设备进行灭菌和控制发酵过程的温度，发酵罐体均有可通入蒸汽、热水或冷水的夹套，在发酵罐内有螺旋管。还有与之有关的其他技术问题、设备问题和工艺问题都需要解决。为此人们研究开发了可通入无菌空气、利用夹套和冷热管通入冷热水控制温度的密封搅拌式发酵罐，以及配套的其他设备，如空气压缩、过滤、灭菌设备，以及相应的生产工艺和技术。

基因工程菌常见的深层培养方式包括：分批培养、补料分批培养、连续培养、透析培

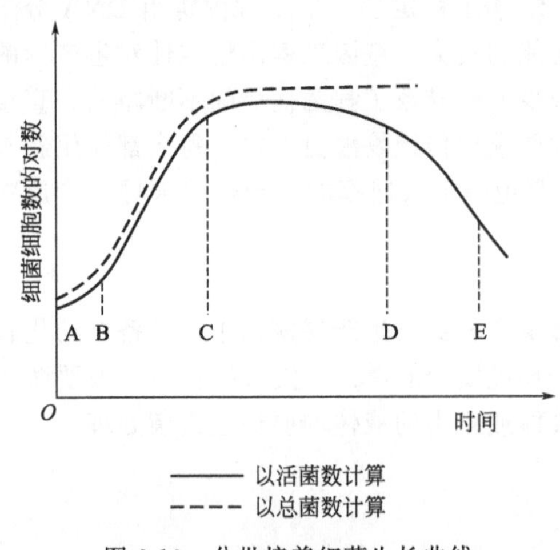

图 6-10　分批培养细菌生长曲线

养、固定化培养等。

1. 分批培养

这是最传统的培养方法，即向发酵罐内一次性投入培养基并接种培养，一次性放料的间歇式培养方法。分批培养细菌的生长规律如图 6-10 所示，主要分为四个阶段：延迟期（AB 段）、对数生长期（BC 段）、稳定生长期（CD 段）和衰亡期（D 以后）。

延迟期：菌种接入培养基后，有一个短暂的适应新的环境的过程，细胞基本上不繁殖，细胞浓度增加缓慢，这一阶段叫延迟期。

对数生长期：细胞适应环境后，由于培养基营养充足，细胞开始迅速繁殖，细胞浓度随培养时间指数增长，这一阶段称为对数生长期。

稳定生长期：随着营养物质的消耗，代谢产物的积累，细胞生长速度下降，进入稳定生长期，稳定生长期细胞数量最大，但基本不再增加，各种代谢产物主要在这一时期产生积累。

衰亡期：分批培养的后期为衰亡期，在衰亡期细胞营养缺乏，有毒产物增加，细胞死亡速度大于生长速度，活细胞数下降，细胞开始变形、自溶。

2. 补料分批培养

补料分批培养也叫流加培养，是在发酵反应器中接种培养一段时间后，间歇或连续地补加新鲜培养基，发酵结束前一段时间停止补料，发酵结束后一次性放料的培养方法。补料的目的是保持基因工程菌生长代谢的良好状态，如延长其对数生长期，获得高密度菌体，或延长稳定期提高表达产物的产量。培养基的流加速率根据基因工程菌的生长特点确定。需要指出，有的基因工程菌在稳定生长期会产生大量蛋白酶，降解外源基因表达产物，在这种情况下应尽可能避免工程菌处于稳定生长期。

3. 连续培养

连续培养是将种子接入发酵反应器中，先培养一段时间，使菌体细胞浓度和产物浓度达到一定的要求。然后，以恒定的速度开始进料和出料，控制一定稀释率进行不间断的培养。连续培养可为微生物提供恒定的生活环境，控制其比生长速率，可高效率地生产发酵产品。

由于基因工程菌的不稳定性，连续培养技术在生产上实现还比较困难。为解决这一问题，人们将工程菌的生长阶段和基因表达阶段分开，进行两阶段连续培养。在这样的系统中关键的控制参数是诱导水平、稀释率和细胞比生长速率。优化这三个参数可以保证在第一阶段培养时质粒稳定，在第二阶段可获得最高表达水平或最大产率。

连续培养稳定时进料的流量与出料的流量相等，用 F(L/s) 表示，培养液中产物的浓度用 X(mol/L) 表示，培养液体积用 V(L) 表示。

根据生长量＝输出量－输入量，有 $V\times\frac{dX}{dt}=FX-FX_0$。

当进料 $X_0=0$，则 $V\frac{dX}{dt}=\mathrm{FX}$，$\frac{dX}{dt}\times\frac{1}{X}=F/V$。

根据定义，稀释率 $D=\frac{F}{V}$，比生长速率 $v=\frac{dX}{dt}\times\frac{1}{X}$。所以 $D=v$，即连续培养处于稳

定状态时，稀释率 D 和细胞比生长速率 v（比生长速率：每克菌体每小时增长的菌体量）相等，这是连续培养控制的基本条件。

4. 透析培养

透析培养是利用膜的半透性原理使代谢产物和培养基分离，通过去除培养液中的代谢产物来解除其对生产菌的不利影响。传统生产外源蛋白的发酵方法，由于乙酸等代谢副产物的过高积累而限制工程菌的生长及外源基因的表达，而透析培养解决了上述问题。采用膜透析装置是在发酵过程中用蠕动泵将发酵液打入罐外的膜透析器的一侧循环，其另一侧通入透析液循环。膜的种类、孔径、面积，发酵液和透析液的比例，透析液的组成，循环流速，开始透析的时间和透析培养的持续时间等都对产物的产率有影响。透析培养与补料分批培养结合，取得了许多较好的发酵效果。透析培养也可用于连续培养。

5. 固定化培养

将固定化技术应用于微生物的培养，从而产生固定化培养技术。基因工程菌的发酵过程中采用固定化技术有其独特之处，它可以显著提高质粒的稳定性，而且对分泌表达型的工程菌发酵更为有利，便于进行连续培养。将固定化培养技术与连续培养、透析培养相结合，将是今后基因工程菌发酵发展的主要方向之一。

三、发酵相关的反应器

应用发酵罐大规模培养基因工程菌不同于微生物发酵，微生物发酵目的是获得菌体的初级或次级代谢产物，细胞生长并非主要目标，而基因工程发酵是为了最大限度获得基因表达产物。但总体来说，工程菌的培养与普通微生物的培养方法类似。在进行以工业化为目的DNA 重组实验，以及为生产异种基因产物而培养重组菌时，当然应采用简便易行的培养系统。现在多半以大肠杆菌为宿主，而在一般的通气搅拌罐中大肠杆菌能生长良好。用于普通微生物发酵的生物反应器经过适当改造后一般均可用于基因工程菌的发酵。

不管发酵罐怎样设计，对发酵罐都要求能提供菌体生长最适生长条件，培养过程不得污染，保证纯菌培养，培养及消毒过程不得游离异物，不能干扰细菌代谢活动等。作为基因工程菌株的培养装置，与一直沿用的通气搅拌培养罐要有区别，即要注意生物安全，不仅要防止外部微生物侵入罐内，还必须采用不使培养物外漏的培养装置。（拓展 6-2：发酵罐的组成）

拓展 6-2

第四节　原核表达产物的分离纯化

基因工程中外源基因的表达产物的分离和纯化是进一步开展其功能研究和应用开发的重要环节。由于生物在其生长过程中一般都会含有大量不同结构和功能的蛋白质以及其他生物大分子如糖类、脂类及核酸等，要将目标蛋白从众多的分子中分离出来并维持其生物活性是一件复杂而精细的工作。

传统的发酵产品和基因工程产品在提取和精制上的不同，主要表现在以下三方面。①传统发酵产品多为小分子（工业用酶除外，但它们对纯度要求不高，提取方法较简单），其理化性能，如平衡关系等数据都已知，因此放大比较有根据；相反，基因工程产品都是大分子，必要数据缺乏，放大多凭经验。②基因工程产品大多在胞内表达，提取前需先破碎细胞，而且发酵液中产物浓度也较低，杂蛋白多，加上一般大分子较小分子不稳定（如对剪切力比较敏感），产物因此提取较困难，常需利用高分辨力的纯化方法，如色谱分离等。③基因工程菌中目的蛋白表达量一般比宿主内源蛋白表达量高很多倍。所以相对来讲，外源基因表达产物，即重组蛋白的分离纯化要比相应的天然蛋白容易。

另外，对于基因工程产品，还应注意生物安全（biosafety）问题，即要防止菌体扩散，特别对于前面几步操作，一般要求在密封的环境下进行。例如用密封操作的离心机进行菌体分离时，整个机器处在密闭状态，在排气口装有无菌过滤器，同时有一空气回路以帮助平衡在排放固体时系统的压力，无菌过滤器用来排放过量的气体和空气，但不会使微生物排放到系统外。

一、分离纯化的目标与策略

利用转基因工程菌株表达外源基因所获得的目标蛋白的分离和纯化，一般包括两个步骤：一是初步分离获得粗提取物，这一过程具体包括细胞破碎、蛋白类物质的分离以及对特异表达蛋白的沉淀和超滤浓缩等；二是对粗提取物进行进一步提纯，提高其品质，这一过程所采用的手段包括色谱和电泳等。值得注意的是，针对不同的目的蛋白的特性，应采取不同的分离纯化策略和方法。

1. 分离纯化的目的与成本

分离纯化的目的就是将目的蛋白从宿主内源蛋白、核酸、脂类、糖类以及其他代谢产物和培养基成分中分离出来。分离产物所需达到的纯度与产物的用途有关，其中纯化成本是重要的考虑因素。多步纯化的成本高，产物得率低，因此应结合不同纯化方法的优缺点设计合理的纯化工艺，减少中间步骤。如果分离纯化的蛋白质是在工业、农业上大规模应用，则可以考虑使用简单的硫酸铵沉淀等方法。如果目的蛋白是用于蛋白质晶体结构分析、氨基酸序列测定或作为人体注射用药物，则纯度和安全性将是考虑的最重要的因素，因此可采用色谱、电泳等分辨率更高的方法。

2. 分离纯化策略的制定

分离纯化重组蛋白的过程中，首先必须对初始材料进行相应的前处理，以获得粗提物，然后进行纯化和精制。纯化策略必须根据表达系统的特点、表达产物的性质、各种环境因素及杂质情况综合考虑，以确定合理的纯化方式和纯化工艺。对不同的目标蛋白表达方式，采取的纯化策略也不相同。

（1）确定分离纯化策略时必须考虑的因素

① 表达系统的影响。基因工程表达系统的影响包括工程菌的种类或细胞类型、代谢特征、表达方式（胞内、胞外、包涵体）、表达产物和副产物种类、代谢物种类、产物类似物、毒素和能降解表达产物的酶类等。它们均是影响目标产物分离纯化的重要因素，必须加以充分考虑。

② 表达产物性质的影响。重组蛋白本身的物理、化学与生物学特性，包括化学组成、分子量、等电点、电荷分布和密度、溶解度、稳定性、疏水性、扩散性、分配系数、吸附性能、生物学活性、亲和性、配基种类和表面活性等都是分离纯化的重要依据，必须充分考虑。同时应该考虑到重组蛋白都是具有生物活性的大分子，稳定性差，对温度、pH、金属离子、有机溶剂、剪切力、表面张力等十分敏感，容易变性失活，也容易被蛋白酶降解，因此在选择、确定纯化方法或工艺流程时要十分注意对目的蛋白的保护。

③ 初始物料、杂质等因素的影响。由于使用的菌种不同，所需的原始物料及由此产生的杂质也有很大不同，包括杂质的含量、化学性质、结构、分子大小、电荷性质、生物学特性、稳定性（对温度、pH、盐、有机溶剂等）、溶解度、分配系数、挥发性和吸附性能等，这些因素都会对目的产物的分离纯化产生影响。

④ 生产工艺、生产条件的影响。生产工艺包括生产方式（连续、分批、半连续）、生产

周期、生产能力、工艺控制等，生产条件主要是指生产中的环境条件、卫生条件、无菌状态与灭菌方法等，这些因素也会影响产物的分离纯化。

(2) 制定合理的纯化方式和纯化工艺

蛋白质纯化包含许多方法，包括沉淀、色谱、电泳、离心等各种分离方法，但如何将这些方法有机地结合起来，形成完整的工艺过程则是最为重要的环节。这个过程以前完全是经验性的，借鉴前人的工作或自己的经验进行操作。亲和色谱出现后，这种状况有所改变，通过亲和色谱的方法，利用特征性的抗体或配基与目标蛋白特异结合作用来分离纯化蛋白质，近年来已经在蛋白质纯化方面发挥了越来越重要的作用。

在确定纯化工艺过程的研究中，必须重视整个纯化过程中的定量和定性检测试验。因为在实际操作过程中，为了快速纯化目标蛋白，经常会忽略这些试验，而造成纯化效率的降低或方法选用不当。由于重组产物的产量比相同的天然产物的量大，因此相比而言，检测较为容易，这有利于加快纯化过程，是重组表达产物分离纯化的巨大优势之一。通过对每个密切相关的纯化步骤的检验评估（包括每个纯化步骤的比活性、总活性单位、总蛋白量和得率等），最终确定分离纯化的方法与工艺。

尽管在纯化过程中，纯化步骤顺序不是考虑的重点，但是纯化顺序也会明显影响纯化的结果。例如：均质化的粗提物，按澄清、破碎沉淀、阴离子交换色谱、亲和分离和空间排阻色谱的顺序进行纯化效果比较好。在设计纯化顺序时，要注意尽可能减少缓冲溶液的转换步骤。例如：采取疏水作用色谱，在利用高盐浓度进行柱色谱之前需要应用硫酸铵沉淀，或者利用高盐浓度洗脱的离子交换色谱，而不采用需进行缓冲液转换的空间排阻色谱、透析或膜超滤。相反，纯化天然蛋白质或表达的可溶性蛋白质，最后步骤最好采用反相高效液相色谱(RP-HPLC)，因为此时不利于色谱的杂蛋白已经除去。

分泌表达型重组蛋白通常体积大、浓度低，直接离心难以获得清亮的粗提物，需先通过沉淀、超滤进行浓缩，再进行纯化。通过硫酸铵或乙醇等进行沉淀可获得 2～8 倍纯化目标蛋白。通过超滤可分离相对分子质量在 1～300kDa 之间的蛋白质。经过沉淀、超滤处理的样品常进一步进行柱色谱，以快速捕获蛋白质，尽可能减少蛋白质降解和其他修饰。对于天然蛋白质，最好采用高容量/低溶解色谱过程捕获蛋白质，如阴离子交换色谱、疏水色谱和非生物特异性亲和色谱等。对于重组蛋白，一般已在其 C 端或 N 端连接上了一个融合标签，包括与底物或抑制剂亲和的全酶、与单克隆抗体结合的抗原表位、由 IMAC 复性的寡聚组氨酸、血凝素识别的糖类结合蛋白或结合域、体内生物素化的生物素结合域等。利用这个标签可以进行亲和色谱纯化以获得目标蛋白。部分融合系统中标签蛋白可能会干扰目标蛋白的生物学活性和稳定性，可利用预先设计的特异性蛋白酶裂解位点切除标签蛋白。

目标蛋白在受体细胞中的位置也影响其分离纯化方法。例如，对于大肠杆菌细胞中的可溶性重组蛋白，可首先用亲和分离法进行纯化；对于在壁膜间隙表达的重组蛋白，其性质介于分泌型蛋白和细胞内可溶性蛋白之间，有利于分离纯化，一般可先用低浓度溶菌酶处理细菌，再用渗透压休克法进行纯化。

二、分离纯化的一般过程

根据外源基因在宿主细胞中表达方式的差别以及表达蛋白本身的特性，重组蛋白的分离纯化工艺各不相同。但无论什么蛋白产品，一般都包括对发酵液进行预处理、回收菌体、细胞破碎、离心分离、样品的浓缩与预处理、柱色谱和电泳等步骤。在分离过程中，为保证蛋白质的生物活性，一般在低温条件下操作，提取的条件也要尽量保持温和。分离纯化方法的选择性要好，能从复杂的混合物中有效地将目的产物分离出来，达到较高纯化倍数和回收率；纯化步骤间要能直接衔接，不需要对物料进行处理或调整，这样可以减少工艺步骤，节约时间，降低成本，提高生产效率。

1. 发酵液的预处理

对发酵液进行预处理有助于后面的操作过程，可以达到以下目的：改变发酵液的物理性质，提高固液分离效率；转移产物至后续处理的相中；除去部分杂质，简化后续工艺。

发酵液的预处理内容主要包括改变发酵液物理性状（如加热、调节 pH、絮凝等）以及改善固液分离特性（通过过滤等方法实现固液分离）两类方法，根据被分离物质的性质可选择某一种或者其中的几种方法相结合使用。

2. 细胞分离

通过原核细胞培养获得的培养液，无论目标蛋白位于细胞内还是被分泌到细胞外的培养基中，首先都应该将细胞与培养液进行分离，一般通过离心沉降或者过滤的方式进行分离。

① 离心沉降法。离心沉降法是利用固体颗粒在外力作用下与液体物质作相对运动最终实现固液分离的细胞分离技术。对于低黏度介质中的细菌，一般采用 2000～3000g 离心 10～15min 的方法就可以离心沉降菌体；在高黏度的溶液中，固液分离稍微困难一些，需要较高的离心力和比较长的离心时间；对于蛋白质沉淀的离心沉降，则一般选择 12000g 以上，离心时间 10min 以上。

② 过滤法。主要利用多孔介质将固液悬液中的固相颗粒截留，液体则通过介质来实现分离。根据被分离物质的大小可以分为一般介质的过滤和膜过滤。一般介质的过滤可以滤过细胞及细胞碎片，而膜过滤则可以选择性地分离分子质量大小不同的蛋白质等物质。

3. 细胞破碎

对于在胞内表达的蛋白质，将细胞与液态相分离后，就要考虑将细胞破碎，以使目标蛋白从胞内释放到提取液中，然后进行目的产物的纯化。因此，细胞破碎效果对胞内蛋白质的分离纯化是非常重要的。

常用的细胞破碎方法包括物理法、化学法和生物方法，破碎细胞壁和细胞膜，从而将胞内物质释放到提取液中。针对不同的细胞种类和细胞的不同生长状态，可选择适当的破碎方法。常见的破碎方法有变性剂裂解法、超声波破碎法、机械破碎法、酶解法和反复冻融法。（拓展 6-3：常见细胞破碎方法）

拓展 6-3

4. 离心分离

离心是基因表达产物分离纯化的重要步骤，包括高速离心和超速离心。高速离心的离心力一般在 10000g 的范围以内，主要用来去除未破碎的细胞和细胞壁碎片等。经过高速离心后细胞膜碎片和细胞内的可溶性蛋白等主要存在于上清液中。如果基因表达产物是小分子可溶性蛋白，还可以进行超速离心（100000g 以上）以除去细胞膜碎片等杂质。

5. 柱色谱

色谱析技术是蛋白质分离纯化的重要手段。色谱法包括凝胶过滤色谱、离子交换色谱、疏水色谱、亲和色谱、吸附色谱、金属螯合色谱以及共价色谱等。尽管色谱的方法多种多样，但基本的原理却是一致的。所有的色谱系统都是由互不相溶的两相组成，一个是固定相即色谱介质，另一个是流动相。利用混合溶液中蛋白质分子的理化特性差异（如吸附力、分子形状大小、分子极性、分子亲和力、分配系数等），使各组分以不同程度分布在两相中，并以不同的速度移动，最终彼此完全分开。大量融合标签已被开发出来，现在大多数重组蛋白是与这些标签序列融合表达的，在纯化过程中可以利用相应的抗体进行纯化。目前最常用的是镍柱，可以高效纯化带有 6×His 的重组蛋白。同时，这些融合标签也可以在后期通过一些特异性蛋白酶，如 TEV 蛋白酶、HRV 3C 蛋白酶、SUMO 蛋白酶等去除掉，使得目的蛋白的序列更加接近天然状态。

6. 电泳方法

电泳不仅是检测蛋白质的重要手段，在实验室也可以作为少量制备或纯化蛋白质的方法。蛋白质电泳通常采用聚丙烯酰胺凝胶电泳（PAGE）。PAGE 可分为 Native-PAGE 和 SDS-PAGE 两种，前者主要用于不能变性的表达蛋白的分离与纯化，后者则用于可通过变性的方法作进一步纯化的特异性表达蛋白。通过柱色谱获得的特异性表达蛋白经 PAGE 进一步与杂蛋白分离，然后通过切胶回收，可以获得电泳纯的样品，可用来进行氨基酸序列分析、免疫学分析和医学研究等。

三、包涵体的溶解和重组蛋白的复性

在外源基因的原核表达中，尤其是以大肠杆菌为宿主高效表达外源基因时，表达蛋白常常在细胞质内聚集形成不溶性蛋白质晶状物，称为包涵体（inclusion body）。包涵体是不具有膜结构的非晶体性蛋白质聚集体。在偏振光显微镜或电子显微镜下可发现包涵体与细胞质的明显区别。目前上市的重组蛋白药物中，54%以大肠杆菌作为表达系统，而大肠杆菌表达蛋白中有一半形成包涵体。

包涵体的形成有利于防止宿主蛋白酶对表达蛋白的降解。以包涵体的形式存在也非常有利于表达产物的分离，往往仅通过简单的差速离心及洗涤等几步即可获得较高纯度的目的蛋白。尤其重要的是，当所表达的重组蛋白产物对宿主细胞具有毒性时，使重组目的产物以无活性的包涵体形式表达可能是蛋白表达的最佳方式。但包涵体形成后，表达蛋白不具有生物活性，因此必须溶解包涵体并对表达蛋白进行复性。包涵体形成后另一个不利方面是，由于表达产物形成包涵体，负责水解起始密码子编码的甲硫氨酸的水解酶，不能对所有的表达蛋白质都起作用，这样就可能产生 N 末端带有甲硫氨酸的目的蛋白质的衍生物，而非生物体内的天然蛋白，这可能会对某些蛋白质的性质产生影响。

包涵体的形成原因和形成过程还不十分清楚。有人认为包涵体的形成不仅与表达蛋白的生成速率高、无足够时间使肽链折叠及表达蛋白的高浓度有关，而且还与培养宿主菌的温度、pH、某种金属离子不足等造成细胞内环境变化等因素有关。不仅带有重组高效表达质粒的大肠杆菌可形成包涵体，而且有变异蛋白产生或菌体本身蛋白质异常高表达的大肠杆菌也可形成包涵体，这些包涵体就需要再分离出来后进行再溶解。

1. 包涵体的分离、洗涤与溶解

菌体细胞破碎后，包涵体会释放出来，通过离心法可进行固液相分离，使包涵体与上清液中的细胞碎片及杂蛋白分开。与包涵体同时被离心沉淀下来的物质还包括可溶性杂蛋白、RNA 聚合酶的四个亚基、细菌外膜蛋白、16S rRNA 和 23S rRNA、质粒 DNA 以及脂质、肽聚糖、脂多糖等。可先用 TE 缓冲液反复洗涤以除去可溶性蛋白、核酸以及外加的溶菌酶。（拓展 6-4：包涵体的提取）

拓展 6-4

在包涵体溶解前，常用低浓度的弱变性剂（如尿素）或温和的表面活性剂（如 Triton X-100）等处理，可除去其中的脂质和部分膜蛋白，使用浓度以不溶解包涵体中的目标蛋白为宜。此外，硫酸链霉素沉淀和酚抽提可除去包涵体中大部分核酸，从而降低包涵体溶解后抽提液的强度，以利于色谱分离。

包涵体的溶解一般是通过变性实现的，目的是将蛋白产物变成一种可溶的形式以利于分离纯化。蛋白质的变性过程将破坏蛋白质的次级键（包括氢键、离子键、疏水相互作用等），引起天然构象的解体，多肽链伸展，但不涉及蛋白质的一级结构的破坏。溶解包涵体的试剂包括变性剂（如尿素、盐酸胍）和去垢剂（如 Triton、SDS）等。每一种试剂溶解包涵体的原理不同，变性剂尿素和盐酸胍是通过离子间的相互作用使蛋白质变性和破坏高级结构，但分子内共价键和二硫键仍保持完整，而去垢剂 SDS 的作用主要是破坏蛋白质肽链之间的疏水作用实现蛋白质的溶解。此外，还有一种用离子交换树脂溶解包涵体的方法，溶解后的蛋白质能够折叠形成有活性的构象结构，然后选择合适的 pH 值和盐浓度洗脱可除去 90%左右的菌体杂蛋白。在溶解的包涵体中，重组蛋白质的纯度相对较高，因此可选用凝胶过滤色谱进一步纯化。如果变性剂是离子性的（如盐酸胍），需要用非离子性的变性剂（如尿素）进行透析，从而在接下来的纯化中应用离子交换色谱或中性的吸附色谱方法纯化。溶解的蛋白质溶液一般都需要加入最低剂量的变性剂使重组蛋白质维持在溶解状态。

对于序列中含有半胱氨酸的蛋白质，通常加入巯基还原剂还原二硫键以及加入螯合剂螯合 Cu^{2+}、Fe^{2+} 等金属离子，防止其与还原态巯基发生氧化反应。常用还原剂有二硫苏糖醇(DTT)、半胱氨酸、还原型谷胱甘肽和 β-巯基乙醇等。金属螯合剂常用 EDTA 和 EGTA。

2. 重组蛋白的复性

复性是指在适当的条件下使伸展的无规则的变性重组蛋白质重新折叠形成可溶的具有生物活性的蛋白质。蛋白质复性是一个非常复杂的过程。为了得到具有天然构象的蛋白质和产生正确配对的二硫键，必须去掉过量的变性剂和还原剂，使多肽链处于氧化性的缓冲液中，可以通过多种方法进行复性，如稀释、透析以及液相色谱复性等。

稀释溶液法是通过将变性蛋白质直接加入复性液，使溶液中的变性剂浓度逐渐降低，蛋白质开始复性。稀释复性又可以有多种形式：一步稀释复性、连续稀释复性和脉冲稀释复性。该法简单易行，但有时稀释液体积过大，同时降低了蛋白质的浓度。另一种方法是通过透析、超滤或电渗析缓慢除去变性剂，使蛋白质获得复性。透析复性是依靠扩散作用降低变性剂的浓度，即使用变性的蛋白质溶液对不含变性剂或含低浓度变性剂的复性缓冲液进行透析，使蛋白质复性。液相色谱复性包括疏水相互作用色谱（HIC）、离子交换色谱（IEC）、凝胶排阻色谱（GEC）和亲和色谱。采用凝胶排阻色谱法的优点是保证变性蛋白质与复性缓冲液进行缓慢的交换，并在此过程中缓慢地完成复性，同时又可以使蛋白质得到一定程度的纯化，可重复性高，不会产生沉淀。

总之，复性通常是经验性要求非常高的操作步骤，需要对变性剂、还原剂以及去除这些试剂的条件进行摸索。一般来说，重组蛋白的分子量越小，二硫键越少，复性成功的可能性就越大。重组蛋白质如果含有两个以上的二硫键时，很有可能产生肽链内和肽链间二硫键的错配。

四、分泌蛋白质的浓缩

如果表达系统将已折叠和翻译后加工的重组蛋白质分泌到培养液中，则必须在收集培养液后进行浓缩，才能进行后续的纯化步骤。浓缩方法包括沉淀法、超滤法、吸附/洗脱色谱等。

1. 沉淀法

用于浓缩蛋白质的沉淀法有盐析法、有机溶剂沉淀法和高分子聚合物沉淀法等方法。其原理是蛋白质分子在水溶液中的溶解性受到蛋白质分子表面亲水性和疏水性带电基团分布的影响。这些基团与水溶液中离子基团相互作用，通过改变 pH 或离子强度，加入有机溶剂或多聚物，可以促进蛋白质分子凝聚，形成蛋白质沉淀。通过离心或过滤可以获得沉淀物，然后利用合适的缓冲液清洗，溶解沉淀物，再经过透析或者凝胶过滤，除去残留的溶剂成分。用于沉淀的试剂需要额外的纯化步骤来去除，有时它们甚至对重组蛋白质的稳定性有不利的影响，在基因工程产物浓缩中并不被广泛采用。

2. 超滤法（ultrafiltration，UF）

超滤法是目前最常用的蛋白质溶液浓缩方法。其原理是培养液在压力驱动下通过多孔滤膜，分子量比滤膜截留分子量大的分子将被截留，而比截留分子量小的分子将随溶液流过滤膜。其优点是操作简便，成本低廉，不需加入任何化学试剂，不发生相变化，能耗低，而且不引起温度、pH 值变化，因而可以防止生物大分子的变性、失活和自溶。目前已有多种截留不同分子量的膜供应。

3. 吸附/洗脱色谱

该法是应用蛋白质的某些性质，通过静电或疏水相互作用与固相支持物的配基结合。该技术将浓缩和纯化步骤合二为一，经过这一步浓缩和纯化的重组蛋白质纯度可以达到 90%以上。固相支持物通常为琼脂糖、葡聚糖和聚丙烯酰胺。使用的配基包括能结合糖蛋白的凝集素，能结合特定丝氨酸蛋白酶的赖氨酸，能结合免疫球蛋白 IgG 和 IgA 的蛋白 A，能结合某些酶类的染料，用于纯化某些重组蛋白的金属螯合琼脂糖。重组蛋白与配基的弱结合使得洗脱条件比较温和，具有生物活性的表达产物的回收率高。以上所提到的大多数吸附色谱柱可以在市面买到，也可以在实验室自己制备。因此，吸附/洗脱色谱可以很方便地应用于各种重组蛋白的浓缩和纯化。

当培养液的体积浓缩到一定程度后，真正的纯化才开始，目前主要依赖柱色谱方法。对于一种完全新型的重组蛋白来讲，没有任何固定的纯化模式。纯化重组蛋白的步骤也许与纯化相应的天然蛋白质的步骤相似，也许差别很大。但是，纯化天然蛋白质的方法对纯化相应的重组蛋白具有重要的借鉴作用。

第五节 基因工程菌不稳定性及对策

从许多研究中发现，基因工程菌产业化应用的最大障碍在于工程菌株在保存及发酵生产过程中表现出的遗传不稳定性。如何保持其遗传稳定性，这直接影响到发酵过程和反应器类型的设计、比生长速率的控制以及培养基组成的选择。因而工程菌不稳定性的解决已日益受到重视并成为基因工程这一高技术成果转化为生产力的关键环节之一。

一、基因工程菌不稳定性产生的原因

基因工程菌在发酵过程中常常会丢掉所携带的质粒，成为非转化细胞，这种现象在中试及工业化生产水平上也存在并使得重组菌的应用大受限制，因为这些非转化细胞在培养物中的比例很大程度上会影响生物反应器的反应性。非转化子（P^-）都是由转化细胞（p^+）在繁殖过程中丢失质粒而来的。基因工程菌的不稳定主要表现在质粒的不稳定上，质粒不稳定可分为分配不稳定和结构不稳定。所谓分配不稳定是指工程菌分裂时出现一定比例不含重组质粒的子代菌的现象，即在分裂过程中，重组质粒丢失。所谓结构不稳定是指外源基因从质粒上发生缺失或碱基重排、修饰导致其表观生物学功能的丧失。

当含有重组质粒的基因工程菌在非选择性培养条件下生长至某一时期，培养液中的部分细胞将不再携带重组质粒，这部分细胞数与培养液中的细胞总数之比称为重组质粒的宏观逃逸率。宏观逃逸率表征重组质粒从受体细胞中丢失的频率，究其丢失原因，可能包括以下四方面。

① 重组质粒在细胞分裂时不均匀分配，造成受体菌种所含的重组质粒拷贝数存在差异。细胞分裂时重组质粒的不均匀分配是导致质粒脱落的基本原因，这与载体质粒本身的结构有

关。一般情况下，含有质粒较多的菌体（P^+ 菌体）在繁殖过程中需要合成较多的 DNA、RNA 和蛋白质，导致其生长速率低于不含质粒的细胞（P^- 细胞）和含有较少质粒拷贝数的 P^+ 细胞，这种生长上的差异会随着细胞分裂的不断进行而扩大，直至产生不含重组质粒的子代菌。经过多代后较少拷贝数的菌体在培养液中占优势，加之在细胞继续分裂时全部丢失其重组质粒，所以最终发酵液中 P^- 细胞将占据绝对优势。

细胞分裂时发生的质粒分配不均匀是造成子代菌所含质粒拷贝数出现差异的主要原因，因此细菌在培养过程中出现不含重组质粒的子代菌的频率与其所携带的质粒的拷贝数有关，携带低拷贝数质粒的细菌在分裂过程中出现不含重组质粒的子代菌的频率较大，含高拷贝数质粒菌株分裂时，不含重组质粒的子代菌出现的频率较小。

② 来自受体细胞的遗传影响。受体细胞的核酸酶将重组质粒视为外来 DNA，将其降解，使之不能进行独立复制。受体细胞中的外源 DNA 分子可能会受到宿主自身遗传因素的控制或影响，如内源性的转座元件的存在可促进重组 DNA 片段的缺失和重排，导致重组 DNA 的结构改变，表达功能丧失。

③ 重组质粒所携带的外源基因过度表达，抑制了受体细胞的正常生长，以致原来体系中数目极少的不含重组质粒的菌体经过若干代繁殖后在数量上占据优势。含质粒菌外源基因的高效表达，对受体细胞的正常生长代谢不利，如营养竞争、表达产物的毒性等均会抑制受体细胞的正常生长。这种抑制作用会导致两种可能的结果，一方面使得含质粒菌的生长能力明显低于不含质粒菌，一旦发酵液中有不含质粒菌的存在，尽管数量较少，但很快会迅速繁殖而成为优势菌。另一种可能的结果是这种抑制作用会诱导受体菌产生相应的应激反应，引起宿主细胞对重组 DNA 分子的排斥和降解，导致重组 DNA 分子上某一区域发生缺失、重排或修饰。

④ 重组质粒因种种原因被受体细胞分泌运输至胞外，这种情况多发生在细菌处于高温或含表面活性剂（如 SDS）、某些药物（如利福平）以及染料（如吖啶类）的环境中。

在研究中还发现，野生型质粒在宿主中之所以能稳定遗传，与质粒中大多数含有编码质粒拷贝均衡分配的 *par* 基因有关。在一些低拷贝质粒中 *par* 基因已经被克隆和鉴定出来，目前常用的一些扩增表达型质粒如 pBR322 也具有完整的质粒拷贝分配功能，因而由此原因引起的质粒丢失现象基本上可以忽略不计。在不具备 *par* 基因的质粒中，由重组质粒降解或分子重排引起的工程菌不稳定性影响更大，因此在工程菌发酵和重组质粒构建的过程中，保持工程菌的相对稳定意义重大。

二、改善基因工程菌不稳定性的方法

由于工程菌的稳定性同时受遗传和环境两方面因素影响，所以可以通过从基因水平控制和限制反应器中非转化菌体（即改变环境）的繁殖来提高重组质粒的水平。目前已经有多种途径可以抑制重组质粒结构和分配的不稳定性。

1. 改进载体宿主系统

在载体构建中，将增强载体质粒稳定性作为衡量载体好坏的一个指标，在构建时可以考虑加入特定的 DNA 片段，包括：①在构建质粒载体时将 *par* 基因引入到表达质粒中，例如，将 pSC101 的 *par* 基因克隆在 pBR322 类型的质粒上，或将 R1 质粒上的 *parB* 基因构建到表达质粒上，其表达产物可选择性杀死由于质粒分配不均匀而产生的无质粒菌体细胞。②正确设置质粒载体上的多克隆位点，避免将外源基因插入到质粒的稳定区域内，减少外源基因的干扰。③将大肠杆菌核基因组中的 *ssb* 基因克隆到质粒载体上，该基因编码的单链结合蛋白（SSB）是 DNA 复制时必需的因子，因此无论何种原因丢失质粒，由于同时丢失

ssb，均不能再继续增殖。

除了考虑载体外，来源于相同细菌的不同菌株可能对同一种重组质粒表现出不同的耐受性，因此选择比较稳定的受体菌菌株对于质粒的稳定也有很好的效果。有的受体菌基因组中还含有转座元件，采用合适的方法去除或灭活转座元件对质粒的稳定也很有好处。

2. 压力选择法

在构建载体时，往往需要加上标记基因，利用这些标记基因，可以设计多种有效的选择条件，在工程菌发酵过程中选择性地抑制丢失重组质粒菌（空菌）的生长，从而提高工程菌的稳定性。根据载体上标记基因种类的不同，可以设计多种有效的选择压，主要包括以下三个方面。

（1）抗生素添加法

大多数常用表达型质粒上携带抗生素抗性基因，将相应的抗生素加入细菌培养体系中，即可抑制重组质粒丢失菌的生长，降低重组质粒的逃逸率。但在现实应用中，这种方法对大规模工程菌发酵并不适用。主要有三个原因：一是抗生素的添加会增加生产成本；二是很多抗生素结构并不稳定，作用时间短，所以筛选不能持续下去；三是抗生素的添加为发酵目标产品的纯化带来困难，会影响产品的纯度和使用效果。

（2）抗生素依赖法

所谓抗生素依赖法，即通过诱变技术筛选分离受体菌，选择对某种抗生素具有依赖性的突变菌株作为新的受体菌，当培养基中含有该抗生素时，这种突变菌株才能生长，同时在重组质粒构建过程中引入该抗生素的非依赖性基因。在这种情况下，含有重组质粒的工程菌能在不含抗生素的培养基上生长，而不含重组质粒的细菌被抑制。这种方法避免了在体系中加入抗生素，成本低，但其缺点是受体细胞容易发生回复突变。

（3）营养缺陷法

营养缺陷法是与上述抗生素依赖法较为相似的方法，其原理是灭活某一种细胞生长所必需的营养物质（如某种氨基酸或者氨酰-tRNA 合成酶）合成途径的某个基因，分离获得相应的营养缺陷型突变株，并将有功能的基因克隆在载体质粒上作为补偿，从而建立起质粒与受体菌之间的遗传互补关系。在工程菌发酵过程中，丢失重组质粒的细胞同时也丧失了合成这种营养成分的能力，因而不能在普通培养基中增殖。这种生长所必需的因子既可以是氨基酸（如色氨酸），也可以是某种具有重要生物功能的蛋白质（如氨基酸-tRNA 合成酶）。

3. 控制外源基因过量表达

在理论上，外源基因在受体菌中表达效率越高，单位生产成本越低，所以应尽量使基因表达量提高，但在实际应用中，外源基因的过量表达，包括重组质粒拷贝的过度增殖，均可能诱发工程菌的不稳定性。采用二阶段培养法可有效协调细菌生长与外源基因高效表达之间的关系。二阶段培养法是将工程菌的培养分为两个相对独立的阶段：第一阶段是细菌的增殖阶段，在此阶段细菌生长至对数生长末期，积累足够的生物量；第二阶段是诱导表达阶段，即通过各种诱导方式（热诱导或化学诱导等）诱导外源基因的高效表达。这样，通过使细菌的增殖与外源基因表达分阶段进行的方式，可以增加质粒的稳定性。这是促进基因工程菌稳定的一种重要策略。

4. 优化培养条件

在工程菌构建完成之后，选择最适的培养条件是进行大规模生产的关键步骤。工程菌所处的环境条件对重组质粒的稳定性及细胞生长、代谢、外源基因高效表达均有很大影响。培养条件对重组质粒稳定性的影响机制较为复杂，培养基组成、培养温度及细菌比生长速率对重组质粒稳定性影响较大。

（1）培养基组成

细菌在不同的培养基中可能启动不同的代谢途径。对于基因工程菌来说，培养基的成分可能通过多种途径影响重组质粒的遗传稳定性。例如含有 pBR322 的大肠杆菌在葡萄糖和镁离子限制的培养基中生长，比在磷酸盐限制的培养基中培养显示出更高的质粒稳定性。另一个携带氨苄青霉素、链霉素、硫胺和四环素 4 个抗药性基因的重组质粒，在大肠杆菌中的遗传稳定性同时依赖于培养基组成。当葡萄糖限制时，克隆菌仅丢失四环素抗性；而当磷酸盐限制时，则导致多重抗药性同时缺失。还有一个携带氨苄青霉素抗性基因和人 α-干扰素结构基因的温度敏感型多拷贝重组质粒，当它转入大肠杆菌后，所形成的重组菌在葡萄糖限制以及氨苄青霉素存在的条件下生长，开始时 α-干扰素高效表达，但随后便大幅度减少，此时的重组质粒已有相当部分丢失了 α-干扰素结构基因，这表明培养基组分有可能导致重组质粒的结构不稳定性。除此之外，质粒在营养丰富的培养基中比在基本培养基中更加不稳定，而且不同的质粒其不稳定性机制也不一样。例如，某些培养基导致质粒 RSF2124-trp 产生结构不稳定性，同时又使 pSC101-trp 产生分配不稳定性。

（2）培养温度

有的质粒对温度很敏感，随温度的升高质粒拷贝数会增加。一般而言，培养温度较低有利于重组质粒在受体菌中稳定存在。另一方面，重组质粒的导入有时会改变受体菌的最适生长温度。上述两种情况均可能对重组质粒稳定性产生影响。

（3）比生长速率

控制细胞的比生长速率是提高质粒稳定性的一个重要手段，但多种因素影响工程菌的比生长速率，这要对含质粒菌和不含质粒菌生长代谢进行具体的分析，一般的环境条件的改变对两种细胞的影响是相似的，寻找特殊的调控手段是非常有价值的，如改变培养基的特殊成分、改变培养温度、施加选择条件等，其主要目的就是用来调控工程菌的比生长速率。细菌生长速率对重组质粒的稳定性的影响趋势不尽相同，这与细菌本身的遗传特性以及质粒的结构有很大的关系。有些含质粒菌对发酵环境改变的反应比不含质粒菌慢，间歇改变培养条件以改变两种菌的比生长速率，可改善质粒稳定性。通过间歇供氧和改变稀释速率，都可以提高质粒稳定性。如果不含有质粒的细菌比含有重组质粒的细菌生长得慢，重组质粒的丢失不会导致非常严重的后果，因此调整这两种细菌的比生长速率可以提高重组质粒的稳定性。但在实际应用中很难选择性地提高或降低某种细菌的比生长速率，因为绝大多数环境条件（不包括施加选择压力）对两种细菌的生长影响是同步的。只有在个别情况下，可以利用分解代谢产物专一性地控制受体菌的比生长速率，从而提高重组质粒的稳定性。

5. 采用固定化技术

固定化技术（immobilization technique）是从 20 世纪 60 年代首先在酶学领域崛起的新技术，之后应用到细胞培养方面。该技术是通过物理或化学方法将水溶性的酶、活细胞或原生质体与固相载体相结合，使酶、活细胞或原生质体被固定在特定空间进行催化反应或者生命活动。将酶和细胞进行固定的方法很多，主要包括吸附法、包埋法、结合法和交联法四类。将固定化技术应用到基因工程菌的发酵中对解决工程菌的稳定性很有帮助。有研究表明，固定化细胞大肠杆菌 BZ18（pTG201）比游离细胞培养产生的产物量高 20 倍，在凝胶表面 50～150μm 的距离内可以观察到有单层活细胞高密度生长，而胶粒内部则无细胞生长。与此相似，大肠杆菌 C600（pBR322）在中空纤维膜反应器中也可以高密度生长。在固定化体系中细胞生长得更快，直至达到一个稳定状态，相对游离体系而言，活细胞数目可达到其 11 倍之多。研究发现，在固定化细胞培养中，质粒拷贝数基本上保持不变，而在游离细胞培养中质粒拷贝数有很大下降。研究显示大肠杆菌 W3110（pTG201）在 37℃连续培养时，游离细胞培养 260 代后有 13%的菌体丢失质粒，而用卡拉胶固定化培养的菌体连续培养 240 代没有检测到丢失质粒的细胞。总之，与游离细胞培养体系相比，固定化技术可以明显提高基因工程菌细胞稳定性和目的基因表达产物的产量。

第六节 原核表达应用举例

很多生物产品与人类的生活和健康密切相关，但传统的生物产品生产方式主要是利用本体生产，然后进行分离，提高产量的方法最常用的是通过人工诱变的方式选育高产个体或细胞，或者通过调控代谢途径实现，但产量提高幅度有限。基因工程诞生后，生物产品的生产有了新的途径，人们可以通过基因工程技术赋予一些本来不具有某种功能的生物新的遗传物质，生产人类所需要的产品。其产量也可以通过前面章节所讲到的一些构件来调控，表达量比传统的本体表达方式大大提高，甚至翻上几番。对于某些微生物本来并不产生的物质（如人类生长素、胰岛素等），则不仅是产量提高多少问题，而是能否进行工业化生产以满足治疗需要。以基因工程产业为代表的生物技术自 20 世纪末以来已成为全球医药经济最强劲的增长点。其中，基因重组人胰岛素类似物的生产和应用是一个典型的例子。作为治疗糖尿病最重要的药物，胰岛素是人和动物的胰脏 β-胰岛细胞合成的蛋白质，最早发现于 1922 年，翌年便开始在临床上作为药物使用。迄今为止，胰岛素仍是治疗胰岛素依赖型糖尿病的特效药物。

胰岛素可以从人胰脏及猪和牛的胰脏中提取，也可以经化学合成。20 世纪 80 年代以前，商品化的胰岛素主要从猪胰脏提取。猪胰岛素和人胰岛素之间只在 B 链第 30 位氨基酸残基上存在差异，猪胰岛素为 Ala，人胰岛素为 Thr，它们的生理功效完全一致。但是由于来源不同，仅仅这一个氨基酸残基的差异对糖尿病患者来说也会带来副作用。同时，猪胰岛素的长期使用会在患者体内产生一定程度的免疫反应，更为严重的是，患者体内抗猪胰岛素抗体的产生还可能对患者剩余的正常 β-胰岛细胞功能及内源性胰岛素分泌造成影响。因此，早期人们将猪胰岛素在体外用酶进行改造生成人胰岛素，但工艺复杂，最终产品成本很高。1982 年，美国礼来公司使用重组大肠杆菌生产人胰岛素获得成功，这是全球第一个上市的基因工程药物。根据所用基因不同，用大肠杆菌生产重组人胰岛素有两种途径。一条途径是分别人工合成人胰岛素 A 链和 B 链的 DNA 编码序列，并在其 5′端分别加上甲硫氨酸密码子。将上述基因克隆到大肠杆菌表达载体中，置于载体上 tac 启动子的下游，与 *β*-甘露聚糖酶的编码序列形成融合表达框。重组质粒转化大肠杆菌，经过发酵培养，分别从细胞中分离含有 A 链和 B 链的融合蛋白，用溴化氰处理融合蛋白，裂解甲硫氨酸使 A 链和 B 链释放下来，并将其转变成稳定的 *S*-磺酸盐。经过纯化，在过量 A 链存在下，由 A 链和 B 链组合成人胰岛素［图 6-11(a)］。另一途径是，在人胰岛素原基因的 5′端加上甲硫氨酸密码子，接在色氨酸合成酶基因之后，插入质粒，转化大肠杆菌，表达产生 *β*-半乳糖苷酶-人胰岛素原融合蛋白，融合蛋白分离纯化后经溴化氰裂解，得到人胰岛素原，将其转变成稳定的 *S*-磺酸型。分离纯化得到的 *S*-磺酸型人胰岛素原经变性、复性和二硫键配对，折叠成具有天然构象的重组人胰岛素原，产率可达 45%。副产物同分异构体和多聚体回收后可重复利用。重组人胰岛素原经胰蛋白酶和羧肽酶 B 处理，去除 C 肽得到结晶人胰岛素［图 6-11(b)］。研究表明，由基因工程重组菌生产的人胰岛素无论是在生理功能还是血浆药物动力学方面都与天然的胰岛素无任何区别，而且显示出无免疫原性以及注射吸收较为迅速等优越性，因而目前广泛用于糖尿病的治疗。

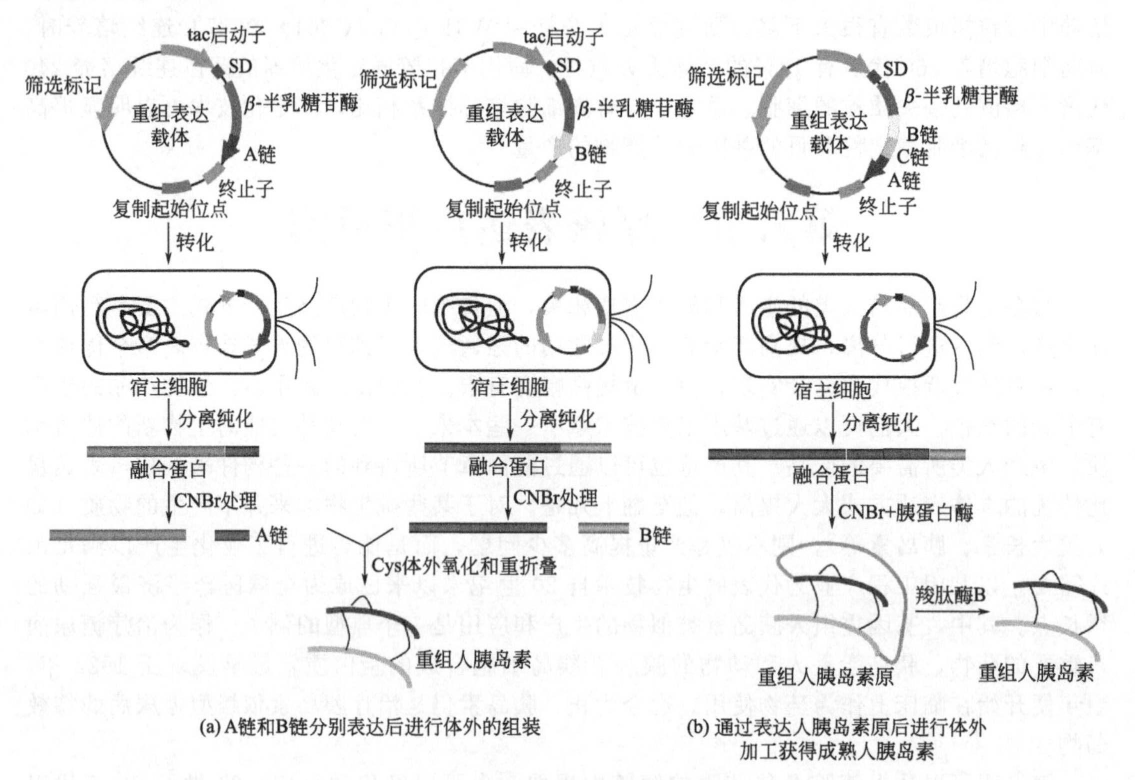

图 6-11　重组人胰岛素的制备策略

除了人胰岛素外，目前重组人生长激素、重组人干扰素、重组人抗体及片段等已经作为药物应用到生产中。除作为药物外，原核表达还应用到疫苗生产、食品与饲料工业、环境保护、农业生产等领域，随着基因工程研究的逐步深入，相信其应用面也会越来越广。

本章小结

原核表达体系是最早被开发利用的重组表达系统，也是目前最为成熟的表达系统，是基因工程研究和应用中的重要手段。与真核生物相比，原核生物基因的表达独具特点。原核表达体系主要由宿主菌、原核表达载体组成。常用的宿主菌包括大肠杆菌、芽孢杆菌和链霉菌等，蓝细菌表达体系在不久的将来也会成为广泛应用的系统。原核表达载体包括启动子、终止子、SD序列、选择标记基因、复制子等元件。原核表达系统中的目的基因可以以非融合型、分泌型、融合型及其他形式表达在细胞内或细胞外。基因工程菌的发酵不同于传统的发酵，基因工程菌的大规模培养为研究成果从实验室走向社会提供了舞台，现在主要的发酵方式是进行深层培养。深层培养方式包括分批培养、补料分批培养、连续培养、透析培养、固定化培养等。与基因工程菌的特点相对应，在发酵时，应对发酵罐进行相应改造，以适应工程菌的培养需求，常见的发酵罐包括搅拌式和气升式两种。发酵过程结束后，需要对发酵产品进行分离纯化。分离纯化策略的制定至关重要。无论什么蛋白产品的分离纯化过程，一般都包括对发酵液进行预处理、回收菌体、细胞破碎、离心分离、样品的浓缩与预处理、柱色谱和电泳等步骤。如果蛋白质以包涵体的形式表达，需要对分离出的包涵体进行溶解和复性。如果蛋白质以分泌型的方式表达，则需要对溶液进行浓缩。基因工程菌在进行发酵的过程中，经常会出现不稳定的现象，不稳定是由多种因素引起的，应注意尽量避免这些因素的影响，从多方面改善基因工程菌的不稳定性。

思考题

1. 与真核生物相比，原核生物基因表达有什么特点？
2. 原核表达系统中，常用的受体菌有哪些？各有什么特点？
3. 什么是 RBS？RBS 在基因表达中有何作用？
4. 外源基因在原核生物中表达时，蛋白质的存在形式有哪些？各有什么优缺点？
5. 基因工程菌发酵和传统的发酵相比，有什么特点？
6. 常见的深层培养方式有哪些？各有什么优缺点？
7. 分离纯化基因工程菌的表达产物策略的制定要考虑哪些因素？
8. 分离纯化基因表达产物的过程一般包括哪些步骤？各有哪些细节需要注意？
9. 怎样对包涵体进行溶解和复性？
10. 对分泌型蛋白质溶液进行浓缩有哪些策略？各有什么优缺点？
11. 重组质粒发生逃逸的原因有哪些？
12. 改善基因工程菌不稳定性的途径有哪些？

第七章
酵母基因工程

基因表达系统分为原核生物基因表达系统和真核生物基因表达系统两大类。原核生物基因表达系统以大肠杆菌为典型代表。大肠杆菌表达系统因其工艺简单、产量高、周期短、生产成本低等突出优点，是目前用得最多、研究最成熟的基因工程表达系统。许多商业化的基因工程产品是通过大肠杆菌等原核系统表达的。然而，大肠杆菌缺乏对真核蛋白质的修饰加工机制（如磷酸化、糖基化、酰胺化及蛋白酶水解等修饰加工过程），不能表达出功能性的蛋白质产物。同时，大肠杆菌表达的蛋白质常以包涵体形式存在，其后续的变性溶解及复性等操作过程繁琐，不利于实际应用。与大肠杆菌相比，酵母是单细胞真核生物，它既具有原核生物易于培养、繁殖快、成本低、便于基因工程操作等特点，又有比较完备的基因表达调控机制和对表达产物进行加工及翻译后修饰的过程，如二硫键的正确形成、前体蛋白的水解加工、糖基化作用等。因而以酵母为宿主建立的基因表达系统日益引起重视并得到广泛应用。

第一节　酵母基因工程表达体系

酵母基因工程表达体系主要涉及表达宿主-酵母细胞、酵母表达载体及酵母细胞的转化体系三个重要方面。根据不同酵母细胞的特点，已经建立了相应的表达载体和转化方法。然而，为了满足所表达的真核蛋白的生物（或环境）安全性和实际应用的需求，作为宿主细胞的酵母需满足以下基本条件：①安全无毒，没有致病性；②遗传背景清楚，容易进行遗传操作；③外源 DNA 容易导入宿主细胞，转化效率高；④培养条件简单，容易进行高密度发酵；⑤有较强的蛋白质分泌能力；⑥有类似高等真核生物的蛋白质翻译后的修饰和加工能力。在各类酵母中，酿酒酵母（*Saccharomyces cerevisiae*）最符合上述条件，最早成为基因表达系统的宿主，已被广泛用来表达各种外源基因。人们已在除酿酒酵母以外的许多酵母菌中发展出了多个性能优良的表达系统。这些酵母表达系统各有特点，并都在表达外源基因的实际应用中取得了很好的效果。近年来，甲醇酵母，尤以毕赤酵母（*Pichia pastoris*）使用最多、最广泛，已被认为是最具有发展前景的异源蛋白生产系统之一。毕赤酵母表达系统发酵密度可达到很高的水平，分泌蛋白质的能力强，糖基化修饰功能更接近高等真核生物，弥补了酿酒酵母表达体系的不足。

一、酵母基因表达宿主系统

1. 酿酒酵母

酿酒酵母（*S. cerevisiae*）很早就被应用于食品和饮料工业，也是至今了解最完全的真核生物，其上千个基因已被分析。1996 完成了酿酒酵母基因组全序列测序工作，为进一步深入研究和应用奠定了坚实的基础。自 1981 年 Hitzeman 等首次报道了人重组干扰素基因在酿酒酵母中表达后，相继又有多种外源基因在该表达系统中表达成功，包括获得 FDA 批准用于人体的第一个基因工程疫苗——乙型肝炎疫苗及细胞因子、多肽激素、酶、血浆蛋白等各种蛋白质和多肽药物。

酿酒酵母系统表达外源基因具有很多优点：①酿酒酵母长期广泛地应用于食品工业，不产生毒素，安全性好，已被 FDA 认定为安全性生物，其表达产物不需经过大量宿主安全性实验；②酿酒酵母生长迅速，生产成本低；③酿酒酵母是真核生物，可以对蛋白质进行翻译后加工；④产物可分泌表达，易于纯化；⑤遗传背景清楚，易于操作。（拓展 7-1：酵母质粒的发现）

拓展 7-1

酿酒酵母表达系统也有不足之处：①发酵时会产生乙醇，乙醇的积累会影响酵母本身的生长，因此较难进行高密度发酵，直接导致表达外源基因很难达到很高的水平；②酿酒酵母缺乏强有力的受严格调控的启动子；③对蛋白质的糖基化修饰不够理想，和高等真核生物的相比所形成的糖基侧链太长，发生超糖基化，每个 *N*-糖基链上都含 100 个以上的甘露糖，是正常的十几倍，这种过度糖基化可能会引起副反应；④表达菌株传代不稳定，表达质粒易丢失；⑤分泌效率低，大于 30kDa 的蛋白质几乎不分泌。（拓展 7-2：酿酒酵母系统的建立）

拓展 7-2

2. 乳酸克鲁维酵母（*Kluyveromyces lactis*）

乳酸克鲁维酵母（*K. lactis*）被作为工业化生产人用蛋白的安全微生物。利用乳酸克鲁维酵母进行大规模工业化生产时有其独特的优点：①可以高密度发酵；②不需要甲醇防爆装置；③工业化生产时不降低生产率及酵母菌的再繁殖能力。

3. 产朊假丝酵母（*Candida utilis*）

产朊假丝酵母是一种极为重要的工业微生物，常被用于生产有用的生物物质，如谷胱甘肽及一些氨基酸和酶类。作为一种 GRAS（generally regarded as safe，公认安全）生物，它和啤酒酵母、克鲁维酵母被 FDA 认证为可作为食品添加剂的酵母，能运用于食品和制药工业。在许多国家，产朊假丝酵母被用作牲畜的饲料。另外，该酵母本身还具有一些特点：①不具有酵解抑制有氧氧化效应，因而在严格好氧的条件下生长不会产生乙醇；②发酵密度高，在高密度发酵中细胞干重可达到 92g/L；③在廉价的糖蜜中能生长。因而产朊假丝酵母作为基因工程表达宿主具有很大的潜力。

4. 粟酒裂殖酵母（*Schizosaccharomyces pombe*）

裂殖酵母是子囊菌真核单细胞生物，是一类不能出芽生殖而只能以分裂和产生孢子的方式繁殖的一类酵母菌，因此定名为裂殖酵母。与其他酵母相比，它具有更多的与高等真核生物相似的特性，线粒体结构、启动子结构、转录机制和对蛋白 N 端乙酰化功能等均更接近于哺乳类细胞，因而正逐渐成为研究真核细胞分子生物学的模式生物。裂殖酵母作为外源基因表达系统也逐渐受到人们的关注。裂殖酵母有高达 43%的基因具有内含子，且 3′端剪切位点的保守序列为 CTNAC，与高等真核生物相同，是良好的表达高等真核生物蛋白的系统。目前，已经有多种蛋白利用此系统进行了表达，如人蛋白凝血因子Ⅷa、人白细胞介素 6 等。

5. 毕赤酵母表达系统

毕赤酵母（*P. pastoris*）是以甲醇作为唯一的能源和碳源的甲醇营养型酵母。甲醇能够迅速诱导毕赤酵母合成大量的乙醇氧化酶（alcohol oxidase，AOX）。AOX1 启动子是一种强有力的启动子，受甲醇严格诱导调控而表达，可严格调控外源蛋白的表达。毕赤酵母工程菌对营养要求低，培养基成分简单廉价，可进行高密度发酵，便于工业化生产。迄今为止，已有 300 多种异源蛋白在该表达系统中获得了高效表达，如破伤风毒素片段 C 表达量可达 12g/L，已有报道其胞内表达量甚至达到了 22g/L。

6. 解脂耶氏酵母（*Yarrowia lipolytica*）

解脂耶氏酵母已被用于多个领域，如单细胞蛋白生产，烷烃和脂肪酸转化，中间代谢产物苹果酸、α-酮戊二酸、丙酮酸等的生产，农产品和食品加工、酿造等方面。解脂耶氏酵母底物广泛，尤其能利用有机酸、蛋白类、烷烃类廉价物质作为底物分泌大量的代谢产物，自 20 世纪 40 年代被发现以来，越来越受到研究者的重视，并于 20 世纪 90 年代被开发成为一种新的酵母表达系统，用于几十种异源蛋白的高效表达。

解脂耶氏酵母在分子生物学方面与其他酵母相比差异较大。它的基因组 GC 含量较高，达 49.6% ～51.7%，由于RNA 聚合酶Ⅱ、启动子和转录因子与酿酒酵母的差异较大，故解脂耶氏酵母的基因几乎不能在酿酒酵母中进行表达。解脂耶氏酵母中有约 13%的基因含有内含子，密码子偏爱性不同于酿酒酵母，类似于曲霉。由于它在分类学上的特殊位置及其在分子生物学上的特点，有些在毕赤酵母中难以表达的异源蛋白可以在解脂耶氏酵母表达系统中尝试进行表达。

二、酵母表达载体

酵母表达载体属于一种既能在酵母菌也能在大肠杆菌中进行复制的穿梭质粒。尽管酵母中也有质粒，但酵母载体一般都以大肠杆菌质粒为基本骨架，便于在大肠杆菌中复制、扩增和基因工程操作。因为大肠杆菌转化方法简单、转化效率高，从大肠杆菌制备质粒 DNA 也比较方便，利用大肠杆菌系统构建酵母载体可以提高克隆效率，缩短时间。

酵母菌-大肠杆菌穿梭表达载体是由来自酵母的部分核酸片段和细菌的部分核酸片段所组成，其原核部分主要包括可以在大肠杆菌中复制的起点序列（Ori）和特定的抗生素抗性基因序列，这两个部分主要是作为载体在大肠杆菌宿主中的增殖和筛选组分。酵母部分包括酵母转化子的筛选组分，主要是与宿主互补的营养缺陷型基因序列（如：*HIS4* 基因序列）或特定的抗生素抗性基因序列［如：抗盐酸博莱霉素（zeocin）的基因序列］，以及编码特定蛋白的基因启动子和终止子序列。作为表达型载体，需要一个强的启动元件。

分泌型表达载体中带有信号肽序列，其编码信号肽的 DNA 序列已和表达框架一起构建到载体中，所以，外源蛋白在酵母分泌表达时可以使用异源信号肽或酵母自身信号肽。一般毕赤酵母表达载体中无酵母复制起点，它是靠 *AOX1* 或 *HIS4* 基因的位置同源重组整合入酵母染色体 DNA 中，并随酵母的生长传代稳定地存在。

1. 酵母载体的基本结构

(1) DNA 复制起始区

DNA 复制起始区是酵母细胞核内 DNA 复制起始复合物的结合位点，赋予酵母载体在每个细胞分裂周期的 S 期自主复制的能力。这种序列通常来自酵母菌的天然 2μ 质粒的复制起始区及酵母基因组的自主复制序列（ARS）。

(2) 筛选标记

筛选标记是载体转化酵母后筛选转化子时必需的构件。酵母表达系统中常用的筛选标记有两类。一类是酵母宿主为营养缺陷型，如 *leu2*、*ura3*、*his3* 和 *trp1* 等，其筛选标记就是营养合成代谢途径中相应的 *LEU2*、*URA3*、*HIS3* 和 *TRP1* 基因。另一类是显性筛选标记，可用于转化野生型酵母菌，如 G418 和盐酸博莱霉素（zeocin）的抗性等。常用的显性筛选标记如表 7-1 所示。

表 7-1 常用的显性筛选标记

基因	编码产物	遗传表型
aph3	氨基糖苷磷酸转移酶	抗 G418
ble	zeocin 抗性蛋白	抗 zeocin
cat	氯霉素乙酰转移酶	抗氯霉素
dhfr	二氢叶酸还原酶	抗氨甲蝶呤和磺胺
cup1	铜离子螯合物	耐受铜离子
suc2	蔗糖转化酶	蔗糖不能耐受
ilv2	乙酰乳糖合成酶	抗硫酰脲除草剂

（3）整合介导区

这是与宿主基因组有同源性的一段 DNA 序列，它能有效地介导载体与宿主染色体之间发生同源重组，使载体整合到宿主染色体上。这种同源重组的过程主要有两种形式：单交换整合与双交换整合。单交换整合（single cross-over integration）的结果通常是在整合转化子染色体的整合位点附近又增加了一份同源序列的拷贝，所以已整合上去的载体有可能因这两份同源序列之间的重组又从染色体上切割下来。但因自然发生的同源重组频率非常低，所以单交换整合转化子一般是稳定的。双交换整合又称替换或置换（replacement 或 transplacement），是整合载体的一部分通过在两个不同位点与染色体发生同源重组而整合入酵母基因组，并同时置换下这两个位点间一段染色体 DNA 的事件。双交换整合的结果不会在整合位点附近形成同源序列的重复，避免了再次发生同源重组的可能性。所以，双交换整合转化子是非常稳定的。可通过选择特定的整合介导序列，人为地控制载体在宿主染色体上的整合位置与拷贝数。一般地说，酵母染色体的任何片段都可作为整合介导区，但最方便、最常用的单拷贝整合介导区是营养缺陷型筛选标记基因序列。酵母基因组内的高拷贝重复序列（如 rDNA、Ty 序列等）则可作为多拷贝整合介导区。

（4）有丝分裂稳定区

在细胞有丝分裂时，游离于染色体外的载体能否有效地、平均地分配到子细胞中是决定转化子稳定性的重要因素之一。有丝分裂稳定区能帮助载体在母细胞和子细胞之间平均分配。常用的有丝分裂稳定区来自酵母染色体的着丝粒片段。此外，来自酵母 2μ 质粒的 STB（stability）片段也有助于提高游离载体的有丝分裂稳定性。

（5）表达盒

表达盒（expression cassette）是最重要的构件，它主要由转录启动子和终止子组成，如果需要外源基因的表达产物可分泌，在表达盒的启动子下游还应该包括分泌信号序列。酵母对异种生物的转录调控元件的识别和利用效率很低，所以，表达盒中的转录启动子、终止子及分泌信号序列都应该来自酵母本身的元件。

① 启动子。启动子是表达盒中的核心构件，长度一般在 1 ~2kb 之间。酵母的核心启动子包括转录起始位点和 TATA 序列，普遍性转录因子能识别核心启动子，形成转录起始复合物。转录起始复合物决定了一个基因的基础表达水平。启动子上游还有各种调控序列，包

括：上游激活序列（upstream activating sequence，UAS）、上游阻遏序列（upstream repression sequence，URS）等。一些调控蛋白可与之相结合，并和转录起始复合物相互作用，以激活、阻遏等方式影响基因的转录效率。

② 分泌信号序列。分泌信号序列也称信号序列（signal sequence），编码前体蛋白上N端一段17～30个氨基酸残基的分泌信号肽。分泌信号肽的作用是引导分泌蛋白在细胞内沿着正确的途径转移到胞外，这对于分泌蛋白的翻译后加工和生物活性都有重要意义。一般来说，酵母细胞识别外源分泌蛋白的信号肽进行蛋白质的输送和分泌表达产物的效率较低，所以需要依赖酵母本身的分泌信号肽来指导外源基因表达产物的分泌。常用的酵母分泌信号序列有α-因子的前导肽序列、蔗糖酶和酸性磷酸酯酶的信号肽序列。其中α-因子的前导肽序列指导表达产物分泌最为有效，在各种酵母菌中的适用范围最广。

③ 终止子。与高等真核生物一样，酵母中mRNA 3′末端的形成，也经过前体mRNA加工和多聚腺苷酸化反应。在酵母中这些反应发生在基因3′端的近距离内，并紧密偶联，酵母基因的终止子一般不超过500bp。

2. 酵母载体的种类

酵母表达载体可以根据载体在酵母中复制形式、载体的用途、载体表达外源基因的方式等来分类。鉴于载体在酵母细胞中的复制形式是酵母载体最重要的特性，以此为标准将酵母载体进行分类，一般可以把它们分为酵母整合型质粒YIp、酵母复制型质粒YRp、酵母着丝粒质粒YCp、酵母附加体质粒YEp和酵母人工染色体YAC等五种。

YIp不含酵母的DNA复制起始区，不能在酵母中自主复制，但具有整合介导区，可以通过同源重组而整合到酵母染色体上的同源区，并随同酵母染色体一起复制。因其转化子的稳定性高而被广泛应用（见图7-1）。

YRp含有来源于酵母的DNA复制起始区，是能在酵母染色体外自主复制的一种自主复制型载体，虽然其转化效率高，在宿主的拷贝数可以达上百个，然而在细胞分裂时很难在母细胞和子细胞之间平均分配，导致子代细胞中质粒拷贝数迅速减少，难以用于工业生产中表达外源基因（见图7-2）。

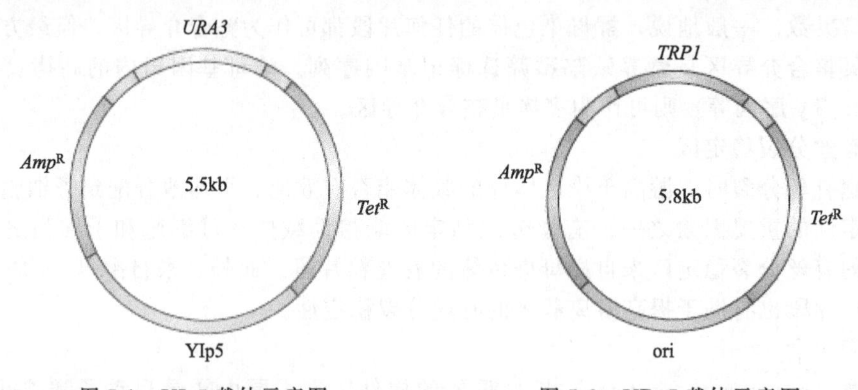

图7-1 YIp5载体示意图　　图7-2 YRp7载体示意图

YCp含有酵母染色体着丝粒的DNA片段，这种载体在细胞分裂过程中，在母细胞和子细胞之间平均分配，表现出高度的稳定性，但是在宿主中的拷贝数只有1～2个，常用于基因文库的构建（见图7-3）。

YEp含有酿酒酵母2μ质粒DNA复制有关的序列，该载体在酵母细胞中稳定，拷贝数可达60～100，转化效率高（见图7-4）。

YAC载体具有酵母染色体的主要构件，包括酵母染色体自主复制序列（ARS）、着丝粒序列（CEN）和端粒序列（TEL）。YAC载体在宿主细胞中以线性双链DNA存在，具有高度的遗传稳定性。YAC载体的复制受细胞分裂周期的严格控制，一般每个细胞中只有单拷贝。YAC可用于克隆大片段DNA（>100kb）。YAC3载体示意图如7-5所示。

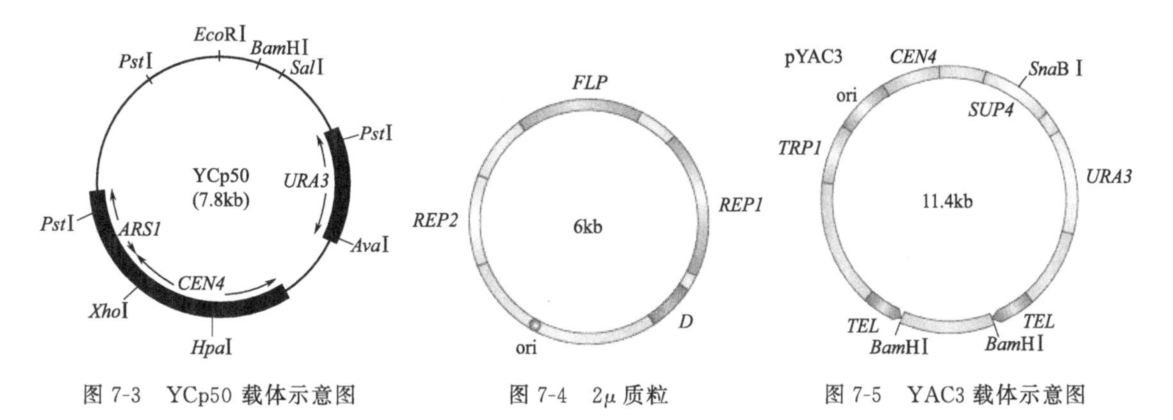

图7-3　YCp50载体示意图　　图7-4　2μ质粒　　图7-5　YAC3载体示意图

上述各种酵母载体的特点归纳见表7-2。

表7-2　不同酵母载体的特点比较

载体	转化效率（以转化子数和DNA质量计）$/\mu g^{-1}$	每个细胞存在的拷贝数	在非选择压力下丢失情况	缺点	优点
YIp	10^2	1	每一代低于1%	转化效率低	非常稳定，可以引入倒位、缺失和转座
YEp	$10^3\sim10^5$	25～200	每一代1%	可能和内源的2μ质粒发生重组	容易从宿主中提取到质粒，高拷贝数，转化效率高，可用于互补分析
YRp	$10^4/\mu g$ DNA	1～20	每一代高于1%，但是可以整合到基因组上而发生改变	转化子不稳定	容易从宿主中获得质粒，高拷贝数，转化效率高，可用于互补分析。可以整合到基因组上
YCp	$10^4/\mu g$ DNA	1～2	低于1%	因为拷贝数低，相对于YEp和YRp载体而言，从宿主抽提到质粒较困难	拷贝数低，可用于表达产物对宿主有害的基因的表达，转化效率高
YAC	未知	1～2	取决于YAC的长度，越长，越稳定	普通方法难以作图	可以克隆40kb的DNA片段

注：引自S. B. Primrose，R. M. Twyman and R. W. Old，Principles of gene manipulations，sixth edition，Blackwell Science，2004。

三、转化方法

酵母转化的常见方法有4种：原生质球法、电击转化法、PEG转化法和Li^+盐转化法。

一般来说，原生质球和电击转化法效率较高。电击转化方法比较简单，原生质球法较复杂，容易形成多倍体细胞，菌落再生时间长，且细胞再生困难。PEG 转化法和 Li^{+} 盐转化法很简单，但是这两种方法转化效率较低。进行酵母转化时，主要采用电击转化法和 Li^{+} 盐转化方法，电击转化法的转化效率明显高于 Li^{+} 盐转化方法。

1. 原生质球法

首先，酶解酵母细胞壁，产生原生质球，再将原生质球置于 DNA、$CaCl_2$ 和多聚醇（如聚乙二醇）中，多聚醇可使细胞壁具有穿透性，并允许 DNA 进入。然后使原生质球悬浮于琼脂中，并使其再生新的细胞壁。

2. Li^{+} 盐转化法

酿酒酵母的完整细胞经碱金属离子（如 Li^{+} 等）或 β-巯基乙醇处理后，在 PEG 存在下和热休克之后可高效吸收质粒 DNA，虽然不同的菌株对 Li^{+} 或 Ca^{2+} 的要求不同，但 LiCl 介导的全细胞转化法同样适用于非洲粟酒裂殖酵母、乳酸克鲁维酵母以及脂解耶氏酵母系统。

这种方法不需要消化酵母的细胞壁，产生原生质球，而是将整个细胞暴露在 Li^{+} 盐（如 0.1mol/L LiCl）中一段时间，再与 DNA 混合，经过一定处理后，加 40% PEG4000，然后经热应激等步骤，即可获得转化体。这种方法的主要缺点是，如果用自主复制的质粒进行转化，转化体的数目比用原生质球低 10～100 倍。

1982 年 Singh 等实验表明，利用单链 DNA（ssDNA）进行酵母转化更为容易。ssDNA 载体转化酵母细胞比同样序列的双链 DNA 转化效率高 10～30 倍。

转化体的鉴定往往分两步进行。先通过与寄主突变发生互补的手段选择转化体，然后还需要用菌落杂交技术进一步验证转化体中的确存在某种质粒。这样才能彻底排除低频率的营养缺陷型的回复突变所带来的假象。

醋酸锂对酿酒酵母有效，对毕赤酵母无效，毕赤酵母转化一般用 LiCl 有效，PEG4000 可屏蔽高浓度 LiCl 的毒害作用。

3. 电转化法

电转化法的原理是利用高压电脉冲作用，造成细胞膜的不稳定，形成电穿孔，形成可逆的瞬间通道，不仅有利于离子和水进入细胞，也有利于外源 DNA 等大分子进入。电穿孔转化法的效率受电场强度、电脉冲时间和外源 DNA 浓度等参数的影响，通过优化这些参数，每 $1\mu g$ DNA 可以得到更多的转化子。电转化电击条件：电压 1.5kV、电容 $25\mu F$、电阻 200Ω，电击时间为 4～10ms。

4. PEG 转化法

PEG1000 可促进酵母菌摄取外源的转化 DNA，另外加入的鲑鱼精 DNA 为短的线形单链 DNA，在转化实验中主要是保护转化 DNA 免于被 DNA 酶降解。

第二节　常见酵母基因表达系统

一、酿酒酵母表达系统

酿酒酵母是人们认识最早，也是最先用作外源基因表达的酵母宿主。1981 年在酿酒酵母中表达了第一个外源基因——干扰素基因（拓展 7-3），随后又有一系列外源基因在该系统得到表达。

拓展 7-3

1. 启动子

用于启动转录蛋白质结构基因的酵母菌Ⅱ型启动子由基本区和调控区两部分组成，基本区包括 TATA 盒和转录起始位点。在酿酒酵母中，转录起始位点位于 TATA 盒下游 30～120bp 的区域内。

启动子有以下三类。一类是可调控性启动子，如半乳糖启动子（GAL）、酸性磷酸酶启动子（PHO）、乙醇脱氢酶（ADH2）启动子、Cu^{2+} 螯合蛋白启动子（CUPI）以及交配 a 型阻遏系统（MATa/a）。另一类是组成型表达的启动子，如磷酸甘油酸激酶（PGKl）启动子、甘油醛磷酸脱氢酶（GAPDH 或 GAPl）启动子。第三类是杂合启动子，如将酿酒酵母的乙醇脱氢酶Ⅱ（ADH2）基因所属启动子的上游调控区与甘油醛-3-磷酸脱氢酶（GAP-DH）基因所属启动子的下游基本区重组在一起，构建出 ADH2-GADPH 型杂合启动子。ADH2 启动子为葡萄糖阻遏并可用乙醇诱导，而 GADPH 启动子是酿酒酵母细胞中最强的组成型表达启动子。用这个杂合启动子表达外源基因，工程菌在富含葡萄糖的培养基上迅速生长，但不表达融合蛋白，当葡萄糖耗尽后，融合蛋白获得高效表达。另一个相似的杂合启动子由丙糖磷酸异构酶（TPI）基因的强启动子和一个温度依赖型阻遏系统（sir3-8ts-MA-Ta2）的操作子序列构成，这种杂合启动子的一个显著特征是可用温度诱导表达外源基因。

2. 表达载体

目前已构建的酿酒酵母表达载体均为大肠杆菌和酵母的“穿梭”质粒，它是由来自酵母的部分基因序列和细菌的部分基因序列所组成。目前已建立的酿酒酵母表达系统的表达载体有：①酵母附加体质粒（YEp）；②酵母复制型质粒（YRp）；③酵母着丝粒质粒（YCp）；④酵母整合型质粒（YIp）；⑤酵母人工染色体（YAC）。前三类统称为游离自主复制型质粒载体（见图 7-6）。

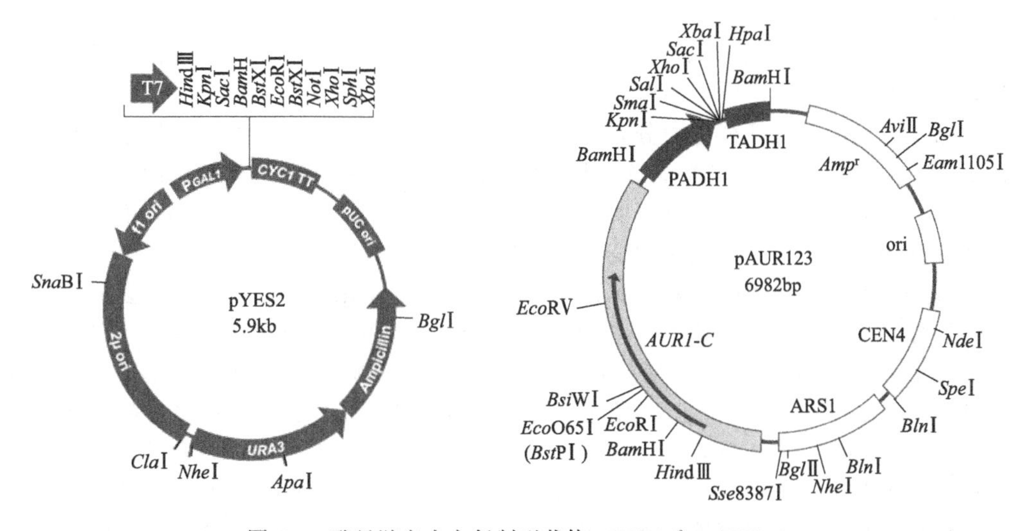

图 7-6 酵母游离自主复制型载体 pYES2 和 pAUR123

游离自主复制型质粒载体含有来自酵母基因组的复制起始区 ARS 或者酵母天然质粒 2μ 复制起点序列，能够独立于酵母染色体外自主复制，通常为多拷贝数，在非选择条件下多不稳定，发酵生产过程中质粒易丢失。

整合型质粒载体（YIp）不含酵母的 ARS，不能在酵母中进行自主复制，但它含有整合介导区，可以整合到染色体上，随同染色体复制而复制。这类载体的优点是稳定性好，但它的缺点是拷贝数低。针对其拷贝数低的问题，人们设计了载体 pMIRY（multiple integration into ribosomal DNA in yeast），以酵母 rDNA 为整合介导序列，将目的基因靶向整合到 rDNA 簇上（rDNA 簇为酵母基因组中串联存在的 150 个重复序列），因此利 pMIRY 质粒可以得到 100 个以上的拷贝，整合的 pMIRY 在无选择压力下分裂时可以保持稳定。

酵母人工染色体（YAC）是一种线状载体，含有自主复制序列（ARS）、着丝粒序列（CEN）和端粒序列（TEL），它高度稳定。（拓展 7-4：酿酒酵母全基因组测序）

拓展 7-4

另外，酿酒酵母可利用本身的 a-因子前导肽序列指导外源蛋白分泌，通常将重组蛋白的成熟蛋白形式与 a-因子的前导肽序列融合，前导肽序列可用 Kex2 酶的蛋白水解作用切去。

3. 酿酒酵母宿主

用于酵母菌转化子筛选的标记基因主要有营养缺陷互补基因和显性基因两大类，前者主要包括营养成分如氨基酸（LEU、TRP、HIS 和 LYS）和核苷酸（URA 和 ADE）等的生物合成基因，在使用时，受体菌必须是相对应的营养缺陷型突变株。目前用于实验室研究的酿酒酵母受体菌均已建立起相应的营养缺陷系统，但对大多数多倍体工业酵母而言，获得理想的营养缺陷型突变株相当困难，甚至不可能，为此在此基础上又发展了酵母菌的显性选择标记系统。

利用经典诱变技术筛选分离酿酒酵母的核突变株或细胞质突变株，可以提高重组异源蛋白在酵母菌中的合成产率。呼吸链缺陷型的胞质突变株很容易分离筛选，因此具有更大的实用性。携带 SSC 遗传位点（超分泌性）的显性突变和两个 *SSC1* 和 *SSC2* 基因的隐性突变的酿酒酵母突变株、呼吸链缺陷的细胞质突变株（rho^-）、酿酒酵母的 ose1 和 rgr1 突变株能促进宿主染色体和质粒上许多基因的高效表达。

酿酒酵母拥有二十多种蛋白酶，尽管不是所有的蛋白酶都能降解外源基因表达产物，但有些蛋白酶缺陷有利于重组异源蛋白的稳定表达。如 pep4-3 突变株空泡中蛋白酶的活性显著降低，对外源基因表达产物的降解作用较小。

目前已从野生型的酿酒酵母中分离出许多类型的糖基化途径突变株，如甘露聚糖合成缺陷型的 mnn 突变株、天门冬酰胺侧链糖基化缺陷的 alg 突变株以及外侧糖链缺陷型的 och 突变株等。在这些突变株中，具有重要实用价值的是 mnn9、och1、och2、alg1 和 alg2，因为它们不能在异源蛋白的天门冬酰胺侧链上延长甘露多聚糖长链。

为了解决过度糖基化问题，对人源化改造酿酒酵母糖基化途径进行大胆的尝试。酿酒酵母 *N*-糖基化都起始于内质网，在内质网上一系列糖基转移酶的作用下形成结构为 $Glc_3Man_9GlcNAc_2$-Dol-pp 的脂多糖。其中 α-1,3-甘露糖基转移酶 ALG3 催化甘露糖基转移到脂多糖 $Man_5GlcNAc_2$-Dol-pp 上。糖蛋白进入到高尔基体后，酿酒酵母中的糖链首先在 α-1,6-甘露糖基转移酶 OCH1 的作用下接受一个 α-1,6-甘露糖，然后在一系列甘露糖转移酶的作用下连续加上若干甘露糖产生过度糖基化。*MNN1* 是另外一种存在于高尔基体的 α-1,3-甘露糖基转移酶基因，具有使外部糖链和核心糖链得到延伸的能力。人源化改造酿酒酵母糖基化途径，解决上述过程中的过度糖基化问题，利用同源重组的方法敲除 *ALG3*、*OCH1* 和 *MNN1*，构建 Δalg3Δoch1Δmnn1 菌株得到人源糖基化中间体 $Man_5GlcNAc_2$。1998 年 Chiba 等通过在 Δoch1Δmnn1Δmnn4 三重缺陷型酿酒酵母中表达 C 末端连接有 HDEL 内质网驻留信号序列（endoplasmic reticulum retention/retrieval tag）的来源于胞曲霉（*Aspergillus saitoi*）的 α-1,2-甘露糖苷酶（mannosidase Ⅰ），使以 α-1,2 键连接的甘露糖基显著减少，首次得到人源糖基化中间体 Man_5 $GlcNAc_2$。

酿酒酵母的宿主载体系统已成功地用于多种重组异源蛋白的生产，但也暴露出一些问题，如乙醇发酵途径的异常活跃导致生物大分子的合成代谢普遍受到抑制，因此外源基因的表达水平不高。酿酒酵母缺乏强的启动子，难实现高密度培养，表达量偏低。此外，酿酒酵母细胞能使重组异源蛋白超糖基化，这使得有些异源蛋白（如人血清白蛋白等）与受体细胞紧密结合而不能大量分泌或分泌效率较低，有时分泌的蛋白质留在壁膜间隙使得后期分离纯化难度加大，几乎不分泌分子质量大于 30kDa 的外源蛋白质，也不能使所表达的外源蛋白质正确糖基化，糖链上常带有 40 个以上的甘露糖残基，糖蛋白的核心寡聚糖链含有末端 α-1,3-甘露糖，产物的抗原性明显增强，偶尔表达蛋白质的 C 端往往被截短。

二、毕赤酵母表达系统

为了克服酿酒酵母在表达外源基因上的很多不足，如表达的外源蛋白质不均一、系统不够稳定、蛋白质分泌量低等，人们又开发了新的酵母表达系统，其中最引起关注是毕赤酵母表达系统。毕赤酵母表达系统是 20 世纪 90 年代迅速发展起来的酵母第二代外源蛋白表达系统，该表达系统由美国 Wegner 等人 1983 年最先研发，经过近几十年发展，毕赤酵母表达系统已成为较完善的外源基因表达系统，具有易于高密度发酵，表达基因稳定整合在宿主基因组中，能使产物有效分泌并适当糖基化，培养方便经济，适宜扩大为工业规模等特点。利用强效可调控启动子 AOX1，已高效表达了乙型肝炎病毒表面抗原（HBsAg）（拓展 7-5：我国首次应用酵母菌表达了乙型肝炎病毒表面抗原基因）、肿瘤坏死因子（tumor necrosis factor，TNF）、表皮生长因子（epidermal growth factor，EGF）、破伤风毒素 C 片段、基因工程抗体等多种外源基因。

拓展 7-5

典型的巴氏毕赤酵母表达载体含有乙醇氧化酶基因 5′AOX1 启动子、3′AOX1 终止子，其中含有供外源基因插入的多克隆位点，以组氨醇脱氢酶（histidinol dehydrogenase）基因 *his4* 作为互补筛选标记或 zeocin 抗性作为筛选标记。作为一个能在大肠杆菌中繁殖、扩增的穿梭质粒，它还含有 pBR322 质粒的部分序列和氨苄青霉素（Amp^r）抗性基因的筛选标记。表达载体通过同源重组整合到酵母细胞染色体 DNA 中。重组时用限制性内切酶 *Bgl* Ⅱ、*Sal* Ⅰ等线性化表达载体，使之整合于酵母基因组内的 *AOX1* 基因的位置，整合后的外源基因随酵母的生长可稳定地传代存在。目前，Invitrogen 公司已开发出多种巴氏毕赤酵母表达载体，如 pPIC9，pPICZ A、B、C 系列和 pPICZα A、B、C 系列等胞内和分泌型表达载体。

1. 启动子

(1) AOX1 和 AOX2 启动子

毕赤酵母中编码乙醇氧化酶的基因有两个：*AOX1* 和 *AOX2*。细胞中乙醇氧化酶的活力大多数是由 *AOX1* 提供的。当以甲醇作为唯一生长碳源时，*AOX1* 基因的表达受甲醇诱导，表达量占整个细胞可溶性蛋白质的 30%以上。当细胞生长环境中有其他碳源时，*AOX1* mRNA 是检测不到的。*AOX1* 和 *AOX2* 同源性高达 97%，但 *AOX2* 活力低。当 *AOX*1 基因缺失 *AOX2* 存在时，大部分的乙醇氧化酶活力丧失，细胞利用甲醇能力降低。细胞在甲醇中生长缓慢，具有这种表型的菌株被称为 Mut^s（methanol utilization slow），*AOX*1 基因存在时，细胞利用甲醇能力正常，在含甲醇的培养基生长快，具有这种表型的菌株被称为 Mut^+（methanol utilization plus）。

(2) 三磷酸甘油醛脱氢酶（glyceraldeyde 3-phosphate dehydrogenase，GAPDH）启动子

三磷酸甘油醛脱氢酶（GAPDH）启动子属于组成型表达的强启动子。该启动子不需要

甲醇诱导，在以葡萄糖为碳源的培养基上就可以表达，因此不会引入有毒性的甲醇，有利于产品的直接开发应用。它被认为是一个很有潜力的启动子，其不足是不能有效控制外源基因的表达，仅适用于表达蛋白产物对菌株不产生毒副作用的外源基因。

（3）甲醛脱氢酶（formaldehyde dehydrogenase，FLD）启动子

甲醛脱氢酶是毕赤酵母甲醛代谢途径中的关键酶。以甲胺为唯一氮源（葡萄糖、甘油等为碳源）条件下，FLD可以防止甲胺氧化产生的甲醛对细胞产生毒害作用。*FLD1* 编码谷胱甘肽依赖型的甲醛脱氢酶，其启动子受甲醇或是含有甲胺的葡萄糖所诱导。*FLD1* 启动子是强启动子，表达水平与受 *AOX1* 启动子调控下表达水平相当。与 *AOX1* 启动子比较，*FLD1* 的优点是当使用甲胺诱导外源蛋白质表达时，葡萄糖和甘油仍可作为碳源，或者当甲醇被单独使用时亦可诱导。

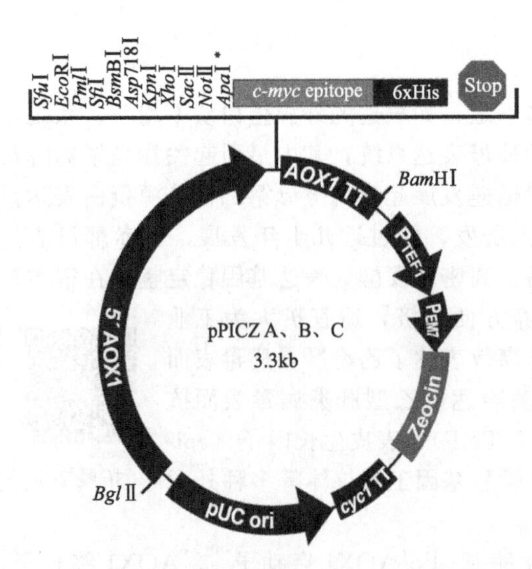

图 7-7　胞内表达载体 pPICZ A、B、C

2. 载体类型

Invitrogen公司构建了既可实现胞内表达，也可分泌表达外源蛋白的一系列毕赤酵母表达载体。这些载体都包括一个表达盒（cassette），由 0.9kb 的 5′*AOX1* 序列和约 0.3kb 的转录终止序列组成。胞内表达的载体主要有：pA0815、pPIC3K、pGAPZ、pPICZ等（见图 7-7）。分泌型表达载体主要有 pPIC9，pPIC9K，pPICZα A、B、C，带 α-分泌因子信号肽（见图 7-8）。

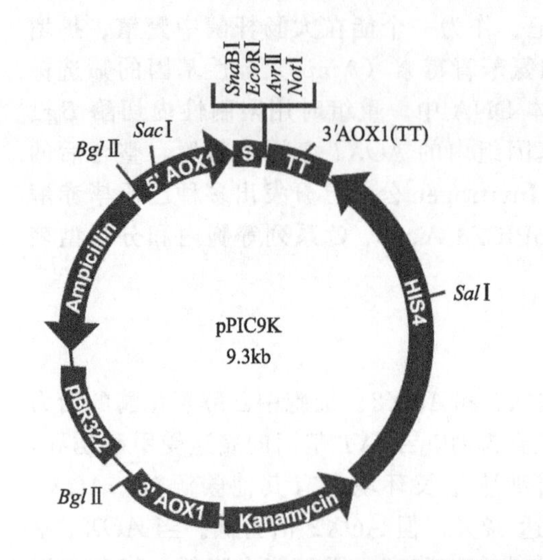

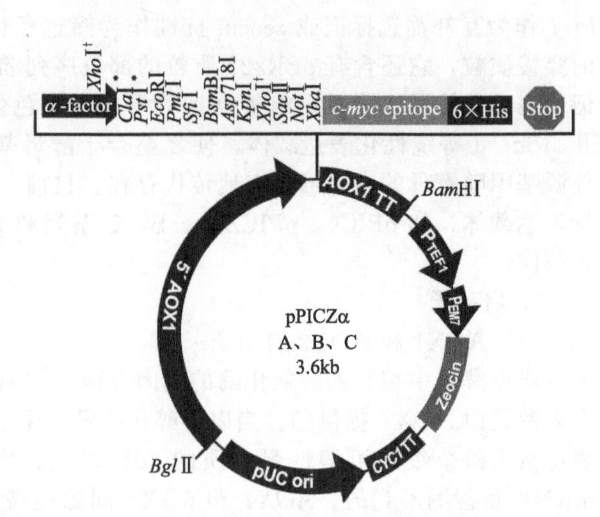

图 7-8　分泌型表达载体 pPIC9K 和 pPICZα A、B、C

这些载体可分成三类。第一类高拷贝型，如 pPIC3K 和 pPIC9K 都带有卡那基因，可通过提高 G418 浓度，较易得到高拷贝的转化子。pA0815 是先在体外构建串联的外源基因拷贝（可连接 8 个拷贝子），转化后可得到已知的多拷贝转化子。第二类为易筛选型，如 pPICZA 和 pPICZa，不需要营养缺陷筛选，且载体小，容易操作。但筛选标记是 zeocin，它是很强的变性剂，可能会导致外源蛋白质突变。第三种类型为单一拷贝类型，如 pPIC9，操

作比较繁琐，有时会得到高水平表达的外源蛋白质。

3. 载体的整合方式

毕赤酵母表达载体上无酵母复制起点，它是靠 *AOX*1 或 *HIS*4 基因的位置同源重组整合入酵母染色体 DNA 中，并随酵母的生长传代稳定地存在。整合的方式可以是单交换插入，亦可双交换插入，一般来说前一种方式更容易发生，并且这一过程可重复发生，有多个表达单位插入基因组。当整合载体转化受体时，它有 3 种整合模式。一是 5′*AOX1* 和 3′*AOX1* 能与染色体发生同源重组，使受体染色体带有一个拷贝的外源基因。这种情况有功能的 *AOX1* 基因被替换而丢失后，只能利用弱的 *AOX2* 基因启动合成 AOX，就产生 His^+ Mut^S 表型（methanol utilization slow），在含甲醇的培养基中生长缓慢。此时，甲醇利用率很低，但它表达外源基因的效率高。二是染色体 *AOX1* 区与载体质粒的 *AOX1* 区发生单位点互交换，外源基因的表达单位插入在基因区 *AOX1* 基因的上游或下游，这一过程可重复发生，使得更多拷贝的表达单位插入基因组中。这种情况 *AOX1* 基因仍然有活性，在含甲醇的培养基中生长正常，产生的表型是 His^+ Mut^+。三是染色体 *HIS4* 基因与载体的 *HIS4* 基因发生置换，使得一个或多个表达单位插入 *HIS4* 位点，产生的表型也是 His^+ Mut^+。

含多拷贝外源插入基因的菌株有时能够比整合单拷贝外源基因的菌株表达的蛋白质多很多。在毕赤酵母中有 3 种方法可以得到多拷贝表达菌株。第一种方法直接构建含高拷贝外源基因的表达载体，在体外利用同尾酶向载体中多次插入首尾相连的表达盒。此法的优点是一次整合，即可有多个表达盒插入染色体，但体外基因操作较繁琐。第二种方法是利用含有 Kan^r 基因的载体。细菌来源的卡那霉素抗性基因在酵母中赋予宿主抵抗真核抗生素 G418 的能力。G418 的抗性水平大致与载体的拷贝数相关。提高抗生素 G418 的浓度可以得到含高拷贝表达载体的转化菌株。第三种方法是用含有 zeocin 抗性标记基因 *Sh* ble^r 的载体来构建多拷贝菌株。来源于细菌的 *Sh* ble^r 在酵母中赋予宿主对抗生素 zeocin 的抵抗能力，通过提高 zeocin 浓度可筛选出含高拷贝表达载体的转化菌株。然而与 G418 筛选相似，大多数能抵抗高水平 zeocin 的转化子并不含有多载体拷贝。

4. 宿主

常用的毕赤酵母受体菌株有：组氨酸缺陷型 GS115 和 SMD1168，腺嘌呤缺陷型 PMAD11、PMAD16，其中 SMD1168 为蛋白酶缺陷型，以其作为宿主表达蛋白可以降低表达产物的降解。这些表达宿主都是由野生品系 NRRL-Y11430 衍生来的。最常用的受体菌是 Cregg 在 1985 年建立的 GS115，它含有一个组氨醇脱氢酶缺陷型基因 *HIS4*，可接受含 *HIS4* 的载体而具有 His^+表型来筛选转化子。根据对甲醇利用的情况，毕赤酵母可划分为三种表型。菌株含有 *AOX1* 和 *AOX2* 基因，在含甲醇的培养基中生长速率与野生型类似，称为甲醇利用正表型（Mut^+），如 GS115。当 *AOX1* 被其他基因取代，则需依赖 *AOX2*，但其甲醇代谢速度慢，称为甲醇利用慢表型（Mut^s），如 KM71。当 *AOX* 基因全部缺失，则不能利用甲醇，称为甲醇利用负表型（Mut^-），如 MC100-3。后两者胞内表达外源蛋白质有时优于野生株，且需甲醇较少。此外为提高分泌蛋白质稳定性，避免被宿主蛋白酶降解，可使用蛋白酶缺陷型菌株，如 SMD1168（*his4*，*prb1*）。

三、解脂耶氏酵母表达系统

解脂耶氏酵母是非常规酵母中具代表性的一种，它底物广泛，具有很强的蛋白质分泌能力。自 20 世纪 40 年代被发现，并于 20 世纪 90 年代被开发成为一种新的酵母表达系统，用于多种异源蛋白的高效表达。

1. 启动子

解脂耶氏酵母中最常用的强启动子为 pXPR2，但它的调控很复杂，只有在培养基 pH 大于 6.0，最适碳氮源耗尽，且有大量蛋白胨存在时，它才能被完全激活。强组成型杂合启动子 Hp4d 是由 4 个 pXPR2 的 UAS1 串联再加上 LEU2 启动子杂交形成的组成型强启动子，它几乎可以在所有的培养基条件下使用，不受环境的影响，它介导的异源蛋白基因一般在稳定期前期表达，一定程度上避免外源蛋白对细胞的毒害作用。

pICL1、pPOT1、pPOX2 均为诱导型的强启动子。pPOT1、pPOX2 能被脂肪酸、烷烃等诱导，被葡萄糖和甘油所阻遏；pICL1 除了能被脂肪酸、烷烃诱导外，还可被乙醇和醋酸强烈诱导。它们的缺点是在表达不同的外源蛋白时需要不同的诱导物，这使得它们较难应用于大规模的工业生产。

2. 载体类型

该表达系统中所用质粒分为两种：自主复制型质粒和整合型质粒。自主复制型质粒由 ARS 和 CEN 组成，是该表达系统最早的质粒，但自主复制型质粒有很多缺点：质粒拷贝数较低，一般自主复制型质粒在每个细胞中可以稳定含 1～3 个拷贝；能表达的基因有限；表达时需要外在选择性压力。这些均阻碍了其在工业上的应用。为此，人们随即又开发出了整合型质粒。

3. 载体的整合方式

按整合位点的不同，可以分为单位点整合质粒和多位点整合质粒。单位点整合是整合载体上 *URA*3 或 *LEU*2 基因可以和染色体上的相应区段发生单交换，如果整合载体上介导整合的序列为基因组中的重复序列，这样就可以发生多位点整合，获得多拷贝的转化子。多位点整合有 3 种整合位点，Zeta 位点、rDNA 簇位点和单一的 XPR2 位点。

转化采用电转化和醋酸锂方法，转化时载体 DNA 必须线性化，这样才能与染色体进行同源重组，并将整个载体连同外源基因整合到宿主染色体，与未切割的载体相比，线性化载体使转化率提高 50～100 倍。

4. 宿主

所有的野生型解脂耶氏酵母菌株均为 Suc$^-$，不能利用蔗糖，可用作选择标记。人们以工业菌株 W29（ATCC24060）为基础，用 *SUC2* 基因作选择标记，使它与 XPR2 启动子和分泌信号融合，转化后可在蔗糖培养基上直接选择转化子。

人们构建了受体菌 Pola 和 Pold，这些菌株成为表达系统常用的受体菌。常用的 Pold 系的遗传背景使得异源蛋白质能得到高水平的表达，其编码能水解其他蛋白质的 *AEP* 基因被剔除，使得外源蛋白能更好地表达。在此菌中整合转化后，它能利用蔗糖作为底物，意味着它可以利用糖蜜这样廉价的物质，这一特性推动了此工程菌在工业上的广泛应用。人们将 Pold 系改造，生成一系列的派生菌系，如 Polg、Polh、Polf。Polg 被改造为适合以 pBR322 为基础的质粒整合的菌系，Polg 和 Polh 只有一个营养缺陷型基因，Polh 和 Polf 将穿梭质粒的细菌部分在整合入酵母前剔除掉，形成酵母框（yeast cassette）。Polg、Polh、Polf 系在 Pold 系的基础上均被剔除了酸性蛋白酶基因，消除了全部蛋白酶活性。

由于解脂耶氏酵母对大多数常用的抗生素均有抗性，所以一般利用营养型作为筛选标记，如 LEU2、URA3、SUC2。

四、粟酒裂殖酵母表达系统

粟酒裂殖酵母是子囊菌真核单细胞生物，除了产孢外，以分裂的方式繁殖。与其他酵母不同，它具有与许多高等真核细胞相似的特性，是研究真核分子生物学有用的工具，作为外源基因表达系统也是最有前景的，它表达的外源基因产物具有天然的构象和活性，但它作为外源基因表达系统的发展却远远落后于酿酒酵母和毕赤酵母表达系统。

1. 启动子

有些酿酒酵母的启动子如 PGK55、ADHI、CYC1 等能够在粟酒裂殖酵母中表达，但许多启动子包括糖酵解途径酶的启动子在粟酒裂殖酵母中几乎不起作用。含有编码乙醇脱氢酶 adh 启动子的 pART 和 pEVP11 载体广泛用于粟酒裂殖酵母转化。高等真核生物的某些启动子也能控制粟酒裂殖酵母高效表达外源基因，如人绒毛膜促性腺激素亚基启动子、人巨细胞病毒（hCMV）启动子等，这些启动子都是组成型表达启动子。广泛运用的诱导型启动子是 nmt1 启动子，含有此启动子的 pREP 载体在粟酒裂殖酵母中表达受硫胺素的抑制。fbp1 启动子和新近发现的粟酒裂殖酵母转化酶 inv1 的启动子受葡萄糖浓度诱导，由 fbp1 或 inv1 的启动子调控的重组子粟酒裂殖酵母，随着菌体的生长，葡萄糖被消耗而诱导表达，这种表达模式更经济有效，可大量生产外源基因的产物。

2. 载体类型

在粟酒裂殖酵母表达系统中通常采用的是游离载体。粟酒裂殖酵母常采用 2μ ori 和 ars1 作质粒的复制起始点。2μ ori 来源于酿酒酵母的 2μ 质粒，ars1 是从粟酒裂殖酵母的染色体中克隆出来的，作为质粒的自我复制序列（ARS）。含有粟酒裂殖酵母的 ars1 的质粒能够以多拷贝的形式在细胞中存在，每个细胞可含有 15～80 个质粒，但当细胞进行有丝分裂时质粒容易丢失。粟酒裂殖酵母的 stb 序列（稳定序列）可以使转化子在有丝分裂和减数分裂时仍能稳定存在。将 stb 序列和 ars1 连接在一起构建的载体能够以多拷贝的形式在粟酒裂殖酵母细胞中稳定存在，其拷贝数为 80 左右，在非选择条件下每代的丢失率为 13%。在以抗生素 G418 为选择压力的情况下采用带有 stb+ars1 的载体可以提高质粒的拷贝并维持其稳定，在某些情况下每个细胞的质粒数高达 200。粟酒裂殖酵母的表达系统和几种常见表达载体分别如表 7-3 和图 7-9 所示。

表 7-3 粟酒裂殖酵母的表达系统

载体	复制起始点	启动子	酵母选择标记
pART	ars1	adh	*LEU2*
pART1/N795	ars1	SV40	*LEU2*
pEVP11	2μ ori	adh	*LEU2*
pCHY21	ars1	fbp1	*URA3*
pREP	ars1	nmt1	*LEU2*
pTL2M1/pAL7	ars/stb	hCMV	*neo*^{r}*LEU2 PURA3*
pSL2M1/pAL7	ars/stb	hCMV	*neo*^{r} *LEU2 PURA3*
pSLF	ars1	hCMV	*LEU2*
pSLF101	ars1	CaMV	*LEU2*
pSM1/2	2μ ori	CaMV-tet	*LEU2*

3. 宿主

酿酒酵母的 *LEU2*、*URA3* 与粟酒裂殖酵母的 *LEU1*、*URA4* 互补，常作为粟酒裂殖酵母转化的选择性标记。粟酒裂殖酵母本身所具有的 *LEU1*、*URA4*、*ADE1*、*ACLE6*、*HIS3*、*HIS7* 也可以作为粟酒裂殖酵母转化的选择性标记。尽管粟酒裂殖酵母对各种抗生

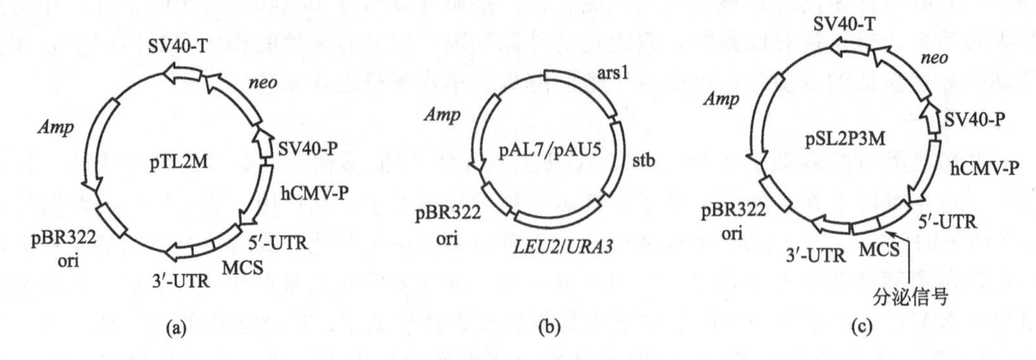

图 7-9　表达载体结构图

hCMV-P：hCMV 启动子；SV40-P：SV40 启动子；SV40-T：SV40 终止子；*neo*：新霉素抗性基因；
UTR：非翻译区；MCS：多克隆位点；*Amp*：氨苄青霉素抗性基因；ori：复制起始点；*LEU2*/*URA3*：选择标记
［选自：李艳等，酵母作为外源基因表达系统的研究进展，生物工程进展，2001，21（2）：10-14］

素的敏感度很低，G418、腐草霉素、争光霉素、氯霉素也常用来作粟酒裂殖酵母转化的显性选择性标记，尤其由 *E. coli* Tn903 转座子编码的 G418 更为常用。

五、乳酸克鲁维酵母表达系统

1. 启动子

目前应用最多的是酿酒酵母组成型启动子磷酸甘油酸酯激酶（PGK）启动子和诱导型启动子酸性磷酸酯酶（PHO5）启动子，以及乳酸克鲁维酵母 β-半乳糖苷酶（Lac4）启动子。这些启动子分别受培养基中添加的磷酸盐、半乳糖或乳糖的诱导，但是没有哪个启动子会因为缺少诱导物而受到完全的抑制。

2. 载体类型

乳酸克鲁维酵母具有能独立存在于染色体外的载体，即附加型载体，也具有能够整合于酵母染色体的整合型载体。这两类载体存在各自的优缺点。附加型载体可以提供高拷贝数的表达框，但是不稳定；相反，整合型载体可保证较高的稳定性，拷贝数却通常较低。

克鲁维菌属存在 3 类附加型质粒，即细胞质线性双链 DNA 杀伤性质粒、具有乳酸克鲁维酵母自主复制序列（称为 KARS）的质粒和 2μ 稳定高拷贝环状质粒 pKD1 和 pKW1。环状质粒 pKD1 来源于果蝇克鲁维酵母（*Kluyveromyces drosophilarum*），随后被转入乳酸克鲁维酵母，它在宿主细胞中极其稳定，每个细胞中拷贝数达 70～100。pKD1 非常类似于酿酒酵母的 2μ 环状质粒，作为载体已经商业化运用，附加型载体潜在的不稳定性决定了其在异源蛋白表达时存在一定的问题，尤其是在大规模发酵时，因为此时酵母细胞通常在无选择压力下，生长期延长。例如，在丰富培养基中利用 pKD1 附加型载体分泌人溶菌酶的乳酸克鲁维酵母细胞，只有 17.3%能保留此载体，而整合型载体中保留值高于 91.5%。

通常稳定表达的方法是利用强 Lac4 启动子启动基因表达，并使载体插入染色体 Lac4 位点。利用整合型载体的优点增加了其在酵母细胞中的遗传稳定性，因此，整合是在大规模工业发酵菌株中优先使用的方法。整合型载体的一个缺点是载体拷贝数减少。Colussi 等利用 G418 和 Lac4 位点转化得到的大多数转化子中仅包含 1 个拷贝的整合型载体。利用乙酰胺选择代替 G418 的整合型载体 pKLAC1，转化得到的转化子中 90%以上的细胞中仅含 2～6 个拷贝。

3. 载体的整合方式

整合型载体附带有乳酸克鲁维酵母的某些染色体同源区域，即通过同源重组将载体插入基因组中。

4. 宿主及筛选方式

通常应用于酿酒酵母的营养缺陷型标记，如 *URA3*、*LEU2*、*TRP1*，也被逐渐用于乳酸克鲁维酵母的分子遗传操作中。但营养缺陷型标记应用于工业生产还存在一定的不足，因为许多工业性生产菌株已经通过遗传突变提高了分泌蛋白的能力，这些菌往往已是二倍体或者非整倍体，或者在染色体某区段进行了修改。G418、zeocin、卡那霉素等抗生素也已成为应用于乳酸克鲁维酵母的筛选标记。另外还有氮源选择方法，如基于构巢曲霉（*Aspergillus nidulans*）乙酰胺酶（由 *amdS* 基因编码）的选择标记，能够将乙酰胺降解成氨。因为乳酸克鲁维酵母没有能力利用乙酰胺，只有从载体上获得乙酰胺酶基因而过表达乙酰胺酶的转化细胞才能在以乙酰胺为唯一氮源的培养基上生长。

第三节　影响外源基因表达的因素

酵母表达系统主要用来表达外源基因，获得可用作药品和食品添加剂的基因工程产品。外源基因的高水平表达是实现重组蛋白工业化生产的关键。影响重组蛋白在酵母中高效表达的主要因素有启动子强度、基因拷贝数、密码子偏爱性、分子伴侣、信号肽、糖基化修饰和发酵工艺等。人们已经在基因表达的多级水平上进行改进，有效地提高了外源基因的表达水平。

一、转录水平控制

外源基因在酵母中的表达和基因的转录水平有密切的关系，筛选高效的启动子十分重要。与糖酵解有关的酶在酵母细胞中的含量特别高，利用糖酵解相关酶基因的启动子首先成为研究者关注的目标。磷酸甘油酸激酶、甘油醛磷酸脱氢酶分别可占细胞可溶性蛋白质的5%左右，其启动子 *PGKl* 和启动子 *GAPDH* 或 *GAPl* 是目前所知最强的组成型启动子。利用这两个启动子已高效表达了许多有用的外源蛋白。但是，用组成型启动子表达外源基因存在问题，它们的基础表达水平很高，外源基因从工程菌在培养基中繁殖一开始就有很高的表达，表达的产物可能会严重影响酵母细胞的生长，并且还会造成低表达突变体生长优势的选择压，以至最终并不能得到高表达。

酵母菌有很多表达过程受严格控制的基因，这些基因的调控型启动子可用于指导外源基因表达。让工程菌首先在这些启动子关闭的条件下生长，当细胞生长达到一定密度，再改为使这些启动子打开的生长条件，高密度的工程菌细胞可以使外源基因大量表达，此时表达产物对酵母细胞的毒害作用已经不明显了。

近一步研究表明，染色体 *GAPDH* 基因启动子和表达质粒上的启动子可能有相同的增强子序列，它们的工作需要相同的转录因子，而细胞内的转录因子数量有限，转录因子的竞争既影响了外源基因的表达，也影响了内源 *GAPDH* 基因的表达。因此将启动子上游激活序列（UAS）和 *GAPDH* 基因的短启动子融合，得到杂合启动子。这类杂合启动子同时具有可调控及强转录启动功能的优点，并能高效表达外源基因。

载体在染色体上的整合位点对外源基因的表达也有很大的影响。和高等真核生物一样，酵母染色体上也存在基因转录的沉默区，主要在端粒附近及 HML 和 HMR 区。不过酵母染色体上对基因表达有沉默效应的区域不大，因此不必过多地考虑。

二、表达载体的拷贝数和稳定性

基因拷贝数是酵母表达重组蛋白的一个重要影响因素，在一定范围内增加酵母中外源基因的拷贝数有利于重组蛋白的表达。酿酒酵母和其他一些酵母有多拷贝的内源质粒，以这类质粒为基础可以建成高拷贝质粒表达载体。游离质粒构建的载体在细胞中的稳定性尚未完全解决，因此常用整合性载体。具有内源质粒的酵母菌株并不多，但是所有酵母菌株都有 rDNA，多用 rDNA 这样的多拷贝基因来介导载体的整合。有很多种酵母菌利用 rDNA 片段介导了表达载体的多拷贝整合，并使外源基因得到相当高水平的表达。但有两个因素会造成整合拷贝不稳定：一是构建的整合载体的大小，二是整合用的 rDNA 序列的选择。

实验证据表明以 rDNA 介导的整合载体的大小应该控制在 9～10kb，这相当于染色体上一个 rDNA 单位的大小。而在整合载体中被选用的 rDNA 片段的序列也会影响其在细胞中的稳定性。在酵母 rDNA 单元中有两个 HOT 区和一个 TOP 区，前者能刺激 rDNA 间的重组，而后者则能抑制这种重组。如果所取的 rDNA 片段只有 HOT 区，就容易发生重组，整合拷贝容易丢失。如果所取的 rDNA 片段中既有 HOT 区，又有 TOP 区，或者两者都不存在，整合拷贝间不容易重组，整合拷贝就很稳定。在适当的选择条件下，以染色体上单拷贝 DNA 片段为介导，也可以构建成稳定的多拷贝整合载体。

三、翻译水平控制

外源基因的性质影响其在宿主的翻译效率。

1. RNA 高级结构

如果编码基因转录出的 mRNA 存在复杂的二级结构，这样往往会影响到翻译效率。在基因的设计过程中应该尽量避免这种高级结构的存在。

2. UTR 序列

mRAN 5′和 3′非翻译区（UTR）的长度和序列可能影响外源基因的表达。UTR 太长或太短都会造成核糖体 40S 亚单位的识别障碍，影响外源基因的表达。适当长度的 5′UTR 能够促进 mRNA 的高效翻译。

3. A＋T 含量

在酵母表达系统中，局部 A＋T 含量过高会使外源基因表达提前终止。可能是因为 A＋T 含量丰富的区域存在转录提前终止信号，使外源基因不能有效转录，因此外源基因中 A＋T 含量影响外源基因的表达水平。对 A＋T 含量丰富的基因，应使用基因设计软件重新设计序列，使 A＋T 含量控制在 30%～55%范围内。优化软件综合考虑密码子的使用频率和 A＋T 含量等因素，因此可使外源基因高效表达。Gurkan 等使用外源基因优化软件重新设计外源基因的序列，A＋T 含量由 70%降到 50%，实现了外源蛋白在毕赤酵母中的高效表达。

4. 密码子的偏好性

酵母菌对外源基因的表达和外源基因密码子的选用有关。了解表达系统宿主在密码子使用上的偏好性对从翻译水平分析外源基因表达的规律有重要意义，也为改造外源基因或改造宿主细胞提供依据。

酵母表达系统对密码子具有偏好性，使用酵母偏好的密码子可使外源基因高效表达。通过对不同酵母宿主基因使用密码子的统计分析，确认 61 个密码子中哪些密码子是酵母所偏好的。在不改变氨基酸组成的前提下，将编码外源蛋白的密码子优化为酵母的偏好密码子，可以实现外源蛋白在酵母中表达量的显著提高。例如在巴斯德毕赤酵母中表达植酸酶时，把在酵母中使用频率为0的精氨酸的密码子突变为使用频率较高的密码子时，表达水平提高了几十倍。

四、其他因素

1. 分子伴侣

分子伴侣是一类在序列上没有相关性但有共同功能的蛋白质，其功能是在细胞内帮助其他蛋白质完成正确的组装但不参与这些蛋白质所行使的功能，完成后即与之分离。毕赤酵母分泌途径的限速步骤包括蛋白质从内质网运输到高尔基体，其中内质网主要负责蛋白质二硫键形成和蛋白质折叠，分子伴侣参与蛋白质折叠过程。在内质网上的新生肽还可以通过与分子伴侣相互作用来维持其可溶形式。内质网上的分子伴侣主要包括蛋白质二硫键异构酶（protein disulfide isomerase，PDI）、人免疫球蛋白结合蛋白（human immunoglobulin binding protein，BIP）、钙网蛋白和钙连接蛋白。其中的PDI是硫氧化还原蛋白超家族之一，它是催化二硫键形成和帮助蛋白质正确折叠的多功能蛋白；BIP主要通过结合到疏水性氨基酸延伸端来稳定未成熟的蛋白质。大量研究报道分子伴侣与靶基因共表达可显著提高靶蛋白的表达量。

2. 蛋白酶水解或降解

为了避免外源蛋白质的降解，在培养基中加入1%酪蛋白氨基酸，可抑制胞内蛋白酶对外源蛋白质的降解。避免表达产物在宿主细胞内的降解，可以考虑选择或改造宿主，如采用二倍体宿主、采用蛋白酶缺陷性酵母菌作为宿主。另外可通过优化工程菌发酵工艺，如提高发酵密度、控制发酵阶段和发酵时间等，提高目标蛋白的表达水平。

五、酵母表达系统的新应用方向

近年来，酵母表达系统除了用来高效表达外源基因，获得基因工程产品外，还出现了一些新的应用方向。

1. 用于人类基因组研究

酵母基因组中至少有31%的ORF与哺乳动物的同源，相当一部分人类疾病基因和酵母基因有较高的同源性。人们可以根据酵母执行核心功能的重要基因来筛选取得相应的人类基因，并在酵母表达系统中初步确认其功能，或者通过在酵母表达系统中的功能互补试验研究某个未知功能的人类基因。

2. 用于分析蛋白质相互作用

1989年Fidds等发展的酵母双杂交系统已被广泛用来研究蛋白质和蛋白质之间的相互作用。目前，这项技术已愈来愈趋向成熟，已有可能从全局规模研究某一生物的蛋白质相互作用。与此同时，还发展了反向双杂交技术、三杂交技术和核外双杂交技术等。这些技术对了解细胞内大分子间的相互作用、阐明重要生命现象的分子机制，以及在人类蛋白质组学研究方面发挥重要了重要的作用。

3. 用于蛋白质、药物、抗体等的快速筛选

1996年Klein等用酵母菌*suc2*基因的分泌表达系统，通过克隆和鉴定分泌信号肽序列，建立了一个分离编码人分泌蛋白和膜蛋白的方法，用于人分泌蛋白和受体基因的快速筛选。1997年Boder等利用酵母α凝集素能在细胞表面表达的性质构建了一个在酵母表面展示的多肽库，有效地筛选了亲和力高的抗体，受体以及细胞因子都可以用类似的方法获得。1998

拓展 7-6

拓展 7-7

年 Young 等采用酵母双杂交系统筛选到了一种具有特异性抑制 *N*-型钙通道的新型抑制剂 WAYl41520，用于治疗中风和头部外伤。1999 年 Greenhalf 等建立了利用酵母筛选人凋亡抑制剂的方法。酵母菌不仅可以生产很多药物，通过代谢工程可以大大提高这些药物的产量，还可通过以重组 DNA 技术为基础的代谢工程使酵母菌生产本身不能产生的药物。1998 年 Duport 等建成了能合成孕烯醇酮、黄体酮的代谢工程酵母菌，这为微生物发酵生产多种甾体激素展现了诱人的前景。2013 年美国加州大学伯克利分校（University of California，Berkeley）的科学家 Keasling 利用合成生物学的方法（拓展 7-6：合成生物学与酿酒酵母）实现了在酿酒酵母中高效半合成抗疟疾药物青蒿素（拓展 7-7：青蒿素和人工构建染色体）。

经过 20 余年的研究，酵母表达系统已被广泛用来表达外源基因、获得基因工程产品及基础和临床研究，一些由酵母系统表达的产物已经开发成为各种产品为人类服务。但酵母作为一个表达系统还有很多不够完善的地方：外源基因在酵母细胞中的表达规律还没有认识完全，一个基因能否在酵母中表达，能否高表达还有很大的随机性；酵母表达的高等真核生物基因产物与其天然产物相比在结构和功能上还有差距等。要解决上述问题，需要进一步深入研究外源基因在酵母中的表达规律，同时还要通过包括代谢工程在内的各种手段对现有酵母宿主菌进行改造及设计出各种新的酵母表达系统，使其更好地适应生命科学基础性研究和应用性研究的需要。

第四节　酵母基因工程应用举例

酵母现已成为现代分子生物学研究最重要的工具和模型，是表达外源基因理想的宿主。截至目前，人们已经成功地利用酵母表达系统表达了多种生物的许多蛋白质，涉及酶类、蛋白酶体、蛋白酶体抑制物、受体、单链抗体、抗原、调控蛋白等多种蛋白质。在医学领域，酵母表达系统已经成功地应用于基因工程疫苗制备、基因工程药物制备（如抗体药物、蛋白质药物）和蛋白质功能研究。

一、利用重组酵母生产乙肝疫苗

由乙型肝炎病毒（HBV）感染引起的急慢性乙型肝炎是世界范围内的严重传染病，根据世界卫生组织估计，2015 年，病毒性肝炎导致 134 万人死亡，其中乙型和丙型病毒性肝炎造成的死亡占其中的 94%，这一数字与结核病造成的死亡人数相当，高于艾滋病造成的死亡人数。目前对乙肝病毒还没有一种有效的治疗药物，因此高纯度乙肝疫苗的生产对预防病毒感染具有重大的社会效益，而利用重组酵母产生人乙肝疫苗为这种疫苗的广泛使用提供了可靠的保证。

第一代的乙肝疫苗是从病毒携带者的肝细胞质膜上提取出来的。虽然这种质膜来源的疫苗具有较高的免疫原性，但其大规模生产受到病毒表面抗原来源的限制，而且提取物需要高度纯化，纯化过程中往往会发生失活现象。此外，最终产品还必须严格检验其中是否混有病人的致病病毒。所有这些工序导致制造成本高居不下，因此这种传统的乙肝疫苗生产方法不能满足几亿接种人群的需求。

1. 产乙肝表面抗原的酿酒酵母重组菌

重组乙肝疫苗的开发研究起源于 20 世纪 70 年代末，当时乙肝病毒 DNA 已经克隆，并推测出乙肝表面抗原 HBsAg 完整的一级结构。首先用大肠杆菌表达重组 HBsAg 做了大量尝试，表达水平很低，可能是由于重组产物对受体菌的强烈毒性作用。

80年代初开始选择酿酒酵母表达重组HBsAg。将S多肽的编码序列置于ADH1或者PGK启动子的控制之下，转化子能表达出具有免疫活性的重组蛋白，它在细胞提取物中以球形脂蛋白颗粒的形式存在，平均颗粒直径为22nm，其结构和形态均与慢性乙肝病毒携带者血清中的病毒颗粒相同。

由重组酿酒酵母合成的HBsAg颗粒完全由非糖基化的S蛋白组成，这与人体细胞质膜来源的由糖基化蛋白构成的天然亚病毒颗粒有所不同。此外，重组病毒颗粒还含有酵母特异性的脂类化合物，如麦角固醇、磷酰胆碱、磷酰乙醇胺以及大量的非饱和脂肪酸等。尽管如此，重组酵母和人体两种来源的亚病毒颗粒在与一系列HBsAg单克隆抗体（由人细胞质膜提取出来的HBsAg所产生）的结合活性上是基本相同的。结果表明，两种亚病毒颗粒在免疫活性方面没有区别，它们均含有相同的优势抗原决定簇。

目前，由酿酒酵母生产的重组HBsAg颗粒已作为乙肝疫苗商品化（其商品名为Recombivax HB），工程菌的高密度发酵工艺也已建立。发酵结束后，用玻璃珠机械磨碎菌体，裂解物经离心分离后，上清液随后进行离子交换色谱、超滤、等密度离心以及分子凝胶过滤等纯化步骤，最终获得纯度高达95%以上的抗原颗粒。将之吸附在产品佐剂上，形成乙肝疫苗制剂。

进一步的研究结果表明，pre-S1和pre-S2抗原蛋白对S型重组疫苗具有显著的增效作用，这种由三种抗原组分构成的复合型乙肝疫苗可以诱导那些对S蛋白缺乏响应的人群的免疫反应。酵母细胞中表达的重组M蛋白也能形成与S蛋白相似的22nm球形颗粒，M蛋白与S蛋白的复合制剂在免疫原性等性能上有了明显的改善。

2. 产乙肝表面抗原的毕赤酵母重组菌

利用毕赤酵母作为受体细胞表达HBsAg，显示出比酿酒酵母系统更大的优越性。重组菌的构建过程如下：将HBsAg的编码序列和用于选择标记的巴斯德毕赤酵母组氨醇脱氢酶基因*PHIS*4置于AOX1启动子控制下，构成重组质粒。用*Bgl*Ⅱ线性化，并转化his^-的受体细胞。在his^+的转化子中，重组DNA片段与受体染色体DNA上的*AOX1*基因发生同源交换，单拷贝的HBsAg编码序列稳定地整合在染色体上。加入甲醇诱导HBsAg的表达，S蛋白的产量可达到受体细胞可溶性蛋白总量的2%～3%，比含有多拷贝表达单元的重组酿酒酵母要高近一倍，而且这些表达出来的S蛋白几乎全部形成类似于病毒携带者血清中的颗粒结构，而由重组酿酒酵母合成的S蛋白只有2%～5%能转配成22nm颗粒，也就是说，前者的单位效价是后者的数十倍。在大规模的产业化试验中，巴斯德毕赤酵母工程菌在240 L的发酵罐中用单一培养基培养，最终菌体量（以干重计）可达60g/L，并获得90g 22nm的HBsAg颗粒，这足以制成九百万份乙肝疫苗。

二、利用重组酵母生产人血清白蛋白

人血清白蛋白（human serum albumin，HSA）是血浆中最丰富的蛋白质，占血浆总蛋白的60%，具有调控血液中的功能蛋白质、脂肪酸、激素、药物和维持血液渗透压功能。临床上主要用于治疗因失血、创伤、烧伤、整形外科手术及脑损伤引起的低蛋白血症以及肝硬化、肾水肿等恶性病变，在抗肿瘤及免疫治疗中也具有较大的需求。生产中主要作为疫苗及生物制品的培养基被大量使用。

HSA适应证多、用量大，因此HSA拥有巨大的市场需求量。仅中国市场2016年销售约70t，年销售额在人民币30亿元左右。近年来HSA在全球的需求量呈上升态势，然而市售HSA主要从捐血者血浆或人胎盘中提取。但近年来越来越多的人因输入血制品HSA而感染了艾滋病、肝炎等传染性疾病。由于血源病毒污染等原因以及国家对血制品严格控制进口，致使HSA供应十分紧张，人们迫切期望开发新的来源。用基因工程技术生产重组人血清白蛋白（recombinant HSA，rHSA）替代血源白蛋白是目前最有发展前景的高科技途径之一。

最初采用的重组人血清白蛋白表达分泌系统是酿酒酵母。将带有N端Asp-Ala-His特征序列的成熟人血清白蛋白cDNA基因（1.8kb）与各种不同的信号肽编码序列体外拼接，并克隆在含有UYP启动子和ADH1终止子的表达载体上，重组工程菌的表达人血清白蛋白水平为55mg/L，都是胞内表达，难以分泌。进一步的改进方法是使用乳酸克鲁维酵母作为受体细胞，该菌体杀手毒素蛋白a的信号肽能大大提高表达产物的分泌效率。由乳酸克鲁维酵母菌细胞生产的重组人血清白蛋白具有正确的折叠构象和加工模式，17对二硫键完全正确配对，与天然的人血清白蛋白几乎没有区别，目前正在进行临床试验。重组人血清白蛋白cDNA基因在酿酒酵母PGK启动子的控制下，摇瓶试验重组人血清白蛋白分泌表达水平为400mg/L，而在高密度发酵过程中，每升发酵液中可获得数克蛋白质。毕赤酵母是迄今为止最为优良的重组人血清白蛋白的表达分泌系统，人血清白蛋白的cD-NA编码序列在AOX1启动子的诱导控制下，可获得更高的表达分泌水平，在最优发酵条件下，重组毕赤酵母分泌重组人血清白蛋白的产量可高达15g/L，其生产成本已低于传统工艺。

本章小结

酵母基因工程，是将目的基因片段与载体DNA，经过体外酶切、连接和重组，然后采取适当的转化方法，将重组后的带有外源基因的载体DNA导入酵母细胞，并使其在酵母细胞内进行复制和表达，以达到预期的改变受体酵母细胞遗传特性或者获得基因工程表达产物的目的。

利用酵母表达外源蛋白既可以在胞内，也可以分泌到胞外。外源蛋白的空间构象、糖基化位点、水溶特性、氨基酸组成及其他理化特点都会影响酵母对其分泌，因此应根据外源蛋白自身的理化特点来选择胞内表达或分泌表达方式。对于胞内表达，往往使用Mut^-表型菌株，降低AOX的表达，有利于外源蛋白的纯化；对于分泌表达，几种甲醇利用表型都可以使用。

用于外源基因表达的酵母菌有：酿酒酵母、克鲁维酵母、产朊假丝酵母、毕赤酵母、粟酒裂殖酵母、解脂耶氏酵母等，其中酿酒酵母的遗传学和分子生物学研究最为详尽。酿酒酵母和毕赤酵母已成为酵母菌中高效表达外源基因，尤其是高等真核生物基因的优良宿主系统。针对不同的表达宿主菌开发了相应的表达载体。酿酒酵母表达载体有基于酵母基因组的复制起始区ARS或者酵母天然质粒2μ复制起点序列构建的游离自主复制型质粒载体，也有整合型载体。但是由于毕赤酵母表达载体上无酵母复制起点，它是靠同源重组将外源基因表达序列整合入受体细胞的染色体DNA上，构建稳定的毕赤酵母工程菌。

酵母菌基因转移方法有：原生质球法、电击转化法、PEG转化法和Li^+盐转化法。筛选方法主要是：营养缺陷型筛选和抗生素抗性筛选。

提高外源基因在酵母中表达水平的措施：提高和控制外源基因的转录水平，提高表达载体在细胞中的拷贝数和稳定性，优化基因翻译起始区前后mRNA的二级结构，选用酵母偏爱的密码子对外源基因进行密码子优化后重新合成，选择和改造宿主菌，优化工程菌的发酵工艺等。

思考题

1. 对作为表达目标蛋白宿主的酵母细胞有什么基本要求？

2. 什么叫穿梭载体？指出酵母穿梭表达载体 pYES2 每个元件的功能。

3. 毕赤酵母中三种表型 Mut^{+}、Mut^{s}、Mut^{-} 分别代表什么含义，各种表型是怎么产生的？

4. 酿酒酵母和毕赤酵母表达载体中常用的启动子有哪些？哪些是诱导型的启动子？哪些是组成型的启动子？

5. 比较酿酒酵母和毕赤酵母表达系统的优缺点。

6. 要提高外源基因在酵母中的表达水平，考虑从哪些方面入手？

第八章
动物基因工程

20 世纪 70 年代末至 80 年代初，随着真核基因表达和调控研究的深入，在真核细胞的病毒载体、外源基因转染技术和动物工程细胞领域都取得了较大进展，人们开始利用哺乳动物细胞表达那些在原核细胞中无法表达或表达后无活性的蛋白质。随后，借助于受精卵原核显微注射和早期胚胎细胞的逆转录病毒感染等手段。人们可以将单一功能基因或基因簇引入高等动物的染色体 DNA 中，实现了种系内和种系间的基因转移，并由此构建出各种转基因动物。基因工程技术至此由细胞水平发展到动物整体水平，动物基因工程也由此分为动物细胞基因表达技术和动物转基因技术两个层次，前者主要利用动物工程细胞大规模生产蛋白多肽物质或作为药物筛选研究的体外（*in vitro*）评价模型。而后者则通过转基因动物个体进行动物遗传性状的改良或作为药物筛选研究的体内（*in vivo*）评价模型及人体的基因治疗。

第一节　动物细胞基因工程

基因的体外重组与表达研究始于大肠杆菌，它具有表达水平高、操作简单、周期短、易于大规模高密度培养、成本低等优点，往往成为抗体片段以及功能与活性不受翻译后修饰影响的蛋白质的首选表达系统。但是由于原核细胞缺少内质网和高尔基体等进行糖基化加工修饰的结构和机制，所表达的真核蛋白常因缺乏糖基化修饰而影响表达产物的生物活性、药代动力学行为、体内的稳定性以及免疫原性等重要性质。例如，用原核细胞表达的红细胞生成素（EPO），由于表达产物是非糖基化的，在体内不能发挥应有的生物活性。而酵母、昆虫及植物等真核细胞虽能进行糖基化，但由于这类细胞的糖基化酶不同，因此表达产物的寡糖链常与用哺乳动物细胞表达的不同。其末端多为甘露糖（mannose）、*N*-羟乙酰神经氨酸（*N*-hydroxyacetylneuraminic acid）和半乳糖（galactose），它们均容易被肝细胞、巨噬细胞表面的受体识别而清除。特别是其中 *N*-羟乙酰神经氨酸寡糖链，除在人的胚胎期体内存在外，成人一般都不表达，因此用这类细胞表达的产品对人可能有免疫原性。而利用哺乳动物细胞进行蛋白质表达则不存在这些问题。采用哺乳动物细胞的蛋白质表达具有以下主要优点：①哺乳动物细胞能识别和除去外源基因的内含子，剪接加工成成熟的 mRNA；②哺乳动物细胞表达的蛋白质与天然蛋白质的结构、糖基化类型和方式几乎相同且能正确组装成多亚基蛋白，加工后的蛋白质免疫原性好，约为酵母型的 16～20 倍；③哺乳动物细胞易被重组 DNA 质粒转染，具有遗传稳定性和可重复性；④经转化的哺乳动物细胞可将表达的产物分泌到培养基中，提纯工艺简单，成本低。因此目前已经投放市场，以及正在进行临床试验的治疗用蛋白质生物药物，70%来自哺乳动物细胞表达系统。（拓展 8-1：第一种通过使用哺乳动物细胞表达的蛋白质药物）

拓展 8-1

一、动物细胞表达体系

动物细胞表达系统主要由宿主细胞和表达载体两部分组成。由于表达载体的基因表达调控机理已进行了较多的基础性研究，目前已有不少商品化的载体，人们可根据需要选择不同的载体、不同的增强子和启动子来获得外源基因的高效表达。相对而言，对宿主细胞的研究较少，往往只有 CHO、293 等几种细胞。近年来，随着重组药用蛋白的应用日趋广泛，人们已发现不同的宿主细胞表达产品的产量和质量（如糖基化类型）差别很大，而且，不同的细胞对大规模培养和纯化工艺要求也不同，因此对宿主细胞的选择和改造已成为动物细胞表达体系的重要研究方向。

1. 表达载体

目前常用的表达载体分为病毒载体与质粒载体。病毒载体是以病毒颗粒的方式，通过病毒包膜蛋白与宿主细胞膜的相互作用使外源基因进入宿主细胞内。由于病毒载体具有感染哺乳动物细胞能力强，可插入外源基因片段长等优点，在基因工程领域已得到广泛的使用。常用的病毒载体有逆转录病毒、慢病毒、腺病毒、腺相关病毒载体等。

（1）逆转录病毒载体

逆转录病毒（retrovirus）是病毒性载体中应用最早、研究相当成熟且仍被广泛应用的载体。逆转录病毒的优势是它可以将外源基因有效地整合到靶细胞基因组中并稳定持久地表达。病毒基因组以转座子的方式整合，其基因组不发生重排，外源基因不会受影响。近几年来，人们在增强逆转录病毒的靶向性方面作了许多尝试，并取得了一定成果。逆转录病毒的宿主范围由病毒颗粒表面的包被蛋白（Env）决定，Env 来自何种病毒，包装出的逆转录病毒颗粒就叫该病毒的假病毒。通过改变 Env 可以改善载体的细胞靶向性（见图 8-1）。如用水疱性口炎病毒的 G 蛋白包装逆转录病毒基因组产生假病毒，可增加逆转录病毒的靶细胞范围并赋予病毒颗粒新的特性。为提高逆转录病毒感染靶细胞的特异性，还可以在原来的病毒 Env 上接上一段具有特异靶向的多肽，目前应用较多的是单链可变区抗体（bcFv）。

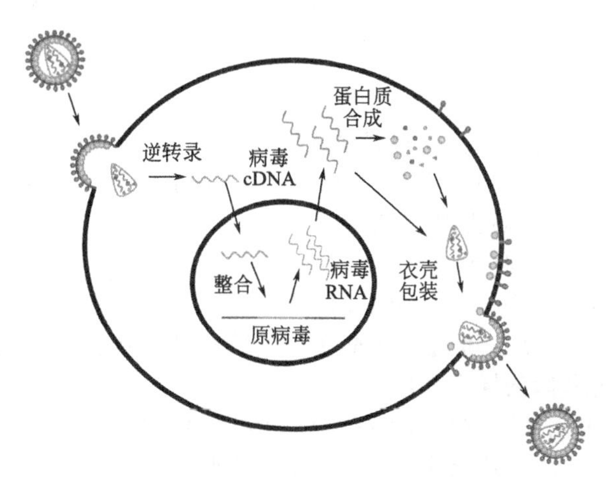

图 8-1　逆转录病毒的复制

［引自：王秀英，核酸转运：慢病毒和逆转录病毒载体，实验材料和方法，2013（3）：174］

（2）慢病毒

慢病毒（lentivirus）也属于逆转录病毒家族，是一类新发展的基因转移载体。它既可以感染分裂细胞又可感染非分裂细胞。该病毒载体能整合入靶细胞基因组，不需要反复转染细胞。最为人们熟知的慢病毒是人类免疫缺陷病毒（HIV），复制缺陷型 HIV 可被用于基因转移。HIV 具有简单逆转录病毒的 3 个基因（*gag*、*pol* 和 *env*），此外还有 5 种辅助蛋白基因（*tet*、*rev*、*vpr*、*nef* 和 *vif*）（见图 8-2）。以 HIV-1 为例，其进入细胞需要与两种细胞表面受体结合，一种是固定成分，另一种是被称为“趋化因子受体”的可变成分。这种趋化因子受体可能是 CCKR4（主要是 T 细胞表达）或 CCKR5（主要是巨噬细胞表达）。利用 HIV-1 的这一特性可使基因转移具有特殊的靶向。虽然使用缺陷型病毒时靶细胞不表达病毒蛋白，但人们对其安全性仍存有一定疑虑。目前，科学家们正尝试在不影响病毒功能的前提下尽量删除病毒序列以建立更加安全的慢病毒载体。

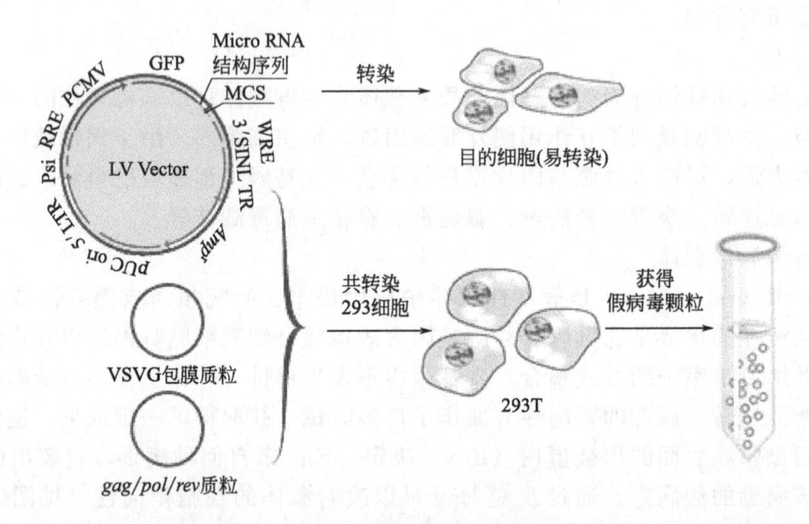

图 8-2 慢病毒包装过程

RRE：Rev 蛋白反应元件；Psi：(Ψ) 包装信号；5′LTR：5′端长末端重复序列；3′SINLTR：3′端自灭活长末端重复序列；PCMV：巨细胞病毒启动子；GFP：绿色荧光蛋白；MCS：多克隆位点；Amp^r：氨苄青霉素抗性基因；pUCori：pUC 质粒来源的复制起点；WRE：旱獭肝炎病毒的转录后调控元件；LV Vector：慢病毒载体

（3）腺病毒载体

腺病毒（adenovirus，AV）是无包膜的线性双链 DNA 病毒，在自然界分布广泛，至少存在 100 种以上的血清型。其基因组长约 36kb，两端各有一个反向末端重复区（ITR），ITR 内侧为病毒包装信号。病毒基因组上分布着 4 个承担调节功能的早期转录元（*E1*、*E2*、*E3*、*E4*），以及一个负责结构蛋白编码的晚期转录元。早期基因 *E2* 的产物是晚期基因表达的反式因子和复制必需因子，而早期基因 *E1A*、*E1B* 的产物是 *E2* 等早期基因表达所必需的。因此，*E1* 区的缺失可造成病毒在复制阶段的流产。*E3* 为复制非必需区，其缺失则可以大大提高外源基因的插入容量。

一般将 *E1* 或 *E3* 基因缺失的腺病毒载体称为第一代腺病毒载体，此类载体具有可引发机体产生较强的炎症反应和免疫反应、表达外源基因时间短等缺点。*E2A* 或 *E4* 基因缺失的腺病毒载体被称为第二代腺病毒载体，其产生的免疫反应较弱且载体容量和安全性方面也有改进。第三代腺病毒载体则缺失了全部的［无病毒载体（gutless vector）］或大部分腺病毒基因［微型腺病毒载体（mini Ad）］，仅保留 ITR 和包装信号序列。第三代腺病毒载体最大可插入 35kb 的外源基因，病毒蛋白表达引起的细胞免疫反应进一步减少，载体中引入核基质附着区基因可使得外源基因保持长期表达，并增加了载体的稳定性。

腺病毒载体转基因效率高，体外实验的转染效率通常可达 100%；可转染不同类型的人组织细胞，容易制得高滴度病毒载体，在细胞培养物中重组病毒滴度可达 10^{11}/mL；不受靶细胞是否为分裂细胞的限制；进入细胞后并不整合到宿主细胞基因组中，仅瞬间表达，安全性高。因而，腺病毒载体在基因治疗临床试验方面得到越来越多的应用，成为继逆转录病毒载体之后广泛应用且最具前景的病毒载体。

（4）腺相关病毒载体

腺相关病毒（adeno-associated virus，AAV）是一个常见的人细小病毒，自然缺陷、无包被和无致病性。AAV 复制周期由两个阶段构成：潜伏期和增殖期。在缺少辅助病毒诸如腺病毒、疱疹病毒、牛痘病毒的情况下，腺相关病毒整合其基因组到 19 号染色体的一个特定位点并保持整合状态直到随后的辅助病毒将其从潜伏状态下释放出来。AAV 的位点特异性的整合能力、其自然缺陷以及其无致病性使其作为基因治疗载体成为可能。重组 AAV（rAAV）载体能转导培养细胞以及体内不同组织器官比如肺、脑、肌肉、视网膜、中枢神经系统和肝。

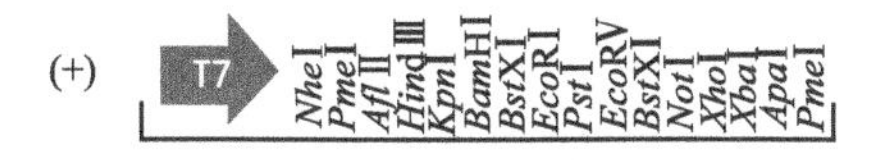

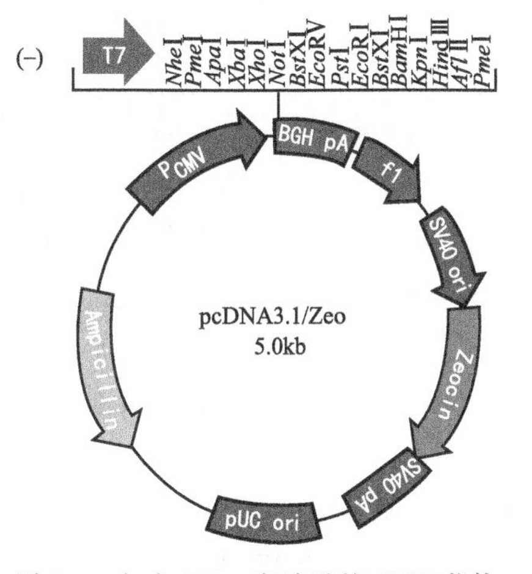

图 8-3　包含 SV40 启动子的 CMV 载体

（5）质粒载体

依据质粒在宿主细胞内是否具有自我复制能力，可将真核细胞的质粒载体分为整合型和附加体型两类。整合型载体本身无复制能力，需整合于宿主细胞染色体内才能稳定存在；而附加体型载体则是在细胞内以染色体外自我复制的附加体形式存在（见图 8-3）。整合型载体一般是随机整合入染色体，其外源基因的表达受插入位点的影响，同时还可能会改变宿主细胞生长特性。相比之下，附加体型载体不存在这方面的问题，但载体 DNA 在复制中容易发生突变或重排。附加体型载体在胞内的复制需要两种病毒成分：病毒 DNA 复制起始点（ori）及复制相关蛋白。根据病毒成分的来源不同，附加体型表达载体主要分为 4 大类，表 8-1 对这几类附加体载体进行了简要的概括。

表 8-1　几种主要的附加体载体及其复制特点

载体类型	所需病毒成分	复制允许细胞	载体 DNA 的复制
SV40 载体	病毒复制起始点、大 T 抗原	CV1、293 细胞	复制无节制，转染细胞 48h 后可达 10^5 拷贝/细胞
BKV 载体	病毒复制起始点、大 T 抗原	Hela、293 等人源细胞	与染色体 DNA 复制同步，20～120 拷贝/细胞
BPV 载体	病毒复制起始点、微染色体维持元件、E1 及 E2 蛋白	C127 等鼠源细胞	与染色体 DNA 复制同步，20～300 拷贝/细胞
EBV 载体	病毒复制起始点及核抗原 1	人、猿等灵长类来源的多种细胞	与染色体 DNA 复制同步，10～50 拷贝/细胞

细胞的生命活动是一个复杂的调控过程，有些生命活动的机理还不完全清晰，由于插入的目的基因不同，载体构建所用的顺式元件不同，组装的空间位置不同，采用的表达系统不同，目的基因表达水平和阳性克隆筛选率都会有很大差异。另外，由于所有的顺式元件都存在种属和组织特异性，所构建的高效表达载体不一定在所有细胞株中均高效表达。再者，细胞生长状态的差异、转染方法的不同、培养时间的长短、筛选药物浓度的高低对表达量都有很大影响。所以，在选择一种表达载体和表达系统时需要综合评价，排除一些不定因素，筛选出最佳组合。（拓展 8-2：真核表达载体的优化）

拓展 8-2

2. 宿主细胞

虽然至今批准的由动物细胞表达的产品，其宿主细胞几乎都是 CHO 细胞（见图 8-4）。但是在实践中，人们发现它也存在着一些不足，如在其胞内存在着一种内肽酶，可以酶切表达产物，如使分泌的单链尿激酶原分解成双链的尿激酶。此外它的大规模培养常常需要采用微载体，因为悬浮培养时的产量会降低。因此，近来一些具有良好特征的细胞系都已被作为宿主细胞试用于真核细胞的表达系统中。

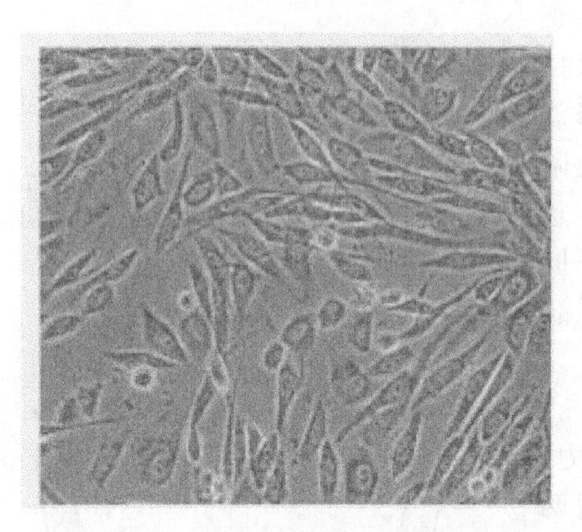

图 8-4　培养中的 CHO 细胞

（1）293 细胞

293 细胞，又称 HEK-293（human embryonic kidney cells 293）细胞。该细胞系建立于 1973 年，是从人胚胎中分离肾细胞，再使用经剪切的 5 型腺病毒 DNA 片段对这些肾细胞进行了转化而形成的。由于其极少表达细胞外配体所需的内生受体，且比较容易转染，是一个很常用的表达研究外源基因的细胞株。目前已有多种衍生株，比如 293A、293F、293T 等，其中 293T 细胞是用编码 SV40 大 T 抗原的温度敏感突变体质粒稳定转染的细胞系，能表达 SV40 大 T 抗原，含有 SV40 复制起始点与启动子区，常与含 SV40 启动子的真核表达载体配合使用，也广泛应用于病毒包装。瞬时转染 293T 细胞是过表达蛋白并获得细胞内及细胞外（分泌的或膜）蛋白的便捷方式，同时 293 细胞可悬浮培养，极大地提高了细胞培养密度和单位体积培养液中目标蛋白的产量。

（2）BHK-21 细胞

该细胞最早从地鼠幼鼠的肾脏分离，现在广泛应用的是采用单细胞分离技术经 13 次克隆的细胞。原始的细胞株是成纤维样细胞，并且具有贴壁依赖性，但经无数次传代后细胞可悬浮生长。目前，该细胞已被广泛用于增殖病毒和表达重组蛋白质，其表达的重组凝血因子Ⅷ已获准投放市场，用于治疗甲型血友病。

（3）CHO-K1 细胞

该细胞是 CHO 细胞的一株缺乏二氢叶酸还原酶（$dhfr^-$）的营养缺陷突变株，它可以在氨甲蝶呤（MTX）压力下使外源基因的基因拷贝数增加，使外源蛋白质得到较高水平表达。用该细胞生产并已投放市场的重组生物药品有用于治疗心梗、脑栓塞和肺栓塞等血栓病的组织型纤溶酶原激活剂（tPA），用于肾力衰竭和艾滋病中增升红细胞的 EPO，预防乙型肝炎感染的乙型肝炎表面抗原（HBsAg）疫苗，治疗骨髓移植或化疗中出现的中性粒细胞减少的细胞集落刺激因子，用于治疗甲型血友病的凝血因子Ⅷ以及用于治疗囊性纤维化的 DNA 酶Ⅰ等。

(4) C127 细胞

该细胞来自 RⅢ小鼠乳腺肿瘤细胞，适用于带有牛乳头瘤病毒（BPV）载体的转染。当用 BPV-1 病毒载体转染后，细胞的生长形态可发生显著变化，因此转染成功的细胞可通过特有的转化形态加以识别。用 C127 细胞生产的重组人生长激素（hGH）已获准投放市场，用于治疗生长激素缺乏症。另有报告，用 C127/BPV-1 系统表达，其表达水平可达到 10mg/L。

(5) MDCK 细胞

该细胞是从成年雌性的西班牙长耳狗的肾脏分离获得，是具有贴壁依赖性的上皮样细胞，已成功地在微载体上增殖。该细胞能支持多种病毒的增殖，已被用来生产兽用疫苗。最近有报道用该细胞结合人巨细胞病毒早早期启动子可高效表达分泌蛋白，表达量占细胞分泌蛋白质总量的 15%～20%。

(6) Namalwa 细胞

该细胞是一株人的类淋巴母细胞，来自名为“Namalwa”的 Burkitt 淋巴瘤患者，含有部分疱疹病毒基因，但不产生疱疹病毒。该细胞已被批准用于大规模生产 α 干扰素，可以用无血清培养基在悬浮状态下高密度培养，可有效地表达外源基因。经 Namalwa 细胞表达的蛋白质至今已有人重组 EPO、人重组淋巴毒素、G-CSF、α-IFN、β-IFN、t-PA 和 pro-UK 等。

(7) Vero 细胞

该细胞是从正常的成年非洲绿猴肾分离获得的，一株具有贴壁依赖性的成纤维细胞。可持续地进行细胞培养，并可支持多种病毒的增殖并制成疫苗，包括脊髓灰质炎病毒、狂犬病病毒和乙脑病毒等疫苗，已被准许用于人体。至今也已有许多报告，用它作宿主细胞表达外源蛋白，且采用不同的启动子其表达量也不同。2020 年，国药集团中国生物北京生物制品研究所有限责任公司研发的新型冠状病毒肺炎灭活疫苗就是用 Vero 细胞表达生产的，该疫苗适用于预防由新型冠状病毒感染引起的疾病（COVID-19）。

(8) 鼠骨髓瘤细胞

骨髓瘤细胞是“专业”的分泌细胞，在培养上清液中可产生高达 100mg/L 的免疫球蛋白（Ig），而且容易转染，容易生长，可在无血清培养基中高密度悬浮培养，能对蛋白质进行糖基化修饰，高效表达 Ig 基因的调控成分明确，有利于表达载体的增强子和启动子的合理设计。目前可供使用的骨髓瘤细胞有 Sp2/0、J558L 和 NS0 等细胞。J558L 已用于多种分子质量为 20～800kDa 蛋白质的表达，表达量高于 100mg/L，最高达 1mg/mL。

(9) COS 细胞

该细胞是利用复制起点缺失的 SV40 转染非洲绿猴肾细胞 CV-1 而获得，具有 COS-1、-3、和-7 三个细胞系。由于 COS 细胞来源广，易培养，易转染，能组成性表达 SV40 大 T 抗原，能使大多数哺乳动物细胞携带有复制子的质粒以附加体形式高拷贝扩增，大量扩增的质粒及其高表达的 mRNA 和蛋白质，容易回收和分析，因此被广泛地用于瞬时表达系统。采用 COS 细胞作瞬时表达系统的用途很广泛，例如可用于哺乳动物基因表达调控的研究，快速克隆编码分泌蛋白或细胞表面蛋白的 cDNA，生产少量重组蛋白以供结构和功能的分析研究，检验真核表达载体的效率等。（拓展 8-3：细胞的贴壁培养和悬浮培养）

拓展 8-3

二、动物细胞表达载体的构建

目的基因在哺乳动物细胞中的表达受整合目的基因的染色体区域的状态、目的基因的拷贝数及目的基因的转录、翻译和翻译后加工修饰效率的影响。构建一个高效表达的哺乳动物细胞表达载体，应从表达载体在染色体上整合位点的优化，转录翻译效率的提高以及目的基因拷贝数的增加等方面综合考虑。下面分别从转录水平和翻译水平的调控元件、整合位点的优化以及增加目的基因拷贝数等方面对此作介绍。

1. 转录水平

在目的基因拷贝数一定，整合位点固定的情况下，转录作为基因表达的第一步，提高转录效率对一个高效表达载体的构建来说显得尤为重要。启动子及其相应增强子、转录终止信号及多聚腺苷酸加尾信号对转录水平的高低及 mRNA 的稳定性有很大影响，其中强启动子、强增强子是提高转录水平的关键因素。

真核基因的启动子是在基因转录起始位点及其上游附近大约 100～200bp 以内的一组具有独立功能的序列，通常由核心启动子和上游启动子两部分组成，核心启动子是指足以使 RNA 聚合酶Ⅱ转录正常起始所必需的最少的 DNA 序列，其中包括多以 A 或 G 为起始的“转录起始位点”及其上游－25/－30bp 处富含 TA 元件的 TATA 盒。上游启动子元件决定 RNA 聚合酶Ⅱ的转录起始位点，通常包括位于－70bp 附近的 CAAT 盒（CCAAT）和 GC 盒（GGGCGG）（见图 8-5）。不同宿主细胞需要搭配不同种类的启动子，以充分发挥不同启动子的特异性和效率。目前常用病毒源性和细胞源性的强启动子，如 mCMV、hCMV、hEF-1α、鸡胞浆 β-肌动蛋白等启动子。增强子可以在转录起始位点上游或下游，以及在远离启动子时仍发挥作用，提高转录的效率。

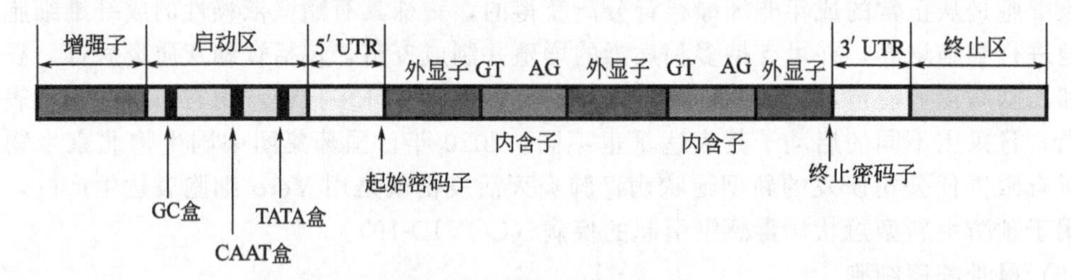

图 8-5 典型真核基因结构

转录完成后，poly(A) 序列可保持 mRNA 的稳定性，防止 mRNA 被降解。但过长的 poly(A) 序列会过多消耗细胞的能量，不利于细胞转录的高效率。因此，载体中 poly(A) 序列长度必须适当。终止序列要保证转录在正确位点停止，防止转录通读。除寻找强启动子、强增强子之外，用含有不同启动子、增强子的组成元件构建转录效率更高的杂合启动子或杂合增强子也不失为提高转录效率的一个好方法。

2. 翻译水平

除了转录水平的调控外，翻译水平的调控（如 mRNA 寿命、mRNA 的翻译起始效率）和翻译产物的加工修饰的效率等也对目的基因的表达产生重要的影响。ploy(A) 的存在不但能影响 mRNA 稳定性，而且也能部分起“翻译增强子”的作用，提高 mRNA 翻译水平；内部核糖体进入位点（IRES）能使同一 mRNA 中除第 1 个基因之外的其他基因也得到有效表达；翻译增强子可提高翻译效率；通过使用宿主细胞偏好的密码子来对目的基因的密码子进行优化也可以大幅度提高翻译效率。

真核生物的蛋白质合成遵循滑动搜索模型，以真核 mRNA 为模板的翻译启动开始于最靠近其 5′端的第一个 AUG 密码，AUG 的旁侧序列与翻译起始有密切关系。通过对 699 种脊椎动物 mRNA 翻译起始密码 5′及 3′端两侧核苷酸序列的分析，得出了以下规律：GC-CGCCA^{-3}（G）CCAUGG^{+4}，揭示了－3 位的 A 和＋4 位的 G 对于 AUG 被起始识别有显著的促进作用。因此，在设计表达载体时，在起始密码 AUG 的－3 位为 A 或 G 以及＋4 位为G是保证外源基因有效转录的先决条件。

另外，5′非翻译区的二级结构对翻译起始也有影响，当5′-UTR中存在碱基配对时，会形成发夹式或茎环式二级结构，这类结构会阻止核糖体40S亚单位的迁移，对翻译起始起顺式阻抑作用。因此在构建表达载体时，需防止5′非翻译区出现二级结构。3′-UTR对mRNA翻译也有作用，尤其是UA序列，在许多编码细胞因子mRNA的3′-UTR中，富含UA的保守序列（称为不稳定模体），它常由几个相间分布的UUAUUUAU核苷酸序列组成，去除这段序列，可以明显提高mRNA的稳定性。一般的真核表达载体都带有poly(A)等终止元件，因为3′-UTR序列对mRNA的翻译起负调控作用，所以在表达一段外源基因时，只截取它的ORF区域，去除3′-UTR序列，设计好起始密码AUG及其旁侧序列，终止密码UGA、UAA、UAG即可。

用宿主细胞偏好的密码子来对目的基因的密码进行优化是另一种提高翻译效率的方法。用人高表达基因偏好的密码子系统地设计人的*EPO*基因，再以酵母偏爱的密码子编码人的*EPO*基因作对照来比较优化后的人*EPO*基因的表达效率。结果，优化的人*EPO*基因密码子比非优化的人*EPO*基因密码子的表达效率高2～3倍。

3. 整合位点的优化

目的基因在细胞染色体上整合位点区域的状态对于目的基因的表达与否、表达高低以及目的基因在宿主细胞中的稳定性起着决定性的作用。只有那些整合位点处于染色体转录活跃区的细胞形成的克隆才可高水平表达目的基因。因此，保证将表达载体整合在细胞染色体上转录活跃位点的克隆被挑选出来，是提高细胞表达水平必需的一步，主要通过以下几种策略实现。

一是通过选择基因（如*neo*、*dhfr*）的弱化表达，使大量整合在低表达整合位点的细胞由于选择基因表达量不够而在选择培基条件下死亡，而使那些少量整合在转录活跃区的细胞由于表达足够的选择基因产物而存活下来形成克隆。人们常通过在转录水平、翻译水平和构建活性降低的选择基因突变体来实现选择基因的弱化。

二是在载体上添加染色体上的某些特定序列，使表达载体整合到宿主细胞的染色体后能模拟染色体的高转录活跃区［骨架/基质附着区（SAR/MAR）］或抵抗基因沉默作用［普遍在染色质开放表达元件（UCOE）］，从而形成较均一的可高效表达目的基因的阳性克隆。

三是先将含有定点重组位点的选择标记基因整合在染色体高表达区，然后将表达目的基因的表达载体和表达重组酶载体共转染上述带有重组位点的细胞系，在重组酶介导下，表达载体通过位点特异性重组定点整合在染色体高表达区。目前常用的定点整合系统包括Cre/loxP系统和Flp/FRT系统。

4. 增加目的基因拷贝数

单拷贝或低拷贝目的基因，无论表达载体调控元件如何优化、整合的染色体位点多么合适，其外源基因表达量都是有限的。因此，通过增加目的基因拷贝数来获得高表达重组药物的工程细胞株是基因工程药物研究中不可或缺的一步。目的基因的扩增常采用目的基因和选择标记基因共扩增的方法，二氢叶酸还原酶基因（*dhfr*）和谷氨酰胺合成酶基因（*GS*）是常用的扩增基因。

三、动物细胞转化方法与筛选

1. 基因的导入方法

在真核细胞的表达研究中，细胞转染是一个关键步骤。在基因治疗中，也需要用基因转移技术导入外源基因。因此该技术的研究已越来越受到重视，至今已开发了许多新的技术和方法。不同的细胞系，摄取和表达外源 DNA 的能力可相差几个数量级。在一种细胞上行之有效的方法，在另一种细胞上可能毫无用处。因此如果采用某种特定的细胞系，就务必要比较几种不同方法的效率。当前用于 DNA 转染哺乳动物细胞的主要方法如表 8-2 所示。

表 8-2 真核细胞转染方法

方法		优点	缺点
物理方法	光穿孔	简单,细胞伤害小	需专门仪器
	冲击波	简单,可能用于临床	需专门仪器
	基因枪	很有效	需专门仪器
	电穿孔	适用于悬浮细胞	需专门仪器
	显微注射	很有效	技术困难
化学方法	磷酸钙共沉淀法	简单	不适合悬浮细胞
	脂质体法	简单,很有效	不适合悬浮细胞
	二乙氨乙基葡聚糖	简单	仅用于瞬时表达
	聚乙烯亚胺(PEI)	简单,很有效	不适合悬浮细胞
生物学方法	反转录病毒法	很有效	宿主范围限制
	原生质体融合法	适合悬浮细胞	结果不稳定

(1) 光穿孔法

光穿孔法（optoporation）是利用激光产生的热量，使细胞壁产生孔洞，将外源物质导入细胞。将一束蓝色氩激光通过 100 倍物镜作用于培养基中的细胞，在酚红存在下，受照部位细胞壁通透性增加，从而使悬浮于培养基中的 DNA 进入细胞。该部位直径可由照射时间和照射强度控制，通透性持续时间很短，1～2min 内即自动消失，其间细胞无明显伤害。光穿孔优点是：利用培养基中常规成分酚红作用，无须任何添加剂；可以有选择地对细胞进行转染，即当有不同的细胞混在一起时，只要形态上可分，就可被光穿孔法选择性地转染。

(2) 冲击波法

冲击波法（shock wave permeabilization）是利用细胞受冲击后细胞膜通透性瞬时增加，使外源基因导入细胞。这种物理的 DNA 转移方法操作非常简单，被转的 DNA 大小、序列可灵活多样，也可作用于固体器官中的细胞、活体，应用非常安全。此时产生于体外的冲击波，可使组织中多种接触 DNA 的细胞得到转染。该方法可用于活体局部的基因转移。

(3) 基因枪法

基因枪法（gene gun）又叫微粒轰击法、生物发射技术或高速微粒子发射技术。基因枪技术最早是一种在植物中应用的基因转移方法，这项技术通过提供给包裹有 DNA 的微小金颗粒（或钨粉）很高的初速度，使其穿透植物细胞壁而达到转移外源质粒 DNA 的目的。由于纯金没有化学活性，不会对机体产生毒性，所以这项技术后来被用到哺乳动物类实验系统中，将报告基因和功能基因成功地转入了各种培养细胞中和各种活体组织中（见图 8-6）。

(4) 电穿孔法

电穿孔法（electroporation）是指在高压脉冲的作用下使细胞膜上出现微小的孔洞，从而导致不同细胞之间的原生质膜发生融合作用的细胞生物学过程。同时，电穿孔可促使细胞

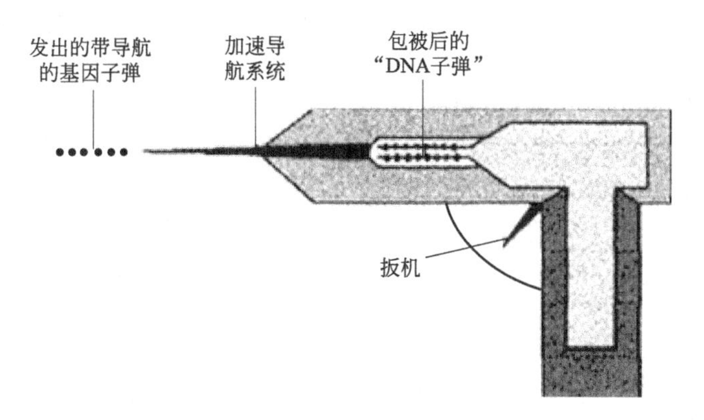

图 8-6 基因枪原理

吸收外界环境中的 DNA 分子。在高压电场的作用下，细胞膜因发生临时性破裂所形成的微孔，可使大分子及小分子从外界进入细胞内部，或反向流出细胞。细胞膜上微孔的关闭是一种衰减过程，此过程在 0℃下会被延缓进行。微孔开启时，细胞外的 DNA 分子便穿孔而入，最终进入细胞核内部。具有游离末端的线性 DNA 分子，易于发生重组，因而更容易整合到寄主染色体中形成永久性转化子。超螺旋的 DNA 比较容易被包装进染色质，对于瞬时基因表达更有效。该方法的主要特点是操作简便、持续时间短、转染率高。

（5）磷酸钙转染法

磷酸钙转染法（calcium phosphate co-precipitation）是把含外源基因的质粒或已克隆化的基因作为转染物，与磷酸钙转染液混合，加入到宿主细胞的培养环境中，在磷酸钙转染液的媒介下能使转染的 DNA 被整合到受体细胞的基因组中。磷酸钙法转染细胞简单、实用，但有一定的局限性，对细胞有一定的选择性，平均每个培养皿中约有 10%的细胞可捕获外源 DNA。影响磷酸钙转染效率的主要因素有：DNA-磷酸钙共沉淀物中 DNA 的数量，共沉淀物与细胞接触的保温时间，以及甘油或 DMSO 等促进因子作用的持续时间等。

（6）二乙氨基乙基葡聚糖介导法

该方法最初是用来促进脊髓灰质炎病毒、SV40 和多瘤病毒导入细胞的。其原理是带正电的二乙氨基乙基葡聚糖与核酸带负电的磷酸骨架相互作用形成的复合物被细胞内吞。其方法是先制备出葡聚糖混合液，加入目的基因混合后转染入培养细胞。该方法转染效率较高，但突变性也较高，不适用分离稳定的转染细胞。二乙氨基乙基葡聚糖用于克隆基因的瞬时表达，不能使细胞稳定转染，它对 BSC21、CV21、COS 等细胞系非常有效，但对其他类型的细胞转染效果并不太理想。二乙氨基乙基葡聚糖转染所用 DNA 量较磷酸钙法少（0.1～1.0μg），超螺旋质粒 DNA 也可以转染。

（7）脂质体转染法

脂质体是由天然脂类和类固醇组成的微球，根据其结构所包含的双层膜层数可分为单室脂质体和多室脂质体，含有 1 层类脂双分子层的囊泡称单室脂质体，含有多层类脂双分子层的囊泡称为多室脂质体。脂质体转染（liposome encapsulation）法可能的机理是阳离子脂质体与带负电的基因依靠静电作用形成脂质体基因复合物，该复合物因阳离子脂质体的过剩正电荷而带正电，借助静电作用吸附于带负电的细胞表面，再通过与细胞膜融合或细胞内吞作用而进入细胞内，脂质体基因复合物在细胞质中可能进一步传递到细胞核内释放基因，并在细胞内获得表达。

脂质体介导的基因转移包括两个步骤，首先是脂质体与 DNA 形成复合物，然后复合物与细胞作用将 DNA 释放到细胞中（见图 8-7）。脂质体介导基因转移的机理可能存在两种模式：①细胞内吞作用介导的脂质体-细胞融合；②脂质体与质膜直接融合。脂质体作为基因转移载体具有以下优点：易于制备，使用方便，不需要特殊的仪器设备；无毒，与生物膜有较大的相似性和相容性，可生物降解；目的基因容量大，可将 DNA 特异性传递到靶细胞中，使外源基因在体外细胞中有效表达。但也存在不足，如表达量较低，持续时间较短，稳定性欠佳等。脂质体转染所需的 DNA 用量与磷酸钙法相比大为减少，而转染效率却高 5～100 倍，具有广谱、高效、快速转染的特点，已成为一种很常用的转染方法。

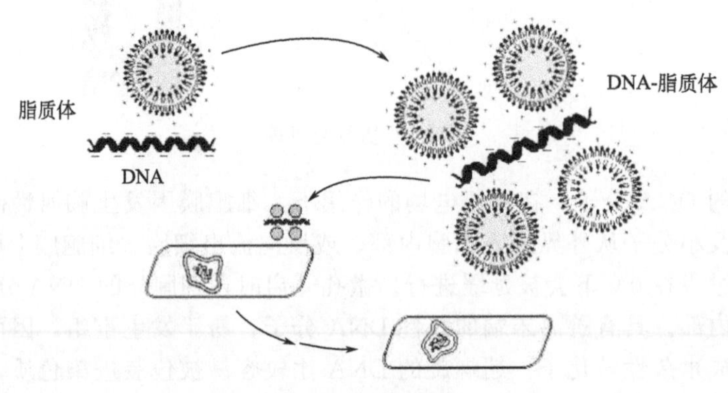

图 8-7 脂质体转染

(8) PEI 法

聚乙烯亚胺（polyethylenimine，PEI）是目前广泛使用的阳离子聚合物转染试剂之一。PEI 具有易于准备且价格便宜的优点。PEI 有线性和树状两种，主要用于瞬时转染和扩增转染。由于 PEI 带正电，它与带负电的 DNA 结合形成带正电的 PEI-DNA 微粒，该微粒可以与带负电的细胞表面结合，并通过胞吞作用进入细胞。一旦进入细胞，胺的质子化导致反离子大量涌入以及渗透势降低。上述变化导致的渗透膨胀使囊泡释放 PEI-DNA 微粒进入细胞质。PEI-DNA 微粒拆解后，DNA 就能自由地融合到细胞核中。每毫升转染试剂和质粒混合物形成约 1×10^{10} PEI-DNA 微粒，大小约为 300nm。每个细胞在转染过程中大约可进入 250 个 PEI-DNA 微粒。

(9) 抗体转染法

利用抗体作为载体，介导基因进入表达特定表面抗原细胞的方法为抗体转染（antifection）。该方法具有简单、安全和适用性广泛等特点。将抗 CD3、CD34 或表面免疫球蛋白的抗体与质粒共价偶联，可以自体内或体外转染正常脾 B 细胞或类淋巴细胞。通过抗体介导这一生理过程，基因被传送到特定细胞，该方法有望用于基因治疗研究。

(10) 其他

其他有超声波法，它的生物学效应是空化作用，表现在超声过程中形成的真空气旋在塌缩时产生局部高温、高压使气泡周围的细胞受到影响，细胞膜发生可逆的通透性变化。超声波的声强和处理时间是决定超声波介导法转化效率的两个最重要参数。其他外源 DNA 导入动物细胞的方法还有微注射法（microinjection）、原生质体融合法（protoplast fusion）和病毒感染法（viral infection）等。

拓展 8-4

（拓展 8-4：慢病毒转染系统）

2. 哺乳动物基因转移的遗传筛选标记

在哺乳动物基因转移过程中，如何从成百万个细胞群体中，检测出为数极少的转化细胞，就成为发展哺乳动物基因转移系统的一个关键。迄今，已知的绝大多数的哺乳动物细胞病毒载体，除了牛乳头状病毒载体外，都需要附加上标记基因，才能进行筛选。常用的这些标记基因有：胸苷激酶基因（*tk*）、二氢叶酸还原酶基因（*dhfr*）、新霉素磷酸转移酶基因（*neo*）以及次黄嘌呤-鸟嘌呤磷酸糖基转移酶基因（*hgpt*）等。

（1）胸苷激酶基因（*tk*）筛选系统

胸苷激酶（thymidine kinase）是核苷酸合成代谢途径中的一种酶，能将胸苷转换成为胸苷-磷酸。几乎在所有的真核细胞中都能有效地表达胸苷激酶基因（*tk*）。在胸苷激酶基因选择系统中，必须用 *tk* 表型缺陷型（tk^-）细胞株作为宿主细胞。由于选择 tk^+ 细胞的培养基含有次黄嘌呤（hypoxanthine）、氨基蝶呤（aminopterin）和胸苷（thymidine），所以叫作 HAT 筛选法。其选择原理（见图 8-8）为：如果用叶酸的类似物氨基蝶呤（A）处理细胞，二氢叶酸还原酶被抑制，不能使二氢叶酸还原成四氢叶酸，其结果是培养基中的四氢叶酸因得不到补充而逐渐耗尽，于是从 dUMP 合成 dTTP 以及 dCTP 的过程均被阻断。次黄嘌呤是 dATP 和 dGTP 补救合成途径的一种底物，培养基中含有这种物质时，细胞就能越过氨基蝶呤的抑制作用，利用补救途径继续合成出这些核苷酸。同时由于在 HAT 培养基中含有外源的胸苷（T），所以 tk^+ 细胞通过胸苷激酶的作用合成 TTP，继续存活下去；而 tk^- 细胞因缺乏胸苷激酶而不发生这种合成，因而死亡。如将正常的 *tk* 基因导入 tk^- 细胞，这些细胞能够存活下去，所以使用 HAT 培养基，能够选择出经 *tk* 基因转化的 tk^- 细胞。

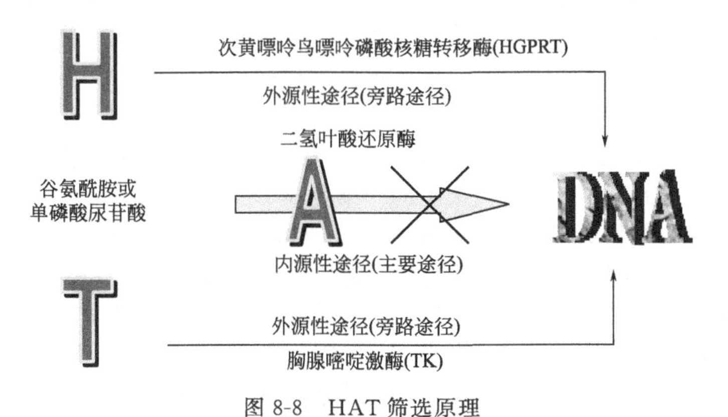

图 8-8 HAT 筛选原理

（2）二氢叶酸还原酶基因（*dhfr*）选择系统

二氢叶酸还原酶（dihydrofolate reductase）在真核细胞的核苷酸合成中起着重要的作用，它催化二氢叶酸还原成四氢叶酸，四氢叶酸在胸腺嘧啶的合成过程中提供甲基，无四氢叶酸则不能合成胸腺嘧啶。由二氢叶酸还原成四氢叶酸的反应过程能被叶酸的类似物氨基蝶呤和氨甲蝶呤竞争性抑制，$dhfr^-$ 表型的细胞由于不能合成四氢叶酸，除非培养基中含有外源的胸腺嘧啶、甘氨酸和嘌呤，否则细胞就会因胸腺嘧啶及蝶呤的饥饿而死亡。但将 *dhfr* 基因转入缺陷型细胞后，细胞则能合成四氢叶酸，进而使细胞的核酸合成能够进行，所以转入 *dhfr* 基因的细胞就能在无胸腺嘧啶和次黄嘌呤的选择培养基中存活，而未转入 *dhfr* 基因的细胞则被选择淘汰。

dhfr 基因选择系统需要 $dhfr^-$ 表型的受体细胞，这就限制了它的使用范围。但这一选择系统有一个明显的优点，就是它可以使外源基因得到扩增。当培养基中逐渐增加氨甲蝶呤（methotrexate，MTX）的浓度时，随着细胞对 MTX 抗性的增加，*dhfr* 基因与外源基因均明显扩增，进而使外源基因的表达产物增加。

(3) 新霉素抗性选择系统

新霉素是细菌抗生素，它可以干扰原核生物的核糖体，使其蛋白质合成不能正常进行，而真核细胞核糖体则不受新霉素的影响。新霉素的一种类似物 G418 (geneticin) 对真核细胞和原核细胞均有毒性。细菌的新霉素抗性基因（*neo*^{r}）能在真核细胞中表达，当 *neo*^{r} 基因与能有效转录的真核 DNA 序列连锁时就能获得有效的表达。*neo*^{r} 基因编码一种磷酸转移酶，这种酶能使 G418 失活。所以，当细胞表达了这种 *neo* 抗性基因后，就会在含 G418 的选择培养基中存活，这种选择系统适用于所有的细胞类型。

第二节 转基因动物

转基因动物（技术）是以动物个体作为基因受体的基因表达技术。目的基因导入动物体之后，其行为和表达调控与导入离体培养的动物细胞系有很大差别。所以，即使单纯出于研究目的，动物细胞系也不能替代转基因动物。近年来，由于大量研究结果的积累，转基因动物已被公认是基础生物学、医学和农业研究的重要手段，在生命科学的各个领域得以应用，为人类认识自身、战胜疾病提供了有力的工具。

一、转基因动物的概念

目前，对于转基因动物还没有一个简单而明确的定义。为了正确理解什么是转基因动物，在这里我们只强调所有转基因动物都是由于外源基因（包括同一物种的 DNA）导入动物的基因组而产生了可以遗传的改变。这些可以遗传的改变包括：外源基因片段至少整合到一条染色体的一个位点上；外源基因的插入使基因组中任何一个基因的结构发生改变；外源基因的插入使染色体发生重排；外源基因导入可以持久存在的遗传实体，例如，一条人工染色体或者可以自我复制并传递给子代细胞的非染色体 DNA 元件。

在实际工作中，有许多别的手段也可以导致动物的基因发生改变。但是，这些改变与把外源 DNA 导入动物基因组在机制和效应上都不相同。例如，由于化学品的诱变作用导致基因发生改变，由于辐射作用导致基因发生改变，由于化学品或辐射的作用使染色体发生畸变，通过核移植交换遗传物质以及使用基因治疗技术导入 DNA 等，都不能列入转基因动物的范畴。（拓展 8-5：形形色色的转基因动物）

拓展 8-5

二、哺乳动物的转基因操作

转基因动物技术在发展过程中不断吸收其他生物技术发展的成果，丰富自身内容，拓宽使用范围。从转基因体的构建到获得转基因动物，过程较长，涉及的技术较多，影响因素也很多，各种转基因方法都有其特点，目前常用方法的特点比较列于表 8-3 中。下面就一些常规使用的转基因方法和目前正在发展中的方法的原理和发展概况进行介绍。

表 8-3 几种转基因技术效果比较

方法	显微注射法	逆转录病毒载体法	精子介导法	胚胎干细胞法	体细胞核移植
基因准备	易	难	易	中等	中等
转基因的大小	无限定	$<$10kb	无限定	无限定	无限定
定点整合	不可能	不可能	不可能	可能	可能

续表

方法	显微注射法	逆转录病毒载体法	精子介导法	胚胎干细胞法	体细胞核移植
胚胎操作技巧要求	高	低	低	低	高
胎儿存活率	低～中等	高	中等	高	低～中等
胚胎存活率	中等	高	中等	中等	低
出生后转基因比例	1%～30%	约 100%	约 30%	100%	100%
嵌合体发生频率	中等	低	低	高	无
外源基因拷贝数	高	低	低	可选择	可选择
多位点插入	低	中等～高	中等	可控制	低
外源基因表达率	50%	可能出问题	50%	高	50%

1. 显微注射法

显微注射法是最先获得的转基因哺乳动物的基因操作方法，1981 年 Gordon 等报道了用显微注射法将外源基因注入小鼠受精卵后得到了转基因小鼠。尽管发展最早，直到目前，仍然是使用最为广泛、最为有效的方法之一。

显微注射法的具体做法是，在一台倒置相差显微镜下，用一根直径 80～100μm 的细玻璃管将胚胎固定，再用另一根直径 1～5μm 的玻璃管刺入细胞原核，把 DNA 溶液直接注射到原核期胚胎的一个或两个原核中。经过显微注射 DNA 的胚胎经过 1～3h 培养，证明未因显微注射而发生裂解后，即可直接移植到受体母畜的输卵管中，也可以转移到适当培养液中，让它们继续发育到桑椹胚或囊胚阶段，然后再进行胚胎移植。用这一方法建立转基因动物的过程至少涉及以下四个主要步骤：①构建外源基因表达载体并生产用于注射的 DNA 溶液；②准备供注射用的胚胎并制定显现原核的技术方案；③实施显微注射并将注射后的胚胎进行相应的技术处理，然后移植到受体母畜中；④对出生的幼畜进行基因整合和表达的检测，对筛选出来的转基因动物进行繁殖传代培育，进而建立转基因动物的家系和群体。如图 8-9 所示。

近年来，在进行大型动物的转基因研究中，往往采用受精卵注射外源 DNA 后自体移植的做法。另一方法是采用体外培养的卵母细胞和体外受精，经注射后培养至囊胚期，再移植到受体动物。由于大型动物价值高，为了确保移植胚胎含有外源基因，人们采用许多方法期望在体外培养时能鉴定出是否整合外源基因，而常规的 PCR 不能确定外源 DNA 是否整合到受精卵染色体上，所以需要将标记蛋白基因与目的基因一起注射到受精卵，虽然有可能筛选出的胚胎仅整合标记基因，而没有整合目的基因，但这仍然是减少受体动物数目最有效的方法。现在认为绿色荧光蛋白是最理想的标记蛋白，其优点是不需要用侵入的方法就能观察到。与此同时，如何提高转基因动物的阳性率，一直是人们不断追求的目标，这在大型动物研究上显得尤为重要。现在常用的改进是胚胎分割技术，即将注射后的受精卵培养 6～8 天形成囊胚，再将囊胚切成两半。一半做 PCR 检测，阳性的囊胚再做胚胎移植，以此提高阳性率。另一种方法是分离分裂球，用荧光原位杂交观察日的基因是否整合。为了提高外源基因的整合率，有人将精子用温和的去污剂处理后与外源 DNA 共培养，进行精子显微注射受精，只需要将携带外源 DNA 的精子注射到卵母细胞细胞质即可，结果证明这种方法效率很高。显微注射法生产转基因动物的工艺流程如图 8-9 所示。

总体来说，显微注射法具有外源基因的长度不受限制（可长达数百 kb），特别是对于大

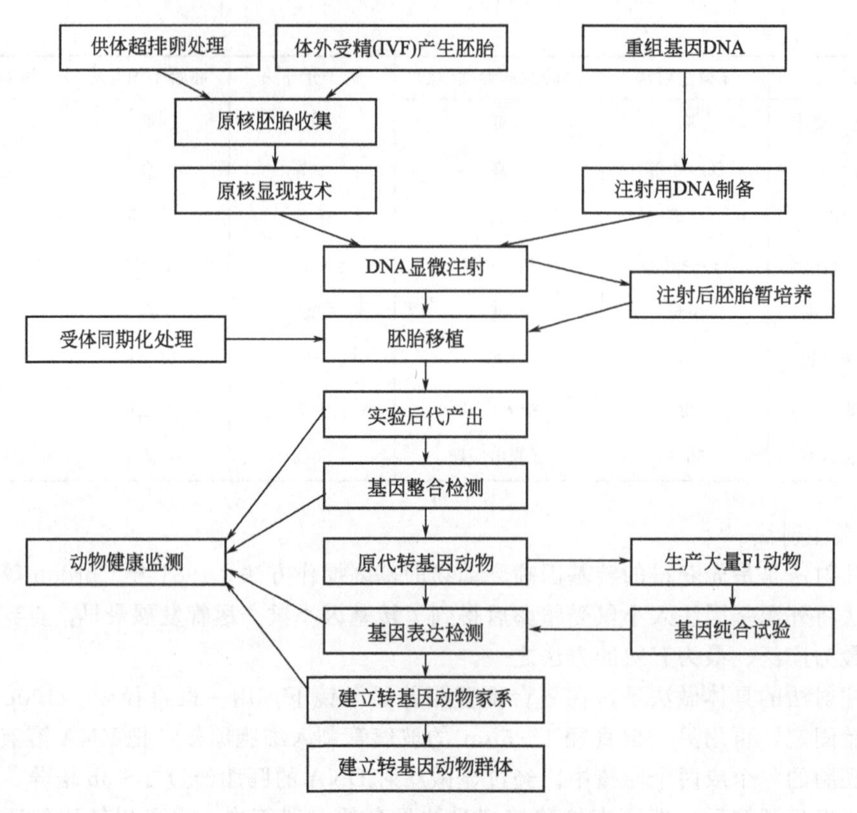

图 8-9　生产转基因动物的工艺流程

片段的转基因，能保持转入片段的完整性，常能得到纯系动物，实验周期相对较短等优点。但是这一技术的一些不足也限制了它的应用。例如，外源基因整合效率不高，且因操作的熟练程度不同结果差别很大，从不足1%到30%左右；需要昂贵精密的设备且技术复杂，需要专门的技术人员；导入的外源基因拷贝数无法控制，常为多拷贝；可导致插入位点附近宿主DNA大片段缺失、重组等突变，可造成动物生理缺陷；外源基因的整合是随机的，故整合率不能控制；外源基因的表达受到插入位点的染色体微环境的影响，即位点效应，常导致基因沉默和低表达；有些动物的原核不易看清楚，如大鼠、猪、山羊等，需经特殊处理，才能有效导入；特别是用于制备转基因大型动物时，转基因的效率较低，需要较多的供体和受体动物；等等。

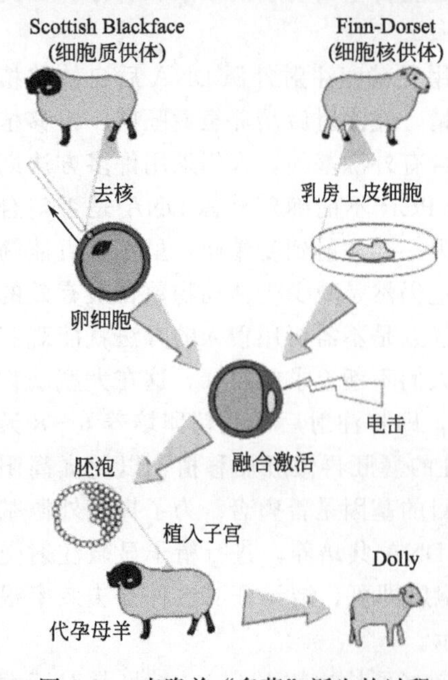

图 8-10　克隆羊“多莉”诞生的过程

2. 利用体细胞核移植制备转基因动物

核移植（nuclear transfer，NT）通常是指将外源性细胞核作为供体转入去核卵母细胞中，细胞核发生基因程序重排而获得多能性，开始新的胚胎发育。细胞核移植能更为有效地对动物基因进行修改，是唯一可以用来生产大量相同基因型动物的方法。1997 年以前，核移植的供体核主要来源于胚胎细胞，而多莉羊的诞生表明成年动物体细胞核也可以作为核移植的供体核（图 8-10）。近年的研究将基因修饰与核移植技术相结合，通过质粒转染的方法将某基因整合到细胞核中，再将此类细胞核筛选出来，把这些细胞核转入去核卵母细胞中，建立重组胚，产生的胚胎中所有的细胞均携带这种基因，使其生物技术应用价值得到进一步提高。应用核移植技术比原核内注射更能有效转入和结合更大的（> 100kb）DNA 片段，也有利于强化有利的等位基因或去除不利的等位基因。

体细胞克隆技术生产转基因动物的过程可分为两个大步骤。首先是获得和培养体细胞系，并实现外源基因在细胞中整合甚至表达。然后，用转基因细胞作为核供体，用去核卵母细胞作为细胞质受体，通过克隆过程生产重构胚胎。重构胚胎经过融合、激活和培养等技术步骤，可以发育到桑椹胚和囊胚等胚胎的高级阶段。将发育的克隆胚胎移植到同期化的受体动物中，发育成的幼崽就是转基因动物。

原核胚显微注射 DNA 生产转基因动物是在胚胎发育过程之中，利用短暂的空隙增加了一个注射 DNA 的步骤，基本上是胚胎工程技术范畴内的工作。而体细胞克隆生产转基因动物则需要分离适当的细胞系，然后再在培养的细胞上进行基因操作，直到生产出合格的细胞系。在这一过程中，细胞操作根本不涉及胚胎发育，没有胚胎发育过程中的时间限制。制成的转基因细胞可以冷冻保存，需要时再用来制作克隆。直到制作克隆动物时，细胞操作才开始同胚胎操作发生联系，共同创造转基因动物。在实际操作中，用显微注射 DNA 的方法生产转基因动物具有时间上的紧迫性，时间表完全得按照胚胎发育的规律制定，而克隆法生产转基因动物的时间可以灵活掌握。

3. 胚胎干细胞法

小鼠胚胎发育到卵泡阶段的细胞能在培养基中体外增殖，当把它们重新输回胚胎胚泡后，仍保留着分化成其他细胞（包括生殖细胞）的能力，这些细胞称为多效性胚胎干细胞(ES)。该技术是利用 ES 在体外培养时可承受转基因操作而不影响其分化多效性，将外源基因通过同源重组方式特异性整合在 ES 基因组内的一个非必需位点上，构成工程化胚胎干细胞。后者经筛选鉴定和体外扩增，再输回小鼠胚胎胚泡中，最终得到转基因动物。

在小鼠胚胎干细胞的应用上，目前着重于利用基因的定位整合、同源重组等手段研究基因的功能，主要的流程如图 8-11 所示，包括 ES 细胞的建立、对 ES 细胞进行电击转入外源基因、筛选稳定整合有外源基因的 ES 细胞、体外克隆成系、ES 细胞的囊胚注射、囊胚移植入输卵管中、子代鼠的检测等过程。自 ES 细胞建立以来，经过十多年努力研究，重点已

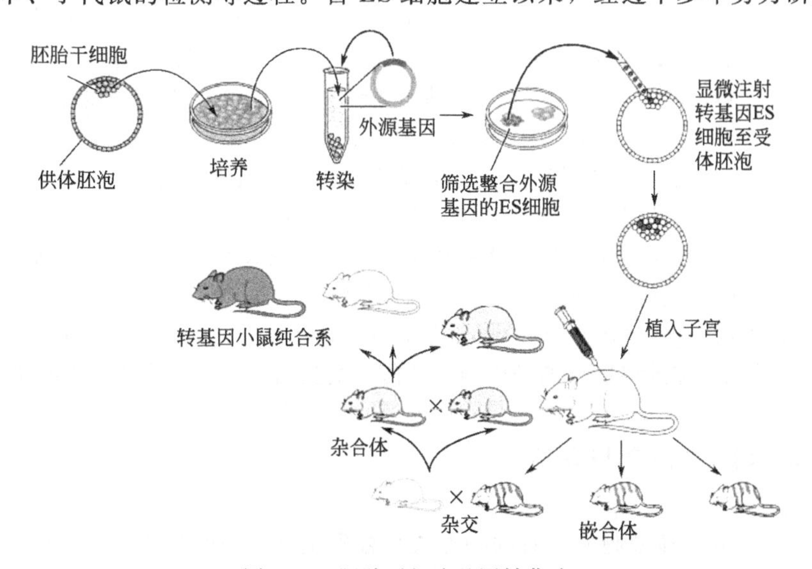

图 8-11 胚胎干细胞基因转化法

从小鼠转移到大型动物上，从目前的结果来看，大型动物ES细胞培养和应用效果均比小鼠差。因此今后相当长时间里需对大型动物的ES细胞培养、鉴定、分化诱导、参与嵌合体形成的能力进行深入探索，才能将其真正转入实用阶段。

4. 逆转录病毒载体法

逆转录病毒科（Retrovidae）是RNA病毒的一个大科，包括RNA肿瘤病毒（RNA turnoviruses）、白血病病毒（leukoviruses）和致瘤RNA病毒（oncobaviruses）。由于这类病毒的一个重要特点是毒粒中含有依赖于RNA的聚合酶即逆转录酶，故现名为逆转录病毒。逆转录病毒科还包括一类重要病毒即慢病毒（lentivirus），如人类免疫缺陷病毒（HIV）和猴免疫缺陷病毒（SIV）等。逆转录病毒一般有三个基本基因：*gag*、*pol* 和 *env*。慢病毒除了这三个基本基因结构外，还包括四个辅助基因（*vif*、*vpr*、*nef*、*vpu*）和两个调节基因（*tat* 和 *rev*）。包括慢病毒在内的逆转录病毒载体作为外源基因载体，已经广泛地用于体外细胞的转染和基因治疗的研究。

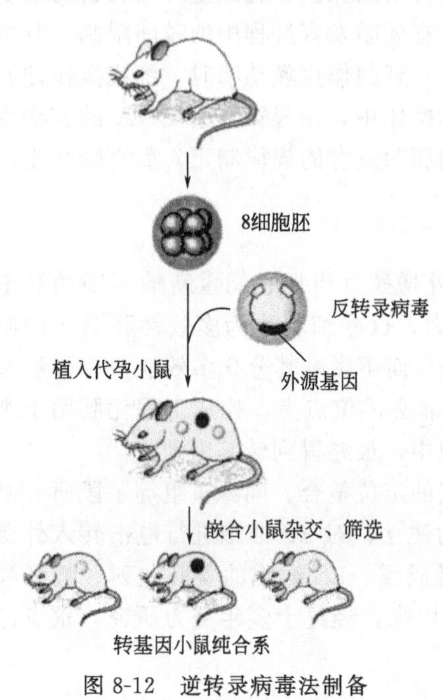

图 8-12　逆转录病毒法制备转基因小鼠的基本流程

在逆转录病毒法制备各种转基因动物时，需要用含病毒 *gag* 和 *pol* 的质粒和含病毒 *env* 的质粒构建的包装细胞系，为了安全起见还需要与上述两个质粒不存在同源重组序列的转移载体。先将外源基因克隆到转移载体中，将克隆好的转移载体转入包装细胞中形成有感染活性的逆转录病毒载体，再去感染生殖细胞、早期胚胎或显微注射受精卵。图8-12显示的是利用逆转录病毒法制备转基因小鼠的整个流程，由于逆转录病毒的高效率感染和在宿主细胞DNA上的高度整合特性，可以大大提高基因转移的效率。

5. 精子介导的基因转移

1989年，Lavitrano等人首次报道使用小鼠附睾精子携带外源DNA受精，生产出表达外源基因的转基因小鼠。此后，美国的多个实验室进行验证实验，未能得到阳性结果，因此对这一方法的可靠性存在争议。近年的研究发现，精子在一定条件下是可以自发结合DNA的，结合的部位在核后帽区域。精子携带DNA的机制可能是核后帽区存在一种带正电荷的膜蛋白，分子质量大约18～24kDa。这种蛋白质的抗体可以使精子相互聚合，并严重影响它的受精率。上述情况说明，18～24kDa蛋白的一种可能功能是通过相互排斥使精子保持独立运动，有利于受精。精子携带DNA是通过这种带正电荷的膜蛋白与外源DNA结合，那么任何带负电荷的分子都能使精子丧失这种功能。肝素、血清白蛋白和精清中的蛋白质，都能影响精子携带外源DNA的能力。从1987年到1998年，用精子介导法生产出许多转基因动物，表明精子介导是一种有用的转基因方法。但是目前尚未弄清楚精子介导法真正的机理，使精子携带DNA的条件难以掌握，实验结果不是很稳定，需要进一步研究。

三、外源基因的整合与表达

1. 外源基因的整合

当外源基因导入受体细胞后，有两种方式整合到受体细胞的基因组中，即随机整合和同源整合。在早期采用显微注射的方法得到的转基因动物中，外源基因无论是否与宿主基因组某一区域同源，都是随机整合到染色体上，无法控制基因插入预先选定的位置。此后，随着鼠的胚胎干细胞研制成功，由于它具有在体外培养条件下无限繁殖并能参与胚胎发育的能力，人们开始使用它进行定点整合研究，试图利用同源重组的机制，将外源基因插入到染色体上选定的座位。然而，大量研究数据证明，即使外源基因含有与宿主染色体广泛同源的序列，大多数整合仍然是随机发生的，只有少数是通过同源交换来实现重组的。因此，可以认为目前所使用的转基因技术体系仍然存在缺陷，必须发展更好的技术，更准确和更有效地生产符合实验目标的转基因动物。（拓展 8-6：外源基因的友好插入位点）

拓展 8-6

(1) 外源基因整合的机制

外源基因通常都是插入染色体的一个位点，在少数情况下插入一个以上位点，甚至插入不同染色体。要更好地理解外源基因整合过程及其机制，就需要了解外源基因插入位点附近染色体结构的变化。尽管外源基因的序列一般是已知的，插入位点附近的染色体序列也可以分析出来，但是要搞清在外源基因插入之前该位点左右两端的染色体序列却是一项费时费力的工作。目前的研究表明，外源基因与其染色体上的整合位点之间，只存在低度同源性，一种带有小卫星序列的基因常会整合到染色体的卫星序列中。这种情况说明，外源基因的整合常常是通过同源程度较差的序列间的不正常交换发生的。在外源基因及其染色体上的插入位点之间的结合部位，包含一段短 DNA 序列（填充序列），它既不来自外源基因，也不来自染色体。在某些结合部位，还会发现较长的序列既不与外源基因同源，也不与染色体互补。因此，到目前为止，外源基因整合到染色体上的机制还没有一种令人信服的解释，需要进一步的研究。

在多数情况下，外源基因以串状多拷贝的构型整合到染色体的一个位点。串状构型在绝大多数情况下是头尾相连，只在极少数情况下，发现头对头或尾对尾的连接方式。目前的研究表明，串状结构的形成发生在整合到染色体之前，而不是整合之后。基因呈串状整合的实验证据，最初是来自体外培养的动物细胞转基因的实验，而不是来自胚胎实验，说明无论是用显微注射法将基因导入胚胎，还是用转染法将基因导入细胞系，外源基因在染色体上整合的构型是基本相同的。其特点可以归纳为：在一个特定的胚胎或一个特定细胞克隆中，外源基因总是整合在染色体的单一位点，最多整合在少数几个位点上，且在每个整合位点，外源基因通常呈现多拷贝串状结构，采取头尾相连的排列方式。只有在稀有的情况下，外源基因的两个拷贝呈现头对头或尾对尾的连接方式，在这种情况下常发生末端缺失。（拓展 8-7：外源基因整合到染色体形成多拷贝同方向串状分子构型的机制）

拓展 8-7

(2) 专一位点重组

两段双链 DNA 中序列基本相同的区域叫作同源区。在原核生物和真核生物中，同源的双链 DNA 可以通过相互交换进行重组。如果在外源基因中加入适当的同源区，也可以通过类似的同源重组过程整合到宿主的染色体上。通过同源重组的机制，向目标基因导入预先设计的突变或将目的基因整合到一个理想的染色体位点，将大大提高转基因动物的生产效率。但是已有的研究表明，外源基因在重组整合到宿主的染色体上的过程中发生同源交换整合的频率，比随机整合低很多。在生产转基因动物的实践中，几乎察觉不出来。

在这样的情况下，专一位点重组技术便应运而生，该技术同现有的动物转基因技术相结合，可以大大增强现有技术的威力，并开创全新的应用领域。一般性同源重组的产生，往往涉及大量的不同种蛋白质参加。而专一位点重组是通过重组酶的作用在专一的位点间实现同源交换。在反应中，只有少数蛋白质参加，有时是由重组酶独立完成。目前，在转基因工作中常用的两种重组酶包括：噬菌体 P1 的 Cre 重组酶和酿酒酵母菌的 FLP 重组酶。这两种酶的作用机制相同，都识别一段 34 对碱基的序列。Cre 识别的序列称作 loxP，FLP 识别的序列称作 FRT。重组酶的识别序列由核心序列和侧翼序列组成，侧翼序列完全相同但方向相反，是酶的结合位点，核心序列由八对碱基组成具不对称性，决定整合位点的方向。发生重组时，每条参与重组的双链 DNA 结合两个重组酶分子，整个反应总共有四个重组酶分子参加，重组过程不消耗能量。为了提高整合效率，已对 loxP 进行了修饰，一种修饰是改变侧翼序列的个别碱基，产生了一对相匹配位点 LE 和 LR。另一种修饰是发生在核心序列的一个突变，称作 lox511。应用突变的专一性整合位点，提高了外源基因整合到专一性位点上的概率，如表 8-4 所示。

表 8-4　外源基因通过专一位点重组的整合率

位点	细胞系	整合率/10^6 细胞
loxP	CHO	5～45
loxP	ES	20
LE 和 LR	ES	250
loxP 和 lox511	NIH3T3	8500
loxP 和 lox511	MEL	1700

除上述定点整合系统外，研究人员还发现了结合转座子和基因编辑的定点整合系统。如 Peters 等人在 2017 年就发现 Tn7-like 转座子中具有编码 CRISPR / Cas 的系统。随后的研究也证实了蓝细菌和霍乱弧菌中的 CRISPR 相关转座酶（CAST）系统具有通过 RNA 引导的转座酶插入目标 DNA 的能力，可以在不产生双链 DNA 断裂的情况下将外源 DNA 片段定向插入细菌基因组中。与同源重组的编辑方法相比，它们在安全性和效率上具有天然优势，这为将基因编辑技术与定点整合技术相结合提供了新的研究方向。

在转基因动物的生产过程中有两种策略可以运用。第一，可以在现有的载体上插入 loxP 和 lox511 这对 Cre 重组酶识别位点，利用现有的技术生产转基因动物。一旦得到一头理想的转基因动物，也就获得了在染色体的理想位置含有 Cre 重组酶识别位点的动物材料。有了这种材料，再转移任何其他基因时，整合和表达效率就会提高几十倍。第二，可以利用酵母人工染色体（YAC）分离一个基因的环状功能域。然后，在这个环状功能域的适当位置插入重组酶识别位点，通过专一位点同源重组将目的基因装到 YAC 载体上，再进行转基因工作。由于 YAC 中包含了基因正确表达的所有顺式调控元件，不论整合到染色体的哪个位点，均能有效表达。

2. 外源基因的表达

当外源基因插入到宿主染色体的某一位点时，它除了受到自身携带的表达调控元件的制约外，还要受到所处的染色体环境的影响。因此，在目前的技术水平下，外源基因在转基因动物中的表达水平，实际上是难以预测的。从目前的研究结果来看，外源基因在转基因动物中表达的概率约 50%，变化范围从完全不表达到 100%。然而，近年来对真核基因表达调控机制的研究突飞猛进，运用最新研究成果改进被转外源基因的表达结构，已有可能大大增加外源基因在转基因动物中的表达概率。现将提高外源基因表达水平的策略介绍如下。

(1) 导入大片段

酵母人工染色体（YAC）载体是近年来发展起来的新型载体，可插入长达 200～500kb 的外源 DNA。利用其导入外源基因在整合时不存在位置效应，因为 YAC 载体的大容量能保证巨大基因的完整性，保证所有顺式作用因子的完整性。因此目的基因上下游的侧翼序列可以消除或减弱基因整合后的“位置效应”而起到缓冲区域的作用，从而提高外源基因的表达水平。早在1996年，Brem G等就通过原核显微注射，成功获得了整合有250kb包含小鼠酪氨酸激酶基因的YAC构建的转基因兔，解除了转基因个体的白化症表型。

（2）添加基质附着区

基质附着区（matrix attachment region，MAR）又称核骨架附着区（scaffold attachment region，SAR），其基本功能是将染色质的环状域附着到称为核基质的蛋白质支架上，构成基因组中各个功能域的边界，相当于基因组中的“标点符号”。该区域具有高丰度的AT，通常含拓扑异构酶Ⅱ保守序列。已有的研究表明，MAR与外源基因构成的功能域导入细胞后，在核内游离状态下（即整合前），MAR会抑制所连接基因的表达，但在整合状态下，MAR可以使外源基因克服位置效应，实现高表达，且不受MAR整合方向的影响，也基本上不受MAR与基因间距离的影响。因此，MAR已越来越多被作为一种重要的顺式调控元件应用在转基因工程中。

（3）利用具有组织与发育特异性调控作用的启动子和增强子

启动子是RNA聚合酶进行精确有效转录必需的。为实现外源基因在转基因动物中的高表达，如何选配设计启动子是一个关键的环节，对于非特异性表达的基因而言，可选用组成型或广谱型启动子，而对特异性表达的基因，所选用的启动子必须具有严格的时空作用特异性，例如发育时期特异性启动子、组织细胞特异性启动子和诱导表达特异性启动子等。有时为了增强基因的特异表达，还必须设计出单一型增强子或复合型增强子与其匹配。有些组织特异性表达的启动子不仅要求启动子元件与外源基因正确重组，而且与之相配的增强子元件与启动子之间的距离也需要优化，同时还需使特异性表达所需的反式调节因子高表达并使其顺式作用元件发生作用。

（4）添加内含子

目前所使用的结构基因有3种形式，分别是基因组基因，包括外显子和内含子，由mRNA反转录所得的cDNA和微型基因，即去除大部分内含子的基因组基因。而大量的试验结果表明，作为外源基因使用基因组DNA优于cDNA及微型基因。例如在利用人β-球蛋白基因制备转基因鼠的研究中发现，内含子对于该基因的表达是必需的，而采用cDNA构件，由于缺乏内含子，在转基因鼠中未能激活。在另一组研究者的试验中发现，采用含有内含子的基因组构件比采用cDNA表达提高10～100倍。目前关于内含子提高表达效率的机制，可能是由于以下几个方面：①内含子的剪接可增加mRNA在核内的稳定性，导致在细胞质中积累更多的成熟mRNA；②某些内含子含有增强子或其他顺式作用元件的功能，它们同某些蛋白质结合影响转录的起始和延伸；③有的内含子可能含有能开放染色体的功能域，可通过影响核质成分、位置等来提高转基因动物的外源基因的表达。

（5）添加染色质开放元件

染色质开放元件（ubiquitous chromatin opening elements，UCOE）是内嵌于甲基化的CpG岛且内含双向启动子的基因片段。研究表明当它连接在启动子上游时，具有染色质重塑功能，并能抑制基因沉默。研究发现利用人HNRNPA2B1/CBX3基因座上的UCOE可以将CHO细胞中重组蛋白的表达水平提高3～10倍。目前通过基于人HNRNPA2B1/CBX3的同源比对，在猪基因组中也发现多个猪源UCOE序列，并证明这些猪源UCOE也具有提高外源基因表达的作用。

（6）利用基因打靶系统实现染色体定位整合

转基因动物中外源基因在染色体上的整合位置和状态与该基因的表达调控关系极大。但是在实践中发现，外源基因几乎全部都以随机插入的方式整合到宿主染色体上，因而几乎所有的转基因动物都面临外源基因不表达、遗传稳定性差、易引起插入突变等问题。因此，近年来，已设计出了多种基因打靶系统，使外源基因在受体细胞中定点整合在特异染色体及其特异位点上。

基因打靶技术是利用外源 DNA 与受体细胞染色体 DNA 上的同源序列之间发生重组，并整合在预定位点上，从而改变细胞遗传特性的方法。首先根据受体动物细胞中染色体上特异位点的 DNA 序列特征，在体外构建与此序列同源的、含外源基因并携带 1 个或多个条件选择标记基因的质粒载体，然后导入宿主细胞，使该质粒载体中外源基因与宿主细胞染色体上特异位点的同源区进行同源重组，最后在一定的筛选压力下，筛选出同源重组的细胞克隆，从而将这些克隆用于转基因动物的制备。基因打靶与胚胎干细胞培养系统结合，可方便地将外源基因插入宿主细胞染色体的理想位点，从而大大提高外源基因在转基因动物中的表达水平。

(7) 加入基因座控制区

基因座控制区（locus control region，LCR）是染色体 DNA 上一种顺式作用元件，结构域中含有多种反式作用因子的结合序列，可能参与蛋白质因子的协同作用，使启动子处于无组蛋白状态。它具有使整合到宿主染色体中的外源基因不依赖其在基因组的位置而正确表达的功能。人们在 β-珠蛋白基因簇的研究中发现，当把该基因簇上游 10～20kb 的区段与单个珠蛋白基因一起转入小鼠时，珠蛋白基因能够不依赖整合位置而高效表达。此外，这一段序列还显示出组织特异的特性，它能使珠蛋白基因在红细胞中以正确方式高效表达，在其他细胞中则完全不表达。更重要的是，这一段序列不仅在转基因动物中表达珠蛋白基因时需要，在珠蛋白基因的自然表达过程中也起着重要作用。在人类中，即使是在结构基因、启动子和增强子均完整无缺的情况下，它的缺失也将导致珠蛋白基因簇中所有基因都不表达。

因此，在构建转基因表达结构时，若将基因座位控制区包括在内，将会使目的基因在转基因动物中实现不依赖整合位点的、组织特异性的高效的表达。相反，没有基因座位控制区，被转移的基因将会受到邻近的基因调控元件的影响，产生位置效应，而影响表达。

第三节　动物转基因技术的应用前景

转基因动物技术的研究有着非常广阔的应用前景。由于转基因动物不仅可以用来研究基因功能，也可按照人的意愿改良动物的遗传品质，这为人类探讨疾病发病机理、寻求有效治疗途径、提供筛选和鉴定药物的理想模型、改良家畜生长特性、提高饲料利用率和产量、获得异体移植器官、生产珍贵药用蛋白提供了途径。因此，转基因动物的研究蕴含着巨大的经济价值，已成为生物领域研究的热点之一。下面仅就几个主要应用前景进行阐述。

一、基因功能的研究

目前我们所知道的基因的功能，主要是通过研究自然突变得来的。通过研究自然突变，人类不但知道了许多基因的功能，而且通过筛选积累有利突变，去掉有害突变。近 20 年来，通过小鼠的定位整合技术，发现了许多未知基因的功能和许多已知基因的新功能。目前，已生产出 800 余种基因敲除的转基因小鼠以用于基因功能研究。在小鼠中进行基因定位整合研究，主要依赖小鼠胚胎干细胞，而在其他动物中一直未得到稳定的胚胎干细胞系，至今未能实现基因定位整合。体细胞克隆技术的出现彻底改变了这一状况，Mecreath 等人在《自然》杂志中报道，利用胎儿成纤维细胞进行基因定位整合试验，成功地将标记基因和抗胰蛋白酶基因定向地整合到绵羊的原胶原蛋白基因座上，并用体细胞克隆方法得到了两只绵羊。这标志着已有一种比制作基因定位整合小鼠更为直接的方法来实现基因定位整合。用同源重组的方法准确地改变某一个内源基因，是研究基因功能的最高水平，尤其是把基因定位整合方法同 Cre 系统等位点特异性基因重组方法以及常规遗传学方法结合使用时，不仅可以研究基因的功能，还可以用来研究某个代谢通路甚至某一个生物学问题。总而言之，未来的转基因动物的研究不会局限于生产某一种对农业或医学有重大经济价值的动物品系或品种，越来越多的研究将要针对生物学本身，并将得出比小鼠研究更为准确的结果。

二、在农业上的应用

1. 动物遗传资源的保存

保存现有的动物遗传资源是一件十分紧迫的事，也是一件十分困难的事。目前，野生动物物种的保存主要靠设立自然保护区，家养畜禽品种的保存主要靠设立保种场。因为作为遗传资源保存的动物不具备很高的经济价值，主要靠政府出资来维持。长此以往，除了那些国家级的保护物种之外，其他动物物种都处在灭绝的危险之中。我国政府对保存动物遗传资源是很重视的，不仅资助了常规保存技术，也尝试了用新的技术保存动物物种。原农业部批准建立了全国畜牧兽医总站畜禽牧草种质资源保存和利用中心，用保存精液和冷冻胚胎的方法保存家畜和家禽品种资源。但是，保存精液和胚胎在技术上有许多问题，设施条件也要求高，不可能把全国的品种全都保存起来。自从体细胞克隆技术问世后，动物品种资源的保存出现了希望。体细胞克隆技术的要点或者说优点，是可以把一个动物的体细胞变成一只动物，而体细胞不仅可以用来重现动物，它自身还可以增殖。可以设想，如果要保存一个动物物种，就可以先拟定出保持遗传稳定性的动物个体数，然后在每一头动物身上采集数千个细胞，进行永久性保存。若需要重现一个动物物种或品种时，只需要进行同种或异种体细胞克隆，就可以立刻获得这种动物。这样，一只动物的体细胞可以保存在几支冻存管中，一个动物品种或动物物种可以保存在一个小盒内。因此，动物物种的保存技术，将在未来的 5～10 年内彻底解决，由此而使得动物遗传资源多样性保护这样一个涉及人类社会未来发展的大课题得以完成。

2. 扩大特别优良的家畜个体在生产中的作用

自从家畜和家禽被驯化以来，人类一直不停地对它们进行选择，以便改进它们的经济性状。经过几千年的选种，现今的优良家畜品种几乎变成生产高价值蛋白质的活口袋。例如，一只兼用品种的绵羊既产羊毛又产羊肉，羊奶也是人类的好食品。一头优良的奶牛在泌乳期间，可以生产 10t 牛奶，其中含有纯蛋白质 300 多千克，纯脂肪 400 多千克，乳糖 500 多千克，另外还有许多矿物质和维生素。因此，优良的家畜和家禽品种是重要的生产资料，是农业生产力的重要组成部分。畜牧科学家和农业工作者从来没有停止过通过开发先进的技术来扩大优良种畜在生产中的作用，在这一方面有成功也有失败。有位英国科学家总结了 40 年胚胎工程的成果后得出的结论是：自然生殖过程中每头母牛平均一年可以生一头牛，应用胚胎工程的全部技术后一头母牛一年可生 2.5 头牛，效果十分有限。

体细胞克隆技术的出现为充分利用特别优良的家畜个体提供了新的有效手段，在充分发挥优良母畜在畜群中的作用方面是革命性的技术变革。体细胞克隆技术的核心作用，是可以把一头特别优良的动物个体的一个细胞变成与这头动物特性完全相同的动物拷贝。从理论上说，通过克隆技术可以把一个动物个体拷贝成亿万个个体。当然，在实践中必须考虑保持遗传的多样性，即便是特别优良的个体，也还是要进行有计划的复制。未来随着体细胞克隆技术体系的进一步完善，其选材方便灵活的优势将会得到充分的发挥，并将取代现行的胚胎移植技术。

3. 动物的基因改良

转基因动物研究的一个重要目标就是对动物进行基因改良，例如，提高增重速度和节约饲料。由于技术体系的局限性，以前的技术只能给动物增加1～2个基因，而且新增加的基因整合位点和表达水平都不可控制，研究项目多半都没有达到预期的目标。有了体细胞克隆技术，我们就可以应用基因定位整合技术对内源基因进行精确修饰，提高或降低它们的表达水平，甚至将某些基因从基因组中完全敲除。此外，还可以用设计的各种基因修饰先生产出动物样品来进行比较，看一看哪一种基因修饰方法比较好，然后再用比较好的基因修饰方法大量生产动物，以达到基因改良的目的。这种技术发展到它的高级阶段，就会像设计机器一样，人为地设计动物的生命，成为生命设计技术。

三、在医学上的应用

1. 利用转基因动物生产人用器官移植的异体供体

1954年，人类第一例同种肾脏移植手术获得成功，迄今全球已经施行近50万例移植手术，器官移植已成为现代医学领域一个不可缺少的组成部分。但是器官供体来源却严重不足，而且随着人非正常死亡的逐渐减少及人寿命的延长，人供体器官将更加贫乏。在这样的情况下，人们不得不重视异种移植的研究，由于猪的器官大小、解剖生理特点与人类相似，组织相容性抗原与其他动物相比，与人类白细胞抗原具有较高的同源性。而且，携带人兽共患病病原体相对较少，容易饲养，饲料费用低廉。因此研究人员普遍认为猪是人类器官移植的最理想的供体。然而，已有的研究表明，当把猪的器官移植给人体之后，人体中的天然抗体将迅速结合到猪器官的血管内壁细胞上，从而激活补体系统，使猪的器官在数分钟之内坏死。过去十余年的研究已经发现，造成这种现象的原因是猪细胞表面的一个通过 α（1→3）连结的半乳糖表位，人体中约有1%的免疫球蛋白识别这个表位并发生交叉反应。因此，阻断超急性免疫排斥反应的最直接办法是把猪基因中的 α-1,3-半乳糖苷转移酶基因敲除，这样猪细胞的表面就不会表达这个表位，能最大限度地减少超急性免疫排斥。

假如能够同时表达可以延缓补体系统的其他基因，猪的器官也许真的可以成为人体器官移植代用品的丰富来源。现在，体细胞基因定位整合技术和克隆猪的技术均已获得成功，已不存在妨害这项技术发展的重大障碍。

2. 动物乳腺生物反应器

随着基因工程技术的运用，一些药用蛋白产品亦可以通过转基因的哺乳动物细胞来生产。但是用动物细胞生产则成本高，难以满足需求。而用动物作为生物反应器正好满足了这些要求。动物的体液（不是固体组织）是获得重组蛋白的理想来源，因为体液是不断更新的，体液一般有：血液、尿液、乳汁。在各种组织和器官中，乳腺作为生物反应器具有巨大的优势。国际上，动物乳腺生物反应器中某些产品的研发比较顺利，1987年Gordon等人在转基因小鼠乳汁中表达出人的t-PA。在之后的20年里，已有数百种产品在小鼠乳腺中获得了高效表达，数种重要医用产品已在大动物乳汁中被生产出来。例如20世纪90年代美英等国从转基因山羊获得的抗凝血酶Ⅲ，从转基因绵羊得到的 α-1-抗胰蛋白酶、人凝血因子Ⅸ，从转基因牛获得的 α-乳白蛋白、乳铁蛋白等。目前，全球有数十家公司在开展动物乳腺生物反应器的产业化开发。

尽管动物乳腺生物反应器的研究和发展很快，但仍面临着一些问题，诸如生产效率低，基因整合效率不高，转基因动物死亡率高，常出现不育导致转基因传代难，无法大规模生产等。就世界范围内的研究来讲，外源基因能够在大动物乳汁中高效表达的成功实例很少，真正达到产业化生产标准的更是屈指可数。目前动物乳腺生物反应器研究的现状，特别是大型经济动物乳腺生物反应器的研究现状，可以用难度高、效率低、时间长和费用高来形容。其中生产转基因动物效率低和外源基因表达受“位置效应”影响严重等技术瓶颈，是导致研究动物乳腺反应器困难的重要原因。克隆技术可以将离体培养的、基因定点修饰后的动物体细胞转变成动物个体，可以很好地解决动物转基因效率低和基因表达方面的问题。因此，采用以体细胞克隆技术为核心的各种技术平台，可能是未来生产动物乳腺生物反应器动物的希望和必然趋势。（拓展 8-8：世界第一个动物乳腺生物反应器重组蛋白药物）

拓展 8-8

3. 转基因动物在疾病模型方面的应用

建立疾病的转基因动物模型是转基因动物技术应用于医学方面的一个重要研究内容。疾病动物模型是为阐明人类疾病的发生机制、建立治疗方法或筛选治疗药物而制作的、具有人类疾病模拟表形的实验动物。疾病动物模型对医学发展做出了很大贡献，但目前许多疾病仍然难以用人工诱发的方法制造动物模型，此外许多疾病仅在高等哺乳类动物中发生，而在现有实验动物中不发生，难以通过自发或人工定向培育的方法获得。因此利用转基因技术可以在动物原来遗传背景的基础上，通过改变某种基因的表达水平以建立人类疾病的动物模型。这种模型产生疾病的原因清楚（由转入的外源基因引起），模型动物的症状单一，接近于病人的症状。以转基因动物疾病模型代替传统的动物模型应用于药物筛选的优点是准确、经济、试验次数少、可显著缩短试验时间，现已成为药物和治疗手段研发的有效方法。例如在癌症研究领域，胰腺癌患者中 *Kras* 等原癌基因被活化，而 *Trp53*、*Smad4* 等抑癌基因失活。因此表达 *Kras* 并敲除 *Smad4* 的小鼠以及突变 *Kras* 和（或）突变 *Trp53* 的小鼠已成为胰腺癌研究常用的动物模型。在精神和神经系统疾病研究领域，通过制备表达人源淀粉样前体蛋白（APP）基因的转基因小鼠会导致 β 淀粉样蛋白（Aβ）沉积，从而建立阿尔茨海默病模型。在肠炎模型方面，由于人前梯度蛋白 2（anterior gradient-2，AGR2）是结肠内的一种关键分泌蛋白，AGR2 缺乏会引发结肠炎。因此敲除小鼠 AGR2 基因后可观察到小鼠结肠处出现肉芽肿性炎症，从而建立相应的结肠炎模型。

4. 转基因动物在病毒研究方面的应用

病毒通过与敏感细胞表面的受体相结合感染细胞。许多人类致病病毒只感染人和灵长类动物，这给研究带来很大困难。小鼠是医学研究的常用动物，将人的病毒受体在小鼠体内表达，使只能感染人的病毒也能感染小鼠，这样就为人类研究病毒的致病性和防治方法提供了方便有用的动物模型。

例如转入麻疹病毒（MV）受体（人 CD46）的转基因小鼠中，表达 CD46 基因的细胞可支持麻疹病毒的复制，转基因小鼠的肺、肾细胞培养物允许 MV 感染，并在感染的细胞中检测到病毒特异的 mRNA 和释放的病毒颗粒。该小鼠激活的 T、B 淋巴细胞可以支持 MV 的复制、转录病毒 RNA 并产生新的感染颗粒，而来自非转基因小鼠的淋巴细胞则不能支持 MV 的复制。

病毒受体的研究对于了解病毒与宿主的关系以及设计抗病毒药物都是很有必要的。研究证实，多数病毒受体并不是单一的病毒表位与细胞表面某一蛋白质间的简单识别与结合，病毒与细胞受体间相互作用是一个涉及多种结构（包括附加受体）的错综复杂的过程。病毒受体不只是病毒吸附的位点，它们在病毒的穿入、脱衣壳及进入细胞特定部位等过程中也起重要作用。所以含有病毒受体基因的转基因小鼠成为研究病毒致病机制、抗病毒治疗及疫苗评价的新动物模型。

本章小结

动物基因工程包括动物细胞基因表达技术和动物转基因技术两个方面。

动物细胞基因表达技术主要利用动物工程细胞大规模生产蛋白多肽物质或作为药物筛选研究的体外评价模型。动物细胞表达系统主要由表达载体和宿主细胞两部分组成，表达载体分为病毒载体与质粒载体，而宿主细胞以CHO细胞最为常用，此外也发展了一些性能良好的细胞表达系统。

构建一个高效表达的哺乳动物细胞表达载体，需要考虑表达载体在染色体上整合位点的优化、转录翻译效率的提高以及目的基因拷贝数的增加等诸多方面。构建好的外源基因转入宿主细胞有物理、化学和生物三类方法，其中物理方法有光穿孔法、冲击波法、基因枪法、电穿孔法和显微注射法，化学方法有磷酸钙共沉淀法、脂质体法、二乙氨基乙基葡聚糖法，生物学方法有反转录病毒法、原生质体融合法。

转入宿主细胞的外源基因，需要标记才能进行筛选，常用的标记基因有：胸苷激酶基因（*tk*），二氢叶酸还原酶基因（*dhfr*）、新霉素磷酸转移酶基因（*neo*）以及次黄嘌呤-鸟嘌呤磷酸糖基转移酶基因（*hgpt*）等。

动物转基因技术是利用转基因动物个体进行哺乳动物遗传性状的改良或作为药物筛选研究的体内评价模型及人体的基因治疗。目前，几种常用的转基因技术包括：显微注射法、慢病毒载体法、精子介导法、胚胎干细胞法、体细胞核移植等。外源基因转入动物体内后，还需要进一步整合到宿主动物基因组的适当位置才能实现特异表达。

思考题

1. 动物细胞表达系统中常用的表达载体有哪些？
2. HAT筛选方法的原理是什么？
3. 简述脂质体转染法的原理？
4. 什么是转基因动物？
5. 显微注射法制备转基因动物的主要过程是什么？
6. 外源基因整合到宿主染色体上时，其构型有什么特点？

第九章 植物基因工程

传统的遗传改良是以基因突变为种质改良基础，再通过有性杂交导入基因，筛选优良基因型重组体，从而实现植物性状的改良。然而，由于遗传种质资源有限，传统方法无法在性状改良上获得大的突破。以分子生物学和基因组学为基础，利用基因工程手段获得转基因植物的过程称为植物基因工程（又称植物转基因或植物遗传转化）。其研究的关键是将从不同生物个体中提取的外源基因片段与载体DNA连接并导入植物细胞，使其在植物细胞内进行复制和表达，以达到改良受体植物细胞遗传特性、培育优质高产抗逆作物新品种等目的。1983年首例转基因植株诞生，标志着植物基因工程技术开始从实验室走进田间，走向应用，开创了利用基因工程改良植物的时代。与常规育种方法相比，植物基因工程具有以下特点：①不受亲缘关系的限制，可实现动物、植物和微生物间遗传物质的交流，从而充分利用自然界存在的各种遗传资源；②有效地打破有利基因和不利基因的连锁，充分利用有利基因；③加快育种进程，缩短育种年限。

第一节　植物基因工程载体

一、植物基因工程载体的种类和特性

植物基因工程载体可针对植物基因，将分离与克隆到的植物来源的目的基因导入植物细胞并使其整合到寄主染色体组中得以表达。根据其功能和构建过程，可分为5种。①目的基因克隆载体：其功能是保存和克隆目的基因。与微生物基因工程相似，通常是以多拷贝的*E. coli*小质粒为载体。②中间克隆载体：是构建中间表达载体的基础质粒。是由大肠杆菌质粒插入T-DNA片段、目的基因和标记基因等构建而成。③中间表达载体：是含有植物特异启动子的中间载体，是构建转化载体的质粒。④卸甲载体：是解除武装的Ti质粒或Ri质粒，是构建转化载体的受体质粒。⑤植物基因转化载体：是最后用于目的基因导入植物细胞的载体，亦称工程载体。它是由中间表达载体和卸甲载体构建而成。

载体转化系统是目前植物基因工程中使用最多、机理最清楚、技术最成熟、最重要的一种转化系统，目前发展起来的植物基因转移的载体系统分为两大类：一是质粒载体系统，二是病毒载体系统。植物基因转移所用的质粒载体是在两种特殊的细菌质粒基础上发展起来的，这两种质粒是Ti（tumor-inducing）质粒和Ri（root-inducing）质粒。其中又以Ti质粒转化载体最为重要。Ti质粒存在于根癌农杆菌（*Agrobacterium tumefaciens*）中，通过

伤口侵染植物产生瘤状突起。Ri 质粒存在于发根农杆菌（*Agrobacterium rhizogenes*）中，侵染后产生须状根。Ti 质粒和 Ri 质粒在结构和功能上有许多相似之处，具有基本一致的特性。病毒载体系统主要包括 3 种不同类型的植物病毒，即单链 RNA 植物病毒、单链 DNA 植物病毒和双链 DNA 植物病毒。

实际工作中，绝大部分是采用 Ti 质粒。利用此系统可转化大多数双子叶植物及少数单子叶植物。此外，植物病毒载体和转座子也具有巨大的应用潜力，只是还有许多理论和技术问题需要解决，离实际应用还有一段距离。

二、植物基因工程载体的构建

（一）农杆菌载体系统

农杆菌体系是历史上第一个成功地进行植物转化的体系，1983 年对该体系的运用是植物基因工程发展中的重大事件。对植物的细菌病原体根癌农杆菌和发根农杆菌的质粒进行鉴定并加以利用，引发植物基因操作技术发生重大突破。它们成为天然的基因转移、基因表达和筛选的体系。根癌农杆菌被认为是天然的、最有效的植物基因转化的媒介。

1. Ti 质粒的遗传特性及类型

Ti 质粒是根癌农杆菌染色体外的遗传物质，为双股共价闭合的环状 DNA 分子，其分子质量为（95～156）$\times 10^6$Da，约有 200kb。它们是细菌中可以独立复制的遗传单元。根据其诱导的植物冠瘿瘤中所合成的冠瘿碱种类不同，Ti 质粒可以被分成四种类型：章鱼碱型（octopine）、胭脂碱型（nopaline）、农杆碱型（agropine）和农杆菌素碱型（agrocinopine）[或称琥珀碱型（succinamopine）]。

Ti 质粒可分为四个主要区（图 9-1）。①T-DNA 区（transferred-DNA regions）。T-DNA 是农杆菌侵染植物细胞时，从 Ti 质粒上切割下来转移到植物细胞的一段 DNA，称为转移 DNA。该 DNA 片段上的基因与肿瘤的形成有关。②Vir 区（virulence region），该区段上的基因能激活 T-DNA 转移，使农杆菌表现出毒性，故称之为毒性区。T-DNA 区与 Vir 区在质粒 DNA 上彼此相邻，约占 Ti 质粒 DNA 的三分之一。③con 区（regions encoding conjugations），该区段上存在着与细菌间接合转移相关的基因 *tra*，调控 Ti 质粒在农杆菌之间的转移。冠瘿碱能激活 *tra* 基因，诱导 Ti 质粒转移，因此称之为接合转移编码区。④ori 区（origin of replication），该区段基因调控 Ti 质粒的自我复制，故称之为复制起始区。

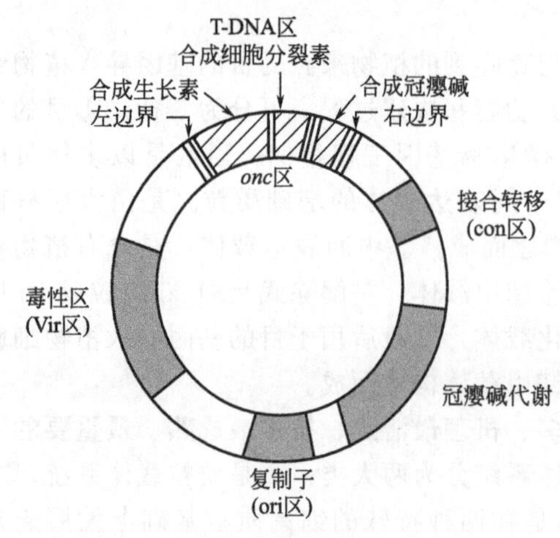

图 9-1　章鱼碱型 Ti 质粒 DNA 的基因结构

（引自文献 29：H. S. 查夫拉，植物生物技术导论，2005）

对根癌农杆菌介导的基因转移系统的进一步研究已经表明，下列因子对 T-DNA 转移到植物细胞中是必需的。①T-DNA：T-DNA 也称为转移 DNA（transferred-DNA）或 Ti 质粒的转化 DNA。Ti 质粒和 Ri 质粒的 T-DNA 长度和数目是不同的。其上有高度保守的左右边界序列，在基因转移过程中有重要作用。该区中的致瘤基因和章鱼碱或胭脂碱合酶基因，导致冠瘿瘤的形成。②毒性基因：对 T-DNA 转移必需的第二个成分是由 Ti 质粒上 T-DNA 外侧的几个毒性基因（*vir*）组成。*vir* 基因与 Ti 质粒的 T-DNA 加工及 T-DNA 从细菌转移到植物细胞有关。某种 Vir 蛋白也可能与 T-DNA 朝植物细胞核的靶向运动有关，或许与 T-DNA 和植物 DNA 的整合也有关。因此，诱导 *vir* 基因表达（或增加 Vir 蛋白活性）的基因操作可能会增加 T-DNA 向植物细胞转移的效率。③染色体基因：对 T-DNA 转移必需的第三个成分是由来自根瘤农杆菌染色体上的许多基因组成的。其中一些根瘤农杆菌染色体上的基因，如 *chv A* 基因、*chv B* 基因和 *psc A*（*exo C*）基因对 T-DNA 的转移是必需的。*chv A* 基因和 *chv B* 基因编码外源多糖，外源多糖对细菌附着于植物细胞上是很重要的。

当细菌进行接合生殖时，细菌的染色体以单链的形式从一个细胞转移到另一个细胞，而 T-DNA 的转移与细菌的接合生殖过程非常类似。二者的不同之处在于 T-DNA 的转移通常受到左边界重复序列的限制，而细菌 DNA 的转移是不受限制的。关于转移的 DNA 整合到植物基因组上的机制仍然不十分清楚，但是知道在某个阶段新生成的单链 DNA 必须要转变成双链 DNA。

2. 农杆菌载体的构建

农杆菌 Ti 质粒系统利用了农杆菌转化机制的主要原理。但是 Ti 质粒直接作为植物基因工程载体存在以下缺陷。①Ti 质粒分子过大，一般在 160～240kb，比 pBR322 质粒大 50 倍左右，在基因工程中难以操作。②大型的野生 Ti 质粒上分布着各种限制酶的多个切点，不论用何种限制酶切割，都会被切成很多片段，因此难以找到可利用的单一限制性内切酶位点，不能通过体外 DNA 重组技术直接向野生型 Ti 质粒导入外源基因。③T-DNA 区内含有许多编码基因，其中 *onc* 基因的产物干扰宿主植物中内源激素的平衡，转化细胞长成肿瘤，阻碍细胞的分化和植株的再生。④Ti 质粒不能在大肠杆菌中复制，即使得到重组质粒，也只能在农杆菌中进行扩增，而农杆菌的转化率极低（10%左右）。因此，通过 Ti 质粒的体外操作，在常规分子克隆条件下几乎不能构建在 T-DNA 中只有单一切点的载体。⑤Ti 质粒上还存在一些对于 T-DNA 转移不起任何作用的基因。为了使 Ti 质粒成为有效的外源基因导入载体，必须对野生型 Ti 质粒进行科学的改造。改造过程是：先将 T-DNA 片段克隆到大肠杆菌的质粒中，并插入外源基因，最后通过接合转移把外源基因引入到农杆菌的 Ti 质粒上，这是一种把预先进行亚克隆、切除、插入或置换的 T-DNA 引入 Ti 质粒的有效方法。带有重组 T-DNA 的大肠杆菌质粒衍生载体称为“中间载体”（intermediate vector），而接受中间载体的 Ti 质粒则称为受体 Ti 质粒（acceptor Ti plasmid）。改造后的 Ti 质粒载体是无毒的，即切除了 T-DNA 上的致瘤基因，故又称为“卸甲（disarmed）”载体。在这种载体中删除的 T-DNA 部位被大肠杆菌质粒 pBR322 取代。这样任何适合于克隆在 pBR322 质粒中的外源 DNA 片段，都可以通过与 pBR322 质粒 DNA 的同源重组，而被共整合到卸甲 Ti 质粒载体上。常用的卸甲载体有 pGV3850、pGV2250 和 pTiB6S3-SE。

由于 Ti 质粒不能直接导入目的基因，需要构建中间载体。中间载体是一种在一个普通大肠杆菌的克隆载体（例如 pBR322 质粒）中插入了一段合适的 T-DNA 片段，而构成的小型质粒。中间载体通常是多拷贝的 *E. coli* 小质粒，这一点对于通过体外遗传操作导入外源基因是非常必要的。根据卸甲 Ti 质粒（人工或突变）和中间载体的结构，转化载体系统可分为两种类型，即一元载体系统和双元载体系统（binary vector system）。后者因为有诸多优点目前更为常用。

一元载体系统是中间表达载体与改造后的受体 Ti 质粒之间，通过同源重组所产生的一种复合型载体，通常亦称为共整合载体（co-integrated vector），又由于该载体的 T-DNA 区与 Ti 质粒 Vir 区连锁，因此又称之为顺式载体（*cis*-vector）。一元载体的特点是：①由两个质粒（*E. coli* 质粒和 Ti 质粒）重组而成，分子量较大；②共整合载体的形成频率与两个质粒的重组频率有关，相对较低；③必须用 Southern 杂交或 PCR 对大的共整合体质粒进行检测；④构建时比较困难。一元载体系统目前主要有两种载体：共整合载体和拼接末端载体（split-end vector，SEV）。共整合载体的构建目前通常采用两种方法，即接合转移法（conjugative transfer）和三亲杂交转移法，将中间载体 pLGV1103 导入农杆菌，中间载体与受体 Ti 质粒同源重组而成。拼接末端载体（SEV）是由 Freley 等人于 1985 年建立的另一种共整合载体，也因为它的两个“左边界内部同源区”（left inside homology，LIH）序列在同源重组前分别处于不同质粒上而得名。SEV 的受体 Ti 质粒 T-DNA 上的致瘤基因（*onc*）及 TR 都已缺失，T-DNA 的保留部分即为 LIH。该受体 Ti 质粒还保留了 *Vir* 基因及其他正常的功能基因，同时还携带用于细菌筛选的抗性基因。通过三亲杂交将中间载体导入农杆菌后，由于它们之间都具有 LIH 同源序列，即可发生同源重组，形成 SEV 的共整合载体。

双元载体（binary vector）系统是指由两个分别含 T-DNA 和 Vir 区的相容性突变 Ti 质粒构成的双质粒系统，又因为其 T-DNA 与 *Vir* 基因在两个独立的质粒上，通过反式激活 T-DNA 转移，故称之为反式载体（*trans*-vector）。双元载体主要包括两个 Ti 质粒，即微型 Ti 质粒和辅助 Ti 质粒（图 9-2）。

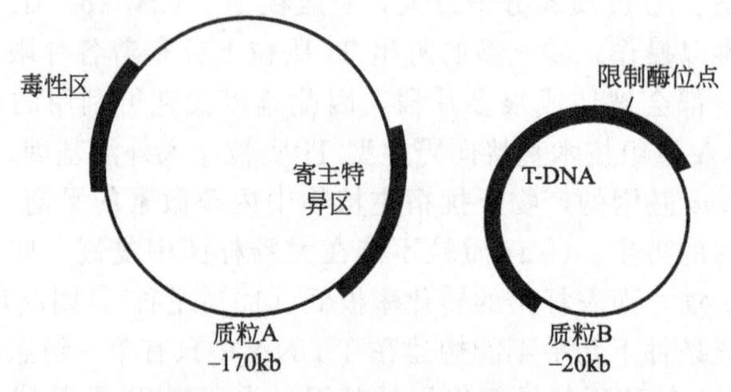

图 9-2　双元 Ti 载体系统

由质粒 A（辅助 Ti 质粒）和质粒 B（微型 Ti 质粒）共同组成

辅助 Ti 质粒（helper Ti）为含有 Vir 区段的 Ti 质粒。实际上辅助 Ti 质粒是 T-DNA 缺失的突变型 Ti 质粒，完全丧失了致瘤功能，因此是相当于在共整合载体系统中的卸甲 Ti 质粒（disarmed Ti）。其主要作用是提供 *Vir* 基因功能，激活处于反式位置上的 T-DNA 转移。最常用的辅助 Ti 质粒是根癌农杆菌 LBA4404 所含有的 Ti 质粒 pAL4404。其为章鱼碱型 Ti 质粒 pTiAch5 的衍生质粒，其 T-DNA 区已发生缺失突变，但仍保存有完整的 *Vir* 基因功能。近年来的研究表明，野生型的 Ti 质粒即不卸甲的 Ti 质粒，同样可以作为辅助 Ti 质粒，而且具有更强的毒性。所谓微型质粒（mini-Ti）就是含有 T-DNA 边界、缺失 *Vir* 基因的 Ti 质粒。mini-Ti 是一个广谱质粒，除含有 T-DNA（左、右边界）外，还具有广谱质粒的复制位点 *oriV* 及选择标记基因。Bevan 等（1984）构建的 pBin19 微型质粒是应用得最广泛的 mini-Ti。它含有来自 pTiT37 的 T-DNA 左右边界序列，在两个边界序列之间的 T-DNA 区含有植物选择标记 *Npt*Ⅱ基因，以及来自噬菌体 M13mpl9 的多种酶连接接头的 *lacZ* 基因。在 *lacZ* 基因内部含有多克隆位点，外源基因可以便利地插入其间使其本身失活。此外，pBin19 含有广谱宿主质粒 RK2 的复制和转移的起始位点。

标准双元载体的组成成分：①多克隆位点；②在大肠杆菌和根癌农杆菌中均有功能的广谱宿主范围的质粒复制起始点（如 RK2）；③细菌和植物中的选择标记；④T-DNA 边界序列（尽管只有右边界序列是绝对必需的）。

双元载体的优点：①双元载体不需要在活体内进行同源重组；②双元载体只需要将一个

完整的质粒载体转入靶细菌，使细菌的转化过程更为有效、快捷；③在农杆菌中，获得带有植物目的基因的双元载体系统比较容易而且效率高；④在双元载体系统中，双元质粒有两个独立的复制子，这样拷贝数不会太多地受到 Ti 质粒复制子的限制。正因为这一点，大多数情况下通过农杆菌的小量制备就可确认转化成功与否。

现在广泛使用的双元载体有 pGreen 系列、pMON 系列和 pCAMBIA 系列等。在双元载体的基础上，通过在微型 Ti 克隆载体上再引入 1 个含 VirB、VirC 和 VirG 的区段，连同原有辅助 Ti 质粒，这个系统中共有 2 个 Vir 区段，具有更强的激活 T-DNA 转移的能力，这种改进的双元载体称为超级双元载体（super-binary vector）。这种载体系统现已多用于单子叶植物的转化。

（二）病毒载体系统

植物病毒作为植物遗传转化的载体系统是植物病毒的侵染特性所决定的。以病毒作为载体的表达系统为瞬时表达系统，其一般不能把外源基因整合到植物细胞基因组中。植物病毒的感染率很高，在较短时间内可获得较大的表达量。目前，用于开发载体的转化病毒有三种，主要采用基因插入和基因取代的方法构建载体。

1. 花椰菜花叶病毒（caulimovirus，CaMV）

CaMV 的基因组由一个 8kb 的松弛的环状分子组成。DNA 序列分析表明，CaMV 基因组中存在 7 个开放阅读框（ORF）（图 9-3）。这些开放阅读框以紧密排列的方式存在于编码链上。基因组有两个区域，一个是 ORF2，编码昆虫传播因子，另一个是 ORF7，功能还不清楚。将这两个区域缺失掉，用感兴趣的基因取代之。Brisson 等（1984）用 CaMV 载体在芜菁甘蓝细胞中获得了由细菌二氢叶酸还原酶基因编码的外源蛋白。这一结果证明 CaMV 基因组确实能被改建成植物基因工程病毒载体并把外源基因转入植物细胞。目前，用 CaMV 基因组构建载体的基本路线是把外源基因整合到基因组某个特定的非功能区域或对病毒复制没有重要作用的 ORF 中，外源基因插入后不影响病毒基因组的侵染性。这种载体在细胞中的复制方式与野生型的 CaMV 相同，外源基因不能整合到寄主染色体上，已报道的克隆到 CaMV 载体中的基因都只有较短的核苷酸序列，插入位点都在 ORF2 上，外源基因的表达多受病毒启动子的调节。

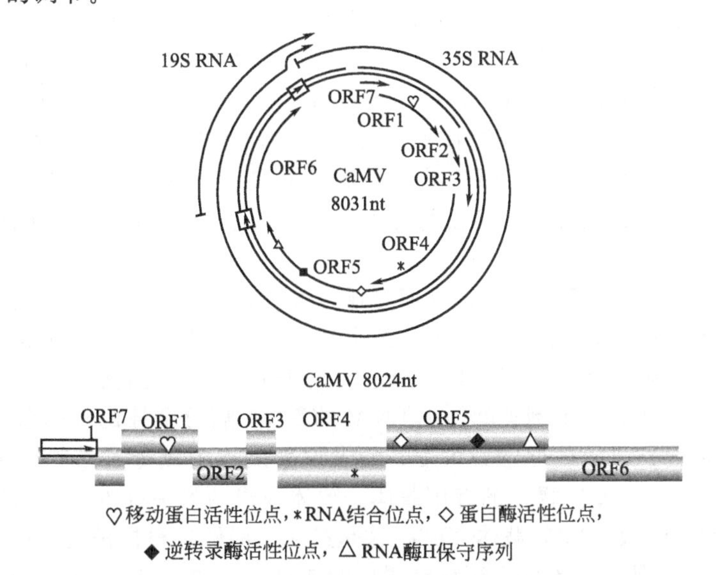

图 9-3　花椰菜花叶病毒属病毒的基因组极其产物

（引自：洪健，李德葆，周雪平，植物病毒分类图谱，科学出版社，2001）

CaMV病毒载体的优点：①裸露的DNA具有感染性，如果用一种温和的研磨剂将裸露的DNA擦涂到叶片上，裸露的DNA能够直接进入植物细胞。②一般认为DNA病毒的基因组被包裹于核小体中，且用RNA多聚酶Ⅱ进行转录，因而DNA病毒比其他植物病毒更适合用作载体。CaMV病毒载体的缺点：①基因组中的编码区排列非常紧密，以至于没法插入外源DNA，如果缺失任一重要基因的大部分片段会导致病毒的感染性消失。②来源于CaMV的载体只限于侵染能被病毒DNA感染的十字花科植物，最近有报道描述了感染茄科植物的一些CaMV的突变种类。③CaMV DNA中有多个常用内切酶的切割位点，这就限制了CaMV的野生分离种的应用。④CaMV DNA必须用外壳体包裹后才能使CaMV繁殖以及通过植物的维管系统进行移动，这就对插入病毒基因组的外源基因的大小产生了很大的限制。

2. 双粒病毒（geminiviruses）

单链DNA植物病毒由单链环状DNA分子组成，一般存在成对的两个病毒颗粒，因此又称为双粒病毒。双粒病毒复制后会使很多种植物发病，其中包括许多具有农艺价值的植物种类。双粒病毒组中的每个成员均需具备两个元件，尽管这两个元件不必存在于同一个分子上，但它们必须是任意有功能的双粒病毒载体系统的组成部分。这两个元件就是一个复制起点和一个病毒复制必需蛋白。双粒病毒的特征使其成为外源基因在植物中表达的理想载体。

到目前为止，大多数双粒病毒载体都很简单，只缺失外壳蛋白编码基因，可用报告基因或其他感兴趣的基因取代。双粒病毒表达载体可以用于原生质体、培养细胞、叶圆片及植物体等几种不同系统中外源基因的转移、扩增及表达。

双粒病毒载体的优点：①双粒病毒含有单链DNA，复制时似乎要经过双链中间体，因此在细菌质粒中建立体内操作系统更方便。②双粒病毒一个诱人的特征是缺失外壳蛋白序列或用外源基因取代后，不影响病毒基因组的复制。但其也有缺点：①不容易以机械的方法在植物间转移，在自然界中一般是通过昆虫用固定的方式进行转移。②双粒病毒颗粒小，改造后的DNA分子可能会发生包装困难的问题。在自然状态下，双粒病毒会使敏感植株产生严重的疾病，那么双粒病毒要作为载体就必须解决这些问题。

3. RNA病毒

RNA病毒大致可分为三类。第一类为单链RNA病毒，包括两种基本形式：①单一型病毒，其基因组RNA包括全部遗传信息，当作为一个单顺反子被翻译时通常很大，如烟草花叶病毒（TMV）。②混合型病毒，正如其名称所示，基因组RNA分为若干部分，每一部分或被包装在同一个颗粒中或被包装在不同的颗粒中，如雀麦草花叶病毒（BMV）三个独立的颗粒包含了四个RNA分子。第二类即亚基因组RNA，它们不可能被用作载体，因为它们在感染植物中不能自我复制。第三类为卫星RNA，最有可能被用作载体，因为它对病毒完全是可有可无的。

植物RNA病毒只有几个基因，但它们可通过各种方式高水平表达。基因的表达量及其活性与RNA病毒载体有关。植物病毒基因组中有一个使病毒在植物体中移动的基因、一个编码保护外壳蛋白的基因和一个用于复制的基因。外壳蛋白是最丰富的病毒基因产物。

用取代法构建载体的一个例子就是把BMV的RNA病毒载体的外壳蛋白基因用氯霉素乙酰转移酶基因取代，以此载体感染大麦，后者原生质体中氯霉素乙酰转移酶cDNA的表达，暗示了RNA病毒是基因操作的有用载体。载体构建的另一种方法是将外源基因插入到完整的病毒基因组中，如TMV载体TB2，这是第一个能够在整株植物中扩散的植物病毒载体。在TB2载体中，外源基因插入到移动蛋白的3′末端，该3′末端是TMV外壳蛋白ORF的位置（图9-4）。这样外源基因是在本身的外壳蛋白亚基因组启动子（*sgp*）的驱动下表达的，而外壳蛋白 ORF 的表达是在来自病毒 ORSV（齿舌兰轮斑病毒）的启动子 *sgp* 驱动下进行的。

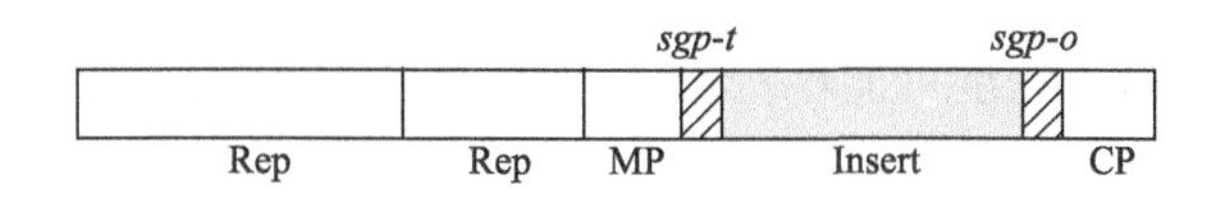

图 9-4　植物 RNA 病毒载体 TB2

（引自：H. S. 查夫拉，植物生物技术导论，化学工业出版社，2005）

Insert：[DHFR，*npt* Ⅱ，α-trichosanthin]；Rep：病毒复制酶；*sgp-t* 和 *sgp-o*：分别来自 TMV 和 ORSV（齿舌兰轮斑病毒）；CP：病毒衣壳蛋白；MP：病毒运动蛋白

大多数带有大或小的插入片段 RNA 病毒载体在原生质体或培养的叶片中均可稳定复制。这样利用目前的植物病毒载体就可以在原生质体或分化组织中进行转化实验。

第二节　植物基因工程遗传转化的受体系统

植物基因转化的受体系统（转基因受体）是指能接受外源 DNA 整合、转化，并通过组织培养途径或其他方式，筛选获得新的无性系植株的再生系统。选择和建立良好的植物受体系统是基因转化能否成功的关键因素之一。迄今已建立了多种有效的基因转化受体系统，适应不同转化方法的要求和不同的转化目的。

一、植物基因转化受体的条件

进行植物基因遗传转化的受体一般是直接接受基因转化的细胞（包括原生质体）、组织或器官，通过组织培养途径或其他非组织培养途径，能够高效、稳定地再生无性系，并能接受外源基因的整合。转化受体系统除了受体材料外，还包括能够使受体在接受转化操作后，其中的非转化细胞受到抑制和淘汰，转化细胞得到选择和定向诱导，发育再生成为完整植株的一系列技术过程。

作为一个良好的受体系统，它必须满足以下一些基本条件。第一，受体系统必须具有高效稳定的再生能力。通过基因枪或农杆菌转化的转化率都比较低，转化过程还可能对细胞造成损伤，导致植株再生能力的下降。再生能力的高低直接影响了遗传转化的工作效率，较高的转化率建立在高的受体材料再生能力的基础上。第二，受体系统必须具有较高的遗传稳定性。通过遗传转化导入外源基因的目的是在保持物种原有性状不变的基础上增加某一（些）性状或对某一特定性状进行改良，因此，受体材料的遗传稳定性十分重要。原始自然的材料（例如叶片、子叶、胚轴等）比经过脱分化离体培养的材料在保持遗传的稳定性方面具有优势。第三，进行遗传转化的受体必须具有稳定的外植体来源。由于转基因研究的工作效率不高，同一实验内容往往需要多次重复进行，因此，具有稳定的外植体来源，才能够方便科学研究的进行，并从材料的源头上提高实验结果的重现性，便于对实验结果的总结。种子以及由种子萌发得到的子叶、胚轴，无菌培养的试管苗，以及可较高频率诱导的营养变态器官都是比较理想的材料。第四，受体系统必须具有抗生素敏感性。为了便于转化子的筛选，需要使用选择标记基因（如抗生素抗性基因等）。选择性抗生素需要满足两个基本条件：①植物受体材料对所选用的抗生素具有一定的敏感性；②抗生素对受体植物没有剧烈的毒性，不会很快杀死植物细胞。对抗生素过度敏感或过度钝化的植物材料都不适合于构建植物转基因的受体系统。第五，受体系统必须对农杆菌具有敏感性。农杆菌介导的基因转化由于具有转化效率高、多为单拷贝插入等优点，是常用的植物转化方法。对于农杆菌介导的基因转化来说，需要受体材料对农杆菌敏感，因为只有对农杆菌敏感的材料才能接受农杆菌的转化。一般认为，大多数双子叶植物对农杆菌敏感，而单子叶植物不敏感。农杆菌有不同的菌株，同一材料对于不同菌株的敏感程度可能存在差异。因此，在选择农杆菌转化系统前，必须测试受体系统对农杆菌的敏感性。目前，还可以采用化学试剂（乙酰丁香酮）来弥补敏感性的不足。第六，受体系统还必须与研究目的相适应。单纯以理论研究或方法的建立为目的的实验在转化受体的选材上受到的限制相对要小些，有应用目的的研究则除了受到以上各方面的限制外，还需要采用优良品种作为材料，通过遗传转化改良成为更加优秀的新品种，在产业上直接推广应用。

二、转化受体系统的类型及其特性

大多数的基因转化系统都是建立在受体材料的离体培养技术之上，离体培养技术内容的多样化，使转基因受体系统有了很大的选择范围。不同的受体类型具有不同的特点，适合的转化方法也不同。在实际操作中，对转化受体各种类型及其特性进行了解，是合理选用转化受体类型和进行高效的转基因工作的前提条件。常用的受体系统有如下几种。

1. 原生质体受体系统

植物原生质体是去除细胞壁后的“裸露”细胞，具全能性，能在适宜的培养条件下诱导出再生植株。由于原生质体与外界环境之间仅隔一层薄薄的细胞膜，人们可利用一些物理或化学的方法改变细胞膜的通透性，使外源 DNA 进入细胞内整合到染色体上并进行表达，从而实现植物基因转化。因此，原生质体是遗传转化研究的理想受体。通过有目的地引入特定的目的基因，从而改变农林植物的遗传特性，提高农林植物的产量、品质和抗逆性等。例如，将 *gus* 标记基因的质粒 DNA 导入草莓（*Fragaria vesca*）叶肉和叶柄原生质体，并从原生质体再生出带 *gus* 标记的植株。目前，已有烟草（图 9-5）、番茄、水稻、小麦和玉米等 250 多种高等植物原生质体培养获得成功，这为利用原生质体进行基因转化奠定了基础。

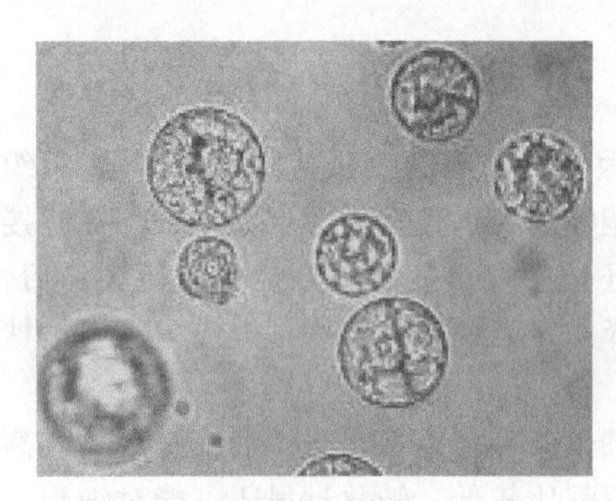

图 9-5　烟草 BY-2 原生质体

原生质体受体系统主要优点是：①外源 DNA 易导入细胞，易于在相对均匀和稳定的同等控制条件下进行准确的转化和鉴定；②原生质体培养的细胞，常分裂形成基因型一致的细胞克隆，因此由转化原生质体再生的转基因植株嵌合体少；③可适用于各种转化方法，主要有电击法、PEG 介导融合法、脂质体介导法和显微注射法等。然而，原生质体受体系统也有一些不足之处。例如：原生质体培养所形成的细胞无性系变异较强烈、遗传稳定性差，以及原生质体培养技术难度大、培养周期长、植株再生频率低等。而且，目前还有相当多的植物原生质体培养尚未成功，因此其应用于植物基因转化有一定的局限性。

2. 愈伤组织受体系统

愈伤组织受体系统是外植体经组织培养脱分化产生的愈伤组织，通过再分化获得再生植株的受体系统，它是植物基因转化常用的受体系统之一。该系统的特点有以下几个方面：①愈伤组织是由脱分化的分生细胞组成，易接受外源 DNA，转化率较高；②多种外植体都可经组织培养诱导产生愈伤组织，可应用于多种植物基因转化；③愈伤组织可继代扩繁，因而由转化愈伤组织可培养获得大量的转化植株；④从外植体诱导的愈伤组织常由多细胞形成，本身就是嵌合体，因而分化的不定芽嵌合体比例高，增加了转基因再生植株筛选的难度；⑤愈伤组织所形成的再生植株无性系变异较大，转化的目的基因遗传稳定性较差。

愈伤组织可分为胚性和非胚性愈伤组织两种类型，用于植物基因转化的受体应选用胚性愈伤组织，但是不同品种甚至同一品种的不同基因型材料，其愈伤组织的诱导及分化能力存在很大的差异，因而在培养时要根据具体的材料选用不同的培养基及激素配比，以确保胚性愈伤组织的形成。直接使用外植体组织进行农杆菌侵染时，应注意从活跃生长的植物材料部位取材；用愈伤组织进行转化，应在愈伤组织细胞处于分生细胞状态时进行转化，此时易于接受外源基因，转化效率高；愈伤组织必须保持良好的生长状态，继代周期不能太长。

拓展 9-1

用愈伤组织作为受体系统时，其转化方法有根癌农杆菌介导法和基因枪法，且已经在许多作物上如烟草、水稻、小麦、番茄等得到了广泛的应用。（拓展 9-1：愈伤组织的胚性和非胚性类型）

3. 不经过愈伤组织的芽受体系统

不经过愈伤组织的芽受体系统也称为直接分化芽，是指外植体细胞越过脱分化阶段，直接分化形成的不定芽（adventitious bud），从而获得再生植株的受体系统。研究显示，采用叶片、幼茎、子叶、胚轴以及一些营养变态器官为外植体时，在适宜的培养技术控制下，均可直接分化出芽。

直接分化芽受体系统有以下特点：①直接分化芽是由未分化的细胞直接分化形成，体细胞无性系变异小，因此，导入的外源目的基因可稳定遗传，尤其是由茎尖分生组织细胞建立的直接分化芽系统遗传稳定性更佳；②该系统应用于基因转化时，操作简单、周期短，特别适用于无性繁殖的果树花卉等园艺植物；③不定芽的再生常起源于多细胞，所形成的再生植株也可出现较多的嵌合体。此外，由外植体诱导直接分化芽产生，技术难度大，不定芽量少，因此，基因转化频率低于其他几种受体系统。

直接分化芽受体系统比较适合于无性繁殖植物。在选材时，从组织类型上讲，子叶、叶片、胚轴和某些营养变态球通常比较容易诱导；从细胞状态上讲，薄壁细胞状态外植体比较容易诱导。

4. 细胞系及其体细胞胚受体系统

经过筛选和优化的植物细胞悬浮培养的细胞系通常比固体培养基上培养的愈伤组织具有更高的活力和比较一致的生理状态。悬浮细胞培养通过合适的培养基成分调节可以诱导形成体细胞胚胎，通过胚胎形成的再生植株可以减少嵌合体的发生。

细胞系及其体细胞胚是所有植物基因转化中最理想的受体系统。因为该系统具有很多优点：①再生能力强；②胚状体具有两极性，直接再生成完整植株；③可转化的功能细胞多，即处于转化感受态的细胞数量多；④细胞分裂的同步性好；⑤一般认为胚状体是由单细胞起源，因此获得的转化体嵌合体少；⑥转化效率高，每次实验可进行大量细胞的操作获得较多数量的转化体；⑦胚状体发生途径获得的再生植株遗传稳定性好，变异少；⑧胚性细胞受体系统可长期保存不影响再生能力。因此胚状体是非常理想的基因转化受体系统，也是所有高等植物基因转化受体系统中值得重视的基因转化受体。

5. 生殖细胞受体系统

以植物生殖细胞如花粉粒和卵细胞为受体细胞进行基因转化的系统称为生殖细胞受体系统，也叫种质系统。目前主要建立了两种途径进行基因转化。一是利用小孢子或卵细胞的单倍体培养，诱导出胚状体细胞或愈伤组织细胞，建立单倍体的基因转化受体系统；二是直接利用花粉管和卵细胞受精过程进行基因转化，如花粉管通道法、花粉粒浸泡法和微注射法。

生殖细胞受体系统的优点是：①生殖细胞不仅具有全能性，而且接受外源遗传物质的能力强，导入外源基因成功率高，更易获得转基因植株；②生殖细胞是单倍体细胞，转化的基因无显隐性影响，能使外源目的基因充分表达，有利于性状选择，通过加倍后即可成为纯合的二倍体新品种，因此，利用生殖细胞作为转基因受体，与单倍体育种技术结合，可简化和缩短复杂的育种纯化过程；③可以应用于任何单胚珠、多胚珠的单子叶、双子叶显花植物；④直接针对成株操作，不需经过细胞或原生质体培养、诱导再生植株等费时费力的过程；⑤不受基因型的限制，可以任意选用生产上的优良品种；⑥育种年限短，一般筛选到遗传稳定品系只需 3～4 代，比常规育种时间大约缩短一半；⑦除用总 DNA 外，同样还可以应用 DNA 重组分子进行导入；⑧为远缘杂交不亲合的植物之间的基因重组创造了条件，因而有可能获得各种有价值的变异新类型，丰富育种资源；⑨方法简便，可以在大田、盆栽或温室中进行，一般育种工作者易于掌握。

但它也存在局限性：①只能限于开花植物，且只有花期可以转育；②必须进行大群体转化操作，以减少转化操作对作物的影响和伤害；③导入总 DNA 片段的转育株会带有少量非目的性状的 DNA 片段；④这种技术牵涉植物双受精过程，其机制更加复杂化，缺乏严谨的理论依据。

6. 叶绿体转化系统

以细胞核为外源基因受体的传统植物基因工程虽已发展趋于成熟并得到广泛应用，但仍存在一些问题，比如目的基因表达量不理想，同时转入多个基因时操作步骤过于复杂，所表达的原核基因必须经过修饰改造等等。叶绿体基因组是 120～160kb 的裸露双链闭合环状 DNA，通常由一对反向重复序列和大单拷贝区、小单拷贝区组成，以多拷贝形式存在，内部碱基分布不均匀。1987 年，Klein 等人建立了基因枪转化的方法。1990 年，外源基因首次于高等植物叶绿体中获得瞬时表达。目前基因枪转化法是应用最为广泛的叶绿体转化方法。

叶绿体转化系统的特点如下。①可以定点整合外源基因。应用叶绿体转化可将目的基因定位在适于表达的位点，能较好地解决细胞核作为受体“顺式失活”“位置效应”等类型的基因沉默问题，而且无需繁重的筛选工作。②叶绿体是原核基因表达的理想场所。叶绿体起源于原核生物，其基因的编码排列方式有明显的原核特征，因而原核基因无需改造就可以在叶绿体中表达，原核启动子也能在叶绿体中正常行使功能。③叶绿体属于母系遗传，这为整合于其中的外源基因的稳定遗传提供了方便。目的基因不会因孟德尔规律而在后代中出现性状分离，在农业生产中只需将转基因植株作为母本就可以获得有所需性状的后代。④一系列研究表明，叶绿体转化系统可以使目的基因超量表达。⑤叶绿体是由双层膜围成的细胞器，其内膜具有选择透性，将叶绿体与基质分隔开，形成相对独立的小环境，适合某些基因产物行使功能。同时叶绿体是将光能转化为化学能的细胞器，能量供应充足，为合成最终产物创造了良好的条件。（拓展 9-2：质体）

拓展 9-2

第三节 植物遗传转化的方法

为了以较少的代价获得大量转基因植株，人们尝试了各种技术。尽管试验了众多方法，但近年来应用最多效果较好的方法主要有：农杆菌介导法、基因枪法、PEG 法、整体转入法等技术。

一、农杆菌介导法

农杆菌是普遍存在于土壤中的一种革兰氏阴性细菌，在自然条件下有两种农杆菌：根癌农杆菌和发根农杆菌，分别含有 Ti 质粒和 Ri 质粒，都有一段 T-DNA，农杆菌通过侵染植物伤口进入细胞后，可将 T-DNA 插入到植物基因组中，并诱导产生冠瘿瘤或发状根。因此，农杆菌是一种天然的植物遗传转化体系。

早在 20 世纪初 Smith 等人就发现，土壤中生存的根癌农杆菌可以将外源基因转入植物而导致根肿瘤的生成。在酸性条件和酚类诱导物（如乙酰丁香酮）的存在下，农杆菌的致病基因可以转入植物细胞并插入到植物基因组中。这类酚类诱导物是大多数双子叶植物在受到伤害时产生的。在植物转基因早期阶段，由于农杆菌转化系统既简单又不需要很多仪器设备，首先成为研究的热点。1977 年 Chilton 等人证明根癌农杆菌的 Ti 质粒的一部分转入植物细胞，整合进植物基因组使植物产生肿瘤。农杆菌转入植物的 DNA 片段称为转移 DNA（T-DNA）。Ti 质粒可以将外源基因转入植物的能力引起人们的广泛兴趣，早期的植物转基因工作就是用它作为植物转基因的载体，进行大量转基因研究。

Ti 质粒是农杆菌细胞核外的双链环状 DNA 分子，长度约 200kb，其中致病区（Vir）和 T-DNA 边界序列是 Ti 质粒将外源 DNA 片段转移到植物细胞所必需的两个序列。T-DNA 边界序列：在 T-DNA 的两端边界各有一个 25bp 的正反重复序列，在不同的 T-DNA 中，此片段是高度保守序列。插入这两个边界序列之间的外源 DNA 序列，就有可能被转移到植物基因组中。致病区（Vir）：目前已经鉴定出多个农杆菌的致病区（VirA、VirB、VirC、VirD、VirE、VirF 和 VirG）。它们需要在植物细胞释放的信号因子激活下才能表达。目前已经发现 9 种信号因子，均为水溶性酚类化合物。其中乙酰丁香酮（acetosyringone，AS）和羟基乙酰丁香酮（HO—AS）的作用较强，儿茶酚、原儿茶酚、没食子酸、焦性没食子酸、二羟基苯甲酸、香草酚和对羟基苯酚处理农杆菌时也对 Vir 区的基因表达起促进作用。双子叶植物在被农杆菌侵染时可以形成大量的信号因子，而使 T-DNA 可以成功转入；而单子叶植物需要加入外源酚类物质，才能激活 Vir 区的基因，达到转基因的目的。

发根农杆菌是与根癌农杆菌同属的一种病原土壤杆菌。但与根癌农杆菌不同的是，发根农杆菌从植物伤口入侵后，不能诱发植物产生冠瘿瘤，而是诱发植物产生许多不定根。这些不定根生长迅速，不断分枝成毛状，故称之为毛状根或发状根（hairy root）。发状根的形成是由存在于发根农杆菌中的 Ri 质粒所决定的。

Ri 质粒是发根农杆菌染色体外的遗传物质。属于巨大质粒，其大小为 200～800kb。Ri 质粒和 Ti 质粒不仅结构、特点相似，而且具有相同的寄主范围和相似的转化机理。与 Ri 质粒转化相关的也主要为 Vir 区和 T-DNA 区 2 部分。Ri 质粒的 T-DNA 也存在冠瘿碱合成基因，且这些合成基因只能在被侵染的真核细胞中表达。根据其诱导的冠瘿碱的不同，Ri 质粒可分为 3 种类型：农杆碱型（agropine）、甘露碱型（mannopine）和黄瓜碱型（cucumopine）。与 Ti 质粒的 T-DNA 不同的是，Ri 质粒的 T-DNA 上的基因不影响植株再生。因此，野生型 Ri 质粒可以直接作转化载体。

与 Ti 质粒相同，Ri 质粒基因转化载体的构建也主要有共整合载体和双元载体系统。由 Ri 质粒诱发产生的不定根组织，经离体培养后，一般都可再生完整的植株。因此，利用 Ri 质粒作为转基因植物的载体，同样具有诱人的前景。

农杆菌转化植物细胞涉及一系列复杂的反应，主要包括：①受伤的植物细胞为修复创伤部位，释放一些糖类、酚类等信号分子。②在信号分子的诱导下，农杆菌向受伤组织集中，并吸附在细胞表面。③转移 DNA 上的毒粒基因被激活并表达，同时形成转移 DNA 的中间体。④转移 DNA 进入植物细胞，并整合到植物细胞基因组中。具体操作流程如图 9-6。

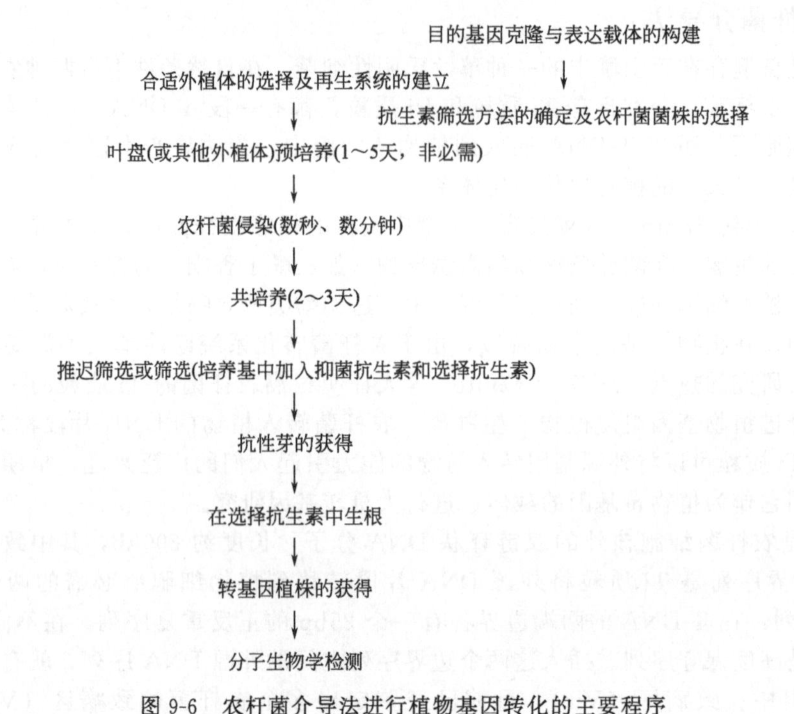

图 9-6 农杆菌介导法进行植物基因转化的主要程序

根据所选外植体的不同，农杆菌转化法可分为以下 3 种。

1. 叶盘转化法

叶盘转化法（leaf disc transformation）是 Monsanto 公司 Morsch 等人（1985）建立起来的一种转化方法。其操作步骤为：首先用打孔器从消毒叶片上取下直径为 2～5mm 圆形叶片，即叶盘。再将叶盘放入培养至对数生长期的根癌农杆菌液浸泡几秒，使根癌农杆菌浸染叶盘。然后用滤纸吸干叶盘上多余的菌液，将这种经浸染处理过的叶盘置于培养基上共培养 2～3d，再转移到含有头孢霉素或羧苄青霉素抑菌剂的培养基中，除去根癌农杆菌。与此同时在该培养基中加入抗生素进行转化体的筛选，使转化细胞再生为植株。对这些再生植物进行分子检测就可确定它们是否整合有目的基因及其表达情况。

叶盘转化法已在多种双子叶植物上得到成功的应用。实际上，其他的多种外植体，例如茎段、叶柄、胚轴、子叶愈伤组织、萌发的种子均可采用类似的方法进行转化。该方法的优点是适用性广且操作简单，是目前应用最多的方法之一。

2. 原生质体共培养转化法

原生质体共培养转化法是以原生质体作为受体细胞，通过将根癌农杆菌与原生质体作短暂的共培养，然后洗涤除去残留的根癌农杆菌后，置于含抗生素的选择培养基上筛选出转化细胞，进而再生成植株。与叶盘转化法相比，此法得到的转化体不含嵌合体，一次可以处理多个细胞，得到相对较多的转化体。应用此法进行基因转化时，其先决条件就是要建立起良好的原生质培养和再生植物技术体系。

3. 整株感染法

此法是模仿根癌农杆菌天然的感染过程，用根癌农杆菌直接感染植物而进行遗传转化的一种简单易行的方法。其做法是：人为地在植株上造成创伤，然后把含有重组质粒的根癌农杆菌接种在创伤面上，或把含有重组质粒的根癌农杆菌注射到植物体内。使根癌农杆菌在植物体内进行侵染实现转化。为了获得较高的转化频率，一般多采用无菌种子的实生苗或试管苗。用去除了致瘤基因的根癌农杆菌进行整株感染后，受伤部位一般不会出现肿瘤。在筛选转化体时，可将感染部位的薄壁组织切下放入选择培养基上及诱发愈伤组织的培养基上进行筛选和愈伤组织诱导。最后将转化的愈伤组织转移至含合适植物激素的培养基上诱导再生植株。对于拟南芥（*Arabidopsis thaliana*），将根癌农杆菌涂于植株腋芽处或顶芽，可长出转化的新枝条，新的转化枝条开花结实后，也可以获得转基因种子；或者通过真空渗透或农杆菌浸泡拟南芥开花植株，等结实之后，利用筛选萌芽种子的方法，也可以得到转基因植株及种子。

在农杆菌浸染过程中，采用表面活性剂、负压处理、外植体致伤、辐照等辅助处理都能提高转化效率，有人还先用超声波、电穿孔或基因枪法处理植物细胞或组织后再用农杆菌去感染，也收到了很好的效果。

二、基因枪转化法

基因枪介导转化法又称微弹轰击法，是指利用火药爆炸、高压气体或高压放电作为驱动力（这一加速设备称为基因枪），将载有目的基因的金属颗粒加速，高速射入植物组织和细胞中，然后通过细胞和组织培养技术，再生出新的植株。微粒上的外源 DNA 进入细胞后，整合到植物染色体上，得到表达，从而实现基因的转化。该技术是 1987 年由 Klein 首先使用于玉米的转基因工作，此后迅速广泛地应用在转基因研究工作中。它的基本原理如下。将外源基因附在重金属如钨或金颗粒上，然后在一个真空的小室中采用高压将带有基因的金属颗粒轰击进入植物组织或细胞，少数基因将整合到基因组中，获得表达并可能传递给后代。在真空的小室中，依靠火药爆发、氦气、二氧化碳或放电，使金属颗粒获得高速。

基因枪转化的主要步骤包括：①受体细胞或组织的准备和预处理；②DNA 微弹的制备；③受体材料的轰击；④轰击后外植体的培养和筛选。如图 9-7 所示。

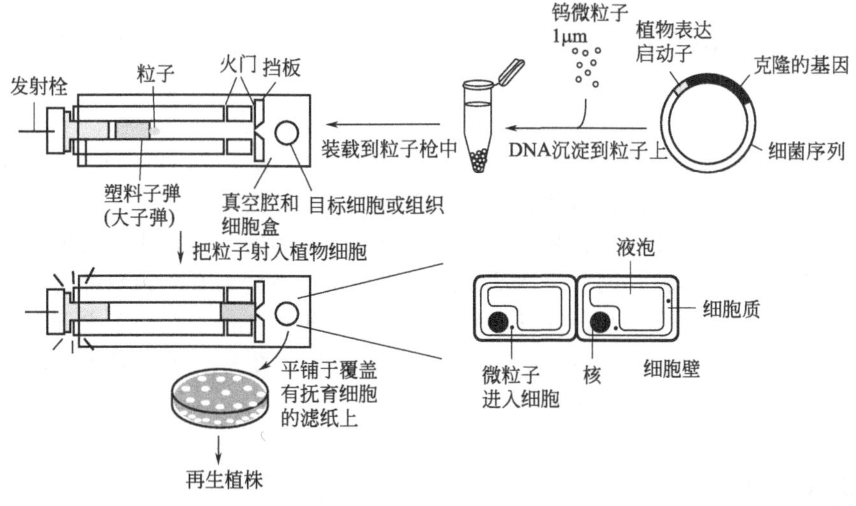

图 9-7　通过微弹轰击将 DNA 直接转移入植物细胞

（引自：马建岗．基因工程学原理，第 2 版，西安交通大学出版社，2007）

基因枪转化率差异很大，一般在 $10^{-3} \sim 10^{-2}$ 之间。但有的报道其转化率高达 2.0%，而有的报道仅为 10^{-4}，相对于农杆菌介导的转化率要低得多。而且基因枪转化成本高；所得的转化体中嵌合体比例较大；目前大多数只报道转化后的瞬时表达，而稳定遗传的比例很低；外源 DNA 的整合机理等理论问题尚不清楚。此外，通过基因枪法整合进植物细胞基因组中的外源基因通常是多拷贝的，可导致植物自身的某些基因非正常表达，还可能发生共抑制现象（co-suppression）。即使这样，该方法得到了广泛应用，因其具有如下优点。

① 无宿主限制，无论是单子叶植物或双子叶植物都可以应用。

② 可控度高，操作简便迅速，商品化的基因枪都可以根据实验需要调控微弹的速度和射入浓度，命中特定层次的细胞。新一代的高压放电基因枪或高压气体基因枪已可根据需要无级调控微弹的速率和射入浓度，可以较高的命中率把 DNA 微粒载体射入特定层次的细胞，即感受态细胞和分生区细胞，从而为基因转化提供可靠的技术措施。

③ 受体类型广泛，基因枪技术可以选用易于再生的受体，避开原生质体再生的困难。它不仅以原生质体、叶圆片、悬浮培养细胞、茎、根为靶受体，而且种子的胚、分生组织、愈伤组织、花粉细胞、子房等几乎所有具有分生潜力的组织或细胞都可以用基因枪进行轰击。

④ 可将外源基因导入植物细胞的细胞器，并可得到稳定表达。

正因为基因枪这些优点，使基因枪成功应用于植物基因转化，特别是单子叶植物的转化，外源基因导入植物细胞器等。

三、花粉管通道转化法

此方法是由我国科学工作者发展起来的植物转基因技术。早在 20 世纪 70 年代末，中科院上海生物化学研究所的周光宇等科学家将从植物提取的总 DNA 在开花前后加到受体植物的柱头上，在受精的同时，外源 DNA 经过花粉管与花粉一起进入合子。在新的合子中携带有外源 DNA。20 余年来，我国科学工作者通过花粉管通道技术创造了一大批新型育种材料，有些获得了新的商业品种。

花粉管通道操作方法通常有：微注射法、柱头滴加法和花粉粒携带法。其中，最初的操作方法是柱头滴加法，在以后的实践中，又根据植物的花器结构特征等，开发了一些新的花粉管通道导入外源 DNA 的技术方法。如子房注射法，即对于子房较大的受体，在授粉后使用微量注射器沿子房纵轴插入一定深度注射外源 DNA 溶液；或采用花粉粒携带法，即用待转基因的溶液处理花粉粒，用这种携带外源基因的花粉粒授粉。

该法的最大优点是不依赖组织培养人工再生植株，技术简单，不需要装备精良的实验室，常规育种工作者易于掌握。另外花粉管通道法具备无基因型限制和易于实现大规模基因转化的特点，可以在任何开花植物和不同物种之间实现基因的转移，使得受体物种在获得新的基因型的同时，也获得转基因所表达的新的表型性状，由此为农作物育种提供了创造新种质，拓宽基因库的崭新技术途径，并且已经成功应用于作物育种，获得了多种实用化的转基因农作物新品种（系），应用于农作物生产。缺点是需要大量人工做大田转化，以便以千分之几的转化率仍能获得较多的转化子。

四、电击转化法

电击转化法是利用高压电脉冲作用，在原生质体膜上“电击穿孔”，形成可逆的瞬间通道，从而促进外源 DNA 的摄取。李宝建等于 1985 年首次将其应用于植物细胞的基因转化，现已被广泛应用于单子叶、双子叶植物中，特别是对禾谷类作物有发展潜力。

研究发现，原生质体在短时间的高压直流电脉冲的冲击下，可以使原生质膜的分子疏松，形成暂时性的直径为 3～4nm 的小孔，但对原生质体生活力影响不大。这时，存在于原生质体周围溶液中的外源 DNA，就可以通过这种小孔进入原生质体，实现基因的直接转移。这种方法转移基因的效率较高，操作简便，现在已为大多数研究者采用。

五、化学物质诱导转化法

化学物质诱导转化法是以原生质体为受体，借助于特定的化学物质诱导 DNA 直接导入植物细胞的方法。常用的转化细胞的化学物质有 PEG（聚乙二醇）、PLO（多聚鸟氨酸）、PVA（聚乙烯醇）等，其中 PEG 法应用较多，效果较好。PEG 是一种水溶性的化学渗透剂，分子量为 1500～6000，pH 值为 4.6～6.5，因多聚程度不同而异。PEG 法的原理是它可使细胞膜之间或使 DNA 与细胞膜之间形成分子桥，促使相互间的接触和粘连，并可通过改变细胞膜表面的电荷，引起细胞膜透性的改变，从而诱导原生质体摄取外源基因 DNA。在 PEG 转化过程中，常需加入磷酸钙。这是因为磷酸钙可与 DNA 结合形成 DNA 磷酸钙复合物而使 DNA 沉积在原生质体的膜表面，并促进细胞发生内吞作用。此外，高 pH 值可诱导外源 DNA 分子的摄取。因此，PEG 转化时常将溶液的 pH 值调到 8.0 左右。

PEG 法具有操作简单，实验成本低、结果较稳定、重复性好、无需特殊的仪器设备等特点。不足之处是原生质体培养再生难度较大，且转化植株变异率高，易产生白化苗，另外，转化时受基因型限制。

六、显微注射转化法

显微注射转化法是利用显微注射仪将外源 DNA 直接注入受体的细胞质或细胞核中（图 9-8）。该方法是 Pena 等 1987 年首创的，在用此法进行基因导入时，通常需要把原生质体或培养的细胞固定在琼脂或低熔点的琼脂糖上，或者用聚赖氨酸处理使原生质体附着在玻璃平板上，也可以通过一固着的毛细管将原生质体吸在管口，再进行操作。该方法转化效率高，适用于各种材料。Crossway 等（1986）对烟草原生质体进行转化。1990 年瑞士的 Neuhaus 进一步完善发展该技术，在多种植物的原生质体转化率高达 60%以上。但这种方法的操作技术要求严格，必须在特制的无菌显微操作室中进行，而且注射效率低，对受体细胞易造成损伤。所以，现在已很少使用，但仍在动物细胞试验中广泛使用。

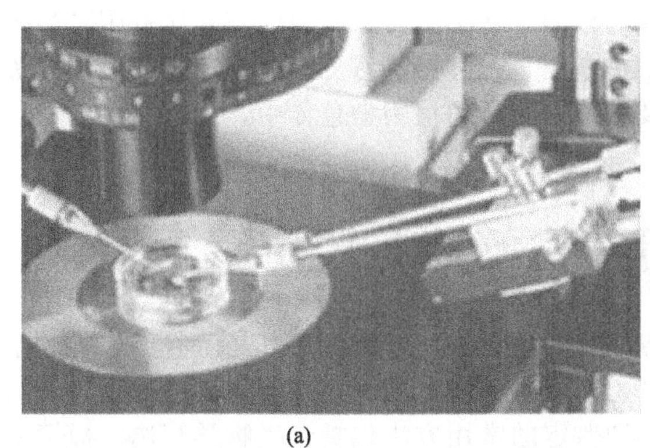
(a)

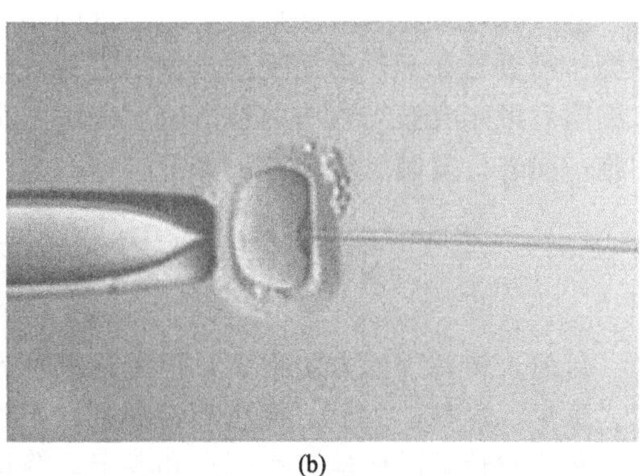
(b)

图 9-8 显微注射仪（a）及转化方法（b）

七、激光微束穿孔转化法

这种方法与电穿孔法类似，原生质体在短时间的微束激光照射下，也可在质膜表面形成面积约0.25μm^2左右的小孔，使DNA分子进入细胞。但与电穿孔法相比，这种方法所用的仪器复杂，对操作技术的要求高，难掌握。操作不当会对细胞产生较大的伤害，若形成的小孔无法恢复，原生质内容物流出后会引起细胞死亡。目前只有少数有条件的实验室采用。

八、脂质体介导转化法

脂质体法（liposome）是根据生物膜的结构和功能特征，用磷脂等脂类化学物质合成的脂双层膜囊将DNA或RNA包裹成球状，导入原生质体或细胞，以实现遗传转化的目的。脂质体法有两种具体方法：其一是脂质体融合法（liposome fusion），先将脂质体与原生质体共培养，使脂质体与原生质体膜融合，而后通过原生质体的吞噬作用把脂质体内的外源DNA或RNA分子高效地转入到植物的原生质体内，最后通过原生质体培养技术，再生出新的植株；其二是脂质体注射法（liposome injection），通过显微注射把含有外源遗传物质的脂质体注射到植物细胞内以获得转化。Deshayes等（1985）利用此法将*npt-Ⅱ*基因转入烟草原生质体中，朱桢等（1990）首次利用一新型脂质体将人的α-干扰素cDNA导入水稻原生质体获得转基因植株。

九、超声波转化法

超声波转化法（ultrasonic transformation）就是利用低声强脉冲超声波的生物学效应击穿细胞膜造成通道，从而使外源DNA进入细胞。此转化途径可以避免脉冲高压对细胞的损伤，有利于原生质体的存活。此外，该法具有操作简便、设备便宜、不受宿主范围限制等优点。但该转化方法尚需更深入地研究使之更加完善。

十、碳化硅纤维介导转化法

碳化硅纤维介导转化法（silicon carbide fiber mediated transformation）是将细胞或组织的培养物与质粒DNA及直径为0.6μm、长度为10～80μm的针状碳化硅纤维混合，借助于在涡旋振荡引起的相互碰撞过程中纤维对细胞的穿刺作用，将附着在纤维上的DNA导入细胞，实现植物细胞的转化。该方法简单、快速、成本低，且受体类型广泛。

基因的直接转移方法扩大了植物基因转移的范围，特别是对原生质体培养比较困难的禾谷类作物更是如此，因而受到人们的重视。植物基因直接转移中存在的问题是外源DNA进入细胞后可能会被细胞中的核酸酶所分解，及可能未整合到植物染色体中，从而不能与植物细胞一同进行复制、转录和翻译等。

第四节　转基因植物筛选与鉴定

目前，转基因的方法很多，但无论哪种方法其转化率都比较低，尤其是禾谷类作物的小麦、玉米、水稻、大豆、棉花等，而且再生植株有可能逃避选择而成为假阳性转基因植株，因此必须对转基因植株进行筛选和鉴定。筛选和鉴定的常用方法包括：生物学筛选、标记基因的表达检测、目的基因及其表达的分子鉴定。通常只有三种方法鉴定结果均为阳性，才是真正的转化植株。

一、生物学特性鉴定

转基因的目的是通过使外源基因在受体植株体内表达，来增强或改善植株某些方面的生物学性状。生物学筛选即针对转基因应当表达的表现型直接应用生物学的方法进行鉴定以明确目的基因能否在受体植物中表达出目标性状及其表达水平，如抗虫性、抗病性等。为了测定基因是否转入或者转入的基因是否表达，可以给转基因植株一定的选择压力，如果产生抗性，表明为转基因植株。在转抗白叶枯病基因的水稻中，用人工接种白叶枯病菌的方法选择抗性植株，经连续多年接种，一直表现为抗性的植株可以确定为转基因植株。在转甜菜碱醛脱氢酶基因的杨树、豆瓣菜的研究中，是在含有 NaCl 的培养基或盐碱地中筛选转基因植株。

转基因的目的具有多样性，因而相应的测定的生理指标也不尽相同。如进行转甜菜碱基因的草莓、烟草、小麦的转化表达研究时，可以通过生理生化指标检测甜菜碱醛脱氢酶（BADH）活性。测定膜的相对电导率和大分子渗透值等来确定转 BADH 基因的植株是否转化成功并表达。另外，在转抑制衰老基因的水稻中，通过测定叶片细胞分裂素的含量和叶绿素的含量来测定植株是否转入基因并能够表达。

二、分子生物学检测

（一）标记基因的检测

在植物转基因和基因表达调控研究中，经常要使用标记基因，包括选择标记基因和报告基因。它通常与目的基因构建在同一植物的表达载体上一起转入受体。因而常用作遗传转化植株、器官、组织和细胞等筛选和鉴定工作。另外，标记基因有时可以作为目的基因转入受体。

1. 选择标记基因

选择基因（又称选择标记基因），主要包括抗生素抗性基因和除草剂抗性基因两大类。由于所转入的基因带有标记基因，所以转化成功的受体能够在选择压力条件下存活，而没有转化成功的受体会逐渐死亡。

（1）*npt-Ⅱ* 基因的检测

npt-Ⅱ（neomycin phosphotrans ferasc-Ⅱ）基因来源于细菌转座子 Tn5 上 *ahp*A2。该基因编码氨基糖苷-3′-磷酸转移酶Ⅱ（aminoglycoside-3′-phosphotransferaseⅡ），该酶使氨基糖苷类抗生素（新霉素、卡那霉素、庆大霉素和 G418 等）磷酸化而失活。此类抗生素抑制原核生物蛋白质生物合成 70S 起始复合体的生成，并阻碍了原核生物的蛋白质生物合成。该类抗生素对植物细胞表现毒性抗性的机制是与植物细胞叶绿体和线粒体中的核糖体 30S 亚基结合，影响 70S 起始复合物生成，干扰叶绿体及线粒体的蛋白质生物合成，最终导致植物细胞死亡。

（2）*bar* 基因的检测

bar 基因为抗除草剂基因，它编码 PPT 乙酰转移酶（PAT）。PPT 是一种谷氨酸结构类似物，能竞争地抑制植物体内谷氨酰胺合成酶（GS）的活性。该酶催化细胞内发生解氨毒的生化反应。当 PPT 存在时，GS 活性被抑制，细胞内 NH_3 积累，细胞中毒而死亡。*bar* 基因编码的 PPT 乙酰转移酶可以催化乙酰 CoA 分子转移到 PPT 分子游离氨基上，使 PPT 乙酰化，乙酰化了的 PPT 失去对 GS 的抑制作用，因而转化了 *bar* 基因的植物表现出对除草剂 PPT 的抗性。*bar* 基因表达产物 PAT 活性测定方法有硅胶 G 薄层色谱法及 DTNB 比色分析法。

（3）*cat* 基因的检测

氯霉素能选择性地与原核细胞 50S 或真核细胞线粒体核糖体大亚基结合，抑制蛋白质的生物合成。*cat* 基因编码氯霉素乙酰转移酶，该酶催化酰基由乙酰 CoA 转向氯霉素生成 1-乙酰氯霉素、3-乙酰氯霉素、1,3-二乙酰氯霉素三种乙酰化产物。乙酰化了的氯霉素不再具有氯霉素活性，从而失去了干扰蛋白质合成的作用。

cat 基因活性可以通过反应底物乙酰 CoA 的减少或反应产物乙酰化氯霉素的生成来测定。有巯基化合物存在时，无色的5,5-二巯基-2,2-二硝基苯甲酸（DTNB）将被转变成黄色的5-巯基-2-硝基苯甲酸，此化合物在412nm处具有最大吸收峰。因此，*cat* 基因活性检测可以用硅胶G薄层色谱法和DTNB分光光度法。

2. 报告基因

报告基因是一种表达产物非常容易被检测的基因，因而可以快速报告细胞、组织、器官或植株是否被转化。报告基因大多是一些酶基因，利用加入相应底物，根据酶活性是否存在，从而确定目的基因是否被转化。主要包括农杆碱合成酶类和抗生素转化酶类，能产生具有光学性质的酶类及自身具有光化学活性的非酶蛋白类。

（1）*gus* 基因的检测

GUS是 *gus* 基因的产物，即 *β*-葡萄糖苷酸酶，在转化的植物细胞内及提取液中很稳定，在叶肉原生质体中GUS的半衰期为50h。GUS对较高温度及去污剂都有一定的耐受性。GUS表现活性时不需要辅酶，催化作用的最适pH为5.2～8.0，对离子无特殊要求，可适应较宽的离子强度范围，但某些二价金属离子能抑制其活性。用于 *gus* 基因检测的常用底物有3种：5-溴-4-氯-3-吲哚-*β*-葡萄糖苷（X-Gluc）、4-甲基伞形酮酰-*β*-葡萄糖醛酸苷酯（4-MUG）及对硝基苯-*β*-葡萄糖醛酸苷（PNPG）。这三种底物分别用于不同的检测方法：①X-Gluc的组织化学染色定位法是在适宜条件下GUS可将X-G1uc水解生成蓝色的产物；②4-甲基伞形酮酰-*β*-葡萄糖醛酸苷酯的荧光法是以4-MUG为底物，GUS催化其水解为4-甲基伞形酮（4-methylumbelliferone，4-MU）及 *β*-D-葡萄糖醛酸，4-MU分子中的羟基解离后被365nm的光激发，产生455nm的荧光，可用荧光分光光度计定量分析；③对硝基苯-*β*-葡萄糖醛酸苷的分光光度法是利用PNPG为底物，生成对硝基苯酚（*p*-nitrophenol），在pH 7.15时离子化的发色基团吸收400～420nm的光，溶液呈黄色。

（2）荧光素酶基因（*luc*）的检测

自20世纪60年代以来，人们陆续发现了多种结构不同的荧光素酶。它们可以催化生物自身发光反应。目前研究最多的是萤火虫及细菌产生的荧光素酶，各种荧光素的化学结构有一定差异，甚至完全不同。萤火虫荧光素酶催化的底物是8-羟基喹啉类，在镁离子、三磷酸腺苷及氧化作用下，酶使底物氧化脱羧，生成激活态的氧化荧光素，发射光子后转变成常态的氧化荧光素，反应中化学能转变成光能。而细菌荧光素酶以脂肪为底物，需要还原型的黄素核苷酸及氧参与，使脂肪醛氧化为脂肪酸，同时放出光子。

检测方法有两种。①活体内荧光素酶活性检测。将被检的植物材料置于小容器内，加入适量的组织培养液、ATP、荧光素，置暗室中，用肉眼观察荧光或盖上X射线片，室温下放置1d以上，观察曝光情况。产生曝光点的样品可认为实现了荧光素酶基因的转化及表达。②体外荧光素酶活性的检测。将被检材料细胞破碎，加入酶提取液提取，离心，取上清液加入到含有适量 Mg^{2+}、ATP、荧光素的缓冲液中，用荧光计测定荧光强度。检测时以未转化材料及仅含荧光素、Mg^{2+}、ATP和培养基作阴性对照，不含样品液的反应体系作空白对照。

（3）绿色荧光蛋白基因（*gfp*）的检测

绿色荧光蛋白（GFP）是在水母（*Aequorea victoria*）体内所发现的一种生物荧光蛋白。GFP是由238个氨基酸组成的单体蛋白，产生荧光的发色团由Ser65、脱氢Tyr66和Gly67自身环化和氧化形成。GFP荧光极其稳定，在激发光照射下，GFP抗光漂白（photobleaching）能力比荧光素（fluorescein）强，特别在 450～490nm 蓝光波长下更稳定。GFP 需要在氧化状态下产生荧光，强还原剂能使 GFP 转变为非荧光形式，但一旦重新暴露在空气或氧气中，GFP 荧光便立即得到恢复。传统的荧光分子在发光的同时，会产生具有毒性的氧自由基，导致被观察的细胞死亡。在 GFP 发现以前，科学家们只能通过荧光标记来研究死亡细胞静态结构，而 GFP 的光毒性非常弱，非常适合用于标记活细胞。1993 年，马丁・沙尔菲成功地通过基因重组的方法使得除水母以外的其他生物也能产生 GFP，这不仅证实了 GFP 与活体生物的相容性，还建立了利用 GFP 研究基因表达的方法。后来，美籍华人钱永健系统地研究了 GFP 的工作原理，并对它进行了大刀阔斧地化学改造，不但大大增强了它的发光效率，还发展出了红色、蓝色、黄色荧光蛋白，使得荧光蛋白真正成为了一个琳琅满目的工具箱，供生物学家们选用。

转基因材料的检测可以通过直接在蓝色激发光的照射下观察供试材料是否发出绿色荧光进行判断。GFP 融合蛋白的荧光灵敏度远比荧光素标记的荧光抗体高，抗光漂白能力强，更适用于定量测定与分析。（拓展 9-3：钱永健的荧光蛋白研究）

拓展 9-3

（二）目的基因及其表达的分子鉴定

对目的基因及其表达的分子鉴定，其目的是要明确：目的基因是否整合、是否能够表达、表达水平如何，以及表达水平与表型之间的对应关系等。真核生物的基因表达调控发生在多水平、多层次上，在转基因植物中存在的最大问题就是基因失活或基因沉默现象。当 DNA 与 DNA 之间配对时，以配对的 DNA 作为信号使 DNA 异染色质化或从头甲基化，同时内源基因与外源基因之间存在共抑制现象（co-suppression），另外 DNA 与 RNA 协同都会造成转录水平受抑制。翻译及蛋白质水平上的调控，也会影响外源基因的表达。因此，目的基因转化后，需要在整合、转录以及翻译表达的各个水平均正常，才能实现最后的正常表达。

1. 目的基因整合水平的鉴定

（1）常规 PCR 检测

PCR 技术对目的片段的快速扩增实际上是一种在模板 DNA、引物和 4 种脱氧核糖核苷酸存在的条件下利用 DNA 聚合酶的酶促反应，通过 3 个温度依赖性步骤（即变性、退火和延伸）完成的反复循环。经 PCR 扩增所得目的片段的特异性取决于引物与模板 DNA 间结合的特异性。根据外源基因序列设计出一对引物，通过 PCR 反应便可特异性地扩增出转化植株基因组内外源基因的片段，而非转化植株不被扩增，从而筛选出可能被转化的植株。

由于 PCR 检测所需的 DNA 用量少，纯度要求也不高，无需用同位素，实验安全，操作简单，检测灵敏，效率高，成本低，使之成为当今转基因检测不可或缺的方法，被广泛应用。然而，PCR 检测易出现假阳性结果。引物设计不合理，靶序列或扩增产物的交叉污染，外源 DNA 插入后的重排、变异等因素都会造成检测的误差。因此常规 PCR 的检测结果通常仅作为转基因植物初选的依据，有必要对 PCR 技术进行优化，并对 PCR 检测为阳性的植株做进一步验证。

（2）优化 PCR 技术

优化 PCR 技术的目的在于提高扩增产物的特异性、推测目的基因的拷贝数及整合情况，从而提高检测的效率。常见的有多重 PCR（multiplex PCR，MPCR）、降落 PCR（touchdown PCR，TD-PCR）、反向 PCR（inverse PCR，IPCR）、实时定量 PCR 等。

实时定量 PCR（real-time quantitative PCR）是一种在 PCR 反应体系中加入荧光基团，利用荧光信号积累实时监测整个 PCR 进程，最后通过标准曲线对未知模板进行定量分析的方法。其特点是：特异性好，实时定量PCR技术通过引物和探针的特异性杂交对模板进行鉴别，具有很高的准确性，假阳性低；灵敏度高，采用灵敏的荧光检测系统对荧光信号进行实时监控；线性关系好，由于荧光信号的强弱与模板扩增产物的对数呈线性关系，通过荧光信号的检测对样品初始模板浓度进行定量，误差小；操作简单，自动化程度高，实时定量PCR技术对PCR产物的扩增和检测在闭管的情况下一步完成，不需要开盖，交叉污染和污染环境机会少；没有后处理，不用杂交、电泳、拍照。

(3) Southern杂交

Southern杂交是利用经过标记的DNA、RNA探针与靶DNA进行特异性杂交，分析外源基因在植物染色体上的整合情况（如拷贝数、插入方式）以及外源基因在转基因后代的稳定性问题。Southern杂交可以不受操作过程中的DNA污染影响和清除转化中的质粒残留所引起的假阳性信号，准确度高，特异性强，是研究转基因植株外源基因整合最可靠的方法。已广泛应用于水稻、小麦、玉米、大豆、油菜、桃等各类作物转基因植株的检测。然而该方法程序复杂，成本高，且对实验技术条件要求较高，使其使用受到了限制。

2. 目的基因转录水平上的检测

(1) Northern杂交

外源基因在转化植株中的转录水平可以通过细胞总RNA和mRNA与探针杂交来分析，称为Northern杂交，它是研究转基因植株中外源基因表达及调控的重要手段。整合到植物染色体上的外源基因如果能正常表达，则转化植株细胞内有其转录产物——特异mRNA的生成。将提取的植物总RNA或mRNA用变性凝胶电泳分离，则不同的RNA分子将按分子量大小依次排布在凝胶上；将它们原位转移到固定膜上；在适宜的离子强度及温度条件下，用探针与膜杂交；然后通过探针的标记性质检测出杂交体。若经杂交，样品无杂交带出现，表明外源基因虽然已经整合到植物细胞染色体上，但在该取材部位并未有效表达。

Northern杂交程序一般分为三个部分：植物细胞总RNA的提取，探针的制备，印迹及杂交。Northern杂交比Southern杂交更接近于目的性状的表现，因此更有现实意义。但Northern杂交的灵敏度有限，对细胞中低丰度的mRNA检出率较低。因此在实际工作中更多的是利用逆转录PCR（reverse transcription PCR，RT-PCR）技术对外源基因的转录水平进行检测。

(2) RT-PCR

RT-PCR的原理是在反转录酶作用下，以待检植株的mRNA合成cDNA，再以cDNA为模板扩增出特异的DNA。因此，RT-PCR可在mRNA水平上检测目的基因是否表达。RT-PCR十分灵敏，能够检测出低丰度的mRNA，特别是在外源基因以单拷贝方式整合时，其mRNA的检出常用RT-PCR。

3. 外源基因翻译水平上的检测

尽管在mRNA水平也能一定程度地研究外源基因的表达，但存在mRNA在细胞质中被特异性地降解等情况，导致mRNA水平与蛋白质含量的相关性不高（相关系数低于0.5）。因此，基因表达的中间产物mRNA水平的检测并不能取代基因最终表达产物的检测。转基因植株外源基因表达的产物一般为蛋白质，外源基因编码蛋白质在转基因植物中能够正常表达并表现出应有的功能才是植物基因转化的最终目的。外源基因表达蛋白检测主要利用免疫学原理，ELISA及Western杂交是外源基因表达蛋白检测的经典方法。

(1) ELISA检测

ELISA是酶联免疫吸附法（enzyme-linked immunosorbent assays）的简称，基础是抗原或抗体的同相化及抗原或抗体的酶标记，把抗原抗体反应的高度专一性、敏感性与酶的高效催化特性有机结合，从而达到定性或定量测定的目的。ELISA 有直接法、间接法、双抗体夹心法、双位点一步法、捕获法测 IgM 抗体、应用亲和素和生物素的 ELISA 等几种方法。目前使用最多的是双抗体夹心法，其灵敏度最高。一般 ELISA 为定性检测，但若作出已知转基因成分浓度与吸光度值的标准曲线，也可据此来确定样品转基因成分的含量，达到半定量测定。该方法已在棉花、辣椒、水稻、烟草、番茄等多种转化植株的检测中应用。

（2）Western 杂交

Western 杂交是将蛋白质电泳、印迹、免疫测定融为一体的蛋白质检测技术，其原理是生物中含有一定量的目的蛋白。先从生物细胞中提取总蛋白或目的蛋白，将蛋白质样品溶解于含有去污剂和还原剂的溶液中，经 SDS-PAGE 电泳将蛋白质按分子量大小分离，再把分离的各蛋白质条带原位转移到固相膜（硝酸纤维素膜或尼龙膜）上，接着将膜浸泡在高浓度的蛋白质溶液中温育，以封闭其非特异性位点。然后加入特异抗性体（一抗），膜上的目的蛋白（抗原）与一抗结合后，再加入能与一抗专一性结合的带标记的二抗（通常一抗用兔来源的抗体时，二抗常用羊抗兔免疫球蛋白抗体），最后通过二抗上带标记化合物（一般为辣根过氧化物酶或碱性磷酸酶）的特异性反应进行检测。根据检测结果，从而可得知被检生物（植物）细胞内目的蛋白的表达与否、表达量及分子量等情况。Western 杂交方法灵敏度高，通常可从植物总蛋白中检测出 50ng 的特异性的目的蛋白。

拓展 9-4

由于 Western 杂交是在翻译水平上检测目的基因的表达结果，能够直接表现出目的基因的导入对植株的影响，一定程度上反映了转基因的成败，所以具有非常重要的意义，被广泛采用。该方法已应用于烟草、青蒿、枸杞、杨树等相关目的基因导入后的表达。Western 杂交的缺点是操作繁琐，费用较高，不适合做批量检测。（拓展 9-4：基因芯片检测）

第五节 高等植物基因的诱导表达系统

植物转基因技术已成为研究和改良植物遗传资源的强有力工具，转化的外源基因在植物受体细胞中的表达是植物基因工程研究的关键，而外源基因的表达首先取决于其转录的启动，启动子是决定基因表达部位、时间和强度的主要调控元件。花椰菜花叶病毒（CaMV）的 35S 启动子能在许多植物物种中的几乎所有发育阶段及所有组织中高效表达，它已经被广泛用于构建转基因植株。在高等植物基因工程中，启动子的时空特异性表达具有重要意义，因为很多外源基因的表达对植物早期的生长和发育有影响，甚至会导致植株死亡。可用于调控外源基因表达的因素很多，包括植物内源性的分子（如植物激素等）以及自然环境条件（如光照等），但是这些调控因素的一个致命弱点在于它们的多效性。如果采用这些条件控制外源基因的表达，则必然会同时引发一系列植物内源基因的开启，导致严重后果。因此，理想的外源基因表达调控系统是利用那些来自与植物亲缘关系较远的物种的调控元件，所选择的诱导物也通常是植物体内很少出现的，这样就不会干扰植物内源基因的正常功能。目前，已发展了多种只作用于外源转基因的高度专一性表达调控系统，大大促进了植物基因工程的研究与应用。

一、外源基因的四环素诱导系统

1992 年，Gossen 等成功利用原核基因调控元件构建了四环素（tetracycline，Tet）真核细胞基因调控表达系统，它利用 Tet 及其衍生物对所感兴趣的基因进行诱导表达。Tet 诱导调控表达系统的基本原理是由诱导物如 Tet 改变调控蛋白质的构象，从而控制目标蛋白质的表达。

大肠杆菌四环素抗性操纵子中的启动子区存在着两个基本相同的操纵子序列 TetO，转座子 Tn10 编码的阻遏蛋白 TetR 特异性地与 TetO 结合，阻止转录起始复合物的形成，从而抑制四环素抗性基因的表达。当环境中的四环素分子进入大肠杆菌细胞后，特异性结合 TetR 蛋白，使其构象改变，并从 TetO 上解离下来，于是转录起始复合物形成，诱导表达四环素的抗性基因。根据上述原理，可以构建出植物体内的基因诱导表达系统。

1. Tc-on 型四环素诱导系统

Tc-on 型四环素诱导系统的工作原理是在四环素存在的条件下，受控的基因启动表达，反之则关闭。将 TetR 阻遏蛋白的编码基因置于 CaMV 的 35S 启动子控制之下，构成的阻遏蛋白表达盒转化烟草，获得组成型高水平表达 TetR 的植株（Tet^{R+}）；在另一个载体上，将 3 个 TetO 插到 35S 启动子 TATA 盒的两侧，其下游安装报告基因 *gus*，构成四环素诱导型报告基因表达载体（图 9-9）。

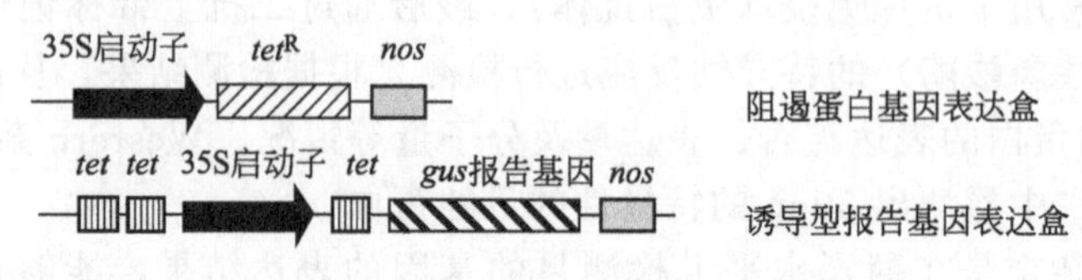

图 9-9 Tc-on 型四环素诱导系统

将上述报告基因表达载体通过转化整合到 Tet^{R} 烟草植株的基因组中。当四环素不存在时，转基因植株检测不到 GUS 活性；用 0.1mg/L 的四环素处理植株（根部吸收或叶片涂抹），*gus* 基因的表达水平比诱导前提高 500 倍，在组织培养的转基因植株，通过根吸收或者叶片涂抹四环素，*gus* 表达可升高 500 倍（与未诱导植株相比）。

Tc-on 型四环素诱导系统的优点表现为：本底表达低，诱导活性高；诱导方式简单，叶片涂抹方式可用于局部表达；四环素在植物体内不稳定，因此可实现基因的瞬时表达研究；诱导物在 0.01～1mg/L 的作用范围内对植物无毒副作用。但是，该系统不能在拟南芥中发挥作用，可能是因为高浓度的 TetR 蛋白严重影响拟南芥根部的发育，而拟南芥恰恰是植物分子遗传学研究中最重要的模式物种。此外，由于诱导物为抗生素，因此该系统不能用于大田试验。

2. Tc-off 型四环素阻遏系统

Tc-off 型四环素阻遏系统的工作原理与 Tc-on 型四环素诱导系统正好相反，无四环素时基因表达，四环素存在时基因关闭。其构建方案如下：将 TetR 蛋白与来自单纯疱疹病毒（动物病毒）的 VP16 蛋白融合在一起，这种融合蛋白（tTA）的 TetR 部分具有 DNA 结合活性，VP16 部分具有转录激活作用。在另一个载体上，将 7 个 TetO 与 35S 启动子的－53～0 区域连接，构成嵌合启动子 Top10，并置于绿色荧光蛋白报告基因 *gfp* 的上游，构成四环素阻遏型报告基因表达载体（图 9-10）。

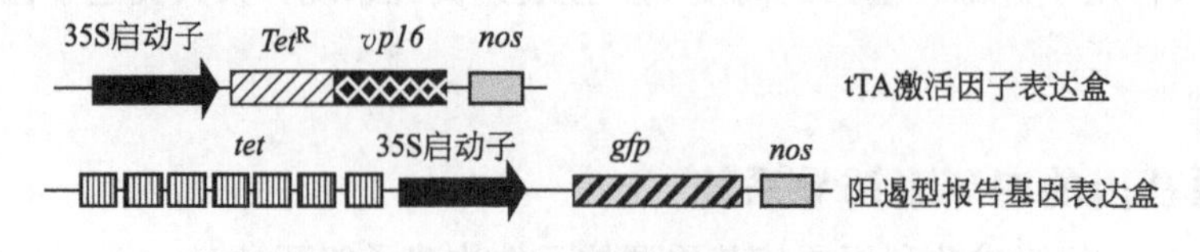

图 9-10 Tc-off 型四环素阻遏系统

整合有上述系统的转基因植株在无四环素时，报告基因 *gfp* 组成型表达；加入

0.05mg/L 的四环素后，GFP 荧光强度减弱；在 0.1mg/L 的四环素存在下，完全检测不到 GFP 的荧光活性。目前，这种 Top10 融合启动子已被成功用在烟草和拟南芥中的基因表达控制。

Tc-off 型四环素阻遏系统的独特之处在于它可精确控制基因的转录：生长在含四环素培养基上的植株，用水冲洗 30min，检测不到 GFP 活性；24h 后，由于四环素的降解，开始产生荧光；48h 后，荧光活性恢复至未经四环素处理的水平，利用这一特点可以比较基因不同程度表达对表型的作用。此外，该系统所需的 TetR 调控蛋白量少得多，避免了 TetR 蛋白对受体植株的毒害作用，因此可用于拟南芥。该系统的缺陷包括：需要不断添加四环素才能使基因转录有效终止，而且 Top10 启动子随着植株的生长发育会沉默。

Tet 诱导调控表达系统尽管得到了广泛的应用，但依然存在不足，针对需要不断添加四环素才能使基因转录有效终止，还有 Top10 启动子随着植株的生长发育会沉默等，人们对该系统做出了一些改进，如对 tTA/rtTA 的改造。Urlinger 等对 tTA 的 DNA 进行了随机突变和筛选，得到了 tTA 突变体 rtTA-S2，在 rtTA-S2 的基础上再将第 12 位 Gly 进行突变，得到突变体 rtTA-M2，此突变体对 Dox（doxycycline）的诱导更为敏感。人们也考虑到从载体结构和调节方式进行改进，最初 Tet 诱导调控系统的调控元件和反应元件分别放在两个载体中，这虽然避免了调控载体上的增强子对表达载体上的 PminCMV 关闭的干扰，减少目的基因的基础表达，然而两个载体共转染效率要比单一载体低，所以将整个系统放置在一个载体上，可以提高转染效率。

二、外源基因的乙醇诱导系统

在构巢曲霉菌中，*alcA* 基因编码一种乙醇降解酶，其表达受到转录因子 AlcR 的调控：在乙醇存在的情况下，AlcR 与 alcA 启动子中的特定区域结合，进而激活 *alcA* 基因转录，表达出乙醇降解酶。根据上述原理，可以在植物中构建受乙醇调控的基因表达系统：将 alcA 启动子与 CaMV35S 启动子的－31～＋1 区域融合，然后置于报告基因 *cat*（chloramp-kenicol acetyl transferase）的上游；而 AlcR 由 35S 启动子控制，使其得到组成型表达（图 9-11）。

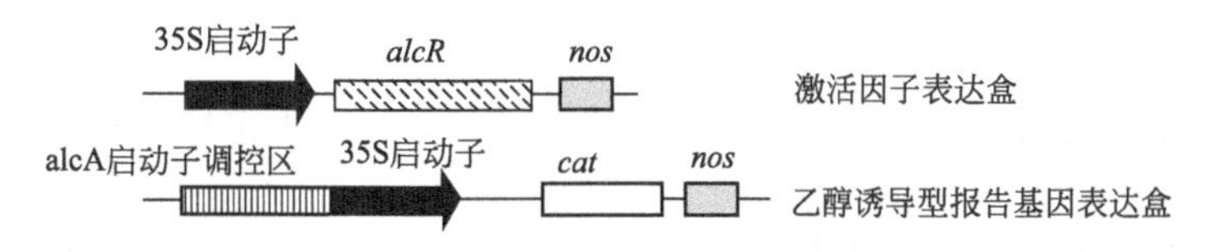

图 9-11 乙醇诱导型基因表达系统

采用农杆菌 Ti 质粒介导的二元整合程序，将上述两个载体转入烟草中。在乙醇不存在时，*cat* 基因几乎不表达；当加入 0.1%的乙醇后，能检测到 CAT 的活性。该系统成功用在转基因植株中调控表达胞质转化酶，这种转化酶能影响植物的碳代谢，植株通常出现矮小和叶片黄萎等表型。含有受控于 alcA-35S 融合启动子的转化酶基因的转基因植株，则生长良好，但将其根部浸在乙醇中或叶片涂抹乙醇，转化酶表达，4 天后，植株幼叶出现严重损坏现象。

上述系统具有十分明显的优点：构成非常简单，只需 *alcR* 基因和 alcA 启动子；诱导状态的 alcA-35S 融合启动子活性大约为 35S 启动子的 50%，而非诱导状态的 alcA 活性仅为诱导状态 alcA 的 1%，这表明本底表达非常低，但诱导效率很高；alcA 和 alcR 来自真菌，高等植物中几乎不存在影响 alcA 启动子的转录因子；系统所需的诱导物乙醇是一种简单的有机化合物，价格低廉且可生物降解，在诱导所需的浓度范围内对植株生长没有任何毒害作用，对环境的影响也很小，可用于大田试验；在通常的生长条件下，植物自发产生乙醇的水平非常低，虽然植物在被水淹时会产生乙醇，但其浓度不至于诱导 alcA 的活性。

目前，人们对该系统的作用机制并不十分清楚，AlcR 蛋白的 DNA 结合活性是直接还是间接受乙醇影响有待深入研究。此外，乙醇长期施用对细胞、组织的毒性影响，以及乙醇对目的基因的专一性等问题也需要进一步考虑。

三、外源基因的类固醇诱导系统

在哺乳动物中，类固醇激素受体蛋白在没有激素存在情况下，与热休克蛋白 HSP90 等在细胞质中形成复合体，无活性；当类固醇激素与受体蛋白结合，受体蛋白便从复合体上解离下来，进入细胞核，激活相关基因的转录。根据这一原理，可以在植物中构建类固醇控制的基因表达系统。

1. 糖（肾上腺）皮质激素诱导系统

将来自酵母的转录因子 gal4 DNA 结合区编码序列、大鼠的糖皮质激素受体调控区（GR）编码序列以及单纯疱疹病毒的转录激活因子 VP16 功能区编码序列重组在一起，并置于 CaMV 35S 启动子的下游，构成 GVG 融合蛋白组成型表达盒（图 9-12）。同时，在另一个载体上，将 6 个拷贝的 gal4 结合的 DNA 靶序列与植物启动子重组，构成响应 GVG 融合蛋白的嵌合启动子。最后，两种重组载体共转化拟南芥。实验结果表明，当上述转基因拟南芥在不含有地塞米松（一种糖皮质激素）的环境中培养时，*gfp* 基因不表达；当地塞米松存在时，GVG 融合蛋白中的 GR 区与之特异性结合，导致整个融合蛋白分子从 HSP90 复合体上解离下来，这时 GVG 中的 gal4 区结合在融合启动子上，由 VP16 功能区激活植物启动子的转录活性，报告基因 *gfp* 表达。

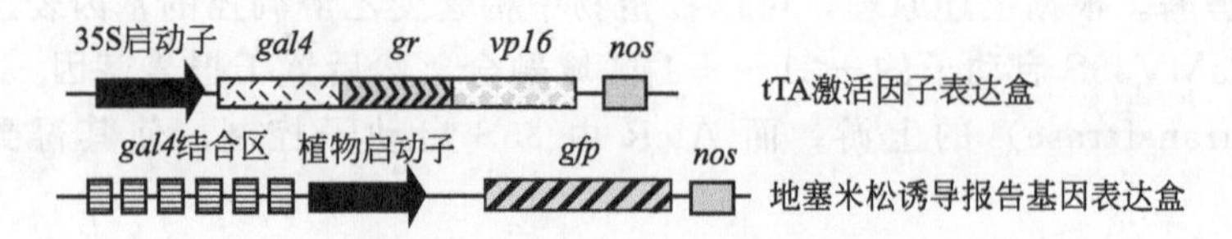

图 9-12　地塞米松诱导型基因表达系统

此系统也存在一定的缺陷，激活 GVG 系统可能会影响宿主植株中其他基因的表达。

2. 雌激素诱导系统

雌激素诱导系统由同一个载体上依次排列的 3 个独立表达盒构成（图 9-13）：将来自细菌 LexA 的 DNA 结合区（1～87 位氨基酸）编码序列、VP16 的转录激活区（403～479 位氨基酸）编码序列以及人雌激素受体（hER）的调控区（287～595 位氨基酸）编码序列重组在一起，并插在一个合成的启动子（$P_{G10\sim90}$）和终止子 t_{E9} 之间，构成 XVE 融合转录因子表达盒；第二个表达盒包括启动子 P_{NOS}、潮霉素磷酸转移酶Ⅱ基因 *hpt* 以及终止子 t_{NOS}，即用于筛选整合子的潮霉素标记基因表达盒；第三个表达盒由嵌合启动子 $O_{LexA\text{-}46}$、多克隆位点 MCS、终止子 t_{3A} 组成。其中 $O_{LexA\text{-}46}$ 是 8 个 LexA 操作子与 35S 启动子－46～＋1 区的重组序列，即外源基因表达盒。$P_{G10\sim90}$ 启动子能介导 XVE 融合转录因子的高水平组成型表达，在雌激素存在的条件下，XVE 结合到启动子 $O_{LexA\text{-}46}$ 上，并激活其下游外源基因的表达。将 *gfp* 报告基因插在 MCS 中，DNA 重组分子转化植株。实验证明，该转基因植株用 8nmol/L～5μmol/L 的雌激素处理，均能表达 GFP。在 0.2μmol/L 的雌激素浓度下，$O_{LexA\text{-}46}$ 就可达到 35S 启动子的强度；施加诱导物后 30min，*gfp* 基因开始转录；24h 后，转录活性达到35S启动子的8倍。由此可见，调节雌激素的浓度和诱导时间可使外源基因获得不同的表达水平。

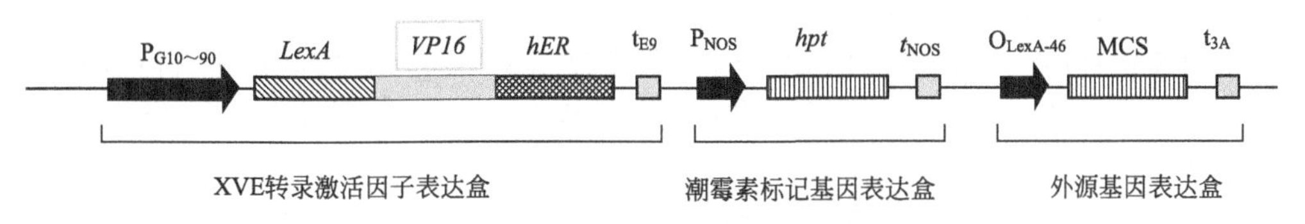

图 9-13 雌激素诱导型基因表达系统

雌激素诱导表达系统的优点很明显：由于雌激素与其受体之间的亲和力很高，很低的雌激素浓度（0.05nmol/L）就能使XVE融合蛋白产生转录激活活性；LexA蛋白的DNA结合区结构与所有已知的真核转录因子均不同，XVE融合蛋白结合到植物内源性顺式调控元件的概率很低；LexA蛋白DNA结合区与其二聚体形成区是分离的，因此当LexA蛋白与VPl6和hER融合时，并不影响它的DNA结合活性，这可能是该系统低本底、高诱导活性的关键因素。该系统的缺陷在于：有些植物（如大豆）本身就含有高浓度的植物内源性雌激素，因此使用受到限制；雌激素结构复杂，在环境中不稳定，所以不能用于大田试验。

3. 蜕皮激素诱导系统

蜕皮激素诱导系统包含两个分子组分，调节作用的部分是由 *Heliothis virescens* 蜕皮激素受体的LBD和VP16的转录活性域与DBD和哺乳动物糖皮质激素受体的转录激活域组成的融合受体，报告部分是6个糖皮质激素响应元件GRE与M35CaMV启动子和β糖皮质激素构成的融合体（图9-14）。该系统以非类固醇类蜕皮激素虫酰肼（tebufenozide）做诱导剂，可高效诱导目的基因的表达。实验表明，在转基因烟草中，以0.4mmol/L muristerone A作诱导物，在烟草表皮细胞、维管组织、下胚轴、胚根以及根毛处都能检测到GUS活性。

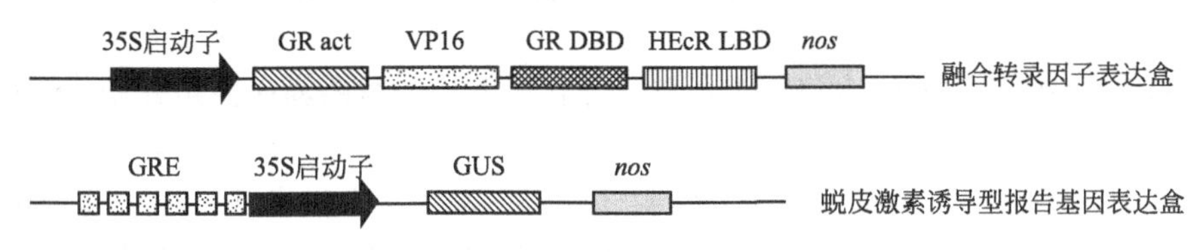

图 9-14 蜕皮激素诱导型基因表达系统

该系统最显著的优点是诱导效率高，且诱导物对植物无毒。目前在许多农作物中被广泛用于控制鳞翅目昆虫。当然，该系统本身是否对宿主植株有害还有待评估。

四、外源基因的地塞米松诱导和四环素抑制系统

一元诱导表达系统中，由于四环素的诱导效率依赖四环素受体的浓度，且植物中四环素受体浓度有限，使得四环素诱导表达系统的应用受到极大限制。1999年Bohner等建立了双元调控可诱导系统。双元调控可诱导系统可以通过优化选择不同功能激活子和效应因子的组合而避免不希望出现的副作用。此外，双元诱导系统能够通过不同的激活子和效应因子组合来确保多种功能的实现。地塞米松诱导和四环素抑制系统就是一个典型的双元调控可诱导系统。

该系统的嵌合转录活化子TGV由TetR DBD（T）与糖皮质激素（GR）的调控区（G）和VP16反式活化序列（V）构成（图9-15）。因此，该系统能由四环素和地塞米松双元调

节，在地塞米松依赖型中，TGV激活由合成启动子驱动的报告基因的表达，合成启动子是由多拷贝改造的Tet操纵子序列和35S最小启动子组成，Tet操纵子序列位于35S最小启动子上游。地塞米松诱导激活类似于GVG系统。当地塞米松被去除，四环素被应用，由于四环素的作用使嵌合因子不能结合DNA，这一系统被迅速关闭。对烟草转基因植株的研究表明，将植株置于含30μmol/L地塞米松的液体培养基中，检测GUS活性为2000U，未经诱导的转基因植株的GUS活性与野生型植株没有明显区别。维持地塞米松浓度，在其中一叶片上每天涂抹10mg/L的四环素，14天后，四环素处理的叶片GUS活性是未处理叶片的1/55。

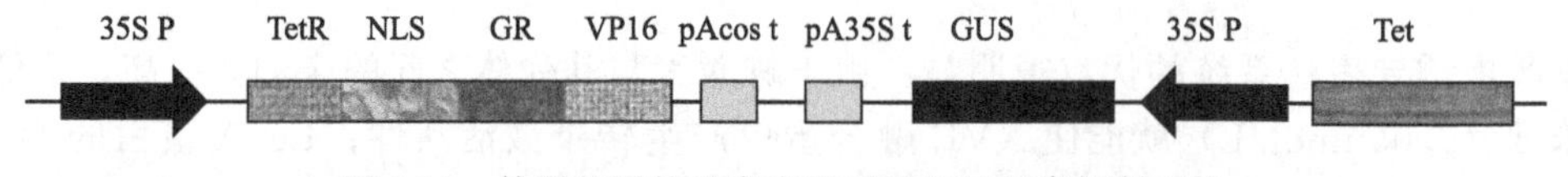

图9-15 外源基因的地塞米松诱导和四环素抑制系统

不同植物中，基因的本底表达水平不一致，表达TGV蛋白的转基因烟草BY2细胞系表现出低本底表达，相对低浓度的地塞米松（0.1μmol/L）和无水四环素（100ng/L）就能分别诱导和抑制基因表达，且对细胞没有毒性。但该系统也存在一定的缺点，即在植株的花中检测不到目的基因的诱导表达；用于诱导的四环素浓度偏高，对宿主植株有一定的毒害作用；此系统不能用于田间试验。

除了化学诱导表达系统外，环境因素如光、温度等物理刺激也同样可诱导植物基因表达。1990年Michael Ainley和Joel Key就曾提出利用热休克来诱导基因表达，并进行了烟草细胞原生质体瞬时表达实验，获得一些有关参数。目前，利用热休克诱导的基因表达已在向日葵、玉米、胡萝卜、拟南芥、烟草等植物中取得成功。但由于热休克诱导特异性差，易诱发多种生理反应，且高温本身可引起植物的伤害，故在应用上受到一定限制。

第六节　植物基因工程的应用

植物基因工程的研究已经取得许多成果，并在农业生产与药物研究中开始广泛应用。目前通过基因工程方法，在作物中转入各种特定基因，如抗植物病虫害基因（*Bt*基因、蛋白酶抑制剂基因等）、抗植物病毒的基因（病毒外壳蛋白基因、干扰素基因等）、抗植物真菌病害的基因（几丁质酶基因、抗毒素基因等）、抗植物细菌病害的基因（杀菌肽基因、溶菌酶基因等），获得了各种抗虫、抗病作物新品种；而转入各种抗非生物胁迫的基因（耐除草剂基因、抗冻蛋白基因、脯氨酸合成酶基因、甜菜碱合成酶基因、调渗蛋白基因等），则可提高作物抗逆能力；转入特定药用功能蛋白（人胰岛素、干扰素、白细胞介素、免疫球蛋白等）的基因，则可利用植物体作为生物反应器（bioreactor）生产活性多肽、抗体和疫苗等药物产品。目前植物基因工程中常用的目的基因已有上百种，随着新技术研究的不断深入，作为植物基因工程的目的基因也将越来越多。植物基因工程的应用将更加广泛，并将在作物改良、药物生产等方面显示巨大的应用价值。

一、基因工程生产转基因黄金水稻

维生素A缺乏会导致眼部和皮肤疾病的发生。转基因黄金水稻（golden rice）就是为了应对维生素A缺乏经研究产生的。水稻未成熟胚乳能够合成β-胡萝卜素的早期中间产物牻牛儿基牻牛儿基焦磷酸（geranylgeranyl diphosphate，GGPP），它能在八氢番茄红素合成酶（phytoene synthase，PSY）的作用下形成无色的八氢番茄红素，在八氢番茄红素脱饱和酶

(phytoene desaturase，PDS)(原核生物的PDS有两种类型，即CrtI型和CrtP型)的作用下形成番茄红素，经番茄红素β-环化酶(lycopene-β cyclase，Lyc-β)的作用产生β-胡萝卜素及其他种类胡萝卜素。因此，要使水稻胚乳能够合成β-胡萝卜素，就需要将外源的*psy*基因、*pds*和*lyc*基因以及相应的启动子和其他调控序列转化到水稻中去。利用源于细菌的八氢番茄红素脱饱和酶基因*crt* Ⅰ，以及源于黄水仙的*psy*和*lyc*，以不同的基因组合插入三种载体中，*crt* Ⅰ受CaMV 35S启动子的控制，*psy*和*lyc*则受胚乳专一性的水稻谷蛋白启动子所控制，同时，这些载体中的功能性转运肽序列，能引导基因产物进入胚乳质体，确保最终产物在胚乳中形成。应用农杆菌进行转化，转基因粳稻台北309所结种子的胚乳中含β-胡萝卜素，呈现金黄色，因此被称为金米。初步分析表明，胚乳中的类胡萝卜素质量分数达1.6μg/g，其中以β-胡萝卜素为主。

碾磨品质跟米粒硬度有极大关系。根据籽粒硬度的不同小麦可分为硬质小麦(hard wheat)和软质小麦(soft wheat)。小麦籽粒硬度主要是由一个硬度(hardness)位点(Ha)控制，由其编码一种“脆素”蛋白(friabilin)，而它是由麦类吲哚脂质体结合蛋白A和蛋白B(lipid-binding protein puroindoline A/B，pinA/pinB)组成。Krishnamurthy和Giroux最近将小麦的*pinA*和*pinB*基因导入水稻中，结果使稻米的硬度下降，磨成的米粉受损伤少，并使精细淀粉颗粒比例上升。这样就可能增加稻米的可消化性能，降低磨米的成本，从而使水稻增值。(拓展9-5：“黄金大米”的研究)

拓展9-5

二、抗虫害的转基因植物

昆虫对农作物的危害极大，目前对付昆虫的主要武器仍是化学杀虫剂，它不但严重污染环境，而且还诱使害虫产生相应的抗性。苏云金芽孢杆菌作为天然的微生物杀虫剂在美国已使用了三十年，该细菌能合成一种分子质量为125kDa的晶体蛋白，对许多昆虫包括棉铃虫的幼虫具有剧毒作用，但对成虫和脊椎动物无害。实际上苏云金芽孢杆菌产生的只是由1178个氨基酸残基组成的无活性毒素原蛋白，幼虫接触到毒素原蛋白后，其消化道中的蛋白酶将之水解成68kDa的毒性片段，后者与幼虫中肠细胞表面的受体结合，从而干扰细胞的生理过程。然而通过苏云金芽孢杆菌发酵生产这种生物杀虫剂，成本颇高，且晶体蛋白原在环境中并不稳定，因此保存期很短。将苏云金芽孢杆菌晶体蛋白编码基因移植到农作物体内的研究持续了许多年，但这个全长基因在植物细胞中的表达率甚低，其主要原因是细菌基因的密码子选用规律与植物不同，而且毒素蛋白原的分子也太大。为此，提高表达效率的方法是只克隆晶体蛋白与毒性有关的N端1～615位氨基酸残基片段，其中1～453编码区采用人工合成片段以纠正密码子的偏爱性，同时将该重组基因置于双CaMV启动子串联结构的控制之下，这使得毒性蛋白在棉花细胞中的表达水平提高了100倍。

此外，有种蛋白型丝蛋白酶抑制剂可有效干扰昆虫的消化功能并将其置于死地，它在番茄和马铃薯等植物细胞中只有痕量存在。转基因烟草的实验结果表明，这种抑制剂的高效表达可赋予植物广谱的抗虫害能力，若将细菌毒素蛋白和丝蛋白酶抑制剂编码基因双双整合到植物染色体上，则转基因植物的抗虫害能力比只含毒素蛋白基因的植物提高20倍。

三、抗除草剂植物的育种

全世界每年花费了成百上千亿元使用一百多种化学除草剂，但杂草的生长仍使农作物减产10%。目前使用的除草剂特异性不强，或多或少会影响农作物的生长，从而限制了除草剂的大量使用。利用转基因技术构建抗除草剂的重组植物有望解决这一问题，其策略包括：抑制农作物对除草剂的吸收；高效表达农作物体内对除草剂敏感的靶蛋白，使其不因除草剂的存在而丧失功能；降低敏感性靶蛋白对除草剂分子的亲和性；向农作物体内导入除草剂的代谢灭活能力等。除草剂中使用最广泛的是草甘膦（glyphosate），因为它以很小剂量即可杀灭各种杂草，进入土壤后能被微生物迅速降解，基本上不污染环境。其除草机理是强烈抑制植物叶绿体芳香族必需氨基酸生物合成途径中的5-烯醇式丙酮酰莽草酸-3-磷酸合酶（EPSPS）活性。将来自矮牵牛花的EPSPS cDNA导入植物中，转基因植物细胞内的EPSPS活性提高了20倍，对除草剂的耐受性也相应增加，但转基因植物生长缓慢。另外，从一种抗糖磷脂的大肠杆菌突变株中分离出*EPSPS*基因，将其置于植物启动子、终止子和多聚腺苷酸化位点的控制之下，并转入植物细胞内表达，由此构建的转基因烟草、番茄、马铃薯、棉花以及矮牵牛花能合成足够量的EPSPS变体蛋白，以取代被草甘膦抑制了的植物酶系，从而表现出较高水平的除草剂抗性。溴氰衍生物（3,5-二溴-4-羟苯甲氰）是一类抑制植物光合反应的除草剂。臭鼻克雷伯菌能产生一种水解酶，将上述溴氰衍生物特异性降解为3,5-二溴-4-羟苯甲酸。目前编码该酶的基因已被克隆，并在植物核糖二磷酸羧化酶小亚基基因所属的光控启动子的调节下成功地在烟草中获得表达。

四、基因工程与植物的雄性不育

杂种优势的利用是提高农作物产量的重要手段之一，也是作物品质改良的重要内容，如何发现和选育相关的雄性不育系和恢复系是杂种优势利用的重要前提。通过基因工程的方法可以快速构建各种不育系和恢复系。影响植物雄性不育的因素主要有遗传和环境两大因子。从不育系的遗传背景看，可分为核不育和细胞质不育；从花粉败育的时间看，有减数分裂前产生败育、减数分裂期间败育和花药不开裂等类型。环境因子对育性的影响主要表现在温度和光照长度方面，低温和短日照都可以引起某些水稻品种的不育。

用植物基因工程的方法获得雄性不育株系通常从遗传背景考虑。其策略主要基于花粉的发育进程来设计，将花粉或花药特异启动子、细胞毒素基因以及转录终止子3部分组装构建成嵌合基因并转化植物，细胞毒素的时空特异表达能够选择性地破坏与花粉发育相关的某些器官或组织，导致植物雄性不育。在烟草中，有人将花药绒毡层特异表达基因*TA*29的启动子分别与核糖核酸酶*T*1基因和*Barnase*基因融合，构建表达盒*TA*29-*RNase T*1和*TA*29-*Barnase*，通过农杆菌的双元载体系统转化烟草，92%带有*TA*29-*Barnase*基因的植株不能产生正常的种子，但若以这些植株做母本，用其他正常植株的花粉进行人工授粉，就能产生发育正常的种子。分析带有*TA*29-*Barnase*基因植株的花粉发育过程发现，*Barnase*的特异表达选择性地破坏了花药绒毡层的发育，导致花药内无花粉粒。而在*TA*29-*RNase T*1转基因雄性不育烟草的花药中可以形成类似花粉粒的细胞，但这些类似花粉粒的细胞不能正常萌发或萌发后产生异常的花粉管，不能完成受精。比较*Barnase*基因和核酸酶*T*1基因发现，核酸酶*T*1基因至少需要4个拷贝才能导致植株100%的败育，而*Barnase*基因仅一个拷贝就能保证几乎全部转基因植株败育。从理论上说，任何对细胞具有杀伤作用的蛋白或多肽基因均可在特异启动子的指导下诱发植物的雄性不育。花粉发育与许多基因有关，类黄酮是花粉发育过程中的重要物质，而苯基乙烯酮（CHS）是其合成的关键物质，将*Chs*基因的反义RNA基因与CaMV 35S启动子及花药特异序列串联构建成嵌合基因后导入矮牵牛，结果证实，*Chs*反义RNA抑制了CHS的合成，阻碍矮牵牛花粉的正常发育，也获得了矮牵牛的雄性不育系。

除此之外，还可以通过提早降解胼胝质壁，或扰乱线粒体与细胞核之间遗传信息的相互作用等基因工程的方法获得植物雄性不育。

五、利用转基因植物生产药用蛋白

1988年比利时PGS公司的科学家首次在烟草中利用转基因植物生产神经肽（enkephelin），随后，美国Scripps研究所分别克隆抗体的重链和轻链基因并转入烟草，然后使两种转基因烟草杂交，在子代烟草叶片中产生大量抗体蛋白，开创了利用转基因植物生产药用蛋白的新时代。目前，已有100多种药用蛋白质和多肽在植物中得到成功表达。利用转基因植物作为生物反应器生产药用蛋白具有极高的医用价值。

通过农杆菌介导的转基因植物生产药用蛋白获得成功，人们也尝试了以病毒为载体在植物中生产药用蛋白。将目的基因插入病毒基因组中，然后把重组病毒接种到植物叶片上，外源基因则随着病毒的复制而得到高水平的表达，病毒蛋白一般可占到感染叶片总蛋白质的50%，利用这种方法，可以大大提高外源基因的表达量。美国科学家在TMV中插入指导合成血红蛋白和其他蛋白质的基因，将重组病毒引入植物叶片两周后开始表达目的蛋白质。英国剑桥的农业基因公司随后将口蹄疫病毒（FMDV）和人类免疫缺陷病毒（HIV-1）的表面蛋白导入豇豆花叶病毒（CPMV）基因组，用机械方式接种豇豆植株，也成功地在植物中生产动物疫苗。（拓展9-6：转基因植物生产重组人血红蛋白的研究）

拓展 9-6

本章小结

植物基因工程，是将获得的目的基因片段与载体DNA经过体外切割、拼接、重组形成重组DNA，然后采取合适的转化方法，把重组DNA引入植物细胞，使其在植物细胞内进行复制和表达，以改变受体植物细胞遗传特性，改良植物性状，培育植物新品种。

目前，用于植物转化的基因已有100多种，主要分以下几类：①抗植物病虫害基因；②抗非生物胁迫、改良作物产品质量的基因；③改变植物其他性状的基因；④植物医药工程基因。

可作为植物基因工程受体的类型有：植物愈伤组织受体、植物原生质体受体、种质受体系统、胚状体受体系统、直接分化芽受体系统。可见组织培养是培养植物基因工程受体的重要方法。另外，要建立一个良好的植物转化系统需要完整进行以下三方面的工作：①高频再生系统的建立；②抗生素敏感试验；③农杆菌的敏感性试验。

植物基因转移方法分为三类：①载体介导的转化方法，即将目的DNA插入农杆菌的Ti质粒或病毒的DNA上，随着载体质粒DNA的转移而转移。共培养法及病毒介导法都属于这一类方法。②DNA直接导入法，指通过物理或化学的方法直接导入植物细胞，物理方法有基因枪法、电击法、超声波法、显微注射法和激光微束法。化学法有PEG法和脂质体法。③种质系统法，包括花粉管通道法、生殖细胞浸泡法、胚囊和子房注射法。

在实际研究中，植物基因转移主要采用农杆菌介导法、基因枪法和花粉管通道法。其中农杆菌转化主要用Ti质粒作为载体，分为一元载体和双元载体两类。一元载体是中间表达载体和改造后的卸甲Ti质粒之间同源重组产生的一种复合型载体，通常也称为共整合载体。双元载体系统则由两个能在根癌农杆菌中自主复制的质粒组成，即在T-DNA边界之间带有目的基因的微型双元穿梭载体和辅助Ti质粒。由于双元载体系统具有稳定、高效等诸多优点，而被广泛采用。

选用合适的方法进行基因转化后，还需要对转化植株经过生物学筛选或筛选标记基因检测，最后目的基因的分子检测也表现为阳性的植株，才可真正称为转基因植株。植物目的基因的表达是多层次的，常用Southern杂交检测目的基因是否整合到染色体上，Northern杂交检测目的基因转录水平的情况，Western杂交检测目的基因的蛋白质表达。

思考题

1. 解释植物基因工程的概念及其与常规育种相比的意义？
2. 世界上哪年获得第一株转基因植物？哪年发明基因枪法？水稻哪年转化成功？
3. 请解释报告基因和标记基因。
4. 植物基因工程载体有哪几种？何为双元载体，具备哪些特点？
5. 抗性基因（resistant gene）是目前使用最广泛的选择标记，常用的抗生素抗性有哪几种？请举两例说明其应用原理。
6. 简述农杆菌介导转基因的主要步骤。
7. 简述基因枪法转化的原理和主要步骤。
8. 简述DNA微粒载体的制备原理。

第十章
核酸分子杂交技术

基因工程的核心技术是DNA的重组技术，随着基因工程技术的不断扩展，并与其他学科的相互交叉融合，从而产生了许多新的重要的技术，如核酸分子杂交技术以及应用杂交原理的基因芯片技术和酵母双杂交技术等，它们在基因工程技术的发展和应用中发挥了重要的作用。

第一节　核酸分子杂交技术概述

核酸分子杂交技术（molecular hybridization of nucleic acid）是根据核酸变性和复性的原理，应用设计的核酸探针检测靶基因或靶序列的技术，是生命科学领域应用最为广泛的技术方法之一。它具有灵敏度高、快捷、简便和易行等优点，被广泛应用于基因克隆的筛选、酶切图谱的制作、基因序列的定量和定性分析以及基因突变的检测等众多方面。

一、核酸分子杂交的原理

核酸分子杂交技术的基本原理是利用具有同源性的两条核酸单链在一定的条件下（适宜的温度及离子强度等）退火，可按碱基互补原则形成双链。如果这两条链的来源不同，则形成杂交分子。互补形成的杂交分子的稳定性与两条链的互补程度（亲缘关系）密切相关。因此，通过应用核酸分子（DNA/RNA）的杂交方法可以用于检测特定生物之间是否存在着亲缘关系或判断分子之间的相似程度，更重要的是核酸分子杂交技术可以用来检测核酸片段中某一特定基因的位置。这种核酸分子杂交技术，同DNA快速分离法以及凝胶电泳技术一样，都是基因工程应用及分子生物学领域基本的DNA分析方法。

在大多数核酸分子杂交反应中，经过凝胶电泳分离的DNA或RNA分子，都是在杂交之前通过毛细管作用或电导作用转移到滤膜上，而且是按其在凝胶中的位置原封不动地“吸印”上去的。常用的滤膜材料有尼龙滤膜、硝酸纤维素滤膜、叠氮苯氧甲基纤维素滤纸（DBM）和二乙氨基乙基纤维素滤膜（DEAE）等。之所以采用滤膜而不直接用电泳凝胶进行核酸杂交，是因为滤膜易于操作，同时也比脆弱的凝胶易于保藏。一般来说，在核酸分子杂交中究竟选择哪一种滤膜，是由核酸的特性、分子大小、在杂交过程中所涉及的步骤的多少以及敏感性等参数决定的。

膜上进行的核酸分子杂交实验，通常包括以下两个步骤：第一，将核酸样品转移到固体支持物滤膜上，这个过程特称为核酸印迹（nucleic acid blotting）转移，主要方法有电泳凝胶核酸印迹法、斑点和狭线印迹法（dot and slot blotting）、菌落和噬菌斑印迹法（colony and plaque blotting）；第二，将具有核酸印迹的滤膜同带有放射性标记或其他标记的DNA或RNA探针进行杂交。所以有时也称这类核酸分子杂交为印迹杂交。

二、核酸分子探针的制备

核酸分子探针（nucleic acid molecular probe）是指特定的已知核酸片段，能与互补核酸序列退火杂交，因此可以用于待测核酸样品中特定基因或特定核苷酸序列的探测。要实现对核酸分子的有效探测，必须将探针分子用一定的示踪物（即标记物）进行标记。标记的核酸分子探针是核酸分子杂交、DNA序列测定等技术的基础。

（一）探针的种类及其选择

根据核酸分子探针的来源及其性质，探针可以分为基因组DNA探针、cDNA探针、RNA探针及人工合成的寡核苷酸探针等几类。根据探测目的和要求不同，可以采用不同类型的核酸探针。值得注意的是，并不是任意一段核酸片段都可以作为探针。探针的选择正确与否，会直接影响杂交结果的分析。因此探针的选择应引起足够的重视并遵循如下原则：探针应具有高度特异性，来源要尽量方便，探针的序列结构应不受标记物的影响等。（拓展10-1：设计寡核苷酸序列用于分子杂交时应遵循的原则）

拓展10-1

1. 基因组DNA探针

克隆化的各种基因片段是最广泛采用的核酸探针，几乎所有的基因片段都可被克隆到质粒或噬菌体载体中，为获得大量高纯度的DNA探针提供了方便。近年来发展起来的聚合酶链式反应（polymerase chain reaction，PCR）也为DNA探针提供了一种方便的来源。在选择此类探针时，要特别注意真核生物基因组中存在的高度重复序列（如人类基因组中的Alu序列），尽可能使用基因的编码序列（外显子）作为探针，避免使用内含子及其他非编码序列，否则可能因高度重复序列的存在而引起非特异性杂交，出现假阳性结果。

2. cDNA探针

cDNA中不存在内含子及其他高度重复序列或非编码序列，是一种较为理想的核酸探针，但cDNA探针不易获得，因此限制了它的广泛应用。另外，要注意cDNA中的poly(dT)可能产生的非特异性杂交问题。

3. RNA探针

mRNA作为核酸分子杂交的探针是较为理想的，因为：①RNA/RNA和RNA/DNA杂交体的稳定性较DNA/DNA杂交体的稳定性高，因此杂交反应可以在更为严格的条件下进行（如杂交温度可提高10℃左右），因而杂交的特异性更高；②单链RNA分子不存在互补双链的竞争性结合，与待测核酸序列杂交的效率较高；③RNA中不存在高度重复序列，非特异性杂交也比较少；④杂交后可用RNase将未杂交的探针消化掉，从而使本底降低。但大多数真核mRNA中都存在一个多聚腺苷酸尾poly(A)，有时也会因此而影响杂交的特异性。这一缺点可以通过在杂交液中加入poly(A)将待测核酸序列中可能存在的poly(T)或poly(U)封闭而加以克服。另外，RNA极易被环境中大量存在的核酸酶降解，很难操作，这也是限制其广泛应用的重要原因之一。事实上，我们极少使用真正的RNA分子作为探针，一般大多是通过cDNA克隆或基因克隆经体外转录而得到mRNA探针。

4. 寡核苷酸探针

近年来，随着DNA合成仪的问世及其使用的逐步推广，越来越多的研究者更热衷于采用人工合成的寡聚核苷酸片段作为分子杂交的探针。寡核苷酸探针的优点是可根据需要随心所欲地合成相应的序列，避免了天然核酸探针中存在的高度重复序列所带来的不利影响；大多数寡核苷酸探针长度只有15～30bp，即使有一个碱基不配对也会显著影响其熔解温度(T_m)，因此特别适合于基因点突变分析；另外，由于探针序列的复杂性降低，杂交所需时间也较短。需要注意的是，短的寡核苷酸探针所带的标记物较少（特别是非放射性标记），灵敏度相应地比较低，所以当用于单拷贝基因的Southern印迹杂交时，宜采用较长的探针。

若已知蛋白质的多肽序列，未知基因结构，可根据密码子推测出核苷酸的大致序列，但是氨基酸对应的密码子常为多个，所以会出现许多种可能的核酸序列，可选择序列变化较小处设计多个探针，提高探针的准确性。

（二）各种标记物及其选择

一种理想的探针标记物，应具备以下几种特性：①标记前后探针的基本结构不变，标记物不影响探针的化学性质、杂交特异性、T_m值等；②可以通过采取一定措施达到较高的灵敏度（如延长曝光时间或用增感屏来增加信号的强度）；③特异性强、本底低、重复性好，并且操作简单、省时；④稳定、安全、经济、无污染。

目前用于分子杂交的探针标记物已有20多种，可分为放射性和非放射性两大类。

1. 放射性核素

放射性核素（radio nuclide）的灵敏度极高，可检测到10^{-4}～10^{-18}g的物质，在最适条件下，可以检测样品中少于1000个分子的核酸含量，而一般光谱分析法只能鉴定10^{-9}g的物质。放射性核素最大的优点是与相应的元素具有完全相同的化学性质，二者之间只是中子数目不同，质子和电子数完全一致，而元素的化学性质是由其核外电子决定的，因此对各种酶促反应没有任何影响，也不会影响碱基配对的特异性、稳定性及杂交性质。另外，放射性核素的检测具有极高的特异性，极少数假阳性结果的出现，一般都是杂交方法导致的，而非放射性核素本身。如果能严格按照规程操作（主要是预杂交和洗膜），则假阳性率极低。放射性核素（拓展10-2）的主要缺点有：①容易造成放射性污染；②当标记活性极高时，放射线会造成核酸分子结构的破坏；③多数放射性核素的半衰期都比较短，必须随用随标记，标记后立即使用，不能长期存放（^{3}H与^{14}C除外）。

拓展10-2

2. 非放射性标记物

为了避免放射性同位素对人体和环境造成的危害和污染，近年来逐渐使用非放射性标记物来制备杂交探针。目前使用过的非放射性标记物已有十多种，与放射性标记探针相比，多数非放射性标记探针的敏感性较差，但稳定性好、分辨力高、检测所需的时间短，尤其是操作过程中不需要放射性防护设备，在安全性方面大大优于放射性标记探针。下面介绍几种主要的非放射性标记物。

① 生物素（biotin）。生物素是一种水溶性B族维生素，又称维生素B_7，其分子中的戊酸羧基经化学修饰之后可含有各种活性基团，此时的生物素即成为活化生物素，能与蛋白质、糖、核苷酸、核酸等多种物质发生偶联，使这些物质被生物素标记。如：生物素与dUTP分子中嘧啶碱基的第五位碳原子通过一个碳链臂共价结合，形成biotin-11-dUTP复合物，该复合物可以替代dTTP掺入DNA。这样，通过酶标记法可制备出生物素标记的核酸探针（注意：生物素是连接在核苷酸的碱基上，而不是磷酸基团上，所以不能用多核苷酸

激酶法进行标记)。当生物素偶联上一个光敏基团后，即成为光敏生物素，它可通过光解反应来标记探针。

② 地高辛（digoxigenin)。地高辛是一种类固醇类的半抗原，存在于洋地黄类植物的花和叶中。该配基通过一个 11C 的连接臂与尿嘧啶环上的第五个碳原子相连，形成地高辛标记的尿嘧啶核苷酸。地高辛标记的核苷酸 Dig-UTP 及 Dig-dUTP 主要通过酶促反应来制备 DNA 及 RNA 探针。

③ 荧光素（fluorescein)。可以被紫外线激发出荧光进行观察，主要适用于细胞原位杂交。不同荧光素物质的最大激发光及发射的荧光有所不同。

④ 标记物与另一物质反应而产生化学发光现象。可以像放射性核素一样直接对 X 射线胶片进行曝光，如 Promega 公司生产的 Lightsmith™ Ⅱ Luminescence Engineering System 及 Amersham 公司生产的 ECL 等。这类标记物可能是今后研究的主流。

（三）探针的标记方法

放射性标记分为体内标记法及体外标记法两种，而基因工程中常用体外标记。体外标记法又分为化学法和酶法两种，化学法是通过标记物的活性基团与核酸分子中的某种基团发生化学反应进行标记，标记物直接与核酸分子相连。而酶法标记是先将标记物标记在核苷酸上，然后再通过酶促聚合反应使带有标记的核苷酸掺入核酸序列中，产生标记核酸探针，常用的酶法标记有切口平移法（nick translation）和随机引物法（random priming)，这两种方法均为均一标记。此外还有一种是利用多核苷酸激酶的末端标记法，为不均匀标记。体外标记法不需要活体生物，所得探针放射性比活高。

非放射性标记物的体外标记常用酶法，先用生物素、地高辛、荧光素等标记物标记核苷酸，然后再通过酶促反应按切口平移法、随机引物法或末端标记法制备成 DNA、RNA 或寡核苷酸探针，需要注意的是，标记物连接在核苷酸碱基上的不能用多核苷酸激酶进行末端标记。

虽然目前酶法使用较多，但标记程序复杂，费用很高。而化学法一般来说都比较简单快速，而且费用也相对较低。但是化学法的主要缺点是试剂及操作程序会因标记物不同而有所差别，很难有一个常规统一的方法。所以人们仍在努力探寻，期望建立比较理想的化学标记法。

1. 切口平移法（拓展 10-3：切口平移标记探针）

拓展 10-3

DNA 酶Ⅰ是核酸内切酶，它能在双链 DNA 分子的单链上产生切口，但不破坏双链结构。DNA 聚合酶Ⅰ是多功能酶，除了具有 $5'\rightarrow3'$聚合酶活性外，还具有 $5'\rightarrow3'$外切酶及 $3'\rightarrow5'$外切酶活性。切口平移法是利用微量的 DNA 酶Ⅰ使待标记的双链 DNA 分子产生若干单链切口，然后利用 DNA 聚合酶Ⅰ的 $5'\rightarrow3'$外切酶活性在切口的 $5'$端将脱氧核苷酸逐个切下，同时该酶的 $5'\rightarrow3'$聚合酶活性又使反应体系中的核苷酸底物按模板要求依次连接到切口的 $3'$羟基处，这样切口会沿着 DNA 链移动，形成所谓的切口平移。此时若反应体系中含有标记的核苷酸，它们将会掺入到新合成的链中，获得标记的 DNA 探针。如图 10-1 所示。

2. 随机引物法

随机引物法与切口平移法的相同之处是都利用 DNA 聚合酶的聚合活性合成与模板链互补的探针链，不同之处是切口平移法是先利用 DNA 酶Ⅰ的内切酶活性在双链 DNA 链上随机产生单链切口，DNA 聚合酶Ⅰ则以切口之前的序列为引物开始互补链的合成，而随机引物法则是在反应体系中另外加入寡核苷酸引物，模板 DNA 变性成单链后与引物杂交，形成局部双链区，DNA 聚合酶以引物的 $3'$-OH 为起始点合成互补的探针链。

该方法的反应体系中没有内切酶，而只有DNA聚合酶，并且使用的是大肠杆菌DNA聚合酶Ⅰ的Klenow大片段（主要表现5′→3′聚合酶活性，而且反应体系的pH值控制在6.6，3′→5′外切酶活性亦被抑制）。另外这种方法标记的是模板DNA的互补链，而模板本身不被标记，这与切口平移法不同。反应中使用的随机引物是含有各种可能顺序的寡核苷酸片段的混合物，若片段长度为6核苷酸，那么可能的排列顺序有4^6种，这种引物称为随机引物，一般可由小牛胸腺DNA经酶解制备或人工合成。使用该随机引物标记的探针一般长度为400～600核苷酸，具有多种序列，但都与模板DNA互补。如果引物只有一种排列顺序，而不是随机序列的混合物，则标记的探针序列也相同。

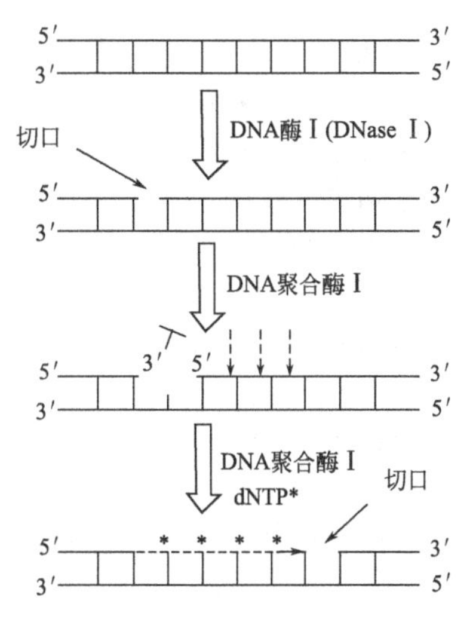

图10-1 切口平移法制备DNA分子探针
（*表示同位素标记）

随机引物法与切口平移法相比，具有明显的优点：①模板的纯度不需很高即可标记；②反应比较稳定，可通过延长反应时间来增加探针产量；③标记探针的比活较高，可达到4×10^9 cpm/μg；④该法可以在低熔点的琼脂糖中进行。

3. 末端标记法

该方法标记的是线性DNA或RNA的5′末端或3′末端，属非均一标记。

5′端标记常用T_4多聚核苷酸激酶，标记物常用[γ-^{32}P] ATP。T_4多聚核苷酸激酶能特异地将^{32}P由ATP转移到DNA或RNA的5′端。线性核酸分子的5′末端常带有磷酸基团，所以标记前要用碱性磷酸酶将磷酸基团移除，也可以在反应体系中加入过量的ADP，这样多聚核苷酸激酶会先将DNA 5′末端的磷酸基团转移到ADP分子上，然后再将[γ-^{32}P] ATP转移到DNA分子的5′末端。人工合成的寡核苷酸的5′末端没有磷酸基团，可以直接用T_4多聚核苷酸激酶标记。

3′末端标记可使用末端转移酶，该酶催化同种或不同种的[α-^{32}P] dNTP加到寡核苷酸的3′末端，可以加上单个或多个标记物，多个标记物的加入可以提高探针的比活。

4. 生物素探针（biotin probe）的化学标记方法

（1）用光敏生物素来标记核酸探针

该方法先将一光敏基团连接到生物素分子上，制备出光敏生物素，然后将光敏生物素与待标记的核酸混合，在一定条件下用强可见光照射约15min。此时光敏基团与核酸之间形成一种牢固的连接（可能是共价连接），获得生物素标记的核酸探针。

这种标记方法有如下优点：①不需要酶系统，可以在水溶液中直接光照标记单链、双链DNA及RNA分子，简便易行；②可大量标记，且获得的标记探针呈橘红色，便于观察；③探针稳定性好，−20℃保存12个月不发生变化；④可标记100 bp以上的核酸探针，标记物的检测灵敏度可达0.5～5pg DNA。

（2）过氧化物酶、碱性磷酸酶的化学法直接标记

其原理是：聚乙烯亚胺是一个带有许多伯氨基的多聚体，利用聚苯醌使聚乙烯亚胺与酶分子交联，这样酶分子上就多了一个带正电荷的部分，该部分能与单链DNA（带负电荷）发生静电结合，最后经过戊二醛的交联作用使酶与DNA之间共价结合，由此得到酶直接标记的探针。

（四）非放射性标记探针的检出

目前大多数非放射性探针的制备都是采用分子杂交与酶反应结合的策略，杂交信号的检出依赖于酶反应，但除了酶直接标记的探针可直接通过酶反应检测外，其他的非放射性标记物，如生物素、地高辛等标记探针的杂交信号均不能直接检出，要先使杂交体与酶标记的检出系统特异结合后，再通过酶反应间接检出。间接检出过程包括偶联反应及酶的显色反应两个阶段。

1. 杂交体与检出系统专一性偶联

偶联主要通过免疫机制或亲和机制来完成，有时也将这两种作用结合起来。当探针的标记物为半抗原时，可通过抗体与抗原特异结合的免疫反应实现偶联。如地高辛标记的探针，将碱性磷酸酶连接在抗地高辛配基的抗体上构成检出系统，该系统中的抗地高辛配基的抗体与地高辛配基抗原专一结合，从而使碱性磷酸酶与杂交体偶联。当标记物有某种特异亲和物时，可通过亲和机制实现偶联，如对于生物素标记的探针，可将酶连接在抗生物素蛋白上构成检出系统。

2. 显色

通过酶反应生成不溶的有色产物将杂交信号检出。目前最常用的酶有碱性磷酸酶及辣根过氧化物酶，也有使用 β-半乳糖苷酶及酸性磷酸酶的报道。

碱性磷酸酶（AKP）是一种水解磷酸基团的酶，当它作用于 BCIP（5-溴-4-氯-3-吲哚磷酸）底物时，可使该底物分子上的磷酸基团脱落，吲哚环脱氢并聚合，脱下的氢使 NBT（硝基四氮唑蓝）还原形成蓝紫色化合物，检测过程示意如图 10-2 所示。

辣根过氧化物酶（HRP）催化 $AH_2 + H_2O_2 \longrightarrow A + 2H_2O$ 一类反应。A 是可提供氢的具有还原性的物质，反应后生成氧化产物，若该产物为不溶于水的有色物质，即可将杂交信号显示出来。常用的辣根过氧化物酶生色底物有 DAB（二氨基联苯胺）和 TMB（四甲基联苯胺），前者可生成红棕色沉淀，后者产物则为蓝色。

三、核酸分子杂交种类与方法

将核酸从细胞中分离纯化后，可以在体外与探针杂交，也可以直接在细胞内进行。据此可将核酸分子杂交分为如下几类：①固相杂交，也称为膜上印迹杂交，包括 Southern 印迹杂交、Northern 印迹杂交、斑点杂交及狭缝印迹杂交。②细胞原位杂交，标记已知序列的核酸，与细胞或组织切片中的核酸进行杂交，并对其进行检测的方法。③液相杂交。

（一）膜上印迹杂交

膜上印迹杂交是指将待测核酸序列片段结合到一定的固相支持物上，然后与存在于液相中标记的核酸探针进行杂交的过程，是目前最常用的一种核酸分子杂交方法。这种膜上印迹杂交的技术也称印迹技术。

根据核酸分子的种类不同，印迹技术（或方法）分为 Southern 印迹和 Northern 印迹。Southern 印迹是指将电泳分离的 DNA 从凝胶中转移到固相支持物上的过程；Northern 印迹则是指 RNA 的印迹过程。根据核酸转移方式的不同也有不同的印迹方法：①斑点或狭缝印迹法，即直接将核酸样品点样于固相支持物上的印迹方法；②虹吸转移印迹方法，即利用毛细管虹吸作用将缓冲液中核酸分子转移到固相支持物上；③电转移印迹方法，即利用电场作用的印迹方法；④真空转移印迹方法，即利用真空抽滤作用的转移方法。印迹杂交实验中，选择有效的转移方法和良好的固相支持物是此项技术成败的关键。

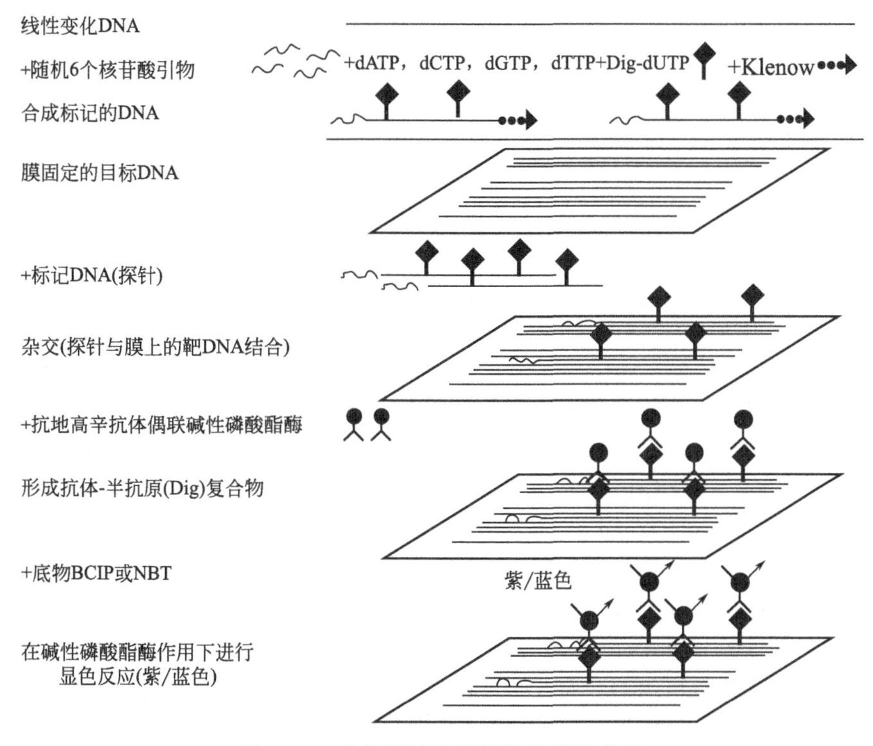

图 10-2 非放射性核酸探针检测示意图

1. 固相支持物的选择

固相支持物种类很多，一种良好的固相支持物应具备以下几个特点：①具有较强的结合核酸分子的能力，一般要求每平方厘米结合核酸的量不应低于 10μg，最好能达到数十微克；②与核酸分子结合后，应不影响与探针分子的杂交反应；③与核酸分子的结合稳定牢固，能经受杂交、洗膜等操作而不至于脱落或脱落极少；④非特异性吸附少，在洗膜条件下能将非特异性吸附在其表面的探针分子洗脱掉；⑤具有良好的机械性能，如柔软性好、韧性强等，以便于操作。目前最常用的几种固相支持物有：硝酸纤维素滤膜（nitrocellulose filter membrane）、尼龙膜（nylon membrane）、化学活化膜（chemical activated paper）、滤纸等。

硝酸纤维素滤膜具有较强的吸附单链 DNA 和 RNA 的能力（依靠疏水作用结合），而且具有杂交信号本底较低的优点，被广泛应用于 Southern 杂交、Northern 杂交、斑点印迹杂交及克隆筛选中。另外硝酸纤维素滤膜非特异性地吸附蛋白质的作用较弱，故特别适用于那些涉及蛋白质作用（如抗体和酶）的非放射性标记探针的杂交体系。其缺点主要有：①膜与 DNA 的结合不十分牢固，反复的杂交及洗膜会导致 DNA 慢慢脱离滤膜，从而使杂交效率下降。②硝酸纤维素滤膜质地较脆（尤其是经过烘烤后），易破损。③不适宜电转印迹法。④对较短的 DNA 片段（特别是小于 200bp 的 DNA 片段）结合能力不强。

尼龙膜是目前比较理想的一种核酸固相支持物，它的韧性强，操作方便，结合单链及双链 DNA 和 RNA 的能力较硝酸纤维素滤膜更强。碱处理也可使 DNA 牢固结合在尼龙膜上，因此使 DNA 变性、吸印和固定可以一步完成。而且对于小分子量的核酸片段也有较强的结合能力，比较适合于电转印迹法，可重复用于杂交。其缺点是杂交信号本底较高，可通过加大预杂交液中的非特异性封闭试剂用量的方法克服。

化学活化膜是用一定的化学物质处理滤纸后形成的（如 ABM 和 APT 纤维素膜）。活化膜上具有活性基团（如重氮盐），可与 DNA 或 RNA 分子共价结合。化学活化膜的优点：①DNA

或 RNA 与膜共价结合，因此反复多次使用不会有太大的损耗；②对不同大小的核酸片段都具有同等的结合能力，这是硝酸纤维素滤膜和尼龙膜都不具备的，但其结合能力一般较硝酸纤维素滤膜要低，活化过程较复杂，因此较少为人们使用。大多数用于 Northern 印迹杂交。

普通滤纸也具有一定结合 DNA 的能力，但结合能力不强，也不牢固，一般不推荐使用。有时在基因文库粗筛中的菌落原位杂交中使用。优点是价格低廉，较为经济。表 10-1 列举了若干种用于核酸分子转移和杂交的滤膜的主要特性。

表 10-1　若干种核酸分子杂交滤膜的性能比较

类型	优点	缺点
硝酸纤维素滤膜	结合 ssDNA、RNA 和蛋白质的能力为 80～100μg/cm²；价格低廉；可用于微量制备	易碎、易皱缩；不能与 DNA 共价结合，因此重复使用能力有限；在 10×SSC 缓冲液中结合能力下降；要用特殊的程序才能结合 RNA 或小片段 DNA
DBM/DPT 滤纸	结合 ssDNA、RNA 和蛋白质的能力为 20～40μg/cm²；能与核酸及蛋白质分子共价稳定地结合；可以用不同的探针进行成功检验	杂交作用没有硝酸纤维素滤膜有效；需要化学激活；时间、温度和 pH 值等因素不稳定性；价格昂贵
DEAE 滤纸	结合 dsDNA、RNA 的能力为 15μg/cm²；可定量回收 DNA	结合 DNA、RNA 能力有限；易碎
尼龙膜	可结合 DNA、RNA 和蛋白质；检测敏感性高；柔性好；抗热抗溶解作用强；不需要预浸湿	有些类型会出现较高的本底

2. Southern 印迹杂交

Southern 印迹是由 Southern 于 1975 年发明建立的，用来检测经限制性核酸内切酶切割的植物 DNA 片段中是否存在与探针同源的序列，并可分析外源基因在植物染色体上的整合情况，如拷贝数、插入方式以及外源基因在转化植株 F1 代中的稳定性等问题。

(1) 原理

转基因植株的基因组 DNA 中含有转化进入的外源基因。提取被检测植株的基因组 DNA，用限制性核酸内切酶酶切，生成的酶切片段中必有外源基因片段或含有外源基因序列的片段；然后在琼脂糖凝胶中进行电泳分离，各酶切片段会按分子大小依次分开，排布在凝胶上；碱处理凝胶，使各酶切片段在凝胶上原位变性；利用印迹技术将变性的各酶切片段由凝胶转移到固相膜上，各片段在固相膜上的相对位置与凝胶上相同，实现所谓的原位印迹；在适宜的条件下与探针进行杂交，膜上与探针同源的单链序列可通过碱基互补作用与探针杂交成双链，从而使探针固定在相应的位置上；最后根据探针的标记性质进行检测，特异性杂交体的数量及位置将清晰而准确地显示出来。

利用滤纸的毛细管作用，将在琼脂糖凝胶上电泳分离开的 DNA 片段转移到固体支持物 NC 膜的相应位置上，然后用标记的探针（DNA/RNA）与固着于膜上的 DNA 杂交，经检测确定与探针互补的电泳条带位置。

(2) Southern 印迹杂交流程

Southern 印迹杂交分析主要包括以下主要步骤。

① 酶解。待测总 DNA 经选定的限制性核酸内切酶酶解，可产生许多不同大小的 DNA 片段。待测 DNA 的量根据样品的种类及实验目的不同而异。对于克隆片段的限制性核酸内切酶图谱分析，取 0.1～0.5μg 即可；而对于鉴定基因组 DNA 中的单拷贝基因顺序，则需要 10～20μg；当采用寡核苷酸探针或探针的比放射活性较低时，则需要多至 30～50μg。

② 电泳。酶解后的总 DNA 因含有许多大小不等的片段，所以经琼脂糖凝胶电泳后这些片段可以在凝胶上分开。一般在琼脂糖凝胶（0.8%）上电泳 6～12h 左右，在其中一个点样孔中加入适当的 DNA 分子量标准参照物。电泳结束后，溴化乙锭染色（或用其他低毒及改良染色剂），紫外线下观察电泳结果。用一张保鲜膜覆盖在凝胶上，复制各分子量参照物及各 DNA 样品带的位置。在凝胶旁放一厘米尺紫外灯下拍照。切除无用的凝胶部分，并切除凝胶的左下角（便于定位），然后将凝胶置于一搪瓷盆中。

③ 转膜。电泳分开后的 DNA 片段从琼脂糖凝胶上转移至杂交膜上，这种转移可以通过多种技术来实现，如经典的利用虹吸转膜（图 10-3）和近些年发展起来的电转法（图 10-4）及真空吸印转膜法。

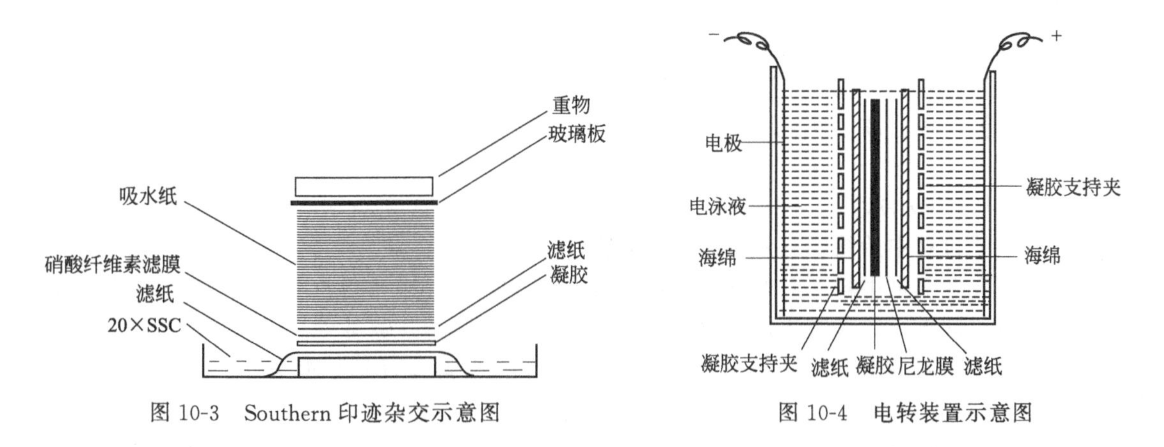

图 10-3　Southern 印迹杂交示意图

图 10-4　电转装置示意图

④ 预杂交。杂交膜需进行预杂交，那些酶解过的 DNA 要用含有非特异 DNA 的预杂交混合液来饱和，以降低探针非特异杂交带来的背景，通常用鲑鱼精 DNA 封闭 NC 膜（或用小牛胸腺 DNA，也有人用高分子化合物，如脱脂奶等），使 NC 膜被 DNA 均匀占据，加入探针之后，只会出现 DNA 与 DNA 的杂交反应。

⑤ 探针标记。探针既可用切口平移法，也可以用任意引物法标记。

⑥ 杂交。可以通过探针同源序列配对来检测基因组 DNA 中的目的序列。将经过变性处理过的探针与杂交液混合后，加入杂交袋中（探针终浓度为 1～2ng/mL），封口，置 65℃水浴轻轻振荡过夜。用专用洗膜液分别洗膜两次，每次洗膜液体积不少于 250mL，以消除非特异性的结合反应。

⑦ 杂交检出。放射自显影：把洗好的膜用滤纸吸干，夹在两层薄塑料膜之间，用胶布固定于一块玻璃板上；于暗室中在膜上放一张略大些的 X 射线胶片、增感器和一块玻璃板，包上黑纸于－60～－80℃冰箱中放射自显影。几小时或几天后，在暗室中取出胶片进行显影和定影。

3. Northern 印迹杂交

通过 Southern 印迹杂交技术可以检测外源基因是否整合到宿主（如植物）染色体上，却无法检测整合到染色体上的外源基因是否表达。宿主细胞基因的表达是一个十分复杂的问题，如：大部分植物基因只能在特定的细胞内、特定的发育时期、特定的环境因素作用下才表达，换言之，原本存在于植物染色体上的基因是否表达、在什么条件下表达、表达量有多少是受到严格调控的。通过转化整合到植物染色体上的外源基因的表达也同样受到植物细胞的生理状况的调控，同时还与整合部位及其他因素有关。

基因表达分为转录和翻译两个阶段，宿主中外源基因的转录水平可以通过细胞总 RNA

或 mRNA 与探针的杂交来分析，称为 Northern 印迹杂交，它是研究动植物中外源基因表达及调控的重要手段。

(1) Northern 印迹杂交的原理

整合到宿主染色体上的外源基因如果能正常表达，在转化细胞内将有其转录产物——特异 mRNA 生成。提取细胞总 RNA 或 mRNA，用变性凝胶电泳分离，不同的 RNA 分子将按分子量大小依次排布在凝胶上，原位转移至固相膜，在适宜的离子强度及温度条件下，探针与膜上的同源序列杂交形成 RNA-DNA 杂交双链，通过探针的标记性质可以检出杂交体。根据杂交体在膜上的位置可进一步分析杂交 RNA 的大小。若经过上述杂交操作膜上没有出现杂交带，说明外源基因虽然已整合到宿主染色体上，但在该取材部位及生理状态下并未有效表达。

(2) Northern 印迹杂交程序

基本程序与 Southern 印迹杂交一样，只是电泳分离有较大差别，Southern 印迹杂交是用普通琼脂糖凝胶分离 DNA 分子，而 Northern 印迹杂交则是用变性凝胶电泳来分离 RNA 分子。

RNA 电泳时必须注意两个问题：①防止单链 RNA 形成高级结构，所以必须采用变性凝胶；②电泳过程中始终要有效抑制 RNA 酶的作用。

常用的变性剂是甲醛，其原理是：甲醛能与碱基结合形成具有一定稳定性的加合物，阻止碱基配对。同时，甲醛对蛋白质分子中的一些基团如胍基、巯基等具有一定反应性，可使酶分子失活。需要特别注意的是碱会导致 RNA 的水解，故不能使用碱变性。

4. 斑点杂交

斑点杂交是将被检标本点到膜上，烘烤固定。这种方法耗时短，可做半定量分析。一张膜上可同时检测多个样品，为使点样准确方便，市售有多种多管吸印仪，如 Minifold Ⅰ和Ⅱ、Bio-Dot (Bio-Rad) 和 Hybri-Dot，它们有许多孔，样品加到孔中，在负压下就会流到膜上呈斑点状或狭缝状。反复冲洗进样孔，取出膜烤干或紫外线照射以固定标本，这时的膜就可以进行杂交。

斑点杂交的具体方式包括 DNA 斑点杂交、RNA 斑点杂交、完整细胞斑点杂交及反向斑点杂交（reverse dot blot，RDB）等。（拓展 10-4：斑点杂交的方法）

拓展 10-4

(二) 菌落原位杂交

菌落原位杂交是 DNA 探针与菌落 DNA 的杂交，于 1975 年，由 M. Grunsyein 和 D. Hogness 提出。具体做法是把菌落或噬菌斑转移到硝酸纤维素滤膜上，使溶菌变性的 DNA 与滤膜原位结合，因为生长在培养基平板上的菌落或噬菌斑是按照原来的位置不变地转移到滤膜上，并在原位发生溶菌、DNA 变性和杂交作用，故称为菌落原位杂交。这些带有 DNA 印迹的滤膜烤干后，再与放射性同位素标记的特异性 DNA 或 RNA 探针杂交。漂洗除去未杂交的探针，与 X 射线底片一起曝光。根据放射自显影所揭示的与探针序列具有同源性的 DNA 的印迹位置，对照原来的平板，便可从中挑选出含有插入序列的菌落或噬菌斑（图 10-5）。

菌落原位杂交在基因克隆的重组体筛选中有十分重要的作用。要从成千上万大量的菌落或噬菌斑组成的真核基因组克隆库中鉴定出含有期望的重组体分子的菌落或噬菌斑，工作量是相当大的，而采用该技术则可方便地检测出大量的阳性菌落或噬菌斑。

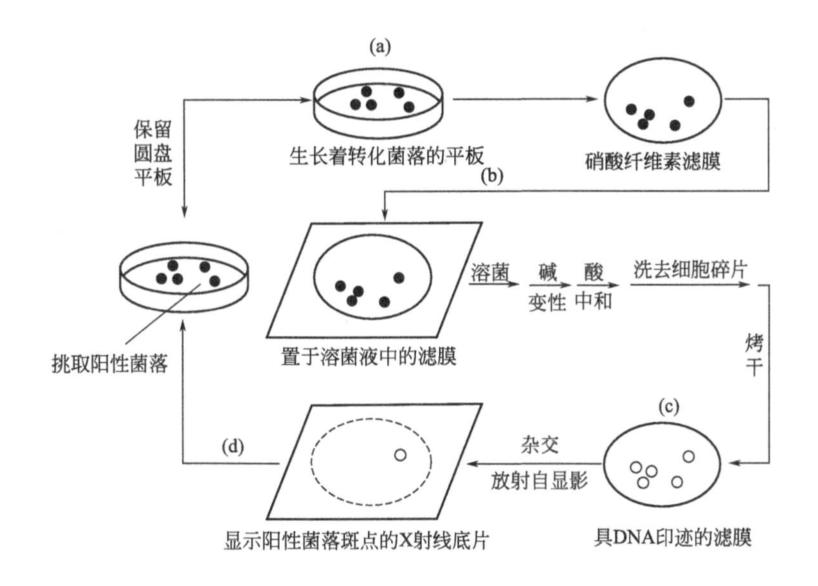

图 10-5　检测重组体克隆的菌落原位杂交技术

(a) 将滤膜铺放在生长着转化菌落的平板表面，使其中的质粒 DNA 转移到滤膜上；(b) 取出滤膜，作溶菌、碱变性、酸中和等处理后，置 80℃烤干；(c) 带有 DNA 印迹的滤膜与标记的探针杂交，以检测带有重组质粒（含有目的 DNA 插入片段）的阳性菌落；(d) 将放射自显影的 X 射线胶片与原菌落平板对照，从中挑出阳性克隆

（三）组织原位杂交

组织原位杂交（tissue *in situ* hybridization）简称原位杂交，指组织或细胞的原位杂交，它与菌落原位杂交不同，菌落原位杂交需裂解细菌释出 DNA，然后进行杂交，而组织原位杂交是经适当处理后，使细胞通透性增加，让探针进入细胞内与 DNA 或 RNA 杂交，因此组织原位杂交可以确定探针互补序列在胞内的空间位置，这一点具有重要的生物学和病理学意义。例如，对致密染色体 DNA 的原位杂交可用于显示按规定序列的位置，对分裂期间核 DNA 的杂交可研究特定序列在染色质内的功能排布；与细胞 RNA 的杂交可精确分析任何一种 RNA 在细胞和组织中的分布。此外，组织原位杂交还是显示细胞亚群分布和动向及病原微生物存在方式和部位的一种重要技术。(拓展 10-5：原位杂交用探针)

拓展 10-5

（四）固相夹心杂交

固相夹心杂交方法与直接滤膜杂交法比有两个主要的优点：①样品不需固定，对粗制样品能做出可靠的检测；②用夹心杂交法比直接滤膜杂交法特异性强，因为只有两个杂交物都杂交才能产生可检测的信号。

固相夹心杂交需要两个靠近而又互相重叠的探针，一个做固相吸附探针，另一个做标记检测探针，样品基因组内核酸只有使这两个探针紧密相连才能形成夹心结构，需要注意的是两探针必须分别亚克隆进入两个分离的非同源载体内，以避免产生高的本底信号。

夹心杂交法可用滤膜和小珠固定吸附探针，使用小珠可更好地进行标准化试验和更容易对小量样品进行操作。Dahlen 等利用微孔板进行夹心杂交，可同时进行大量样品检测，他们先吸附 DNA 探针加到凹板中，然后用紫外线照射使其固定到塑料板上，用微孔板进行夹心杂交还可直接用于 PCR 技术。应用光敏生物素标记探针，检测 PCR 产物的敏感性和用 ^{32}P 标记探针（3×10^{8} cpm/μg）做 16h 放射自显影的 Southern 杂交的敏感性一样。用微

孔板杂交的其他优点还有可同时操作多份样品，加样、漂洗和结果读取等步骤可以自动化。

（五）液相核酸分子杂交类型

1. 吸附杂交

① 羟基磷灰石（HAP）吸附杂交。羟基磷灰石色谱或吸附是液相杂交中最早使用的方法，在液相中杂交后，DNA-DNA杂交双链在低盐条件可特异地吸附到HAP上，通过离心使吸附有核酸双链的HAP沉淀，再用缓冲液离心漂洗HAP几次，然后将HAP置于计数器上进行放射性计数。

② 亲和吸附杂交。生物素标记DNA探针与溶液中过量的靶RNA杂交，杂交物吸附到酰化亲和素包被的固相支持物（如小球）上，用特异性抗DNA-RNA杂交物的酶标单克隆抗体与固相支持物上的杂交物反应，加入酶显色底物。这个系统可快速（2h）检测RNA。

③ 磁珠吸附杂交。应用吖啶酯（acridiniumester）标记DNA探针，这种试剂可用更敏感的化学方法来检测，探针和靶DNA杂交后，杂交物可特异地吸附在磁化的有孔小珠（阳离子磁化微球体）上，溶液中的磁性小珠可用磁铁吸出，经过简单的漂洗步骤，吸附探针的小珠可用化学发光法测定。

2. 发光液相杂交

① 能量传递法。Heller等设计用两个紧接的探针，一个探针的一端用化学发光基团（供体）标记，另一个探针的一端用荧光物质标记，并且这两个探针靠得很近，两个靠得很近的探针用不同的物质标记（光发射标记）。当探针与特异的靶序列杂交后，这些标记物靠得很近，一种标记物发射的光被另一种标记物吸收，并重新发出不同波长的光，调节检测器自动记录第二次发射光的波长，只有在两个探针分子靠得很近时，才能产生激发光，因此这种方法具有较好的特异性。

② 吖啶酯标记法。吖啶酯标记探针与靶核酸杂交后，未杂交的标记探针分子上的吖啶酯可以用专门的方法选择性除去，所以杂交探针的化学发光是与靶核酸的量成比例的。该法的缺点是检测的敏感度低（1ng的靶核酸），仅适用于检测扩增的靶序列，如rRNA或PCR扩增产物。

3. 液相夹心杂交

① 亲和杂交。在靶核酸存在下，两个探针与靶核酸杂交，形成夹心结构。杂交完成后，杂交物可移到新的管或凹孔中，在其中杂交物上的吸附探针可结合到固相支持物上，而杂交物上的检测探针可产生检测信号。用生物素标记吸附探针，及^{125}I标记检测探针。这个系统的敏感性可检测出4×10^5靶分子，该试验保持了固相夹心杂交的高度特异性。

② 采用多组合探针和化学发光检测。第一类探针是未标记的检测探针和液相吸附探针，它们有50个碱基长，其中含有30个细菌特异序列碱基和20个碱基的单链长尾；第二类探针是固相吸附探针，它可吸附在小珠或微孔板上。未标记检测探针的单链长尾用于结合扩增体（标记探针），液相吸附探针和靶DNA杂交物从溶液中分离并固定在小珠或微板上。典型的试验可有25个不同的检测探针和10个不同的吸附探针，第一个标记检测探针上附着很多酶（碱性磷酸酶或过氧化物酶），可实现未标记检测探针的扩增，使用化学发光酶的底物比用显色反应酶的底物敏感。该杂交方法用于乙肝病毒、沙眼衣原体、淋球菌以及质粒抗性的检测，敏感性能达到检测5×10^4双链DNA分子。

4. 复性速率液相分子杂交

这个方法的原理是细菌等原核生物的基因组DNA通常不包含重复顺序，它们在液相中复性（杂交）时，同源DNA比异源DNA的复性速度要快，同源程度越大，复性速率和杂交速率越快。利用这个特点，可以通过分光光度计直接测量变性DNA在一定条件下的复性速率，进而用理论推导的数学公式来计算DNA-DNA之间的杂交（结合）度。

第二节　芯片技术

随着人类基因组计划的快速发展，生命科学领域的研究又面临着新的挑战，即开发出能同时大规模处理生物样品和解析生物信息的新技术——生物芯片（biological chip）。生物芯片的概念是Fodor等人于1991年在《科学》上提出来的。1994年，在美国能源部防御研究计划署、俄罗斯科学院和俄罗斯人类基因组计划的共同资助下，研制出第一种生物芯片，可用于检测β-地中海贫血病人血样的基因突变，筛选了一百多个β-地中海贫血病已知的突变基因，该方法比传统的检测方法快1000倍。1995年，Motorola公司和Packard公司完成生物芯片制造和开发，Packard公司完成生物芯片的处理和分析，重点是针对以凝胶为基础的中等密度的芯片。目前发展最快的是基因芯片技术（又称DNA芯片技术、基因微阵列技术）。此外还有蛋白质芯片、细胞芯片、组织芯片等。

一、基因芯片的基本原理

基因芯片（gene chip）是由大量DNA或寡核苷酸探针密集排列所形成的探针阵列。其工作的基本原理是通过碱基互补配对检测生物信息。即通过与一组已知序列的核酸探针杂交进行核酸序列测定的方法，在一块基片表面固定了序列已知的靶核苷酸的探针。当溶液中带有荧光标记的核酸序列与基因芯片上对应位置的核酸探针产生互补匹配时，通过确定荧光强度最强的探针位置，检测到一组序列完全互补的序列。据此可推导出靶核酸的序列。

二、基因芯片的种类

基因芯片技术是生命科学领域里兴起的一项高新技术，它集成了分子生物学、微电子技术、高分子化学合成技术、激光技术和计算机科学等先进技术。近年来，基因芯片技术在疾病易感基因发现、疾病分子水平诊断、基因功能确认、多靶位同步超高通量药物筛选以及病原体检测等医学与生物学领域得到广泛应用。基因芯片类型较为繁多，可以依据不同的分类方法进行分类，一般可分为以下几种。

1. 按照载体上所添加DNA种类分类

基因芯片根据载体上所添加DNA种类的不同可分为寡核苷酸芯片和cDNA芯片两种。寡核苷酸芯片一般以原位合成的方法固定到载体上，具有密集程度高、可合成任意系列的寡核苷酸等优点，适用于DNA序列测定、突变检测、SNP分析等。其缺点是合成寡核苷酸的长度有限，因而特异性较差，而且随着长度的增加，合成错误率增加。寡核苷酸芯片也可通过预合成点样制备，但固定率不如cDNA芯片高，寡核苷酸芯片主要用于点突变检测和测序，也可用作表达谱研究。cDNA芯片是将微量的cDNA片段在玻璃等载体上按矩阵密集排列并固化，其基因点样密度虽不及原位合成寡核苷酸芯片高，但比用传统载体的点样密度要高得多，cDNA芯片最大的优点是靶基因检测特异性非常好，主要用于表达谱研究。

2. 按照载体材料分类

载体材料可分为无机材料和有机材料两种，无机材料有玻璃、硅片、陶瓷等，有机材料有有机膜、凝胶等。膜芯片的介质主要采用的是尼龙膜，其阵列密度比较低，用到的探针量较大，检测的方法主要是用放射性同位素的方法，检测的结果是一种单色的结果。而以玻璃为介质的芯片，阵列密度高，所用的探针量少，检测方法具有多样性，所得结果是一种彩色的结果，与膜芯片相比，结果分辨率更高一些，分析的灵活性更强。

3. 按照点样方式分类

按照点样方式的不同可以分为原位合成芯片、微矩阵芯片、电定位芯片三种。

4. 按照芯片发展成熟度和规模分类

(1) 第一代基因芯片

第一代基因芯片基片可用材料有玻片、硅片、瓷片、聚丙烯膜、硝酸纤维素膜和尼龙膜，其中以玻片最为常用。为保证探针稳定固定于载体表面，需要对载体表面进行多聚赖氨酸修饰、醛基修饰、氨基修饰、巯基修饰、琼脂糖包被或丙烯酰胺硅烷化，使载体形成具有生物特异性的亲和表面。最后将制备好的探针固定到活化基片上，目前有两种方法：原位合成和合成后微点样。根据芯片所使用的标记物不同，相应信号检测方法有放射性核素法、生物素法和荧光染料法，在以玻片为载体的芯片上目前普遍采用荧光染料法。相应荧光检测装置有激光共聚焦显微镜、电荷耦合器（charge coupled devices，CCD）、激光扫描荧光显微镜和激光共聚焦扫描仪等。其中的激光共聚焦扫描仪已发展为基因芯片的配套检测系统。经过芯片扫描提取杂交信号之后，在数据分析之前，首先要扣除背景信号，进行数据检查、标化和校正，消除不同实验系统的误差。对于简单的检测或科学实验，因所需分析基因数量少，故直接观察即可得出结论。若涉及大量基因尤其是进行表达谱分析时，就需要借助专门的分析软件，运用统计学和生物信息学知识进行深入、系统地分析，如主成分分析、分层聚类分析、判别分析和调控网络分析等。芯片数据分析结束并不表示芯片实验的完成，由于基因芯片获取的信息量大，要对呈数量级增长的实验数据进行有效管理，需要建立起通行的数据储存和交流平台，将各实验室获得的实验结果集中起来形成共享的基因芯片数据库，以便于数据的交流及结果的评估。

(2) 第二代基因芯片

由于第一代基因芯片技术存在着许多不足。如：目标分子的标记数量大、效率低是重要的限速步骤；其次是检测灵敏度不高，重复性差，无法检测单碱基错配的基因样品；再者，待检测的基因样品必须经过 PCR 扩增技术的处理以获得足够量的待检测样品，使检测过程相对复杂。因而发展了第二代基因芯片技术，它主要包括四种。①电极阵列型基因芯片：将微电极在衬底上排成阵列，通过对氧化还原指示剂的电流信号的检测实现基因序列的识别。②非标记荧光指示基因芯片：利用荧光分子作为杂交指示剂，在不需对靶基因进行荧光标记的前提下，通过对荧光分子的检测实现基因序列的识别。③量子点指示基因芯片：利用量子点作为杂交指示剂，在不需对靶基因进行荧光标记的前提下，通过对量子点的扫描实现基因序列的识别。④分子灯塔型基因芯片：利用探针 DNA 片段的发夹结构，获得单碱基突变检测的能力。

(3) 第三代基因芯片

目前，众多的第三代基因芯片也推向了市场。第三代基因芯片代表了测序的最高水平和未来走向。①Illumina 微珠基因芯片技术。这是 Illumina 公司的核心技术之一，博奥生物基于 Illumina 微珠芯片平台，推出 SNP 分型检测服务以及定制 SNP 分型检测服务。它首先用微机电技术在光纤末端或硅片基质上蚀刻出微孔（深度约为 3mm 的相同凹槽），将“微珠池”内的微珠“倒”入光纤束微孔，每个微孔恰可容纳一个微珠，微珠以“无序自组装”的方式在微孔内组装成芯片。每种类型的微珠平均有 30 倍左右的重复。每一个微珠上都偶联有 80 万左右拷贝数的探针。每一个探针由特异的地址序列（对每种微珠进行解码，29mer）和特异序列（代表不同的检测信息，如 SNP 位点序列、基因序列等）组成。用专利的解码技术对芯片上的微珠进行解码，完成对芯片微珠定位信息的收集和确认，也实现芯片生产过程中100%质控。以四种荧光标记进行16种微珠解码为例，解码过程使用与地址序列互补的且分别标记4种荧光染料的探针进行。把标记4种荧光的不同地址序列探针进行组合，每次杂交后探针清洗下来进行下一轮杂交，通过多轮杂交达到指数型区分能力。②Ion Torrent半导体基因芯片。Ion Torrent半导体基因芯片是最新一代的测序技术，它的问世给测序技术的应用带来了激动人心的进展。它采用了半导体技术和简单的化学试剂进行DNA测序，而不是使用光作为媒介。在半导体芯片的微孔中固定DNA链，随后依次掺入ATCG。随着每个碱基的掺入，释放出氢离子，在它们穿过每个孔底部时能被检测到，通过对H^+的检测，实时判读碱基。Ion Torrent个人化操作基因组测序仪（PGMTM）是第一台基于半导体技术的测序仪。与其他测序技术相比，使用该项技术的测序系统更简单、更快速、更易升级。该测序仪与其他高通量测序仪特征互补，可以迅速完成应急服务项目，缩短服务周期，增加服务效率。③实时单分子测序基因芯片。太平洋生物科学公司（PacBio）实时单分子测序基因芯片是直接测由DNA聚合酶将荧光标记的核苷酸掺入互补测序模板。该技术的核心是一个零点启动模式的波导（zero-mode wavelength，ZMW）纳米结构的密集排列，这一排列阵可以进行单个荧光分子的光学审视。在过去，零点启动模式波导结构被用于从大量高密度的分子中分辨出单一的荧光分子，还没有被用于大量平行分析的操作。为使之用于大量平行分析和数据输出通量（测序数据生成能力），太平洋生物科学公司开发出一种方法，能有效地将零点启动模式波导结构排到表面上，他们采用了电子束光刻技术（electron beam lithography）和紫外电子束光刻技术（ultraviolet photo lithography）以及高度平行的共焦成像系统，这样可以对零点启动模式纳米结构中的荧光标记分子进行高灵敏度和高分辨率的探测，并采用了一个沉重的稳定平台来确保良好的光学聚焦效果。④纳米球基因芯片。全基因组学公司（Complete Genomics）的纳米球基因芯片是以杂交和连接反应为核心的。当通过杂交和连接进行测序的方法出现以后，全基因组学公司推出了新的样品处理方法和纳米阵列平台。基因组DNA首先经过超声处理，再加上一些接头，然后模板环化，酶切。最后产生大约400个碱基的环化的测序片段，每个片段内含有4个明确的接头位点。环化片段用Φ29聚合酶扩增2个数量级。一个环化片段所产生的扩增产物称为DNA纳米球（DAN nanoball，DNB）。纳米球被选择性地连接到六甲基二硅氮烷处理的硅芯片上。⑤纳米孔基因芯片技术。还在发展中的纳米孔基因芯片技术是很有潜力的第四代技术。因为这种方法不再需要光学检测和同步的试剂洗脱过程了。这是一种基于纳米孔结构的完全不同的测序技术，单个碱基的读取可以靠测定经由纳米级别的孔洞而跨越或透过薄膜的电导率来进行。纳米孔技术可以广泛地归纳为两类：生物类和固态类。α溶血素是一种能天然性地连接到细胞膜中继而导致细胞溶解的蛋白质，它第一个被用来做成生物纳米孔模型。第二类纳米孔是以硅及其衍生物进行机械制造而成。使用这些合成的纳米孔可以减少在膜稳定性和蛋白定位等方面的麻烦，而这些正是牛津纳米孔公司所创立的生物纳米孔系统一直遇到的问题。例如，Nabsys就发明了一套系统，他们以汇聚的离子束将硅片薄膜打成纳米孔，用于检测与特异性引物进行了杂交的单链DNA穿过纳米孔时的阻断电流变化。IBM创建了一个更为复杂的系统，能有效地使DNA位移暂停，并在暂停的时候通过隧道电流检测识别每个碱基。

三、基因芯片的制作技术

1. 传统的基因芯片制备技术

传统基因芯片的制备主要采用三种方法，即光蚀刻合成法、电压印刷法、点样法。光蚀刻合成法是最初使用的一种方法，其主要过程是：在固相支持物上偶联带有可感光保护基团

X的羟基，荧光有选择地照射到固相支持物，去掉可感光保护基团X，使羟基成为有功能的自由羟基，与加入的带X的核苷酸偶联，第一个反应物被嫁接到目标位置上。随着反应的重复，链不断地延伸，当所需的寡核苷酸链合成完后，对反应基板进行无遮板的荧光普照，去除所有X，即可得到所有多方面的寡核苷酸阵列。这样，光照模式和反应物的加入顺序决定了合成产物的序列以及在基板上的位置。该法可以合成30个碱基左右，其优点在于精确性高，缺点是制造可感光保护剂价格较昂贵。

电压印刷法其原理类似于喷墨打印机，打印机头上的墨盒有四个，分别装有四种不同的碱基，打印机头在方阵上移动，并将带有某种碱基的试剂滴到基板表面，然后固定，经过洗脱和去保护后，就可连上新的核苷酸，使寡核苷酸链延伸。该法采用的技术原理与传统的DNA固相合成相一致。压电印刷法可以合成40～50个碱基，此法效率高但工艺不太成熟。

点样法即预先合成寡核苷酸、肽核酸或分离得到cDNA，再通过点样机直接将其点到芯片上。寡核苷酸或肽核苷酸的合成主要是通过多孔玻璃合成法。肽核苷酸虽然在制备上比较复杂，但是它与DNA探针相比，由于RNA与DNA结合的复合物更加稳定和特异，因而更加有利于单碱基错配基因的检测。来自某一细胞的cDNA必须进行预处理、纯化、扩增以及分类，然后再利用机械手把它们准确地固定在基板的相应位置上，为了保证cDNA芯片检测的准确性，在制备cDNA芯片以前必须提高低表达基因cDNA的丰度，降低高表达基因cDNA的丰度。点样法的优点在于成本低、速度快，但缺点是构成方阵的寡核苷酸或cDNA片段需事先纯化。

2. 新型基因芯片制备技术

新型基因芯片制备技术主要包括微电子芯片技术、三维生物芯片技术和流过式芯片技术。

微电子芯片利用微电子工业常用的光刻技术，芯片被设计构建在硅/二氧化硅等基底材料上，经热氧化，制成1mm×1mm的阵列，每个阵列含有多个微电极，在每个电极上通过氧化硅沉积和蚀刻制备出样品池。将连接链亲和素的琼脂糖覆盖在电极上，在电场作用下生物素标记的探针即可结合在特定电极上。电子芯片最大的特点是杂交速度快，可大大缩短分析时间，但制备复杂、成本高。

三维生物芯片技术主要是利用官能团化的聚丙烯酰胺凝胶块作为基质来固定寡氨基酸。通常的制备方法是将有活性基团的物质或丙烯酰胺衍生物与丙烯酰胺单体在玻璃板上聚合，机械切割出三维凝胶微块，使每块玻璃片上有10000个微小的聚丙烯酰胺凝胶条，每个凝胶条可用于靶DNA、RNA或蛋白质的分析，光刻或激光蒸发除去凝胶块之间的凝胶，再将带有活性基团（氨基、醛基等）的DNA点，加到凝胶上进行交联，再将DNA样品转移到凝胶块上。

流过式芯片即在芯片片基上制成格栅状微通道，设计及合成特定的寡核苷酸探针，结合于微通道内芯片特定区域。从待检测样品中分离DNA或RNA，并对其进行荧光标记，然后该样品流过芯片，固定的寡氨基酸探针捕获与之相互补的核酸，再用信号检测系统分析结果。其特点是敏感度高、速度快、价格较低。

3. 样品的制备

生物样品成分往往比较复杂，所以在与芯片接触前，必须先对样品进行处理。为了提高结果的准确性，来自血液或组织中的DNA/mRNA样品须先行扩增，然后再被荧光素或同位素标记成为探针。

4. 影响杂交的因素

影响杂交的因素很多，但主要是时间、温度及缓冲液的盐浓度。如果是表达检测，需要历时较长的低温和高盐条件的较严谨性杂交。而如果是突变检测，需要历时短的高温和低盐条件的高严谨性杂交。总之，杂交条件的选择要根据芯片上核酸片段的长短及其本身的用途来定。

5. 杂交图谱的检测和读出

目前最为常用的是激光共聚焦荧光检测系统，其原理主要是与芯片发生杂交的探针上的荧光被激发后经过棱镜刚好能通过共聚焦小孔，而能被探测器检测到，而芯片之外的其他荧光信号则不能被探测器检测到，检测到的荧光信号通过计算机处理后就可直接读出杂交图谱，此法灵敏度和精确度较高，但是扫描所需时间较长。另一种检测系统采用 CCD 摄像原理，它虽然灵敏度和精确度较低，但所需的扫描时间较短，因而更适用于临床诊断。此外，近年来还发展了多种检测方法，如质谱法、化学发光法、光导纤维法等多种方法，其中最有前途的是质谱法。

Taton 等发明了纳米粒子探针阵列扫描检测法（scanometric DNA array detection with nanoparticle probe），该法使用了 Au 和 Ag 两种金属离子来标记寡核苷酸探针，另外使用普通的平台扫描仪检测。使用金属离子标记探针与基板进行杂交时，其退火温度曲线与使用传统的荧光标记探针的完全不同。这种不同使得杂交时其单核苷酸错配的概率是传统的荧光标记探针法的 1/3 甚至更低。另外这种金属离子标记探针在与芯片杂交时会互相交联形成一种较大颗粒的网络结构。由于以上两个原因使用该法进行 DNA 芯片检测时其灵敏度比使用荧光标记法高两个数量级。

四、基因芯片技术的应用

（一）科研领域

1998 年底美国科学促进会将基因芯片技术列为 1998 年度自然科学领域十大进展之一，足见其在科学史上的意义。它以其可同时、快速、准确地分析数以千计基因组信息的本领而显示出了巨大的威力。这些应用主要包括基因表达检测、突变检测、基因组多态性分析和基因文库作图以及杂交测序等方面。采用基因芯片检测基因表达的改变能够节省大量的人力物力和财力，在以前，科学家不得不重复大量的实验来观察多个基因的改变情况，如果采用传统的方法研究细胞中的上千个基因的改变几乎是不可想象的，因为必须首先提取细胞的核酸，而且要足够多以满足 Northern 杂交的需要，然后标记每一种探针，再分别进行杂交检测。

而采用基因芯片则可以使工作量成千上万倍地减少，如利用基因芯片可同时检测酵母菌中 6000 个基因的功能，而斯坦福大学 Patrick Brown 领导的科研小组则成功地检测了人成纤维细胞中 8600 个基因的表达改变。基因芯片还可用于基因测序，目前美国人类基因组计划正在大力发展这一技术争取能替代目前的自动测序，同现有的手工测序和自动测序相比，基因芯片测序能节省大量的试剂和仪器损耗。在基因表达检测的研究上人们已比较成功地对多种生物包括拟南芥、酵母及人的基因组表达情况进行了研究。

实践证明基因芯片技术也可用于核酸突变的检测及基因组多态性的分析，其对多种基因的突变检测与常规测序结果一致性达到 98%，可用于人类基因组单核苷酸多态性的鉴定、作图和分型，人线粒体基因组多态性的研究等方面。将生物传感器与芯片技术相结合，通过改变探针阵列区域的电场强度已经证明可以检测到基因的单碱基突变，通过确定重叠克隆的次序从而对酵母基因组进行作图。

杂交测序是基因芯片技术的另一重要应用。该测序技术理论上不失为一种高效可行的测序方法，但需通过大量重叠序列探针与目的分子的杂交方可推导出目的核酸分子的序列，所以需要制作大量的探针。基因芯片技术可以比较容易地合成并固定大量核酸分子，所以它的问世无疑为杂交测序提供了实践的可能性。

（二）生物制药领域

各大药厂和生物技术公司将会使用基因芯片发现筛选新药等。采用基因芯片技术，可以大大加快人类基因组计划的工作进度，例如用于基因测序、基因表达检测和新的遗传标志如SNP定位等，这对寻找新的功能基因、寻找新的药物作用靶点和开发新的基因药物具有重要意义。采用基因芯片可以以超乎以前想象的工作量来检测不同物种、不同组织、不同病种、不同处理条件下的基因表达改变，从而指导开发具有不同用途的诊断试剂盒。新药在实验阶段必须通过人体安全性试验，就必须观察药物对人基因表达的影响，由于并不知道药物对哪一种基因起作用，就必须对已知所有或一定范围内的基因表达都进行检测，采用基因芯片可以迅速而准确地完成这一任务，美国 Tularick 公司曾开发出一种新药，该药能够显著地降低低密度脂蛋白（一种能引起血管硬化的物质），随后 Tularick 公司的科研人员采用 Syntini 公司的基因芯片研究了这种新药对人体细胞基因表达的影响，发现它能显著地改变细胞的基因表达图谱，十分类似于一种毒性反应，Tularick 公司只好终止了这种药物的研发，由此公司节省了大量的投资。

（三）医学诊断

① 在优生方面，目前知道有 600 多种遗传疾病与基因有关。妇女在妊娠早期用 DNA 芯片做基因诊断，可以避免胎儿许多遗传疾病的发生。

② 在疾病诊断方面，由于大部分疾病与基因有关，而且往往与多基因有关，利用 DNA 芯片可以寻找基因与疾病的相关性，从而研制出相应的药物和提出新的治疗方法。DNA 芯片的高密度信息量和并行处理的优点不仅使多基因分析成为可能，而且保证了诊断的高效、廉价、快速和简便。

③ 应用于器官移植、组织移植、细胞移植方面的基因配型，如 HLA 分型。

④ 病原体诊断，如细菌和病毒鉴定、耐药基因的鉴定。

⑤ 在环境对人体的影响方面，已知花粉过敏等人体对环境的反应都与基因有关。若对与环境污染相关的 200 多个基因进行全面监测，将对生态环境控制及人类健康有重要意义。

⑥ 在法医学方面，基因芯片比早先的 DNA 指纹鉴定更进一步，它不仅可做基因鉴定，而且可以通过基因中包含的生命信息描绘生命体的长相（如脸型）等外貌特征。这种检验常用于灾难事故后鉴定尸体身份以及鉴定父母和子女之间的血缘关系。

由此可见，利用基因芯片可以快速高效地获取空前规模的生命信息，这一特征将使基因芯片技术成为今后科学探索和医学诊断等诸多方面的革命性的新方法、新工具。

本章小结

核酸杂交技术是应用广泛的核酸检测技术。通过已知的核酸序列与未知的核酸序列杂交，可分析鉴定待测样品中是否含有特定的核苷酸序列。此外，核酸杂交技术也是基因芯片技术的原理基础。

基因芯片是以许多特定的寡核苷酸片段或基因片段作为分子探针，有规律地同时固定于支持物的表面，然后与已标记的待测样品中靶分子进行杂交，通过荧光检测系统等对芯片进行扫描，并配以计算机系统对每一探针上的荧光信号做出检测和比较，可以快速地鉴定靶基因的存在、含量及单核苷酸的变化。采用基因芯片技术能同时大规模处理生物样品和解析其生物信息。

思考题

1. 核酸探针制备方法有哪些？常用的非放射性标记有哪些？试说明酶法偶联检测的原理。

2. 简述核酸杂交的基本过程，核酸印迹转膜有哪些方法？

3. 简述基因芯片和酵母双杂交的工作原理及应用前景。

第十一章
组学技术与应用

基因工程的核心技术是DNA重组与产物表达，这均依赖于对目的基因及宿主细胞基因组表达调控的了解。随着数十年来基因组学、转录组学与蛋白质组学等多种组学（-omics）的发展，以及下一代测序技术（next-generation sequencing，NGS）和液相色谱-质谱联用技术等的发展与应用，基因工程正走向更广阔的天地。本章将着重介绍与基因工程有关的新兴组学技术。

第一节 基因组学与DNA测序

自从1989年，美、英、德、法、日、中六国合作“人类基因组计划（human genome project，HGP）”以来，经过三十多年的发展，基因组学已成为现代生物学的核心领域之一。对人类及动植物、微生物基因组的全面测序，为深入理解和治疗人类与动植物疾病、基于基因工程对微生物及动植物细胞进行改造与工业化应用、开发生物能源、推动环境保护等都奠定了坚实的基础。同时，基因组测序推动的DNA测序需求，也驱动了DNA测序技术的高速发展。

一、人类基因组计划

1984年12月，在美国犹他州盐湖城滑雪胜地Alta，由美国能源部资助的一次环境诱变和致癌物防护国际会议上，到会代表在讨论中提出了一个问题：“在受辐射伤害的人群中，能检测到突变的概率比预期低三分之二。有什么新办法可以非常有效地、直接地检测出人类基因的突变？或者说，有没有新方法可在日本广岛，长崎原子弹爆炸后的幸存者及其子女的群体中直接测定基因突变?”这是生物科学家首次讨论人类基因组计划。

1986年，1975年诺贝尔生理学或医学奖得主，美国索尔克生物研究所（Salk Institute for Biological Studies）癌症研究员杜贝可（Renato Dulbecco）在《科学》上发表题为《癌症研究的转折点：定出人类基因组序列》（A turning point in cancer research：sequencing the human genome，*Science* 231：1055-1056，1986）一文，引起了美国社会大众的广泛关注，并使基因组测序计划的支持者和反对者进行了一场为时数年的争论。

经过数年的论证，1988年美国国会正式批准拨出专款资助美国能源部（DOE）和国家卫生研究院（NIH）同时负责实施人类基因组计划，项目从1989年启动，其中DOE主要负责测序技术和方法，NIH负责遗传作图。后来，英、德、法、日、中五国也参与进来，共同完成人类基因组计划，其中中国部分，由华大基因中心于1998年申请参加人类基因组3号染色体端部约1%基因组的测序。人类基因组计划（human genome project，HGP）是人类科学史上的又一个伟大工程，被誉为生命科学的“登月计划”。HGP与曼哈顿计划和阿波罗计划并称为三大科学计划。

作为一项规模宏大、跨国跨学科的科学探索工程，HGP的目标是完成对人类基因组中的30亿碱基的测序，绘制人类基因组图谱，辨识其载有的基因及其序列，从而达到破译人类遗传信息的目的。2001年2月15日，《自然》率先发表HGP的“人类基因组的最初测序和分析”，第二天，《科学》杂志发表了Celera（私人企业塞雷拉基因组公司）的“人类基因组测序”。由HGP和Celera相互竞争而又各自独立完成的2001年人类基因组工作草图的发表，被认为是人类基因组计划的里程碑。（拓展11-1：《自然》杂志编辑部在2021年2月评选的21世纪基因组测序里程碑）

拓展11-1

二、基因组学的主要概念

基因组：某个物种或某个个体的单倍体基因组全序列，是基因表达的基础。基因组测序中涉及很多关键概念，是开展基因组测序的基础。

测序深度：测序得到的碱基数量与待测基因组的比值，如人的基因组大小为3G（即30亿碱基对），测序深度为30×，那么获得的总数据量为90G。

测序覆盖度：测序获得的序列占整个基因组的比例，例如一个细菌基因组测序，覆盖度是98%，那么还有2%的序列区域是没有通过测序获得的。

缺口（gap）：由于基因组中复杂结构（高GC，重复序列）的存在，使得测序最终拼接组装获得的序列往往无法覆盖所有的区域，这部分区域就是gap。

覆盖度的冗余：也叫深度或覆盖深度，以LN/G表示。L代表阅读的长度，N代表阅读序列的数量，G代表单倍体基因组长度。一般而言，越高覆盖度的测序方法往往要求越高的花费。真实的测序方法中读码序列很短（小于250个核苷酸），并且有错误，可以通过增加读码序列的数量来克服它，比如：具有1%错误变异率的译码，在结合8个相同的包含变异位点的序列后可以使错误率变为十万分之一。

基因组测序策略：根据已有基础和工作目的，常分为从头测序和重测序。

基因组从头测序：不依赖于任何已知基因组序列信息对某个物种的基因组进行测序。决定测序深度的主要因素是错误率、拼接算法、读码序列的长度和基因组的重复的复杂性。经常使用混合的方法得到高质量的拼接，比如高深度、短阅读测序的优势常与低深度但是长阅读测序法相结合。从头测序对覆盖度的要求很高，低覆盖度在测序后分析和生物学解释方面有两个主要的影响：①它不能确定是否有编码蛋白质基因的缺失、开放阅读框的中断、一个真正的进化基因的丢失；②更严重的是低覆盖度会产生序列的错误，并且会随着下游的分析和误导性的结论而进行扩散。

基因组重测序：对基因组序列已知的个体进行基因组测序，并在个体或群体水平上进行差异性分析。与已知序列比对，寻找单核苷酸多态性位点（SNP）、插入缺失位点（indel）、结构变异位点（structure variation，SV）及拷贝数变化（CNV）。测序的深度取决于研究的变异类型、疾病的类型和区域的长度。进一步可以分为全基因组测序（WGS）和全基因组外显子测序（WES），其中，高深度的WGS方法对DNA测序来说是黄金准则，因为它几乎可以探测到所有的变异类型，而WES主要探测在蛋白质编码基因中的SVNs（单核苷酸变异）、indel（插入缺失）和其他的功能元件，因此它忽略了调节元件比如启动子和增强子。WES的测序花费比WGS要少，但它具有各种限制条件。

三、基因组的空间结构特性

基因组DNA在细胞核中并不是简单的线性状态，而是通过高度折叠、浓缩成具有特定高级空间构象的染色质形式存在，并储存于细胞核内作为遗传信息的载体。基因组学就是将一个生物体的所有基因进行集体表征和量化，研究基因组的结构、功能、进化、定位等问题，并分析它们之间的相互关系以及对生物产生的影响。

随着基因组学的发展，科学家们对基因组的研究从一维（基因序列）、二维（不同序列的相互作用）层面，逐渐深入到三维（染色质的空间构象）、四维（序列随时间的变化）层面。基因组学研究的一个重要目标是研究基因组序列在细胞核内的三维空间构象，及其在基因复制、重组、表达等生物过程中发挥的功能。

（一）三维基因组结构

真核生物的基因组通过线性DNA多层级地折叠成为染色质，以特定的三维空间构象存在于细胞核内。染色质的三维结构影响着基因的表达调控、DNA的复制及重组。Bickmore等对染色体分裂间期的细胞核进行分析，发现细胞核内存在较长片段的核染色质区间和染色质疆域（chromosome territory，CT），同时存在短片段的增强子-启动子连接区域，这些染色质三维结构对细胞的基因表达和调控具有重要影响。如图11-1所示。借助Hi-C等技术，科研人员们发现了拓扑关联结构域（topologically associated domains，TADs）的存在，TADs作为基因组折叠的基本单位，稳定存在于各类物种的细胞中，并在一定范围内影响基因的表达。细胞核内的TADs存在于相对较大的结构单元——染色质区室（chromatin com-

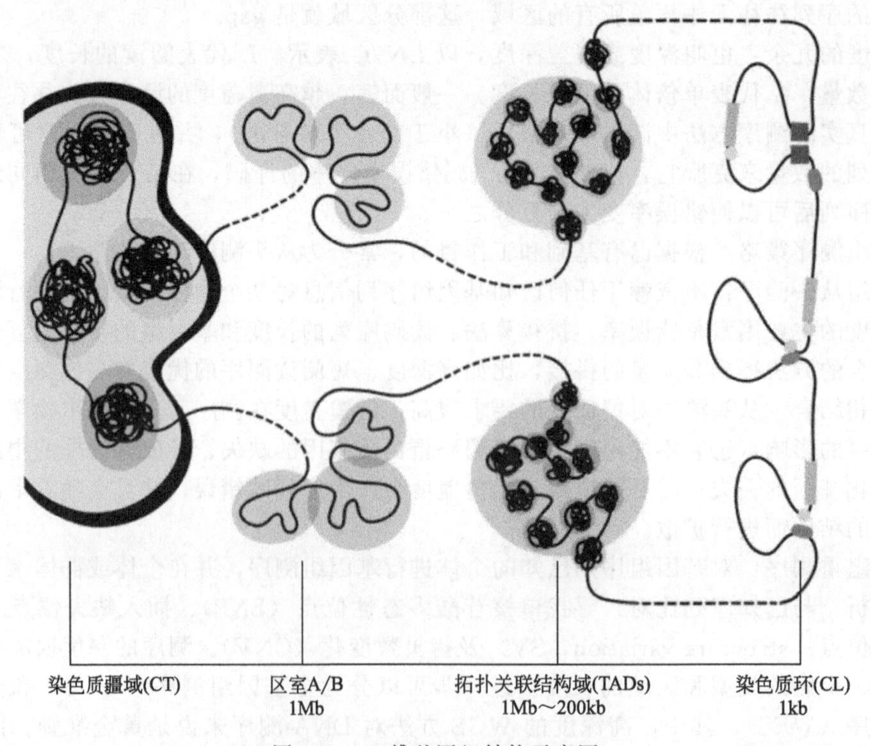

图11-1　三维基因组结构示意图

partment）中，染色质区室是基因组表观状态的体现，与染色质活性密切相关。在 TADs 的内部还存在着更为精细的折叠结构，被称为染色质环（chromatin loop，CL），通常由启动子和增强子（远端）相互作用形成，是直接调控基因表达的基础功能单元。

（二）基因组研究发展与应用

通过三维基因组学，可以清晰地认识到染色质的空间构象变化机制、基因的转录调控机制、生物学性状的形成机制、信号通路的传导机制以及基因组的运行机制。结合 3C 技术和其他衍生测序技术应用于三维基因组学研究，使得科学家们对动植物及微生物的三维基因组空间构象认知越来越清晰。虽然目前三维基因组学在生物学各个领域中得到了广泛的应用，在癌症发生机制的研究上也取得了阶段性成果。但仍然存在一些亟待解决的问题，需要科学家们继续研究与探索。

1. 新型测序技术的开发

Hi-C 技术作为三维基因组学研究的首选方法，可以全面了解细胞内染色质相互作用，但通过 Hi-C 技术获得的信息庞大冗杂，后续的数据整合及不同细胞三维结构差异分析非常复杂，同时高成本、低成功率也是限制 Hi-C 技术广泛应用的因素，虽然 DLO Hi-C 可以简化 Hi-C 技术的步骤和成本，Capture-C 可以减少对样本细胞量的需求，但是仍然需要开发更多更具创新性的测序技术，以满足三维基因组学研究过程中不同的需求。

2. 可视化分析工具的研发

三维基因组学研究过程中涉及的数据规模较大，经典的可视化工具如 Browser、DNA Database 等并不能达到展示三维基因组学数据特征的效果，这一限制给不同类型的多组学数据整合的分析带来了一定的困难。因此开发可以进行多组学数据整合、展示空间构象与基因表达联系的可视化工具，对三维基因组学的发展有极大的推动作用。

3. 单细胞水平的三维基因组研究

单细胞测序技术的发展，给三维基因组结构在单细胞水平的研究提供了新的思路，如何利用相关测序技术探究三维基因组结构及染色体互作的异质性，讨论不同因素对三维基因组结构的影响，以及进行个性化基因组研究，也将是三维基因组学研究热点。

4. 四维基因组学

基因组在细胞核内的空间构象是随着时间不断变化的，以保证细胞正常的生长发育。因此，时间因素也是影响基因组结构的重要因素，随着“4D 核体计划”的推进，对不同时间细胞三维基因组结构的动态变化趋势研究也将成为可能。

综上，三维基因组学的研究仍处于初级阶段，如何将目前获得的阶段性数据转化为具有应用价值的研究成果，并真正促进相关领域的发展，是三维基因组学研究的重中之重。如在逐渐了解癌症等疾病发生过程中，染色质内部和染色质间的结构变化后，能否根据这些变化寻找到合适的治疗靶点，开发靶向药物，调控染色质的相互作用，以达到治疗疾病的目的；在了解动植物的复杂性状的基因调控网络与机制后，如何利用这些优势三维结构特征，提升农业生产水平，这些问题还需要科学家们继续深入探索。（拓展 11-2：三维基因组研究的技术基础）

拓展 11-2

四、DNA 测序技术

（一）第一代测序技术：Sanger 测序法

1977 年，Frederick Sanger 提出了著名的测序方法——双脱氧终止法（Sanger 测序法）。Sanger 测序法的基本原理是：在 4 个 DNA 合成反应体系（含 dNTP）中分别加入一定比例带有标记的 ddNTP（分为 ddATP、ddCTP、ddGTP 和 ddTTP），通过凝胶电泳和放射自显影后可以根据电泳带的位置确定待测分子的 DNA 序列。由于 ddNTP 的 2′和 3′都不含羟基，其在 DNA 的合成过程中不能形成磷酸二酯键，因此可以用来中断 DNA 合成反应（图 11-2）。

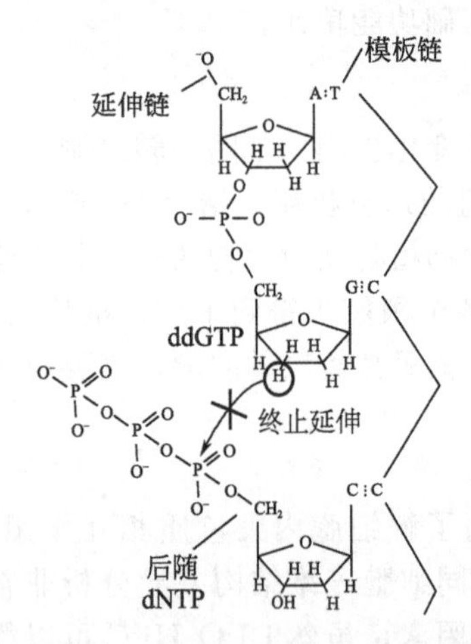

图 11-2　双脱氧测序反应示意图

Sanger 测序法被广泛应用并不断发展。例如，鸟枪法和毛细管电泳技术的应用大幅度提高了其测序的速度和精度。Sanger DNA 测序技术经过了 40 多年的不断发展与完善，现在已经可以对长达 1000bp 的 DNA 片段进行测序，而且对每一个碱基的读取准确率高达 99.999%。在高通量基因组鸟枪法测序操作中，使用 Sanger 测序法的费用大约为每 1000 个碱基 0.5 美元。人类基因组计划主要是依靠 Sanger 测序方法完成。可见，Sanger 测序法一直以来因可靠、准确、可以产生长的读长而被广泛应用。但是它的致命缺陷是测序速度相当慢，例如人类基因组测序耗时 13 年，这显然不是理想的速度，人们需要更高通量的测序平台。

（二）第二代测序技术：高通量测序技术

1996 年以来，人类基因组计划的发起极大地推动了测序技术的应用和发展，同时，新的测序技术也不断涌现，新的测序平台不断出现。下一代测序技术（也叫第二代测序技术、高通量测序技术）是一种高通量测序技术，是对传统测序技术的革命性改变。第二代测序技术利用大量并行处理的能力，一次读取成千上万个短 DNA 片段。2003 年，454 Life Sciences 公司首先建立了高通量的第二代测序技术，随后推出了 454 测序仪（后被 Roche 公司收购）；2006 年，Illumina 公司推出 Solexa 测序仪；2007 年，ABl 推出 SOLiD 测序仪。目前这 3 种测序平台已经成为新一代测序技术的主流，技术具备并行处理大量读长能力，具有高准确性、高通量、高灵敏度和低运行成本等突出的优势，应用越来越广泛，技术也越来越成熟。根据平台不同，读取长度为 13～450bp，不同的测序平台在一次实验中，可以读取高达 100Gb 的碱基数，这样庞大的测序能力是传统测序仪所望尘莫及的。三种第二代测序技术比较列入表 11-1。

表 11-1　三种第二代测序技术对比

测序技术	454	Solexa	SOLiD
上市时间/年	2005	2007	2007
价格/万美元(2007)	50	45	59
单次反应数据量/G	0.4	20	50
读长/bp	400	50×2	50
优势	长读长	低测序成本，高性价比	高通量，高准确度

1. 第二代测序技术的基本原理

第二代测序技术的基本原理是边合成边测序：用不同颜色的荧光标记四种 dNTP，在聚合酶作用下，按照碱基互补配对原则（A 与 T 配对，C 与 G 配对）进行链的延伸，每延伸一个碱基，碱基释放荧光。通过光学系统捕获荧光，从而获得碱基信息。

2. 二代测序流程（以 Illumina 测序为例）

（1）建库

由于 Illumina 测序策略本身的问题，导致其测序长度不可能太长，所以不可能直接拿整个基因组去测序，所以在测序的时候需要先打断成一定长度（一般为 200～500bp）的片段。

打断以后会出现末端不平整的情况，用酶补平，所以现在的序列是平末端。

完成补平以后，在 3′端使用酶加上一个特异的碱基 A。加上 A 之后就可以利用互补配对的原则，加上接头，这个接头可以分成两个部分，一个部分是测序的时候需要用的引物序列，另一部分是建库扩增时需要用的引物序列，进行 PCR 扩增，使得 DNA 样品浓度足够上机要求（图 11-3）。

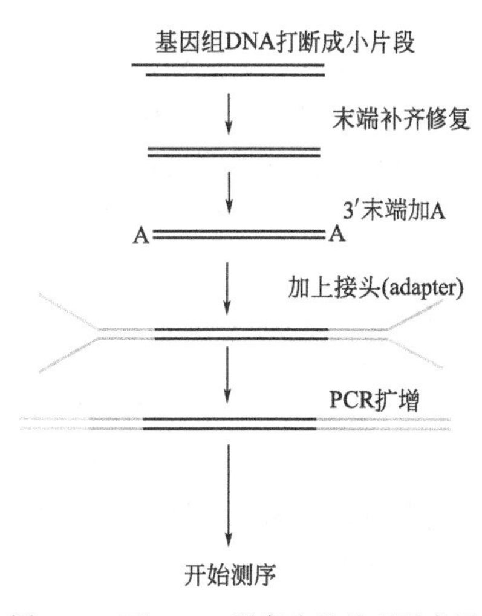

图 11-3　Illumina 测序片段处理示意图

（2）桥式 PCR

将上述的 DNA 样品调整到合适的浓度加入到流路池（英文称为 flowcell）中，再加入特异的化学试剂，就可以使得序列的一端与流路池上面已经存在的短序列通过化学键十分牢固地相连，连接以后就正式开始桥式 PCR。首先进行第一轮扩增，将序列补成双链。加入 NaOH 强碱性溶液破坏 DNA 的双链，并洗脱。由于最开始的序列是使用化学键连接的，所以不会被洗脱。

加入缓冲溶液，这时候序列自由端的部分就会和旁边的接头进行匹配。进行一轮 PCR，在 PCR 的过程中，序列是弯成桥状，所以叫桥式 PCR，一轮桥式 PCR 可以使得序列扩增 1 倍。如此循环下去，就会得到一个具有完全相同序列的簇（英文称为 cluster）。如图 11-4 所示。

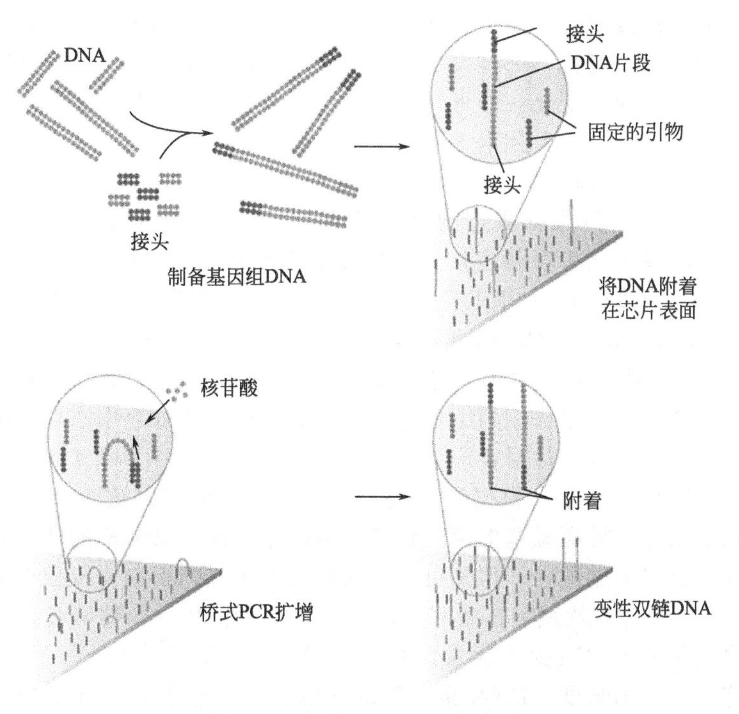

图 11-4　桥式 PCR 原理示意图

(3) 测序

测序的过程中加入特定引物，然后加入特殊处理过的A、T、C、G四种碱基。这些碱基一方面在脱氧核糖3号位加入了叠氮基团而不是常规的羟基，保证每次只能够在序列上添加1个碱基；另一方面是，碱基部分加入了荧光基团，可以激发出不同的颜色。

在测序过程中，每1轮测序，保证只有1个碱基加入当前测序链。这时候测序仪会发出激发光，并扫描荧光。因为一个簇中所有的序列是一样的，所以理论上，这时候簇中发出的荧光应该颜色一致。

随后加入试剂，将脱氧核糖3号位的—N_2改变成—OH，然后切掉部分荧光基团，使其在下一轮反应中，不再发出荧光。如此往复，就可以测出序列的内容。

(三) 第三代测序技术：纳米孔测序技术和单分子测序技术

测序技术在第二代测序技术之后又有里程碑式的发展，三代测序技术应运而生，目前比较知名的是Oxford Nanopore公司的单纳米孔测序和Pacific Biosciences的单分子实时测序两种平台。与二代测序相比，三代测序的主要优势有以下几点：①真正实现了单分子测序，无PCR扩增偏好性和GC偏好性；②超长的测序读长，平均测序读长达到10～15kb，最长读长40kb；③可直接检测碱基修饰，如DNA甲基化。Pacific Biosciences推出的单分子实时（single molecular real time，SMRT）DNA测序技术被称为三代测序，它以SMRT cell作为测序载体，也是基于边合成边测序的原理。SMRT cell是一张厚度为100nm的金属芯片，一面带有15万个（2014年数据）直径为几十纳米的小孔，称为零模式波导（zero-mode waveguide，ZMW），也可以简称为纳米孔。2014年，Oxford Nanopore公司推出了几款基于纳米孔技术的测序仪，包括MinION、PromethION和GridION，与其他测序技术不同的是，它基于电信号而不是光信号。纳米孔技术的基本原理：在充满了电解液的纳米级小孔两端加上一定的电压（100～120mV），可以很容易地测量通过此纳米孔的电流强度。由于纳米孔的直径（2.6nm）很小，只能容纳一个核苷酸通过，所以当有核苷酸通过时，纳米孔被阻断，通过的电流强度随之发生变化。四种核苷酸的空间构象不一样，因此当它们通过纳米孔时，所引起的电流变化不一样。由多个核苷酸组成的DNA或RNA链通过纳米孔时，检测通过纳米孔电流的强度变化，即可判断通过的核苷酸类型，从而进行实时测序。

1. Pacific Bioscience SMRT 技术

从测序手段来看，PacBio测序是基于光信号的三代测序技术，可在目标DNA分子复制的过程中捕获序列信息（即边合成边测序）。PacBio测序使用一种被称为SMRTbell的模板，这是一个通过将发夹接头序列连接到目标双链DNA分子两端而形成的单链环状DNA分子。当SMRTbell通过被称为SMRT cell的芯片上时，SMRTbell会扩散到被称为零模式波导（zero-mode waveguide，ZMW）的测序单元中，每个SMRT cell中含有15万个零模式波导管。ZMW是一种直径仅为几十纳米的纳米孔，每个ZMW底部都固定有聚合酶，可以与SMRTbell的任一发夹接头序列结合并开始复制。SMRT cell中添加4种不同荧光基团的核苷酸，不同荧光基团被激活时会产生不同的发射光谱。当一个碱基与聚合酶结合时，便会产生一个光脉冲被记录下来，根据光的波长和峰值便能够识别这个碱基。PacBio测序的一个关键是将反应信号与游离碱基的荧光背景区别出来，因为ZMW的孔径小于波长，从底部打上去的激光不直接通过孔径，但是可以在孔径处发生光的衍射，仅仅能够照射ZMW的底部区域，而DNA聚合酶就锁定在底部的这个区域，由于其只能被碱基携带的荧光基团激活并检测到发光，从而大大减少了背景荧光的干扰。PacBio测序的另一个关键就是聚合酶的活性，它决定了测序的长度，DNA聚合酶的活性会在激光照射下逐渐减弱，因此不能无限长度地进行合成反应，所以DNA链的测序长度是有限的。此外当存在如甲基化之类的碱基修饰时，相邻碱基的测序时间会变长，因此可以通过测定相邻 2 个碱基的测序时间来检测碱基修饰。PacBio 的测序速度很快。然而，这种测序方法的错误率（可达到 15%）远高于二代测序，不过因为出错随机，可通过增加测序深度来有效纠正测序错误。SMRT 的测序原理如图 11-5 所示。

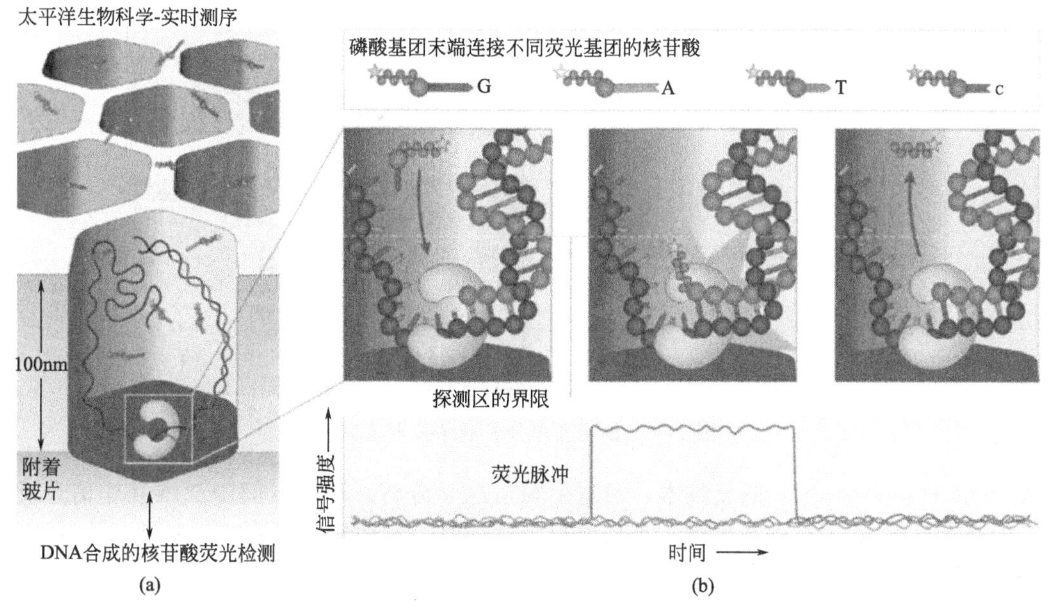

图 11-5 SMRT 测序原理

（引自知乎三代测序入门：技术原理与技术特点）

2. 纳米孔单分子测序技术

纳米孔单分子测序技术与基于光信号的 PacBio 测序不同，纳米孔单分子测序技术（the single-molecule nanopore DNA sequencing）的实质是利用电信号测序的技术，其原理是纳米孔内有共价结合的分子接头，当单个碱基或 DNA 分子通过纳米孔通道时，会使电荷发生变化，从而短暂地影响流过纳米孔的电流强度。

由于化学结构的差异，A、C、G 和 T 这 4 种不同碱基通过纳米孔时会产生不同强度的电流，通过灵敏的电子设备，可以检测到电流变化，进而可以识别 DNA 链上的碱基完成测序。与上述 PacBio 测序方法相比，纳米孔单分子测序技术处理样品非常简单，也不需要脱氧核糖核苷酸，这也使得该测序方法的成本不是很高。然而，纳米孔单分子测序技术也有缺陷，由于 DNA 通过纳米孔极其迅速，极可能引起电流特征性变化不明显，从而降低测序的准确度，故将单个核苷酸通过孔的速度降低则成了这个技术拟解决的难题，与 PacBio 测序类似，纳米孔单分子测序的碱基错误率也远高于二代测序。纳米孔单分子测序技术原理如图 11-6 所示。

五、高通量染色体构象捕获技术（Hi-C）

（一）Hi-C 简介

荧光原位杂交技术（FISH）是早期研究基因组染色质空间结构和互作的主要方法，但是该方法操作繁琐、信噪比低，并且不能直接获取基因组不同位点间互作信息。得益于高通量测序技术快速发展，Dekker 等人在 2002 年提出了染色质构象捕获（capturing chromo-

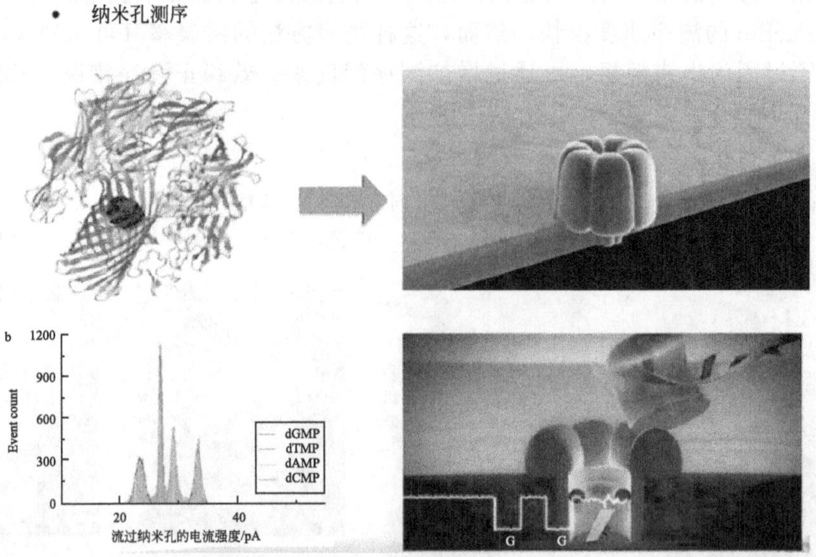

• 纳米孔测序

图 11-6　纳米孔单分子测序技术原理

some conformation，3C）的新技术，通过生物信息学分析，将位点间的三维互作信息反映到二维互作热图上。3C 基本原理：首先分离细胞，然后利用甲醛固定 DNA-蛋白质复合物，再用酶切或超声波将基因组 DNA 切割成特定大小的片段，再利用 DNA 连接酶进行邻位连接，提取 DNA，最后进行 PCR 检测。对于可能存在远程互作的 2 个位点，根据这两个位点的序列分别设计上下游引物，PCR 扩增后，如果得到的 PCR 产物大小和序列符合预期，那么说明这两个位点可能存在非随机的远距互作。

3C 实验中的 PCR 模板，包含了大量的远距位点间的片段交联，称为“3C 文库”。在这个文库中存在这些大量未知的基因组染色体位点间的互作信息。为了充分挖掘 3C 文库中的互作信息，科研工作者在 3C 技术的基础上又先后提出了多个高通量地检测位点间远程互作的技术，如 4C（circular chromosome conformation capture）、5C（chromosome conformation capture carbon copy）和 Hi-C 等。3C 检测的是一对一互作，4C 检测的是一对多互作，5C 和 Hi-C 则检测的是全基因组任意两位点间的互作。由于特异性的问题，5C 技术在应用时效果并不理想，随后 Dekker 又提出了高通量染色体构象捕获技术（high-throughput chromosome conformation capture，Hi-C）技术。它是 3C 的一个高通量版本，操作简便，重复性较好，并且可以实现检测全基因组任意两位点间的互作。与 3C 文库构建不同，DNA 酶切末端用生物素标记的核苷酸不平，这样可以提高后续文库的特异性，随后用连接酶进行连接，提取并纯化基因组 DNA，进一步将基因组 DNA 切割成特定大小的片段，然后用亲和素对具有生物素标记的片段进行富集，最后进行高通量测序。经过生物信息学分析可得到整个基因组任意两位点间的互作信息，从而构建全基因组互作矩阵，互作矩阵的分辨率不仅取决于分析时所用基因组片段（bin）的大小，还与内切酶的特性（4 或者 6 碱基酶切）和测序深度有关。Hi-C 技术原理如图 11-7 所示。

基于 3C 的构象捕获测序技术虽然可以证实两个远距位点在空间上的互作，但是却无法研究特定蛋白质或转录因子是否介导了染色质高级结构的形成。ChIP-loop 及 ChIA-PET 技术完美解决了这个问题。ChIP-loop 技术的基本原理是利用特定抗体将 DNA-蛋白质交联固定后的复合物富集下来，经邻位连接后采用 PCR 检测目标位点间是否存在由特定蛋白质介

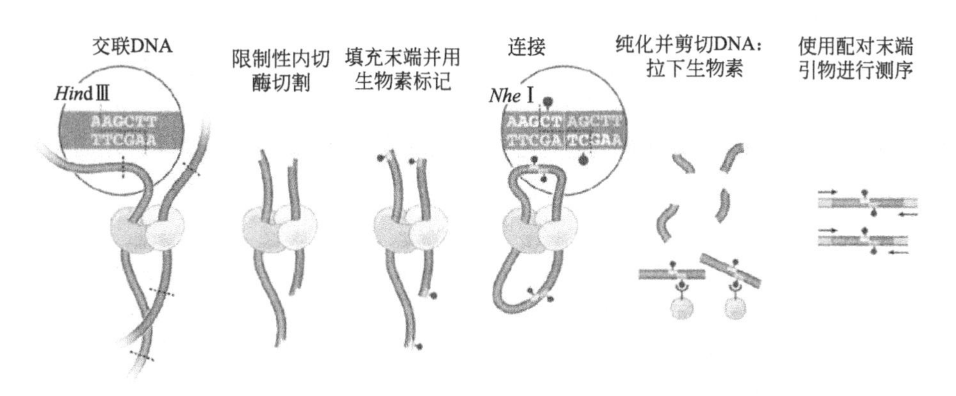

图 11-7 Hi-C 技术原理

导的远程相互作用。ChIA-PET 与 ChIP-loop 原理相似，不同点是 ChIP-loop 检测的是一对一互作，而 ChIA-PET 借助高通量测序技术可以实现全基因组范围内特定蛋白质介导的多对多互作的检测。

3C 及其一系列衍生技术，特别是 Hi-C，为染色质 3D 结构研究提供了强大的工具，从而可以清晰地观察染色体的空间构象，达到对染色体功能和基因表达调节的新认识，同时对染色体在细胞发育和疾病发生过程中的分子机制也能得到新的理解。

（二）Hi-C 的成就

3C 系列技术的快速发展，极大地提升了对染色体 3D 结构的认识。传统认知是从 DNA 双螺旋（或超螺旋）直接到显微镜下可见的染色体形态。随着分辨率的提升，又观察到层次分明的一系列亚结构。

染色质环（loop）是两段直线距离较远的 DNA 片段（如调节性 DNA 和编码基因启动子）由于空间靠近而形成的一种染色质结构。借助 Hi-C 技术发现，人染色体含有 10000 个左右的这种结构，它们主要与基因的表达调控有关。根据成环后效果的差异，主要可分为两类：一类具有增强子（enhancer，一段增强基因转录的 DNA）效应，成环有利于基因的表达；另一类具有绝缘子（insulator，一段表达抑制功能的 DNA）效应，成环使基因激活受阻。活性染色质中心（active chromatin hub，ACH）是用于描述基因转录激活形成的环状结构，这种结构较为普遍，除红细胞 β-珠蛋白基因外，还包含 α-珠蛋白基因、H19-Igf2 基因座等。在哺乳动物中，绝缘子与靶基因成环往往还需要 CCCTC 结合因子（CCCTC-binding factor，CTCF）辅助。CTCF 是一种抑制性转录因子，其介导的绝缘子与靶基因成环，通过占位效应破坏增强子成环，从而产生抑制基因转录的效果。

通过 Hi-C 技术所做出的一个重大发现是，从染色体中鉴定出大量的拓扑相关结构域（topologically associated domain，TAD）。TAD 是指一个 DNA 区域，区域内 DNA 片段更倾向于自我相互作用，而不与其他 DNA 片段接触。TAD 结构在果蝇和哺乳动物中普遍存在，既被认为是一种染色体亚结构，又被看作一种功能单元。TAD 通常由多个染色体环组成，而且其结构的形成和维持还要 CTCF 和黏连蛋白（cohesin）复合物等参与。

借助 Hi-C 技术还发现，整个染色体可分为 2 类明显的区室（compartment）结构，分别称为区室 A 和区室 B。与 TAD 的性质类似，区室结构也具有空间自我相互作用（A 更倾向于 A，B 更倾向于 B）。区室 A 聚集了活性表达基因，结构较为疏松，一般位于细胞核的中心区；区室 B 则极少含有编码基因，转录不活跃，结构紧凑，主要占据细胞核的外周区。区室结构的存在说明，染色体基因在空间上具有成簇性，从而有利于细胞核中心区的转录复合物在发挥活性的时候提高效率。

染色体疆域（chromosome territory）是指某条染色体倾向于占据细胞核内特定的位置，如人 19 号染色体富含基因，它通常占据活跃转录的中心区，而含基因较少的 18 号染色体，则更多地被排斥于外周区。染色体域的存在，说明单条染色体并非随机排布，而是根据需要有序地排列。不同染色体的占位以及它们之间的相互作用，对于它们功能的发挥有重要影响。

借助 Hi-C 等技术，已经揭示了真核生物染色体在细胞核内可形成层次分明的各级结构，从线性一级结构、双螺旋（超螺旋）、染色质环、TAD、区室、染色体疆域，一直到完整的多染色体 3D 结构。不同层次结构的有序性，是细胞正常功能的基础，而这些结构的紊乱，是多种疾病发生的重要原因。

（三）Hi-C 的应用

借助 Hi-C 解析的高分辨率染色体 3D 结构，加深了人们对细胞发育和疾病发生的理解。

对小鼠早期胚胎的研究发现，受精后染色质呈现出一种明显松散的状态，DNA 片段间相互作用较弱；8 细胞期前，父本和母本染色体互相分离，占据自身的染色体疆域；胚胎植入前，逐渐形成高度有序的 3D 结构；3D 结构的形成与 DNA 复制、DNA 甲基化、组蛋白修饰等密切相关。这些知识加深了对胚胎发育过程中染色体结构变化的理解。

由于一级结构是空间结构的基础，DNA 一级结构的异常，往往带来染色体 3D 结构的变化，常见的异常包括单核苷酸变异（single-nucleotide variant，SNV）、微插入/缺失（insertion/deletions，indel）等。此外，表观修饰如 DNA 甲基化和组蛋白修饰等异常，也可破坏染色体 3D 结构。目前，对染色体不同层次结构中 TAD 异常与疾病发生之间的关联，研究得较为清晰。通常，TAD 内部或边缘区序列或甲基化变异，可导致增强子和基因启动子之间异常结合，而造成基因异常激活，破坏基因表达的内稳态。越来越多的证据表明，非编码 DNA 变异可通过破坏染色体局部或整体空间构象，导致疾病的发生。

通过人为增加小鼠特定染色体位置的 indel（insertion-deletion，插入缺失标记）而改变肢体发育基因座周围的 TAD 结构，造成 DNA 片段间的相互作用异常，进而破坏正常基因表达模式，使肢体发育异常而出现畸形。这一发现使人们对许多非编码区基因突变或多态性的生物作用有了新的理解。

急性髓细胞性白血病（AML）患者 3 号染色体内部存在高频倒位和易位，常常导致原癌基因*EVI1* 异常激活。借助 4C 技术发现，这源于染色体倒位和易位造成原本无关的一段增强子与基因形成相互作用，而使基因“被动”高表达。

胶质瘤常存在高频的异柠檬酸脱氢酶 1/2（isocitrate dehydrogenase 1/2，IDH1/2）基因突变。染色体结构分析发现 IDH1/2 基因突变可引发 DNA 甲基化增强，这一异常变化破坏了 CTCF 介导的绝缘子与血小板衍生生长因子 A（platelet-derived growth factor receptor A，PDGFRA）增强子之间形成染色质环结构，从而造成原癌基因组成型激活并引发胶质瘤。当绝缘子功能恢复后，表达显著下调。对于无 IDH1/2 基因突变的细胞，破坏其 CTCF 活性也可导致 PDGFRA 激活而增加致瘤性。这一发现揭示了胶质瘤发生的新机制，为治疗提供了新策略。

结肠癌中普遍存在胰岛素样生长因子 2（insulin-like growth factor 2，IGF2）基因表达上调的现象。染色体结构分析发现，这源于一个 TAD 边界处出现结构异常（插入一段序列而引发串联重复），造成 IGF2 启动子和一个原本无关的超级增强子“无意间”结合，产生新的染色质环，进而引发 IGF2 原癌基因超表达，导致结肠癌发生。

第二节　转录组学

转录组（transcriptome）指特定状态下，即某一特定时间和空间下一种特定细胞或组织所能转录出来的所有RNA的总和，包括编码RNA（即mRNA）和非编码RNA（non-coding RNA，ncRNA）。与基因组不同的是，转录组的定义中包含了时间和空间的限定。相应的，转录组学（transcriptomics）是在整体水平上研究基因转录情况及转录调控规律的科学，具体包括研究细胞在某一功能状态下所含mRNA的类型与拷贝数，比较不同功能状态下mRNA表达的变化，搜寻与功能状态变化紧密相关的重要基因群。此外，人类基因组计划的完成揭示人类基因组总DNA仅有2%具有编码蛋白质的功能，高通量转录组学研究进而表明人类基因组DNA一半以上都能够被转录成RNA，但大多数RNA缺乏编码蛋白质的能力，而是直接在RNA水平发挥作用，这些RNA被统称为非编码RNA，如核糖体RNA（rRNA）、转运RNA（tRNA）、微小RNA（microRNA）、长链非编码RNA（lncRNA）、环状RNA（circRNA）等。伴随着microRNA作用机理研究的不断深入及大量lncRNA、circRNA被识别，人们逐渐认识到非编码RNA在基因表达调控中的重要作用，对非编码RNA的研究也在不断深入，从而不断拓宽转录组学的研究边界。转录组测序技术则是转录组学研究的主要工具。

转录组测序技术是一类基于RNA水平的高通量测序技术，能够在单核苷酸水平分析任一物种的任一部位任一状态的转录本信息。转录组作为衔接基因组与蛋白质组之间的桥梁，是研究基因表达的重要方式。转录组测序主要是对细胞中的mRNA序列进行鉴定，它不但可以快速获取基因表达谱变化情况，还可通过一系列的生物信息学方法对序列信息进行注释分析，从而得到转录本的可变剪接等序列以及结构变异情况。

转录组测序（RNA-seq）的一般流程主要包括：RNA样本的收集及提取、cDNA文库的制备、高通量DNA测序、生物信息学分析。它具有以下优点。

① 灵敏度高：该技术最低只需要几个拷贝的转录本就可进行检测，对于珍贵稀少的转录本有重大意义。

② 通量高：通过该技术可以得到几个至几百亿个的碱基序列，甚至覆盖全部转录组范围。

③ 开放性高：转录组测序可以对不同物种的整个转录过程进行检测，不但可以检测到已知的基因而且还能够发现新的基因。

④ 检测范围大：转录组的测序深度较高，可针对非编码基因和编码基因，能够对任意丰度的转录本同时进行检测，更加有利于基因网络的建立及其表达信息的获取。

⑤ 数字化信号：转录组测序能够直接得到样本的核酸序列信息，再通过一系列转化过程直接获取数字化的基因信息。

一、转录组测序方法及流程

（一）RNA-seq试验设计

1. 生物学重复

没有生物学重复难以排除随机误差影响，并且会给测序后的数据分析带来困难，使得统计推断的可靠性大大降低。而过多的生物学重复则会增加实验成本，造成不必要的浪费。选择合适的生物学重复需要结合具体问题，一般可以为3～5个。如果对结果的假阳性控制要求较高，则可以在经费允许范围内适当增加重复个数。

2. 样本提取

样本提取的原则是控制干扰变量及避免人为误差。由于基因表达的时空特异性，在样本提取的时候要注意提取时间和组织细胞的控制，以及提取后样本的妥善保存（及时冷冻等）。

3. 测序深度

测序深度应该根据实验的具体要求而定。对于有参考基因组的情况，如果不进行可变剪切或新转录本的分析和检测，那么一般每个样本最少只需要5M的有效读长（reads）就可以满足要求（ENCODE推荐）；如果需要鉴定新转录本或者没有参考基因组，那么就需要适当增加测序深度；对于small RNA同样要适当提高测序深度，一般需要30M以上的有效匹配读长。

4. 文库构建

构建文库分为链特异性文库和非链特异性文库。非链特异性文库无法区分打碎的片段转录自正义链还是反义链，而链特异性文库在建库时保留了转录本的方向信息用以区分转录本来源，避免互补链干扰。链特异性文库相较于非链特异性文库有诸多优势，如基因表达定量和可变剪切鉴别更准确等，但相对价格也会更高一些。

5. 单末端与双末端测序

测序策略包括单末端（single-end）或双末端（pair-end）测序。单末端测序只在cDNA一侧末端加上接头，引物序列连接到另一端，扩增并测序。而双末端测序则会在cDNA片段两端都加上接头和测序引物结合位点，第一轮测序完成后，去掉模板链，然后引导互补链在原位置重新产生并扩增，以获得第二轮测序所需模板，并进行第二轮合成测序。单末端测序通常更快一些，价格比双末端测序低，一般情况下足够对基因表达水平进行定量。双末端测序则会产生成对的reads，有利于基因注释和转录本异构体的发现。

6. 测序平台

测序平台选择往往依赖于实验及后续分析的需要，考虑如测序读长、最大测序通量、测序准确率等指标（表11-2）。

表11-2 目前常用的一些测序平台

测序平台	发布时间/年	测序读长/bp	单次最大通量/Gbp	read准确率/%	NCBI SRA run数量
454	2005	700	0.7	99.9	3548
Illumina	2006	50～300	900	99.9	362903
SOLiD	2008	50	320	99.9	7032
Ion Torrent	2010	400	30	98	1953
PacBio	2011	10000	2	87	160

（二）RNA-seq文库制备

RNA测序简单流程如图11-8所示：选择感兴趣的样本提取RNA，采用合适的策略[poly(A)富集或者rRNA移除]分离纯化RNA，然后随机打碎成短片段并反转录为cDNA，选择合适长度的片段添加接头构建文库，扩增并测序。其中cDNA文库制备的3个关键步骤如下。

1. RNA的提取

将RNA从特定组织中分离并与脱氧核糖核酸酶混合，降解样本中的DNA。然后用凝胶和毛细管电泳检测RNA降解量，评估RNA样本质量。提取的RNA品质会影响随后的

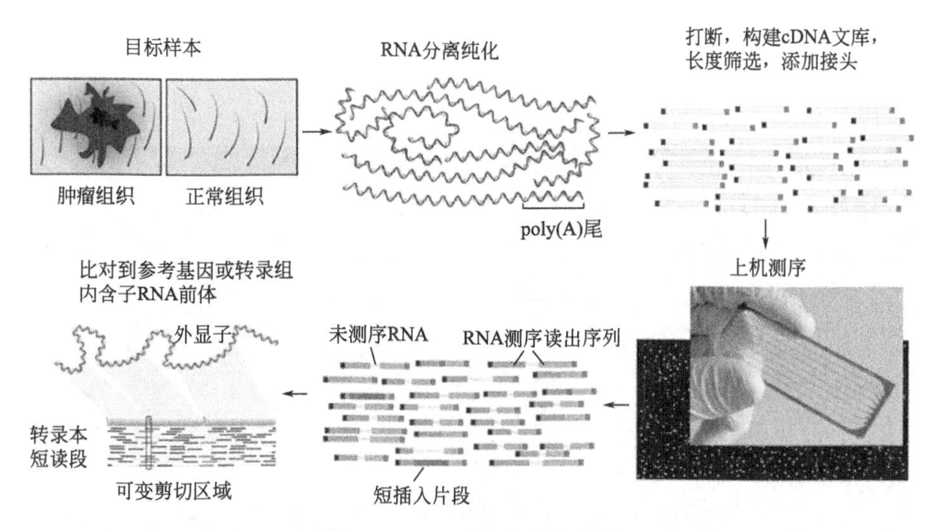

图 11-8　RNA 文库制备流程

（引自：Griffith M，Walker JR，Spies NC，et al. Informatics for RNA Sequencing：A Web Resource for Analysis on the Cloud. PLoS Comput Biol，2015 Aug 6；11（8）：e1004393. doi：10.1371/journal. pcbi. 1004393. PMID：26248053；PMCID：PMC4527835）

文库制备、测序和分析步骤。

2. 分离纯化

根据实验目的不同，可以采用 poly(A) 富集目标片段或者移除 rRNA 的方式。成熟的 mRNA 具有 3′端 poly(A) 尾，故可以通过将 RNA 与连接到磁珠上的 poly(T) 低聚物混合来进行富集。poly(A) 富集忽略了非编码 RNA 并且会引入 3′偏倚，而使用 rRNA 移除策略可以避免这些问题。rRNA 移除的原理是 rRNA 占细胞中总 RNA 的比例超过 90%，故移除 rRNA 可以将大部分无关的转录本去除，留下感兴趣的目标序列。

3. cDNA 合成

RNA 无法直接测序，因此分离纯化后的 RNA 需要打碎成片段并逆转录为 cDNA。其中打碎过程可以采用酶、超声波处理或喷雾器等方式来进行。RNA 的片段化降低了随机引物逆转录的 5′偏倚和引物结合位点的影响，缺点是 5′端和 3′端转化为 DNA 的效率降低。逆转录过程会导致方向性缺失，但通过化学标记可以保留原转录本的方向信息（链特异性文库）。对产生的短片段进行末端修复、加接头，然后按照长度排序分类，选择适当长度的序列进行 PCR 扩增纯化，检测文库质量后上机测序。

cDNA 文库制备是 RNA-seq 的前置关键步骤。高质量的 mRNA 是构建 cDNA 文库的首要条件，而 mRNA 极易被 RNA 酶降解，故在进行总 RNA 提取时应注意防止样品引入 RNA 酶污染。许多测序公司都开发了大量专业的试剂盒用于总 RNA 提取，且提供 cDNA 文库制备的详细策略方案。文库制备方式和测序策略会影响 RNA-seq 数据质量和分析结果，是 RNA-seq 实验成功的关键。

（三）转录组数据分析

1. 测序数据存储格式

第二代测序得到的是长度为 50～250bp 的短片段，称为读长。通常测序仪输出的原始测序结果以 FASTQ 文件进行存储。FASTQ 文件中，一个读长通常由四行组成：第一行以@开头，之后为序列的标识符及描述信息（与 FASTA 格式的描述行类似）；第二行为读长的序列信息；第三行以“+”开头，可以再次添加序列描述信息（可选）；第四行为质量得分信息，与第二行的序列相对应，长度必须与第二行相同。图 11-9 为一个单末端测序 FASTQ 文件。

```
@SRR6322534.1/1
GTGGANCCAGGATTTAAATGCTGGGTCTGAGGCTATTGACGCCTGTGGCCTTTCCACTCTCCAAGCAGGTGAGGG
+
AA/AA#EEEEEEEEEEEEEEEEEEE/EEE/EEEAEEEEE/EEEEEEAEEEEEAEE/EEEEEE/EE<EEA<EEEE/
@SRR6322534.2/1
TGTGTNTACTATGTTTCCTCCTATACATACATCATATGATAAAGTTTAGTTTATAATTAGGCACAGCAAGAGATT
+
AAAAA#EEAEEEEEEEEEEEEEEEEEAEAEEEEAEEEEEEEEEEEA6EAEEEEE/EEAEEEEEEEEEEE/EE/EE
@SRR6322534.3/1
TGGACNATAAAAGTGAATGCAGCCATTCTAAGAACATGTTTGCTGTCCTCTTCTGATTGCAAACGTGCTCCCAGC
+
AA6AA#EAEEEEAEEEEAAE/AAAEAEAEEEEEEEEEEEEEAEEEEEEEEAEEEAAAE/EEE/AEEEEEEE/AAEEE
@SRR6322534.4/1
GGATCNTTATATGGTTAGTGACTAAAAGGATCAGACTTCCGAGAGTCCTGTGGCAACGGTAAAATCCTACTTCAA
+
AAAAA#EEEEEEEEEEEEEEAEEEEEEEEEEEEEEEEEEEEE6EEEEEEEEEEEEEEEEEEEEEEEEEEEEEEEE
@SRR6322534.5/1
TACAGNCACTAATTTAAATGATCCTTACATTTAGCTTTTCAGCTGTGATGCTTTTATTGCATTCAAACATAGGCA
+
AAAAA#EEEEEEEEEEEEEEEEEEEEEEEEE/EEEEEEEAEEEEEEEEEEEEEEEEEEEEEEEEEEEEEEEEEEE
@SRR6322534.6/1
ATCTGCAATAGTCACATCCAGAAGAAAAGAATCATTTCCTTCGGACCCTTTTGATATAAATCCACCCATATTCCC
+
/AA//EA6E/EA//AEE6EEEEEE6EEE6EEAEE/EE/EAEE////EEEEE//E/EE//E<//E/E<A/<6A/EE
```

图 11-9　FASTQ 格式

2. 测序数据质量控制

测序结果的好坏会影响后续数据分析的可靠性，故在测序完成后需要通过一些指标对原始测序结果进行评估，如 GC 含量、序列重复程度、是否存在接头等。

3. 读长比对

比对指的是将读长匹配到参考基因组或转录组的相应位置上，无参考基因组的处理过程将在后文详细描述。根据比对策略的不同，分为非剪接比对（unspliced aligning）和剪接比对（spliced aligning）。

（1）非剪接比对

非剪接比对剪接方式中读长比对的区域是连续的，不考虑由于剪接形成的缺口，适用于比对到参考转录组的情况。非剪接比对代表工具有 Bowtie 和 BWA 等。当研究的对象是人、小鼠或拟南芥等注释信息相对完善的物种，或者只关注已知基因或转录本的表达情况，就可以选择非剪接比对方式直接将 reads 匹配到所有转录本异构体上。如果需要研究可变剪切及鉴定新转录本则应选择剪接比对方式。

（2）剪接比对

剪接比对考虑到 reads 匹配的基因区域可能会被内含子隔开而不连续，故在剪接位点附近的 reads 可能会部分比对到剪接点两侧外显子上。剪接比对适用于匹配到参考基因组的情况，常用工具有 TopHat、STAR 和 HISAT 等。另外有一些工具在剪接比对的基础上专门对鉴定 SNP 进行了优化，如 GSNAP 和 MapSplice 等。

（3）比对文件格式

reads 比对的结果文件为 SAM（sequence alignment map）文件，SAM 格式由标题和对齐结果组成。标题部分必须处于对齐部分之前，以“@”符号开始，与对齐部分区分开来。对齐结果部分由 11 个必需字段及相应的可选字段组成。SAM 文件的二进制形式是 BAM 文件，相当于压缩的 SAM 文件。SAMtools 软件可以对比对结果文件进行分析和编辑。

（4）比对结果评估

①reads 匹配百分比可以用来评估总测序精确度和 DNA 污染程度。②reads 随机性分布。以 reads 在参考基因组上的分布来评估 RNA 打断的随机性程度，reads 在参考基因上分布比较均匀说明打断随机性较好。③匹配 reads 的 GC 含量与 PCR 偏差有关。比对结果的评估工具有 RSeQC 和 Qualimap 等。

二、转录组分析流程

相较于基因芯片技术，RNA-seq 技术有诸多优势：通量更高；不依赖已知转录本探针，可以检测全转录组；对于低表达丰度的转录本灵敏度高等。通常 RNA-seq 利用转录本匹配到的 reads 数估算表达，比芯片技术的荧光信号更为精确。

（1）参考基因组

reads 计数根据对多重比对 reads 处理方式的不同分为两种策略。①只选择唯一匹配 reads 计数。这种方式会将多重比对的 reads 舍弃，一般用于估计基因水平的 reads 匹配数。常用的工具有 HTSeq-count 和 featureCounts，需要比对结果 SAM 文件和包含基因注释信息的 GTF 文件作为输入。②保留多重匹配的 reads。利用统计模型将多重比对的 reads 定位到对应的转录本异构体上，如 Cufflinks、StringTie 和 RSEM 等工具。

（2）参考转录组

reads 数受到基因长度、测序深度和测序误差等影响，需要归一化处理之后才能用于差异表达分析。常用的标准化策略有 RPKM、FPKM 和 TPM 等。RPKM（reads per kilobase of exon model per million reads）即每 100 万 reads 比对到每 1kb 碱基外显子的 reads 数目。FPKM（fragments per kilobase of exon model per million mapped reads）和 TPM（transcripts per million）为 RPKM 的衍生方法。对于单末端测序，RPKM 和 FPKM 是一致的。在双末端测序中，FPKM 更为可靠。TPM 值可以通过 FPKM 换算得到，三者都可以通过 Cufflinks 和 StringTie 等软件进行计算。RPKM 方法校准了基因长度引起的偏差，同时使用样本中总的 reads 数来校正测序深度差异。使用总 reads 数校正的好处是不同处理组得到的表达量值恒定，可以合并分析，缺点是容易受到表达异常值的影响。

（3）无参考转录组

根据实验需求不同，往往需要选择不同的转录组分析策略。根据有无参考信息分为有参分析和无参分析，其中有参分析又分为参考基因组分析和参考转录组分析。下面介绍不同分析策略的适用情境和分析流程。

① 参考基因组分析。在可以获得物种参考基因组的情况下，如果需要研究可变剪接事件和识别新转录本，则应将 reads 比对到参考基因组上。比对过程可以选择剪接比对软件如 TopHat、HISAT 及 STAR 等。然后可以使用 Cufflinks 和 StringTie 等软件进行转录本拼接，与基因组注释 GFF 文件进行比较鉴定新转录本。利用 Blast2GO 等工具可以对新转录本进行功能注释。

② 参考转录组分析。可以获得物种全转录组的情况下，如果只关注已知转录本的表达，则可以将 reads 通过 Bowtie 等非剪接比对软件直接匹配到参考转录组上，然后利用 RSEM、Kallisto 等工具进行转录本定量。图 11-10 显示 3 种转录组核心分析策略。

③ 无参考基因组。在没有参考基因组的情况下，可以使用从头组装的方法处理 RNA-seq 数据。常用的从头组装工具有 SOAPdenovo-Trans、Oases、Trans-ABySS 及 Trinity 等。由于第二代测序的读长限制，从头组装转录本可能出现许多问题，所以组装完成后需要对组装质量进行评估。可以从组装完整性、准确性及冗余度等方面进行评估。

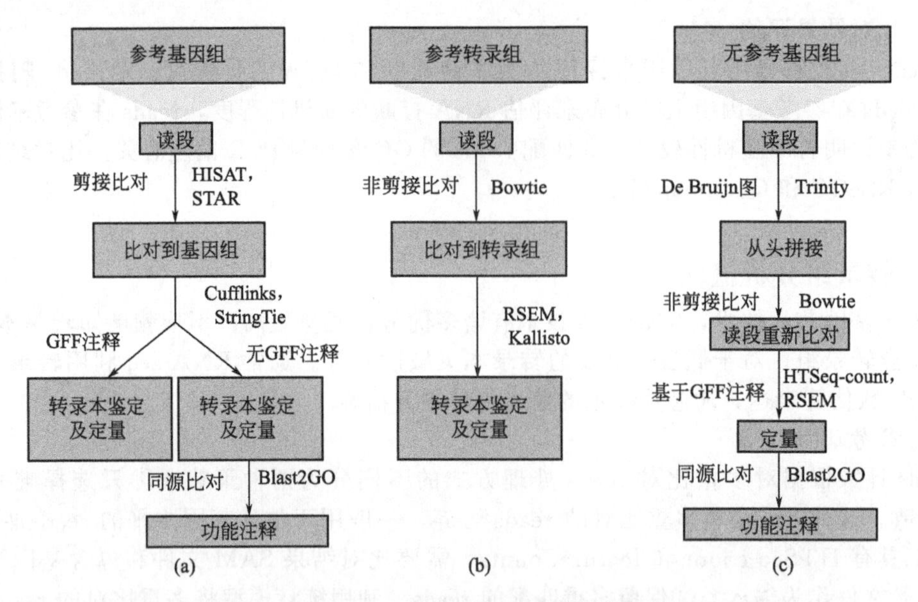

图 11-10 3 种转录组核心分析策略

［引自：Conesa A，Götz S，García－Gómez JM，et al. Blast2GO：a universal tool for annotation, visualization and analysis in functional genomics research. Bioinformatics，2005 Sep 15；21（18）：3674-6. doi：10.1093/bioinformatics/bti610. Epub 2005 Aug 4. PMID：16081474］

将 reads 通过 Bowtie 重新比对到组装成的转录本上，然后利用 HTSeq-count 或 RSEM 等进行 reads 计数估算表达量，同时可以通过 Blast2GO 等对转录本进行功能注释，作为 Unigene 参考注释信息。

三、转录组结果分析和聚类

利用转录组学等方法，研究人员已经掌握了大量的全基因组数据，同时关于基因、基因产物以及生物学通路的数据也越来越多，解释生物学实验的结果，尤其从基因组角度，需要系统的方法。

在基因组范围内描述蛋白质功能十分复杂，最好的工具就是计算机程序，提供结构化的标准的生物学模型，以便计算机程序进行分析，成为从整体水平系统研究基因及其产物的一项基本需求。因此，各类基因注释数据库被应用于转录组结果分析，其中，应用最为广泛的是基因本体（gene ontology，GO）数据库和 KEGG 信号通路数据库。

基因本体（GO）是一个在生物信息学领域中广泛使用的数据库，从整体上来看 GO 注释系统是一个有向无环图（directed acyclic graphs），包含三个分支，即分子功能（molecular function）、细胞组分（cellular component）和生物过程（biological process）三大功能类。GO 数据库提供了一个可具代表性的规范化的基因和基因产物特性的术语描绘或词义解释的工作平台，使生物信息学研究者对基因和基因产物的数据能够进行统一的归纳、处理、解释和共享。

京都基因与基因组百科全书（KEGG）是了解生物系统（如细胞、生物和生态系统）高级功能和分子水平信息（尤其是来源于大型分子数据集或基因组测序信息）的实用程序数据库资源，由日本京都大学生物信息学中心的 Kanehisa 实验室于 1995 年建立。KEGG 是一个整合了基因组、化学和系统功能信息的数据库。把从已经完整测序的基因组中得到的基因目录与更高级别的细胞、物种和生态系统水平的系统功能关联起来是 KEGG 数据库的特色之一。它是人工创建的一个知识库，这个知识库是基于使用一种可计算的形式捕捉和组织实验得到的知识而形成的系统功能知识库。它是一个生物系统的计算机模拟。与其他数据库相比，KEGG的一个显著特点就是具有强大的图形功能，它利用图形而不是繁缛的文字来介绍众多的代谢途径以及各途径之间的关系，这样可以使研究者能够对其所要研究的代谢途径有一个直观全面的了解。

应用GO和KEGG数据库对转录组结果进行聚类分析，可以使用clusterProfiler进行GO富集，也可以使用DAVID（https：//david. ncifcrf. gov/）在线分析。

第三节 蛋白质组学

“蛋白质组学”（proteomics）和“蛋白质组”（proteome）是澳大利亚Macquarie（麦考瑞）大学的Wilkins和Williams等于1994年在意大利的锡耶纳（Siena）召开的双向电泳会议上首次提出的，最早见诸文献是在1995年7月的《电泳》（*Eletrophoresis*）杂志上，意为“指由一个基因组（genome），或一个细胞、组织表达的所有蛋白质（protein）”。蛋白质组学本质上指的是在大规模水平上研究蛋白质的特征，包括蛋白质的表达水平，翻译后的修饰，蛋白质与蛋白质相互作用等，由此获得蛋白质水平上的关于生命组成和活动等的整体而全面的认识。

蛋白质具有自身特有的活动规律，蛋白质的修饰加工、转运定位、相互作用等，与生物功能密切相关，对其进行了解，只能从蛋白质水平上进行研究。相比于转录组，蛋白质组能够更直接地给出生命活动及其调控过程的具体信息，从而能够更好地指导基因工程的表达优化。

一、蛋白质组学技术流程与大规模分离鉴定技术

蛋白质组的基本流程如下图所示：首先利用电泳（如双向电泳）等方法对蛋白质进行分离，然后利用质谱对目标蛋白进行鉴定；或先将组织或细胞蛋白用蛋白酶（如胰酶）消化成肽段，然后利用液相色谱进行分离并利用质谱进行鉴定（图11-11）。

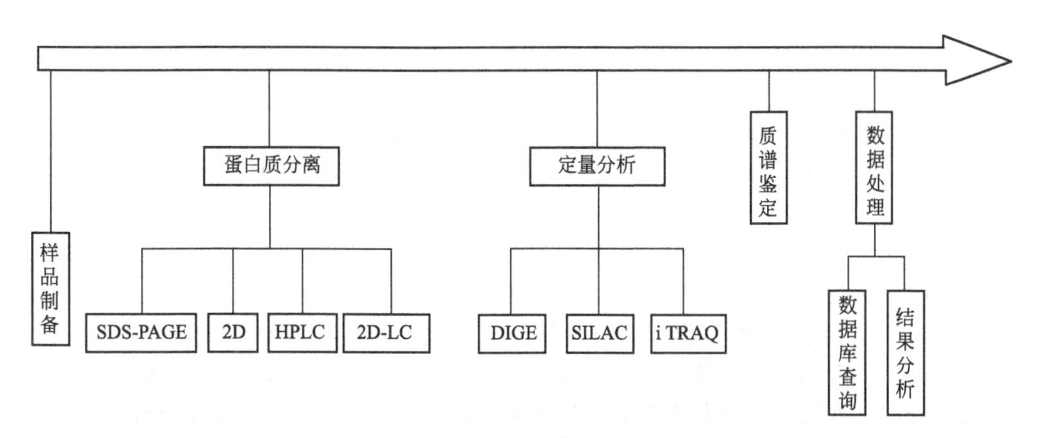

图11-11 蛋白质组的基本流程示意图

蛋白质具有多样性与易变性的特点，从而使蛋白质组学的研究技术远比基因技术复杂和困难。一方面，由于基因的拼接和翻译后的修饰，生物体中蛋白质的数目远大于基因的数目。一个细胞中的蛋白质可多达上万种，而它们的拷贝数可能相差几百倍到几十万倍。例

如，人的基因组可能有25000～40000个编码基因，其蛋白质数量可能达十几万甚至更多。另一方面，基因是相对静态的，一种生物体仅有一个基因组，而蛋白质是动态的，随时间、空间的变化而变化。理想的蛋白质分离方法首先要具备超高分辨率，能够将成千上万个蛋白质包括它们的修饰物同时分离，并与后续的鉴定技术有效衔接。这种理想的分离方法还应当对不同类型的蛋白质，包括酸性、碱性、疏水、亲水、分子量小、分子量大的蛋白质均能有效分离。二维凝胶电泳是利用蛋白质的等电点和分子量对蛋白质进行分离，是一种十分有效的手段，它在蛋白质组分离技术中起到了关键作用。

二、蛋白质二维电泳-质谱技术

1. 蛋白质二维电泳技术

二维电泳和质谱技术联用已成为近年最流行、最可靠的蛋白质分离与鉴定技术平台。最早的二维电泳（2-DE）方法是Farrell于1975年首先提出的，它是根据蛋白质的等电点和分子量的差异，连续进行成垂直方向的两次电泳将其分离。二维电泳一次可以分离几千个蛋白质。用固相pH梯度干胶条（immobilized pH gradient，IPG）代替两性电解质，加上与干胶条相配套的电泳仪，如PROTEAN IEF Cell、IPG-phor等进行第一向等电聚焦，不仅极大地提高了电泳的分辨率，也提高了结果的可重复性。尽管如此，2-DE技术仍存在许多不足，如在膜蛋白、碱性蛋白、低丰度蛋白的分离与检测以及重复性、规模化、自动化等方面存在问题。对2-DE技术的改进，包括对2-DE样品的前处理及2-DE后的蛋白质点检测的研究一直在进行。除二维凝胶电泳技术外，用于蛋白质组分离的技术还有亲和色谱、毛细管等电聚焦、毛细管区带电泳和反向高效液相色谱等。

荧光差异凝胶电泳技术（difference gel electrophoresis，DIGE）是对2-DE在技术上的改进，结合了多重荧光分析的方法，在同一块胶上共同分离多个分别由不同荧光标记的样品，并第一次引入了内标的概念。两种样品中的蛋白质采用不同的荧光标记后混合，进行2-DE，用来检测蛋白质在两种样品中表达情况，极大地提高了结果的准确性、可靠性和可重复性。在DIGE技术中，每个蛋白质点都有它自己的内标，并且软件可全自动根据每个蛋白质点的内标对其表达量进行校准，保证所检测到的蛋白质丰度变化是真实的。DIGE技术已经在各种样品中得到应用，包括人、大鼠、小鼠、真菌、细菌等，主要用于功能蛋白质组学，如各种肿瘤研究、寻找疾病分子标志物、揭示药物作用的分子机制或毒理学研究等。

2. 质谱技术

对分离的蛋白质进行鉴定是蛋白质组研究的重要内容，如蛋白质微量测序、氨基酸组成分析等。传统的蛋白质鉴定技术不能满足高通量和高效率的要求，从而使生物质谱技术成为蛋白质组学的另一支撑技术。

生物质谱技术在离子化方法上主要有两种软电离技术，即基质辅助激光解吸电离（matrix-assisted laser desorption/ionization，MALDI）和电喷雾电离（electro-spray ionization，ESI）。MALDI是在激光脉冲的激发下，使样品从基质晶体中挥发并离子化，ESI使分析物从溶液中电离，适合与液相分离手段（如液相色谱和毛细管电泳）联用。MALDI适于分析简单的肽混合物，而液相色谱与ESI-MS的联用（LC-MS）适合复杂样品的分析。

软电离技术的出现拓展了质谱的应用空间，而质量分析器的改善也推动了质谱仪技术的发展。生物质谱的质量分析器主要有4种：离子阱（ion-trap，IT）、飞行时间（time of flight，TOF）、四极杆（quadrupole）和傅里叶变换离子回旋共振（Fourier transform ion cyclotron resonance，FTICR）。它们的结构和性能各不相同，每一种都有自己的长处与不足。它们可以单独使用，也可以互相组合形成功能更强大的仪器。MALDI通常与TOF质量分析器联用，分析肽段的精确质量，而ESI常与离子阱或三级四极杆质谱联用，通过碰撞诱导解离（collision-induced dissociation，CID）获取肽段的碎片信息。

离子阱质谱灵敏度较高，性能稳定，具备多级质谱能力，因此被广泛应用于蛋白质组学研究，不足之处是质量精度较低。与离子阱相似，傅里叶变换离子回旋共振（FTICR）质谱也是一种可以“捕获”离子的仪器，但是其腔体内部为高真空和高磁场环境，具有高灵敏度、宽动态范围、高分辨率和质量精度（质量准确度可很容易地小于1mg/L），这使得它可以在一次分析中对数百个完整蛋白质分子进行质量测定和定量。FTICR-MS的一个重要功能是多元串联质谱，与通常的只能选一个母离子的串级质谱方式不同，FTICR-MS可以同时选择几个母离子进行解离，这无疑可以大大增加蛋白质鉴定工作的通量；但是它的缺点也很明显，如操作复杂、肽段断裂效率低、价格昂贵等，这些缺点限制了它在蛋白质组学中的广泛应用。另外，其他新技术，如飞行质谱技术，也是一种突出的蛋白质序列分析技术（拓展11-3：表面增强激光解吸离子化飞行时间质谱技术）。

拓展11-3

三、同位素亲和标签技术

同位素亲和标签（isotope coded affinity tag，ICAT）技术是近年发展起来的一种用于蛋白质分离与鉴定的新方法。ICAT方法的关键是ICAT试剂的应用。该试剂由3部分组成。中间部分被称为连接部分，分别连接8个氢原子或重氢原子，前者称为轻链试剂，后者称为重链试剂。中间部分一头连接一个巯基的特异反应基团，可与蛋白质中半胱氨酸上的巯基连接，从而实现对蛋白质的标记，另一头连接生物素，用于标记蛋白质或多肽链的亲和纯化。当采用ICAT技术进行蛋白质的定量分离与鉴定时，首先要对蛋白质进行标记，然后进行蛋白质酶切，对蛋白质酶切后的多肽混合物进行亲和色谱分离，混合物中仅仅被同位素标记的肽段能够被色谱柱保留，并进入质谱进行分析，其他大量肽段都不被色谱柱保留。通过比较标记了重链和轻链试剂肽段在质谱图中信号的强度，可以实现对差异表达蛋白质的定量分析，采用串联质谱技术测定肽段的序列，可以检测到肽段的分子量并鉴定出蛋白质。ICAT的优点在于其可以对混合样品（来自正常和病变细胞或组织等）直接测试，能够快速定性和定量鉴定低丰度蛋白质，尤其是膜蛋白等疏水性蛋白质等，还可以快速找出重要功能蛋白质（疾病相关蛋白质及生物标志分子）。

由于采用了一种全新的ICAT试剂，同时结合了液相色谱和串联质谱，不但明显弥补了双向电泳技术的不足，而且使高通量、自动化蛋白质组分析更趋简单、准确和快速，代表着蛋白质组分析技术的主要发展方向。近些年来，针对磷酸化蛋白质分析及与固相技术相结合的ICAT技术本身又取得了许多有意义的进展，已形成ICAT系列技术。

四、通过数据库搜索鉴定蛋白质

利用质谱技术进行蛋白质的鉴定在很大程度上依赖于生物信息学的应用。例如，当我们利用质谱技术确定了肽段质量指纹（peptide mass fingerprint，PMF）或肽段序列时，就需要在蛋白质消化片段数据库中进行搜索，以确定其理论上所属的蛋白质。这种搜索可以完全匹配的方式或者接近完全匹配的方式进行。但实践中经常会发生蛋白酶的不完全水解，即水解产物在应该发生断裂的位点不发生断裂。另外，从基质辅助激光解吸电离质谱（MALDI-MS）中得到的肽段是带电荷的，其质量也会与理论值略有偏差。因此，为了提高数据库搜索的识别能力，搜索引擎必须在匹配肽段的分子质量方面具有一定的灵活性，以满足肽段的不完全水解及电荷修饰等各种可能的实际情况。为了达到这一目的，搜索引擎就需要用户在检索时提供尽可能详细的信息，如肽段指纹的分子量、肽段序列、完整蛋白质的分子量、等电点，甚至序列所属的物种名等，这些对于确定蛋白质的唯一性来说都非常重要。

利用数据库匹配的方式进行肽段鉴定时都遵循一个基本假设，即被研究物种的所有蛋白质序列都是已知并存储于数据库中的。因此，这种方法只在一些进行了完全测序且基因组注释比较完善的模式生物中应用得比较好，而在非模式生物中的应用则非常有限。

ExPASy（expert protein analysis system，http：//www. expasy. org）是由瑞士生物信息研究中心维护的一个整合全面的蛋白质组学信息的网络服务器，提供了众多的蛋白质序列、序列特征、结构、功能注释等方面的信息与分析工具，在其蛋白质组学工具中就包含了Mascot、ProFound 等多种与质谱数据相关的肽段质量指纹数据分析工具。

五、蛋白质的翻译后修饰

蛋白质在翻译合成后，需要经过一些功能基团的共价修饰才能获得相应的活性、结构与功能，这个生物学过程称为蛋白质翻译后修饰（posttranslational modification，PTM），目前已知的蛋白质翻译后修饰类型超过 200 种，常见的类型包括磷酸化、糖基化、泛素化、乙酰化和硫酸盐化等。蛋白质的翻译后修饰通过改变分子大小、疏水性及蛋白质的整体构象等对蛋白质生物学功能的正常行使产生影响。它可以直接影响到蛋白质之间的相互作用，以及蛋白质在不同的亚细胞区域的分布。

翻译后修饰可以通过实验得到的质谱指纹数据进行鉴定。在 ExPASy 蛋白质组学服务器工具页面上列出了很多根据质谱分子质量数据来确定翻译后修饰的程序，可以用来搜索序列中已知的翻译后修饰位点，并且在数据库片段匹配时根据修饰的类型将额外的质量进行整合。例如，FindMod 可利用实验确定的肽段指纹信息来比较实际测得的肽段质量与其理论值是否存在差异。如果有，FindMod 就利用一系列预先确定的规则来预测特定的修饰类型。FindMod 可用来预测 28 种不同类型的修饰，包括甲基化、磷酸化、酯化和硫化等。GlyMod 是另一种特异针对糖基化进行预测的程序，它同样是利用实验确定的肽段与理论获得肽段在质量上的差异来进行预测。

六、蛋白质相互作用分析

细胞中的大部分功能是由蛋白质来执行的，蛋白质间的相互作用是细胞实现功能的基础。细胞进行生命活动过程的实质就是蛋白质在一定时空下的相互作用，因此，描绘出蛋白质间的相互作用是蛋白质组学又一个重要的研究内容。蛋白质之间的相互作用不仅包括那些能够形成稳定复合物的强相互作用，也包括那些可能只在瞬时发生的弱相互作用，其中，参与形成复合物的蛋白质要比那些只出现瞬时相互作用的蛋白质表现出更为紧密的表达共调控性质。蛋白质-蛋白质相互作用的研究在探寻细胞信号转导途径、复杂蛋白质结构的建模及理解蛋白质在各种生物化学过程中的作用方面都是非常必要的。

蛋白质互作研究中最经典的方法无疑是酵母双杂交（yeast two hybrid，Y2H）系统。它采用了一套必须要转录因子（transcription activator）才能激活的报告基因表达体系。由于转录因子同时具有 DNA 结合结构域（DNA binding domain，BD）及转录激活结构域（trans-activation domain，AD），于是，人为地将转录因子的这两个结构域分隔开来，将可能发生相互作用的两个基因的 cDNA 分别与其中 BD 的 DNA 及 AD 的 DNA 进行融合以产生诱饵蛋白（bait protein）及其潜在的猎物蛋白（prey protein），当诱饵蛋白和猎物蛋白能够发生互作结合时，转录因子的两个结构域也能够结合在一起行使其功能，从而导致报告基因的表达。当然，还可能利用这一套系统在一个cDNA文库中筛选与诱饵蛋白发生互作的蛋白质，即将cDNA文库中所有的cDNA作为可能与待研究蛋白质发生互作的猎物蛋白同AD进行融合，然后利用其能否与诱饵蛋白互作导致报告基因的表达进行筛选。这种方法通常用来发现和研究目前还不太了解的蛋白质的相互作用及功能。

在检测蛋白质之间的相互作用方面，酵母双杂交系统具有非常高的灵敏度，即使是微弱的、瞬间的蛋白质相互作用也能够通过报告基因的表达敏感地检测到，但是这种方法也存在着一些局限性。首先，它不是一种直接检测蛋白质相互作用的方法，而某些蛋白质自身的转录激活功能使得AD猎物蛋白融合基因与BD诱饵蛋白融合基因表达产物无需特异地结合就能启动转录系统，从而产生假阳性结果（虚假的相互作用）。其次，酵母双杂交系统对相互作用的蛋白质在细胞内的定位要求非常严格，只有定位于细胞核内的相互作用蛋白才能确保报告基因的激活，而定位于细胞质内或细胞膜上的蛋白质则很难采用该技术进行分析。最后，酵母双杂交系统只能检测两个组分的互作情况，因而那些必须有多个蛋白质共同参与的相互作用利用这一方法也是检测不到的。

此外，一些通过蛋白质之间具有亲和力（特异性结合的倾向）特性的物理方法也能够为蛋白质互作提供直接的证据。通常情况下，这种亲和方法是将一种分子进行固定，利用它作为诱饵来诱捕那些与之互作的蛋白质，随后将这些蛋白质进行纯化及鉴定。

亲和色谱是将诱饵分子固定于某一种载体介质，如琼脂糖柱子中。目的蛋白通过它表面上的生物功能位点，特异并可逆地结合在诱饵分子上。将蛋白质提取物加入柱子中，并利用低盐缓冲液进行洗脱，与诱饵有相互作用的蛋白质（因为结合在一起）被留在柱子中，其他的则被缓冲液洗脱，而那些结合的蛋白质可以在随后被高盐的缓冲液洗脱下来。通过改变缓冲液的盐浓度，就可能鉴别哪些蛋白质与诱饵的结合能力较弱而哪些结合能力很强。目前一种叫作GST-pulldown的亲和色谱方法比较流行，它的诱饵蛋白是谷胱甘肽S转移酶（GST）的融合表达蛋白。由于此酶与其底物谷胱甘肽具有高亲和力，融合蛋白可以牢固地附着在谷胱甘肽包被的琼脂颗粒上，而那些与GST融合蛋白互作的蛋白质就会在色谱柱中保留下来，无相互作用的蛋白质则被洗脱。这种方法的好处是任一个蛋白质都可以与GST进行融合而作为诱饵。但是必须记住在实验中要加一组只利用GST（无融合蛋白）的对照色谱，这样才能排除那些与GST互作的蛋白质。通过亲和色谱纯化后的蛋白质则可以继续通过凝胶电泳及质谱技术来确定相互作用的蛋白质组分。

免疫共沉淀反应是另一种亲和方法，它是利用抗体能够特异性地与蛋白质复合物中某一组分进行反应而使蛋白质复合物沉降下来。该方法在能够保存蛋白质与蛋白质相互作用的条件下制备细胞的溶解液。一种与蛋白质X特异作用的抗体被加入这种细胞溶解液中，于是，蛋白质X及与它有相互作用的任何蛋白质都被沉淀下来。免疫共沉淀法的优点是所研究的相互作用蛋白均是经翻译后修饰的天然蛋白，即可以表征生理条件下蛋白质间的相互作用。但是该方法需要针对目标蛋白制备出一定量的多克隆或单克隆抗体，过程相对复杂，而且目标蛋白只有达到一定浓度才能与抗体结合形成沉淀，因而只适用于研究具有高表达量的目标蛋白。此外，亲和色谱与免疫共沉淀反应都存在一个共同的问题，即它们不仅可以分离与诱饵直接互作的蛋白质，同样还会分离出不直接互作的蛋白质。这时就需要交叉连接（cross-linking）来确定直接的互作并证实蛋白质复合物的空间架构。

由于上述实验方法都不能保证消除实验中的假阳性与假阴性，那么为了从理论上弥补各种技术的缺陷，在实验中应当将多种技术方法得到的结果结合起来。

本章小结

近三十年来，基因组学和DNA测序技术的高速发展，推动了对基因工程相关的功能基因序列和表达宿主的更深入了解，同时，转录组学和蛋白质组的技术进步，极大地拓展了对新功能基因的发掘和利用水平。伴随着多组学技术的发展，基因工程逐渐进入更精准、更全面的新时代。

思考题

1. 比较第一代、第二代和第三代测序技术的异同。

2. 对于基因工程，不同的测序方法可以用在哪些不同的应用方向？例如，构建完成表达质粒后，应使用哪种测序方法验证序列准确性？为了改造表达宿主，需对宿主基因组进行重测序，最好选择哪一代测序方法？

3. 如何应用转录组学和蛋白质组学发掘新的功能基因？

4. 对于蛋白质组学鉴定到的重要蛋白质功能修饰，如何在基因工程表达体系中实现？

第十二章
基因敲除、基因编辑和基因沉默

基因工程的核心技术是基因的重组技术，即 DNA 重组技术，随着基因工程技术的不断扩展，并与其他学科的相互交叉融合，在改变基因在生物体内表达水平方面发展出很多新的技术，如基因敲除（gene knock-out）、基因编辑（gene editing）和基因沉默（gene silencing）等，此外，表观基因组编辑（epigenome editing）可以在特定位点改变甲基化或组蛋白的状态，从而影响基因表达，这是和基因编辑、基因敲除、基因沉默都不同的技术。它们对促进基因工程技术的发展和应用发挥了重要的作用。

第一节　基因敲除

基因敲除又称为基因打靶，是指人为地从 DNA 分子水平上去除或替换某一个基因，使细胞内的某种特定遗传信息无法再表达，进而从整体水平或细胞水平推测相关基因功能的一种技术。

基因敲除技术起源于 20 世纪 80 年代，是在基因同源重组技术和胚胎干细胞（embryonic stem cell，ES）技术的基础上建立起来的一种新的分子生物学技术。基因同源重组技术是指当外源 DNA 片段较大且与宿主基因片段同源性较高并互补结合时，结合区的任何部分都有与宿主的相应片段发生交换（即重组）的可能，因此这种重组技术又称为同源重组。所谓胚胎干细胞是从着床前胚胎（孕 3～5 天）分离出的内细胞团（inner cellmass，ICM）细胞，它具有向各种组织细胞分化的多分化潜能，能在体外培养并保留发育的全能性。在体外进行遗传操作后，将它重新植回动物子宫，该细胞能发育成胚胎的各种组织乃至于一个个体。

基因敲除就是通过同源重组将外源基因定点整合入靶细胞基因组上某一特定位点上，以达到定点修饰改造染色体上某一目的基因的一种技术。它包括如下主要步骤：①构建重组载体；②重组 DNA 转入受体细胞核内；③筛选目的细胞；④产生转基因动物。这种方法的出现克服了随机整合的盲目性和偶然性，是一种理想的修饰、改造生物遗传物质的方法。该项技术的诞生是分子生物学技术上继转基因技术后的又一革命。尤其是条件性、诱导性基因打靶系统的建立，使得对基因靶位时间和空间上的操作更加明确，效果更加精确、可靠，它的发展将为发育生物学、分子遗传学、免疫学及医学等学科提供了一个全新的、强有力的研究、治疗手段，具有广泛的应用前景。

基因敲除技术从出现以来，从载体构建、细胞的筛选到动物模型的建立各方面均得到了飞速发展，各种方法也层出不穷，近年发展起来的Cre-loxP系统、Flp-FRT系统、转座子系统和基因捕获技术是比较成熟的基因敲除技术。其中Cre-loxP系统能够有效地控制靶细胞的发育阶段和组织类型，实现特定基因在特定时间和（或）空间的功能研究；转座子系统具有高通量（可以同时进行多基因功能研究）、易于操作和所需时间短的特点；基因捕获技术能够高效获得基因敲除小鼠，有利于进行小鼠基因组文库的研究。此外还有进退策略法、双置换法、标记和交换法、重组酶介导的盒子交换法等基因敲除技术均在不同程度上补充和完善了基因敲除技术。

基因敲除已成为当前医学和生物学研究的最热点与最前沿，并已对生物学和医学的许多研究领域产生深刻的影响。基于基因敲除技术对医学生物学研究作出的重大贡献，在该领域取得重大研究进展的三位科学家，美国人马里奥·卡佩奇（Mario Capecchi）、奥利弗·史密西斯（Oliver Smithies）和英国人马丁·埃文斯（Martin Evans）分享了2007年诺贝尔生理学或医学奖。

一、Cre-loxP基因敲除系统

基因敲除的重组载体系统主要有插入性载体系统和替换性载体系统。插入性载体系统构建载体时主要包括要插入的基因片段（目的基因）、同源序列片段、标志基因片段等成分；替换性载体系统主要包括同源序列片段、替换基因的启动子和报告基因等成分。Tsien等于1996年在《细胞》首先报道了第一个脑区特异性的基因敲除动物，被誉为条件性基因敲除研究的里程碑。该技术以Cre-loxP系统为基础，因为Cre在哪种组织细胞中表达，基因敲除就能够发生在哪种组织细胞中。下面就Cre-loxP基因敲除系统的基本原理做简要介绍。

Cre-loxP系统属于传统的同源重组载体，但是具有了时空调控的功能。它由Cre重组酶（cyclization recombination enzyme）和loxP（locus of X-over P1）位点两部分组成。Cre重组酶于1981年从P1噬菌体中发现，属于λ Int酶超基因家族。Cre重组酶基因编码区序列全长1029bp，编码38kDa蛋白质，是一种位点特异性重组酶，能介导两个loxP位点（序列）之间的特异性重组，使loxP位点间的基因序列被删除或重组。loxP序列同样来源于P1噬菌体，是由两个13bp反向重复序列和中间间隔的8bp序列共同组成，8bp的间隔序列同时也确定了loxP的方向。Cre在催化DNA链交换过程中与DNA共价结合，13bp的反向重复序列是Cre酶的结合域。当两个loxP序列方向相同并且位于同一条染色体上时，Cre编码的重组酶蛋白能够将相同方向的loxP位点之间的核苷酸序列切除成为游离态，即有效切除两个loxP位点之间的核苷酸序列［图12-1(a)］；当两个loxP的序列相反时，Cre重组酶使两个loxP序列颠倒，并且这两种反应处于一种平衡状态［图12-1(b)］；当两个loxP位点分别位于两条不同的DNA链或染色体上面时，Cre重组酶能够介导两条DNA的交换或促使染色体易位。

Cre重组酶能识别34bp的部分回文的loxP序列，介导loxP的34bp重复序列的位点特异性重组，切除同向重复的2个loxP位点间的DNA片段和1个loxP位点，同时保留1个loxP位点，从而使两个loxP位点之间的序列发生特异性的重组或删除。该特性使得Cre-loxP系统广泛用于条件性基因敲除的研究。

Cre不仅可以识别loxP的2个13bp的反向重复序列和8bp的间隔区域，而且当一个13bp的反向重复序列或者8bp的间隔区发生改变时仍能识别并发生重组。利用这一特点，人们在进行构建载体时可以根据需要改造loxP位点序列用于基因突变或修复，增加了该系统的应用范围。重组酶介导的盒式交换（recombinase mediated cassette exchange，RMCE）

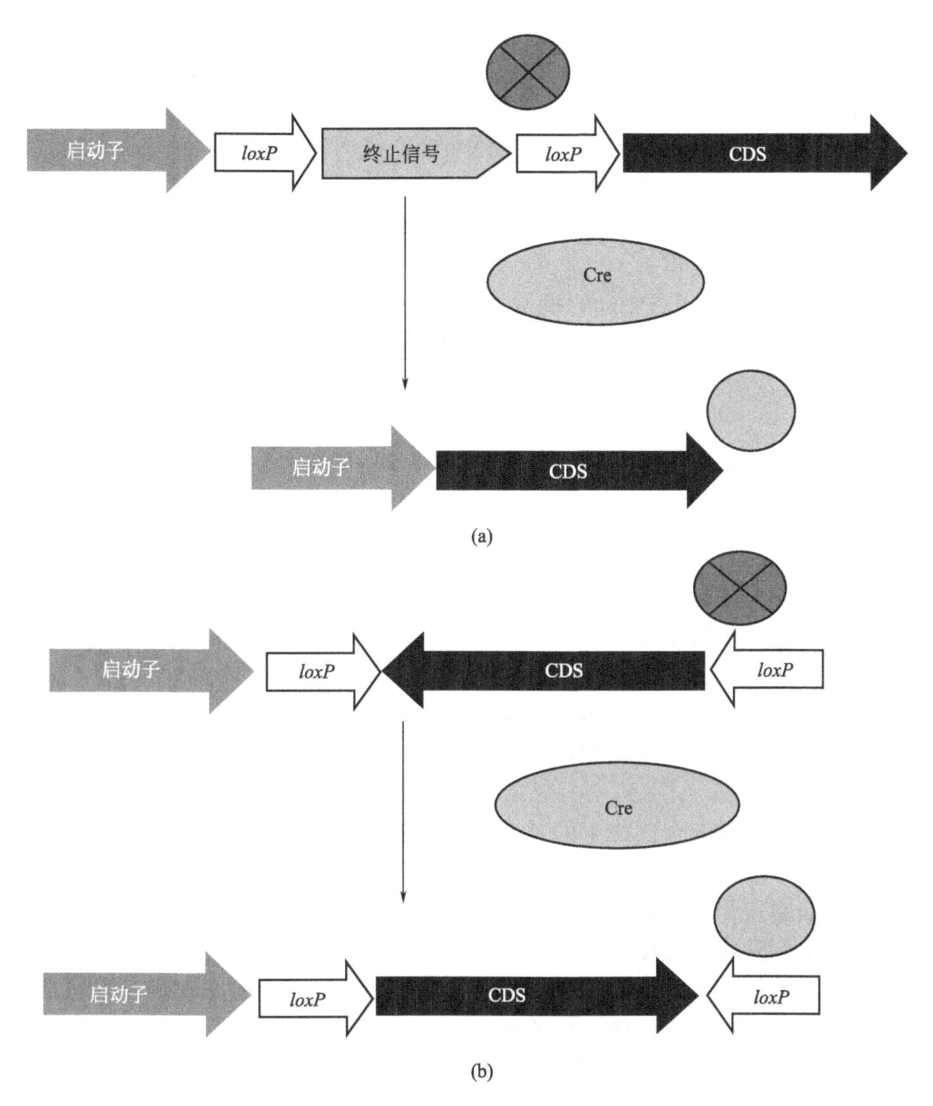

图 12-1 Cre-loxP 介导的基因表达启动或关闭机制

方法就是以 8bp 的间隔区发生改变为基础构建的，同时结合盒式交换来突显动物的表型而易于鉴别。

与传统的重组载体相比较，Cre-loxP 的不同点包括：在被 Cre 重组酶介导的重组发生前内源基因功能正常，对基因组的任何改造必须位于编码区以外或者内含子区并且不干扰调节区域的功能；根据删除片段的要求改变 loxP 位点的插入方式可以得到不同的重组体；每段被改造的 DNA 片段都含有酶切位点便于用 Southern 印迹证实；便于区分打靶后不同细胞类型（野生型、打靶但未重组型、重组型）的显像策略。

Cre-loxP 系统既可以用在细胞水平上，将 Cre 重组酶表达质粒转染到靶细胞中，通过识别 loxP 位点将抗性标记基因切除，又可以在整体水平上将重组杂合子小鼠与 Cre 转基因小鼠杂交，再通过二代遗传就可得到删除外源标记基因的条件性基因敲除子代小鼠。例如，应用该系统删除小鼠 X 染色体雄激素受体基因产生雄激素受体基因缺失小鼠，就能够阐述雄激素受体的功能是正常雌性动物具有生产能力所必需的这一机理，进一步说明雄激素受体是一种治疗卵巢功能早衰的潜在的靶基因。

Cre-loxP 系统还可以用于染色体间的基因重排。通过在特异性位点同源重组导入含有 loxP 序列的 5′Hprt 框，然后随机整合含有 loxP 序列的 3′Hprt 框，结果在 Cre 酶的作用下，两个 loxP 位点之间发生重组，形成具有功能的 Hprt 微小基因，使重组后的 ES 细胞在选择培养基中存活下来。这种染色体重排为染色体功能图谱的制作提供了一个很好的技术手段。

Cre-loxP 系统可以实现对基因的不同发育阶段、不同组织类型中特异性的删除，可以消除由于基因位置改变造成的影响，加强了对基因的控制能力，使研究者可以更方便地有针对性地进行目标阶段的研究工作。

Cre-loxP 介导的条件基因打靶动物模型需要以下途径：①用 Cre 表达载体转染含有 loxP 位点的胚胎干细胞；②利用显微注射法将 Cre 表达载体注入含 loxP 位点的受精卵细胞；③基因中表达 Cre 重组酶的小鼠与基因组中引入 loxP 序列的小鼠杂交，筛选出双重转基因鼠。

二、基因敲除技术的应用

基因敲除技术可以选择性地修饰基因及选择如何去修饰，最终完全控制该段基因的 DNA 序列或修饰其周围的调控元件。由于几乎所有生命现象均由基因控制或受其影响，基因敲除技术在几乎所有生物学领域如微生物学、动物学、植物学、医学等领域都有应用价值。目前它已经广泛地应用于各个方面，并取得了较大的进展。

1. 基因敲除技术在医疗领域的应用

基因敲除小鼠模型的建立使许多与人类疾病相关的新基因的功能得到阐明，基因敲除可用于建立人类疾病的转基因动物模型，为医学研究提供材料，使现代生物学及医学研究领域取得了突破性进展。

从基因敲除技术出现至今已产生的基因敲除小鼠模型有很多，包括癌基因和肿瘤抑制基因、免疫相关基因、生长因子与受体基因敲除小鼠模型的建立为治疗人类疾病如肿瘤、动脉粥样硬化、糖尿病和遗传性疾病等提供了极大的帮助。此外，基因敲除技术还可以在解除异种器官移植过程中的异体排斥反应中发挥重要作用。该技术已经在疾病机理的研究、医疗、植物基因功能的研究等各个方面体现出了强有力的作用，这项新技术无论是在基础理论研究还是在实际应用中都将有着广阔的应用前景。

2. 基因敲除技术在改造动植物基因中的应用

通过基因敲除技术可以鉴定新基因和寻找新的蛋白质功能，为研究基因的功能和生物效应提供模式。例如，目前人类基因组研究多由新基因序列的筛选检测入手，进而用基因敲除法在各类生物体上观察该基因缺失引起的表型变化。

3. 基因敲除技术在动植物育种中的应用

基因敲除技术是遗传工程中的一个重大飞跃。利用该技术能够使人们对定点、定量地改变生物基因组结构的梦想成为现实，从而使对动植物进行高效而安全的遗传改良成为可能。通过基因敲除可以对动植物的基因进行修饰和改造，生产出一些人类需要培育的生物新品种，它将为人类改良家畜、家禽的性状和品质及解决粮食等相关重大问题带来巨大的机遇。

第二节 基因沉默

基因沉默（gene silencing）是指由于各种原因，在不损伤原有 DNA 的情况下在转录水平或者翻译水平上打断或者抑制基因的表达。基因沉默发生在两种水平上，一种是转录水平，由于 DNA 甲基化、异染色质化以及位置效应等引起的基因沉默（transcriptional gene silencing，TGS）。另一种是翻译水平，又称转录后基因沉默（post-transcriptional gene silencing，PTGS），即在基因转录后的水平上通过对靶标 RNA 进行特异性抑制而使基因失活，包括反义 RNA、共抑制（co-suppression）、基因压制（quelling）、RNA 干扰（RNA interference，RNAi）和微小 RNA（mi RNA）介导的翻译抑制等。

基因沉默不会改变 DNA 序列，通常不会让基因完全停止表达，只会引起基因的功能下降或部分丧失功能，RNA 干扰也不是基因敲落的唯一方法，现在发现基因沉默的方式很多，见表 12-1。近年来，基因沉默系统在肿瘤治疗领域的研究已被广泛报道，主要是以各类阳离子脂质体、高分子聚合物和无机纳米颗粒等为载体递送反义核酸或小干扰 RNA。

表 12-1　比较不同的基因沉默方式

作用因子	机制	结果
大多数药物	结合靶蛋白	蛋白抑制
RNase H 不依赖的寡核苷酸	与靶 mRNA 杂交	抑制靶蛋白的翻译
RNase H 依赖的寡核苷酸	与靶 mRNA 杂交	通过 RNase H 降解 mRNA
核酶和 DNA 酶	催化切割靶 mRNA	降解 mRNA
siRNA	通过 mRNA 的反义链进行杂交，引导其进入核糖核酸内切酶复合体（RISC）	降解 mRNA

一、RNA 干扰

RNA 干扰（RNA interference，RNAi）属于转录后基因沉默（post-transcriptional gene silencing，PTGS），是对双链 RNA 的一种保守的生物学反应，它介导对内源性寄生病毒和外源性致病核酸的抗性，并调节蛋白质编码基因的表达。这种序列特异性基因沉默的自然机制有望使实验生物学发生革命性的巨变，并可能在功能基因组学、治疗干预、农业和其他领域有重要的应用。

1. RNAi 途径的内源性触发因素

RNAi 途径的内源性触发因素包括病毒来源的外源 DNA 或双链 RNA（dsRNA）、基因组中重复序列的异常转录物（如转座子和微小核糖核酸前体 miRNA）。在植物中，RNAi 形成病毒诱导基因沉默的基础（VIGS），这表明其在病原体抗性中的重要作用。对秀丽隐杆线虫的研究表明了 RNAi 调控内源基因的可能机制。在哺乳动物细胞中，长（>30nt）的双链 RNA 通常会引起干扰素反应。

2. RNAi 途径的简化模型

RNAi 途径的简化模型基于两步（图 12-2），每一步都涉及核糖核酸酶。在第一步中，触发 dsRNA（miRNA 或 mRNA 初级转录物）被 RNase Ⅱ酶 Dicer 和 Drosha 加工成短的干扰 RNA（siRNA）。第二步，将 siRNA 装载到效应子复合物 RNA 诱导沉默复合物（RNA-induced silencing complex，RISC）中。在 RISC 组装过程中，siRNA 被解开，单链 RNA 与目标 mRNA 杂交。基因沉默的结果是 RNaseH 酶对靶 mRNA 进行溶核降解。如果 siRNA/基因双链体包含错配，mRNA 不会被切割。相反，基因沉默的结果是翻译抑制。

二、基因沉默的应用

目前，基因沉默技术已广泛地应用于多学科的研究中，尤以医学领域的研究最为突出，它不仅可用于基础医学研究，而且为病毒感染性疾病和肿瘤的防治开辟了更为广阔的前景。2006 年度诺贝尔生理学或医学奖授予了斯坦福医学院的 Andrew Z. Fire 和麻省理工学院医

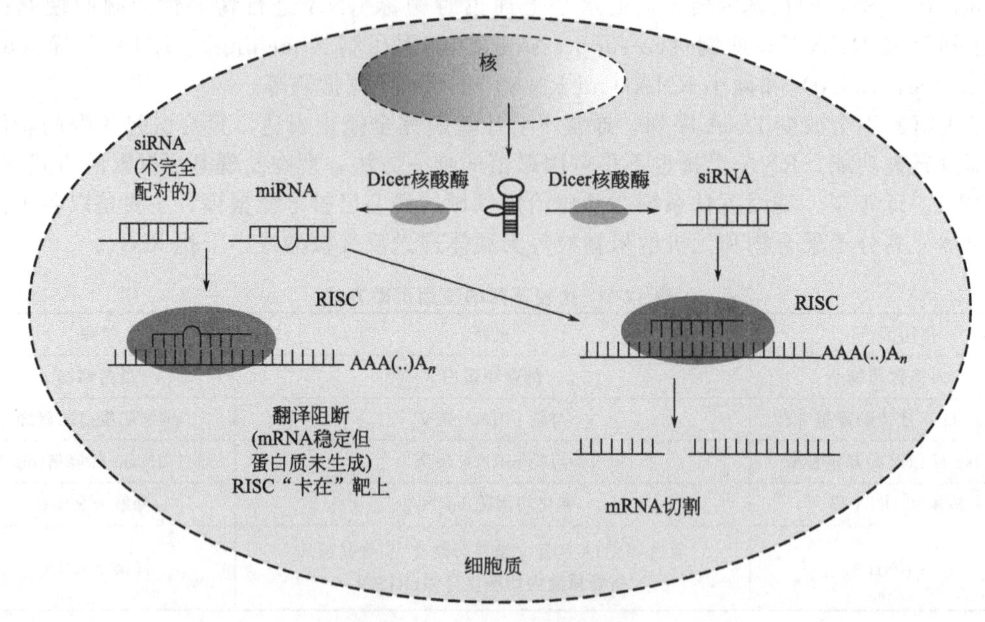

图 12-2 RNAi 干扰示意图

学院的 Craig C. Mello，以表彰他们在 RNAi 领域的杰出贡献。

1. 基因沉默在研究基因功能方面的应用

以 RNA 干扰为代表的基因沉默技术能特异性地抑制真核生物中基因的表达，产生类似基因敲除的效果，从而为研究特定基因功能提供了很好的途径。随着大量未知功能基因的发现，RNA 干扰投入少、周期短、便于操作的优势大大促进了新基因功能的研究。

2. 基因沉默在疾病治疗方面的应用

基因沉默技术能特异性地抑制或降低真核生物中基因的表达，这在疾病治疗方面有巨大的应用前景。在遗传性疾病方面，亨廷顿舞蹈症的特点是突变导致亨廷顿基因中出现过量的 CAG 重复序列，随后产生突变的亨廷顿蛋白导致疾病。因此，沉默突变型亨廷顿蛋白基因是治疗该疾病的一种潜在治疗策略。事实上，亨廷顿舞蹈症和其他涉及突变 CAG 重复序列的相关神经退行性疾病，如脊髓背角肌萎缩和某些类型的脊髓小脑性共济失调，一直处于基因沉默治疗发展的前沿。在抗病毒治疗方面，主要是基于 miRNA 的轮状病毒复制抑制、抑制 HBV 复制以及基于慢病毒的 shRNA 靶向 HCV 复制。所以，基因沉默应用中涉及生物信息学科，它能帮助寻找 RNAi 的作用靶点，也需要通过载体工程来提供更有效、更安全的病毒载体，以及高安全标准和治疗效果的递送相关技术。在抗肿瘤治疗方面，肿瘤的发生是多基因、多因素共同作用的结果，癌基因与抑癌基因之间平衡被打破，从而导致恶性肿瘤的产生。基因沉默可以特异性抑制基因的表达，达到敲除癌基因，抑制癌基因表达的效果，从而达到治疗肿瘤的目的。

3. 基因沉默在新药开发的应用

随着耐药菌的日益增多和各种疾病发病机制的阐明，传统的化学合成药物、微生物筛选等常规方法已无法满足临床需要，而最佳药物靶点的筛选和鉴定是新药研发的核心，是药物开发的第一步，也是药物筛选及药物定向合成的关键因素之一。有针对性的新药开发途径成为一个研究热点。最近才发展起来的以 RNA 干扰为代表的基因沉默技术已经成为一种强有力的筛选药物靶点和鉴定药物靶点的工具，这种方法能够高效而选择性地降解靶点的 mR-

NA，基于此法引起的表型功能丢失可以确定相应蛋白质的功能。将此技术与高通量筛选、试管内生物分析以及活体疾病模型结合应用，提供了有效的检测基因功能的方法，这些技术的联合应用，将有效地提高药物靶点的筛选及鉴定。

第三节　基因编辑

基因编辑（gene editing）是指利用部位特异性核酸酶在生物体基因组中的特定位置进行DNA插入、删除、修改或替换的基因工程技术，会改变DNA序列。这种技术有时称作“基因剪辑”或“基因组工程”。

基因编辑是使用酶进行的（特别是那些被设计成针对特定DNA序列的核糖核酸酶），对基因组DNA进行定向改造的技术，可以实现对特定DNA碱基的缺失、替换等，常用的四种基因编辑工具分别是巨型核酸酶、锌指核酸酶、转录激活因子样效应物核酸酶以及CRISPR/Cas9系统。基因编辑技术的关键是美国科学家詹妮弗·杜德纳（Jennifer Doudna）、法国科学家埃玛纽埃尔·夏彭蒂耶（Emmanuelle Charpentier）以及其同事于2012年发现的一种名为CRISPR/Cas9的分子工具，该技术由美国科学家张锋及其同事精炼而成。2020年诺贝尔化学奖授予了詹妮弗·杜德纳和埃玛纽埃尔·夏彭蒂耶，以表彰她们“开发出一种基因组编辑方法”。CRISPR/Cas9系统作为一种新型的基因组编辑技术，具有组成简单、特异性好、切割效率高的优点，使研究人员能够在所需的位置去除和插入DNA。CRISPR/Cas9系统可以对动植物基因靶向编辑，并开始应用于人类的遗传性疾病、病毒感染性疾病以及肿瘤等方面。

一、CRISPR/Cas9系统

CRISPR/Cas9（clustered regularly interspaced short palindromic repeats/CRISPR-associated proteins 9，基于成簇的规律间隔短回文重复序列及其相关系统）是最近几年兴起用于靶向基因特定DNA修饰的重要工具。

1. CRISPR/Cas9系统的发现

CRISPR/Cas9系统最初在细菌和古菌中被发现，是一种细菌应对外来病毒或质粒不断攻击而演化来的获得性免疫防御机制。当外源DNA首次侵入细菌时，外源DNA被Cas9核酸酶切割，并以间隔序列形式整合到CRISPR基因座中。当外源DNA再次入侵时，细菌会以间隔序列作为模板形成短的CRISPR RNA（crRNA），crRNA与反式激活crRNA（tracrRNA）形成复合RNA，该复合RNA作为引导链指导Cas9核酸酶结合到互补的外源DNA。一旦结合，Cas9蛋白通过其NHN和RuvC1样核酸酶结构域分别切割外源DNA的两条链，使外源DNA降解（如图12-3所示）。

迄今为止，已经发现了45种不同的Cas蛋白家族，每种家族在crRNA的合成、间隔序列的整合以及外源DNA的切割方式上有明显的不同。根据Cas9蛋白的序列和结构不同，CRISPR/Cas9分为三类：Ⅰ型、Ⅱ型和Ⅲ型。目前常用于基因组编辑的CRISPR/Cas9系统是改良自酿脓链球菌（*Streptococcus pyogenes*）的Ⅱ型CRISPR/Cas系统。

2. CRISPR/Cas9系统的成分

CRISPR/Cas9靶向基因组编辑系统有两个组成部分：内切核酸酶——Cas9和指导RNA——gRNA。内切核酸酶是来自酿脓链球菌的Cas9核酸酶蛋白。Cas9核酸酶具有切割双链DNA的活性结构域（RuvC1和HNH样核酸酶结构域），使得双链DNA断裂。gRNA是由起支架功能的tracrRNA与特异性的crRNA结合形成的嵌合RNA。后来，人们将这两

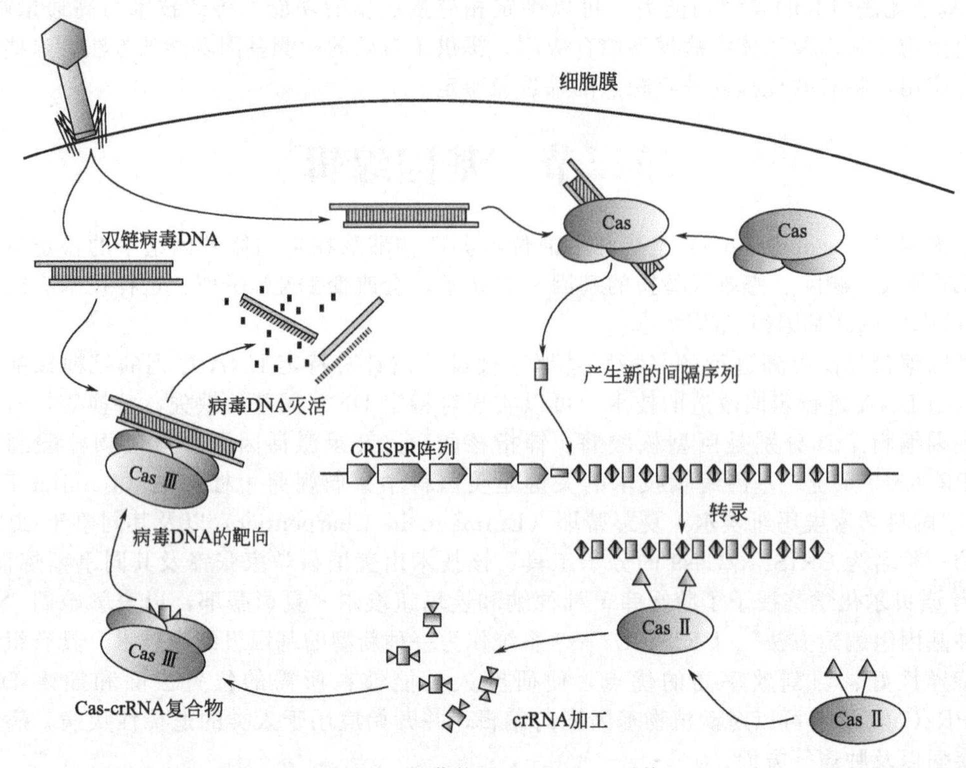

图 12-3　细菌的 CRISPR/Cas 系统

段 RNA 拼接成一条短 RNA，称为 sgRNA。gRNA 5′末端的 20bp 是特异性的结合序列——寻靶装置，通过 RNA-DNA 碱基配对将 Cas9/gRNA 复合物募集到特异的 DNA 靶点。特异性结合序列相邻的是 PAM（protospacer adjacent motif，原间隔基序）。PAM 是内切核酸酶 Cas9 的识别位点，Cas9 的 PAM 为 5′-NGG。Cas9 核酸酶在 PAM 基序上游第 3 个碱基处切割双链 DNA。

二、CRISPR/Cas9 系统的作用机制

CRISPR/Cas9 系统产生双链 DNA 缺口后，生物体内一般通过非同源末端连接（NHEJ）或同源定向修复（HDR）这两种修复方式对断裂的双链 DNA 进行修复。具体途径如下。

1. 非同源末端连接修复途径（NHEJ）

NHEJ 修复途径是一种错误倾向修复机制，用于在缺少修复模板的情况下修复断裂的双链 DNA。该途径主要用于 CRISPR/Cas9 系统介导的基因沉默。主要用于当 DNA 发生断裂时，NHEJ 修复途径被开启，DNA 断裂处插入或缺失几个碱基，然后双链 DNA 的切割末端连接在一起，这个过程极容易导致切割位点发生移码突变，从而沉默该基因。因此，在沉默编码基因时，gRNA 应靶向基因的 N 端来确保最大程度的基因破坏（图 12-4）。

2. 同源性定向修复（HDR）

对比 NHEJ 修复途径，同源性定向修复（HDR）途径是更为精确的修复机制。这种修复机制主要用于 CRISPR/Cas9 系统介导的基因敲入。在该修复路径中，需要将一段与预期编辑位点上下游紧邻序列具有高度同源性的 DNA 修复模板、特异的 gRNA 和 Cas9 核酸酶一起引入细胞中。在高度同源性 DNA 模板存在的情况下，HDR 机制可以通过同源重组将

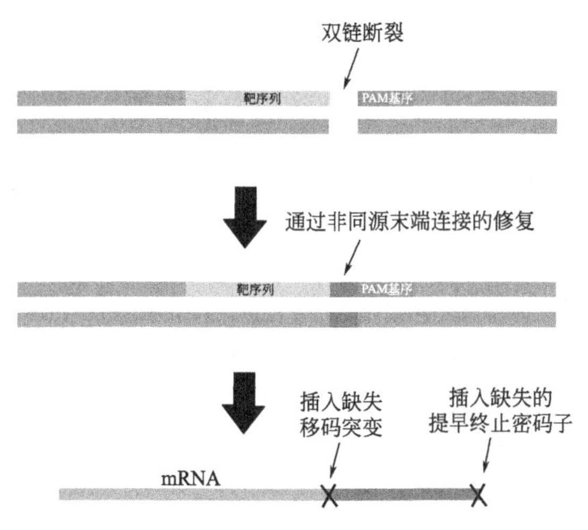

图 12-4　非同源末端连接修复途径示意图

一段 DNA 插入编辑位点。这种修复方式可以将一段 DNA 序列精准地插入特定的基因组位点，如图 12-5 所示。

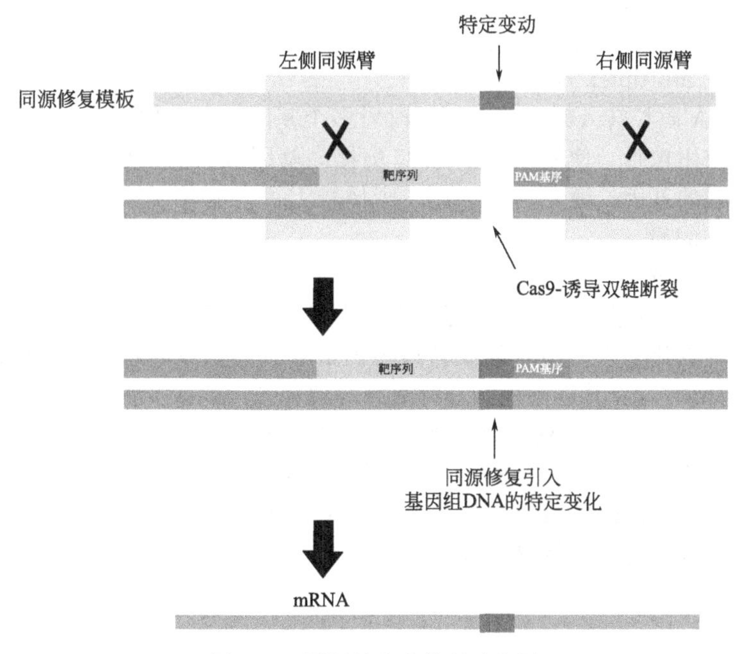

图 12-5　同源性定向修复示意图

三、基因编辑的应用

1. 基因敲除（knock-out）

Cas9 可以对靶基因组进行剪切，形成 DNA 的双链断裂。在通常情况下，细胞会采用高效的非同源末端连接方式（NHEJ）对断裂的 DNA 进行修复。但是，在修复过程中通常会发生碱基插入或缺失的错配现象，造成移码突变，使靶标基因失去功能，从而实现基因敲除。为了提高 CRISPR 系统的特异性，可将 Cas9 的一个结构域进行突变，形成只能对 DNA

单链进行切割造成DNA缺口的Cas9单突变核酸酶（nickase）核酸酶。因此想要形成双链断裂的效果可以设计两条sgRNA序列，分别靶向DNA互补的两条链，这样两条sgRNA特异性地结合靶标序列，即可形成DNA断裂，并在修复过程中通过移码突变实现基因敲除。

2. 基因敲入（knock-in）

当DNA双链断裂后，如果有DNA修复模板进入细胞中，基因组断裂部分会依据修复模板进行同源重组修复（HDR），从而实现基因敲入。修复模板由需要导入的目标基因和靶序列上下游的同源性序列（同源臂）组成，同源臂的长度和位置由编辑序列的大小决定。DNA修复模板可以是线性/双链脱氧核苷酸链，也可以是双链DNA质粒。HDR修复模式在细胞中发生率较低，通常小于10%。为了增加基因敲入的成功率，目前有很多科学家致力于提高HDR效率，将编辑的细胞同步至HDR最活跃的细胞分裂时期，促进修复方式以HDR进行，或者利用化学方法抑制基因进行NHEJ，提高HDR的效率。

3. 基因抑制、基因激活

Cas9的特点是能够自主结合和切割目的基因，通过点突变的方式使Cas9的两个结构域RuvC-和HNH-失去活性，形成的dCas9只能在sgRNA的介导下结合靶基因，而不具备剪切DNA的功能。因此，将dCas9结合到基因的转录起始位点，可以阻断转录的开始，从而抑制基因表达；将dCas9结合到基因的启动子区域也可以结合转录抑制/活化物，使下游靶基因转录受到抑制或激活。因此dCas9与Cas9、Cas9切口酶的不同之处在于，dCas9造成的激活或者抑制是可逆的，并不会对基因组DNA造成永久性的改变。

4. 多重编辑（multiplex editing）

将多个sgRNA质粒转入细胞中，可同时对多个基因进行编辑，具有基因组功能筛选作用。多重编辑的应用包括：使用双Cas9切口酶提高基因敲除的准确率、大范围的基因组缺失及同时编辑不同的基因。通常情况下，一个质粒上可以构建2～7个不同的sgRNA进行多重CRISPR基因编辑。

5. 功能基因组筛选

利用CRISPR/Cas9进行基因编辑可以产生大量的基因突变细胞，因此利用这些突变细胞可以确认表型的变化是否是由基因或者遗传因素导致的。基因组筛选的传统方法是shRNA技术，但是shRNA有其局限性：具有很高的脱靶效应以及无法抑制全部基因而形成假阴性的结果。CRISRP/Cas9系统的基因组筛选功能具有高特异性和不可逆性的优势，在基因组筛选中得到了广泛的应用。目前CRISPR的基因组筛选功能应用于筛选对表型有调节作用的相关基因，如对化疗药物或者毒素产生抑制的基因、影响肿瘤迁移的基因以及构建病毒筛选文库对潜在基因进行大范围筛选等。

本章小结

基因重组技术，即DNA重组技术，是基因工程的核心技术，现在已发展出很多新的技术，如基因敲除、基因编辑和基因沉默等，它们对促进基因工程技术的发展和应用发挥了重要的作用。

基因敲除就是通过同源重组将外源基因定点整合入靶细胞基因组上某一特定位点上，以达到定点修饰改造染色体上某一目的基因的一种技术。它包括如下主要步骤：①构建重组载体；②重组DNA转入受体细胞核内；③筛选目的细胞；④产生转基因动物。这种方法的出现克服了随机整合的盲目性和偶然性，是一种理想的修饰、改造生物遗传物质的方法。

基因沉默是指由于各种原因，在不损伤原有DNA的情况下在转录水平或者翻译水平上打断或者抑制基因的表达。基因沉默发生在两种水平上，一种是转录水平，即由DNA甲基化、异染色质化以及位置效应等引起的基因沉默，另一种是翻译水平，又称转录后基因沉默，即在基因转录后的水平上通过对靶标 RNA 进行特异性抑制而使基因失活，包括反义 RNA、共抑制、基因压抑、RNA 干扰和微小 RNA 介导的翻译抑制等。

基因编辑是使用酶进行的（特别是那些被设计成针对特定 DNA 序列的核糖核酸酶），对基因组 DNA 进行定向改造的技术，可以实现对特定 DNA 碱基的缺失、替换等，常用的四种基因编辑工具分别是：巨型核酸酶、锌指核酸酶、转录激活因子样效应物核酸酶以及 CRISPR/Cas9 系统。CRISPR/Cas9 系统作为一种新型的基因组编辑技术，具有组成简单、特异性好、切割效率高的优点，使研究人员能够在所需的位置去除和插入 DNA。CRISPR/Cas9 系统可以对动植物基因靶向编辑，并开始应用于人类的遗传性疾病、病毒感染性疾病以及肿瘤等方面。

思考题

1. 基因敲除技术有哪些重要意义？
2. Cre-loxP 基因敲除系统的基本原理是什么？
3. 简述基因沉默的定义及其机理。
4. 简述 RNAi 途径的简化模型。
5. 简述基因编辑的定义和常用的工具。
6. 简述 CRISPER/Cas9 系统的作用机制。

第十三章
生物信息学

生物信息学是20世纪80年代末开始，随着基因组测序数据迅猛增加而逐渐兴起的一门新兴学科。生物信息学主要应用信息科学的理论、方法和技术，管理、分析和利用生物分子数据，通过收集、组织管理生物分子数据，得到深层次的生物学知识，进一步加深对生物世界的认识。

生物信息学以核酸、蛋白质等生物大分子数据库为主要研究对象，以数学、信息学、计算机科学为主要手段，通过计算机硬件、软件和计算机网络等主要工具，对大量的原始数据进行存储、管理注释、加工，使之成为具有明确生物意义的生物信息。并通过对生物信息的查询、搜索、比较、分析，从中获取基因编码、基因调控、核酸和蛋白质结构功能及其相互关系等理性知识。在大量生物信息和知识的基础上，探索生命起源、生物进化以及细胞、器官和个体的发生、发育、病变、衰老等生命科学问题。

生物信息学的主要任务包括：①收集和管理生物分子数据，使得生物学研究人员能够方便地使用这些数据，并为信息分析和数据挖掘打下基础；②进行数据处理和分析，通过数据分析，发现数据之间的关系，认识数据的本质，进而上升为生物学知识；③解释与生物分子信息复制、传递和表达有关的生物过程，解释在生命过程中出现的信息变化与疾病的关系，帮助发现新的药物作用目标，设计新的药物分子等，为进一步的研究和应用打下基础。

第一节　生物信息学基础

一、生物信息学概述

近年来，分子生物学的迅猛发展积累了大量的实验数据，进而建立了数以百计的生物信息数据库。每个数据库均按照各自的目标收集和整理生物信息，并提供数据查询和处理等服务。生物信息学的主要研究内容为核酸和蛋白质两个方面，包括分析和确定序列、结构、表达模式，掌握基因调控信息，对蛋白质空间结构进行模拟和预测。

在核酸信息研究方面，国际上有三个权威的核酸序列数据库：美国国家生物技术信息中心（NCBI）的GenBank、欧洲分子生物学实验室的EMBL-Bank、日本国家遗传学研究所的DDBJ。

GenBank由位于马里兰州贝塞斯达（Bethesda）的美国国家卫生研究院下属国家生物技术信息中心建立，是美国国家卫生研究院维护的基因序列数据库，汇集并注释了所有公开的核酸以及蛋白质序列。每个记录代表了一个单独的、连续的、带有注释的DNA或RNA片段。目前GenBank中的所有记录均来自于最初作者向DNA序列数据库的直接提交。这些作者通常将序列数据作为论文的一部分用来发表或将数据直接公开。

GenBank Flat File（GBFF）是GenBank数据库的基本信息单位，也是最广泛表示生物序列的格式之一。GenBank、EMBL-Bank、DDBJ三大核酸数据库交换数据时均采用这种格式。GBFF可以分成三个部分，第一部分包含关于整个记录的信息（描述符）；第二部分为特征表，详细描述这一记录的特性；第三部分是核苷酸序列自身。所有的核酸数据库记录（DDBJ/EMBL/GenBank）都在最后一行以//结尾。

EMBL数据库是建立最早的核酸序列库，由德国海德堡的欧洲分子生物学实验室在1982年3月创建，该数据库现在由英国Hinxton的EMBL欧洲生物信息学研究所维护和管理。GenBank数据库创建于1982年4月，最初设在美国洛斯阿拉莫斯国家实验室（LANL），现由位于美国马里兰州Bethesda的国家生物技术信息中心管理。DDBJ数据库创建于1986年，由日本遗传学研究所维护管理，是DNA Data Base of Japan的简称。

为方便三大核酸序列数据库的管理，1988年，三大数据库共同成立了国际核酸序列数据库联合中心（International Nucleotide Sequence Database Collaboration），三方达成协议，对数据库的记录都采用相同的格式。现在三方都可以收集直接提交给各自数据库的数据，每一方只负责更新提交到自己数据库的数据，并在三方之间发布，任何一方都拥有三方所有的序列数据，这样既保证了实现同步更新，又不会发生数据更新的冲突。

在蛋白质信息研究方面，1984年，“蛋白质信息资源”（protein information resource，PIR）计划正式启动，由美国国家生物医学研究基金会（National Biomedical Research Foundation，NBRF）管理，蛋白质信息资源蛋白质序列数据库PIR-PSD（protein sequence database）从此诞生，其目的是帮助研究者鉴别和解释蛋白质序列的信息以研究分子进化、功能基因组，进行生物信息学分析。该数据库是一个全面的、经过注释的、非冗余的蛋白质序列数据库。PIR是一个提供蛋白质序列数据库、相关数据库和辅助工具的集成系统，用户可以迅速查找、比较蛋白质序列，得到与蛋白质相关的众多信息。目前，PIR已经成为一个集成的生物信息数据库，并且具有非冗余性、高质量注释和全面的分类等特点。

SWISS-PROT数据库是由Geneva大学和欧洲生物信息学研究所（EBI）于1986年建立的，它同样是目前国际上权威的蛋白质序列数据库。

TrEMBL数据库是一个计算机注释的蛋白质数据库，包含了从EMBL、GenBank、DDBJ核酸数据库中根据编码序列（CDS）翻译而得到的蛋白质序列，它作为SWISS-PROT数据库的补充。该数据库中的所有序列条目都经过有经验的分子生物学家和蛋白质化学家通过计算机工具并查阅有关文献资料仔细核实，因此又称蛋白质专家库。

根据实验数据的来源，生物信息数据库又可以大致分为一级数据库和二级数据库。一级数据库通常只经过简单的归类整理和注释，大都收集直接的实验数据，主要包括如：核酸和蛋白质序列数据库（如GenBank、EMBL、DDBJ、SWISS-PROT、PIR）、蛋白质三维空间结构数据库（PDB）等。二级数据库是从一级数据库的数据衍生而来，是对生物信息的进一步整理，如人类基因组数据库GDB、转录因子数据库TRANSFAC、蛋白质结构分类数据库SCOP等。

二、生物信息的检索及策略

信息检索是指将无序的数据有序化，形成信息集合，并根据需要从信息集合中查找出特定的信息的过程，全称是信息存储与检索。在生物检索过程中，通过对检索主题的分析，选择适当的检索词，限定特定的检索范围，利用逻辑操作（与 AND，或 OR，非 NOT）构造正确的检索表达式，形成一定的检索策略是进行有效检索的基础。检索表达式不同，检索结果会有很大差别。

目前我们常用的在线资源检索器是 Entrez，它的信息资源是由美国国家生物技术信息中心所提供。Entrez 是由 NCBI 主持的一个数据库检索系统，该资源将 GenBank 序列与其原始文献出处链接在一起，整合了所有 NCBI 数据库所涵盖的信息。这些数据库包括核酸序列、蛋白质序列、大分子结构和全基因组。Entrez 可以根据用户的要求在以下几种数据库（PubMed 文献数据库、核酸序列数据库如 GenBank、蛋白质序列数据库、结构数据库如 MMDB 和 PDB、Genome 下面的基因图谱数据库等）之间进行检查检索，具有用户界面简单、使用方便等特点。另一检索工具是 DBGET/LinkDB，其是由日本京都大学化学研究所建立的 GenomeNet 数据库提供服务，包含 KEGG 和 DBGET/LinkDB 两套主要系统。前者注重代谢途径，后者处理数据库检索。此外，该服务器还提供了对有关资源进行整合后的综合信息检索界面，包括核酸序列、蛋白质序列、三维结构、序列基序、酶和复合物、蛋白质-蛋白质相互作用、通路和复合体、基因分类、种属、遗传病、蛋白质突变、氨基酸索引、蛋白质/肽的文献和生物医学文献等。

三、生物大分子序列的比对分析

序列比对又称序列联配，是分析核酸和蛋白质序列相似性的配对比较方法，通过配对比较推测其结构和功能及进化上的相关关系，它是研究基因识别、分子进化、生命起源的重要工具之一。

序列比对是将两条或多条序列位点上的匹配位点（相同或相似残基）与不匹配位点（不相似的残基）按照一定的记分规则转化成序列间相似性或差异性的数值来进行比较，相似值大时的比对结果具有更多的序列匹配位点。从数学角度讲，就该是最优化的比对结果。但利用数学模型或算法得出的最优结果在多大程度上反映序列之间的相似性以及它们的生物学特征之间的关系，取决于将生物学问题简化为数学问题的过程，而这个过程也常常是生物信息处理最难解决的问题。如果两序列之间具有足够的相似性，就推测二者可能有共同的祖先，经过序列内残基的替换、残基或序列片段的缺失，以及序列重组等遗传变异过程分别演化而来。需要强调的是，序列相似性和序列同源性是不同的概念，序列相似性是指序列比对过程中用来描述检测序列和目标序列之间相同 DNA 碱基或氨基酸顺序所占比例的高低，是一个可以量化的参数；序列的同源性是指从一些数据中推断出序列在进化上曾具有共同祖先的结论。序列的相似性与序列同源之间不是因果关系。由于进化是一个长期不断发生变化的过程，所以相似性序列不一定是同源序列，而同源序列也不一定高度相似。然而，如果两个序列之间具有很高的相似性就推测二者可能具有同源关系，经过序列内残基的替换、残基或序列片段的缺失和序列重组等遗传变异过程分别演化而来。

生物信息学分析过程就是通过序列的比对分析，基于统计分析搜索相关数据库，找出目标序列的相似性序列，分析预测其“同源性”，从而指导实验设计，这就是通常生物信息学方法对现代生物学发展能够发挥巨大作用的意义所在。

最常见的序列比对分析是核酸序列之间或蛋白质序列之间的两两比对，通过比较两个序列之间的相似区域和保守性位点，寻找二者可能的进化关系。然而将多个核酸或蛋白质序列同时进行比较，可寻找这些有进化关系的序列之间共同的保守区域、位点和保守谱，探索它们共同功能的序列模式。此外，还可以将核酸序列与蛋白质序列相比来探索核酸序列可能的表达框架，把蛋白质序列与具有三维信息的蛋白质结构相比对（空间比对分析），从而获得蛋白质折叠类型的信息等。

Clustal 是目前使用最广泛的多序列比对程序，是一种渐进的比对方法，先将多个序列两两比对构建距离矩阵，反映序列之间的两两关系；然后根据距离矩阵计算产生系统进化指导树，对关系密切的序列进行加权；然后从最紧密的两条序列开始，逐步引入邻近的序列并不断重新构建比对，直到所有序列都被加入为止。在 Clustal 中进行多序列比对的输入序列的格式比较灵活，可以是 FASTA 格式，还可以是 PIR、SWISS-PROT、GDE、Clustal、GCG/MSF、RSF 等格式。此外，输出格式还可以选择，包括 ALN、GCG、PHYLIP 和 NEXUS 等，用户可以根据自己的需要选择合适的输出格式。

输入文件的格式（FASTA）：

>Sp-TG

MVRRSTRTSRTPSRFGYSARYEPYTVRKASVLVPAAGRRNVSTQPLVIEKAK

……

>Pl-TG

MAVFERIENFFDNLSDRFRREFHDNRREEKALENEIEATHAETSNAEPVTKVK

……

>Mj-TG

MTFFSHFENFLDDLTDRFRSDLEVNRREDRAVEVEDERNEGTNEVDSADTEP

……

>Lv-TG

MSFFNTFENFLDNLTDRFRSDLELNRPEDREIEVENERNDTANEVDSLTTAPM

……

上传序列，进行比对，结果如图 13-1 所示。

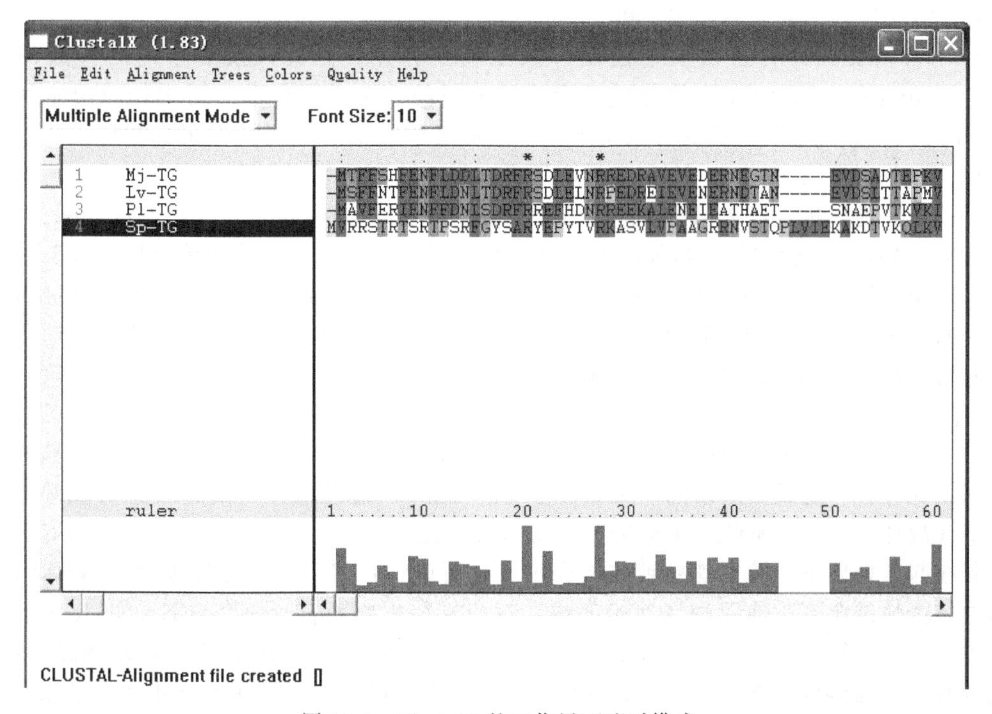

图 13-1　ClustalX 的工作界面比对模式

应用 ClustalX 比对结束时，会显示最终的比对结果，在比对上方，一些位点用星号标记，分别显示这些残基在序列中是绝对或是高度保守的。如果返回的比对会出现太多的空位或是没有体现这些蛋白质的任何已知信息，用户就可以再修正参数，然后返回程序，看它如何影响最终的比对。

四、核酸序列分析

（一）DNA 分析的意义

DNA 的核苷酸序列是遗传信息的贮存形式。不同基因的核苷酸排列顺序不同，如果核苷酸的排列次序发生变化，那么它代表的生物学含义也会随之改变。建立快速、准确的 DNA 序列分析方法，对于研究基因的结构和功能、揭示生命的机制具有十分重要的意义。

DNA 序列碱基的 64 个遗传密码子，对应于蛋白质序列的 20 个不同氨基酸，而氨基酸是组成蛋白质的基本单元。因此，通过蛋白质序列比对更容易发现亲缘关系较远的序列。但从信息论角度看，由 64 个密码子变成 20 个氨基酸残基，这一数量上的减少意味着一些信息的丢失，这些信息又往往与进化过程有更直接的联系，因为蛋白质只是 DNA 遗传变化在功能上的反映。由于遗传密码的简并性，密码子第 2 位或第 3 位的突变有时并不改变其编码的氨基酸，因此只能从 DNA 水平上探测这种区别。

（二）基因结构

真核生物基因具有不连续性，有内含子、外显子、编码区、非编码区等，而原核生物基因结构较为简单，通常没有内含子。DNA 和 RNA 中都有非翻译区，它们位于完整编码序列的上游和下游，不能翻译成蛋白质序列。非翻译区，尤其是 3′端的非翻译区，在不同基因和不同种属中都有很高的特异性。

1. cDNA 序列的开放阅读框分析

mRNA 需要翻译为蛋白质才能发挥其生物学作用，因此，核酸序列的开放阅读框（open reading frame，ORF）的分析成为核酸分析的一个重要部分。对于任意给定的一段 DNA 序列，很难确定其正确的开放阅读框，因此必须将其所有阅读框全部翻译出来。以正链为模板，分别从第 1、2、3 个碱基开始翻译，按遗传密码表进行翻译可以得到 3 种翻译结果；再以负链为模板，依次从第 1、2、3 个碱基开始翻译，得到另外 3 种翻译结果。因此，一个 DNA 片段，可能翻译出六种可能的氨基酸序列，然后确定正确的读码框。通常可以选择没有终止密码子（TGA、TAA 或 TAG）的最大读码框。通过终止密码子，可判断开放阅读框的结尾；但是 ORF 的起始位点却不能只根据起始密码子 ATG 确定，因为 ATG 既可以是起始密码子，也可以用于编码甲硫氨酸。由于甲硫氨酸在编码序列内部经常出现，因此 ATG 并不一定是 ORF 起始标志，有必要通过其他方法找 5′端编码区。AUG 附近的核苷酸序列中 ANNAUGN 和 GNNAUGPU 的利用率最高，而没有起始功能 AUG 附近的核苷酸序列则无此保守性。这就是所谓的“Kozak 序列”。此外，编码区和非编码区序列碱基分布有不同统计规律。某些氨基酸在不同物种中使用有偏爱性，因此，对密码子统计分析有很大帮助。若在起始密码子上游发现核糖体结合位点，可以肯定找到了 ORF，因为核糖体结合位点引导核糖体结合到正确的翻译起始部位。对于真核生物而言，一条全长 cDNA 序列将只含有单一的开放阅读框架。非全长的 cDNA 序列如 ESTs，常常来源于 3′末端测序的结果，从而含有 3′非编码区。典型情况下，一般按照具有合适的起始密码子和终止密码子来查找最长的 ORF，或者在同一相位含有前置终止密码子的起始密码子，并具有终止序列和多聚 A 末尾的区域视为最可能的 ORF。

2. 基因组序列中的外显子和内含子结构分析

大多数真核生物编码蛋白质的基因（结构基因）都是不连续的，在一个结构基因中，编码某一蛋白质序列不同区域的各个外显子并不连续排列在一起，而常常被长度不等的内含子所隔离，形成镶嵌排列的断裂方式，所以，真核基因又被称为断裂基因。各类真核生物基因中的内含子数目、位置，以及占基因总长的比例都不相同，如胶原蛋白基因，长约40kb，至少具有40个内含子，其中短的只有50bp，长的可达到2000bp。少数基因，如组蛋白和α型、β型干扰素基因，根本不带内含子。在基因转录、加工产生成熟mRNA分子时，除了在5′端加帽及3′端加多聚A之外，内含子通过剪接加工被去掉，保留在成熟mRNA分子中的外显子被拼接在一起，最终被翻译成蛋白质。研究发现，外显子和内含子的关系并不是完全固定不变的，有时会出现这样的情况，即在同一条DNA链上的某一段DNA序列，它作为编码某一条多肽链基因的一部分是外显子，但作为编码另一条多肽链基因的一部分时则成了内含子，这是由mRNA剪接加工的方式不同所造成的。由于RNA的选择性剪接不牵涉遗传信息的永久性改变，所以是真核基因表达调控中一种比较灵活的方式。

3. 基因启动子及其他DNA调控位点分析

启动子是一段位于结构基因5′端上游区的DNA序列，能指导全酶与模板的正确结合，从而活化RNA聚合酶，并使之具有起始特异性转录的形式，即所谓启动子是指确保转录精确而有效地起始的DNA序列。忠实转录或特异性转录决定于酶与启动子是否形成二元复合物。

各种原核基因启动序列在转录起始点上游－10及－35区域，这些序列常常表现类似，被称为共有序列。一些细菌启动序列的共有序列在－10区域是TATAAT，又称Pribnow盒，在－35区域为TTGACA。这些共有序列中的任一碱基突变或变异都会影响RNA聚合酶与启动序列的结合及转录起始。操纵序列与启动序列毗邻或接近，其DNA序列常与启动序列交错、重叠，它是原核阻遏蛋白的结合位点。当操纵序列结合有阻遏蛋白时会阻碍RNA聚合酶与启动序列的结合，或使RNA聚合酶不能沿DNA向前移动，阻遏转录，介导负性调节。原核操纵子调节序列中还有一种特异DNA序列可结合激活蛋白CAP，此时RNA聚合酶活性增强，使转录激活，介导正性调节（positive regulation）。

真核生物基因转录激活调节的序列比原核生物复杂。绝大多数真核基因调控机制几乎普遍涉及编码基因两侧的DNA序列——顺式作用元件。所谓顺式作用元件就是指可影响自身基因表达活性的DNA序列。与原核基因类似，在不同真核基因的顺式作用元件中也会时常发现一些共有序列，即顺式作用元件的核心序列，如TATA盒、CCAAT盒等。这些共有序列是真核生物RNA聚合酶或特异转录因子的结合位点。顺式作用元件并非都位于转录起始点上游（5′端）。根据顺式作用元件在基因中的位置、转录激活作用的性质及发挥作用的方式，可将真核基因的这些功能元件分为启动子、增强子及沉默子等。真核生物基因调控，根据其性质可分为两大类。第一大类是瞬时调控或称可逆性调控，它相当于原核细胞对环境条件变化所做出的反应。瞬时调控包括某种底物或激素水平升降时，及细胞周期不同阶段中酶活性和浓度的调节。第二大类是发育调控或称不可逆调控，是真核基因调控的精髓部分，它决定了真核细胞生长、分化、发育的全部进程。根据基因调控在同一时间中发生的先后次序，又可将其分为转录水平调控、转录后水平调控、翻译水平调控及蛋白质加工水平的调控等。

五、蛋白质结构分析

研究蛋白质的结构信息，对于了解构效关系、蛋白质改造以及对药物的结构设计具有重要的意义。传统的生物学认为，蛋白质的序列决定了它的三维结构，从而决定了该蛋白质的功能。过去通常应用X射线晶体衍射和NMR（核磁共振）技术测定蛋白质的三维结构，以及应用生物化学的方法研究蛋白质的功能。实践证明，这些方法的效率并不是很高，根本无法适应蛋白质序列数量飞速增长的需要。因此，近几年来许多科学家致力于研究用理论计算的方法预测蛋白质的三维结构和功能。

1. 从氨基酸组成辨识蛋白质

蛋白质是由氨基酸组成的，因此分析蛋白质的氨基酸组成、平均分子量、巨大残基的含量、平均疏水性以及电荷，就可以对蛋白质的性质有一个基本的了解。ExPASy工具包中的工具提供了一系列相应程序。比如AACompIdent，可根据氨基酸组成辨识蛋白质。这个程序需要的信息包括：氨基酸组成、蛋白质的名称、pI和MW（如果已知）以及它们的估算误差、所属物种或物种种类或“全部（ALL）”、标准蛋白的氨基酸组成、标准蛋白的SWISS-PROT编号、用户的Email地址等，其中一些信息可以没有。这个程序在SWISS-PROT和（或）TrEMBL数据库中搜索组成相似蛋白。再比如AACompSim，与上述工具类似，但比较在SWISS-PROT条目之间进行。这个程序可以用于发现蛋白质之间较弱的相似关系。

除了ExPASy中的工具外，PROPSEARCH工具也具有基于氨基酸组成的蛋白质辨识功能。程序作者用144种不同的物化性质来分析蛋白质，包括分子量、巨大残基的含量、平均疏水性、平均电荷等，把查询序列的这些属性构成的“查询向量”与SWISS-PROT和PIR中预先计算好的各个已知蛋白质的属性向量进行比较。这个工具能有效地发现同一蛋白质家族的成员。可以通过Web使用这个工具，用户只需输入查询序列本身，可以从蛋白质序列出发，预测出蛋白质的许多物理性质，包括等电点、分子量、酶切特性、疏水性、电荷分布等。相关工具有如下。

① Compute pI/MW：是ExPASy工具包中的程序，计算蛋白质的等电点和分子量。对于碱性蛋白质，计算出的等电点可能不准确。

② PeptideMass：是ExPASy工具包中的程序，分析蛋白质在各种蛋白酶和化学试剂处理后的内切产物。蛋白酶和化学试剂包括胰蛋白酶、糜蛋白酶、LysC、溴化氰、ArgC、AspN和GluC等。

③ TGREASE（也可以用BioEdit分析）：是FASTA工具包中的程序，可分析蛋白质序列的疏水性。这个程序延序列计算每个残基位点的移动平均疏水性，并给出疏水性-序列曲线，用这个程序可以发现膜蛋白的跨膜区和高疏水性区的明显相关性。

④ SAPS工具：对蛋白质序列统计分析，对提交的序列给出大量全面的分析数据，包括氨基酸组成统计、电荷分布分析、电荷聚集区域、高度疏水区域、跨膜区段等。

2. 蛋白质二级结构预测

二级结构是指α螺旋和β折叠等规则的蛋白质局部结构元件。不同的氨基酸残基对于形成不同的二级结构元件具有不同的倾向性。按蛋白质中二级结构的成分可以把球形蛋白分为全α蛋白、全β蛋白、α+β蛋白和α/β蛋白等四个折叠类型。预测蛋白质二级结构的算法大多以已知三维结构和二级结构的蛋白质为依据，用过人工神经网络、遗传算法等技术构建预测方法。还有将多种预测方法结合起来，获得“一致序列”。总的来说，二级结构预测仍是未能完全解决的问题，一般对于α螺旋预测精度较好，对β折叠差些，而对除α螺旋和β折叠等之外的无规则二级结构则效果很差。蛋白质二级结构预测相关工具如下。

① nnPredict工具：用神经网络方法预测二级结构，蛋白质结构类型分为全α蛋白、全β蛋白和α/β蛋白，输出结果包括“H”（螺旋）、“E”（折叠）和“-”（转角）。这个方法对

全α蛋白能达到79%的准确率。

② PredictProtein工具：提供了序列搜索和结构预测服务。它先在SWISS-PROT中搜索相似序列，用MaxHom算法构建多序列比对的profile，再在数据库中搜索相似的profile，然后用一套PHD程序来预测相应的结构特征，包括二级结构。返回的结果包含大量预测过程中产生的信息，还包含每个残基位点的预测可信度。这个方法的平均预测准确率达到72%。

③ SOPMA：带比对的自优化预测方法，将几种独立二级结构预测方法汇集成"一致预测结果"，采用的二级结构预测方法包括GOR方法、Levin同源预测方法、双重预测方法、PHD方法和SOPMA方法。多种方法的综合应用平均效果比单个方法更好。

3. 蛋白质二级结构预测的其他特殊局部结构

其他特殊局部结构包括膜蛋白的跨膜螺旋、信号肽、卷曲螺旋（coiled coils）等，具有明显的序列特征和结构特征，也可以用计算方法加以预测。

COILS：卷曲螺旋预测方法，将序列与已知的平行双链卷曲螺旋数据库进行比较，得到相似性得分，并据此算出序列形成卷曲螺旋的概率。

（1）跨膜区预测

各个物种的膜蛋白的比例差别不大，约四分之一的人类已知蛋白为膜蛋白。由于膜蛋白不溶于水，分离纯化困难，不容易生长晶体，很难确定其结构。因此，对膜蛋白的跨膜螺旋进行预测是生物信息学的重要应用。

TMpred：输入待分析的蛋白质序列即可。预测蛋白质的跨膜区段和在膜上的取向，它根据来自SWISS-PROT的跨膜蛋白数据库Tmbase，利用跨膜结构区段的数量、位置以及侧翼信息，通过加权打分进行预测。

TMHMM：TMHMM综合了跨膜区疏水性、电荷偏倚、螺旋长度和膜蛋白拓扑学限制等性质，采用隐马尔可夫模型（hidden Markov models），对跨膜区及膜内外区进行整体的预测。TMHMM是目前最好的进行跨膜区预测的软件，它尤其长于区分可溶性蛋白和膜蛋白，因此首选它来判定一个蛋白质是否为膜蛋白。所有跨膜区预测软件的准确性都不超过52%，但86%的跨膜区可以通过不同的软件进行正确预测。因此，可综合分析不同的软件预测结果和疏水性图以获得更好的预测结果。

SignalP：对蛋白质序列进行信号肽分析。信号肽位于分泌蛋白的N端，当蛋白跨膜转移位置时被切掉。信号肽的特征是包括一个正电荷区域、一个疏水性区域和不带电荷但具有极性的区域。信号肽切割位点的−3和−1位为小而中性的氨基酸。SignalP2.0根据信号肽序列特征，采用神经网络方法或隐马尔可夫模型方法，根据物种的不同，分别选择用真核和原核序列进行训练，对信号肽位置及切割位点进行预测。信号肽切割位点预测用Y-score maximum来判断，对是否为分泌蛋白用mean S-score来判断，如果mean S-score大于0.5，则预测为分泌蛋白，存在信号肽，但Ⅱ型跨膜蛋白的N端序列可能被错误预测为分泌蛋白的信号肽。输入待分析的蛋白质序列即可进行分析。

（2）蛋白质的细胞内定位预测

PSORTⅡ软件可以对PDCD5蛋白的细胞内定位进行预测。

亚细胞定位与蛋白质的功能存在着非常重要的联系。亚细胞定位预测基于如下原理。一是，不同的细胞器往往具有不同的理化环境，它根据蛋白质的结构及表面理化特征，选择性容纳蛋白。二是，蛋白质表面直接暴露于细胞器环境中，它由序列折叠过程决定，而后者取决于氨基酸组成。因此可以通过氨基酸组成进行亚细胞定位的预测。

推荐使用对PDCD5蛋白的细胞内定位进行预测。PSORT将动物蛋白质定位于10处：

细胞质、细胞骨架、内质网、胞外、高尔基体、溶酶体、线粒体、细胞核、过氧化物酶体（peroxisome）和细胞膜。

4. 蛋白质的三维结构

自然界里的蛋白质结构骨架的多样性远少于蛋白质序列的多样性。序列差异较大的蛋白质序列也可能折叠成类似的三维构象，由于蛋白质的折叠过程仍然不十分明了，从理论上解决蛋白质折叠的问题还有待进一步的科学发展，但也有了一些有一定作用的三维结构预测方法。目前蛋白质的三维结构分析通常有三种方法：①同源建模法；②折叠识别法；③从头测序法。最常见的是“同源模建”和“折叠识别”方法。

（1）同源建模法

先在蛋白质结构数据库中寻找未知结构蛋白的同源伙伴，再利用一定计算方法优化同源蛋白的结构进而构建出预测的结果。

SWISS-MODEL 是一个自动蛋白质同源模建服务器，有两个工作模式：第一步模式（first approach mode）和优化模式（optimise mode）。程序先根据提交的序列在 ExPdb 晶体图像数据库中搜索相似性足够高的同源序列，建立最初的原子模型，再对这个模型进行优化产生预测的结构模型。CPHmodels 也是利用神经网络进行同源建模预测蛋白质结构的方法。

（2）折叠识别法

该法又叫折叠子识别法，是目前蛋白质结构分析方面最为活跃的研究方法，它无需考虑已知结构蛋白的同源性问题。具体方法是：①从已知蛋白质结构库中构建非重复的蛋白质折叠模式库；②建立一套势函数或计分矩阵用于判断序列与结构的匹配情况；③建立序列与结构进行排比的最佳算法。THREADER 是目前最为敏感的折叠识别程序。除了“Threading”方法之外，用 PSI-Blast 方法也可以把查询序列分配到合适的蛋白质折叠家族，实际应用证明该方法效果很好。

（3）从头测序法

从头测序法是基于蛋白质二级结构片段的堆积，进行分子动力学模拟，再进行计算和推测的方法。预测分析的蛋白质结构模型如图 13-2 所示。

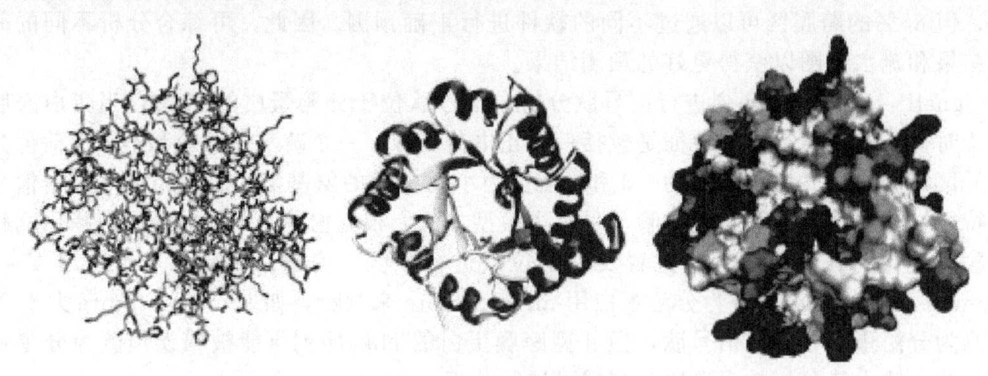

图 13-2　蛋白质结构图

六、基因的注释

蛋白质在生物体的生命活动中具有十分重要的功能，因此在基因组测序完成后，首先就要对蛋白质编码基因进行注释。此外，还需要对 RNA 基因、其他基因序列进行注释。以下分别介绍。

（一）蛋白质编码基因的注释策略

一个基因组大部分的生物学功能，主要是通过对预测出的蛋白质编码基因的功能进行推断获得的，这就使预测蛋白质编码基因成为人们（尤其是生物信息学研究者）关注的热点问题。

蛋白质编码基因的注释大致可分为 3 种策略（见图 13-3）。第一种是基于证据的基因注释，即根据已有的实验证据（如 cDNA）、表达序列标签（EST）和蛋白质序列进行蛋白质编码基因的注释；第二种策略是从头开始（*ab initio*）的基因预测，即只根据基因组的 DNA 序列对蛋白质编码基因进行预测；第三种策略是重新（*de novo*）基因预测，即通过与其他物种的基因组进行比较，从而预测一个新基因组中的蛋白质编码基因。由于不同策略具有各自的优缺点，目前成功的做法是将这 3 种策略的预测结果进行整合，得到比较理想的注释结果。

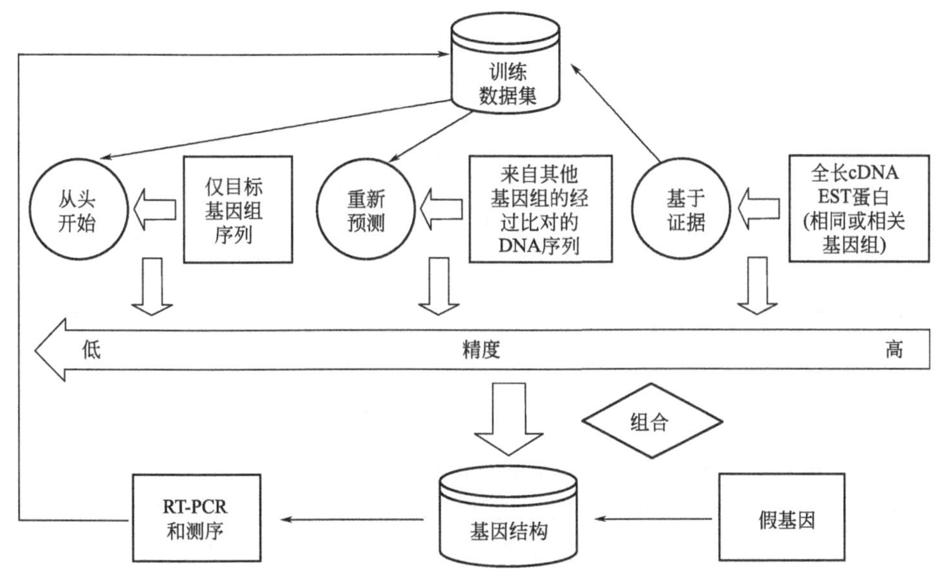

图 13-3 蛋白质编码基因预测流程图

（引自：陈铭，《生物信息学》第三版，科学出版社，2018）

1. 基于证据的基因注释

基于证据（evidence-based）的基因注释系统，是将已有的 cDNA 序列或者蛋白质序列与基因组进行比对，从而得到基因结构的一种注释策略。根据 cDNA 或者蛋白质序列是否由一个基因自身转录或者翻译而来，可以将序列比对分为顺式比对（cis-alignment）和反式比对（trans-alignment）两种方法。

（1）顺式比对

顺式比对是使用被注释基因组的 cDNA 或者蛋白质序列与基因组序列进行比对后得到的最好的比对位点，而这个位点常常被认为就是转录或者翻译形成 cDNA 或者蛋白质的基因。通常，顺式比对是使用全长 cDNA 与基因组进行比对，这也是目前基因注释的黄金标准，全长 cDNA 的克隆不仅受不同组织基因表达的特异性及表达量高低的影响，还受到转录产物长度、cDNA 文库构建及测序方法等多种因素的影响，因而真正能够覆盖完整 mRNA 的全长 cDNA 数量是十分有限的。因此，很多 cDNA 测序项目得到的大多数都是表达序列标签（expressed sequence tag，EST），也就是转录产物的片段。由于 cDNA 文库里不同的克隆可能含有同一个转录产物的不同部分，从而得到一个转录产物不同部位的 EST，所以把来自不同克隆的 EST 拼接起来可以弥补全长 cDNA 数量缺少的情况。

常用的顺式比对程序如 AAT、SIM4、Splign、BLAT 和 Exonerate 等，不仅能将 cDNA 序列与基因组序列进行顺式比对，而且可以识别出内含子剪切位点。不过这些程序还存在着无法准确地刻画基因的非翻译区（untranslating region，UTR）部分和寻找正确的转录起始及终止密码子等缺点。通过 EST 序列试图阐明基因结构的软件有 Est2genome、PASA 和 TAP 等。其中，PASA 可以将聚类的转录产物片段（全长 cDNA 和 EST）拼接成最大比对片段，从而得到完整的或者部分的基因结构，并获得更多的可变剪切的信息。

（2）反式比对

由于产生可靠的 cDNA 数据有诸多困难，一些基因组测序项目中往往不含有 cDNA 测序项目，因此缺乏相应的全长 cDNA 和 EST 等信息，这时就要采用反式比对的策略进行基因组注释，反式比对是使用 cDNA 或者蛋白质序列与基因组进行比对得到同源位点（比对所用的 cDNA 或者蛋白质并不来自这个位点，往往属于同一个基因家族），cDNA 或者蛋白质序列可以来自本物种内同一基因家族的其他成员，也可以来自近缘物种。蛋白质序列相对于 cDNA 序列更加保守，因此往往使用蛋白质序列或者翻译后的 cDNA 序列与基因组进行比对。SWISSPROT、PIR 和 Refseq 是基因注释中常用的蛋白质比对数据库，据估计，50%的基因可以通过与同源蛋白基因有足够的相似性来确定其基因结构。

BLAT、Exonerate 和 GeneWise 是常用的反式比对工具。GeneWise 是目前最主要的反式比对的程序，可以得到比较准确的基因结构，并且能够容忍一些测序错误，它是 Ensembl 自动基因注释系统的核心组成部分，已经完成了许多脊椎动物基因组的初始注释分析。GeneWise 预测结果相对比较保守，虽然会失掉一些真正的外显子，但是大部分预测出来的结果还是十分准确的。

单纯的基于证据的基因注释系统有两个主要的弱点：①许多数据库中的数据质量良莠不齐，会导致错误信息的不断传递；②如果数据库中不含有具有足够相似程度的序列，那么可能什么结果也得不到。此外，即使有较好的序列相似性比对，比对上的区域（可能的外显子）并不见得十分精确，因此，不能准确地确定其基因结构，同时在这个过程中小的外显子很容易被忽略掉。

2. 从头开始的基因预测

从基因组测序一开始，一个明确的目标就是能够准确地进行从头开始（*ab initio*）的基因预测，即只依赖蕴含在 DNA 序列内部的信息来确定基因结构。这种想法来自人们希望能够用计算机模拟生物体内转录和翻译的信号识别过程，从而构建起一个体外的基因识别系统。虽然在原核生物和低等真核生物（如酵母）中确定开放阅读框（ORF）相对比较容易，但是对含有大量内含子的高等真核生物来说，这个问题还远远没有解决。在高等真核生物的蛋白质编码基因预测过程中，从头开始基因预测软件虽然可以准确地预测高于 90%的蛋白质编码碱基和 70%～75%的外显子，但是其预测基因结构的准确性还不到 50%。这主要有两个方面的原因：①现阶段科学家对生物体转录和翻译法则的认识还有待进一步的提高；②现有的计算模型可能无法精确地模拟这个复杂的生物学过程。尽管如此，基因结构的计算模型使人们能够理解基本的生物学过程，并且可以确定出那些明显的基因组信号和特征（有显著统计学意义的），从而在未来合成生物学中对设计和构建新功能的基因提供一定的帮助。

从头开始的基因预测包括两个主要步骤，即蛋白质编码基因特征的识别和基因结构的生成，软件识别的蛋白质编码基因的特征大致可以分为组成特征（content sign）和信号特征（signal sign）。蛋白质编码基因的组成特征一般有：高 GC 含量、密码子组成、六联核苷酸

(hexamer, 6mer) 组成和碱基出现周期等。在这些信号中，六联核苷酸组成被认为是最能区分编码区和非编码区的特征。信号特征一般包括核糖体结合位点、内含子供体和受体剪接位点、内含子分支点、起始密码子和终止密码子、CpG 岛等。蛋白质编码基因特征可以通过多种方法被识别。这些特征被识别后，可以通过动态规划算法（dynamic programming）或者广义隐马尔可夫模型（generalized hidden Markov model，GHMM）来生成基因结构。广义隐马尔可夫模型既可以用于蛋白质编码基因特征的识别，还可以用于基因结构的产生，从而被许多从头开始基因预测软件所采用。1997 年发布的 GenScan 是一款里程碑式的从头预测基因软件，它整合了一系列方法用于蛋白质编码基因特征的识别，并最终使用广义隐马尔可夫模型产生基因结构，其准确性远远超过了同时代其他的从头开始基因预测软件。

3. 重新基因预测

重新（*de novo*）基因预测的策略是利用参比基因组（informant genome）与目标基因组的比对信息来进行基因预测。由于人们对生物体转录和翻译知识的认识有限，还不能完全仅通过基因组序列内的特征来模仿生物的转录和翻译过程，从而对蛋白质编码基因进行准确识别，因此人们考虑整合其他蛋白质编码基因的信息。随着基因组测序项目的不断进行，越来越多的基因组被测序，人们认识到可以利用自然选择所提供的蛋白质编码基因的信号来分析新的基因组。研究表明，两个或多个物种中的直系同源序列的突变频率和模式提供了宝贵的注释信息。蛋白质编码基因由于具有相对比较重要的生物学功能，在进化中大多数经受着负选择的作用，这就产生了两个指示编码蛋白质基因的重要信号：由于沉默突变往往发生在密码子的第 3 位上，因此序列比对的空缺呈现以 3 为倍数的模式；为了保证 ORF 编码的准确性，插入和缺失的序列长度也是 3 的倍数，如果有移码突变发生，这个可读框也常常被附近其他的插入和缺失修复，衡量这种现象的一个指标称为阅读框连贯性（reading frame consistency，RFC），通过整合从头开始基因预测所识别的特征与基因组比对所得到的自然选择信号，可以识别出较保守的蛋白质编码基因，这就是重新基因预测的主要策略。

TwinScan、SGP2 和 SLAM 是一些利用双基因组比对信息的重新预测软件，Twinscan 和 SGP2 是第一批在性能上超越 GenScan 的程序。EXONIPHY、N-Scan 和 CONTRAST 是一些利用多基因组比对信息的重新预测软件。其中，CONTRAST 在人类和果蝇基因组分析过程中，通过使用多序列比对获得较大性能的提高，是目前分析人类和果蝇基因组最好的基因预测程序，并且有可能在线虫、植物和真菌基因组分析过程中也获得同样好的结果。

（二）蛋白质编码基因注释的信息整合

由于注释所依赖的证据数量有限，从头预测和重新预测的结果可靠性又较低，因此将这些信息整合在一起可以得到更好的注释结果。

1. 人工整合

传统的整合方法是将已有的预测结果提交给专家手工完成，这样的人工注释在注释高质量的、已测序完毕的基因组中起着重要的作用。目前，RefSeq（NCBI reference sequences）数据库提供经过人工验证的多物种的高质量转录物，包括植物、病毒、脊椎和无脊椎动物。这些转录物和基因预测结果常常是依赖全长 cDNA 的可靠验证，同时，RefSeq 也包含使用 EST 和不完整 cDNA 比对到基因组序列上的预测结果。RefSeq 人工验证的预测结果的标识符号以 NM 开头，非人工验证的以 XM 开头。另外，目前一个最大的人工注释组是英国桑格研究院（Welcome Trust Sanger Institute）的 HAVANA，HAVANA 整合表达序列的比对、GenScan 和 FGENESH 的基因预测结果于一体。在人类一段 30Mb 的基因组序列上通过 RT-PCR 实验，发现 HAVANA 注释几乎包括了所有的蛋白质编码基因。尽管人工注释十分精确有效，但由于其高成本的限制，目前仅用于几个核心的基因组。

2. 自动整合

自从人类基因组草图发布以后，通过计算的方法（如证据权重和动态规划算法）自动整合不同证据的注释系统开始得到发展，如Ensembl、OTTO和NCBI系统。自动整合的方法很多，最简单的是在每一个位置上选择最好的证据，这种方法需要首先构建一个从最可靠的到最不可靠的证据的等级结构。例如，Pairagon＋N-Scan-EST是最简单的系统，它首先进行cDNA比对，然后用基因预测结果来填补cDNA比对；Ensemble也是基于证据等级结构，已成功应用于注释一些新的脊椎动物基因组。整合系统并不衡量所有可能的注释证据，只考虑其他程序产生的外显子和内含子的结构，包括从头或重新预测和基于证据预测系统产生的结构。它们从这些结构中筛选，或者组合来自不同结构的元件（如剪接位点）。整合系统通常使用待整合证据的相对可靠的概率模型，每一种证据的可靠性可以手动设置，也可以通过用已准确注释的结果进行训练。

整合系统策略所使用的原理是基于被多个程序预测出的外显子要比单个程序预测出的更加可靠这一信条。目前常见的整合系统有GAZE、GLEAN、COMBINER、JIGSAW和Genomix，其中，JIGSAW已在人类的ENCODE区域得到了目前最准确的整合结果。EVM是TIGR开发的一套自动化基因注释系统，它通过使用一个非概率模型的权重整合证据系统（考虑了证据的类型和冗余程度）生成基因结构。通过在人类的ENCODE区域和水稻上对多个自动整合注释系统的预测结果进行比较，发现EVM与JIGSAW都具有相当好的特异性和敏感性。

目前人们仍不清楚，为什么整合结果总比多个预测程序预测的好。一种可能性是每一种预测程序都含有随机错误，而两个不同程序生成相似的随机错误是比较罕见的。另一可能是，不同的程序都会预测出不同的好结果，将这些各自最好的部分整合重组在一起将在整个水平上产生出好的结果。

（三）蛋白质编码基因的功能注释

预测出来的蛋白质编码基因包含着大量的未知功能信息。为了更深入全面地了解这些数据的意义，保证基因组数据的一致性和完整性，并推动对未知物种的探索，人们开发了各种生物信息学数据库。这些数据库涉及核酸和蛋白质序列、功能基因组学、蛋白质组学和生物大分子结构等方面的核心信息。生物信息学研究者根据这些已有的证据，利用计算的方法来预测新测序物种的基因，并推测这些基因的功能。对预测的未知功能基因进行高通量功能注释主要是利用已知功能基因等信息来对新基因的功能做出推断。目前常用的主要方法是序列相似性比较法，除此之外，进化分析、亚细胞定位、结构基因组的研究与蛋白质组的研究等方法对于未知基因功能的注释也有非常重要的帮助。以上这些计算方法有效地减少了实验材料和时间的消耗，但是最可靠的功能鉴定还是通过实验方法得到的。

序列相似性分析基于“同源-功能相似”的假设。该方法将功能未知基因与数据库中的已知功能基因进行序列相似性比对，通过设立同源性指标（如identity、Evalue等）寻找具有同源关系的已知基因，从而确定预测基因的功能。常用的数据库主要包括NCBI的NT/NR（非冗余蛋白质序列数据库）、UniProt、InterPro，KEGG、KOG等。虽然基于序列比较的最大相似法为功能预测解决了很多问题，但同时也存在着大量的错误，这些错误的根源在于相似比较没有有效地解决不同基因间进化关系所带来的问题，如趋同和趋异、重复（duplication）、基因缺失（gene lose）、水平基因转移（horizontal gene transfer，HGT）等。为了减少这类错误，可以通过选择合适或更加严格的同源性阈值（cut-off），并增加同源区长度的比例（coverage）等条件，但是这样的做法无法从根本上解决这个问题。

(四) RNA 基因的注释

RNA 基因是指不编码蛋白质的基因，又称为非编码基因 (non-coding gene，ncRNA)，其编码产物为一条功能 RNA 分子。最近几年的研究表明，ncRNA 数量众多，是真核生物转录组的主要组成部分；此外，它们在高等生物的多种基因调控过程中发挥着重要作用，如 X 染色体失活、基因组印迹、转录激活过程中的染色质修饰、转录干扰及转录后基因沉默等。因此，注释 RNA 基因已成为基因组注释的一个重要组成部分。

最早发现的 RNA 基因是转运 RNA (transfer RNA，tRNA) 和核糖体 RNA (ribosomal RNA，rRNA) 基因，这两类 RNA 对蛋白质合成过程至关重要。随后发现的 RNA 家族中，有一些的作用机制已比较清楚，如核内小 RNA (small nuclear RNA，snRNA) 可组成剪接体 (spliceosome)，催化前体 mRNA 的剪接过程；小核仁 RNA (small nucleolar RNA，snoRNA) 以碱基配对的方式指导 rRNA 的甲基化和假尿嘧啶化修饰；微 RNA (microRNA，miRNA) 通过对特异的目标基因的转录产物进行调控，在发育过程中起到重要的作用。虽然随着实验技术的提高和计算工具的出现，有越来越多的 RNA 类别被发现。近年来，长非编码 RNA (lncRNA) 和环状 RNA circRNA) 也渐渐走入了人们的视线。但为了结果可信，目前基因组水平上的 RNA 基因注释仍局限于寻找如上所述的几类结构已知的 RNA 基因家族的同源物。

与蛋白质编码基因的预测相比，RNA 基因的预测更为困难，原因如下所述。首先，RNA 基因缺少显著的编码结构，如起始和终止密码子、剪接位点等信息。其次，有功能的 RNA 基因的保守性更主要地体现在其二级结构上，使得 RNA 基因的预测不但依赖简单的核苷酸信息，还需要考虑 RNA 的二级结构，增加了计算复杂性。最后，与蛋白质编码基因能够通过其序列模体 (motif) 推断其功能相比，RNA 基因的序列信息并不足以对其功能进行推断。对于完备的 RNA 基因注释，至少要回答两个问题：①鉴定基因组中的 RNA 基因的编码区域；②推断其功能转录本，预测其功能，并寻找其相互作用伙伴。但相对于蛋白质编码基因的注释，RNA 基因的注释还处于起步阶段，对于大的基因组计划，一般只回答了第一个问题的一些子集，即预测作用机制比较清楚的 RNA 家族的同源物。

根据是否需要依赖基因组序列以外的信息，RNA 基因的预测方法分为两类，一类是基于相似性 (homology-based) 的预测方法，一类是从头开始的预测方法。基于相似性方法的依据是许多 RNA 基因家族在进化中序列和结构上的保守性，通过比较分析的方法可以在新测序基因组中找到这些 RNA 基因的新拷贝；从头开始的 RNA 基因预测只依赖基因组序列本身进行注释，由于 RNA 基因生物学的局限，从头开始的 RNA 基因预测是非常具有挑战性的，目前这种方法仅在一些特殊的基因组中有过一些成功应用，如富含 AT 的超嗜热菌基因组。因而，在已测序基因组的 RNA 基因注释实践中，主要依赖基于相似性的预测方法。

基于相似性的预测方法是依赖已知序列，通过比较基因组学的方法，构建 RNA 家族进化保守的序列和结构特征，进而用于新基因组中家族新成员的预测。只依赖序列相似性的比对方法适用于一些保守的 RNA 基因预测，如 rRNA 基因，使用经典的序列比对软件 (如 BLAST、FASTA 等) 即可以获得较好的预测结果，且具有较快的计算速度。但是，研究表明，同时考虑序列特征及二级结构的 RNA 基因预测软件 (如 INFERNAL、RSEARCH 等) 敏感度和特异度更高；缺点是时间复杂度更高，对计算资源的需求量更大。

目前，最全面的 RNA 家族序列信息和比对的数据库之一是 Rfam 数据库。为表征已知 RNA 基因家族的序列和结构特征，Rfam 数据库对已测序基因组中的数百万条 ncRNA 记录进行整合，获得了上千个基因家族的多序列比对结果，进一步对这些结果进行序列和结构特征的建模，获得特定 RNA 家族的协方差模型 (co-variance model，CM 模型)。目前，Rfam

数据库中含有2000多个CM模型，可以使用Rfam数据库提供的INFERNAL软件包对这些CM模型与靶序列进行比对，寻找与特定模型有序列和结构相似性的区域，通过打分、排序和去除阈值以下的匹配，达到了较高的灵敏度和特异度。不足之处是计算复杂度非常高。另外，一些只针对特定类别RNA的预测软件，也有较好的表现。例如，tRNAscan-SE使用tRNA的CM模型进行tRNA的预测，已成为新测序基因组中tRNA预测的标准软件；Snoscan使用真核rRNA的甲基化位点信息辅助C/D box snoRNA的预测，不但能预测C/D box snoRNA，还能提供甲基化位点信息的注释。

（五）重复序列的注释

重复序列（repetitive sequence，或称repeat）在真核生物基因组中广泛存在，不同基因组中所占比例差异很大。例如，在水稻和人类基因组中，重复序列的含量分别约为25%和45%，而在玉米基因组中，重复序列的含量可达80%。对于新测序基因组来说，重复序列的含量是一个必须要回答的问题。大量重复序列的存在对基因组拼接的效果影响非常大，而且由于一些重复序列中含有编码区，对蛋白质编码基因的预测也造成了干扰，从而使对重复序列进行准确的注释和分类变得十分重要。

重复序列可简单地分为串联重复序列（tandem repeat）和散布的重复序列（dispersed repeat）两种。串联重复序列是指重复单元相邻出现的重复序列，多出现于染色体的着丝粒区和端粒区等。根据重复单元的长度大小，可分为微卫星序列（microsatellite）、小卫星序列（minisatellite）和卫星序列（satellite）。散布的重复序列大多是转座元件（transposable element，TE），即可以通过转座（transposition）过程在基因组内不同位置间移动的DNA片段。根据不同的转座机制，有的转座元件进行“剪切和粘贴”（cut-and-paste），转座之后，原有位置的拷贝转移到新的基因组位置上去；有的进行“复制和粘贴”，在新的基因组位置上复制一份拷贝。这些特性决定了转座元件的进化意义。首先，它们可以影响基因组大小，并且，它们是基因组变异的一个重要来源。例如，它有生成新基因、新miRNA和调控序列的潜能；更重要的是，转座元件的移动可能会打断基因区域，干扰基因表达，造成基因组不同区域间的异位重组，使得基因组结构更加复杂，推动基因组进化。对真核基因组进化的更深刻的理解需要关于重复序列的知识，而这又依赖于基因组测序计划中更准确的重复序列的发现和识别。

串联重复序列的结构较简单，相应地，串联重复序列的识别也相对容易。在识别串联重复序列的软件中，Tandem Repeats Finder应用最为广泛，它可以识别重复单元达2kb的串联重复序列，并通过概率模型对候选序列进行评估和打分，达到较高的灵敏度和特异度。根据重复单元的长度大小，被识别出的串联重复序列可直接分类为微卫星、小卫星和卫星序列。

转座元件的识别和分类是一件具有挑战性的工作。首先，转座元件插入基因组之后，新的拷贝经历了不同的进化历程，如累积点突变和插入缺失突变，并经历不同的重组事件，使得转座元件变得片段化和分歧化，难以被目前流行的序列相似性的方法所识别。其次，转座元件有优先插入其他转座元件区域的偏好，从而形成镶嵌型结构（nested structure），这使得确定转座元件的边界变得复杂。最后，在重复序列含量非常高的基因组中，预测转座元件所需的计算资源是非常可观的，时间和内存的耗费都非常大。

根据是否依赖已知TE的信息，TE的鉴定方法分为两种。一种是基于相似性（homology based）的方法，通过比对输入序列与已知TE的相似性，对输入序列进行TE识别；另一种是从头开始的方法，依据基因组序列内部的自身重复性，重构出转座元件的祖先序列。用相似性的方法基于先验知识，更有可能发现“真正”的TE家族，但它无法检测序列分化很大的家族成员。对于新测序基因组，那些未知 TE 及物种特异的 TE 信息需要依赖从头开始的方法，所以常使用两种方法相结合的方式进行转座元件的注释。

基于相似性的方法依赖已知 TE 的数据库，预测结果比较准确，并且可根据已知 TE 的类别为预测的转座元件分类。目前的 TE 数据库中，Repbase 是比较权威的一个，它收录了多个真核物种超过 9000 条的重复序列，每一条都标注了人工检查后的注释信息，并且代表了一个重复序列家族或亚家族的一致序列，但 Repbase 比较偏重于收集动物的 TE，尤其是哺乳动物，而 TIGR 植物重复序列数据库整合了 GenBank 中 12 个属的植物重复序列，数量非常大，含有超过 21 万条序列，同时附有简单的分类信息。因而，TIGR 植物重复序列数据库非常有助于植物基因组中的转座元件识别。进行已知 TE 的预测时，可直接使用 BLAST 等经典序列比对软件，但更专业的重复序列相似性比较软件是 RepeatMasker。目前 Repbase＋RepeatMasker 的组合被认为是重复序列注释的黄金组合。相关数据库后来由 TGI 接管，目前提供了 49 个属的植物的相关序列信息。

从头开始的重复序列预测方法多种多样。按输入序列分类，有的从已拼接的基因组序列出发进行 TE 预测，如 RepeatScout 等，这类软件的优点是时间复杂度低，但会显著受到序列拼接质量的影响；有的从测序片段（read）出发，如 ReAS 和 RECON 等，虽然计算复杂度高，但较少受到拼接错误的影响。若按算法分，则类别非常多样，如自身比对算法（self comparison），PILER 和 RECON 分别使用 PALS 和 BLAST 进行自身比对，对所得 hit（选中的匹配序列）划分为不同的家族（family），通过多序列比对获得一致序列。尤其是 PILER 软件，它针对不同类别 TE 的模式特征，设计了对应的多种算法。例如，PILER-TA 用于寻找串联重复序列，而 PILER-DF 则用于寻找散布的转座元件家族等。有些算法在牺牲了一些灵敏度的基础上获得了非常高的特异度，使得结果非常可信。例如，K-mer 扩展算法，其典型软件为 RepeatScout，它将重复序列看作一个出现次数大于 1 的长度为 k 的子字符串，然后对 K-mer 进行扩展，直到整个区域的打分低于阈值为止，获得了较高的准确度和速度。除此之外，还有一些软件只针对某一特定类别的 TE 元件，根据其生物学特征构造算法，也有很好的性能。这种方法较多地应用于寻找全长的 LTR（long terminal repeat，长末端重复）型反转座子，如 ITRSTUCT、LTR-FINDRE 等。比较研究表明，ReAS 和 RepeatScout 分别在测序片段水平上和已拼接基因组序列水平上获得了最佳效果，而 PILER 软件因其具有高准确度，在测序基因组的 TE 预测中经常被使用；LTR-FINDER 软件则非常适合在 LTR 反转座子含量非常高的植物基因组中应用。新测序基因组中，如果已知 TE 信息不足，又无较近缘的测序基因组时，多种软件相结合是进行 TE 注释的最佳选择。

（六）假基因的注释

假基因是基因组中与真基因序列相似但缺乏功能的 DNA 序列。按照形成机制的不同，假基因可以分为非加工假基因（non-processed pseudogene）和加工假基因（processed pseudogene）两类。非加工假基因又称为复制型假基因（duplicated pseudogene），是通过基因组 DNA 复制或者不平衡交换产生的，多位于其同源功能基因的附近；加工假基因又称反转座假基因，来源于反转座事件，由 mRNA 反转录成 cDNA，然后整合到基因组中。后者缺少内含子，两末端有短的定向重复序列，3′端有多聚腺嘌呤［poly(A)］尾巴，根据其形成机制，加工假基因也被认为是一种特殊的反转录转座子（retrotransposon）。一般而言，加工假基因与功能基因序列密切相关，在揭示基因组进化上能提供更令人信服的证据，所以是进化研究的主要对象。在已完全测序的基因组中通常都要进行假基因的鉴定，其鉴定步骤一般如下：获得去除重复序列的基因组序列和蛋白质序列；利用 BLAST（E-value$<1\times10^{-1}$）在基因组序列中搜索与蛋白质相似的序列，去除与已知基因高度重叠的序列；去除冗余和重

叠的BLAST匹配片段；合并相邻的序列；确定假基因的母基因；对剩余的序列利用FASTA与基因组序列重新进行比对；与以前通过实验获得的已知假基因合并；根据两种假基因的特征对假基因进行筛选和分类。假基因的筛选通常有以下几个标准：①与编码已知蛋白质的序列高度相似；②与相似功能基因相比，覆盖其超过70%的编码区域。另外，功能缺失特征、poly(A)尾巴等也可辅助假基因的识别和分类。当然，也有些鉴定假基因的方法在进行同源搜索时使用的检测序列不是蛋白质序列而是核酸序列。

第二节　微生物组数据分析

一、扩增子测序数据分析

1. 物种注释

在16S/18S RNA/ITS基因扩增子测序分析中，常用的分析策略是对数据过滤后的高质量读序进行聚类生成操作分类单元（operational taxonomic units，OTUs），包括从头聚类（*de novo*）和有参聚类（closed-reference）。扩增子序列变异（amplicon sequence variants，ASVs）在敏感性和特异性方面优于OTUs方法，获得OTUs/ASVs之后的物种注释过程，可以使用不同的参考数据库。目前，3个常用的细菌和古菌16S rRNA基因数据库是Silva、RDP和GreenGene，真菌常用的公共数据库有核糖体内部转录间隔区（internal transcribed spacer，ITS）数据库UNITE，18S rRNA基因数据库有Silva。

2. 多样性分析

扩增子测序分析的主要目的之一是识别特定微生物组的多样性，包括α多样性和β多样性。常用于衡量α多样性的指数包括Richness、Chao1、Shannon、Simpson和Faith's PD指数等。常用于衡量β多样性的指标是距离矩阵，包括Euclidean metric、Bray Curtis、Jaccard和Unweighted/weighted UniFrac距离等。

3. 其他分析

①功能分析：可以通过物种信息对微生物组功能进行预测。②差异检验分析：样本的组间差异检验主要应用R软件包（如Vegan）或LEfSe等。③相互作用分析：主要涉及环境因子对微生物组的影响，可应用CCA/RDA或Vegan等软件。④网络分析：网络分析图形展示可使用Cytoscape等软件。

二、元基因组测序数据分析

元基因组测序可以在全基因组的水平获得微生物组的种群结构、物种多样性、进化关系、功能基因、代谢途径、微生物间相互协作关系及微生物群落与环境之间的关系等多个方面的信息。

1. 序列质控

质控过程主要包括：移除低质量读序、过短读序、接头序列等，还需要去除非微生物的基因组序列。考虑到宿主基因组的干扰和检测的灵敏性，对于人类相关的微生物组样本，可参考《宏基因组分析和诊断技术在急危重症感染应用的专家共识》的意见。

2. 元基因组组装

物种注释可选择基于序列组装（assembly-based）或免组装（assembly-free）两种方法。对于人类肠道样本，可采用免组装，而特殊环境样本或新物种，组装后注释的可信度更高。

3. 物种注释

根据不同数据库类型，元基因组的物种注释也被分为基于标记基因（marker-based）的注释和基于微生物全基因组（whole genomes）的注释。

4. 分箱（可选择）

元基因组分箱（binning）过程是将组装后的众多 contig［reads（测定的短序列）拼接形成的较长序列］或 scaffold（由 contig 拼接形成的更长序列）按特征进行聚类。可反向获取装配 contig 的相应读序进行再组装，从而组装成更长的 contig/scaffold 或单一物种基因组草图。

5. 基因注释和功能注释

基因注释：元基因组组装后，可应用从头预测的软件包 MetaGeneMark、Prodigal 或 Metagene 等。功能注释：可采用 Diamond 软件，对比蛋白质数据库 eggNOG 和 KEGG 等。其他微生物组的功能数据库还包括抗生素耐药性数据库（CARD）和糖类活性酶数据库（CAZy）等。

三、单菌基因组测序数据分析

对分离纯化培养的单菌进行 DNA 提取、文库构建、测序和全基因组组装。主要包括：序列质控、全基因组组装、基因组质量评估、基因注释和功能分析等。

1. 序列质控

常用的高通量基因测序平台的序列和数据过滤策略可参照扩增子测序部分，并移除连续低质量碱基（$Q<20$）数大于 40％的读序。

2. 全基因组组装

近年来，结合单分子基因测序平台长读序和高通量基因测序高精度的优点，进行“三代加二代”的全基因组组装。

3. 基因组质量参数

组装后的单菌全基因组应进行标准的质量评估，建议遵从美国能源部联合基因组研究所（DOEJGI）发布的定义不明微生物基因组的 MISAG 标准。

4. 基因注释和功能分析

细菌编码基因的预测可应用 Glimmer、Prodigal 和 GeneMark 等软件。功能预测可应用 HUMAN2 或 BLAST＋。

第三节 生物信息学编程基础

一、Linux 操作系统

（一）Linux 简介

Linux 与 Windows 一样，是一个基于 POSIX 的多用户、多任务并且支持多线程和多 CPU 的操作系统。与 Windows 不同之处在于，Linux 是一款免费的操作系统，在其设计之初，目的就是建立不受任何商业化软件版权制约的、全世界都能自由使用的类 Unix 操作系统兼容产品。全世界的无数程序员为 Linux 的修改、编写工作作出贡献，Linux 版本不断迭代、功能不断完善。Linux 同时具有字符界面和图形界面。在字符界面用户可以通过键盘输入相应的指令来进行操作。它同时也提供了类似 Windows 图形界面的 X-Window 系统，用户可以使用鼠标对其进行操作。Linux 下“一切皆文件”是 Unix/Linux 的基本哲学之一。普通文件、目录、字符设备、块设备和网络设备（套接字）等在 Unix/Linux 都被当作文件来对待。虽然它们的类型不同，但是 Linux 系统为它们提供了一套统一的操作接口。

（二）Linux 常用命令行操作

正如前面提到的，Linux 是强大的命令行操作与方便的图形化界面的结合。当然，要把整个系统在本书中做个详细的介绍显然是不可能的，因此这里只是提供一些命令行的简单用法，更加详细的用法可以参考更详细介绍 Linux 的书籍。以下的用法均是在 Linux 常用版本 Ubuntu 18.04 中运行的结果，与其他版本的 Linux 可能存在差异。

在进入 Linux 系统之后，我们可以看到一个类似 Windows 的图形界面，称为 GNOME 桌面环境，可以像 Windows 一样有双击操作、下拉菜单操作等。在上方工具栏的系统工具一项中有一个名为“终端”的工具，点开之后是命令行操作的窗口，类似于 Windows 下 cmd 界面的交互窗口。我们知道，交互窗口都会有提示符。例如，我们以 root 用户登录以后就会出现下列提示符：

root@localhost：～＃

其中 root 指的是当前用户，localhost 指的是主机名，～表示当前用户的主目录，＃表示当前用户具有管理员的权限。

root 用户切换为 Test（普通用户），＄代表普通用户，用户切换代码如下：

root@localhost：～＃ su Test

Test@localhost～＄

在 Windows 条件下，文件的打开情况是由其后缀名所决定的，即使是最一般的文本文件，也要跟个 .txt，以便于记事本打开。而 Linux 下的文件则完全不同，它并不注重后缀名，或者说 Linux 的文件后缀名更多情况下是没有用的，我们常常看到一些 Linux 的文件也有以 .txt 或者 .fasta 结尾的，但其实那些只不过是用户自已用来标识的文件类型。Linux 下常见的文件类型主要有文本文件、链接文件、目录，这可以通过命令来查看。

```
$root@localhost：～#ls -l
total 48
drwxr-xr-x   2 root root        4096 May 21 11：41 bin
drw-r--r--   5 Test Test        1024 Jul 31 23：45 bin
d-rw-nr--    1 Test Test2       2585 Jul 31 23：49 temp
lr-xr-xr-x   1 root root        1731 Jul 31 23：49 view>/bin/view
```

total 后面的数字是指当前目录下所有文件所占用的空间总和。

第 1 字段：文件属性字段。文件属性字段总共有 10 个字母组成。第一个字符代表文件的类型，“d”表示文件目录（dirtectory），“-”表示是文本文件，“1”表示是一个链接（link），有点类似于快捷方式，如这个文件夹下的 view 文件其实是指向/bin/view 文件的快捷方式。之后是 3＊3 共 9 个字母，表示的是对于 3 种不同用户，即文件所有人、所在群组、其他用户的权限，分别用 r、w、x 来表示可读（**R**ead）、可写（**W**rite）、可执行（e**X**ecute），如果没有这个权限就用“-”来表示。例如，bin 文件夹是 rwxr-xr-x，它就表示对于所有用户都是可读、可执行的，但只对于所有人有写的权限。第 2 字段：文件硬链接数。第 3 字段：文件（目录）拥有者。第 4 字段：文件（目录）拥有者所在的组。第 5 字段：文件所占用的空间（以字节为单位）。第 6 字段：文件（目录）最近访问（修改）时间。第 7 字段：文件名。

从上面的介绍，我们可以看出 Linux 的终端其实非常类似于 DOS 下面的命令行，而事实上，Linux 下所用到的一些常用的命令与 DOS 非常地相似，表 13-1 中列出一些最常用的命令。

表 13-1　Linux 和 DOS 中常用命令符及功能

Linux 命令符	DOS 命令符	功能	Linux 命令符	DOS 命令符	功能
ls	dir	显示文件及目录	mv	move	移动文件
cd	cd	改变当前目录	cp	copy	复制文件
makdir	md	新建目录	less	type	阅读文件
rmdir	rd	删除目录	echo	echo	输出字符串
rm	del	删除文件			

其实所谓的命令也就是一些可执行的文件，因此，我们也可以通过访问路径下的可执行文件来执行一些命令，甚至我们自己也可以编写一些命令来执行。对于每一个命令来说，一般都会有参数，包括执行对象、一些限定等。如果想知道各个命令的用法及各参数的设置方法，可以通过许多帮助手段。有一个对于初学者非常好的命令 man，它可以提供命令的在线手册。例如，输入 man ls，我们就可以轻松地知道 ls 这个命令如何使用，应该用哪一些参数才能达到我们的目的。如果是内置命令，就需要使用 help 命令来查阅帮助，还可以通过互联网搜索获得答案。

最后介绍一个文件编辑器——vi。vi 编辑器主要有 2 种模式：命令模式、输入模式。①命令模式：vi 启动后的默认模式，任何时候，按下 Esc 键即可进入命令模式；②文本输入模式：可以像一般文本编辑一样直接进行文本的写入、删除等操作。

（三）在 Linux 下安装软件与环境变量配置

下面以 SAMtools 这款生物学软件为例，讲解如何使用 Linux 操作系统完成生物信息学软件安装，以下操作以 Ubuntu 18.04 为例演示（# 是注释信息）。SAM 是一种存储大规模核酸比对结果的压缩文件格式，SAMtools 则是操作这种文件格式的一系列工具。

1. 依赖包的安装

sudo apt-get update

sudo apt-get install gcc make libbz2-dev zlib1g-dev libncurses5-dev libncursesw5-dev liblzma-dev

2. HTSLIB 安装

进入 bin 目录

cd /usr/bin

利用 wget 下载文件

wget https://github.com/samtools/htslib/releases/download/1.13/htslib-1.13.tar.bz2

解压压缩文件

tar -vxjf htslib-1.13.tar.bz2

进入 htslib-1.13 目录

cd htslib-1.13

软件安装

make

3. SAMtools 安装

cd ..

wget https://github.com/samtools/samtools/releases/download/1.13/samtools-1.13.tar.bz2

tar -vxjf samtools-1.13.tar.bz2

```
cd samtools-1.13
make
```

4. BCFtools 安装

```
cd ..
wget https://github.com/samtools/bcftools/releases/download/1.13/bcftools-1.13.tar.bz2
tar-vxjf bcftools-1.13.tar.bz2
cd bcftools-1.13
make
```

5. 环境变量配置

通过修改用户目录下的～/. bashrc 文件进行配置，软件的安装一般需配置环境变量：

```
vim ~/.bashrc
#在最后一行加上
export PATH=" $PATH:/usr/bin/bcftools-1.13"
export PATH=" $PATH:/usr/bin/samtools-1.13"
export PATH=" $PATH:/usr/bin/htslib-1.13"
#激活环境变量
source ~/.bashrc
```

二、生物信息学中的编程语言

20 世纪后期，随着生物科学技术的迅猛发展，无论从数量上还是质量上都极大地丰富了生物科学的数据资源。数据的膨胀迫切需要强有力的工具去组织这些数据，以利于后期的存储、加工和进一步利用，这时候我们需要学习更专业的语言。

（一）Perl

1. Perl 简介

Perl 是一种动态解释型的脚本语言，借用了 C、sed、awk、shell 脚本以及很多其他编程语言的特性，其中最重要的特性是内部集成了正则表达式的功能，以及巨大的第三方代码库 CPAN。Perl 语言应用广泛，涵盖 CGI、图形编程、系统管理、网络编程、金融、生物等领域。

2. Perl 安装及开发运行环境的搭建

进入 Perl 语言的官方网站，根据自己的需求，选择适合自己电脑版本的安装包下载。①Windows：双击下载文件，开启安装，默认安装即可，安装完配置环境变量。②Linux：进入下载路径，通过 bash 命令解压安装。③Mac：系统自带 Perl 编译，在电脑终端下输入“perl-v”可以看到 Perl 版本的信息。

（二）Python

1. Python 简介

Python 是一门动态地面向对象的编程语言，以简单易学而著称，其语法简洁并且功能强大，编程模式符合人类思维习惯。Python 语言的优点是它的语法非常简练，并且有数量巨大的标准库，网上有丰富的使用的教程和指南。虽然 Python 被分类为脚本语言，但实际上一些大规模软件的开发计划也广泛使用它，所以称它为一种高级动态编程语言更为合适，因为脚本语言泛指仅做简单编程任务的语言。另外，Python 还可以作为一种“胶水语言”对 C 或其他语言提供良好的支持。Python 易于处理数据。随着数据分析、数据可视化、数据科学（机器学习热）的火热化，对于想深入这一领域的人来说，它是一个很好的工具。

2. Python 安装及开发运行环境的搭建

在此主要介绍如何在各大操作平台（Windows、Linux、Mac）下搭建 Python 的开发及运行环境。本书选择 Anaconda 配置安装 Python，进入 Anaconda 的官网进行下载或学习。根据自己的需要，选择适合自己电脑版本的安装包。①Windows：双击下载文件，开启安装，在安装过程中，不断点击下一步，注意 VScode 可以选择跳过，安装完配置环境变量。②Linux：进入下载路径，通过 bash 命令安装，在安装过程中，基本上不断按回车或者 yes 默认就行了，注意 VScode 可以输入 no 跳过安装。③Mac：进入下载路径，通过 sh 命令安装。

（三）R 语言

1. R 简介

R 语言是从 S 语言演变而来的，基于 S 语言开发的商业软件 Splus，可以方便编写函数、建立模型，具有良好的扩展性，取得了巨大成功。新西兰奥克兰大学统计学的 Robert Gentleman 和 Ross Ihaka，于 1995 年公布了一种能执行 S 语言的软件，其命令称为 R 语言，开源免费。R 语言具有丰富的网上资源，CRAN 是 R 默认使用的 R 包仓库，运用 R 的插件，可满足使用者的常用需求，此外还有其他软件仓库，基因组数据分析相关的软件仓库 Bioconductor。R 语言的图像可视化是区别于其他语言的优势之一，扩展包 ggplot2 可以直接输出符合 SCI 标准的统计图像。Rstudio 是 R 语言的开源 IDE，可使操作 R 更加简单。

2. R 安装及开发运行环境的搭建

进入 R 语言的官方网站 CRAN，根据自己的需求，选择适合自己电脑版本的安装包下载。①Windows：双击下载文件，开启安装，在安装过程中，不断点击下一步完成安装，安装完配置环境变量。②Linux：通过 bash 安装命令 “apt-get install r-base” 安装。③Mac：下载安装包，直接拖进 “Application” 完成安装。

本章小结

生物信息学是随着基因组测序数据迅猛增加而逐渐兴起的一门新兴学科。它是利用计算机对生命科学研究中的生物信息进行存储、检索和分析的科学。生物信息学的主要研究内容为核酸和蛋白质两个方面，利用核酸、蛋白质数据库分析和确定序列、结构、表达模式，掌握基因调控信息，对蛋白质空间结构进行模拟和预测。同时，根据已有的实验数据或利用不同软件工具计算获得的分析结果对海量的序列信息数据，包括编码蛋白质的基因、RNA 的编码基因、其他特殊序列进行归类、注释及分析，也是生物信息学研究的重要内容，它将有利于数据的共享与交流，并为进一步开展实验研究提供多方面的知识与信息基础。对大部分生物信息学分析人员来说，编程语言只是工具和解决问题的手段之一，更重要的还是对生物学问题的理解。

思考题

1. 利用你所学的数据库检索方法获得一段 DNA 序列（基因或 mRNA），写出序列名称、登录号（accession #）、序列特点（CDS、外显子等）。

2. 列举常用数据库结构种类。

3. 什么是生物信息学？其研究内容包括那些方面？

第十四章
重组 DNA 技术的应用

20 世纪 50 年代，DNA 双螺旋结构被阐明，遗传的分子机理——DNA 复制、遗传密码、遗传信息传递的中心法则、作为遗传的基本单位和细胞工程蓝图的基因以及基因表达的调控相继被认识。人们已完全认识到 DNA 和它所包含的基因在生物进化和生命过程中的作用。DNA 重组技术的诞生进一步推动了分子生物学、医学和整个生命科学的进步，在基因组改造、核酸序列分析、分子进化分析、分子免疫学、基因克隆、基因诊断和基因治疗等方面不断取得新的突破，使人类获得了打开生命奥秘和防病治病“魔盒”的金钥匙，为分子遗传学和育种学以及医学遗传学研究开辟了崭新途径。（拓展 14-1：病毒斗士侯云德院士：实现基因工程药物零突破）

拓展 14-1

第一节　DNA 与疾病诊断

传统疾病诊断方法大多为“表型诊断”，即以疾病或病原体的表型为依据，如患者的症状、尿液各项指标的变化或物理检查的异常结果，然而表型改变在许多情况下不是特异的，而且是在疾病发生一定时间后才出现，因此常不能及时做出明确诊断。现代医学研究发现：内源或外源生物大分子的存在及其结构或表达变化，可为疾病的预防、预测、诊断、治疗和转归提供重要医疗信息和决策依据。各种表型改变是由基因异常造成，也就是说基因改变是引起疾病的根本原因。正是在这种情况下，现代分子诊断技术得以问世。近几年来，分子诊断技术的迅速发展对医学科学进步产生了巨大推动作用。人类对疾病诊断不再限于检测体液中蛋白质、糖类或其他物质浓度的变化，而是可以应用分子生物学技术，从 DNA 水平上分析若干疾病发生原因、追踪疾病发展过程，也能够对感染的病原微生物进行鉴别、分类以及筛选有效的治疗药物等。因此，现代分子诊断技术将对人类健康发挥重要作用。

一、基因诊断的含义

人类对于“大多数疾病的病因在于基因”的认识已达共识。这种认识拓宽了医学检验理论的研究与应用范畴。从基因水平上看人类疾病的发生主要包括两种类型。①内源基因变异：由于先天遗传和后天内外环境因素影响，人类基因结构及表达各个环节都可发生异常，从而导致疾病。②外源基因入侵：各种病原体感染人体后，其特异性基因被带入人体内并在体内扩增引起各种疾病。

基因诊断（gene diagnosis）正是基于基因与疾病的相互关系，利用现代生物学和分子遗传学的技术方法，直接从 DNA 水平上探测基因存在，分析基因类型和缺陷及其表达功能是否正常，从而达到诊断疾病的一种方法。基因诊断有时也称为分子诊断或 DNA 诊断（DNA diagnosis），是继形态学、生物化学和免疫诊断之后的第四代诊断技术，它的诞生和发展得益于分子生物学理论和技术的迅速发展。基因诊断是病因的诊断，既特异又灵敏，可以揭示尚未出现症状时与疾病相关的基因状态，从而可以对表型正常的携带者及某种疾病的易感者做出诊断和预测，特别对确定有遗传疾病家族史的个体或产前的胎儿是否携带致病基因的检测具有指导意义。

二、基因诊断的原理及特点

（一）基因诊断原理

生物体的各种性质和特征都是由其所含的遗传物质所决定的。从理论上讲，任何一个决定生物学特性的 DNA 序列都应该是独特的，它的序列或结构发生改变都可能使生物体的遗传性状发生改变。例如，细菌的病原性是由细菌表达了某个或某些对人畜有害的基因产物所导致。而且，某个关键基因的改变就可能使生物体发生遗传疾病。因此，这些与生物异常表型密切相关的基因可以作为专一性诊断标记，这就是 DNA 诊断的理论基础。

从遗传信息流动的中心法则看，疾病发生不仅与基因结构变异有关，而且还与其表达功能异常有关。基因诊断的基本原理就是检测相关基因的结构及其表达功能，特别是 RNA 产物是否正常（图 14-1）。DNA 突变、缺失、插入、倒位和基因融合等均可造成相关基因结构变异，因此，可以通过各种手段直接从 DNA 水平上检测上述变化或利用连锁方法进行分析，这就是 DNA 诊断。

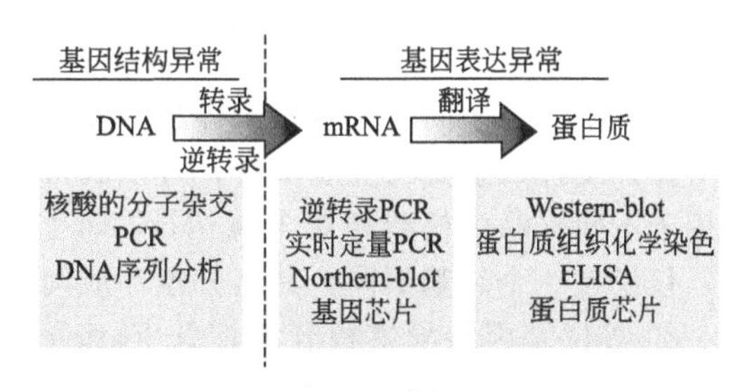

图 14-1 生物中心法则及分子诊断方法

（二）基因诊断的特点

与传统诊断比较，基因诊断有以下几个特点：①病因诊断，以探测基因为目标，针对性强、特异性高。②检测极限极低，诊断灵敏度相当高。③基因探针或引物来源广泛，任何具有同源性的探针或引物都可作为标记对象，故适应性强，诊断范围广。④在感染性疾病的诊断中，不仅可检出正在生长的病原体，也能检出潜伏的病原体；既能确定既往感染，也能确定现行感染；既能诊断普通菌株或病毒，也能检出变异株；同时，能对那些不容易体外培养（如产毒性大肠杆菌）和不能在实验室安全培养（如立克次体）的病原体作出诊断，所以大大扩大了诊断范围。（拓展 14-2：获得“突破性医疗器械”认定的基因诊断产品）

拓展 14-2

三、基因诊断的方法

1978 年 Kan 和 Dozy 首先应用羊水细胞 DNA 限制性片段长度多态性（restriction fragment length polymorphism，RFLP）作为镰状细胞贫血病的产前诊断，从而开创了 DNA 诊断的新技术。四十多年来，DNA 诊断技术取得了飞速发展，建立了以核酸分子杂交、聚合酶链式反应（PCR）和序列分析为基础的多种多样的检测方法，这些检测方法可以用于遗传疾病、肿瘤、传染性疾病等的诊断。

1. 基因诊断的常用方法

检测致病基因结构异常的常用方法有下列几种。

① 斑点杂交（dot blot）。DNA 样品的溶液被点在滤膜上，然后进行变性、中和、干燥和固定等（图 14-2）。标记的探针直接和滤膜上的核酸杂交，再用放射自显影或其他方法检测杂交结果。根据待测 DNA 样本与标记的探针杂交的图谱，可以判断目标基因或相关的 DNA 片段是否存在，根据杂交点的强度可以了解待测基因的数量。因为没有电泳和转移的过程，操作过程完成较快。但结果不能提供核酸样品片段大小的信息，也无法区分样品溶液中存在的不同靶序列。

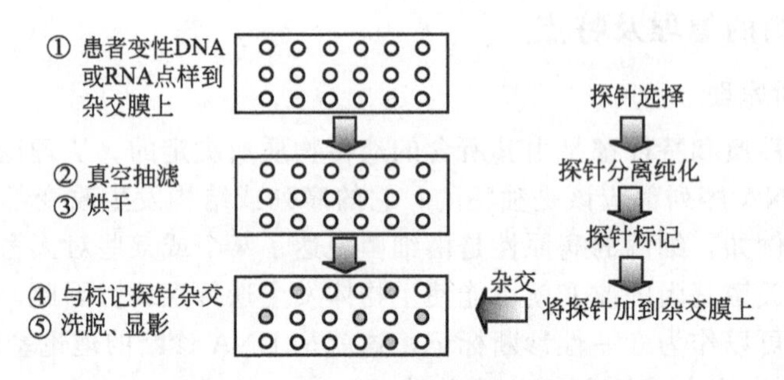

图 14-2　斑点杂交检测疾病的原理

斑点杂交适于同时分析多个样品，而且便于杂交条件的研究确定，对同一样品通过不断改变探针设计、杂交与洗脱条件，可以获得最佳实验参数。大多数情况下作为一种半定量方法用于不同样品中核酸相对含量估计，而且可用于区分序列接近的多基因家族中的不同基因，仅仅是一个碱基不同，其区分也不成问题。

② 等位基因特异寡核苷酸探针（allele-specific oligonucleotide probe，ASO Probe）杂交是一种以杂交为基础，对已知基因点突变的检测技术。根据点突变位点上下游核苷酸序列，合成约 15～20 个左右的寡核苷酸片段，其中包含发生突变的碱基，经放射性核素或地高辛标记后作为探针，在严格杂交条件下，只有该点突变的 DNA 样本，才出现杂交点，即使只有一个碱基不配对，也不可能形成杂交点。一般需合成正常基因的同一序列和同一大小的寡核苷酸片段作为野生型对照探针。如果受检的 DNA 样本只能与突变 ASO 探针杂交，不与正常 ASO 探针杂交，说明受检两条染色体上的基因都发生这种突变，为突变纯合子；如果既能与突变 ASO 探针杂交又能与正常 ASO 探针杂交，说明一条染色体上的基因发生突变，另一条染色体上为正常基因，为这种突变基因的杂合子；如果只能与正常 ASO 探针杂交，不能与突变 ASO 杂交，说明受检者不存在该种突变基因，如图 14-3 所示。

若该法与 PCR 方法联合应用，则称为 PCR-ASO 探针法（PCR-allele specific oligonucleotide），这是一种检测基因点突变的简便方法。先用 PCR 方法扩增突变点上下游的序列，扩增产物再与 ASO 探针杂交，即可明确诊断是否有突变及突变是纯合子还是杂合子。此法对一些已知突变类型的遗传病，如地中海贫血、苯丙酮尿症等纯合子和杂合子的诊断很方便，也可分析癌基因如 H-*ras* 和抑癌基因如 *p*53 的点突变。

③ 单链构象多态（single strand conformation polymorphism，SSCP）是一种基于单链 DNA 构象差别的点突变检测方法。相同长度的单链 DNA 如果顺序不同，甚至单个碱基不同，就会形成不同的构象，在非变性聚丙烯酰胺凝胶电泳时移动速度就不同，若单链 DNA 用放射性核素标记，显影后即可区分电泳条带。一般先设计引物对突变点所在外显子进行扩

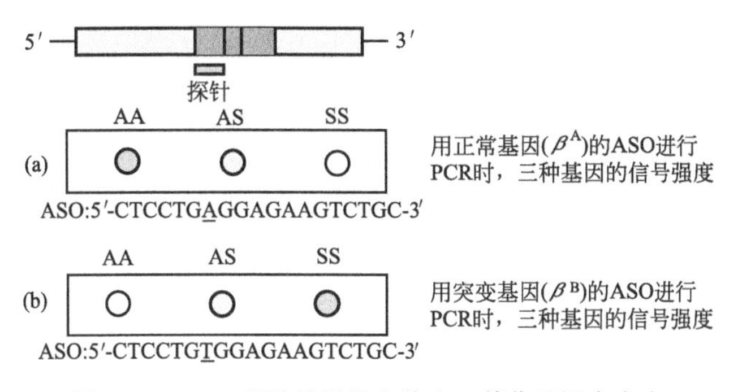

图 14-3 ASO 探针检测染色体上 β 等位基因点突变

增，PCR 产物经变性成单链后进行电泳分离时，靶 DNA 中若发生单个碱基替换等改变时，就会出现泳动变位（mobility shift)。PCR/SSCP 方法，能快速、灵敏、有效地检测 DNA 突变点，多用于鉴定是否存在突变及诊断未知突变。此法可用于检测点突变的遗传疾病，如苯丙酮尿症、血友病等，以及点突变的癌基因和抑癌基因。

④ 限制性内切酶图谱（restriction map)。如果 DNA 突变后改变了某一核酸限制性内切酶的识别位点，使原来某一识别位点消失，或形成了新的识别位点，那么相应限制性内切酶片段的长度和数目会发生改变。一般基因组 DNA 经该种限制性内切酶水解，再做 Southern 印迹，根据杂交片段的图谱，可诊断该点突变。

限制性核酸内切酶分析技术是病原变异、毒株鉴别、分型及了解基因结构和进行流行病学研究的有效方法，对动物检疫有很重要的实用意义，尤其对区别进出境动物及动物产品携带病毒是疫苗毒还是野毒，以及推论其是本地毒还是外来毒有很重要的意义。

⑤ 限制性片段长度多态性（restriction fragment length polymorphism，RFLP)。遗传连锁分析生物个体间 DNA 的序列存在差异，据估计每 100～200 个核苷酸中便有 1 个发生突变，这种现象称为 DNA 多态性。由 DNA 的多态性，致使 DNA 分子的限制酶切位点及数目发生改变，用限制酶切割基因组时，就会产生 DNA 限制性片段长度多态性。现在多采用 PCR-RFLP 法进行研究基因的限制性片段长度多态性。图 14-4 表明了利用 RFLP 诊断镰状细胞贫血病的原理，此法可用于诊断甲型血友病、苯丙酮尿症、享延顿舞蹈病等。

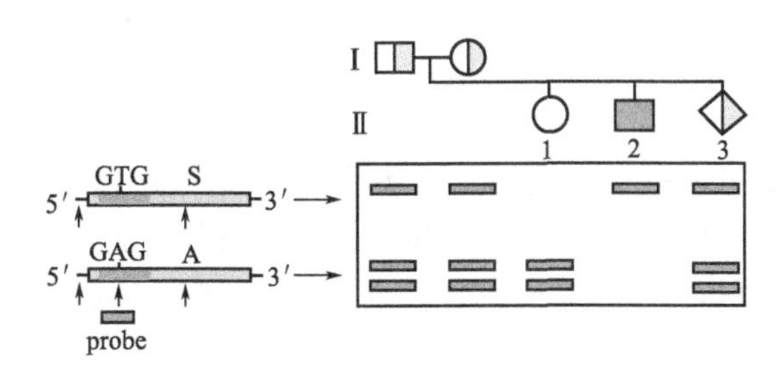

图 14-4 镰状细胞贫血病的 RFLP 诊断

一个核苷酸（GAG→GTG）使限制性酶切位点发生改变（A 为正常基因 β^A，S 为突变基因 β^S）。
箭头表示酶切位点。从 Southern 杂交结果知道该家系中各成员的 β 基因遗传组成及表型。
双亲（Ⅰ代）均为贫血病基因携带者（杂合)，三个子代（Ⅱ代）中一个正常纯合，
一个贫血病基因携带者（杂合)，一个隐性突变基因纯合（患病)

⑥ 基因芯片法（microarrray）又称为 DNA 微探针阵列。它是集成了大量的密集排列的已知的序列探针，通过与被标记的若干靶核酸序列互补匹配，与芯片特定位点上的探针杂

交，利用基因芯片杂交图像，确定杂交探针的位置，便可根据碱基互补匹配的原理确定靶基因的序列。这一技术已用于基因多态性的检测。对多态性和突变检测型基因芯片采用多色荧光探针杂交技术可以大大提高芯片的准确性、定量及检测范围。应用高密度基因芯片检测单碱基多态性，为分析SNPs提供了便捷的方法。

⑦ DNA序列分析对致病有关的DNA片段进行序列测定，是诊断基因异常（已知和未知）最直接和准确的方法。

2. RNA诊断

RNA诊断是以mRNA为检测对象，通过对待测基因的转录产物进行定性、定量分析，确定其剪接、加工的缺陷及外显子的变异，以判断基因转录效率的高低，以及转录物的大小及正常与否，从而对疾病作出诊断。常用方法有RNA点杂交、Northern blotting、定量逆转录PCR、mRNA差异显示PCR技术。

① RNA印迹（Northern blotting）是检测基因是否表达、表达产物mRNA大小的可靠方法，根据杂交条带的强度，可以判断基因表达效率。

② 逆转录PCR（RT-PCR）是一种检测基因表达产物mRNA较灵敏的方法，若与荧光定量PCR结合可对RT-PCR产物量进行准确测定。

③ mRNA差异显示PCR技术（DDRT-PCR）是在转录水平上研究基因表达差异的有效方法。该技术在分析基因表达差异、绘制遗传图谱、分离特异性表达基因和临床诊断遗传疾病等方面具有特殊的优势，因此一经建立就被广泛应用，并取得了可喜的成果。

四、基因诊断的应用

（一）遗传疾病

基因诊断本身是在分子遗传学基础上发展起来的，在遗传病诊断方面成绩最为突出，也最有发展前途，对许多已明确致病基因及其突变类型的遗传病诊断效果良好。依据造成遗传性疾病的原因又可以将其区分成：单一基因缺陷的遗传疾病、染色体变异所引起的遗传疾病及由多重基因共同影响所造成的遗传疾病和线粒体基因的变异所引起的疾病。如果能够在DNA水平上尽早地诊断发现某种遗传疾病，那么人们就可以知道自己或其后代是否安全，因此DNA诊断分析可以用来发现和鉴定遗传物质是否异常，用于严重遗传疾病的产前诊断以及症状发生前的早期诊断。

1. 产前诊断

产前诊断（prenatal diagnosis）是对早期胎儿是否患有遗传缺陷或先天畸形等情况在出生前作出诊断。产前诊断有侵入性取样和非侵入性取样两种方法。目前进行产前分子遗传诊断主要采用侵入性取样方法，如羊膜穿刺术（图14-5）、绒毛膜细胞采样（图14-6）和胎儿脐血穿刺。

羊水中具有胎儿脱落细胞，通过分离培养、DNA分析及核型分析，就可以检出某些基因突变及染色体畸变，以及确定胎儿的性别。另外，通过酶的活性及量的测定、羊水中代谢产物的变化可以诊断出某些先天性代谢缺陷。从孕妇的宫颈黏液中可获取绒毛膜细胞或者直接从子宫腔中吸取绒毛膜细胞进行检测。

侵入性取样法的产前诊断准确率高，但操作要求高，否则会导致宫内感染、自然流产、胎儿损伤、羊水持续渗漏感染及栓塞等严重后果。同时，侵入法产前诊断的时间晚（要等胎儿发育到16～20周才能实施），即使发现胎儿有遗传性疾病，处理也相对比较困难。

为克服侵入性取样法的缺点，近年来建立了非侵入性的取样方法。其中之一是唐氏综合

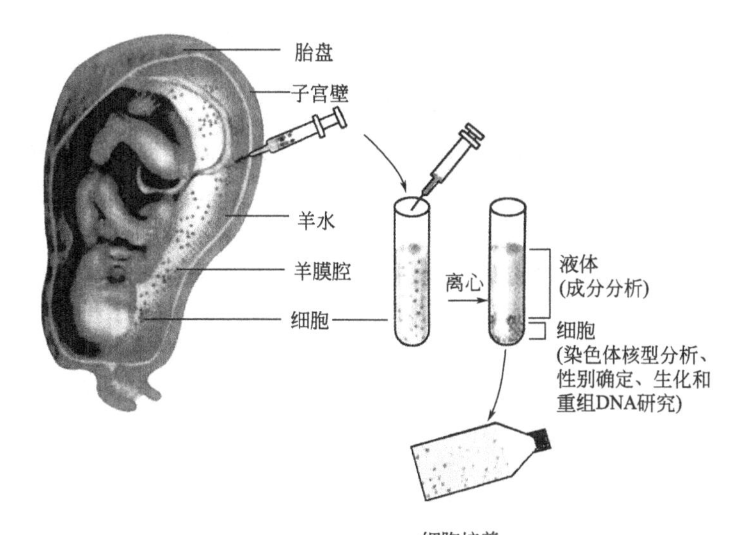

图 14-5　羊膜穿刺术

（引自文献［71］：董悦，2003）

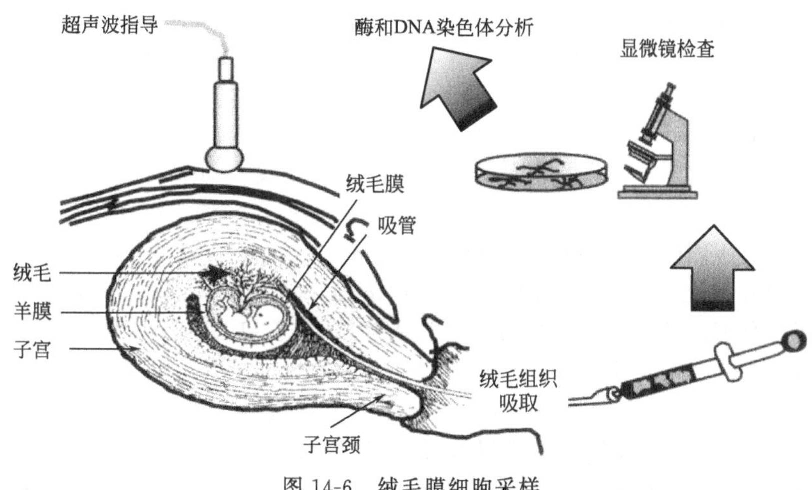

图 14-6　绒毛膜细胞采样

（引自文献［71］：董悦，2003）

征产前筛查系统和无创 DNA 检测技术。孕妇在孕 15～20 周会接受一项称为“唐氏筛查”的检查，一般是通过母体血清中甲型胎儿蛋白、β-绒毛膜促性腺激素浓度、游离雌三醇的检测结果，结合孕妇年龄、体重、孕产史和孕周，分析胎儿可能患神经管缺陷（如无脑儿、脊柱裂等）、三体综合征等的危险系数。结果分为高危组和低危组，高危组的孕妇通过羊水穿刺进行染色体核型分析得到确诊。

无创 DNA 检测技术是通过采集孕妇外周血（5mL），提取游离胎儿 DNA，采用 DNA 测序技术，根据三体征特定染色体 DNA 序列与基因组总 DNA 的比例关系，从而检测胎儿是否患 21 三体综合征、18 三体综合征和 13 三体综合征。

2. 携带者检出

携带者一般是指表型正常，但带有有害基因的杂合体和具有染色体平衡易位的个体。携带者可将有害基因传递给后代，是群体中使有害基因频率保持稳定的重要因素。因此，基因诊断对预防有害基因纯合，降低群体中有害基因的频率十分重要。若查出携带者尚未结婚，则可建议及劝阻他们不要和另一同类型携带者结婚。若偶尔两个同类型携带者已经结婚，那么就要建议他们早孕时应做产前诊断或设计婴儿。例如，有一对表型正常的夫妻生育了一个泰伊-萨克斯二氏病（TSD，一种常染色体隐性致死遗传疾病）的女儿，不久便夭折了，表明他们都可能携带隐性突变的 TSD 基因，经检测得到了验证。他们渴望能有一个健康的孩子，经遗传咨询，得知如果再次怀孕的话，孩子有 1/4 的概率患上 TSD。虽然产前诊断可以测出胎儿是否患 TSD，如果不幸胎儿为患者，早孕时可以终止妊娠，但他们因宗教信仰而要避免人工流产手术，于是选择采用“体外受精胚胎移植”获得了一个健康的孩子。

携带者基因检测在遗传疾病诊断方面应用比较广泛。无论是点突变、移码突变、重排、动态突变，以及涉及化学修饰的基因印记改变，都可以检出。

3. 遗传病诊断

现在已实现基因诊断的遗传病不下百种，这里仅举几例加以说明。

（1）血红蛋白病的基因诊断

地中海贫血（地贫）是世界上最常见和发生率最高的一种单基因遗传疾病（monogenic disease），是由一种或几种珠蛋白合成障碍导致 α 类与 β 类珠蛋白不平衡造成的，临床以贫血、黄疸、肝脾肿大及特殊外貌为特征，最常见的有两类：α 地中海贫血和 β 地中海贫血。

大多数 α 地中海贫血是由 α-珠蛋白基因缺失所致，也有部分病例是由碱基突变造成的。应用 DNA 限制性内切酶酶谱分析法，或用 PCR 法检测 α-珠蛋白基因有无缺失及其 mRNA 水平来进行诊断。

β 地中海贫血（β-thalassemias）的基因诊断：β 地中海贫血的分子基础不同于 α 地中海贫血，β-珠蛋白基因通常并不缺失，而是由于基因点突变或个别碱基的插入或缺失。每一民族和人群 β-珠蛋白基因点突变部位不尽相同，都有特定的类型谱。

（2）家族性高胆固醇血症的基因诊断

家族性高胆固醇血症（familial hypercholesterolemia，FH）是一种罕见的常染色体显性遗传性疾病，有家族性的特征，患者本身低密度脂蛋白（LDL）胆固醇数值异常超高，若为纯合子患者时其低密度脂蛋白胆固醇数值是正常人的 4～6 倍，常伴有肌腱黄色瘤和早发冠心病，但甘油三酯正常。家族性高胆固醇血症是低密度脂蛋白受体基因（LDLR）、载脂蛋白 B（APOB）和前蛋白转化酶枯草溶菌素 9（PCSK9）中的 35 种突变所致。低密度脂蛋白受体基因突变类型包括插入、缺失、错义和无义突变。在多数的杂合体中，受体活性有一半正常，在突变纯合体中，低密度脂蛋白受体基因缺失，使肝脏表面特异性的低密度脂蛋白受体数目减少或缺乏，导致肝脏对血循环中低密度脂蛋白胆固醇的清除能力下降，进而引起血液循环中低密度脂蛋白胆固醇的水平升高。胆固醇沉积在动脉管壁上，导致动脉硬化症。

目前，国内已有基因芯片可检出 LDLR、APOB 和 PCSK9 的突变。

（3）囊性纤维化的基因诊断

囊性纤维化（cystic fbrosis，CF）是高加索人最常见的常染色体隐性遗传病，是由黏性分泌物阻塞肺部和消化道，造成慢性感染，最终导致重要器官功能失常的一种疾病。

CF 基因共有 27 个外显子，cDNA 全长为 6129bp，基因编码为 1480 个氨基酸的多肽链，称为囊性纤维病跨膜转运调节蛋白（CFTR）。CFTR 的结构与普遍存在的一类转运蛋白相似，它可在呼吸道、胰腺、汗腺、肠道和其他器官的细胞膜上形成离子通道，调节盐类分子进出细胞。

在 CF 患者中，由于 CF 基因突变，导致 CFTR 蛋白功能失调，盐类分子在表皮细胞中积累，从而在这些细胞表面产生黏液，阻塞肺部和消化道。在突变的 CF 基因中，70%表现为在 508 位缺失苯丙氨酸密码子（ΔF508）。利用 DNA 检测技术可诊断出 CF 基因的突变类型及位点。

（4）苯丙酮尿症的诊断

苯丙酮尿症是一种常见的常染色体隐性遗传病，其病因的分子基础是苯丙氨酸羟化酶基因点突变，可针对突变的类型应用 PCR 方法与 RFLP 联合检测。

苯丙酮尿症（PKU）是一种常见的氨基酸代谢病，是由于苯丙氨酸（PA）代谢途径中的酶缺陷，使得苯丙氨酸不能转变成为酪氨酸，导致苯丙氨酸及其酮酸蓄积，并从尿中大量排出，如图 14-7 所示。本病在遗传性氨基酸代谢缺陷疾病中比较常见，其遗传方式为常染色体隐性遗传。临床表现不均一，主要临床特征为智力低下、神经精神症状、湿疹、皮肤抓痕症及色素脱失和鼠气味等，脑电图异常。如果能得到早期诊断和早期治疗，则前述临床表现可不发生，智力正常，脑电图异常也可得到恢复。

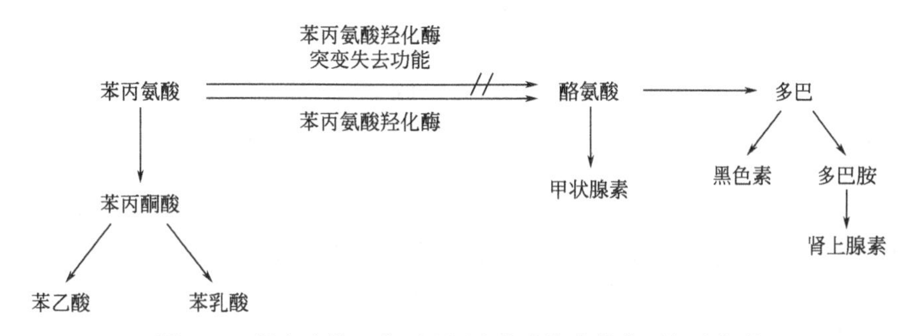

图 14-7 健康个体及苯丙酮尿症患者体内的苯丙氨酸代谢

（5）杜氏肌营养不良症

约 65%的杜氏肌营养不良症患者有 X 染色体 Xp 21.22—21.3 区抗肌萎缩蛋白基因内部 DNA 片段的缺失和重复，由此导致移码突变，用针对 Xp 21 区各不同部分的多种 DNA 探针、内切酶酶谱分析、多重 PCR 等方法均可诊断出抗肌萎缩蛋白基因的异常。

（二）癌症的诊断

从根本上说，癌症是细胞水平上的一种遗传性紊乱，是一种基因性疾病。从正常细胞发展成癌细胞，一个基本的变化是细胞的生长失去控制。细胞生长受两类基因控制：第一类为抑制细胞生长的基因，称“抑癌基因”（表 14-1）；第二类为促进细胞生长的基因，称“癌基因”，现在发现的癌基因有 100 种以上。正常情况下，两类基因协同调控，使细胞生长处于平衡状态。如果抑制细胞生长的基因减弱，或者促进细胞生长的基因增强，都会使这一平衡失调，导致癌症的发生。

表 14-1 主要抑癌基因的定位和功能（引自文献［70］：徐晋麟，2020）

抑癌基因	基因定位	功能	相关肿瘤
RB1	13q14	转录调节因子，细胞周期调节	视网膜母细胞瘤、小细胞肺癌、成骨肉瘤、胃癌、乳癌、结肠癌
p53	17p13.1	转录调节因子，细胞周期调节	星状细胞瘤、神经胶质瘤、结肠癌、小细胞肺癌、胃癌、Li-Fraumeni 综合征等

续表

抑癌基因	基因定位	功能	相关肿瘤
WT1	11p13	锌指结构的负调控转录因子	Willm瘤、横纹肌肉瘤、肺癌、膀胱癌、乳癌、肝母细胞瘤
NF-1	17p11.2	GAP、GTP酶活化蛋白	神经胶质瘤、嗜铬细胞瘤、雪旺氏细胞瘤
NF2	22q12	细胞膜-细胞骨架蛋白	神经鞘瘤
DCC	18q21	细胞黏附分子，参与细胞表面作用	直肠癌、胃癌
CDKN2	9p21	CDK4、CDK6抑制因子	黑色素瘤等
p21	6q21	CDK4、CDK6抑制因子	前列腺癌
p15	9q21	CDK4、CDK6抑制因子	胶质母细胞瘤
BRCA1	17q21	DNA修复因子，与RAD51作用	乳腺癌、卵巢癌
BRCA2	13q12—13	DNA修复因子，与RAD51作用	乳腺癌、胰腺癌
PTEN	10q23	细胞骨架蛋白，磷酸酯酶	胶质母细胞瘤
APC	5q21	细胞质蛋白，WNT信号转导组分	家族性腺瘤息肉，结/直肠癌
MCC	5q21—22	可能与G蛋白调节途径有密切关系	家族性腺瘤息肉
VHL	3p25	细胞膜蛋白	嗜铬细胞瘤

癌细胞与正常细胞相比较，DNA分子无差异或差异不大（点突变），但在表达和调控方面发生了很大变化。因此，肿瘤的基因分析包括基因结构和基因表达及调控水平的分析。肿瘤是一类多基因病，其发展过程复杂，临床表现多样，涉及多个基因的变化并与多种因素有关，因而相对于感染性疾病及单基因遗传病来说，肿瘤的基因诊断难度大得多。但肿瘤的发生和发展从根本上离不开基因的变化，所以基因诊断在肿瘤疾病中也会有广阔的前景。其重要表现有以下几方面。①肿瘤的早期诊断及鉴别诊断；②肿瘤的分级、分期及预后的判断；③微小病灶、转移灶及血中残留癌细胞的识别检测；④肿瘤治疗效果的评价。对于恶性肿瘤细胞中原癌基因或抑癌基因出现的点突变，其检测方法与遗传疾病基因诊断相同。常用的方法包括：探针杂交法（southern blotting或northern blotting）、RFLP分析及PCR法等。

（三）感染性疾病

过去对感染性疾病（infectious diseases）的诊断一般都涉及两个过程：第一，先要对病原物质进行培养，培养后再分析它的生理学特性；第二，确定它到底是哪一类的病原物，是病毒、细菌还是其他的物质。这种方法经过长期的实践证明是比较有效的，而且检测到的病原物质相对来说也比较特异。但是传统的诊断程序现在也遇到了越来越多的问题，例如诊断成本高、速度慢、效率低。另外，如果病原体生长特别慢或者根本无法通过人工培养方法获得，患者的临床诊断就非常困难，因而容易使患者失去最佳治疗时期。感染性疾病的基因诊断方法与传统的诊断方法相比，具有高度敏感性和特异性，且简便、快捷。目前，商品化的诊断试剂盒，已经在病毒、细菌、支原体、衣原体、立克次体及寄生虫感染诊断中得到了广泛应用。

其次，基因诊断可对患者血中的病原体定量检测，对临床评价治疗效果，指导用药，明确外源DNA的复制状态及病菌或病毒的传染性具有重要价值。如应用实时定量PCR对病原体DNA进行定量检测。基因诊断还可检出病毒变异或因机体免疫状态异常等原因不能测出相应抗原和抗体的病毒感染。

1. 病原体诊断

(1) 病毒性感染

多种病毒性感染都可采用基因诊断检测相应的病原体，如人乳头瘤病毒（HPV，双链 DNA 病毒）难以用传统病毒培养和血清学技术检测，用核酸杂交、PCR 等基因诊断方法则可迅速准确地检出 HPV 感染并同时进行分型。再比如肝炎病毒的检测，HBV（乙型肝炎病毒）的血清学检测方法已广泛地应用于临床，但其测定的只是病毒的抗原成分和机体对 HBV 抗原的反应，基因诊断则可直接检测病毒本身，有其独特优越性。首先，它高度敏感，可在血清学方法检测阳性之前就获得诊断，这在献血员的筛选中尤为重要，基因诊断方法可将 HBV、HCV（丙型肝炎病毒）、HIV（人类免疫缺陷病毒）的窗口期分别由血清学方法 60 天、70 天、40 天缩短到 49 天、11 天和 15 天，在防止输血后肝炎的发生中有着重大的意义。基因诊断还可用于人类巨细胞病毒、人类疱疹病毒、柯萨奇病毒、脊髓灰质炎病毒、腺病毒、乳头瘤病毒和禽流感病毒等。SARS 以及最近新发现的 COVID-19 病毒，在基因组（RNA）序列确定后，便很快建立了 RT-PCR 的基因诊断法。

(2) 细菌性感染

可应用基因诊断检测多种致病性的细菌，如结核病是长期以来严重威胁人类，特别是发展中国家人民生命健康的常见病，传统的实验室诊断依赖痰涂片镜检和结核杆菌的培养与鉴定，但阳性率不高，所需时间长。目前应用 PCR 技术建立的诊断方法，敏感度可达到少至 100 个细菌的水平，即使菌株发生变异，也能准确检出。此外，如痢疾性大肠杆菌、霍乱弧菌、淋球菌、绿脓杆菌、幽门螺杆菌、脑膜炎奈瑟氏菌等也可以用基因诊断进行快速检测。

其他病原微生物或寄生虫疾病等，如衣原体、支原体、真菌性感染、恶性疟原虫、克鲁斯锥虫、利什曼原虫、血吸虫、弓形虫等引起的疾病都有基因诊断的方法。

2. 治疗过程中的检测

(1) 疗效检测

以乙型肝炎抗病毒治疗为例，目前，乙型肝炎抗病毒治疗主要应用核苷类似物和干扰素，这些药物治疗慢性乙肝患者后能够有效地抑制患者体内 HBV-DNA 复制，使 HBV-DNA 水平下降，HBeAg 转阴，肝组织学明显改善。但这些药物都能够引起病毒变异从而导致耐药，故迫切需要一种切实可行的可靠手段观察跟踪其治疗情况。以 PCR 和基因芯片为主的核酸分析技术能对 HBV 的 DNA 进行定量检测和变异分析，为乙肝治疗提供客观数据，及时反映病毒载量和病情，是“病情分析、疗效观察、预后判断、新药验证”的最好的检测手段。同样道理，在艾滋病、结核病和其他传染病治疗中，基因诊断均发挥了重要作用。

(2) 药物基因组学

每个人由于遗传背景的不同，对药物的利用、代谢及敏感性均有差异，采用基因芯片检测病人的相关基因信息，对临床医师为病人选择具有最佳疗效、最安全、最经济的药物提供依据。因此，基因诊断已经成为药物基因组学的重要内容和手段。

总之，基因诊断技术在医学领域的应用已越来越被人们所认识，它在进行传染病疫情监测病原体诊断、治疗药物选择和疗效检测等方面具有十分重要的作用，必将为传染病的防控和诊治作出重大贡献。

五、问题及展望

人类基因组测序计划的完成、疾病基因和疾病相关基因的克隆及其功能研究的进展，为基因诊断带来了空前的机遇。一般而言，某一致病基因被发现以后，几个月内即可被用于诊断，而疾病相关基因一般也只需要 2～3 年就可被用作评估患病风险。美国《自然遗传学》

杂志在2003年10月27日发表报告认为：针对传染病的分子诊断技术是未来5～10年内最有希望为改善世界各国，特别是发展中国家人们的健康状况作出贡献的十大关键生物技术之一。但是，目前基因诊断由于缺乏标准化，难以进行质控等问题，使得分子诊断的结果难以进行比较。然而，随着后基因组学的不断深入和分子诊断技术的不断更新，尤其是临床医学各学科与分子遗传学、分子生物学和仪器分析学等其他学科不断交叉和互相渗透，人们对生物大分子和疾病关系的理解也会越来越深入，分子诊断将在对疾病的诊断、预防和治疗方面发挥日益重要的作用，极大地推动现代临床诊断医学的发展。

第二节　疾病的基因治疗

分子生物学的产生和发展使人们对自身疾病的认识进入到微观世界。现在已知道由单基因缺陷引起的人类疾病估计就有4000多种，许多常见疾病，如恶性肿瘤、高血压、糖尿病等的发生，都是环境因子如化学物质、病毒或其他微生物、营养条件以及体内的各种因素如精神因素、激素、代谢产物或中间产物等这些内外因素作用于人体基因的最后结果。因此，人们很自然地想到如果能够修复这些变异的基因或者剔除或抑制外源基因表达，就有可能治愈疾病，这就是基因治疗。

基因治疗是治疗分子疾病的最先进的手段，在很多情况下也是唯一有效的方法。如果说公共健康措施和卫生制度的建立、麻醉术在外科手术中的应用，以及疫苗和抗生素的问世称得上是医学界的三次革命，那么分子水平上的基因治疗无疑是第四次白色大革命，给人类战胜各种疾病带来了无限的美好前景。

一、基因治疗的概念及内容

(一) 基因治疗的定义

基因治疗产生于20世纪的70年代初，其基本定义是用正常基因取代病人细胞中的缺陷基因，以达到治疗分子病的目的。从基因角度可以理解为对缺陷的基因进行修复或将正常有功能的基因置换或增补缺陷基因的方法。若从治疗角度可以广义地说是一种基于导入遗传物质以改变患者细胞的基因表达，从而达到治疗或预防疾病的目标的新措施。

根据病变基因所处的细胞类型，基因治疗可分为两种形式，一种是改变体细胞的基因表达，即体细胞基因治疗（somatic gene therapy)，另一种是改变生殖细胞的基因表达，即种系基因治疗（germline gene therapy)。从理论上讲，对缺陷的生殖细胞进行矫正，有可能彻底阻断缺陷基因的纵向遗传［图14-8(a)(b)］。但生殖的生物学问题极其复杂，且尚未清楚，一旦发生差错将给人类带来不可想象的后果，涉及一系列伦理学和法学的问题，目前还不能用于人类。在现有的条件下，基因治疗仅限于体细胞，基因型的改变只限于某一类体细胞［图14-8(c)］，其影响只限于某个体的当代。

(二) 基因治疗的基本内容

基因治疗包括基因诊断、目的基因分离、靶细胞选择、载体构建以及基因转移四项基本内容。

产生基因缺陷的原因除了进化障碍因素外，主要包括点突变、缺失、插入、重排等DNA分子畸变事件的发生。随着分子生物学原理和技术的不断发展，目前已建立起多种病变基因的诊断和定位方法。

基因治疗首先应选择适当的目的基因或外源DNA序列。对单基因遗传病而言，其相应

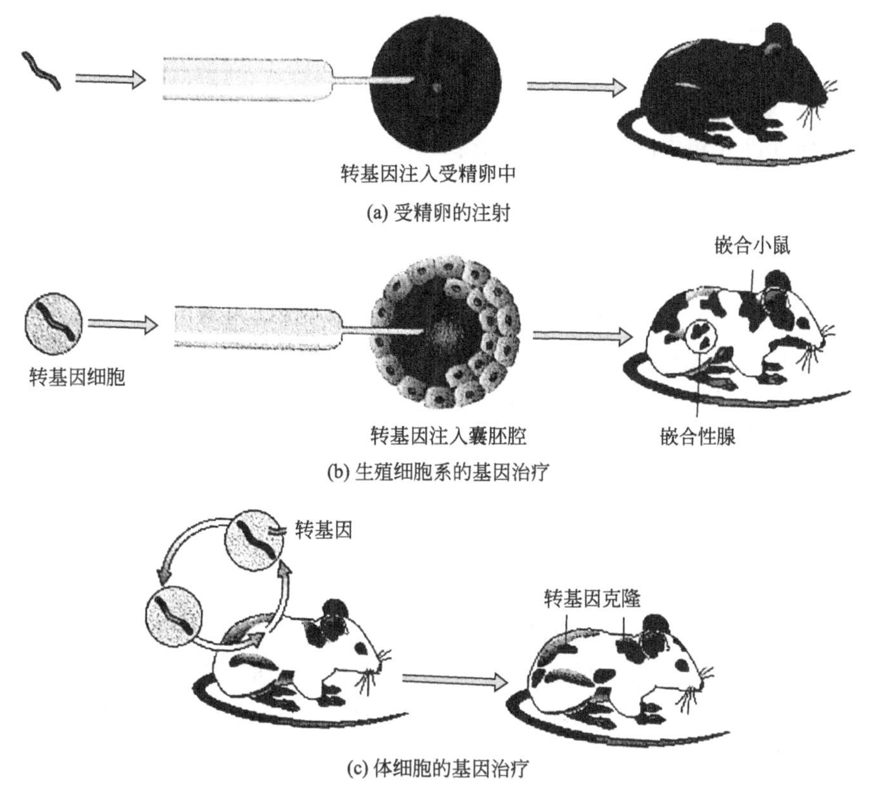

图 14-8　哺乳动物基因治疗的类型

（引自文献［70］：徐晋麟，2020）

的致病基因必须已被确定和克隆，并了解该基因表达与调控的机制与条件。目的基因分离是指利用 DNA 重组技术克隆、鉴定、扩增、纯化用于治疗的病变基因的野生型基因，并根据病变基因的定位，与特异性整合序列（即同源序列）和基因表达调控元件进行体外重组操作。目前用于临床试验的治疗基因主要为该基因的 cDNA。由于基因治疗不限于单基因遗传病，故用于基因治疗的基因需满足以下几点：①在体内仅有少量的表达就可显著改善症状；②该基因的过度表达不会对机体造成危害；③外源野生型目的基因具有适宜的受体细胞并能在体外有效表达；④具有安全有效的转移载体和方法，以及可利用的动物模型。

目前，基因治疗中尚不能使用生殖细胞作为靶细胞，而只能使用体细胞。选择靶细胞需考虑：①最好为组织特异性细胞；②细胞易获得，具有增殖优势，生命周期长，能存活几个月至几年；③离体细胞较易受外源基因转化；④细胞坚固，能耐受处理，回植到体内易成活。目前常用的靶细胞有造血细胞、上皮细胞、角质细胞、内皮细胞、皮肤成纤维细胞、肝细胞、血管内皮细胞、淋巴细胞、肌肉细胞、肿瘤细胞等。在实际应用中，应根据具体情况选择。

载体构建指将上述治疗用的基因安装在合适的载体上。目前用于基因治疗的载体主要有病毒载体（viral vector）和非病毒载体（non-viral vector）两大类，其中病毒载体一般都需要重新构建，除去其致病性的复制区和感染区，并以治疗基因取而代之。

基因转移是关系到基因治疗成败的关键单元操作。基因转移有两种方式，一种是体外导入（*ex vivo*），即在体外将基因导入细胞内，再将这种基因修饰过的细胞回输病人体内，使这种带有外源基因的细胞在体内表达，从而达到治疗或预防的目的。被用于修饰的细胞可以是自体同种或异种的体细胞。合适的细胞应易于从体内取出和回输，能在体外增殖，经得起体外实验操作，能够高效表达外源基因，且能在体内长期存活。目前常用的细胞有淋巴细胞、骨髓干细胞、内皮细胞、皮肤成纤维细胞、肝细胞、肌细胞、角质形成细胞（keratinocyte）、多种肿瘤细胞等。另一种是体内导入（*in vivo*），即将外源基因直接导入体内有关的组织器官，使其进入相应的细胞并进行表达。

二、基因治疗的策略与方法

1. 基因治疗策略

遗传疾病是致病基因在一些特定组织中表达的结果。体细胞基因治疗这种方法是试图通过载体，将目的基因转入某些患者的体细胞中来纠正异常表型［图 14-8(c)］。通过从有缺陷基因型的患者体内取出某些细胞，将克隆的野生型基因导入这些细胞中，再将转基因的细胞转入患者体内，为患者提供正常的基因功能，改善疾病症状。根据所采用方法不同，体细胞基因治疗的策略大致可分为以下几种。

① 原位基因修复（*in situ* gene correction）：原位修复致病基因的点突变，以恢复原有基因的功能，而不一定改变致病基因的结构。大多数情况下，单基因遗传病的分子机制是点突变，而其他编码基因的结构及相应的调控结构是正常的。因此，只需要将突变的单个碱基予以更正，就可以达到基因治疗的目的，但在人基因组的某个特异部位上进行重组是一个非常复杂而困难的过程，也是技术上最困难的方法。目前还只能作为一种美好的愿景。

② 基因置换（gene replacement）：把正常的外源基因导入生物体靶细胞内，对致病基因进行原位重组置换，以恢复基因的原有正常功能，从而达到治疗的目的。如，将正常 β-珠蛋白基因片段利用电穿孔对缺陷的 β-珠蛋白进行修复。这种策略是一般采用的方法，但表达量的控制仍是一个难题。

③ 基因激活（gene activation）：有些正常基因不能表达，并非是发生了基因突变，而是由于被错误地甲基化或编码区组蛋白去乙酰化；也有的是编码区正常，但调控区发生了突变，如启动子的突变使基因也无法表达。前者可以通过去甲基化或乙酰化使基因恢复活性，后者可以通过加入正常启动子来激活基因。但实现定点去甲基化、乙酰化也非易事，原位修复调控序列也是很困难的。

④ 基因增效（gene augmentation）：此策略是将目的基因导入病变细胞或其他细胞，目的基因的表达产物能修饰缺陷细胞的功能或使原有的某些功能得以加强。在这种治疗方法中，缺陷基因仍然存在于细胞内，目前基因治疗多采用这种方式。如将组织型纤溶酶原激活剂的基因导入血管内皮细胞并得以表达后，防止经皮冠状动脉成形术所诱发的血栓形成。

⑤ 基因干扰（gene interference）：也称基因失活（gene inactivation），有些基因如癌基因或病毒基因异常过度表达，可导致疾病，可用反义核酸技术、核酶或诱饵（decoy）转录因子来封闭或消除这些有害基因的表达。如：反义基因的体内表达产物（反义 RNA）或与病毒的激活因子编码基因互补（如艾滋病毒 HIV），或与肿瘤基因的 mRNA 互补（如食道癌基因 *c-myc*），从而阻断其表达。

⑥ 免疫调节（immune adjustment）：将抗体、抗原或细胞因子的基因导入患者体内，改变患者免疫状态，达到预防和治疗疾病的目的。例如，将白细胞介素-2 导入肿瘤患者体内，提高患者 IL-2 的水平，激活体内免疫系统的抗肿瘤活性，达到防治肿瘤复发的目的。

⑦ 药物敏感疗法：应用药物敏感基因转移肿瘤细胞，以提高其对药物的敏感性。例如，向肿瘤细胞中导入单纯疱疹病毒的胸苷激酶基因，然后给患者用无毒性鸟苷类似物更昔洛韦（gancyclovir，GCV），化学结构为 9-(1,3-二羟基-2-丙氧甲基）鸟嘌呤。由于只有含 HSV-TK 基因的细胞才能将 CGV 转化成有毒的药物，因而肿瘤细胞被杀死，而对正常细胞无影响。

总之，基因治疗的策略各有利弊，可根据疾病发生机制不同，采用不同的基因治疗方法。

2. 基因转移方法

基因疗法的成功很大程度上取决于是否有一套安全、简便的基因转移系统。目前，基因治疗中采用的基因转移方法按其性质可分为物理法、化学法以及以逆转录病毒载体为代表的病毒载体生物方法等。

① 基因转移的物理方法。基因转移的物理方法包括：直接注射、电脉冲介导法和显微注射微粒子轰击法等。

② 基因转移的化学方法。基因转移的化学方法包括DNA磷酸钙共沉淀法、DEAE-葡聚糖法、染色体介导法、脂质体包埋法、多聚季铁盐法等化学试剂转移方法。其中，脂质体介导的基因转移在目前的基因治疗中使用较多。

③ 基因转移的生物学方法。基因转移的生物学方法主要是指病毒介导的基因转移，包括RNA病毒和DNA病毒两类，如逆转录病毒、腺病毒、腺相关病毒、单纯疱疹病毒、痘苗病毒等。

三、疾病的基因治疗方案

目前临床基因治疗试验的方案已达900多个，受治疗的患者已有数千例。

（一）遗传性单基因疾病的基因治疗

遗传性单基因疾病（monogenic diseases）是基因治疗的理想候选对象，设计治疗方案时应考虑下列几点因素：①对造成该疾病有关的基因应有较详细的了解，并能在实验室克隆适合真核细胞表达的有关基因的cDNA序列，供转导用；②经有功能基因转导的体细胞，只要产生较少量原来缺少的基因产物就能矫正疾病；③即使导入基因过度表达，对机体应无不良作用；④有些遗传疾病是某些特殊细胞基因缺损造成的，但有关的细胞不易取出供体外进行基因工程操作；⑤现在采用的以正常有功能的同源基因来增补体内的缺乏基因，因此要求增补的基因在病人存活期间能稳定表达，或重复治疗，所以应考虑构建能长期持续稳定表达外源基因的载体，并考虑将外源基因转导干细胞。目前应用基因治疗的单基因疾病已有二十多种。

1. 血友病

血友病是一种常见的性连锁隐性遗传性出血性疾病，分A、B两型，它们分别缺乏凝血因子Ⅷ和凝血因子Ⅸ，这两种基因被定位于Xq28、Xq27，其部分或完全缺失、点突变或插入DNA片段导致了患者出现凝血功能紊乱的遗传性疾病。临床治疗血友病主要依靠蛋白质替代治疗，不仅费用昂贵，还可能引起严重的输血反应。血友病的基因治疗研究较早也较为深入。1999年，血友病A和血友病B基因治疗在美国相继进入临床试验。

（1）血友病B的基因治疗

人凝血因子Ⅸ（简称hFⅨ）是一种分子质量为56kDa的糖蛋白，其含糖量约占整个分子的17%。在目前所研究过的血友病B病例中，几乎都能在hFⅨ基因的结构中找到异常的证据。1991年，复旦大学与上海长海医院血液科合作对两例血友病B患者进行了世界首次血友病B基因治疗的临床试验。试验分别采用逆转录病毒系列将hFⅨ cDNA基因转移到血友病B患者体内成纤维细胞中，经克隆筛选，挑选得到高表达hFⅨ的皮肤成纤维细胞克隆。将细胞与胶原混合后直接注射到患者腹部皮下，患者经治疗后体内hFⅨ浓度上升，出血症状不同程度地减轻，出血次数较少。虽然目前的治疗效果有限，但已经能够将血友病B患者症状降为轻型。

（2）血友病A的基因治疗

血友病A是由凝血因子Ⅷ基因缺陷所致的性连锁的遗传性出血性疾病，其临床症状与血友病B一样，约占血友病总数的80%～85%。1984年，美国Genentech公司的研究人员成功地克隆了人的凝血因子Ⅷ基因，这为血友病A的基因治疗奠定了基础。研究人员构建的FⅧB结构域缺少的FⅧcDNA表达载体（BPP-FⅧcDNA）表达量和活性比全长的FⅧcDNA提高了10倍，将FⅧcDNA由9kb缩短了一半，能够被一般的逆转录病毒和腺病毒载体所包装。中国血友病A基因治疗研究主要集中在上海第二医科大学和中科院上海生物化学和细胞生物学研究所，研究人员克隆了FⅧcDNA以及BDD-FⅧ cDNA，构建了相应的表达载体，在真核细胞中进行了表达研究。目前，美国已经申报了3个血友病基因治疗试验方案，其中2个是血友病A的基因治疗临床试验。

2. 地中海贫血的基因治疗

地中海贫血是由α-珠蛋白和β-珠蛋白基因表达失衡而引起的遗传性溶血性疾病，又叫珠蛋白生成障碍性贫血，是一种危害严重的遗传病。早在20世纪80年代中期，Cone等用逆转录病毒介导完整的人体珠蛋白基因转染小鼠红白血病细胞（MEL），获得了人体珠蛋白基因的表达，首次证明了逆转录病毒用于珠蛋白基因治疗的可行性，只是基因表达水平较低。Bender等对β-珠蛋白基因表达低的基因进行了初步探讨，发现β-珠蛋白基因在细胞中的某些内含子是珠蛋白基因在转染细胞中表达所必需的。在β-珠蛋白基因在细胞系内表达取得成功的同时，Dzierzak等已经开始了动物试验的研究。这些研究表明地中海贫血通过体细胞基因治疗是可行的。但是，由于珠蛋白基因调控的复杂性，即珠蛋白基因除呈现红系特异性和发育阶段特异性高表达外，还必须保持β-珠蛋白和α-珠蛋白基因表达的平衡，给地中海贫血的基因治疗带来相当大的困难，因此，地中海贫血的基因治疗研究还未能进入临床试验阶段。（拓展14-3：地中海贫血症患者的福音——迅速见效的新基因疗法）

拓展14-3

（二）病毒性感染

目前病毒性感染主要治疗对象为人类免疫缺陷病毒（HIV）导致的艾滋病，接受基因治疗的患者约4百余例。主要有两种治疗策略：①增强机体的抗HIV免疫反应；②抑制HIV的复制。有人研究利用反义核酸来封闭HIV的基因，使mRNA不能翻译蛋白质，并发生降解，或制备有关的核酶来破坏HIV的mRNA，使HIV不能复制繁殖，确切的疗效尚不能肯定，许多科学家尚在研究其他更有效的抑制HIV复制的方法。

（三）恶性肿瘤

恶性肿瘤属复杂基因疾病（complex genetic diseases），可能涉及多种基因的异常，发病过程是多步骤的，至今虽有不少有关的基因被鉴定，但肿瘤发病的分子机制尚不清楚，因此治疗时应选择何种靶基因尚不明确，多数是根据不同的环节，设计不同的治疗策略，目前临床恶性肿瘤的基因治疗策略有十余种之多。

1. 免疫基因治疗（immunogene theray）

分体外转导和体内转导两种。体外转导将一些能刺激免疫反应的细胞因子基因，如IL-2、IL-12、IFN-γ基因等转导肿瘤细胞作为基因工程“瘤苗”，给肿瘤患者注射，宗旨为提高肿瘤细胞的免疫原性，有利于被机体免疫系统识别及排斥。由于转导细胞因子基因的肿瘤细胞在体内能持续不断分泌细胞因子，能增强抗肿瘤的特异免疫和非特异免疫反应，在肿瘤局部形成一种较强的抗肿瘤免疫反应微环境，并能通过局部免疫反应，引发全身的抗肿瘤免疫机能，此策略已应用于多种恶性肿瘤的临床试验。本实验室研究了IL-2基因转导的人肝癌和胃癌细胞“瘤苗”，后者已被中国药品监督管理部门批准用于临床研究。另一种策略是将细胞因子基因或MHC Ⅰ类基因直接体内注射于肿瘤局部，以促发抗肿瘤免疫反应。

2. 自杀基因系统

自杀基因（suicide gene）来源于病毒、细菌或真菌，例如单纯性疱疹病毒的胸苷激酶（thymidine kinase，TK）基因，能将一种对哺乳动物无毒害的嘌呤核苷的类似物更昔洛韦（gancilovir，GCV）转变成三磷酸形式，后者可掺入新合成的DNA链，造成DNA链的断裂和抑制DNA聚合酶的活性，从而造成细胞死亡。所以将HSV-tk基因体内转导肿瘤细胞，然后再给患者服用GCV药物，肿瘤细胞表达TK基因能使无毒的GCV转变成有毒的三磷酸GCV，达到杀伤肿瘤细胞的目的。

3. 抑癌基因（tumor suppressive gene）

抑癌基因*p53*的突变与多种肿瘤的发生有密切的关系。将野生型（正常）的*p53*转导*p53*缺陷的恶性肿瘤，使其能表达正常的*p53*产物，后者具有强大的抑制肿瘤细胞生长和诱导肿瘤细胞凋亡的作用，从而达到抗肿瘤效果。

4. 裂解肿瘤病毒（oncolytic virus）

利用基因工程改造过的腺病毒突变体，如EIB基因缺失的腺病毒能选择性在*p53*缺陷的恶性肿瘤细胞中进行复制、繁殖，并最终杀伤肿瘤细胞。而正常细胞能表达*p53*，使这种病毒不能复制和繁殖。

（四）心血管疾病

目前心血管疾病中基因治疗最多的临床方案为治疗外周血管疾病造成的下肢缺血，及心脏冠状动脉阻塞造成的心肌缺血。转移血管内皮细胞生长因子（VEGF）或成纤维细胞生长因子（FGF）或血小板衍生生长因子（PDGF）等基因于血管病疫部位，通过这些因子的表达，以促进新生血管的生成，从而建立侧肢循环，改善供血。

四、问题及展望

基因疗法作为一种新兴的治疗技术无疑是近30年来生命科学发展的一种结果。从理论上讲，若能将与疾病发生有关的基因进行矫正或修复，应是一种有效的根治疾病的方法。但基因治疗在让人类看到希望的同时，又给人类许多安全的警示，盲目地追求高效忽视安全并不是造福人类。时代在发展，科技在进步，理论在创新，高科技研究成果的出现如同任何新生事物的诞生一样，运用合理，将有无限的生机与活力，应用不当，也会给人类造成极大的安全隐患。基因治疗摆脱从实验室走向临床的困惑还有很长的路要走，在这当中最具有挑战性的问题是运送治疗基因的载体系统。理想载体应具备下列条件：安全无毒害；不引起免疫反应；高浓度或高滴度；能高效转移外源基因；持续有效表达外源基因；可靶向特定组织细胞；可调控；容纳外源基因可大可小；可供体内注射（包括全身性静脉注射）；便于规模生产供临床应用。可惜目前所应用的载体尚没有一个能符合上述全部的条件。这是今后努力研究的方向。

辩证唯物主义的观点告诉我们，任何新生事物的发展道路都不可能总是一帆风顺的。基因治疗替代先前的、不能满足人类需要的治疗方法是顺应历史及人类健康发展要求的。尊重科学发展的自身规律，坚持基础研究与临床试验并举，正视难关，针对性地加强基础实验，逐个解决问题，同时把眼光放远，及时调整思维认识，随着分子技术的飞速发展，期望基因治疗会有一个美好的前景，实现真正的临床突破，造福人类指日可待。

第三节 传染病的防治

由病毒、衣原体、支原体、立克次体、细菌、真菌、螺旋体、原虫、蠕虫等引起的疾病称为感染性疾病（infectious diseases）。感染性疾病中具传染性并可导致不同程度流行的则又称传染病（communicable diseases，contagious diseases）。在人类历史较长时期内，传染病一直伴随着人类的发展并严重威胁着人类的健康。第二次世界大战结束后，随着人类社会的全面进步，预防医学、临床医学、基础医学及药学等均取得了迅猛发展，人类与传染病的斗争取得了丰硕成果，各类传染病得到了有效的控制。但是，近 30 年许多新出现的传染病（emergen disease）病原的出现及旧有传染病（reemergen disease）在全球范围内复活，使得传染病重新成为极大的公共卫生问题。特别是 21 世纪初出现的严重急性呼吸综合征（SARS）和甲型 H1N1 流感在全球的暴发流行令人惊心动魄。世界卫生组织（WHO）总干事中岛宏在 1998 年惊呼："全球正处于一场传染病危机的边缘，没有一个国家可以躲避这场危机。"

随着 21 世纪人类基因组图谱绘制结束，后基因组时代已拉开序幕。借助生物芯片、生物信息学等研究方法，人类基因重组、蛋白质重组以及药物开发将进入新阶段。勿庸质疑，如何将这些最新的生物技术用于传染病研究与防治将为传染病的预防和治疗提供新的方法和新的起点。

一、新发和再发传染病的特征

传染病的致病因素是有生命的病原体，它在人体内发生、发展的过程与其他致病因素所造成的疾病有本质上的区别，主要表现在以下几点。①有病原体：每一个传染病都是由特异性的病原体所引起的，许多传染病（如霍乱、伤寒）都是先认识其临床和流行病学特征，然后认识其病原体的。②有传染性：这是传染病与其他感染性疾病的主要区别。传染性意味着病原体能排出体外并污染环境。传染病病畜（人）有传染性的时期称为传染期，在每一种传染病中都相当固定，可作为隔离病畜（人）的依据之一。③有流行病学特征：传染病的流行过程在自然和社会因素的影响下，表现出各种特征。在质的方面有外来性和地方性之分。在量的方面有散发性、流行和大流行之分。④有感染后免疫：动物、人体感染病原体后，无论是显性或隐性感染，都能产生针对病原体及其产物（如毒素）的特异性免疫。⑤大多数传染病都具有该种病特征性的综合症状和一定的潜伏期和病程经过。

近年来暴发的传染病又表现出了一些新的趋势，在生物群体中流行的现象比以往更加复杂。病因已由单病因、单效应向多病因、单效应，甚至多病因、多效应发展；抗药或耐药病原体越来越多，且表现出了多耐药特征；传播机制也由水平传播、垂直传播（母婴传播）到混合传播。病原体侵入生物体的途径亦日益复杂，国家之间、地区之间的传播不断加速；疾病中隐性病例与显性病例的比例不断上升，非典型和隐性感染者越来越多。传染病的潜伏期和非传染病的潜伏期也越来越长了，而发病的频率越来越低。尤其是近年来新出现的传染性疾病，如 2003 年春的"非典"、2004 年初的"禽流感"和 2009 年初夏的"甲型 H1N1 流感"、2014 年的"埃博拉病毒病"、2015 年的"中东呼吸综合征"以及 2019 年的"新型冠状病毒肺炎"等的暴发，使得传统的调查传染源、传播途径，确定传染病流行规律的预防、监测系统难以胜任。这给传染病防治带来了巨大的困难，为了有效防止传染病传播，生物技术得以应用到这个领域并显示出了其独特的优势。（拓展 14-4：COVID-19 的诊断、治疗和疫苗接种的进展）

拓展 14-4

二、传染病防治的新策略及研究内容

分子生物学突飞猛进的发展，极大地提高和加深了人们对生命现象本质的认识。人们已经着手从分子或基因水平上研究传染性疾病的分布特征、流行规律、流行方式，暴发事件中病例与病例间、病例与接触者间、病例与对照间的内在联系，在分子或基因水平直接阐述传染源、传播途径、流行规律和预防措施。传染病的防治也突破了传统意义上的管理传染源、切断传播途径和保护易感人群的概念范畴，向重点开展传染病的快速筛查、检测、分离、鉴定、追踪、预警、诊断和治疗等方法和技术的研究转移。传染病预防和治疗的研究内容也转向了以快速诊断和疫苗开发为主的研究，主要包括以下几个方面。

1. 研究流行性传染病的快速诊断技术

在传染病流行中，对病原体进行准确的诊断，对疾病的防治十分重要。病原微生物和寄生虫感染引起的传染病，大多数是病原体基因组与人类基因组相互作用的结果，最终表现为某种特定传染病的表型。由于表型特征的不稳定性和易变性，以表型特征研究的诊断，如血清学、生化学等，就存在缺陷。基因型是遗传特征，相当稳定可靠，可以作为病原体鉴定和诊断的重要依据。通过从基因水平上进行检测，可进行早期诊断，并可直接探知病原体在体内的消长过程及其与机体相互作用而致机体损害的细节，从而在疾病表现型出现之前或早期采取相应的防治措施。

2. 疫苗的研究

防治传染病最有效、最经济的方法是对易感人群进行预防接种。使用灭活或减毒活疫苗，存在免疫原性差、毒力回复、疫苗需冷冻或冷藏等缺点。以DNA重组技术为基础的各类工程疫苗有望成为防治传染病的重要手段。

3. 预防和控制药物的筛选

科学家们在加紧对以前抗病毒药物进行抗新病毒试验的同时，也在积极寻找其他药物，希望能尽快筛选出对新病毒有预防和控制疗效的药物。

4. 分子流行病学规律研究

从基因、基因组（蛋白质、蛋白质组，包括基因组和蛋白质组的变异）、细胞和机体等不同层次，研究病毒与宿主的相互作用关系、致病机理、感染的分子过程等，揭示病毒源、病毒感染途径、病毒性疾病的发生与流行规律等，为病源控制、诊断技术、疫苗研制、药物筛选与研制、病毒性疾病流行预警等提供科学依据。

5. 遗传进化关系研究

追本溯源，查明病原来源，确定病原与人、与动物的关系，以有效控制疫病。

三、基因工程疫苗

研制疫苗用以预防人和动物的传染病是医学和兽医学上的伟大成就。自琴纳发明接种牛痘以预防天花以来，疫苗应用已有近200年历史。然而目前用于防治人和家畜传染病的疫苗，无论是灭活疫苗、弱毒疫苗，还是亚单位疫苗，其研制都是以大量培养微生物为基础的，这不仅给疫苗的制造带来了局限性，同时在疫苗的安全性、免疫性能、产量及保存方面存在缺陷，如病原灭活不彻底，导致病毒散播；致弱疫苗的返强等。因此疫苗的研制面临着新的挑战：①一些老的传染病未能得到解决，至今无安全有效的疫苗，如口蹄疫、动物腹泻、猪的气喘病等；②新的传染病不断发现，如人类的艾滋病被称为20世纪末最严重的瘟疫；③有的病原不能或难于进行培养增殖，如人的乙型肝炎病毒、免疫出血症病毒等；④有的病原有潜在致癌性，如人的ER病毒、单纯疱疹病毒等。这些问题用常规疫苗不能解决，需要新的对策。近几年发展起来的分子生物学为人们带来了新的希望，用基因工程方法研制疫苗已成为目前生物技术热点之一。

所谓基因工程疫苗就是用基因工程方法或分子克隆技术，分离出病原的保护性抗原基因，将其转入原核或真核系统使表达出该病原的保护性抗原，制成疫苗，或者将病原的毒力相关基因删除掉，使其成为不带毒力相关基因的基因缺失苗。基因工程疫苗只含有病原的部分组成，因此基因工程疫苗的最大优点是安全性好，对致病力强的病原更是如此。目前基因工程疫苗可分为六大类：①多肽或亚单位疫苗；②颗粒载体疫苗；③病毒活载体疫苗；④细菌活载体疫苗；⑤DNA重组疫苗；⑥基因缺失疫苗。

（一）基因工程亚单位疫苗

20世纪70年代发现从病原分离得到的结构组成具有免疫原性，这种非传染性的亚单位能激发免疫保护反应，而不具有由完整病原免疫可能带来的副作用。但从病原分离纯化亚单位成分是不合算的，分子生物学和重组DNA技术的发展，尤其是发现了微生物（真核与原核）表达系统，使成功地表达基因产物成为可能，迎来了基因工程亚单位疫苗的新纪元。亚单位疫苗指仅含有刺激保护性免疫所需的抗原组成，不存在任何传染性，具有安全性好、稳定性强、保存期长、运输方便等优点。

基因工程亚单位疫苗研制的基本过程是：分离病原的保护性抗原基因，插入到表达载体中，转化宿主细胞，使其表达所需的多肽，通过鉴定表达产物，筛选工程菌株，然后大量培养和纯化表达产物，制备疫苗。目前，已经对很多致人和动物传染病的病原进行了基因工程亚单位疫苗研究。包括细菌性疫病病原如霍乱、百日咳、炭疽、绵羊腐蹄病、梅毒、结核病、牛布鲁氏杆菌病等的致病菌；病毒性疫病病原如口蹄疫、狂犬病、伪狂犬病、甲型肝炎、新城疫、传染性支气管炎、传染性喉气管炎、马立克氏病、禽白血病、鸡法氏囊病、人的艾滋病的病原和细小病毒及EB病毒等；寄生虫如疟原虫、利什曼原虫、血吸虫、锥虫、球虫、绵羊绦虫等；真菌如组织胞浆菌、曲霉菌和念珠菌等。然而通过上述病原制得的多肽多为单价可溶性疫苗，其免疫原性不理想。但也有的表达产物能自然装配形成多价颗粒性，如人乙型肝炎病毒表面抗原和大肠杆菌的菌毛等，它们的免疫原性与常规生产的血源疫苗和灭活疫苗相同，成为第一代成功的基因工程亚单位疫苗。

（二）颗粒载体疫苗

在基因工程亚单位疫苗研究中，乙肝病毒疫苗和大肠杆菌疫苗较成功，其特点是多个多肽分子聚合在一起，形成22nm颗粒或菌毛结构，它们不但具有多个保护性抗原决定簇，而且保持有与原来病原相同的颗粒构型，能诱导人和动物产生与病原感染相似的免疫应答反应，其颗粒结构容易被机体免疫细胞识别和处理，从而大大增强了免疫原性，这是其他多肽疫苗至今望尘莫及的关键所在。因此，近年来人们试图将病原的抗原基因表达成颗粒物，他们发现一些基因的表达产物可以装配成多聚体颗粒，将病原中编码保护性抗原决定簇的基因片段融合到这些载体基因中，能表达并装配成杂合颗粒，而病原的决定簇可能暴露于颗粒表面，赋予多个决定簇和颗粒性等优点，其免疫原性大大优于单价可溶性多肽疫苗。

颗粒载体疫苗的基本制备过程是，寻找能表达形成颗粒物的基因，分析哪些区域可能暴露于颗粒表面，将此整个载体基因克隆，并将外源基因片段按照相同的阅读框架插入载体基因特定位置，然后转入原核或真核系统进行表达，产生外源基因产物暴露在表面的颗粒载体疫苗。

（三）病毒活载体疫苗

其原理是将外源目的基因插入载体病毒基因组的某些部位，使之高效表达但不影响该疫苗株的生存与繁殖。这种重组病毒疫苗被接种后，可在体内繁殖并表达插入的外源基因产物，从而刺激相应疾病的免疫保护力。病毒活载体疫苗具有活疫苗的优点，而且还可能发展为多价活疫苗。目前，研究较多且较成熟的为痘苗病毒，用来表达的外源基因已有几十种。近年来又报道有禽痘病毒、腺病毒、小 RNA 病毒、疱疹病毒等载体疫苗。

（四）细菌活载体疫苗

细菌活载体疫苗，除具有病毒活载体的优点外，它还具有培养方便、外源基因的容纳量大、刺激细胞免疫力强等优点，因此具有巨大的潜力。

（五）基因缺失疫苗

基因缺失疫苗是通过基因工程方法，将与强毒株的毒力有关基因删除，既不影响其增殖或复制，又保持其免疫原性的活疫苗。其突出的优点是疫苗株稳定，不易返强，十分安全。由于其免疫机制与感染相似，免疫针对多种抗原决定簇。应答较强而持久，特别适合于局部接种（口服），产生黏膜免疫，是较为理想的疫苗。

基因缺失的方法是，先构建质粒，将基因缺失的 DNA 序列重组到质粒中或在质粒中实现基因的切除或突变，然后与野生毒株同时感染细胞，使发生同源重组，从而将基因缺失的 DNA 序列替换到野生毒株基因组中，筛选鉴定即获得基因缺失毒株。

在细菌中，曾用于研究霍乱减毒疫苗。将霍乱菌肠毒素 A 亚基中主要的 A1 部分切掉 94%，保留 A2 和全部 B 亚基，与野生菌株同源重组，筛选出基因缺失变异株，该变异株产生的肠毒素不完整，因而不具毒性，但仍具有良好的免疫原性，从而制成了无毒活菌苗。同样，去除肠毒素性大肠杆菌 LT 基因的 A 亚基基因，而将 B 亚基基因克隆到带黏附素菌毛的大肠杆菌中，制成的活菌苗，对预防仔猪黄痢具有良好的效果，已开始投放市场。

DNA 病毒、反转录病毒和正链 RNA 病毒均可制备基因缺失疫苗。小 RNA 病毒可以反转录为 cDNA，再由 cDNA 转录回到 RNA 形式，因此可以通过其 cDNA 产生缺失病毒株。由于技术上的限制，单股负链 RNA 病毒和双股 RNA 病毒的基因缺失难以实现。很显然，多个基因的缺失将提供更稳定的减毒株。还可通过插入外源基因，使病毒的基因框架破坏，获得减毒株。

（六）DNA 重组疫苗

DNA 重组疫苗简称 DNA 疫苗（DNA vaccine），又称“裸”DNA 疫苗（naked DNA vaccine）、基因疫苗（genetic vaccine），亦有核酸疫苗（nucleic acid vaccine）、多核苷酸疫苗（polynucleotide vaccine）等相关名称，是近年来基因治疗研究中所衍生并发展起来的一个新的研究领域。它是指将编码某种蛋白质抗原的重组真核表达载体直接注射到动物体内，使外源基因在活体内表达，产生的抗原激活机体的免疫系统，从而诱导特异性的体液免疫和细胞免疫应答。该疫苗既具有减毒疫苗的优点，同时又无逆转的危险；不仅具有预防作用，同时还具有治疗作用。因此越来越受到人们的重视，是极有发展潜力的一种新疫苗，被看作是继传统疫苗及基因工程亚单位疫苗之后的第三代疫苗。

DNA 疫苗的研制是基因工程技术在疫苗研究中的另一重要突破。它具有许多优点：①DNA 接种载体（如质粒）的结构简单，提纯质粒 DNA 的工艺简便，因而生产成本较低，且适于大批量生产；②DNA 分子克隆比较容易，使得 DNA 疫苗能根据需要随时进行更新；

③DNA 分子很稳定，可制成 DNA 疫苗冻干苗，使用时在盐溶液中可恢复原有活性，因而便于运输和保存；④比传统疫苗安全，虽然 DNA 疫苗具有与弱毒疫苗相当的免疫原性，能激活细胞毒性 T 淋巴细胞而诱导细胞免疫，但由于 DNA 序列编码的仅是单一的一段病毒基因，基本没有毒性逆转的可能，因此不存在减毒疫苗毒力回升的危险，而且由于机体免疫系统中 DNA 疫苗的抗原相关表位比较稳定，DNA 疫苗也不像弱毒疫苗或亚单位疫苗那样，会出现表位丢失；⑤质粒本身可作为佐剂，因此使用 DNA 疫苗不用加佐剂，既降低成本又方便使用；⑥将多种质粒 DNA 简单混合，就可将生化特性类似的抗原（如来源于相同病原菌的不同菌株）或 1 种病原体的多种不同抗原结合在一起，组成多价疫苗，从而使 1 种 DNA 疫苗能够诱导产生针对多个抗原表位的免疫保护作用，使 DNA 疫苗生产的灵活性大大增加。

虽然人们对于使用 DNA 疫苗的安全性存有疑虑，担心 DNA 可能会整合到宿主细胞的染色体上而造成插入突变，但众多研究结果并未发现有插入突变的现象。质粒 DNA 在动物体内会缓慢降解，不会造成动物的自体免疫，也不随卵细胞和精子传入子代体内，它随生物链进入其他物种体内时也会失活，而且对环境的污染很小，因此其危险性远低于现用疫苗。

近年来，许多畜禽病毒性传染病，已不能依靠传统疫苗如灭活疫苗、弱毒疫苗等对其进行防治，DNA 疫苗的出现使得这一状况得到改善。编码病毒、细菌和寄生虫等不同种类抗原基因的质粒 DNA，能够引起脊椎动物如哺乳类、鸟类和鱼类等多个物种产生强烈而持久的免疫反应。DNA 疫苗作为继灭活疫苗和减毒疫苗、亚单位疫苗之后的第三代疫苗，具有广阔的发展前景。

四、基因工程抗体

抗体在生物医学领域中的应用极为广泛，其制备技术经历了从多克隆抗血清、单克隆抗体到基因工程抗体等 3 个发展阶段。1975 年，Kohler 和 Milstein 建立了体外细胞杂交融合的杂交瘤细胞，产生了仅针对某一特定抗原决定簇、纯度很高的单克隆抗体。由于单克隆抗体的高度特异性，其在细胞生物学、基础医学、临床诊断及其他领域得到广泛应用。但同时单克隆抗体也存在一些缺陷，如完整抗体分子大，大部分抗体是鼠源性抗体，应用于人体后，病人在 2 周左右就会产生人抗鼠抗体反应（HAMA）而降低疗效等，因而妨碍了其在临床上的应用。目前，人-人杂交瘤技术至今尚未有重大突破。为了克服大分子单克隆抗体的缺点，人们利用基因工程技术制备了人鼠杂交和完全人源化的抗体，减少抗体中的鼠源成分，尽量保留原有抗体的特异性。此技术主要是将免疫球蛋白基因结构与功能同 DNA 重组技术有机结合起来，在基因的水平上将免疫球蛋白分子进行重组后导入转染细胞后表达，这类抗体被称为基因工程抗体（gene engineering antibody，GEAb）。基因工程抗体是继多克隆血清和单克隆抗体之后的第三代抗体，在许多医学领域都极具应用潜力。众所周知，预防和治疗感染性疾病常用的药物是疫苗和抗生素，但对于如 SARS、获得性免疫缺陷综合征（AIDS）等难以获得相应疫苗或疫苗治疗效果不理想的病毒感染，目前仍缺乏有效的治疗方法，而基因工程抗体将有望为这类疾病提供一条有效的治疗途径，具有广阔的临床应用前景。

基因工程抗体是利用抗体工程技术在基因水平上对抗体分子进行重组和改造，并导入原核、真核、酵母或重组病毒等表达系统进行表达、生产的抗体。真核表达系统具有翻译后修饰功能，能指导蛋白质进行正确的折叠、装配和翻译后修饰，使抗体分子更接近于人源蛋白，与原核表达系统有很大的差别。目前基因工程抗体的研发主要包括两部分：一是对已有的单克隆抗体进行改造，包括单克隆抗体的人源化（嵌合抗体、人源化抗体）、小分子抗体（Fab、ScFv、dsFv、diabody、minibody 等）以及抗体融合蛋白的制备；二是通过抗体库的构建，使得抗体不需抗原免疫即可克隆并筛选新的单克隆抗体。（拓展 14-5：人源化抗体）

拓展 14-5

五、DNA 重组技术在传染病防治方面的前景展望

人与动物的传染病是由细菌、病毒等病原微生物引起的疾病，它们给人类健康和畜牧业生产带来了极大的危害和损失。长期以来，人们与传染病一直进行着不懈的斗争，并取得了巨大的成就，已研制出针对几乎所有人和家畜传染病的菌苗、疫苗、类毒素或抗血清等。并已形成了一个生物制品学科和与之相应的产业，使人和动物的一些主要传染病大多可用疫苗进行成功的预防。尽管如此，目前仍然存在一些老的传染病没有解决，如口蹄疫、猪瘟等仍然是当前危害我国畜牧业发展最重要的传染病。与此同时，新的传染病又不断出现，如艾滋病、SARS、甲型 H1N1 流感、COVID-19 等瘟疫。对于这些新老问题，人们总是在不断探索新的方法和新的对策。20 世纪 70 年代出现的以基因工程为代表的生物技术为人与动物传染病预防与控制提供了新的手段，它大大冲击和丰富了这一领域的研究，使新方法、新技术、新药物和新构思层出不尽。各种工程疫苗和抗体的产生为传染病的防治掀开新的篇章，尽管目前在某些方面还不成熟，但人们相信随着对生命本质的进一步认识，以及 DNA 重组技术和分子免疫学的发展，人们随意制造疫苗和抗体消灭传染病的时代即将到来。

本章小结

重组 DNA 技术的发展推动了整个生命科学的发展，并在许多领域得到广泛应用。例如，在疾病的诊断、治疗和传染病的防治中的应用，以及对蛋白质工程、代谢工程研究与应用的促进作用。

在疾病诊断方面，利用各种生理或病理条件下 DNA 的特征性改变，发展了多种新的疾病诊断技术（方法），包括 PCR 方法、斑点杂交方法、酶切图谱分析、基因芯片诊断方法等，这些方法在疾病诊断、病程追踪、药物筛选等方面发挥了重要作用。

在疾病治疗方面，针对疾病的特定遗传变化，采取基因工程手段，应用基因校正、基因置换、基因增强、基因灭活等方法达到治疗的目的或通过构建基因工程疫苗，防止疾病的发生。

在传染病的防治中，利用各种病原微生物的基因特征和生物学特征，也可采用基因工程方法，开展基因检测、药物开发、疫苗研究、抗体制备等，应对病原微生物的挑战。

思考题

1. 简述基因诊断的原理及特点。
2. 基因诊断的方法有哪些？每种方法的原理如何？在疾病诊断中如何运用？
3. 简述疾病基因治疗的基本过程和治疗方式。
4. 用于疾病基因治疗的载体有哪些？每种载体有何特点？
5. 新发和再发传染病有哪些特征？其防治的策略及研究内容如何？
6. 基因工程疫苗有哪些？每种特点如何？
7. 基因工程抗体有哪些种类？如何构建？

第十五章
基因工程药物

基因工程药物是利用重组 DNA 技术将外源基因导入宿主菌或宿主细胞后，进行大规模培养和诱导表达获得的蛋白质药物，这个过程也称为基因工程制药（genetic engineering pharmaceutics）。

重组 DNA 技术起源于 20 世纪 70 年代。利用重组 DNA 技术可以使目的基因在体外操作后导入宿主细胞，并在宿主体内得到目的基因的表达产物 RNA 或蛋白质，从而展示了其在制药工业方面的应用前景。1982 年，第一个用细菌生产的基因工程产品——重组人胰岛素在美国获批上市，宣告全球第一个基因工程药物的诞生。1986 年，重组人干扰素先后在美国和欧洲获得批准上市。1987 年，全球首个基因重组疫苗——乙肝疫苗在美国获批上市，标志着基因工程技术进入传统疫苗市场。1989 年，基因工程重要产品促红细胞生成素（EPO）获准上市。之后，随着重组 DNA 技术的日臻成熟，基因工程制药业得到了迅猛的发展。

近年来，在欧美国家批准的基因工程药物已达 200 多种，呈现快速上升趋势。在 2013 年，以基因工程药物为主的生物药总销售额达到 1400 亿美元，单品种销售额超过 20 亿美元的基因工程药物有 18 个，其中，除了阿达木单抗等 9 个重组单克隆抗体外，其他主要品种还包括甘精胰岛素、长效重组粒细胞集落刺激因子（G-CSF）、重组人促红细胞生成素（EPO）、门冬胰岛素、重组人干扰素（IFN）、赖脯胰岛素、长效重组凝血因子Ⅷ等。

我国从 20 世纪 80 年代初期开始基因工程药物的研发。1989 年，我国第一个基因工程药物干扰素获批上市，实现了零的突破；1992 年，第一个基因工程乙肝疫苗投入市场；2004 年，我国批准了世界上第一个基因治疗药物——今又生（重组人 P53 腺病毒注射液）。据统计，我国已经具备基因工程药规模生产能力的制药企业有 114 家。经过 30 多年的努力，我国基因工程药物研究和开发取得了突破性进展。目前，我国已批准了 30 多种基因工程药物上市。2015 年 5 月，国务院发布《中国制造 2025》规划，明确将包括基因工程药物为主的生物技术药物列入优先发展的战略产业，相信在不远的将来，我国的基因工程制药产业将得到迅速发展。

基因工程制药的基本流程包括 8 个主要步骤：①目的基因的获得；②表达载体的选择；③目的基因与载体的连接；④重组 DNA 转入受体细胞；⑤重组子的筛选与鉴定；⑥工程菌株发酵表达重组蛋白；⑦重组蛋白产品的纯化；⑧重组蛋白制剂的生产。

第一节 基因工程制药的关键技术

一、基因工程菌的构建

应用基因工程技术生产新型药物，首先必须构建一个特定的目的基因无性繁殖体系，即产生各种新药的基因工程菌株。工程菌构建的好坏直接影响目的基因表达产量、表达产物稳定性、生物学活性、分离纯化等。构建最佳的目的基因表达体系是研发必不可少的基础。

（一）大肠杆菌基因工程菌的构建

大肠杆菌作为一种成熟的基因克隆表达受体，广泛用于分子生物学研究的各个领域。利用DNA重组技术构建大肠杆菌工程菌，以规模化生产真核生物基因尤其是人类基因的表达产物，具有重大的经济价值。

大肠杆菌表达系统的突出优点有：①遗传背景清晰；②能以廉价培养基高速生产和高密度发酵；③克隆载体和突变型宿主菌选择性范围广。但它保留原核表达系统的缺点，如缺乏翻译后修饰加工，蛋白质表达信号肽不能切掉，不能分泌表达、不能糖基化等。

目前大肠杆菌重组蛋白质表达系统的构建有两种形式：融合蛋白和非融合蛋白，现多采用融合蛋白方式表达。融合蛋白在大肠杆菌中表达的优点是：融合蛋白N端由正常的大肠杆菌本身序列控制，因而更易得到高效表达；融合蛋白往往不被大肠杆菌视为异己蛋白质，更为稳定；融合蛋白表达是防止包涵体形成的另一胞内表达重要方式。虽然融合蛋白表达解决了外源基因表达的很多问题，但也有其缺点，如融合蛋白的两部分互相作用很容易受蛋白酶的水解，融合蛋白部分与基因表达产物间的断裂效率和成本以及分离纯化去除融合蛋白的成本等，使得融合表达有其局限性。

非融合蛋白表达是指所表达的外源蛋白质不含其他生物的多肽链，要求表达起始位点ATG必须位于所要表达的外源基因5′端，其3′端加终止密码子，在合适的原核启动子和SD序列下游构成表达系统时，就可以在原核生物中表达出外源蛋白质（表达的外源蛋白质N端多一个Met）。鉴于外源基因在大肠杆菌细胞非融合表达的现状，尤其是表达产物富含二硫键，利用大肠杆菌细胞进行基因工程药物生产时，包涵体变性/复性的生物活性效率低，或为解决可溶性表达等引起生产成本提高等，致使利用大肠杆菌无法进行基因工程药物生产。基于上述现实问题，目前已有研究者尝试构建大肠杆菌非融合可溶性表达质粒，利用某些因子的生理生化特性，促进外源基因在大肠杆菌中以非融合的形式进行可溶性高效表达。

在大肠杆菌中表达的重组蛋白质经常以聚集的形式表达，被称作包涵体（inclusion bodies），它们致密地聚集在细胞内，或被膜包裹或形成无膜裸露结构。包涵体形成主要是蛋白质高水平表达的结果，在高水平表达时，新生肽链合成的速率一旦超过蛋白质正确折叠的速率就会导致包涵体的产生。活性蛋白质的产率取决于蛋白质合成的速率、蛋白质折叠的速率、蛋白质聚集的速率。大肠杆菌缺乏一些蛋白质折叠过程中需要的酶和辅因子，如折叠酶和分子伴侣等，是形成包涵体的另一原因。

包涵体具有正确的氨基酸序列，但空间构象往往是错误的，因而无生物学活性。但在重组蛋白质生产中它也有独特优势：包涵体具有高密度，易于分离纯化；重组蛋白质以包涵体的形式存在有效地降低了蛋白酶对目的蛋白质的降解；对于那些处于天然构象对宿主有毒害作用的蛋白质，包涵体无疑是最佳选择。

包涵体的分离主要包括菌体破碎、离心收集和洗涤三大步骤。包涵体的溶解需要打断包涵体蛋白质分子内和分子间的各种化学键，使多肽链伸展，一般采用强变性剂如胍、盐酸胍、尿素等。一个理想的复性方法应该具备以下特点：活性蛋白质回收率高；正确复性产物易与错误折叠蛋白质分离；复性后应得到浓度较高的蛋白质产品；复性方法易于放大；复性过程耗时较少。蛋白质复性过程必须根据目的蛋白质的不同而优化参数，如蛋白质的浓度、温度、pH 和离子强度等。一般采用的复性方法有：①稀释、透析复性；②凝胶过滤色谱复性；③封闭蛋白质的疏水作用促进的复性；④小分子添加剂促进的复性；⑤分子伴侣或折叠酶促进的复性；⑥人工分子伴侣促进的复性等。

（二）酵母基因工程菌的构建

酵母是低等的真核生物，除了具有细胞生长快、易于培养、遗传操作简单等原核生物的特点外，还具有如下特点：①细胞壁厚，转化实验需提取原生质球；②对多种抗生素不敏感，一般采用某些营养缺陷型遗传标记筛选重组体；③外源基因重组到穿梭质粒载体中，利于外源基因在酵母中的表达和操作；④具有对蛋白质进行正确加工、修饰、合理的空间折叠等功能，利于真核基因的表达，能有效克服大肠杆菌表达系统缺乏蛋白质翻译后加工、修饰的不足。但是酵母表达系统也存在一些不足，如产物蛋白质可能出现不均一、信号肽加工不完全、内部降解、多聚体形成等，造成表达的蛋白质在结构上的不一致。

目前广泛用于外源基因表达的酵母有：酿酒酵母、乳酸克鲁维酵母、巴斯德毕赤酵母、粟酒裂殖酵母以及多态汉逊酵母等，其中酿酒酵母的遗传学和分子生物学研究最为详尽。通过利用经典诱变技术对野生型菌株进行多次改良，酿酒酵母表达系统已成为高效表达外源基因尤其是高等真核生物基因的优良宿主系统。

酵母中天然存在的自主复制型质粒并不多，而且相当一部分野生型质粒是隐蔽型的，因此目前用于外源基因克隆和表达的载体质粒都是由野生型质粒和宿主染色体 DNA 上的自主复制子结构（ARS）、中心粒序列（CEN）、端粒序列（TEL）以及用于转化子筛选鉴定的功能基因构建而成。质粒进入酵母细胞后，或与宿主基因进行同源重组，或借助 ARS 序列进行染色体外复制。尽管酵母的生长代谢特征与大肠杆菌等原核细菌有许多相似之处，但在基因表达调控尤其是转录水平上与原核生物有着本质的区别。绝大多数的酵母基因在所有生理条件下均以基底水平转录。外源基因在酵母菌中高效表达的关键是高强度的启动子，改变受体细胞基因基底水平转录的控制系统。

（三）哺乳动物细胞工程细胞的构建

哺乳动物细胞是应用于生产的最高级的表达系统，具有许多优点：①具有准确的转录后修饰功能，表达的糖基化蛋白质在分子结构、理化特性和生物学功能方面最接近于天然蛋白质分子；②具有产物胞外分泌功能，便于下游产物分离纯化；③具有重组基因的高效扩增和表达能力；④具有贴壁生长特性，且有较高的耐剪切力和耐渗透压力，可以进行悬浮培养，表达水平较高。从其发展看，以 CHO 细胞为主的动物细胞表达系统将可能成为产生基因工程药物的主要宿主细胞。为此，还需在以下方面加强：①提高表达水平，如开发一些新的启动子、寻找合适的增强子、装配适合于 cDNA 高效表达的必要元件以及根据 CHO 细胞翻译的特点，调整外源基因密码子等；②表达产物利于分离纯化，如改变 DNA 中个别序列，使表达产物在不影响生物活性的前提下，携带有利于分离纯化的基因；③降低细胞培养成本，提高产量；④降低分离纯化成本，提高活性回收率；⑤建立大型化、自动化生产线。

为了将外源基因在动物细胞中高效表达，首先要将其构建在一个高效表达载体内。目前一般使用的载体有两类：病毒载体和质粒载体。病毒载体，如牛痘病毒、腺病毒、腺相关病毒和逆转录病毒等。牛痘病毒已被广泛运用于构建多价疫苗，腺病毒、腺相关病毒和逆转录病毒正被试用于基因治疗中。当前被用以构建工程细胞的动物细胞有：BHK-21、C127、

CHO-K1、COS、MDCK、Namalwa、Vero和多种骨髓瘤细胞。

二、基因工程药物的中试技术

（一）基因工程药物中试的概念

生物技术药物与其他药物一样，从实验室研究到产业化必须经过中间放大试验的系列工艺研究和验证，这种中间放大试验简称中试。药物从实验室的微量制备到工厂的产业化制备，并不是简单的数量级的线性放大关系，而是各种研究技术的系统集成和放大优化。中试研究就是将基因工程药物从实验室阶段到生产阶段过渡的一个中间阶段，目的是建立一条完全模拟实际生产条件的小型生产流水线，是对中试规模的一系列参数和条件进行优化研究的过程。因此中试研究的理想状况是工艺稳定，工艺规模可同等条件放大，使设计的生产批量和成本符合使用要求。

（二）基因工程药物的中试放大技术

基因工程药物的中试研究需要达到以下目标：建立三级工程细胞和种子库，探索生产工艺的可行性，进行制剂研究和成品的初步稳定性研究，建立产品质量控制方法和标准，进行中试工艺验证，完善制造和检定记录及规程草案，制备和标定参比品，提供动物实验和临床研究的样品。按照基因重组蛋白质的生产过程将中试工艺分为几个阶段：细胞培养与发酵、分离纯化、原液配制、分装制剂（冻干）产品。基因重组蛋白质类产品的工艺研究已相对比较成熟，许多产品写入了《中国药典》，因此在研究过程中可以参考。

1. 发酵工艺中试研究

发酵工艺研究主要包括发酵培养基的确定、发酵条件参数（pH、温度、补料、溶解氧、搅拌速度、诱导时机和剂量等指标）的确定。这些研究结果都应该保留原始记录备查，比如说对补料的研究，加多少碳源或氮源，什么时候加，对表达量和表达产物有什么影响，对每次发酵后菌体密度及细胞产物的收获点应该有明确规定。需要检测每一个参数的选择对表达量和产物活性的影响，一般采用电泳扫描法测定表达产物的表达量，细胞或酵母表达产物一般在上清液中则可以采用活性测定方法确定含量。综合以上各项条件得出最后各项工艺的技术路线，为产业化生产提供放大参考。

2. 分离纯化中试研究

根据蛋白质产物的不同表达形式确定合适的固液分离方法和细胞破碎方法，选择恰当的蛋白质纯化技术路线。如果大肠杆菌表达产物是包涵体，需要经过复性工艺研究，选择稀释复性、超滤复性或者柱上复性，这些复性工艺帮助蛋白质分子恢复到天然有活性的构象，在建立活性测定方法的基础上对整个复性过程进行检测，以找到最佳的活性点。这些参数包括变性试剂的选择、复性速率的控制、温度、pH、缓冲系统等。

为了有效去除培养物中的杂质和复性纯化过程中引入的杂质和有害物质，需要对目的蛋白质进行纯化工艺研究，根据产品使用的目的和剂量确定蛋白质的最终纯度。纯化工艺每完成一步均应测定收获物纯度，计算提纯倍数、活性回收率、蛋白质回收率。同时，纯化方法的设计应该考虑到尽量去除污染的病毒、核酸、残留宿主蛋白质以及纯化过程中带入的杂质或有害物质。在整个过程中考虑检测方法的可信性，需对目的蛋白质建立特异性的分析方法。

三、基因工程药物的分离与纯化技术

依据重组蛋白质的性质，以合理的效率、收率和纯度从细胞或菌体的全部组分中分离纯化目的蛋白质是基因工程药物制备的关键。用于重组蛋白质分离纯化的相关技术应该满足以下要求：条件要温和，能保持目的产物的生物活性；前后技术自然衔接，不需对物料做处理或调整；选择性好，能从复杂混合物中分离目的产物并达到较高纯化倍数；产物回收率高，得率高；整个分离纯化过程要快。

用基因重组技术得到的重组蛋白质药物，其产物浓度低、环境组分复杂（含有细胞、细胞碎片、蛋白质、核酸、脂类、糖类和无机盐等）、性质不稳定、在分离的过程中容易失活（如 pH 和温度的影响，蛋白水解酶的作用）等。因此在重组蛋白质的分离与纯化过程中，应尽量减少纯化工序，缩短分离纯化时间，避免目标产物与环境的接触，只有这样才能提高目标产物的纯度和收率。

（一）菌体的破碎

将细胞与液体物质分离后，若表达的蛋白质被分泌于胞外液体成分中，则可以实施重组蛋白质的分离与纯化，如表达的蛋白质位于细胞内则必须实行细胞破碎。实际上重组蛋白质在工程细胞中表达很容易形成胞内可溶表达和包涵体形式，这就要求进行工程菌细胞的破碎。常用的细胞破碎方法有物理法和化学法。物理法包括机械磨碎法、加压破碎法、超声波破碎法、反复冻融法。化学法包括酶处理法、表面活性剂处理法、脂溶性溶剂处理法、低渗法等。

一般生产过程中采用较多的是珠磨机和高压均质机两种仪器，而实验室阶段较多使用超声波和酶法或化学法。细胞破碎的质量直接影响蛋白质纯化得率和纯度质量。

（二）常用分离技术

通过基因重组技术得到的培养液，无论目的蛋白质是位于胞内还是被分泌至胞外，首先都应该将细胞与液体物质分离。常用分离技术主要采用离心法和沉淀法。

1. 离心法

对于胞外分泌表达的重组蛋白质，直接将其发酵液进行离心就可做到固液分离，取其上清液即可。对于胞内表达产物，须先将细胞破碎使胞内产物释放出来，经离心使目标产物从复杂的环境中沉淀分离出来。离心是实现固液分离的重要手段，其原理是在转子高速转动所产生的离心力的驱动下，利用固体与液体间的密度差来进行混悬液、乳浊液的分离。由于细胞、细胞碎片、包涵体等的密度都大于环境液体的密度，可以用离心法将其分离开来。

离心机一般分为 3 类，即低速离心机、高速离心机和超高速离心机。由于基因重组产物含有大量 DNA，液体黏度较高，所以通常都采用高速离心机进行分离。离心机按其作用原理的不同又分为过滤式离心机和沉淀式离心机两大类。各种离心分离设备在基因重组蛋白质的分离纯化过程中的应用十分广泛，与其他固液分离设备比较，离心分离具有分离速度快、效率高、液相澄清度好等优点。

2. 沉淀法

利用蛋白质在不同条件下溶解度不同，降低某一蛋白质的溶解度，使其形成蛋白质聚集体，再通过离心法将其与溶液中其他蛋白质或物质分离开来，蛋白质沉淀的方法主要有等电点法和盐析法。

蛋白质具有带电的特性，而蛋白质的带电特性与溶液的 pH 有关，当溶液的 pH 为某一值时，蛋白质所带电荷为零，此时的 pH 为等电点 pI。蛋白质等电点沉淀就是基于不同的蛋白质具有不同的等电点特点，逐渐改变其环境溶液 pH，使不同等电点的蛋白质依次沉淀，从而达到不同蛋白质的分离。当蛋白质的等电点与溶液的 pH 相差很远时，等电点沉淀的效率越高。等电点沉淀法易使蛋白质发生不可逆变性，造成蛋白质的大量损失。

盐析法的原理在于当盐浓度高时，蛋白质的极性基团与溶液中的离子配对从而消除溶液中蛋白质间的相互作用，以及促进蛋白质表面疏水区的相互作用，使蛋白质聚集出现沉淀。目前常见的盐析剂是硫酸铵。盐析法可与其他方法配合使用，例如一些有机溶剂如丙酮、乙醇等都具沉淀作用，可当作一种良好的沉淀剂来使用。

（三）常用纯化技术

基因重组蛋白质的纯化主要采用色谱法（chromatography）。常见的有离子交换色谱、凝胶过滤色谱、反相色谱、亲和色谱和疏水色谱等。

1. 离子交换色谱

离子交换色谱（ion exchange chromatography，IEC）是最常用的色谱技术之一，它是利用蛋白质带电性的差异来达到分离纯化的目的。离子交换采用的介质是一类树脂骨架上固定有离子化基团的凝胶，由于不同蛋白质在某一特定的 pH 时所带的电荷不同，与这些基团的结合能力也不同，在不同浓度的反离子溶液中被逐步洗脱下来。离子交换树脂根据其不同电荷载量以及与蛋白质分子上交换官能团的不同，可分为阳离子交换树脂、阴离子交换树脂、两性离子树脂、选择性离子交换树脂等。

一般蛋白质只有在某一 pH 范围时，蛋白质的生物活性将显著下降，甚至可能引起蛋白质的变性。在分离某一个特定蛋白质时，要了解该蛋白质在什么 pH 条件下稳定，才能选择合适的离子交换树脂来分离。强的阴离子和强的阳离子交换树脂在很宽的 pH 范围内都能解离和产生离子交换作用，使用的 pH 一般没有限制。弱阴离子、弱阳离子交换树脂由于离解度较弱，在使用时对 pH 有一定限制。此外，溶液的盐浓度对蛋白质分子与交换离子的结合有一定的干扰，洗脱梯度和流速对分离效果也有明显的影响。

2. 凝胶过滤色谱

凝胶过滤色谱（gel filtration chromatography，GFC）又称为分子筛色谱，也称为排阻色谱，是生化分离中常用的方法之一，其基本原理是根据生物大分子的大小来分离纯化目的蛋白质。凝胶过滤色谱所使用的凝胶是一种惰性的不带电荷的、具有三维空间结构的多孔网状物质，使凝胶的每个颗粒的微细结构如一个筛子。当样品随流动相经过凝胶柱时，较大的分子不能进入凝胶网孔而受到排阻，与流动相一起先被洗脱下来，而较小的分子进入部分凝胶网孔内，所以流出的速率相对较慢。

凝胶过滤色谱是基于液相的分离方法，凝胶包裹的内环境形成固定相，凝胶的外环境形成流动相，蛋白质分子越大越不容易渗透进入固定相，所以又称为分子筛色谱，色谱的分辨率与介质的排阻极限和上样的体积有关，是一种易于操作的色谱方法，常用于脱盐、分级分离及分子量的测定。

3. 亲和色谱

亲和色谱（affinity chromatography）是基于蛋白质与其相对应的配体具有特异性结合的能力，即亲和力，是一种高度专一性的分离纯化蛋白质的有效方法。从分离原理上来讲，亲和色谱是一种典型的吸附色谱，分子与其配体的结合具有特异性和可逆性，特异性使纯化具有高度的选择性，而可逆性使蛋白质在适宜的条件下洗脱下来。用于亲和色谱的配体可以是针对抗原的抗体、针对蛋白质分子的受体、酶的底物或抑制剂、针对糖分子的凝集素、活性染料、金属离子、天然或改造过的相互作用多肽等等。

亲和色谱的主要步骤是先用化学方法使相应配体与固相载体相连接，常用的载体有琼脂糖凝胶、葡聚糖凝胶、纤维素等；然后将连有配体的固相载体装入色谱柱，使含有待分离蛋白质的混合物通过此柱，相应的蛋白质被配体特异地结合，而非特异的组分不能被吸附而直接流出；再通过改变洗脱条件使蛋白质从配体上解离下来，即可获得纯化的蛋白质。与其他色谱方法相比，亲和色谱的纯化能力更为强大，一步纯化就可以得到很高的纯度，可以使蛋白质纯化 100～1000 倍，活性蛋白质的回收率很高，而且可以纯化其他方法难以分离的蛋白质。亲和色谱已成为 DNA 重组技术制备蛋白质中常用的分离纯化手段。

4. 疏水色谱

疏水色谱（hydrophobic interaction chromatography）基于蛋白质表面的疏水区和介质疏水配体间的相互作用，在高盐浓度条件下，蛋白质的疏水区表面上有序排列的水分子通过盐离子的破坏作用释放，裸露的疏水区与疏水配体相互作用而被吸附，随着盐浓度的降低，疏水性相互作用也降低，蛋白质的水化层又形成，蛋白质最终解吸附，其他物质，如乙二醇、甘油、非离子表面活性剂也可以降低疏水相互作用，而且疏水相互作用也受 pH、温度和添加剂的影响。疏水色谱的选择性依赖于疏水配体的结构，有烷基配体和芳香基配体，烷基的链越长，蛋白质的保留就越强。羟基磷灰石色谱常用于分离纯化，对其分离的机制还了解的不清楚，但涉及介质上钙离子和磷酸根与蛋白质上带电残基的相互作用。传统的片状羟基磷灰石物理和化学稳定性比较差，仅能在低流速条件下使用，新的球形羟基磷灰石克服了以上缺点，对于其他方法不易分离的蛋白质，可以用羟基磷灰石色谱进行分离纯化。

以下是常用色谱方法在重组蛋白质分离纯化中的应用特点（表 15-1）。

表 15-1 几种常用色谱方法在重组蛋白质分离纯化中的应用特点

色谱方法	亲和色谱	凝胶过滤色谱	离子交换色谱	疏水色谱
分离机制	特异性亲和	分子大小	电荷	疏水性
选择性	非常高	中等	高	高→中等
载量	高	低	高	高
纯化速度	中等	中等→低	高	高
生物相容性	好	非常好	好	中等→好
目的蛋白质的得率	高	高	高	中等→高
捕获浓缩阶段	+++	+	+++	+++
中间纯化阶段	+++	+	+++	+++
精制纯化阶段	++	+++	+++	+

注：“+”代表效果好坏，数量越多效果越好。

（四）分离纯化遵循的基本原则

① 不同的蛋白质理化性质有很大的不同，这是能从复杂的混合物中纯化出目的蛋白的依据，应尽可能地利用蛋白质的不同物理化学特性选择所用的分离纯化技术，而不是利用相同的技术进行多次纯化。

② 每一步纯化步骤应当充分利用目的蛋白和杂质成分物理化学性质的差异，在分离纯化的开始阶段，要尽可能地了解目的蛋白的特性，不仅如此还要了解所存在杂质成分的性质，如大肠杆菌的蛋白质大多是一些低分子量的蛋白质（<50000），而且酸性蛋白质较多。

③ 在纯化的早期阶段要尽量减少处理的体积，方便后续的纯化。

④ 在纯化的后期阶段，再使用造价高的纯化方法，这是因为处理的量和杂质的量都已减少，有利于昂贵纯化材料的重复使用，减少再生的复杂性。

四、基因工程药物的制剂研究

由于基因工程药物多为肽和蛋白质类，性质很不稳定，易受胃酸和消化酶的降解破坏，其生物半衰期较短，生物利用度也较低，且不易被亲脂性膜摄取，因此如何将这类药物制成稳定、安全、有效的制剂，是摆在我们面前的一大难题。

（一）基因工程药物的原液、半成品、成品

基因工程药物一般没有原料药的说法，而是直接称为原液。原液是指经过最后一步纯化所得，并经除菌过滤的目的产物（分装、－70℃冻存）。半成品是指分装成成品前的溶液，组分与成品一样，但有赋形剂或保护剂等成分。成品则是完成剂型制备后用于临床的最终产品，是经过特有的剂型研究后得到的终产品。

一般说来，pH 和离子强度对蛋白质的稳定性及溶解度都有很大影响，通常在蛋白质药物溶液中采用适当的缓冲系统是很有必要的。盐类除了影响蛋白质的稳定性外，其浓度对蛋白质的溶解度与聚集均有很大影响。离子型表面活性剂常会引起蛋白质变性。用于稳定蛋白质溶液的添加剂可以阻止聚集，增加溶解度。

（二）基因工程药物的冻干制剂研究

蛋白质和多肽的化学结构决定其活性，影响活性的因素很多，主要有两方面：一是结构因素，包括分子量大小、氨基酸组成、氨基酸序列、有无二硫键、二硫键位置、空间结构；二是蛋白质分子周围的环境因素，蛋白质、多肽易受复杂的物理化学因素影响而产生凝聚、沉淀、水解、脱酰胺基等变化。国内已批准上市的基因工程药物和疫苗有 20 多种，大部分是冻干制剂，原因就是冻干制剂能长期保持蛋白质、多肽的活性，因此，在新药的研发过程中，蛋白质药物冻干制剂技术是重要的一个环节。

冷冻干燥是指将药品在低温下冻结，然后在真空条件下升华干燥，去除冰晶，再进行解吸干燥，除去部分结合水的干燥方法。基因工程技术纯化制备的蛋白质和多肽样品需要经过配制、过滤与分装，再进入冷冻干燥机，进行预冻、升华和干燥等过程，因此蛋白质和多肽冻干制剂的生产过程包括药物准备、预冻、一次干燥（升华干燥）、二次干燥（解吸干燥）和密封保存等 5 个步骤。

对于一个新型重组蛋白质药物的冻干制剂的开发，主要考虑两个问题：一是选择适宜的辅料，优化蛋白质药物在干燥状态下的长期稳定性；二是考虑辅料对冷冻干燥过程一些参数的影响，如最高与最低干燥温度、干燥时间、产品外观等。因此，必须选择合适的冻干保护剂和赋形剂做处方研究，并通过实验来确定冻干的工艺条件。冷冻干燥时间一般较长，为保证产品质量和缩短生产周期，必须通过反复试验来确定冻干曲线，因为冻干效果是以冻干制剂与原药液的活性保存率来衡量，而活性保存率既与冻干曲线有关，亦与药液的组成与配比有关，因此需多次反复试验才能进行优化与确定。

（三）基因工程药物的长效制剂研究

由于多肽和蛋白质类药物稳定性差，在肠胃中易被降解，且存在生物利用度低的问题，故多采用注射剂。但是此类药物的生物半衰期短，临床应用时常常需要多次注射给药。为了减少频繁注射给患者带来的痛苦和负担，减少事故发生率和重复注射引起的副反应，近年来开发基因工程药物长效制剂技术已成为重要的研究方向。其优点是能保证药物充分发挥药效，维持血药浓度恒定，最大程度地减少药物对身体的毒副作用。“一次用药，长期有效”是用药者的愿望，对于患有癌症、心脏病、高血压等疾病及有避孕需求等需要长期服药者而言，更具重要意义。

要延长蛋白质药物在体内血浆的半衰期就需要改变蛋白质的体内药代动力学性质，可以对蛋白质的分子进行化学修饰，以抑制其药理清除，或控制其进入血液的释放速度。聚乙二醇修饰是蛋白质药物进行长效制剂技术研究的主要方法，反应条件温和，修饰度高且能保持蛋白质如粒细胞集落刺激因子（G-CSF）的天然活性。实验表明，修饰后的蛋白质药物在动物体内的循环时间显著延长，药效提高。

此外，通过控制药物释放来延长药物在体内的作用时间，以达到提高疗效的目的，这方面的研究主要有控释微球制剂与脉冲式给药系统。控释微球制剂是以聚乳酸、壳聚糖为基质膜材包埋基因工程药物，应用 SPG 膜乳化技术制得粒径均一、药物生物活性保持良好、释药动力学稳定的生物可降解微球。首次经 FDA 批准的蛋白质类药物微球制剂就是醋酸亮丙瑞林（leuprolide acetate）聚丙交酯-乙交酯微球。脉冲式药物释放系统是根据人体的生物节律变化特点，按照生理和治疗的需要而定时定量释放药物，以制剂手段在经过一个时滞之后，在疾病即将发作时快速并完全地释放药物，使其达到最佳疗效，特别适合于一些具有日内周期性发病节律的疾病，如哮喘、关节炎、神经症状和高血压。目前国内在这方面的研究尚处于起步阶段。

多肽和蛋白质类药物最常见的剂型是注射剂，除此之外还有很多非注射型给药系统，如口服给药、鼻腔给药、肺部给药、透皮给药、直肠给药等等。随着生物技术药物的发展，肽和蛋白质药物制剂的研究与开发，已成为医药工业中一个重要的领域，同时给药物制剂的研发带来新的挑战。

第二节　基因工程药物的改造

蛋白质类药物在临床上一般通过静脉或皮下注射给药，经静脉或皮下注射后常伴有蛋白质降解，生物利用度低；分子质量小于 20kDa 的蛋白质药物易由肾小球滤过，通过肾小管时又被蛋白酶部分降解从尿中排出，半衰期短。另外，异体蛋白的抗原性也影响蛋白质药物的适用范围和使用效果。为了提高蛋白质药物的稳定性，解除其抗原性，提高其生物学活性，延长其半衰期，人们越来越重视克服蛋白质药物应用中的缺点，以扩大其在实际应用中的适用范围。

一、构建突变体

基因定点突变技术（site-directed mutagenesis）能够在基因水平上对所编码的蛋白质分子进行改造。定点突变大体可分为三种类型：一类是通过寡核苷酸介导的基因突变；第二类是盒式突变或片段取代突变；第三类是利用聚合酶链式反应（PCR）以双链 DNA 为模板进行的基因突变。

通过构建突变体能够改变蛋白质药物的活性以及稳定性，延长药物半衰期。定点突变的流程见图 15-1。首先，设计一对互补引物，在引物中含有预期的突变位点。然后以待突变的质粒为模板，用这两个引物和 DNA 聚合酶进行 PCR 扩增反应。构建得到含有预期突变位点的双链质粒，该双链质粒中存在缺口（nick）。待突变的质粒通常来源于大肠杆菌，在细菌中会被甲基化修饰，而在体外通过 PCR 扩增得到的质粒没有甲基化。用甲基化酶处理后，可以消化掉待突变的质粒模板，而使含有突变位点的扩增质粒被选择性地保留下来。把扩增质粒转化到细菌后，质粒中的缺口可以被大肠杆菌修复，得到含有预期突变质粒的阳性克隆。定点突变技术已经成功地用于蛋白质类药物的分子改造。举例说明如下。

① 白介素-2（IL-2）由 133 个氨基酸残基组成，第 125 位的 Cys 呈游离状态，易生成错误的二硫键配对或形成同源二聚体影响活性以及稳定性，用 Ser 或 Ala 取代 Cys 后的 IL-2 突变体的生物活性是野生型 IL-2 的 2 倍，体内半衰期由几分钟提高到 1h。

② Aventis 公司从大肠杆菌 KI2 菌株中表达生产了重组人胰岛素的突变体 Lantus。La-

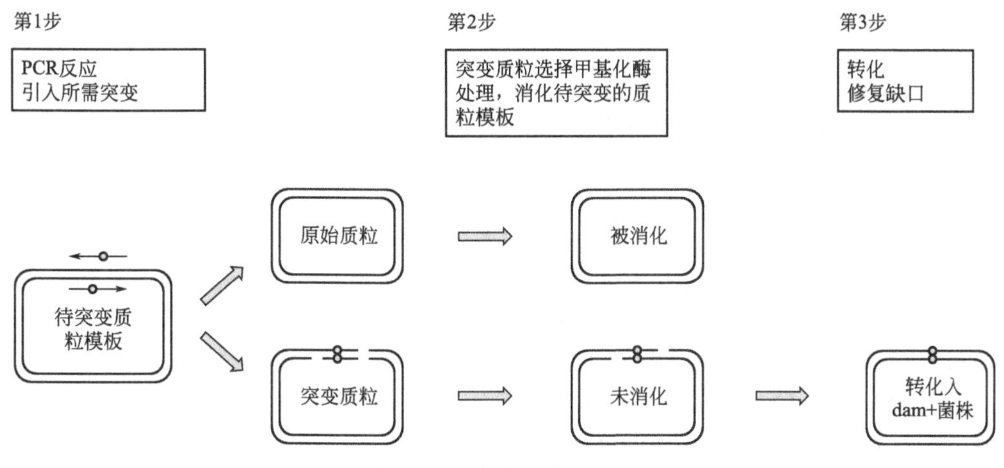

图 15-1　定点突变流程图

ntus 是将人胰岛素 A 链第 21 位的 Asp 突变成 Gly，在 B 链碳端第 30 位处引入了两个 Arg，使胰岛素等电点改变为 6.7。因为等电点的特性，Lantus 在酸性环境下为澄清溶液，一旦注入皮下组织，则形成不溶的微沉淀物，其药物浓度曲线趋近于正常生理胰岛素的基础分泌曲线。体内浓度保持相对恒定达 24 小时以上，每天注射一次即可。

③ 传统的重组人促红细胞生成素（EPO）的突变体，有 3 个 *N*-糖基化位点（Asp24、Asp38、Asp83），1 个 *O*-糖基化位点（Ser126）。*N*-糖基化不完全的重组人 EPO 体内活性是正常体外活性的 1/500，并且体内清除率也明显加快。同时 *N*-糖基化 EPO 的等电点为 4.2～4.6，而未经糖基化的 EPO 等电点为 9.2。Amgen 公司重新构建了重组人 EPO 突变体 Aranesp。Aranesp 有 165 个氨基酸残基，采用定点突变技术将其中 5 个氨基酸残基位点进行了改变，即 Ala30-Asn、His32-Thr、Pro87-Val、Trp88-Asn 和 Pro90-Thr，在 30 和 88 两个位点新引入了两个 *N*-连接寡糖链，*N*-连接的寡糖链从原来的 3 条增加到 5 条，使分子质量从原来的 30kDa 增加到 50kDa，体内实验表明 Aranesp 的半衰期较传统的重组人 EPO 突变体延长 4 倍以上。

自然界中亦存在天然突变体，突变体蛋白在生物学活性和血浆半衰期上和野生型均存在一定区别。如载脂蛋白 AI（apoAI）的米兰突变体（AIM），apoAI 第 173 位的 Arg 突变为 Cys 形成 AIM，AIM 单体易形成同源二聚体，血浆半衰期也较野生型更长。

二、构建融合蛋白

人血清白蛋白（human serum albumin，HSA）是人血浆中含量最高的蛋白质（40g/L），由 585 个氨基酸残基组成，分子质量为 65kDa，HSA 具有维持血液渗透压、运输营养物质以及其他重要生物物质的作用。同时，HSA 又是许多内源因子和外源药物的载体，药物和 HSA 结合以后，可以降低其生物利用度，并延长药物在体内的半衰期。重组人血清白蛋白 S（recombinant HSA，rHSA）也被用作药物载体，赋予药物更好的理化性质。

在毕赤酵母中可以实现 HSA 高效分泌表达，发酵液中蛋白质含量可达 4g/L，上清液中杂质含量较低，易于纯化。所以，通过与 HSA 基因的融合，蛋白质药物能够在毕赤酵母中得到表达，获得 HSA 融合蛋白（fusion protein），可有效地延长蛋白质药物的半衰期。

日本 Green Cross 公司利用酵母表达的 HSA 已完成临床试验，结果表明酵母表达的 HSA 与天然 HSA 在效果和安全性方面是一致的。Delta 公司首先将 HSA 用于基因融合以提高多肽、蛋白药物的半衰期，并申请了 HSA 与人生长激素（hGH）的融合蛋白的专利。人类基因组科学（Hu man Genome Sciences，HGS）公司进行了一系列有关 HSA 融合蛋白药物的研究，其 HSA/IFN-α 融合蛋白、HSA/IFN-γ 融合蛋白、HSA/rIL-2 融合蛋白、HSA/rG-CSF 融合蛋白、HSA/rhGH 融合蛋白都已经进入了临床试验阶段。其中 HSA/rh-GH 融合蛋白的临床前数据表明，其体内清除率降低到融合之前的 1/50。

阿必鲁肽（albiglutide）是 GSK 公司开发的一种长效胰高血糖素样肽-1（GLP-1）受体激动剂，它是由两个 GLP-1 基因与 HSA 基因串联融合，并在酵母中表达而获得的重组蛋白。2014 年 4 月，被 FDA 批准用于Ⅱ型糖尿病的治疗。阿必鲁肽的安全性及有效性已在由 2000 多名Ⅱ型糖尿病患者参与的 8 项临床试验中得到评价，在糖尿病总体处理中它可单独或与口服降糖药联合来控制血糖水平，它能有效改善参与试验患者的糖化血红蛋白 HbAlc 水平。天然的 GLP-1 的半衰期大概只有 1～2min，而阿必鲁肽的皮下注射半衰期达到 4 天，半衰期大幅度延长。推荐剂量是 30mg 或 50mg，每周一次，在腹部、大腿或上臂区给予皮下注射。

Albuferon-α 是 HGS 公司正在开发中的抗丙型肝炎药，是 HSA 基因和 IFN-α 基因表达的融合蛋白。在体外，Albuferon-α 与 IFN-α 有相似的抗病毒与抗增殖活性。在恒河猴体内，Albuferon-α 静脉注射（30mg/kg），其清除率为 0.9mL/(h·kg)，半衰期为 68h；Al-buferon-α 皮下注射（30mg/kg），清除率为 1.4mL/(h·kg)，半衰期为 93h，生物利用度为 64%。通过皮下注射，Albuferon-α 的清除率、半衰期分别是 IFN-α 的 140 倍、18 倍。Albuferon-α 的抗病毒活性可以持续 8 天，而 IFN-α 的抗病毒活性持续不到 1 天。Ⅱ期临床试验表明，Albuferon-α 平均半衰期为 148h，较 Pegasys 的平均半衰期 80h（50～140h）和 PEG-Intron 的平均半衰期 40h（22～60h）更长。

Albuleukin 是 HGS 公司正在开发的抗肿瘤药物，是 HSA 基因与重组人 IL-2（rIL-2）基因融合表达的蛋白质。在小鼠体内，Albuleukin 的生物利用度是 45%；半衰期较 rIL-2 提高了 6～8 倍；静脉注射后，血浆清除率是 rIL-2 的 1/50。Albuleukin 在体外能够诱导 T 细胞、B 细胞及 NK 细胞的增殖，可以与 IL-2 的受体结合，还能诱导 NK 细胞产生 IFN-γ。体内试验表明，Albuleukin 能抑制黑素癌肿瘤的生长，并能增加 CD4＋和 CD8＋细胞的渗透。所以说，Albuleukin 同时具有 IL-2 的治疗特性以及 HSA 的半衰期长的特性。

人血清白蛋白融合的方式使某些重组蛋白类药物克服了半衰期短、清除率高的缺点，在保持原有药物活性的基础上，延长了蛋白质类药物的半衰期、降低了体内清除率，实现蛋白质类药物的长效治疗。临床试验初步结果表明，与人血清白蛋白融合不会引起免疫原性的增加，但是多次注射后免疫原性是否增加还需进一步临床试验的验证。融合蛋白技术与 PEG 修饰技术比较，具有无需化学修饰、生产工艺简单易控、底物均一性高、质量容易控制、药物半衰期延长的效果比 PEG 修饰更好等优点，是值得关注的发展方向。

第三节　基因工程药物的质量控制

一、基因工程药物的质量控制要点

保证基因工程药物的安全和有效性是进行产品质量控制的主要目的，基因工程药物不同于一般的化学药物，它来源于活细胞，具有复杂的分子结构，涉及细菌发酵、细胞培养等生物学过程以及分离纯化等复杂的下游处理过程，具有固有的易变性和不确定性，因此质量控制对基因工程药物来说至关重要。

与小分子药物质量控制相比，基因工程药物的质量控制有相似的地方，也存在许多不同的方面。基因工程药物的结构不同于小分子化学药物，这使得很多小分子药物的鉴别方法无法用于基因工程药物。如质谱在鉴定小分子药物方面有很高准确性，而用于基因工程药物时电离使其气化就十分困难，直到MALDI和ESI等技术的进步才使得质谱可以应用到基因工程药物的鉴定中。在鉴定的过程中，基因工程药物由于结构复杂，常常需要多种检测方法。例如相同的药物可能在空间结构上存在不同，相同的氨基酸残基序列在不同宿主中表达可能有不同的修饰方式，这些问题使得鉴定方法常常需要同时借助多种分析方法。小分子药物和基因工程药物的来源不同，杂质的性质因此也差别比较大。对于小分子药物，杂质来源主要是合成过程中原料残留、合成副产物和纯化中溶剂残留，而基因工程药物的杂质主要来源于宿主蛋白质残留和宿主DNA残留。蛋白质残留和DNA残留的检测一般都用专用的试剂盒，如酵母表达的宿主蛋白质残留就有专用的ELISA试剂盒。药物定量方面，基因工程药物产物多为蛋白质或核酸，这些物质的定量方法一般都采用生化反应的方式。

基因工程药物质量控制项目主要有：蛋白质含量测定、纯度检查、理化性质的鉴定、生物学活性测定、内毒素分析、宿主蛋白与核酸残留分析等，其质量控制要点及主要方法的特点如下。

1. 蛋白质含量测定

不论何种药物，只有在合适的浓度范围内才能发挥有效的治疗效果。对于基因工程药物来说，蛋白质含量测定是后续给药的基础。常用的含量测定方法有紫外吸收法、BCA法、福林酚试剂法（Lowry法）、考马斯亮蓝法等，有些可以用ELISA法进行分析。紫外吸收法相对来说测定最简便省时，但是精确程度不如其他方法，容易受到溶液中其他杂质或辅料的干扰。BCA法、考马斯亮蓝法测蛋白质浓度都是采用蛋白质与有色物质反应后产生颜色的变化，然后通过比色法测定，选择时主要根据样品所处的缓冲体系。Lowry法的灵敏度大于以上几种方法，缺点是测定时步骤较多。ELISA法是这些方法中灵敏度最高、抗干扰能力最强的方法，其商业化的试剂盒测定浓度一般可以达到pg级，但是该方法使用时要有特定的抗体，成本较高，操作步骤也比较多，一般用于复杂样品中蛋白质含量的测定。

2. 蛋白质纯度检查

基因工程药物纯度检测的方法主要有：SDS-PAGE非还原电泳法、非变性PAGE法、色谱法等。SDS-PAGE法是最常用的纯度检测方法，该方法首先使不同的蛋白质都带上相同量的电荷，然后在电场和凝胶作用下根据蛋白质分子量大小分开，通过条带的情况就可判断基因工程药物的纯度。非变性PAGE也是一种必要的纯度检测方法，由于非变性PAGE的分析原理除了电场和凝胶的作用外，蛋白质本身的带电情况也会影响最终的结果，这样就有可能使微量差异甚至是空间结构不同的蛋白质分离开来。色谱法的优点主要是灵敏度高、结果重复性较PAGE法更好。

3. 蛋白质理化性质的鉴定

① 蛋白质分子量（M_r）测定：主要有SDS-PAGE法、凝胶色谱法、质谱法等。SDS-PAGE、凝胶色谱法都只能粗略地测定蛋白质的分子量，而质谱法能够精确测定蛋白质的分子量。

② 蛋白质等电点测定：蛋白质等电点测定一般采用等电聚焦凝胶电泳。

③ 蛋白质序列分析：主要的方法有Edman降解法与质谱分析。Edman法测定蛋白质N端序列的技术已经相对成熟，国内已有商业化的服务可以测得N端15个以上的氨基酸残基。近年来MALDI-TOF等质谱技术的发展可为蛋白质序列分析提供更多有价值的信息。

④ 肽图分析：肽图是一种蛋白质一级结构的特征性指纹图谱。根据重组蛋白质多肽链的序列特性，采用化学法或者特异的蛋白酶法，将多肽水解成不同的片段，再通过一定的分

析手段，获得特征性指纹图谱。肽图分析可对蛋白质一级结构进行精确鉴别，也可以作为产品工艺稳定性的验证指标。

⑤ 蛋白质二硫键分析：蛋白质的二硫键和游离巯基与蛋白质活性密切相关。基因重组蛋白的二硫键配对是否正确，不仅影响生物活性，而且也可能影响免疫原性。

⑥ 氨基酸组成分析：重组蛋白质的氨基酸组成应与标准品一致。

4. 生物学活性测定

与化学药物不同，重组蛋白的活性效价与其绝对质量不一致，必须用生物学活性测定方法加以控制。活性测定方法有很多，包括：体外细胞培养法、离体动物器官测定法、体内测定法、生化酶促进反应测定法等，需要根据不同目的蛋白的测定要求来选用。

5. 内毒素、宿主蛋白与核酸残留分析

内毒素、宿主蛋白与核酸残留若控制不好可使药物产生毒副作用。

二、方法及技术应用

（一）蛋白质含量的测定方法

蛋白质含量的测定是研究蛋白质的第一步，目前常用的方法如下。

1. 紫外（UV）吸收法

由于蛋白质中含有芳香族氨基酸残基（如色氨酸、酪氨酸和苯丙氨酸残基），蛋白质在280nm处有特征吸收峰，故测定280nm的光吸收值可以计算出对应溶液中的蛋白质含量。由于不同蛋白质中的芳香族氨基酸残基的含量不同，紫外吸收法必须用同类蛋白质制备标准曲线。值得注意的是，若蛋白质中含有少量核酸时，在一定程度上会干扰试验数据，此时需要除去核酸的干扰。

2. BCA法

BCA（bicinchoninic acid，二辛可宁酸）法是近年来得到广泛使用的蛋白质浓度测定方法。其优点是不受蛋白质中氨基酸残基组成差异的影响，抗干扰能力强，与几乎所有的缓冲溶液相溶。其原理是在碱性溶液中，蛋白质分子将二价铜离子还原成一价铜离子（双缩脲反应），后者与试剂中的二辛可宁酸形成一个在562nm处具有最大吸光度的紫色复合物，其吸光度与蛋白质浓度成正比，线性范围在20～2000μg/mL。但必须指出，BCA法不是真正的反应终点测定法，随着时间的增加，溶液颜色会不断加深，所以样品的测定必须在短时间（最长为10min）内完成。

3. Lowry法

Lowry法是采用福林酚试剂来进行测定，其原理是基于蛋白质在碱性溶液中与铜形成复合物，此复合物可以使磷钼酸-磷钨酸试剂产生蓝色。该法测定蛋白质浓度的线性范围在50～250μg/mL，灵敏度和准确度高，缺点是操作步骤较多，高浓度的盐酸胍、尿素、一些表面活性剂（如Triton、Tween）和金属离子螯合剂（如EDTA、Tris）等会干扰试验结果。

4. 考马斯亮蓝法

考马斯亮蓝法是近年来常用的方法，由Bradford首先提出。其原理是将考马斯亮蓝（coomassie brilliant blue）G250溶于pH<1的酸性溶液时，溶液呈红褐色，但当溶液中有蛋白质存在时，与蛋白质结合的考马斯亮蓝恢复为原先的蓝色，在595nm处有最大的光吸收。该法测定蛋白质浓度的线性范围在10～100μg/mL。优点是操作简单、灵敏度高、重复性好，缺点是抗干扰能力弱、与缓冲液的相容性较差。

（二）蛋白质纯度的检测

蛋白质的纯度是重组蛋白质检测的重要指标之一。按规定必须用色谱法（HPLC）和非还原 SDS-PAGE 两种以上的方法测定，纯度要求高，通常要求大于 95%，对某些品种甚至要求 99%以上。除其他杂蛋白外，还要求考虑是否存在盐、缓冲液离子、十二烷基硫酸钠等小分子。

目前鉴定蛋白质纯度的方法，常见的有电泳法、色谱法、质谱法和末端氨基酸残基分析法等。SDS-聚丙烯酰胺凝胶电泳（SDS-PAGE）法是目前最常用的鉴定蛋白质纯度的方法。该方法不仅能快速准确地鉴别蛋白质的纯化程度，还能推算出蛋白质的分子量，结合凝胶成像扫描装置还能计算出各蛋白质条带的相对含量。电泳时，聚丙烯酰胺凝胶起到了一个分子筛的功能。同时，电泳中使用的 SDS 使蛋白质变性并使其带上较为均匀的电荷，分辨率高。

（三）蛋白质分子量的测定

蛋白质分子量测定方法有 SDS-PAGE 法、凝胶色谱法和质谱法等。

实验室常用的蛋白质分子量的测定方法是 SDS-PAGE 法，在 SDS 存在下，蛋白质表面带有大量负电荷，在这种情况下电泳，蛋白质移动的速度只与分子量大小有关，而与蛋白质本身的电荷无关，聚丙烯酰胺凝胶充当了一个分子筛的功能。如加入一定量的 β-巯基乙醇，可使蛋白质的二硫键被还原，此时电泳的条带均为单一的多肽链分子。此法的缺点是电泳在变性条件下进行，若未知蛋白质是由多个亚基组成的分子，只能得到各个亚基的分子量，还必须配合非变性凝胶电泳或其他方法，才能正确鉴定该蛋白质分子的分子量。

凝胶过滤测定的是完整蛋白质的分子量，因此同时采用 SDS-PAGE 和凝胶过滤测定同一种蛋白质的分子量，可以方便地判断样品中的蛋白质是否是寡聚蛋白质。

目前最为常用、最为准确的测定蛋白质分子量的方法是质谱法（mass spectrum）。质谱技术近年来发展迅速，基质辅助激光解吸离子化-飞行时间（MALDI-TOF）和电子喷雾离子化（ESI）质谱是最常用的两种方法。ESI 质谱测定的是离子形式的分子量，待测样品经过分离装置（如高效液相色谱）或其他仪器，流速一般控制在样品流出所形成的微小液滴在外加电场作用下带电，并被吸附到质谱仪的进出口处，当溶剂挥发时，液滴被干燥，直径减小，单位面积的电荷密度增加，当电荷密度增加到一定程度时，产生的强大电场使液滴中的粒子逸出至气相中，并在外加电场的作用下运动，从荷质比（m/z）的分析就能确定待测蛋白质的分子量。目前 ESI 法测定的精确度可达万分之一，m/z 的测定值高达 2500 或更高，样品的需求量只有数个到十几个 fmol 左右。基质辅助激光解吸离子化-飞行时间质谱（MALDI-TOF-MS）近年来也得到了越来越多的应用。其方法是将基质（如肉桂酸的衍生物等）加到待测蛋白质样品中，基质的浓度应大大高于待测样品的浓度。当用紫外短脉冲（1～10ns）照射样品时，相应的基质对某波长有很强的紫外吸收，可导致基质和待测样品分子的解析及离子化。被离子化后的样品在一个很高的外加电场作用下加速，并进入一个无电场的飞行管内，此时，离子的质量可通过其在管内的飞行时间来确定。目前分子量在数百 kDa 以内的蛋白质或其他生物大分子均可用 MALDI-TOF-MS 来测定。

（四）蛋白质等电点的测定

蛋白质的等电点（pI）是蛋白质上净电荷为零时的 pH。测定蛋白质等电点的常用方法是等电聚焦法（isoelectric focusing，IEF）。等电聚焦是利用蛋白质在一定的 pH 条件下所带的净电荷不同，通过外加电场作用，在线性 pH 梯度下移动，当 pH 等于某一数值时，该蛋白质分子不再移动，此处凝胶的 pH 就是该蛋白质的等电点。理论上来说，一种蛋白质只有一个等电点，但由于蛋白质空间构象不同可能会引起同一蛋白质的等电点有所差异。

（五）蛋白质序列的分析

蛋白质测序首先将氨基酸一个一个依次从蛋白质的末端（N端或C端）切割下来，然后在氨基酸残基上衍生一个生色基团，再通过HPLC进行分离分析测定。

根据切割末端不同，序列分析又分为N端氨基酸分析和C端氨基酸分析。

1. N端氨基酸序列分析

目前N端测序在自动氨基酸测序仪上进行，其基本原理就是Edman法。两种不同蛋白质N端15个氨基酸残基序列完全一致的可能性是很小的，因此测定重组蛋白N端15个氨基酸残基序列就可以很大程度上排除其他蛋白质混淆的可能。

2. C端氨基酸序列分析

C端测序对确认表达蛋白质的C端是否正确以及判断在表达、纯化过程中是否发生了必不可少的加工有很大的帮助，因此在测定基因重组蛋白N端序列的同时，还有必要测定C端的几个氨基酸残基。另外，对于N端封闭的蛋白质，C端测序尤为适用。

C端测序除经典的用羧肽酶的方法外，目前多采用类似N端测序的化学方法。一般基因重组蛋白的C端测序可以根据需要测定1～3个氨基酸残基。

另外，在蛋白质分子量测定中常用的质谱法，近几年来也越来越广泛地使用在蛋白质测序中。常用的一种方法是Edman降解法与MALDI-MS联合使用。蛋白质在酶或化学裂解试剂作用下产生不同大小的多肽，用RP-HPLC将多肽分离，再用质谱法分析其种类，也可结合氨基酸分析仪进行定量测定。各种多肽随后用Edman降解法测定N末端的氨基酸残基组成，通过人工或计算机辅助拼接出完整的多肽序列。使用几种不同的酶或化学裂解的方法可得到蛋白质的完整序列。例如羧肽酶Y与MLADL-MS联合使用，可得到蛋白质的C端氨基酸残基顺序。但使用质谱法时无法区分末端的亮氨酸与异亮氨酸。

（六）肽图分析

肽图分析是根据重组蛋白质多肽链的序列、分子量大小以及氨基酸组成等特性，采用化学法或者特异的蛋白酶法（一般为内肽酶）将多肽裂解成不同的片段，通过一定的分离分析手段，获得特征性指纹图谱。

肽图分析必须采用高纯度的样品（至少95%）。化学法中，常采用溴化氢、甲酸、羟胺等试剂，可以分别选择性裂解多肽链中Met的羧基，Asp-Pro之间的肽键，Asn-Gly之间的肽键等；而蛋白酶法中，常采用胰蛋白酶、胃蛋白酶A、谷氨酸蛋白内切酶、赖氨酸蛋白内切酶、精氨酸蛋白内切酶等，它们能分别选择性酶切Arg/Lys的羧基端、Phe的氨基端、Glu/Asp的羧基端、Lys的羧基端、Arg的羧基端等。

重组蛋白经过化学法或者蛋白酶法裂解的片段，通常采用的分离分析方法包括反相HPLC、毛细管电泳（HPCE）、液质联用（LC-MS）分析等，得到精确的图谱。肽图分析可作为与天然产品、标准品或者参考品作精密比较的手段，它与序列结构资料一起，可对蛋白质一级结构（包括二硫键分布）进行精确鉴别。对于同一品种的不同批次产品的肽图的一致性比较，可以作为工艺稳定性验证指标。目前，肽图分析得到了广泛的应用，它还可以用于点突变分析、二硫键分析和糖基化位点分析等。

（七）蛋白质二硫键的分析

蛋白质中二硫键的数量可以根据相关的半胱氨酸残基的数量，通过还原反应和烷基化反应前后的质量差异来确定，也可以通过肽图分析进行。基因重组蛋白的二硫键的正确配对对其生物活性十分重要，对不同的蛋白质分子鉴定二硫键位置的方法也各异，可以根据其不同蛋白质分子的结构已知性质来设计鉴定方法。

（八）蛋白质活性的测定

分离与纯化后的蛋白质，能否保持其完整的生物活性，是决定整个分离与纯化过程成败最重要的定性定量指标，必须用生物学活性测定方法加以控制。目前，常用的活性测定方法，可以分为体外细胞培养法、体内测定法、离体动物器官测定法和生化酶促反应测定法。

① 体外细胞培养法。大多数重组细胞因子（如 G-CSF、EGFJL-2、TNF 等），可以促进或者抑制细胞的生长，选择适当的细胞株，可以采用体外细胞培养法测定其生物学活性。

② 体内测定法。有些重组蛋白须注射到动物体内，进行活性测定，如重组 EPO，须注射到小鼠体内，测定小鼠网织红细胞增加的数量，与标准品比较后，计算出活性单位。

③ 离体动物器官测定法。如果是能影响离体器官功能的重组蛋白，如重组人脑利钠肽，可采用兔子主动脉条测定其活性。

④ 生化酶促进反应测定法。该法是直接或者间接利用重组蛋白的酶学活性而设计的，适用于特定的产品，如重组链激酶。

总之，对不同的重组蛋白的活性测定没有统一的模式可循，需要根据产品的类型和特性来进行设计，具体可根据《中国药典》规定的方法进行测定。

（九）免疫测定法

免疫测定法是常用的重组蛋白检测方法之一。基因重组蛋白是一种抗原，均可制备相应的抗体或单克隆抗体，因此，可以用放射性免疫分析法（RIA）或酶联免疫吸附法（ELISA）测定其免疫学性质。

（十）内毒素分析、宿主蛋白与核酸残留分析方法

内毒素的来源主要是表达宿主自身的脂多糖类物质，这些物质有着很高的致热性，有时痕量的内毒素就可以引起人体剧烈的反应。内毒素经典的检测方法是家兔体温升高法，近年来采用鲎试剂来半定量检测内毒素的方法因其使用方便快速，应用也越来越广泛。宿主蛋白残留主要采用免疫分析的方法，目前常用表达宿主的蛋白质残留免疫分析试剂盒都已经商品化。核酸残留的检测方法有核酸杂交法、PCR 法和利用高亲和力的 DNA 结合蛋白进行检测。前两种方法主要用于检测特定的 DNA 残留，如 HIV 核酸残留，利用高亲和力的 DNA 结合蛋白进行检测则几乎可以检测所有序列核酸残留。

第四节　基因工程在制药工业中的应用

一、大肠杆菌表达系统生产重组人甲状旁腺激素

大肠杆菌是基因工程药物的主要表达系统，到 2004 年底，全球已经上市的基因工程药物有 18 种，但近 10 年这一类药物上市速率减慢，主要因为表达系统的局限性，但大肠杆菌仍是小分子蛋白质和多肽药物的表达系统的首选。其中重组人甲状旁腺激素（1～34）是用大肠杆菌表达生产的最新上市的代表性药物。

重组人甲状旁腺激素（1～34）又称特立帕肽（teriparatide），由美国 Eli Lilly 公司研发，商品名 Forteo，2002 年皮下注射用的甲状旁腺激素药物已被美国 FDA 批准上市。它是第一个也是唯一一个被批准用于治疗严重骨质疏松症的骨形成促进剂，为含甲状旁腺激素 N 端 34 个氨基酸残基的重组人甲状旁腺激素。2006 年 3 月，加拿大 NPS 公司上市第一个甲状

旁腺激素（1～84）的药物Preos。在2013年销售排名榜上的生物技术药物中重组人甲状旁腺激素销售额达到12亿美元，成为生物技术药物的重磅药物。目前国内已有几家企业正在申报重组人甲状旁腺激素的生产和临床研究。以下以重组人甲状旁腺激素（1～34）为例介绍大肠杆菌表达生产制备重组蛋白质药物的过程。

（一）甲状旁腺激素的结构与功能

人甲状旁腺激素（parathyroid hormone，PTH）由115个氨基酸组成，其N端31外肽为前导肽和信号肽，在胞内被切除后即形成成熟的PTH，由84个氨基酸组成。PTH分子中不含半胱氨酸和酪氨酸，分子量为9425，等电点为9.58。PTH蛋白质的活性区段为N端1～34个氨基酸，该片段分子量约为4100。在甲状旁腺主细胞内先合成一个含有115个氨基酸的前甲状旁腺激素原（prepro-PTH），以后脱掉N端二十五肽，生成90肽的甲状旁腺激素原（pro-PTH），再脱去6个氨基酸，变成PTH。

甲状旁腺激素的生物学功能包括：①调节骨细胞和肾细胞维持血钙平衡，是调节钙、磷代谢的重要肽类激素；②刺激破骨细胞的增殖及对老化骨质的分解；③增加成骨细胞的数目，并促进成骨细胞释放骨生长因子促进骨形成；④促进肾小管细胞对钙离子的再吸收，激活肾皮质细胞产生激活α-羟化酶，使25-羟维生素D转变为有活性的1,25-二羟维生素D，从而促进小肠上皮细胞对钙离子的吸收，为骨细胞合成新骨提供物质基础。甲状旁腺激素是目前已知的唯一促进骨重建、改善骨质疏松症患者骨质量的活性多肽。

基因重组人甲状旁腺激素（1～34）［rhPTH（1～34）］具有与人体内源甲状旁腺激素相同的受体亲和力和对骨骼与肾脏相同的生理作用，主要包括调节骨代谢、调节肾小管对钙、磷的重吸收和钙的肠吸收。其生物学作用主要通过与细胞表面高亲和力特异性受体结合后，激活腺苷酸环化酶和磷脂酶C，经与后者偶联的信号转导途径，优先刺激成骨细胞，使成骨细胞活性超过破骨细胞活性，总的效应使合成代谢作用显著增加，通过刺激骨松质层和骨皮质层的新骨形成作用，改善骨小梁微结构，增加骨密度和骨强度。

（二）基因工程菌的构建

PTH及其衍生物已在哺乳动物细胞、大肠杆菌和酵母菌系统中得到稳定表达。这三种表达系统都能表达PTH，但PTH在后两种表达系统中易发生蛋白质水解现象。而PTH在大肠杆菌中直接表达，有三种产物PTH、Met-PTH及PTH（8～84）。因为大肠杆菌系统去甲硫氨酸不完全，所以有相当部分表达产物仍以Met-PTH存在，Met-PTH的生物活性仅为PTH的10%，而Met-PTH与PTH理化性质相似，分离两者是相当困难的。PTH（8-84）无生物活性，其是PTH的降解产物。以上说明PTH N端氨基酸序列的完整性是PTH生物活性所必需的。获得PTH的较佳方法为以融合蛋白形式在大肠杆菌中表达PTH。

通过人工合成PTH（1～34）cDNA，应用DNA重组技术，将目的片段亚克隆在表达载体，转入大肠杆菌BL21（DE3）菌株，对转化后大量的单克隆菌落通过酶切鉴定、序列测定分析和表达实验，获得高表达工程菌，且传代稳定，该工程菌诱导后目的蛋白质表达量占总蛋白质表达量的25%以上。

（三）制备工艺

基因工程菌的表达效率取决于多种因素，内因方面如重组质粒的特性、宿主菌自身的特性、目的产物的性质等，外因方面有培养基的组成和培养条件等。在成功构建稳定表达重组人甲状旁腺激素工程菌的基础上，从培养基组成和培养条件两方面着手，对发酵工艺条件进行从摇瓶到发酵罐的摸索实验，建立稳定的中试发酵工艺。

1. 包涵体制备

含有目的肽PTH（1～34）氨基酸序列的融合蛋白在宿主菌中的表达方式是胞内不溶性表达，即形成包涵体。首先需要将包涵体从发酵的菌体中分离出来。菌体的破碎可以有很多种方法，根据工艺的目的和规模，可以采用冻融法、超声破碎法、高压匀浆法、加砂研磨法、溶菌酶法等。考虑到生产放大和生产成本，采用了容易放大、能耗小的高压匀浆来进行细胞破碎和包涵体提取。采用75MPa（750bar）的匀浆功率，每10mL裂解液含1g湿菌的菌体浓度，经过3～4次匀浆处理，细胞破碎率即达95%以上。匀浆破菌后，采用Beckman高速冷冻离心机，4000g离心15min，弃上清液，沉淀即为粗制包涵体。

2. 包涵体复性

采用8mol/L尿素作为溶解包涵体的试剂，变性溶解后，采用大型高速冷冻离心机，20000g、离心30min，收集上清液。进行稀释复性，稀释复性过程中会因蛋白质聚集产生沉淀，因此在复性后采用Beckman大型高速冷冻离心机，20000g、离心30min，收集上清液。

3. 凝血酶酶切

由于目的肽是采用融合蛋白形式进行表达的，稀释复性后首先应将目的肽段PTH（1～34）从融合蛋白中切割下来。构建时，有意识地在融合蛋白序列中引入一个凝血酶酶切位点，故采用商品凝血酶对复性后的融合蛋白样品进行酶切。

4. 阴离子交换色谱

据理论值推测和相关文献报道，目的肽PTH（1～34）为碱性多肽，选用上样量大、具有电荷选择性吸附的离子交换色谱进行目的肽的进一步分离纯化。大多数蛋白质的等电点在中性范围，在偏碱性的环境下大多数的蛋白质（包括凝血酶酶蛋白）和核酸均带负电荷，而此时PTH（1～34）带正电荷，无法与阴离子交换介质结合，因此选用阴离子交换介质。经过工艺的优化，酶解离心上清液流经Q-Sepharose FF柱，大量杂蛋白和切掉目的肽后的融合蛋白残余部分吸附上柱，收集含目的肽的穿透峰。

5. 反相色谱

目的肽PTH（1～34）属于多肽类化合物，选择反相色谱作为精细分离方法。经过工艺的优化，在摸清PTH的Q柱穿透峰样品反相色谱的各项参数后，经过此步骤可使目的肽达到98%以上的纯度。

6. 制剂处方研究

冻干制剂冻干是否成功主要取决于两个方面：冻干保护剂的配方和冻干工艺。冻干保护剂能保证产品的成型并能使蛋白质保持原有的生物活性，改善产品的稳定性和溶解性。选用价格低、共熔点度，产品允许的最高温度及所要求的残余水分，所装产品容器形状及分装厚度等因素来设置冻干曲线，完成产品冻干剂型制备。

（四）生物学活性测定

采用UMR-106-01细胞株/RIA法。取对数生长期的细胞，将其制成细胞悬液，记数并调整至合适的细胞密度。按RIA法的相关步骤进行。试验数据采用计算机程序或直线回归计算法进行处理，并按下列公式计算结果：待测样品效率＝标准品效价×待测样品半效稀释倍数/标准品半效稀释倍数。

二、酵母表达系统生产重组乙肝疫苗

20世纪80年代，随着基因工程技术的成熟，Valenzuela等率先用啤酒酵母表达乙肝表面抗原获得成功，随即科研人员纷纷效仿，很快美国默克公司运用酵母表达系统开发出世界上第一种商品化的重组酵母乙肝疫苗（Recombivax-B），并通过美国药品食品监督管理局（FDA）批准在美国上市。随后，美国百时美施贵宝公司、派普泰克公司，日本武田制药、盐野义，韩国绿十字，美国安进，以及古巴和以色列等国的制药公司的重组酵母乙肝疫苗也都相继上市，目前共有20家企业被世界卫生组织认定为疫苗生产商。我国从1994年开始引进美国默克公司的酵母基因工程乙肝疫苗的技术。目前主要有北京天坛生物、深圳康泰、上海生研所、华北制药集团以及大连高新生物制药公司等企业生产该疫苗。现在市场上已发展出CHO表达系统生产的乙肝疫苗，两种表达系统生产的乙肝疫苗在国内皆有上市，产品质量和免疫原性都能得到保证。目前所应用的重组乙肝疫苗均具有很好的免疫原性，已得到世界公认和肯定，且国内外的疫苗无明显差别。在治疗性乙肝疫苗方面，其治疗效果已经初见端倪，可产生良好的临床应答，目前国内外的治疗性乙肝疫苗均处于临床研究阶段。

（一）乙肝病毒的分子结构与重组乙型肝炎疫苗的生物学功能

HBV是双链DNA病毒，有4个开放阅读框架，其中表面抗原（HBsAg）有3个片段，分别为前S1（pre-S1）、前S2（pre-S2）和S。pre-S1由108个氨基酸组成，pre-S2由55个氨基酸组成，S由226个氨基酸组成，这三个片段各自有独立的起始密码子，但有一个共同的终止密码子，因此，可以形成三种形式的表面抗原，即大蛋白质（preS1/preS2/S）、中蛋白质（preS2/S）和小蛋白质（S）。

HBsAg是乙型肝炎病毒的包膜蛋白质。HBsAg本身无传染性，又能组装成颗粒，因而具有很强的免疫原性，当HBsAg进入机体后，可刺激机体的免疫系统产生体液免疫和细胞免疫，阻止病毒进入肝细胞，从而有效地预防乙型肝炎的发生。重组乙型肝炎疫苗是迄今为止世界上应用最为成功的基因工程疫苗，其原因是表达的乙型肝炎病毒表面抗原（HBsAg）能自动组装出天然HBsAg 22nm颗粒相似的结构，而颗粒状的HBsAg要比单体的HBsAg免疫原性高1000倍。

（二）酵母重组乙肝病毒表达载体的构建

酵母是一个重要的真核表达系统，酵母重组基因工程乙肝疫苗是一种乙肝表面抗原（HBsAg）亚单位疫苗，但在表达preS2/S、preS1/preS2/S时，由于细胞本身的限制，不能完成正确的转录后的加工和修饰，如不能形成正确的分子折叠和糖基化等，免疫原性不如利用哺乳动物细胞表达的preS2/S、preS1/preS2/S的高，酵母细胞表达S蛋白抗原的抗原性与哺乳动物细胞表达的抗原差不多。酵母表达系统比大肠杆菌完善，外源基因重组到既可转化细胞，又可转化酵母菌的穿梭质粒载体中，有利于外源基因的表达和操作，同时表达量高，质量均一。但也存在一些不足，譬如酵母转化时要提取原生质球，对多种抗生素不敏感，不利于重组子的筛选，无糖基化且表达产物不能分泌。目前酵母重组乙肝疫苗主要分为酿酒酵母疫苗和甲基营养型酵母疫苗。

1. 酿酒酵母疫苗

1982年Valenzuela首先在酿酒酵母中成功表达乙型肝炎病毒表面抗原（HBsAg），1986年9月美国默克公司的重组酵母乙肝疫苗首次取得专利并得到FDA的批准。1989年7月美国百时美施贵宝公司的另一重组酵母乙肝疫苗也取得专利。其优点为：酵母为低等真核微生物，易于在营养成分简单的培养基中高密度发酵培养，利用工业化生产，表达量高。目前世界上大规模生产和上市的疫苗大多数由该表达系统制备而成。

2. 甲基营养型酵母疫苗

甲基营养型酵母共有4种表达系统，同时具有培养基廉价、目的基因与酵母染色体整合的优点，不仅可克服质粒丢失，还可提高表达量。汉逊酵母和毕赤酵母系统已应用于工业化生产。

已上市的酿酒酵母和甲基营养型酵母表达乙肝疫苗为含 HBsAg 成分的疫苗。基因工程乙肝疫苗是使用限制性内切核酸酶切出编码 HBsAg 多肽的乙肝病毒 S 基因，前面加上甘油醛磷酸脱氢酶（GAPDH）基因作为启动子，后面加 ADH-1 基因作为终止子形成一个基因盒，与 pBR322 质粒重组，再与酵母的 2μ 质粒 DNA 复制起点构成穿梭质粒，转化酵母细胞，获得目的酵母重组工程菌株。

（三）酵母重组基因工程乙肝疫苗的制备工艺

目前有多条基因工程乙肝疫苗（酵母重组）的生产工艺。酵母重组乙肝疫苗的生产工艺包括发酵、提取、纯化、吸附、配制、分装等工序。生产工艺中采用世界一流的发酵罐，通过全自动控制，提供酵母菌最优生长条件。基因工程乙肝疫苗的纯化是以疏水色谱为主，超滤、吸附技术为辅的综合工艺。在初步纯化过程中，将酵母细胞在高压均质机内，对细胞进行剪切和破碎，加入蛋白酶抑制剂后立即冷却，防止目的蛋白质的分解。经微滤和超滤系统处理后，将细胞碎片去除，HBsAg 蛋白质得到进一步浓缩。随后进行的是硅胶吸附和硼酸洗脱，硅胶（Aerosil380）的特点是表面积大，每 2g 重的硅胶可有 50～380m^2 的表面积。其吸附原理主要依靠硅烷醇基表面的氢键与表面抗原蛋白结合，经过加入硼酸洗脱，得到 HBsAg 蛋白质的粗制品。接着进行精制纯化，采用丁基琼脂糖疏水色谱，HBsAg 蛋白质通过疏水作用可与琼脂糖丁基结合，而酵母蛋白质、核酸与丁基不结合，通过洗涤和解析，得到高纯度的表面抗原蛋白质。经纯化的 HBsAg 再通过硫氧酸盐进行转型处理，可使单体和双体转型为多聚体，提高 HBsAg 蛋白质的抗原性。同时，通过一定浓度的硫氧酸盐处理，可削弱残留的酵母蛋白质与 HBsAg 之间的疏水作用，去除酵母蛋白质，保证 HBsAg 纯度达 99%以上。电镜下观察酵母重组 HBsAg 与血源的 HBsAg 形态相一致，并具有相同的免疫学和化学性质。经灭活和佐剂 $Al(OH)_3$ 吸附制成疫苗。

（四）酵母重组乙肝疫苗的生物学活性评价

我国现行的基因工程乙肝疫苗都是小蛋白质疫苗，也就是 S 疫苗。其优点是：①S 是 HBsAg 的主要成分，其抗体具有良好的中和作用；②S 蛋白具有分泌性，利于产物的纯化；③S 蛋白可形成颗粒，具有良好的免疫原性。但也存在一些不足：①5%～10%的接种者为弱反应或无反应；②至少需 3 针以上的免疫接种；③仅有预防作用而无治疗作用（S 蛋白不能直接或间接与肝细胞膜结合）。

三、哺乳动物细胞表达系统生产重组人促红细胞生成素

人促红细胞生成素（human erythropoietin，hEPO）是一种主要由肾和中枢神经系统等部位合成分泌的多功能糖蛋白激素，是作用于红细胞的造血生长因子，对神经元的许多功能也具有重要的调控作用。因此，hEPO 既是细胞集落刺激因子，又是糖蛋白激素。hEPO 是最早发现并首先运用于临床的造血生长因子。对 hEPO 的研究始于 1906 年，研究人员发现贫血动物的血液中存在调节造血的激素，意识到红细胞的生成是受激素调节的，这种激素后来被命名为促红细胞生成素。1957 年证实合成 hEPO 的主要器官是肾，1985 年 Lin 等克隆了 hEPO 基因，并在同年成功表达了重组人促红细胞生成素（rhEPO）。次年用基因工程技术生产出了 thEPO。至 1989 年经 FDA 批准试用至今，thEPO 在国外的销售已经经历了三个高峰。第一个高峰是自 1989 年 Amgen 公司生产的 mhEPO 上市至 1996 年，其主要适应证为慢性肾衰竭引起的贫血，其全年销售额为 21.45 亿美元。第二个高峰是 2000 年，hEPO

在治疗肿瘤贫血中得到了广泛的应用，更是成为了年销售额超过 30 亿美元的“重磅炸弹”。第三个高峰是 2003 年美国 Amgen 公司的第二代产品在和强生公司产品的价格战后。预计下一个高峰将是罗氏公司第二代产品 CERA 的介入和刚获得批准的心衰适应证的应用。对我国来说，hEPO 的第一个高峰期还远没有到达，EPO 在国内多应用于肾性贫血。目前，hEPO 国内的市场是以 30%的速度增长，前景可观。（拓展 15-1：传承经典，推陈出新：聚焦重组人促红细胞生成素）

拓展 15-1

（一）人促红细胞生成素的结构与功能

1. 人促红细胞生成素的分子结构

hEPO 基因定位于 7 号染色体长臂 22 区（7q22），由 5 个外显子（共 582bp）和 4 个内含子（共 1562bp）组成。细胞内一开始表达出的 hEPO 初产物由 193 个氨基酸残基组成，其 N 端包含一个由 27 个氨基酸组成的信号肽序列，当细胞分泌这种蛋白质时，其 N 端的信号肽就被信号肽酶切除，从而形成由 166 个氨基酸组成的成熟的 hEPO 分子，其分子量为 18400。此外，成熟的 hEPO 除蛋白质部分外，还含有 35%左右的糖基组分，使 hEPO 的总分子量达 34400。糖基部分由 3 个 N 端糖链（糖基化位点为 Asn24、38、83）和 1 个 O 端糖链（糖基化位点为 Ser 126）组成，糖基的存在对 hEPO 合成后的分泌及其体内、外生物学活性的发挥都具有重要意义。

2. 人促红细胞生成素的生物学作用

传统认识中，hEPO 是一种作用于骨髓造血细胞，促进红细胞增生、分化，最终成熟的内分泌激素，对机体供氧状况发挥重要的调控作用。在胚胎早期，hEPO 由肝生成，然后逐渐向肾转移，出生后主要由肾小管间质细胞分泌。随着近年来研究不断进展，对于 hEPO 的认识产生了一次又一次革命性的飞跃。

（二）基因工程菌的构建

hEPO 基因的合成和表达质粒的构建采用固相亚磷酰胺方法，使用 DNA 合成仪，合成 hEPO 基因各小片段，再用 T4 DNA 连接酶将 hEPO 基因各小片段连接成完整的 ZiEPO 基因，经 DNA 序列分析测明序列的准确性。将 pSVL 载体用限制性内切核酸酶 *Xho* Ⅰ及 *Bam* HⅠ双酶切，然后使用 T4 DNA 连接酶，与两端分别具有 *Xho* Ⅰ及 *Bam* HⅠ黏性末端的人 EPO 基因连接。连接物转化大肠杆菌 JM103，筛选阳性克隆，抽提 pSVL-EPO 重组质粒，转中国仓鼠卵巢细胞（CHO）。

（三）重组人促红细胞生成素的制备工艺

取冻存于细胞库中的 CHO 工程细胞株，复苏后经由小方瓶、大方瓶至转瓶扩大培养后，接种到堆积生物反应器，培养 5～7d 后，开始用无血清培养基进行灌流培养。纯化方法：灌流液—冷冻离心收集上清液 LQ-Sepharose XL 离子交换色谱—脱盐—C4 反相色谱—超滤浓缩—过 Sephadex G-200 分子筛。

（四）重组人促红细胞生成素的生物活性测定

EPO 体内生物学活性测定：采用网织红细胞计数法，选购 7 周龄同性别 BALB/C 小鼠（约 21g），分为 3 个剂量组，每组两只，分别于每只腹部皮下注射 EPO 标准品 2IU、4IU、8IU，连续注射 3d 后，眼眶取血。用焦油蓝染色，涂片计数 1000 个红细胞中的网织红细胞数，同时也计数原血中红细胞数，两值相乘为原血中网织红细胞数绝对数。以注射剂量为横坐标，网织红细胞绝对数为纵坐标作标准曲线，求得被测样品的体内生物学活性。

（五）重组人促红细胞生成素的质量标准

① CHO 细胞蛋白质残留量采用酶联免疫法测定。CHO 细胞蛋白质对人体来说是一种异种蛋白质，反复注射一定量的异种蛋白质会产生不良反应，如发生过敏反应。检测制品是否受宿主细胞蛋白质（HCP）污染常用的分析方法是 Western 印迹法。但是该方法只能进行限量分析，而且灵敏度较低，通常达不到质控水平。现多按照《中国药典》中的 CHO 细胞蛋白质残留量的测定方法测定。

② 细菌内毒素含量测定按《中国药典》的“细菌内毒素检测法”进行检测。使用厦门鲎试剂厂出口的鲎试剂，灵敏度为 0.25EU/mL。将样品进行倍比稀释，加入鲎试剂进行测定，根据鲎试剂的凝结终点和鲎试剂的灵敏度来确定样品的细菌内毒素含量。

③ HPLC 纯度按《中国药典》的方法，对两种纯化终产物进行 HPLC 纯度检测。

④ SDS-PAGE 及电泳纯度按照文献报道，分离胶浓度为 10%，通过测量蛋白质的相对迁移率来计算分子量，对每步纯化的主峰与标准品对照在聚丙烯酰胺凝胶电泳后用 0.05g/100mL 考马斯亮蓝染色液染色脱色后，进行电泳扫描，测电泳纯度。

本章小结

通过重组 DNA 技术将外源基因导入原核和真核宿主细胞，进行高表达，并经过分离纯化获取药用活性蛋白质的技术属于基因工程制药，多数基因工程药物属于细胞因子、酶、激素和抗体等。外源基因可以通过化学合成、PCR 法、cDNA 文库和基因文库等技术获取，利用限制性内切酶和连接酶等技术可以将外源基因和载体进行基因重组。重组的载体导入宿主细胞，如大肠杆菌、酵母和哺乳动物细胞，通常使用遗传标记筛选法如抗生素抗性筛选法、互补筛选法、营养缺陷性筛选法和噬菌斑筛选法等进行重组子筛选，再利用核酸分子杂交法、限制性内切酶图谱法、基因序列测定法等进行外源基因的鉴定。构建突变体和融合蛋白通常是改善和提高天然活性蛋白质药物性质的手段。表达产物须经过超滤、盐析、透析、离子交换、凝胶过滤等方法分离纯化，以达到一定的纯度。分离纯化的蛋白质需要对其进行蛋白质含量、纯度、分子量、等电点等测定，还需要对其进行氨基酸序列分析、肽图分析、二硫键分析和糖基化分析等，以及空间结构分析和生物学活性分析。此外，还要测定宿主 DNA 和宿主蛋白质残留及内毒素，制定符合国家标准要求的质量控制方法和标准。

思考题

1. 基因工程制药的主要步骤有哪些？
2. 举例说明三种获取目的基因的方法。
3. 设计实验鉴定外源基因在宿主细胞中的表达形式。
4. 举例说明三大表达系统生产生物技术药物时在上游构建、下游纯化以及产品质量控制等方面的优缺点。
5. 简要说明基因工程菌的不稳定性产生的原因和考察方法。
6. 查阅资料分析最近 3 年 FDA 批准上市的重组蛋白质药物的性质和特点。

第十六章
基因工程产品的安全管理与专利保护

DNA重组打破了物种之间遗传信息交换的界限，基因工程技术在给人们带来巨大利益的同时，也可能生产出具有潜在危害的新产品或新物种，从而可能对人类、动物和生态环境造成潜在的危害。因此，该技术从出现以来，其安全性问题就一直受到世界各国政府和有关人士的广泛关注。

早在1975年，美国国家卫生研究院（National Institutes of Health，NIH）在美国加利福尼亚州的Asilomar会议中心举行了由美国和其他16个国家相关人员参与的国际会议，与会期间达成了4点共识。①新的重组DNA生物体意外扩散可能会带来不同程度的潜在危险，建议在本领域开展研究工作时，应采取严格的防范措施，并要求在严格控制的条件下进行DNA重组实验，并适当评估这种潜在危险性的实际危害程度。②为解决一些重要的生物学问题、医学问题和社会问题（如能源问题、环境污染问题和食品问题）等，开展基因工程技术的研究仍展现出乐观的前景。③尽管未来的研究可能会表明，许多潜在危险物出现问题的可能性较小，但在目前进行的某些实验中，即使采取了最严格的控制措施，还是要考虑到其潜在的危害问题。④会议极力主张正式制定一份统一管理重组DNA研究的实验规则，并组织相关研究人员尽可能地开发出安全的宿主菌和可控的质粒载体。

从美国国家卫生研究院公布《重组DNA分子研究准则》并建立安全的宿主菌-质粒载体开始，DNA研究便进入一个快速发展的新阶段。迄今为止，重组DNA危险性虽然没有像当初想象的那么严重，但是各国政府还是以人类的长远利益为根本，在保证本国基因工程技术在当今世界生物技术领域的激烈竞争中占据有利地位的同时，纷纷不断地修订和完善相关的法律、法规和条例，对重组DNA实验过程中可能出现的生物危害保持谨慎的态度。

一、基因工程实验室生物安全管理

重组DNA技术的实验操作对象包括对不同来源的生物遗传信息和人为合成的DNA分子进行重组，再进行生物体的转移，这些变异的生物体可能产生生物危害。实验室生物危害是指在微生物和生物医学实验室研究过程中，操作对象对人、环境生态和社会造成的危害和对环境造成的污染。

（一）基因工程实验室生物安全管理的法律依据

1. 国际上有关基因工程产品安全管理的法律法规

美国国家卫生研究院在《NIH实验室操作规则》中第一次提到生物安全（biosafety）

的概念，生物安全是对“避免已有的和潜在的生物危害因子伤害的意识、行动、措施和办法等”的高度概括。实验室生物安全是为避免危险因子造成实验室人员暴露，向实验室外扩散并导致危害而采取的综合措施（硬件和软件），达到对人、环境生态和社会的安全防护目的。实验室生物安全管理要求从病原微生物分离、鉴定、保存、使用、运输、废弃物处理直至进出口控制的全过程进行管理，它贯穿于涉及病原微生物在实验活动中的各个方面，囊括了实验室中实验人员在从事与病原微生物菌种及其样本有关的研究、教学、检测、诊断等活动的整个过程，即：在这个过程中采取综合措施以保证实验室的生物安全条件和状态不低于允许水平，从而避免实验室人员、来访人员、社区及环境受到不可接受的损害，并且符合相关法规、标准等对实验室保证生物安全责任的要求。1983 年世界卫生组织（WHO）发布了第一版《实验室生物安全手册》；2020 年 11 月 17 日美国疾病预防与控制中心（CDC）及国家卫生研究院（NIH）发布了第六版《微生物和生物医学实验室生物安全手册》（*Biosafety in microbiological and biomedical laboratories*，BMBL）。该标准不但作为工具书被美国和世界范围内的生物安全专业人员广泛使用，而且也一直是相关机构和单位制定实验室生物安全政策和规范的重要参考依据。

2. 我国基因工程产品安全管理的法律法规与管理体系

在我国，为了促进我国生物技术的研究与开发，加强基因工程工作的安全管理，保障公众和基因工程工作人员的健康，防止环境污染，维护生态平衡，目前，已经建立了一整套适合我国国情并与国际接轨的法律法规、技术规程和管理体系。

（1）法律法规

国家科学技术委员会于 1993 年 12 月颁布了《基因工程安全管理办法》（以下简称《办法》），该办法由 6 章组成，规定了我国基因工程工作的管理体系和审批权限，并且明确指出：在中华人民共和国境内进行的一切基因工程工作，包括实验研究、中间试验、工业化生产以及遗传工程体释放和遗传工程产品的使用，以及从国外进口遗传工程体，在中国境内进行基因工程工作的，应当遵守本办法。该《办法》中将基因工程工作按照潜在危险程度分为四个安全等级，详见表 16-1。

表 16-1　基因工程工作安全等级

危险程度	要求
安全等级Ⅰ	基因工程操作对人类健康和生态环境尚不存在危险
安全等级Ⅱ	基因工程操作对人类健康和生态环境具有低度危险
安全等级Ⅲ	基因工程操作对人类健康和生态环境具有中度危险
安全等级Ⅳ	基因工程操作对人类健康和生态环境具有高度危险

该《办法》同时还规定：①从事基因工程工作的单位和研究人员，应当对 DNA 供体、载体、宿主及遗传工程体进行安全性评价。安全性评价的重点包括：目的基因、载体、宿主和遗传工程体的致病性、致癌性、抗药性、转移性和生态环境效应，评估其潜在危险，确定生物控制和物理控制等级，制定具体控制方法和措施等。②对于所从事的基因工程中间试验或者工业化生产，应当根据所用遗传工程体的安全性评价，对培养、发酵、分离和纯化工艺过程所应用的设备和设施的物理屏障进行安全性鉴定，确定中间试验或者工业化生产的安全等级。③对于从事遗传工程体释放，应当对遗传工程体安全性、释放目的、释放地区的生态环境、释放方式、监测方法和控制措施进行评价，确定释放工作的安全等级。④对于遗传工程产品的使用，应当经过生物学安全检验和进行安全性评价，确定遗传工程产品对公众健康

和生态环境可能产生的影响。同时强调指出，从事基因工程工作的单位应当依据遗传工程产品适用性质和安全等级，分类分级进行申报，经审批同意后方能进行下一步工作。对于使用不符合规定的装置、仪器、试验室等设施的、违反基因工程工作安全操作规则的直接责任人员给予行政处分。1996 年 7 月到 1997 年 3 月间，农业部以上述章程为基础又先后颁布了《农业生物基因工程安全管理实施办法》和《中华人民共和国植物新品种保护条例》，对植物新品种加强保护和管理。1998 年 6 月，科学技术部和卫生部联合颁布《人类遗传资源管理暂行办法》，加强对人类基因研究进行管理和对研究成果授予专利。2004 年国家质量监督检验检疫总局和国家标准化管理委员会颁布了《实验室生物安全通用要求》；同年 9 月又联合发布了《生物安全实验室建设技术规范》；同年 11 月国务院公布施行《病原微生物实验室生物安全管理条例》，该条例规定了在病原微生物实验活动中保护实验人员和公众健康的宗旨，从而使我国病原微生物实验室的管理工作步入法制化管理轨道，为我国基因工程的安全管理和保护人民健康提供了法律保障；同年质检总局实施了《进出境转基因产品检验检疫管理办法》。2015 年新修订并实施的《中华人民共和国食品安全法》对转基因食品标示及法律适用等问题进行了明确规定。2016 年 7 月至 2017 年 11 月，国务院修订了《农业转基因生物安全管理条例》以及《农业转基因生物安全评价管理办法》、《农业转基因生物进口安全管理办法》和《农业转基因生物加工审批办法》等配套规章。2017 年 11 月农业部修订了《农业转基因生物标识管理办法》，2018 年农业部办公厅印发了《农业转基因生物监管工作方案》，2019 年 7 月 1 日施行了《中华人民共和国人类遗传资源管理条例》，我国相关法律法规体系已日臻完善。

（2）转基因生物安全管理技术支撑体系与监管体系

我国目前已建立了转基因生物安全管理技术支撑体系。设立了国家农业转基因生物安全委员会，负责转基因生物安全评价和开展转基因生物安全咨询工作。农业农村部负责制定农业转基因生物安全评价标准和技术规范，认定农业转基因生物技术检测机构。

同时，我国目前已建立了转基因生物安全监管体系。国务院建立了由农业、科技、环保、卫生、食品药品、检验检疫等 12 个部门组成的农业转基因生物安全管理部际联席会议制度，负责研究和协调农业转基因生物安全管理工作中的重大问题。原农业部设立了农业转基因生物安全管理办公室，负责农业转基因生物安全评价管理工作。县级以上地方各级人民政府农业行政主管部门负责本行政区域内的农业转基因生物安全的监督管理工作。县级以上各级人民政府有关部门依照《中华人民共和国食品安全法》的有关规定，负责转基因食品安全的监督管理工作。

（二）实验室生物安全管理的硬件要求

根据病原微生物的传染性、感染后对个体或者群体的危害程度、实验室感染风险以及现有防治措施的效能，我国将病原微生物分为 4 类，实施分级管理，详见表 16-2。

表 16-2　病原微生物安全分级标准

分级类别	要求标准
第一类	该类病原微生物是指能够引起人类或动物非常严重疾病的微生物，以及我国尚未发现或者已经宣布消灭的微生物
第二类	该类病原微生物是指能够引起人类或者动物严重疾病，比较容易直接或者间接在人与人、动物与人、动物与动物间传播的微生物
第三类	该类病原微生物是指能够引起人类或者动物疾病，但一般情况下对人、动物或者环境不构成严重危害，传播风险有限，实验室感染后很少引起严重疾病，并且具备有效治疗和预防措施的微生物
第四类	该类病原微生物是指在通常情况下不会引起人类或者动物疾病的微生物

美国疾病预防与控制中心（CDC）及国家卫生研究院（NIH）将生物安全防护实验室（biosafety shelter laboratory，BSL）分为4个等级（通常以BSL-1、BSL-2、BSL-3、BSL-4表示）。其中一级对生物安全隔离的要求最低，四级最高。目前这一分级已经作为世界各国的通用标准，我国也沿用这一分级标准，详见表16-3。

表16-3　病原微生物实验室安全分级标准

安全分级	具体要求标准
BSL-1（一级）	进行试验研究用的物质都是已知的，所有特性都已清楚并且已证明不会导致疾病的微生物物质，操作人员只需经过基本的实验室实验程序培训或在科研人员指导下即可进行操作，操作环境不需要生物安全柜的存在，研究内容和程序可以在公开的实验台面上进行，即不需要有特殊需求的安全保护措施
BSL-2（二级）	研究对象是一些已知的具有中等程度危险性的，并且与人类某些常见疾病相关的物质。操作者必须经过相关的操作培训或在专业人员指导下才能进行操作，对于易于污染的物质或可能产生污染的环境需预先进行处理准备，对于研究中可能涉及或产生有害作用的生物物质，操作过程应在二级生物安全柜内进行
BSL-3（三级）	研究对象是由本土或外来的，可能通过呼吸传染使人们致病或有生命危险的物质，通常在二级或三级生物安全柜进行操作，以避免操作者直接接触到潜在的危险物质或可能使潜在的危险物质污染到环境
BSL-4（四级）	研究对象是具有极高危险性并且可能致命的有毒物质，其可能通过空气传播，并且现今没有有效疫苗或者治疗方法来处理。操作者必须具有操作这种极高危险性物质的研究培训经历和资质，并且能够具有在一定保护设施的情况下进行熟练操作和实验室设计的能力，并且确保在操作过程中对于这些极高危险性物质采取预防措施。同时要在此研究领域的、具有丰富经验的科研人员指导下进行，严禁操作者独自在四级实验室进行工作

在WHO发布的《实验室生物安全手册》中，BSL-1和BSL-2级的称为基础实验室，具有BSL-3防护水平的实验室称为生物安全防护实验室，达到BSL-4水平的称为高度生物安全防护实验室。这些实验室的防护规定主要包括对生物体的物理防护和生物防护。物理防护主要包括：实验室必须有技术熟练的工作人员，具有正确的物理防护设备，如负压装置、高压灭菌及安全操作箱等。生物防护主要包括：选择非病原的生物体作外源DNA的克隆工具，或者对微生物进行精细的遗传操作，降低其在环境中的存活率和繁殖的可能性。

基因工程实验室的生物安全性除需要考虑上述因素之外，还要考虑到转基因生物（genetically modified organisms，GMOs）可能带来的隐患，由于这些生物体（包括病毒、细菌等微生物以及实验动植物）在实验中往往作为遗传操作的供体、载体、宿主和受体，它们除了本身具有的致病性、致癌性和耐药性等天然属性外，还可能具有潜在危害性。所谓GMOs，即通过基因工程技术导入某种基因的植物、动物、微生物。GMOs是前所未有的新生物，和没有遗传变异的生物相比，考虑到GMOs的构造和使用时的特点，对生物安全的危险评估过程似乎显得更加重要。也就是说，如果操作重组生物应该在与野生受体相同的生物安全水平下，还需要考虑原来生物DNA序列的本质、受体生物的因素和所处环境特点，对可能带来的危险因素进一步评估。例如，当具有潜在表达有毒物质的DNA序列被转导的时候，可能会增加受体生物体的毒性。

我国原农业部在《农业转基因生物安全监督检验测试机构基本条件》的通知中对检测机构的安全环境质量控制、检测人员、检测内容、设施布局、仪器设备等均提出了明确的要求。在环境质量控制方面对基因工程实验室设计要求包括：采用单向操作系统（ONE-

WAY-SYSTEM)、工作流程设计合理、工作区域相互隔离、区域分工明确等，并且要求在连续而独立的空间中完成不同实验步骤。在 PCR 前处理区（样品制备室、DNA 提取实验室和 PCR 准备实验室），除要求配备粉碎机、天平、冰箱、分散器、高速冷冻离心机、真空浓缩仪、水浴锅、DNA 浓度测定仪、酶标仪、离心机、分光光度计、通风橱、生物安全柜设备和设施等之外，还要求具有正压通风系统，在 PCR 实验室及电泳实验室应配备冰箱、生物安全柜、PCR 扩增仪、电泳仪及成像分析仪，此外考虑到 DNA 操作过程中可能会产生大量游离分子及气溶胶，易对其他区域造成环境污染，因此要求安装负压通风系统（如使用通风柜或生物反应柜造成局部负压）。

二、基因工程操作对象和转基因产品可能带来的危害

转基因生物安全，是近年来在媒体上出现频率较高的新概念。从整体意义来说，转基因生物安全不仅仅是技术问题，也涉及了政治、经济、贸易、社会、伦理等多个层面的问题，近年来，国际上对转基因生物的争论的热点和焦点，主要集中在农业转基因生物引发的环境安全与食用安全问题。转基因产物可能具有两大危害：一种是操作对象带来的使人被动接受的危害；另一种是转基因产品带来的使人主动接受的危害。目前人们被动接受的危害包括了个体危害和群体危害，主动接受的危害包括转基因产品（如食品和药品等）和环境安全性问题。

（一）基因工程操作对象可能带来的个体或群体危害

个体危害即基因工程的操作对象（如：微生物、目的基因、载体等）可能对实验操作者带来的直接污染或感染，这种危害可以通过严格执行相关实验室生物安全管理规定而加以避免；群体危害即在基因工程操作过程中产生的有害物质通过某种途径从实验室逸出，对社会人群和生态环境带来的危害。值得注意的是，生物危害由潜在威胁转向实际危害的途径很多，如实验操作人员操作处理不当，通过体表携带或感染后携带重组病原体离开实验室将其传播或重组病原体经由防护措施不当的实验室通往外界的渠道（如通风管道、下水道、废弃垃圾、实验动物逃出等方式）进入外界环境。一旦病原体在外界环境中生存下来并获得一定适应能力，将会给人类社会带来极大的危害。因此，从基因工程诞生之日起，有关对基因工程实验导致的生物危害问题就被广泛关注，并为对其加以控制而制定了相应对策。

（二）基因释放或漂移可能带来的生态系统的安全性问题

生态系统安全性评价的核心问题，是转基因植物释放到田间后是否会将所转基因转移到野生植物中，从而破坏自然生态环境或打破原有生物种群的动态平衡。包括：①转基因植物演变成农田杂草的可能性（如抗除草剂基因可能会漂移到其近缘杂草中，使其对这类除草剂产生抗性，甚至可能多种抗除草剂基因转入同一杂草中，形成对多种除草剂具抗性的“超级杂草”）；②基因漂移到近缘野生物种的可能性（如抗除草剂基因转移到近缘的野生物种造成危害）；③对非目标生物类群的影响（如很多转基因植物分泌的化合物散落到土壤中，从而影响到土壤中的根际微生物群落）；④对非目标生物的影响（如抗虫作物可以降低传统广谱杀虫剂的使用，克服虫害控制对天气因素和时效因素的依赖性，减少农药使用对环境造成的危害，结果可能是抗虫作物的环境释放使抗虫基因广泛传播，这些外源基因的出现对当地生态环境可能构成潜在的威胁）；⑤破坏生态环境的可能性（如带有几丁质酶的抗真菌的转基因作物，其遗传分解时可能减少土壤中菌根的种群，使得土壤中凋落物的分解受阻，从而阻滞了整个生态系统的功能）。此外，还有转基因作物的基因组可能发生改变，基因突变作用可能使基因组的基因重排导致基因突变，具有变异成其他物种的可能性。由于异源基因传

播可能会改变物种的环境适应能力，进而导致该物种的退化抑或成为强势种群，可能对当地生态平衡造成破坏等等。

（三）转基因产物或产品的生物安全性问题

在基因工程史上曾经发生了几件大事，使人们对基因工程安全性产生了一定的担忧。一个是Pusztiai事件：1998年英国苏格兰研究所的Arpad Pusztiai教授在电视上宣布，在喂饲老鼠转基因马铃薯一段时间后，可以引起体重和器官重量减轻，器官异常生长和免疫系统受损。这是最早对转基因食品提出的具有科学证据的质疑，此事在国际上引起了轰动，在英国及全世界引发了关于转基因食品安全性的大讨论。第二个是StarLink玉米（苏云金芽孢杆菌的*Cry9C*基因转入玉米，即StarLink玉米）事件：1998年美国国家环境保护署（EPA）批准，该转基因玉米只作为家畜饲料和工业用途，然而，在未经允许的情况下该玉米于2000年进入了食品流通中，结果引起食用该食品的人体产生了过敏反应。

人们关注的涉及转基因产品安全性的问题还有：抗生素抗性基因的转移问题、外源DNA的食用问题、转基因食品营养水平的改变问题、转基因作物的推广可能威胁到作物遗传多样性、外源基因的扩散问题等。下面就转基因产品的安全性问题做个简要的介绍。

1. 转基因动物生产的药物安全性

目前研究表明，利用转基因动物生产出来的药物的安全性问题，可根据其结构与天然蛋白质结构是否一致来判断。但在生产过程中，转基因动物如何对应良好农业规范（good aquaculture practices，GAP）、优良实验室规范（good laboratory practice，GLP）和优良制造标准（good manufacturing practice，GMP）的认证，如何避免转基因动物的遗传物质进入药物还是应该重点强调的问题。另外，作为动物药厂（生物反应器）的动物本身一旦不“产药”了，如何对该动物后续处理也是应慎重考虑的问题。

2. 转基因食品的生物安全性

经济合作与发展组织（organization for economic co-operation and development，OECD）1993年提出了食品安全性评价的实质等同性原则。如果转基因植物生产的产品与传统产品具有实质等同性，则可以认为是安全的。反之，则应进行严格的安全性评价。基因工程产品对人类健康的影响是基因工程安全性评价十分重要的内容，主要包括以下五个方面。①潜在的致敏性：转基因食品中引入的新基因产生的蛋白质，可能是致敏原，对其可能致敏性需要进行分析。②非预期效应：插入基因理论上可导致原已存在的受体基因的失活或表达改变，可能激活其他在正常情况下处于“沉默”状态的基因。③转基因食品基因水平转移对健康的影响。④转基因食品中充足DNA对健康的影响。⑤食品营养成分改变对人群营养的影响。

3. 转基因生物与农业生产的安全性

随着生物技术的飞速发展，转基因技术的广泛应用为世界农业带来了巨大的经济效益，但转基因生物的安全性问题依然是科学家亟待证明和解决的问题。转基因生物与农业生产安全性影响主要包括：转基因生物的“基因漂移风险”、转基因植物“杂草化问题”、转基因植物对病虫草害发生的影响。

4. 基因改造微生物具有的潜在致病危险性

基因改造微生物往往具有很强的DNA重组能力。在生物体内，这些被改造过的基因可能会产生横向转移，由微生物直接转移到人或动物体内，由此产生新的疾病，如经过基因改造后的病毒也有可能成为极具杀伤力的病毒。

（四）转基因生物安全评估的相关内容

对某一基因工程实验安全等级的划分，首先需要对其进行安全性评估。安全性评估的考察依据建立于以下几个方面。

1. 生物表达系统的生物安全性

生物表达系统由宿主和载体组成，因此，对于这一系统的安全性评估需要分别对宿主和载体进行判断。首先，根据宿主细胞的致病性和自身遗传特性是否能够满足较低的安全要求，微生物的遗传背景是否清楚，确定其安全性水平；其次，根据载体的来源和类型、遗传背景以及改造后的基因产物的性质进行安全评价；最后，再将两者结合起来考察重组后的生物性状、遗传特点和环境特性等，最终给出相关表达系统的生物安全级别。

2. 转基因动物和基因敲除（knockout）动物的生物安全性

转基因动物和基因敲除动物分别是接受某一重组子的染色体整合并获得某一遗传性状和丧失某一遗传性状的基因改造动物。而转基因动物因获得不同于野外型外源基因的表达性状，理论上应该处于针对外源基因产物的防护设施中操作。其安全级别的评估应以重组子本身的遗传特性和特定基因产物的性质来进行判断。

3. 转基因植物的生物安全性

转基因植物的安全评估类似于转基因动物，但是由于植物自身具有的生理和生态学特性，对于其安全性的判断必须将生态因素、环境因素，甚至社会因素考虑在内。

4. 遗传修饰的生物安全性

对遗传修饰生物体进行有关评估时应考虑供体和受体的生物特性，包括来源于供体的插入基因直接的遗传特性、与宿主有关的安全评判、被修饰生物自身的不安全性状发生的遗传变化。

三、基因工程产品的安全管理现状

目前国际上对转基因食品的安全性还有争论。虽然没有发现转基因食品对人体有害，但本着对人类负责的态度，许多政府部门和科学家对转基因食品“可能存在的潜在危险”比较关注。人们一直担心转基因活生物体及其产品作为食品一旦进入市场，可能对人体产生某些毒理作用和过敏反应，其营养成分的变化、转基因成分加工产生的变化，有可能对人体产生某些负面影响。然而这只是“可能存在的潜在危险”，目前并没有证据表明确实存在这些危险。国际上目前针对转基因食品安全问题广泛采用“实质等同”原则，即以转基因食品与非转基因食品比较的相对安全性，作为评价依据。我国对农业转基因生物实行比较严格的管理，农业转基因生物产品进入市场销售前，要经过一系列的安全评价试验。在中国境内进行农业转基因生物生产应用前，应经过中间试验、环境释放、生产性试验阶段的安全性试验，需要经过安全评价合格后，方可领取安全证书；申请进口用作加工原料的农业转基因生物进入市场销售前，应由农业相关部门认定的技术检测机构经过申请领取安全证书、申请进口标识、申请国内标识三个阶段。

1. 转基因产业健康发展，态势良好

尽管国际上对转基因生物技术及其安全性争论不断，全球对转基因生物技术的研究始终没有放弃。目前，已有近 50 个国家相继培育成 200 多种转基因作物，其中各国已获准上市的转基因作物产品种类已达 149 个，仅美国就有 42 个，由转基因作物生产加工的转基因食品和食品成分已达 4000 余种。由此可见，转基因作物的发展趋势是不可逆转的。全球转基因作物的种植面积大幅提升，2018 年，全球范围内 26 个国家种植了转基因作物，种植面积达 1.917 亿公顷，排名前 7 位的国家分别是美国、巴西、阿根廷、加拿大、印度、巴拉圭和中国。其中，排名前 3 位的美国、巴西和阿根廷转基因作物种植面积占总种植面积的 78.4%，占据绝对主力地位，排名前五位的国家占总种植面积的比重高达 91.0%。除了 26

个国家种植转基因作物之外，还有44个国家进口转基因作物，因此，全球共有70个国家应用了转基因作物。全球四大转基因种植品种包括大豆、玉米、棉花、油菜，2018年四大品种种植面积占全球转基因总种植面积的99.4%，占比从高到低依次为大豆50.3%、玉米30.9%、棉花13.0%、油菜5.2%。由此可见，转基因作物的发展趋势是不可逆转的。近年来，中国政府不断加大对生物技术研究计划的支持。正在研究的转基因生物有130多种，涉及的基因种类超过100种。其中在棉花研究领域，有45个优良品种获准进入环境释放，并在全国12个省区推广。经农业农村部批准的水稻、玉米、棉花、大豆、油菜、马铃薯、杨树等10种转基因植物进入田间环境释放；批准转基因棉花、矮牵牛花等植物和兽用微生物基因工程疫苗进入商业化生产。与此同时，我国还实施了“转基因棉花种子产业化”“基因工程疫苗产业化”等高新技术产业化等重大项目，并开始在生产中发挥效益。然而，转基因作物在为农业生产、人类生活和社会进步带来巨大利益的同时，也可能对生态环境和人类健康构成潜在的风险。所以从科学意义上讲，对农业转基因生物安全问题，还需要长期不懈地跟踪研究。我国在发展生物技术的同时十分重视生物安全，对农业转基因生物采取“积极研究、慎重推广、加强管理、稳妥推进”的方针。对于起源于我国的重要物种，如大豆、水稻，以及大宗粮食、油料作物要加强管理、慎重推广，稳妥地推进产业化。根据国际相关组织和多数国家的做法，我国政府制定并颁布了转基因生物安全法规，以加强转基因生物安全管理，规范相关产业的健康发展。

2. 转基因产品的安全监管不断加强

世界主要发达国家和部分发展中国家已经制定了各自对转基因生物（包括植物）的管理法规，并负责对其安全性进行评价和监控。在美国，分别由农业部动植物卫生检疫局（A-PHIS）、国家环境保护署（EPA），以及食品与药品监督管理局（FDA）负责，对环境和食品等各方面安全性评价和审批。

2001年5月23日，我国政府颁布了《农业转基因生物安全管理条例》（简称《条例》）。《条例》规定对农业转基因生物实行安全评价制度、标识管理制度、生产与经营许可制度和进口安全审批制度，标志着中国对农业转基因生物的研究、试验、生产、加工、经营和进出口活动开始实施全面的管理。农业部相继发布了与《条例》配套的三个管理办法，即《农业转基因生物安全评价管理办法》、《农业转基因生物进口安全管理办法》和《农业转基因生物标识管理办法》。从维护全球生物多样性、保护生态环境和人类健康的角度出发，《条例》及其配套规章体现了科学、透明、公正的原则，适用于来自包括中国在内的任何国家的农业转基因产品，对国外企业充分考虑了最惠国待遇和国民待遇，是符合国际惯例的，是对人民负责的。食用安全作为转基因生物安全的一个重要组成部分，与环境安全同等重要，不可或缺。农业部在2002年下半年启动了食用安全检测工作，组织中国疾病预防控制中心营养与食品安全所、天津市疾病预防与控制中心等单位制订了《转基因植物及其产品食用安全检验标准》（征求意见稿）。根据安全评价的需要和专家意见，农业部确定了对进口作加工原料的农业转基因生物进行抗营养成分分析和大鼠90天喂养两项验证试验。目前，农业部门已经完成了农业转基因生物安全评价与检测技术规范的制定工作，正积极加强转基因生物安全性研究和技术支撑体系建设，组织农业转基因生物技术检测机构的认定工作。《条例》规定了在中华人民共和国境内从事农业转基因生物的研究、试验、生产、加工、经营和进口、出口活动中应遵循的5项农业转基因生物管理制度，具体如下。①安全评价制度。国家对农业转基因生物安全评价按照植物、动物、微生物三个类别，以科学为依据，以个案审查为原则，实行分级分阶段管理。②生产许可证制度。生产转基因植物种子、种畜禽、水产苗种，应当取得农业部颁发的种子、种畜禽、水产苗种生产许可证。申请转基因植物种子、种畜禽、水产苗种生产许可证，首先要取得农业转基因生物安全证书，并符合有关法律、行政法规规定的条件。③经营许可证制度。经营转基因植物种子、种畜禽、水产苗种的单位和个人，应当取得农业部颁发的种子、种畜禽、水产苗种经营许可证。申请经营许可证，除应当符合有关法律、行政法规规定的条件外，还应当符合《条例》规定的其他条件。④标识制度。在中华人民共和国境内销售列入农业转基因生物标识目录的农业转基因生物，应当有明显的标识。标识由生产、分装单位和个人负责，未标识的，不得销售。⑤进口安全管理制度，对于进口的农业转基因生物，按照用于研究和试验的、用于生产的以及用作加工原料的三种用途实行安全管理。引进单位或者境外公司应当凭农业部颁发的农业转基因生物安全证书和相关批准文件，向口岸出入境检验检疫机构报检，经检疫合格后，方可向海关申请办理有关手续。

从事农业转基因生物试验的单位在生产性试验结束后，可以向国务院农业行政主管部门申请领取农业转基因生物安全证书。试验单位提出申请并提供下列材料：①农业转基因生物的安全等级和确定安全等级的依据；②生产性试验的总结报告；③国务院农业行政主管部门规定的其他材料。

国务院农业行政主管部门收到申请后，应当组织农业转基因生物安全委员会进行安全评价，安全评价合格的，方可颁发农业转基因生物安全证书。

3. 转基因食品标识管理

目前，国际上对于转基因标识管理主要分为 4 类：一是自愿标识，如美国、加拿大、阿根廷等；二是定量全面强制标识，即对所有产品只要其转基因成分含量超过阈值就必须标识，如欧盟规定转基因成分超过 0.9%、巴西规定转基因成分超过 1%必须标识；三是定量部分强制性标识，即对特定类别产品只要其转基因成分含量超过阈值就必须标识，如日本规定对豆腐、玉米小食品、纳豆等 24 种由大豆或玉米制成的食品进行转基因标识，设定阈值为 5%；四是定性按目录强制标识，即凡是列入目录的产品，只要含有转基因成分或者是由转基因作物加工而成的，必须标识。目前，我国是唯一采用定性按目录强制标识方法的国家，也是对转基因产品标识最多的国家。

2002 年，我国农业部发布了《农业转基因生物标识管理办法》（以下简称《标识管理办法》），制定了首批标识目录，包括大豆、油菜、玉米、棉花、番茄 5 类 17 种转基因产品。国内批准商业化生产仅有棉花和番木瓜，批准进口用作加工原料的有转基因大豆、玉米、棉花、油菜和甜菜，这些是在国内市场能见到的转基因农产品，与首批标识目录基本一致。《标识管理办法》于 2004 年 7 月 1 日农业部令第 38 号、2017 年 11 月 30 日农业部令 2017 年第 8 号修订，目前的标识目录品种包括：①大豆种子、大豆、大豆粉、大豆油、豆粕；②玉米种子、玉米、玉米油、玉米粉（含税号为 11022000、11031300、11042300 的玉米粉）；③油菜种子、油菜籽、油菜籽油、油菜籽粕；④棉花种子；⑤番茄种子、鲜番茄、番茄酱。新修订的《中华人民共和国食品安全法》规定生产经营转基因食品应当按照规定显著标识，并赋予了食品药品监管部门对转基因食品标识违法违规行为的行政处罚职能。监管上，食品药品监管部门重点开展：①依法对生产经营转基因食品未按规定标识进行处罚；②加强对进入批发、零售市场及生产加工企业的食用农产品和食品（包括含有转基因成分的食用农产品和食品）安全的监督管理，禁止生产经营不符合食品安全国家标准的食品和食用农产品。农业部门与食品药品监管部门加强合作，强化转基因标识监管，构建对转基因生物和食品标识监管的有效衔接机制。

截止到 2017 年底，经过严格安全评价，我国批准了两类安全证书。一是批准了自主研发的抗虫棉、抗病毒番木瓜、抗虫水稻、高植酸酶玉米、改变花色矮牵牛、抗病甜椒、延熟抗病番茄等 7 种生产应用安全证书。目前商业化种植的只有转基因棉花和番木瓜；转基因水稻、玉米尚未通过品种审定，没有批准种植；转基因番茄、甜椒和矮牵牛安全证书已过有效期，实际也没有种植。批准了305个基因工程疫苗和饲料用酶制剂等动物用转基因微生物的生产应用安全证书，没有发放转基因动物的生产应用安全证书。二是批准了国外公司研发的大豆、玉米、油菜、棉花、甜菜等5种作物的进口安全证书，主要是抗虫和抗除草剂两类性状。进口的农业转基因生物仅批准用作加工原料，不允许在国内种植。

4. 转基因生物安全评价管理

按照国际食品法典委员会（CAC）、联合国粮农组织（FAO）、世界卫生组织（WHO）、经济合作与发展组织（OECD）制定的一系列转基因生物安全评价标准和共识性文件等全球公认的评价准则。转基因生物安全评价内容主要包括四个方面。①分子特征：从基因水平、转录水平和翻译水平，考查外源插入序列的整合与表达情况，主要包括表达载体相关资料、目的基因在植物基因组中的整合情况和外源插入序列的表达情况。②遗传稳定性：主要考查转基因植物世代之间目的基因整合与表达情况。包括目的基因整合的稳定性、目的基因表达的稳定性、目标性状表现的稳定性。③食用安全：包括转基因生物的新表达物质毒理学、致敏性、营养学、关键成分和全食品安全性评价，生产加工对安全性的影响等，以及按个案分析原则需要进行的其他安全性评价。④环境安全：评价转基因生物的生存竞争能力，基因漂移的环境影响、功能效率评价，有害生物抗性转基因植物对非靶标生物的影响，对植物生态系统群落结构和有害生物地位演化的影响，靶标生物的抗性风险。

在农业转基因生物进口管理中的分类管理如下。①进口用于研究试验：从实验阶段开始申请；②进口用于生产应用：从中间试验开始申报；③进口用作加工原料：直接申请安全证书。

2016年7月25日农业部第7号令，《农业部关于修改〈农业转基因生物安全评价管理办法〉的决定》规定国家农业转基因生物安全委员会委员任期由3年改为5年，保持国家农业转基因生物安全委员会委员的相对稳定，从而提高安全评价的质量；明确研究试验单位第一责任人，要求制定试验操作规程。进一步明确了研究试验单位安全管理的主体责任，加强试验的可追溯管理；删除受理截止日期及作出批复的规定，同时规定安委会每年至少开展两次农业转基因生物安全评审。该管理办法在2017年11月30日农业部令2017年第8号、2022年1月21日农业农村部令2022年第2号中进行了修订完善。《中华人民共和国行政许可法》对行政许可的受理、审批时限有明确规定，转基因生物安全审批应当遵循这些规定。根据每年申请递交情况及相关研究进展等确定会议评审时间，更具有科学性，删除所在省级农业行政主管部门对转基因试验和安全证书的初审。2016年2月，《国务院关于第二批取消152项中央指定地方实施行政审批事项的决定》中取消了该项审核，明确按照安全评价指南的要求提交申请材料，增加了样品和检测方法的规定。不同类型的农业转基因生物开展安全评价需要提交的技术资料不尽相同，需要通过安全评价指南予以细化，该要求明确了规章与技术性文件的法律衔接。明确在审批书有效期内，拟改变试验地点的，应当向转基因办公室报。强化属地监管职责，明确试验、生产单位应当接受农业行政主管部门的监督检查，并向所在地省级和县级农业部门提交上一年度总结报告。附录中扩大了每一份申请书转化体的申报数量。不再限制试验点数量和总规模，提高了中间试验门槛。转基因植物安全证书改为按生态区发放，转基因动物和微生物安全证书适用于全国。

四、基因工程产品的专利及保护问题

（一）基因工程产品的专利保护的必要性

基因技术飞速发展，在过去的20年中，基因技术在农业、环境科学、食品工业、疾病的诊断和治疗等领域中产生了大量的新产品和新方法。例如，目前正在研制的抗艾滋病病毒的疫苗，能令机体产生细胞免疫或体液免疫，从而抵抗外源微生物的侵害。同时，在基因组学和生物信息学领域催生了新的研究开发生长点，基因及基因技术的研究和应用已经成为国际社会关注的热点，并产生深刻的社会影响和巨大的经济效益。

生物经济成为21世纪世界经济龙头已经成为当今社会的趋势。基因技术将给人类带来巨大的商业价值和社会价值。因此，各国政府都在研究如何加强基因技术的法律保护。申请“基因专利”是保护基因技术功能开发应用的唯一有效工具。基因产品是人类智力的创造性劳动成果，同时需要建造配有复杂设备的实验室和花费大量资金进行研究和开发。如果这些劳动成果不授予专利权，那么创造者创造出来的转基因生物可以被任何人无偿使用，则创造者的利益不能被保证，创造者的创造积极性将会大大受挫。而且生物领域的投资相当巨大且研发周期长，风险大。因此转基因生物工业也被称为研究最密集型和知识最密集型产业。针对GMOs而言，除专利之外，最有可能的就是采取技术保密的形式予以保护。从某种意义上说，谁获得了基因专利，谁就能在国际上获得垄断基因产业的“王牌”，谁就拥有今后基因开发的市场。

目前，世界各国都认识到基因专利保护的重大意义，为了更好地抢占基因技术这块阵地，许多国家都以授予专利的方法，作为保护基因技术的首选方法。一些发达国家和跨国公司更是争相对发展中国家进行基因掠夺，稍加修饰，便冠以专利权，即所谓的“基因圈地运动”。

我国作为一个发展中国家，虽然基因资源很丰富，但基因技术相对发达国家较弱，在基因技术的专利法保护方面更是远远落后于发达国家。面对咄咄逼人的专利审查国际化的呼声，加强基因技术的专利法保护工作显得尤为重要。近20年来，我国加大了对知识产权的保护，专利申请呈现快速发展势头。2008年，我国颁布了《国家知识产权战略纲要》（以下简称《纲要》），将知识产权上升为国家战略。目前，我国在知识产权创造方面实现了量质齐升，专利和商标等知识产权总量连续多年位居全球第一，正在向知识产权创造大国迈进。世界知识产权组织2019年发布的报告显示：中国在2019年全球创新指数中的排名提升至第14位，较2018年上升3位，稳居中等收入经济体首位；2019年，中国通过《专利合作条约》（PCT）途径提交专利申请5.9万件，跃居世界第一。2020年中国国际专利申请量高达68720件，同比增长16.1%，增幅高于2019年的10.6%，继2019年超越美国，成为产权组织提交国际专利申请最大来源国后，持续领跑再次稳居世界第一。

（二）对基因产品实现专利保护的条件

1. 新颖性

根据我国《中华人民共和国专利法》（以下简称《专利法》）规定，新颖性是指在申请日之前，没有同样的发明或者实用新型在国内外出版物上公开发表过、在国内公开使用过或者以其他方式为公众所知，也没有同样的发明或者实用新型由他人向专利局提出申请，并且记载在申请日以后公布的专利申请文件中。也就是说，判断某项发明是否具有新颖性，主要就是看它是否属于现有技术的一部分，只有当它与现有技术不相同时，才具有新颖性。经DNA重组的人造新基因显然可以满足新颖性的要求，但对于自然界客观存在的基因的揭示，似乎仅是对自然物质的发现，并没有创造任何新东西，因而不满足新颖性的要求。事实上，虽然某些物质在自然界客观存在，但以前人们无法将其分离出来并稳定地再现，也没有准确完整地认识其结构、功能，那么一旦发明人完成了上述工作，对自然物质的揭示也被视为具有新颖性而成为专利客体。基于上述理由，对自然界客观存在的基因的揭示也可以具有新颖性。对基因专利新颖性的审查与其他专利新颖性的审查没有任何实质区别，即参照各种报纸杂志及一些公共或商业基因数据库中公布的信息，如申请中宣称的序列已经部分或全部被公开过，则申请的序列就缺乏所谓的新颖性，反之就具有新颖性。

2. 实用性

根据我国《专利法》规定，专利申请的实用性是指一项发明创造能够在产业上进行制造或使用，并且能够产生积极的效果。是否具有实用性是基因获得专利保护的重要条件，因为专利制度的基点就是产业利益。对于基因专利的实用性要求，国外经历了一个由严紧到松缓的历史过程，最初美国根据化学领域的范例，在基因技术领域确定了较为严格的实用性标准：对于一般基因序列主张专利权，发明人必须将该基因分离出来，同时要具体说明如何使该基因序列具有工业实用性。如果只是简单地指出某一基因的碱基序列，或者走得稍远一点，指出该基因同某一遗传现象的关系，并不能满足专利法对基因序列的实用性要求。后来美国逐渐降低了实用性标准，这有助于美国更多地进行“圈地运动”，以达到排挤竞争对手的目的。结合我国实际情况，虽然我国最大的基因测序和生物信息学基地——中国科学院基因组生物信息学中心（即北京华大基因研究中心）目前已成为世界上第六大基因测序中心，但相对于美国、日本等基因技术研究大国来说，我国实力还比较弱，如果我国采用相对来说比较低的实用性标准，会对我国的基因研究与利用造成很被动的局面，因为外国基因研究能力较强，很轻易地就获得大量的中国专利，造成我国基因研究发展空间狭小，并且由于某些领域的基因已被外国垄断，我国不得不支付高额许可使用费再进行进一步研究与开发。实际上，过高的实用性要求也是不现实的，不利于对基因专利起到实质性保护作用。综合各方面的利弊来看，现阶段，我国还是应该采取较为严格的实用性标准，即对一般基因序列主张专利权，发明人在将该基因分离出来的同时，必须说明该基因的功能，而对于如何使该基因序列具有工业实用性，只要求具有一般性的预见即可。采用较严的实用性标准，有利于保护我国尚处于幼稚阶段的基因研究、开发与利用事业，给我国生物工业留有一定的发展空间，保护了民族工业。我国《专利法》对专利实用性的要求，还规定了其他国家专利法所没有的内容，即要求对发明的制造或使用能够产生积极的效果。基因专利是否产生积极效果，一是要看其专利说明书中所提到的基因功能，及预期的工业应用能否产生积极效果，二是要注意该基因功能在工业应用中是否有特别的被滥用的风险，如果其真的被认为不会产生积极效果，则不应授予专利权。

3. 创造性

根据我国《专利法》规定，创造性是指与申请日以前已有的技术相比，该发明有突出的实质性特点和显著的进步。这样看来，基因专利的申请似乎并不满足这一条件，因为对于基因专利尤其是对自然界客观存在的基因的排序，比如目前已经完成的人类基因组计划而言，其工作并不需要很高的创造性，基本上只需要依靠生物技术的一般办法即可获得，因而不一定满足“突出的实质性特点或显著的进步”这一条件，但仍已有不少国家对于这种分离后的DNA授予了专利权。这里的“创造性”用美国的说法“非显而易见性”（unobviousness）应该更容易解释得通，基因专利申请的创造性应和实用性联系起来考查。分离一种新的DNA并不难，只需要依靠生物技术的一般办法即可获得，但要在无数的基因排序的可能中寻找、分离一种具有工业实用性的基因序列就需要相当的智力投入和财力投入了，这种通过智力劳动人为创造出的结果当然是“非显而易见”的。

我国的基因专利创造性标准建立在对申请者所列出的基因功能进行审查的基础上，审查基因专利申请者所分析提出的基因功能同申请日之前已有的功能和技术相比，是否有突出的实质性特点和显著的进步。以基因功能为基础，对基因专利的创造性进行审查判断，不会导致将专利的创造性和新颖性等同起来而带来的授予某些基因专利权。

本章小结

转基因技术的迅速发展为人类解决疾病防治、食品短缺、资源匮乏、环境污染等重大问题发挥了巨大的作用，以转基因植物为先导的现代生物技术的产业化，对于我国农业、农村和国民经济发展及社会稳定都发挥了重要作用。然而，由于基因工程技术的发展使其已经突破了传统的（生物）界、门概念，实现了在自然状态下无法实现的基因转移和基因突变，这可能破坏原有的自然生态平衡，从而引起社会对基因产品和技术的严重关切，由此产生了相关的安全性管理要求和专利制度改变。本章中讲授了在实验室安全管理方面的要求，对基因操作的环境（实验室）的软、硬件要求以及应该采取的措施，还介绍了对基因产品的界定、释放和应用，对基因工程产品管理措施的制定和法律法规要求，对基因产品和技术的专利管理的调整和规范。目前人们对基因工程产品的看法仍是莫衷一是，有许多问题仍然没有最终的结论，但一致的看法是各国在支持生物产业发展的同时，必须加强基因产品的规范化管理，确保其生物安全。

参考文献

[1] Watson J, Baker T, Bell S, et al. Molecular biology of the gene. 6th ed. Pearson Education, Inc. 2008.

[2] Nicholl D S T. An introduction to genetic engineering. 2nd ed. Cambridge: Cambridge University Press, 2002.

[3] Primose S, Twyman R, Old B. Principles of gene manipulation. 6th ed. Oxford Blackwell Publishing, 2002.

[4] Clontech manual. SMART^{TM} cDNA library construction user manual. Clontech laboratories, INC. 2008.

[5] Primrose S, et al. Principles of gene manipulation. Higher Education Press, 2002.

[6] Primrose S B, Twyman R M, Old R W, Principles of gene manipulation. 6th edition. Oxford: Blackwell Science Ltd. , 2001.

[7] 迪芬巴赫 C W，德维克斯勒 G S. PCR 技术实验指南．黄培堂，等译．北京：科学出版社，1998.

[8] SambrookJ, Russell D. 分子克隆实验指南．第 3 版．黄培堂，译．北京：科学出版社，2002.

[9] 瞿礼嘉．现代生物技术导论．北京：高等教育出版社，1998.

[10] 孙明．基因工程．北京：高等教育出版社，2006.

[11] 吴乃虎．基因工程原理：上册．第 2 版．北京：科学出版社，1998.

[12] 黄留玉．PCR 最新技术原理、方法及应用．第 2 版．北京：化学工业出版社，2011.

[13] 刘祥林，聂刘旺．基因工程．北京：科学出版社，2005.

[14] 梁国栋．最新分子生物学实验技术．北京：科学出版社，2001.

[15] 楼士林，杨盛昌，龙敏南，等．基因工程．北京：科学出版社，2002.

[16] 陆德如，陈永青．基因工程．北京：化学工业出版社，2002.

[17] 卢圣栋．现代分子生物学实验技术．第 2 版．北京：中国协和医科大学出版社，2001.

[18] 吴建平．简明基因工程与应用．北京：科学出版社，2005.

[19] 赵亚华．分子生物学教程．北京：科教出版社，2004. 6.

[20] 朱玉贤，李毅，郑晓峰．现代分子生物学．第 3 版．北京：高等教育出版社，2007.

[21] 张惠展．基因工程．第四版．上海：华东理工大学出版社，2017.

[22] 文铁桥．基因工程原理．北京：科学出版社，2014.

[23] 李立家，肖庚富，杨飞，等．基因工程．第 2 版．北京：科学出版社，2014.

[24] 彭银祥，李勃，陈红星．基因工程．武汉：华中科技大学出版社，2007.

[25] 李育阳．基因表达技术．北京：科学出版社，2001.

[26] 刘志国，屈伸．基因克隆分子基础与工程原理．北京．化学工业出版社，2003.

[27] 陈永福．转基因动物．北京：科学出版社，2002.

[28] 张献龙，唐克轩．植物生物技术．北京：科学出版社，2005.

[29] 查夫拉 H S. 植物生物技术导论．许亦农，麻密，译．北京：化学工业出版社，2005.

[30] 王永飞，马三酶．转基因植物及其应用．武汉：华中科技大学出版社，2007.

[31] 何光源．植物基因工程．北京：清华大学出版社，2007.

[32] 王关林，方宏筠．植物基因工程．北京：科学出版社，2002.

[33] 肖尊安．植物生物技术．北京：化学工业出版社，2005.

[34] 马建岗．基因工程学原理．第 2 版．西安：西安交通大学出版社，2007.

[35] 王明怡，杨益，吴平，等．生物信息学．北京：科学出版社，2004.

[36] 张成岗，贺福初．生物信息学方法与实践．北京：科学出版社，2002.

[37] 张阳德．生物信息学．北京：科学出版社，2005.

[38] 孙啸，陆祖宏，谢建明．生物信息学基础．北京：清华大学出版社，2004.

[39] 王禄山，高培基．生物信息学应用技术．北京：化学工业出版社，2008.

[40] 李越中，闫章才，高培基．基因组研究与生物信息学．济南：山东大学出版社，2003.

[41] Mount D W. 生物信息学．钟扬，王莉，张亮，译．北京：高等教育出版社，2003.

[42] Attwood T K, Smith D J P. 生物信息学概论．罗静初，等译．北京：北京大学出版社，2002.

[43] 夏其昌，曾嵘，等．蛋白质化学与蛋白质组学．北京：科学出版社，2004.

[44] 利布莱尔．蛋白质组学导论．北京：科学出版社，2005.

[45] 杨金水．基因组学．北京：高等教育出版社，2002.

[46] 钱小红，贺福初．蛋白质组学理论与方法．北京：科学出版社，2003.

[47] Brown T A. 基因组学．袁建刚，周严，强伯勤，译．北京：科学出版社，2002.

[48] 刘仲敏，林兴兵，杨玉生．现代应用生物技术．北京：化学工业出版社，2004.
[49] 罗超全．基因诊断与基因治疗进展．郑州：河南医科大学出版社，2000.
[50] 格里克 B R，帕斯捷尔纳克 J J. 分子生物技术——重组 DNA 的原理与应用．陈丽珊，任大明，译．北京：化学工业出版社，2004.
[51] 武建国，顾可梁，童明庆，等．医学实验诊断学进展（卷 2：临床基因诊断）．南京：东南大学出版社，2000.
[52] 温进坤，韩梅．医学分子生物学理论与研究技术．第 2 版．北京：科学出版社，2002.
[53] 顾健人，曹雪涛．基因治疗．北京：科学出版社，2001.
[54] 李琦涵．新型疫苗．北京：化学工业出版社，2000.
[55] 孙树汉．核酸疫苗．上海：第二军医大学出版社，2000.
[56] 阎隆飞，孙之荣．蛋白质分子结构．北京：清华大学出版社，1999.
[57] 张蓓．代谢工程．天津：天津大学出版社，2003.
[58] 张惠展．途径工程——第三代基因工程．北京：中国轻工业出版社．
[59] 林菊生．现代细胞分子生物学技术．北京：科学出版社，2004.
[60] Weaver R F. 分子生物学（原书第五版）．郑用琏，等译．北京：科学出版社，2013.
[61] 刘祥林，聂刘旺．基因工程．北京：科学出版社，2005.
[62] 克里斯托弗・豪．基因克隆与操作．李慎涛，程杉，译．北京：科学出版社，2010.
[63] 郑振宇，王秀利．基因工程．武汉：华中科技大学出版社，2015.
[64] 刘志国．基因工程原理与技术．第 3 版．北京：化学工业出版，2016.
[65] 叶江，张惠展．基因工程简明教程．上海：华东理工大学出版社，2015.
[66] 彭银祥，李勃，陈红星．基因工程．武汉：华中科技大学出版社，2007.
[67] 孙明．基因工程．北京：高等教育出版社，2006.
[68] 钟卫鸿．基因工程技术．北京：化学工业出版，2007.
[69] 袁婺洲．基因工程．北京：化学工业出版，2010.
[70] 徐晋麟，陈淳，徐沁．基因工程原理．第 2 版．北京：科学出版社，2020.
[71] 董悦，魏丽慧．妇产科学．北京：北京大学医学出版社，2003.
[72] 王雅丽，徐旭东．小球藻南极株和温带株基因组 cosmid 文库的构建．水生生物学报，2011，35（66）：1063-1066.
[73] 郭春沅．酵母人工染色体克隆．生物学通报，1998（04）：21-23.
[74] 李海权，刁现民．基因组细菌人工染色体文库（BAC）的构建及应用．生物技术通报，2005（01）：6-11.
[75] 王志胜，刘芳，许梦微．一种新型火鸡疱疹病毒细菌人工染色体的构建与鉴定．畜牧兽医学报，2016，47（10）：2071-2080.
[76] 孟德汝．世上首条人类人工染色体．广东科技，1997，12：21.
[77] Liu X，Liu C，Liu G，et al. COVID-19：Progress in diagnostics，therapy and vaccination. Theranostics，2020，10（17）：7821-7835.
[78] Yuan X，Yang C M，He Q，et al. Current and perspective diagnostic techniques for COVID-19. ACS Infect. Dis. 2020，6：1998-2016.
[79] Esbin M，Whitney O，Chong S，et al. Overcoming the bottleneck to widespread testing：a rapid review of nucleic acid testing approaches for COVID-19 detection. RNA，2020，26：771-783.